石油化工产品及试验方法国家标准汇编

2015（下）

中国石油化工集团公司科技部
中国标准出版社 编

中国标准出版社

北京

图书在版编目(CIP)数据

石油化工产品及试验方法国家标准汇编.2015.下/中国石油化工集团公司科技部,中国标准出版社编.—北京:中国标准出版社,2015.10

ISBN 978-7-5066-8046-2

Ⅰ.①石… Ⅱ.①中…②中… Ⅲ.①石油化工—化工产品—国家标准—汇编—中国—2015②石油化工—化工产品—试验—国家标准—汇编—中国—2015 Ⅳ.①TE65-65

中国版本图书馆 CIP 数据核字(2015)第 219321 号

中国标准出版社出版发行
北京市朝阳区和平里西街甲 2 号(100029)
北京市西城区三里河北街 16 号(100045)

网址 www.spc.net.cn
总编室:(010)68533533 发行中心:(010)51780238
读者服务部:(010)68523946

中国标准出版社秦皇岛印刷厂印刷
各地新华书店经销

*

开本 880×1230 1/16 印张 45.25 字数 1 390 千字
2015 年 10 月第一版 2015 年 10 月第一次印刷

*

定价 230.00 元

出版说明

《石油化工产品及试验方法标准国家汇编》自2012年出版至今已有三年时间，三年来，石油化工产品及其试验方法国家标准一部分已进行了复审修订，还有不少新制定的标准发布实施。为方便相关生产企业、科研和教学单位以及广大用户的使用，我们组织有关单位编辑出版了《石油化工产品及试验方法国家标准汇编 2015》。

本汇编分为上、下两册，上册为合成树脂类产品和试验方法国家标准，下册为合成橡胶类与石化有机原料类产品和试验方法国家标准。汇编共收录了截至2015年9月底前发布的石油化工产品领域的国家标准152项，主要是产品标准和试验方法标准，另外还包括11项基础标准，这些标准是石油化工领域标准实施的基础。本汇编全面系统地反映了石油化工产品领域国家标准的最新情况，可为使用者提供最新的产品和试验方法标准信息。

本汇编收录的国家标准的属性已在目录上标明(GB或GB/T)，年代号用4位数字表示。鉴于部分标准是在国家标准清理整顿前出版的，现尚未修订，故正文部分的标准编号未做相应改动。对于标准中的规范性引用文件(引用标准)变化情况较大的，在标准文本后面以编者注的形式加以说明，对于合成树脂类标准中引用的国际标准的转化情况也单独列表进行了说明。

组织和参加本书编辑工作的人员有付伟、刘慧敏、王川、吴彦瑾、王晓丽、杨春梅、李继文、陈宏愿。

本汇编收录的标准由于出版年代的不同，其格式、计量单位乃至术语不尽相同，本次汇编还对原标准中的文字错误和明显不当之处做了更正。如有疏漏之处，恳请指正。

中国石油化工集团公司科技部

二〇一五年九月

2012年版出版说明

《石油化工产品及试验方法标准汇编 2005》自 2005 年出版至今已有六年时间，六年来，石油化工产品及其试验方法国家标准大部分已进行了复审修订，还有不少新制定的标准发布实施。为方便相关生产企业、科研和教学单位以及广大用户的使用，我们组织有关单位编辑出版了这本《石油化工产品及试验方法国家标准汇编 2012》。

本汇编共收录了截至 2011 年 12 月底前发布的石油化工产品领域的国家标准 137 项，其中大部分是产品标准和试验方法标准，还有 12 项是基础标准。本汇编分为三个部分，分别为：合成树脂部分，含61 项标准；合成橡胶部分，含 31 项标准；石化有机原料部分，含45 项标准。本汇编全面系统地反映了石油化工产品领域国家标准的最新情况，可为使用者提供最新的产品和试验方法标准。

本汇编收录的国家标准的属性已在目录上标明(GB 或 GB/T)，年代号用 4 位数字表示。鉴于部分标准是在国家标准清理整顿前出版的，现尚未修订，故正文部分的标准编号未做相应改动。对于标准中的规范性引用文件(引用标准)变化情况较大的，在标准文本后面以编者注的形式加以说明。

本汇编收录的标准由于出版年代的不同，其格式、计量单位乃至术语不尽相同，本次汇编只对原标准中的文字错误和明显不当之处做了更正。如有疏漏之处，恳请指正。

中国石油化工股份有限公司科技开发部

2012 年 1 月

合成橡胶部分

石化有机原料部分

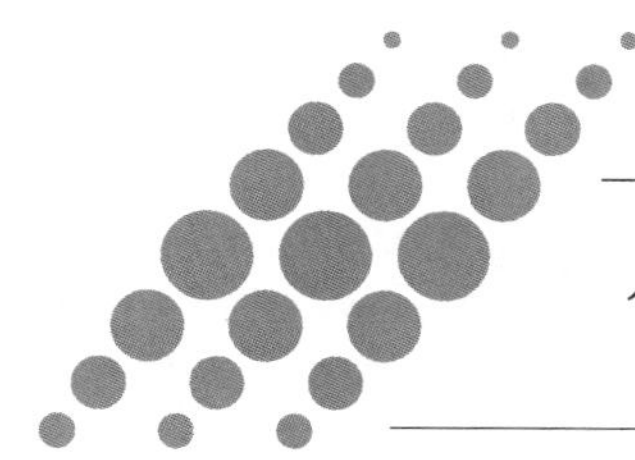

合成橡胶部分

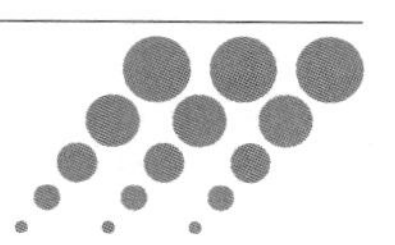

ICS 83.060
G 40

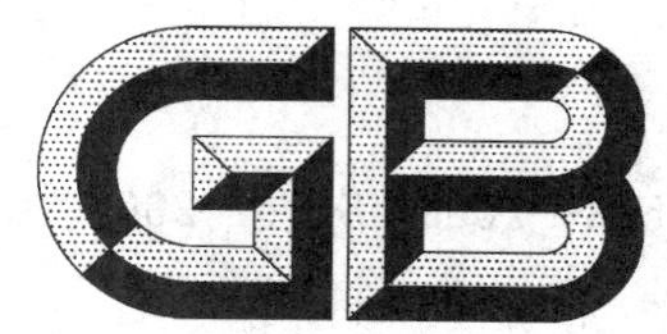

中华人民共和国国家标准

GB/T 528—2009/ISO 37:2005
代替 GB/T 528—1998

硫化橡胶或热塑性橡胶拉伸应力应变性能的测定

Rubber, vulcanized or thermoplastic—Determination of tensile stress-strain properties

(ISO 37:2005, IDT)

2009-04-24 发布　　　　2009-12-01 实施

中华人民共和国国家质量监督检验检疫总局
中国国家标准化管理委员会　发布

前　言

本标准等同采用 ISO 37:2005《硫化橡胶或热塑性橡胶——拉伸应力应变性能的测定》(英文版)，包括其修正案 ISO 37:2005/Cor.1:2008。

本标准代替 GB/T 528—1998《硫化橡胶或热塑性橡胶　拉伸应力应变性能的测定》。

本标准等同翻译 ISO 37:2005 和 ISO 37:2005/Cor.1:2008。

为便于使用，本标准还做了下列编辑性修改：

a)　“本国际标准”一词改为“本标准”；

b)　用小数点“.”代替作为小数点的逗号“,”；

c)　删除国际标准前言；

d)　为方便使用增加了两个条文注(第 1 章的注和 13.1 中的注 2)。

本标准与 GB/T 528—1998 相比主要差异：

——增加了一种命名为 1A 型的新哑铃状试样(本版 6.1)；

——增加了附录 B，关于 1 型、2 型和 1A 型试样的精密度数据(本版附录 B)；

——增加了附录 C，关于精密度数据与哑铃状试样形状之相关性的分析(本版附录 C)；

——删除了 1998 版中的附录 B。

本标准由中国石油和化学工业协会提出。

本标准的附录 A、附录 B 为规范性附录，附录 C 为资料性附录。

本标准由全国橡标委橡胶物理和化学试验方法分技术委员会(SAC/TC 35/SC 2)归口。

本标准起草单位：中橡集团沈阳橡胶研究设计院。

本标准参加起草单位：北京橡胶工业研究设计院、承德精密试验机有限公司。

本标准主要起草人：费康红、吉连忠。

本标准参加起草人：谢君芳、丁晓英、赵凌云、王新华。

本标准所代替标准的历次版本发布情况为：

——GB/T 528—1992，GB/T 528—1998。

硫化橡胶或热塑性橡胶
拉伸应力应变性能的测定

警告:使用本标准的人员应有正规实验室工作的实践经验。本标准无意涉及因使用本标准可能出现的安全问题,使用者有责任采取适当的安全和健康措施,并保证符合国家有关法规规定的条件。

1 范围

本标准规定了硫化橡胶或热塑性橡胶拉伸应力应变性能的测定方法。

本标准适用于测定硫化橡胶或热塑性橡胶的性能,如拉伸强度、拉断伸长率、定伸应力、定应力伸长率、屈服点拉伸应力和屈服点伸长率。其中屈服点拉伸应力和应变的测量只适用于某些热塑性橡胶和某些其他胶料。

注:如果需要,也可增加拉断永久变形的测定。

2 规范性引用文件

下列文件中的条款通过本标准的引用而成为本标准的条款。凡是注日期的引用文件,其随后所有的修改单(不包括勘误的内容)或修订版均不适用于本标准,然而,鼓励根据本标准达成协议的各方研究是否可使用这些文件的最新版本。凡是不注日期的引用文件,其最新版本适用于本标准。

GB/T 2941 橡胶物理试验方法试样制备和调节通用程序(GB/T 2941—2006,ISO 23529:2004,IDT)

ISO 5893 橡胶与塑料拉伸、屈挠及压缩试验机(恒速)技术性能

3 术语和定义

下列术语和定义适用于本标准。

3.1

拉伸应力 *S* tensile stress

拉伸试样所施加的应力。

注:由施加的力除以试样试验长度的原始横截面面积计算而得。

3.2

伸长率 *E* elongation

由于拉伸应力而引起试样形变,用试验长度变化的百分数表示。

3.3

拉伸强度 *TS* tensile strength

试样拉伸至断裂过程中的最大拉伸应力。

注:见图1a)~图1c)。

3.4

断裂拉伸强度 TS_b tensile strength at break

试样拉伸至断裂时刻所记录的拉伸应力。

注1:见图1a)~图1c)。

注2:TS 和 TS_b 值可能有差异,如果在 S_y 处屈服后继续伸长并伴随着应力下降,则导致 TS_b 低于 TS 的结果[见图1c)]。

3.5

拉断伸长率 E_b　elongation at break

试样断裂时的百分比伸长率。

注：见图 1a)～图 1c)。

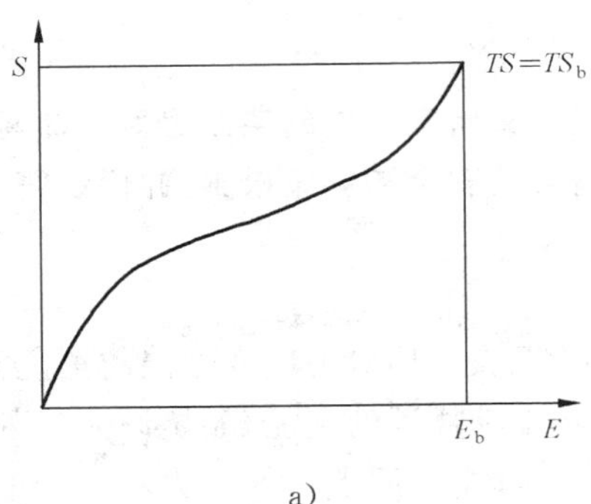

a)

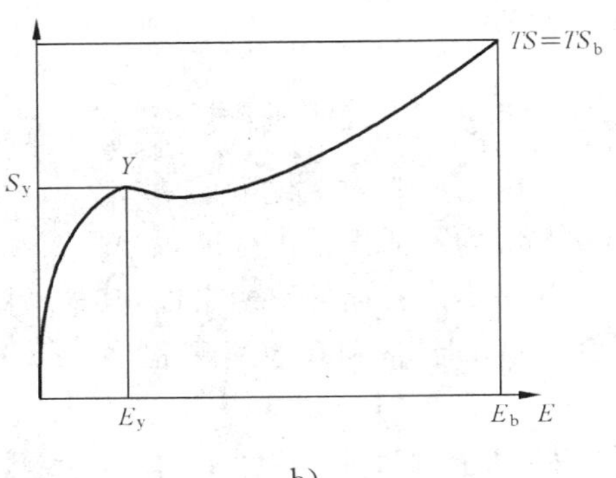

b)

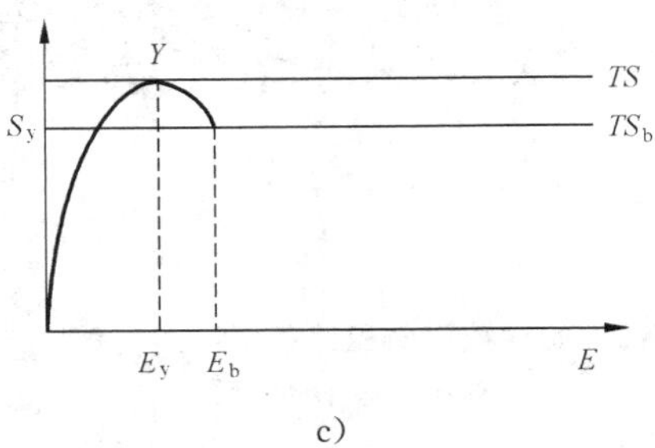

c)

E——伸长率；

S_y——屈服点拉伸应力；

E_b——拉断伸长率；

TS——拉伸强度；

E_y——屈服点伸长率；

TS_b——拉断强度；

S——应力；

Y——屈服点。

图 1　拉伸术语的图示

3.6

定应力伸长率 E_s　elongation at a given stress

试样在给定拉伸应力下的伸长率。

3.7

定伸应力 S_e　stress at a given elongation

将试样的试验长度部分拉伸到给定伸长率所需的应力。

注：在橡胶工业中，这一定义被广泛地用术语“模量(modulus)”表示，应谨慎与表示“在给定伸长率下应力-应变曲线斜率”的“模量”相混淆。

3.8

屈服点拉伸应力 S_y　tensile stress at yield

应力-应变曲线上出现的应变进一步增加而应力不再继续增加的第一个点对应的应力。

注：此值可能对应于拐点[参看图 1b)]，也可能对应于最大值点[见图 1c)]。

3.9

屈服点伸长率 E_y　elongation at yield

应力-应变曲线上出现应变进一步增加而应力不增加的第一个点对应的拉伸应变。

注：见图 1b)和 1c)。

3.10

哑铃状试样的试验长度　test length of dumb-bell

哑铃状试样狭窄部分的长度内，用于测量伸长率的基准标线之间的初始距离。

注：见图 2。

4　原理

在动夹持器或滑轮恒速移动的拉力试验机上，将哑铃状或环状标准试样进行拉伸。按要求记录试样在不断拉伸过程中和当其断裂时所需的力和伸长率的值。

5　总则

哑铃状试样和环状试样未必得出相同的应力-应变性能值。这主要是由于在拉伸环状试样时其横截面上的应力是不均匀的；另一个原因是“压延效应”的存在，它可使哑铃状试样因其长度方向是平行或垂直于压延方向而得出不同的值。

环状试样与哑铃状试样之间进行选择时，应注意以下要点：

a)　拉伸强度

测定拉伸强度宜选用哑铃状试样。环状试样得出的值比哑铃状试样低，有时低得很多。

b)　拉断伸长率

只要在下列条件下，环状试样得出与哑铃状试样近似相同的值：

1)　环状试样的伸长率以初始内圆周长的百分比计算；

2)　如果“压延效应”明显存在，哑铃状试样长度方向垂直于压延方向裁切。

如果要研究压延效应，则应选用哑铃状试样，而环状试样不适用。

c)　定应力伸长率和定伸应力

一般宜选用哑铃状试样(1 型、2 型和 1A 型)。

只有在下列条件下，环状试样得出与哑铃状试样近似相同的值：

1)　环状试样的伸长率以初始平均周长的百分比计算；

2)　如果“压延效应”明显存在，取平行于和垂直于压延方向裁切的哑铃状试样的平均值。

在自动控制试验时，由于试样容易操作，最好选用环状试样，对于定形变的应力测定，也是如此。

d)　小试样得出的拉伸强度值和拉断伸长率值可能与大试样稍有不同，通常较高。

本标准提供了七种类型的试样，即 1 型、2 型、3 型、4 型和 1A 型哑铃状试样和 A 型(标准型)和

B型(小型)环状试样。对于一种给定材料所获得的结果可能根据所使用的试样类型而有所不同,因而对于不同材料,除非使用相同类型的试样,否则得出的结果是不可比的。

3型和4型哑铃状试样及B型环状试样只应在材料不足以制备大试样的情况下才使用。这些试样特别适用于制品试验及某些产品标准的试样,例如,3型哑铃状试样用于管道密封圈和电缆的试验。

试样制备需要打磨或厚度调整时,结果可能会受影响。

6 试样

6.1 哑铃状试样

哑铃状试样的形状如图2所示。

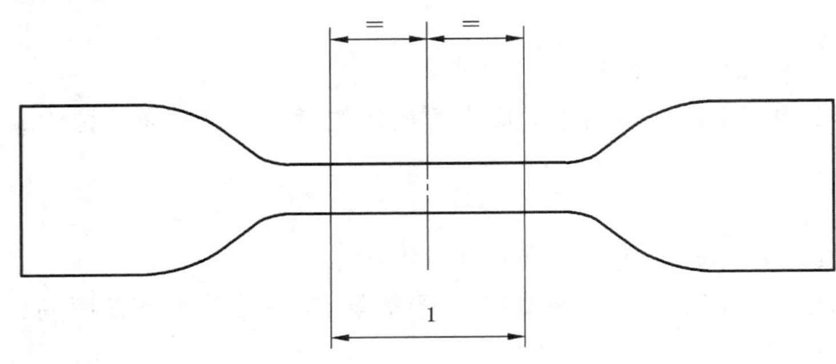

1——试验长度(见表1)。

图2 哑铃状试样的形状

试样狭窄部分的标准厚度,1型、2型、3型和1A型为2.0 mm±0.2 mm,4型为1.0 mm±0.1 mm。试验长度应符合表1规定。

表1 哑铃状试样的试验长度

试样类型	1型	1A型	2型	3型	4型
试验长度/mm	25.0 ± 0.5	20.0 ± 0.5[a]	20.0 ± 0.5	10.0 ± 0.5	10.0 ± 0.5
[a] 试验长度不应超过试样狭窄部位的长度(表2中尺寸*C*)。					

哑铃状试样的其他尺寸应符合相应的裁刀所给出的要求(见表2)。

非标准试样,例如取自成品的试样,狭窄部分的最大厚度,1型和1A型为3.0 mm,2型和3型为2.5 mm,4型为2.0 mm。

表2 哑铃状试样用裁刀尺寸

尺寸	1型	1A型	2型	3型	4型
A 总长度(最小)[a]/mm	115	100	75	50	35
B 端部宽度/mm	25.0±1.0	25.0±1.0	12.5±1.0	8.5±0.5	6.0±0.5
C 狭窄部分长度/mm	33.0±2.0	20.0^{+2}_{0}	25.0±1.0	16.0±1.0	12.0±0.5
D 狭窄部分宽度/mm	$6.0^{+0.4}_{0}$	5.0±0.1	4.0±0.1	4.0±0.1	2.0±0.1
E 外侧过渡边半径/mm	14.0±1.0	11.0±1.0	8.0±0.5	7.5±0.5	3.0±0.1
F 内侧过渡边半径/mm	25.0±2.0	25.0±2.0	12.5±1.0	10.0±0.5	3.0±0.1
[a] 为确保只有两端宽大部分与机器夹持器接触,增加总长度从而避免"肩部断裂"。					

6.2 环状试样

A型标准环状试样的内径为44.6 mm±0.2 mm。轴向厚度中位数和径向宽度中位数均为4.0 mm±0.2 mm。环上任一点的径向宽度与中位数的偏差不大于0.2 mm,而环上任一点的轴向厚度与中位数的偏差应不大于2%。

B 型标准环状试样的内径为 8.0 mm±0.1 mm。轴向厚度中位数和径向宽度中位数均为1.0 mm±0.1 mm。环上任一点的径向宽度与中位数的偏差不应大于 0.1 mm。

7 试验仪器

7.1 裁刀和裁片机

试验用的所有裁刀和裁片机应符合 GB/T 2941 的要求。制备哑铃状试样用的裁刀尺寸见表 2 和图 3,裁刀的狭窄平行部分任一点宽度的偏差应不大于 0.05 mm。

关于 B 型环状试样的切取方法,见附录 A。

单位为毫米

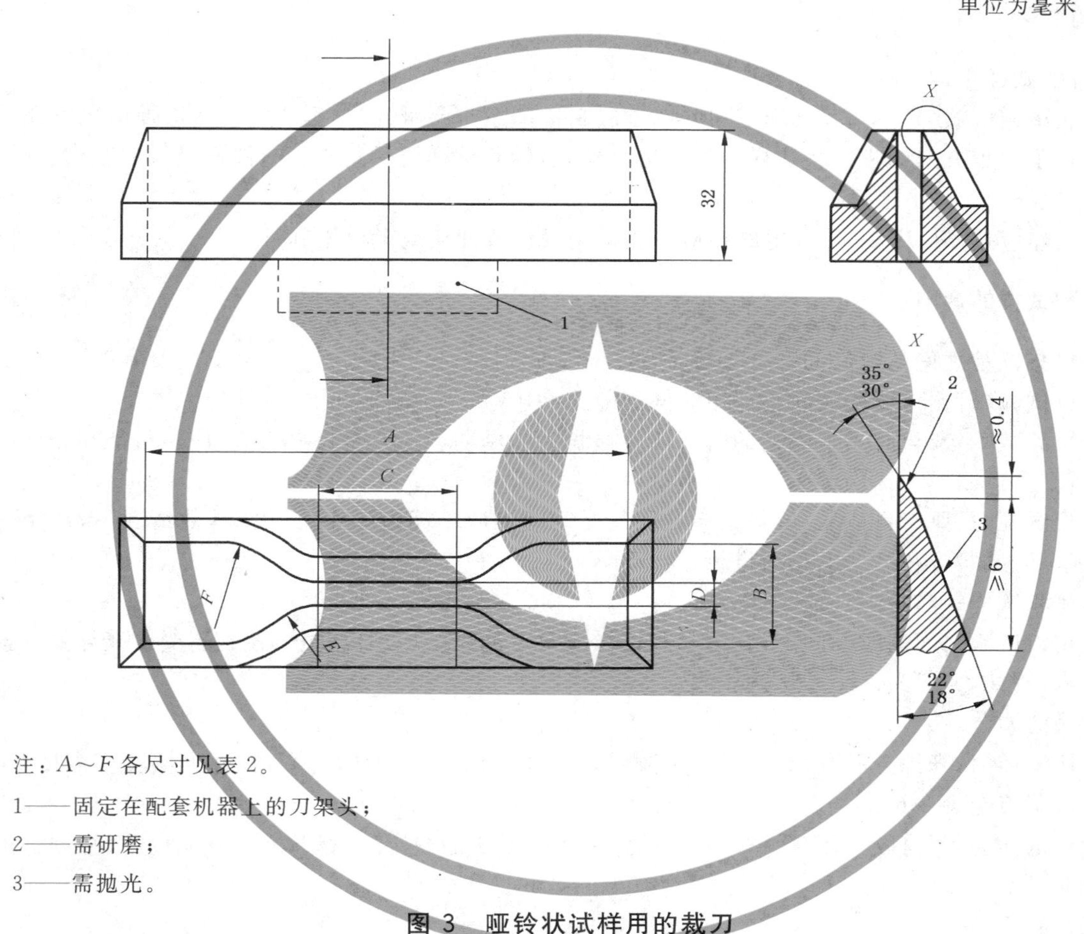

注:A~F 各尺寸见表 2。

1——固定在配套机器上的刀架头;

2——需研磨;

3——需抛光。

图 3 哑铃状试样用的裁刀

7.2 测厚计

测量哑铃状试样的厚度和环状试样的轴向厚度所用的测厚计应符合 GB/T 2941 方法 A 的规定。

测量环状试样径向宽度所用的仪器,除压足和基板应与环的曲率相吻合外,其他与上述测厚计相一致。

7.3 锥形测径计

经校准的锥形测径计或其他适用的仪器可用于测量环状试样的内径。

应采用误差不大于 0.01 mm 的仪器来测量直径。支撑被测环状试样的工具应能避免使所测的尺寸发生明显的变化。

7.4 拉力试验机

7.4.1 拉力试验机应符合 ISO 5893 的规定,具有 2 级测力精度。试验机中使用的伸长计的精度:1 型、2 型和 1A 型哑铃状试样和 A 型环形试样为 D 级;3 型和 4 型哑铃状试样和 B 型环形试样为

E级。试验机应至少能在 100 mm/min±10 mm/min、200 mm/min±20 mm/min 和 500 mm/min±50 mm/min 移动速度下进行操作。

7.4.2 对于在标准实验室温度以外的试验，拉伸试验机应配备一台合适的恒温箱。高于或低于正常温度的试验应符合 GB/T 2941 要求。

8 试样数量

试验的试样应不少于 3 个。

注：试样的数量应事先决定，使用 5 个试样的不确定度要低于用 3 个试样的试验。

9 试样的制备

9.1 哑铃状试样

哑铃状试样应按 GB/T 2941 规定的相应方法制备。除非要研究"压延效应"，在这种情况下还要裁取一组垂直于压延方向的哑铃状试样。只要有可能，哑铃状试样要平行于材料的压延方向裁切。

9.2 环状试样

环状试样应按 GB/T 2941 规定的相应方法采用裁切或冲切或者模压制备。

10 样品和试样的调节

10.1 硫化与试验之间的时间间隔

对所有试验，硫化与试验之间的最短时间间隔应为 16 h。

对非制品试验，硫化与试验之间的时间间隔最长为 4 星期，对于比对评估试验应尽可能在相同时间间隔内进行。

对制品试验，只要有可能，硫化与试验之间的时间间隔应不超过 3 个月。在其他情况下，从用户收到制品之日起，试验应在 2 个月之内进行。

10.2 样品和试样的防护

在硫化与试验之间的时间间隔内，样品和试样应尽可能完全地加以防护，使其不受可能导致其损坏的外来影响，例如，应避光、隔热。

10.3 样品的调节

在裁切试样前，来源于胶乳以外的所有样品，都应按 GB/T 2941 的规定，在标准实验室温度下(不控制湿度)，调节至少 3 h。

在裁切试样前，所有胶乳制备的样品均应按 GB/T 2941 的规定，在标准实验室温度下(控制湿度)，调节至少 96 h。

10.4 试样的调节

所有试样应按 GB/T 2941 的规定进行调节。如果试样的制备需要打磨，则打磨与试验之间的时间间隔应不少于 16 h，但不应大于 72 h。

对于在标准实验室温度下的试验，如果试样是从经调节的试验样品上裁取，无需做进一步的制备，则试样可直接进行试验。对需要进一步制备的试样，应使其在标准实验室温度下调节至少 3 h。

对于在标准实验室温度以外的温度下的试验，试样应按 GB/T 2941 的规定在该试验温度下调节足够长的时间，以保证试样达到充分平衡(见 7.4.2)。

11 哑铃状试样的标记

如果使用非接触式伸长计，则应使用适当的打标器按表 1 规定的试验长度在哑铃状试样上标出两条基准标线。打标记时，试样不应发生变形。

两条标记线应标在如图 2 所示的试样的狭窄部分，即与试样中心等距，并与其纵轴垂直。

12 试样的测量

12.1 哑铃状试样

用测厚计在试验长度的中部和两端测量厚度。应取3个测量值的中位数用于计算横截面面积。在任何一个哑铃状试样中,狭窄部分的三个厚度测量值都不应大于厚度中位数的2%。取裁刀狭窄部分刀刃间的距离作为试样的宽度,该距离应按GB/T 2941的规定进行测量,精确到0.05 mm。

12.2 环状试样

沿环状试样一周大致六等分处,分别测量径向宽度和轴向厚度。取六次测量值的中位数用于计算横截面面积。内径测量应精确到0.1 mm。按下列公式计算内圆周长和平均圆周长:

内圆周长 = π×内径

平均圆周长 = π×(内径+径向宽度)

12.3 多组试样比较

如果两组试样(哑铃状或环状)进行比较,每组厚度的中位数应不超出两组厚度总中位数的7.5%。

13 试验步骤

13.1 哑铃状试样

将试样对称地夹在拉力试验机的上、下夹持器上,使拉力均匀地分布在横截面上。根据需要,装配一个伸长测量装置。启动试验机,在整个试验过程中连续监测试验长度和力的变化,精度在±2%之内,或按第15章的要求。

夹持器的移动速度:1型、2型和1A型试样应为500 mm/min±50 mm/min,3型和4型试样应为200 mm/min±20 mm/min。

如果试样在狭窄部分以外断裂则舍弃该试验结果,并另取一试样进行重复试验。

注:1 采取目测时,应避免视觉误差。

2 在测拉断永久变形时,应将断裂后的试样放置3 min,再把断裂的两部分吻合在一起,用精度为0.05 mm的量具测量吻合后的两条平行标线间的距离。拉断永久变形计算公式为:

$$S_b = \frac{100(L_t - L_0)}{L_0}$$

式中:

S_b——拉断永久变形,%;

L_t——试样断裂后,放置3 min对起来的标距,单位为毫米(mm);

L_0——初始试验长度,单位为毫米(mm)。

13.2 环状试样

将试样以张力最小的形式放在两个滑轮上。启动试验机,在整个试验过程中连续监测滑轮之间的距离和应力,精确到±2%,或按15章的要求。

可动滑轮的标称移动速度:A型试样应为500 mm/min±50 mm/min,B型试样应为100 mm/min±10 mm/min。

14 试验温度

试验通常应在GB/T 2941中规定的一种标准实验室温度下进行。当要求采用其他温度时,应从GB/T 2941规定的推荐表中选择。

在进行对比试验时,任一个试验或一批试验都应采用同一温度。

15 试验结果的计算

15.1 哑铃状试样

拉伸强度 TS 按式(1)计算,以 MPa 表示:

$$TS = \frac{F_m}{Wt} \qquad \cdots\cdots (1)$$

断裂拉伸强度 TS_b 按式(2)计算,以 MPa 表示:

$$TS_b = \frac{F_b}{Wt} \qquad \cdots\cdots (2)$$

拉断伸长率 E_b 按式(3)计算,以%表示:

$$E_b = \frac{100(L_b - L_0)}{L_0} \qquad \cdots\cdots (3)$$

定伸应力 S_e 按式(4)计算,以 MPa 表示:

$$S_e = \frac{F_e}{Wt} \qquad \cdots\cdots (4)$$

定应力伸长率 E_s 按式(5)计算,以%表示:

$$E_s = \frac{100(L_s - L_0)}{L_0} \qquad \cdots\cdots (5)$$

所需应力对应的力值 F_e 按式(6)计算,以 N 表示:

$$F_e = S_e Wt \qquad \cdots\cdots (6)$$

屈服点拉伸应力 S_y 按式(7)计算,以 MPa 表示:

$$S_y = \frac{F_y}{Wt} \qquad \cdots\cdots (7)$$

屈服点伸长率 E_y 按式(8)计算,以%表示:

$$E_y = \frac{100(L_y - L_0)}{L_0} \qquad \cdots\cdots (8)$$

在上式中,所使用的符号意义如下:

F_b——断裂时记录的力,单位为牛(N);
F_e——给定应力时记录的力,单位为牛(N);
F_m——记录的最大力,单位为牛(N);
F_y——屈服点时记录的力,单位为牛(N);
L_0——初始试验长度,单位为毫米(mm);
L_b——断裂时的试验长度,单位为毫米(mm);
L_s——定应力时的试验长度,单位为毫米(mm);
L_y——屈服时的试验长度,单位为毫米(mm);
S_e——所需应力,单位为兆帕(MPa);
t——试验长度部分厚度,单位为毫米(mm);
W——裁刀狭窄部分的宽度,单位为毫米(mm)。

15.2 环状试样

拉伸强度 TS 按式(9)计算,以 MPa 表示:

$$TS = \frac{F_m}{2Wt} \qquad \cdots\cdots (9)$$

断裂拉伸强度 TS_b 按式(10)计算,以 MPa 表示:

$$TS_b = \frac{F_b}{2Wt} \qquad \cdots\cdots (10)$$

拉断伸长率 E_b 按式(11)计算,以%表示:

$$E_b = \frac{100(\pi d + 2L_b - C_i)}{C_i} \quad \cdots\cdots(11)$$

定伸应力 S_e 按式(12)计算,以 MPa 表示:

$$S_e = \frac{F_e}{2Wt} \quad \cdots\cdots(12)$$

给定伸长率对应于滑轮中心距 L_e 按式(13)计算,以 mm 表示:

$$L_e = \frac{C_m E_s}{200} + \frac{C_i - \pi d}{2} \quad \cdots\cdots(13)$$

定应力伸长率 E_s 按式(14)计算,以%表示:

$$E_s = \frac{100(\pi d + 2L_s - C_i)}{C_m} \quad \cdots\cdots(14)$$

定应力对应的力值 F_e 按式(15)计算,以 N 表示:

$$F_e = 2S_e Wt \quad \cdots\cdots(15)$$

屈服点拉伸应力 S_y 按式(16)计算,以 MPa 表示:

$$S_y = \frac{F_y}{2Wt} \quad \cdots\cdots(16)$$

屈服点伸长率 E_y 按式(17)计算,以%表示:

$$E_y = \frac{100(\pi d + 2L_y - C_i)}{C_m} \quad \cdots\cdots(17)$$

在上式中,所使用的符号意义如下:

C_i——环状试样的初始内周长,单位为毫米(mm);
C_m——环状试样的初始平均圆周长,单位为毫米(mm);
d——滑轮的直径,单位为毫米(mm);
E_s——定应力伸长率,%;
F_b——试样断裂时记录的力,单位为牛(N);
F_e——定应力对应的力值,单位为牛(N);
F_m——记录的最大力,单位为牛(N);
F_y——屈服点时记录的力,单位为牛(N);
L_b——试样断裂时两滑轮的中心距,单位为毫米(mm);
L_s——给定应力时两滑轮的中心距,单位为毫米(mm);
L_y——屈服点时两滑轮的中心距,单位为毫米(mm);
S_e——定伸应力,单位为兆帕(MPa);
t——环状试样的轴向厚度,单位为毫米(mm);
W——环状试样的径向宽度,单位为毫米(mm)。

16 试验结果的表示

如果在同一试样上测定几种拉伸应力-应变性能时,则每种试验数据可视为独立得到的,试验结果按规定分别予以计算。

在所有情况下,应报告每一性能的中位数。

17 试验报告

试验报告应包括下列内容:

a) 本标准编号;

b) 样品和试样的说明：

1) 样品及其来源的详细说明；

2) 如果知道，列出胶料和硫化条件；

3) 试样说明：

——试样的制备方法（例如打磨）试样类型及其厚度中位数；

——哑铃状试样相对于压延方向的裁切方向；

4) 试验试样数量。

c) 试验说明：

1) 非标准实验室温度时的试验温度，如果需要，列出相对湿度；

2) 试验日期；

3) 与规定试验步骤的任何不同之处。

d) 试验结果，即按第15章计算所测定的性能的中位数。

附 录 A
（规范性附录）
B型环状试样的制备

环状试样可用旋转式切片机切取，该机转速为 400 r/min，并配备一个夹持刀片的专用夹具(见图 A.1)。刀片应用肥皂液润滑，并应经常对锋利度、损坏等进行检查。在用图 A.2 所示的工具切取时，样品应被夹紧。

单位为毫米

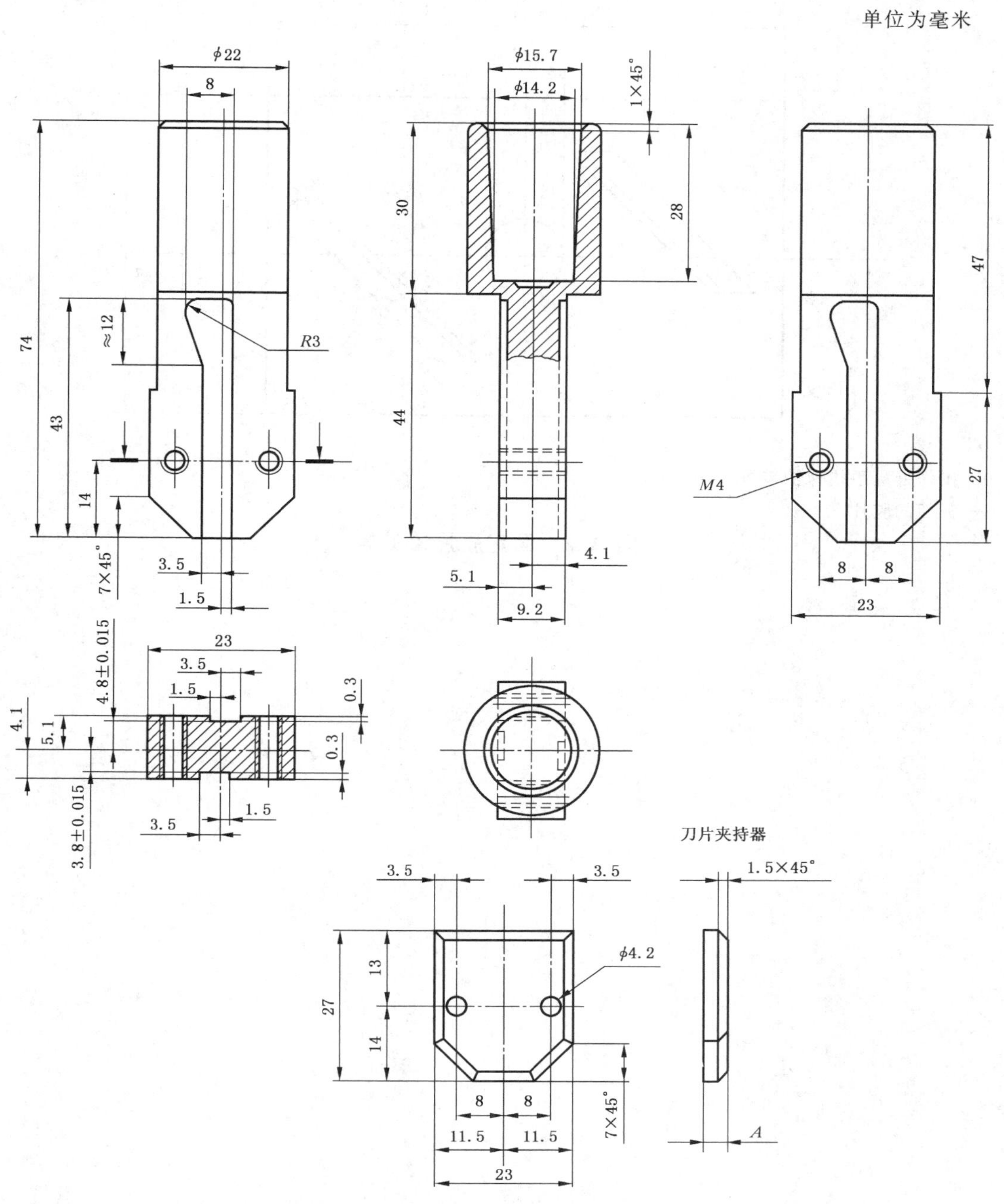

1——刀片夹持器的侧视图(*A* 不是关键尺寸)。

图 A.1 可拆装刀片的专用夹持工具

单位为毫米

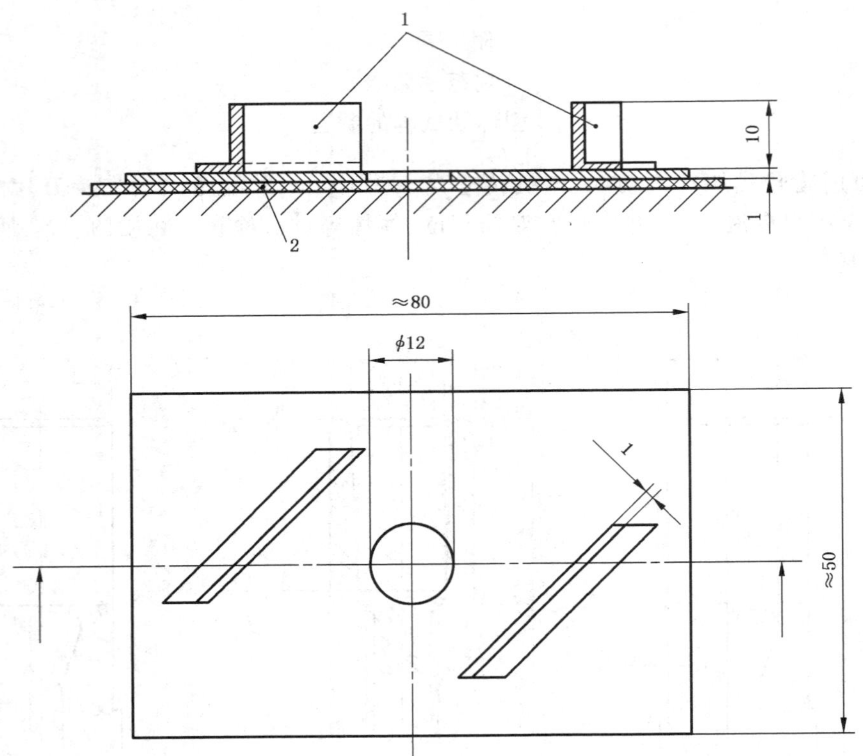

1——操作人员手指保护装置；

2——裁切的胶片。

图 A.2 固定胶片的工具

附　录　B
（规范性附录）
精　密　度

B.1　总则

方法的重复性和再现性基于 ISO/TR 9272:2005 进行计算。原始数据基于 ISO/TR 9272:2005 规定的程序以 5%和 2%显著性水平由第三方进行处理。

B.2　试验计划说明

B.2.1　安排了两个实验室间试验计划(ITP)。

2001 年第一个 ITP 如下：

拉伸试验使用了 NR、SBR 和 EPDM 三种不同的胶料。这一试验方法的试验结果为下述每一性能 5 次分别测量的平均值。总共 8 个国家的 23 个实验室参与了该计划。

2002 年第二个 ITP 如下：

拉伸试验使用一种 NR 胶料。胶料配方与第一个 ITP 所使用的 NR 胶料相同。总共 6 个国家的 17 个实验室参与该计划。

将完全制备好的橡胶试样送到每个实验室，两个 ITP 均以 1 级精密度进行评价。

B.2.2　测定的试验性能包括断裂拉伸强度 TS_b、拉断伸长率 E_b、100%定伸应力(S_{100})和 200%定伸应力(S_{200})。

B.2.3　用 1 型、2 型和 1A 型三种类型的哑铃状试样进行试验。

在第一个 ITP 中，用标距为 20 mm 和 25 mm 两种试验长度对 1 型试样进行试验，而在第二个 ITP 中只对试验长度为 25 mm 的试样进行试验。

B.3　精密度的结果

精密度的计算结果列于表 B.1、表 B.2、表 B.3、表 B.4。表 B.1、表 B.2 和表 B.3 分别列出第一个 ITP 的 NR、SBR 和 EPDM 胶料的结果，表 B.4 给出第二个 ITP 的 NR 的结果。

这些表中所使用的符号定义如下：

r——重复性，测量单位；

(r)——重复性，%(相对的)；

R——再现性，测量单位；

(R)——再现性，%(相对的)。

表 B.1　NR 胶料的精密度(第一个 ITP)

性　能	哑铃状类型/试验长度	平均值 $N=23\times2=46$	实验室内的重复性		实验室间的再现性	
			r	(r)	R	(R)
TS_b	1 型/20 mm	34.25	1.10	3.20	3.35	9.79
	1 型/25 mm	34.17	1.53	4.47	2.49	7.29
	2 型/20 mm	31.93	1.25	3.93	2.85	8.94
	1A 型/20 mm	34.88	0.67	1.91	2.63	7.54

表 B.1(续)

性　能	哑铃状类型/试验长度	平均值 $N=23\times2=46$	实验室内的重复性		实验室间的再现性	
			r	(r)	R	(R)
E_b	1 型/20 mm	671	42.1	6.28	57.2	8.52
	1 型/25 mm	670	66.3	9.89	63.1	9.41
	2 型/20 mm	651	29.9	4.60	60.5	9.29
	1A 型/20 mm	687	29.9	4.35	57.8	8.41
S_{100}	1 型/20 mm	1.83	0.18	10.00	0.36	19.50
	1 型/25 mm	1.86	0.12	6.73	0.32	17.24
	2 型/20 mm	1.84	0.15	8.33	0.40	21.95
	1A 型/20 mm	1.89	0.07	3.90	0.28	14.81
S_{200}	1 型/20 mm	4.49	0.45	10.08	0.85	18.97
	1 型/25 mm	4.42	0.52	11.82	0.77	17.36
	2 型/20 mm	4.39	0.39	8.79	0.87	19.85
	1A 型/20 mm	4.58	0.38	8.25	0.70	15.26

表 B.2　SBR 胶料的精密度(第一个 ITP)

性　能	哑铃状类型/试验长度	平均值 $N=23\times2=46$	实验室内的重复性		实验室间的再现性	
			r	(r)	R	(R)
TS_b	1 型/20 mm	24.87	1.48	5.94	2.12	8.53
	1 型/25 mm	24.60	1.17	4.74	2.58	10.47
	2 型/20 mm	24.38	1.52	6.22	2.84	11.65
	1A/20 mm	24.70	1.01	4.11	2.38	9.65
E_b	1 型/20 mm	457	29.3	6.40	39.0	8.53
	1 型/25 mm	458	31.4	6.85	31.6	6.90
	2 型/20 mm	462	32.9	7.12	48.2	10.43
	1A/20 mm	459	13.9	3.04	41.1	8.96
S_{100}	1 型/20 mm	2.64	0.20	7.46	0.51	19.47
	1 型/25 mm	2.61	0.20	7.52	0.41	15.75
	2 型/20 mm	2.66	0.24	9.11	0.57	21.30
	1A/20 mm	2.65	0.10	3.87	0.43	16.15
S_{200}	1 型/20 mm	7.76	0.59	7.62	1.28	16.52
	1 型/25 mm	7.74	0.47	6.08	0.94	12.15
	2 型/20 mm	7.68	0.56	7.31	1.48	19.25
	1A/20 mm	7.81	0.45	5.74	1.00	12.79

表 B.3 EPDM 胶料的精密度(第一个 ITP)

性能	哑铃状类型/试验长度	平均值 $N=23\times2=46$	实验室内的重复性		实验室间的再现性	
			r	(r)	R	(R)
TS_b	1 型/20 mm	14.51	1.13	7.78	2.01	13.83
	1 型/25 mm	14.59	1.57	10.76	2.22	15.20
	2 型/20 mm	14.50	1.20	8.26	2.14	14.74
	1A/20 mm	14.77	0.65	4.39	1.87	12.65
E_b	1 型/20 mm	470	22.2	4.71	32.4	6.90
	1 型/25 mm	474	33.8	7.13	44.5	9.38
	2 型/20 mm	475	21.9	4.60	42.4	8.93
	1A/20 mm	471	20.2	4.28	39.2	8.34
S_{100}	1 型/20 mm	2.33	0.21	8.99	0.36	15.32
	1 型/25 mm	2.30	0.18	7.61	0.32	13.94
	2 型/20 mm	2.39	0.17	7.21	0.32	13.52
	1A/20 mm	2.40	0.09	3.87	0.29	12.04
S_{200}	1 型/20 mm	5.11	0.35	6.87	0.65	12.80
	1 型/25 mm	5.05	0.25	4.88	0.62	12.35
	2 型/20 mm	5.08	0.27	5.24	0.71	14.04
	1A/20 mm	5.20	0.22	4.22	0.46	8.84

表 B.4 NR 胶料的精密度(第二个 ITP)

性能	哑铃状类型/试验长度	平均值 $N=17\times2=34$	实验室内的重复性		实验室间的再现性	
			r	(r)	R	(R)
TS_b	1 型/25 mm	32.26	1.86	5.76	2.21	6.84
	2 型/20 mm	34.75	1.53	4.41	4.04	11.63
	1A/20 mm	33.13	1.19	3.60	2.71	8.17
E_b	1 型/25 mm	640	27.26	4.26	54.44	8.50
	2 型/20 mm	683	30.80	4.51	94.49	13.83
	1A/20 mm	665	22.94	3.45	83.52	12.56
S_{100}	1 型/25 mm	1.74	0.13	7.29	0.32	18.17
	2 型/20 mm	1.83	0.20	11.08	0.30	16.18
	1A/20 mm	1.78	0.13	7.06	0.22	12.19
S_{200}	1 型/25 mm	4.27	0.32	7.42	1.10	25.81
	2 型/20 mm	4.31	0.44	10.31	1.03	23.91
	1A/20 mm	4.35	0.21	4.78	0.87	20.11

附　录　C
（资料性附录）
ITP 数据和哑铃状试样形状的分析

C.1　总则

本附录研究了通过 ITP 计划测定不同形状哑铃状试样(包括 1A 型)的性能。1A 型哑铃状试样是新增加到本标准中的,但是它已经在日本和其他国家使用多年了。

实验室间试验表明,1A 型哑铃状试样优于重复性较好的 1 型和 2 型,尤其是试验长度外断裂发生率较低。有限元分析证明,1A 型的应变分布更均匀,这可能是其性能有所改善的原因。

用 1A 型哑铃状试样测定的拉伸性能值却非常近似于 1 型,但是不能以为在所有情况下两者都是一致的。

1A 型哑铃状试样所有尺寸都近似于 1 型,可以作为是一种选择。它并未取代 1 型的原因是由于 1 型试样已获得了大量的数据，并且有长的传统。

C.2　三因子全嵌套实验的三个方差

在对按 ISO/TR 9272:2005 计算的精密度的比较中,R 是实验室之间方差(σ_L^2)的表征,r 是某一试验室的总方差($\sigma_D^2+\sigma_M^2$)的表征,它由每天之间的方差(σ_D^2)与因测量误差产生的方差(σ_M^2)构成。为了分别分析 σ_D^2 和 σ_M^2,用 ISO 5725-3 所述的“三因子全嵌套试验”足以评判方差的每个组分。

对第二个 ITP 中的测量值总方差的每个组分进行了评估。其结果示于表 C.1 和表 C.2。

表 C.1　用“三因子全嵌套试验”对第二个 ITP 中拉伸强度方差的每个组分的评估

	1 型	2 型	1A 型
σ_L^2	$(0.60)^2$	$(1.80)^2$	$(0.80)^2$
σ_D^2	$(0.67)^2$	$(0.54)^2$	$(0.17)^2$
σ_M^2	$(1.60)^2$	$(1.08)^2$	$(1.04)^2$

表 C.2　用“三因子全嵌套试验”对第二个 ITP 中伸长率方差的每个组分的评估

	1 型	2 型	1A 型
σ_L^2	$(20.4)^2$	$(43.7)^2$	$(24.3)^2$
σ_D^2	$(13.6)^2$	$(21.9)^2$	$(28.6)^2$
σ_M^2	$(28.1)^2$	$(19.3)^2$	$(19.3)^2$

在这三种方差中。因测量误差产生的方差(σ_M^2)对哑铃状试样形状是最重要的。其他方差(σ_L^2 和 σ_D^2)受哑铃状试样形状以外的许多因素的影响。

如数据所示,1A 型哑铃状试样的 σ_M^2 最小,表示用此类型试样的测量精密度最好。

C.3　断裂试样的分析

C.3.1　试验长度外断裂的试样数

图 C.1 示出在试验长度外(标线外)断裂的试样数。每一类型哑铃状试样都试验 230 个试样,由 23 个实验室在两个试验日内每个实验室每天试验 5 个试样。

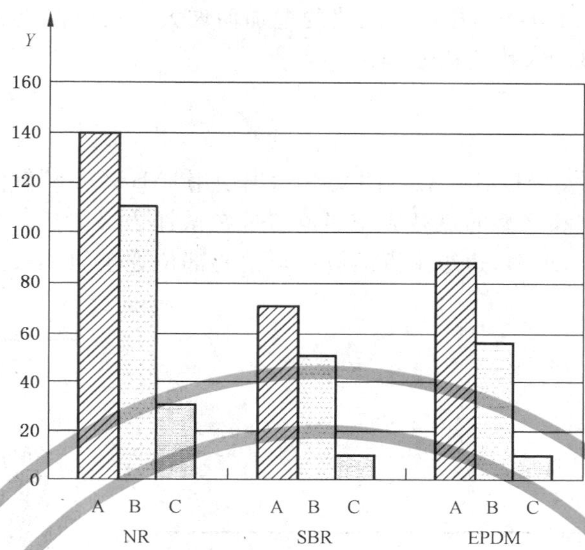

Y——试验长度外断裂的试样数；

A——1 型哑铃状试样；

B——2 型哑铃状试样；

C——1A 型哑铃状试样。

图 C.1 试验长度外断裂的试样数

（第一个 ITP——每个类型试样共 230 个）

在用 NR 胶料制备的试验长度为 20 mm 的 1 型哑铃状试样中，试验长度外断裂的试样 159 个，约占 70%；在试验长度为 25 mm 的 1 型试样中，约占 60%；在 2 型试样中，占 47%。但是，在 1A 型试样中，试验长度外断裂的试样只占 13%。

对于 SBR 和 EPDM，1A 型试样试验长度外断裂的概率也比其他类型哑铃状试样小得多。

C.3.2 试验长度外断裂试样的比例与拉伸能之间的关系

对试验长度外断裂试样的百分比与拉伸能（拉伸强度乘以拉断伸长率）之间的关系也进行了研究。制备了不同炭黑体积含量的 NR 胶料，测定其 TS_b 和 E_b。观测了试验长度外断裂试样的百分数。图 C.2 示出该试验的结果。

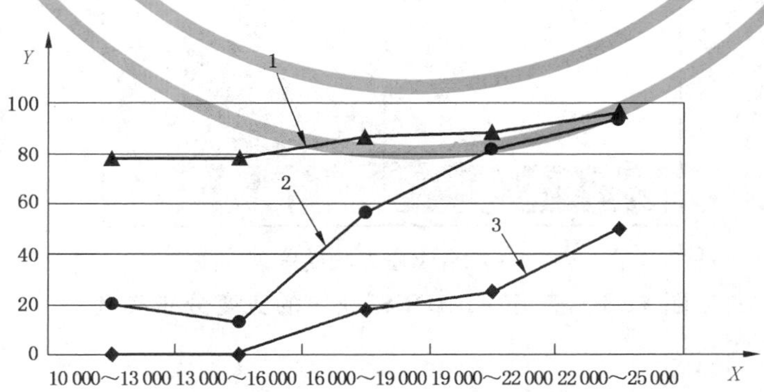

X——$TS_b \times E_b$（MPa·%）；

Y——在试验长度外断裂试样的百分数；

1——1 型哑铃状试样；

2——2 型哑铃状试样；

3——1A 型哑铃状试样。

图 C.2 试验长度外断裂试样的百分数与 $TS_b \times E_b$（拉伸能）的关系

试验长度外断裂试样的百分数随拉伸能之值的增加而增大。在拉伸能之值低于 20 000 MPa·% 时,大多数 1A 型试样都在试验长度之内断裂。

C.4 有限元分析

对部分试样进行了有限元分析(FEA)。图 C.3 示出使用“ABAQUS”软件获得的应变分布。

应变分布分析表明,1 型和 2 型的最高应变部位出现在试样边缘附近。这一观测结果与 C.3 章所述拉伸试验结果相一致。而 1A 型,边缘附近的应变与中心部位处于同一水平,表示 1A 型的应变分布比较均匀。

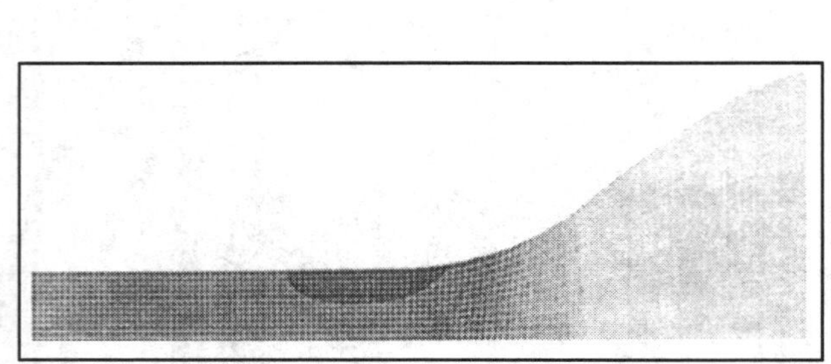

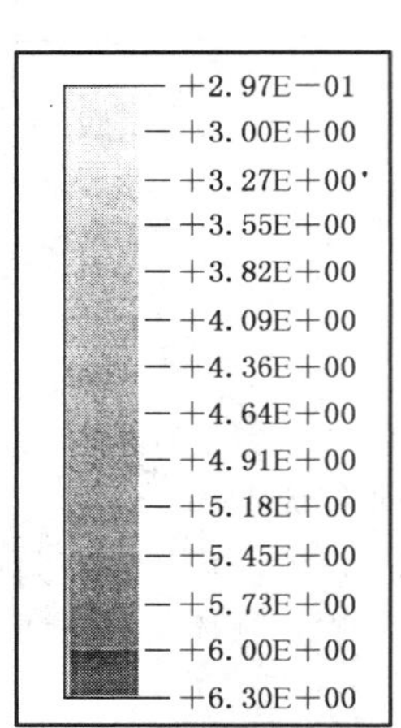

a) 1 型哑铃状试样

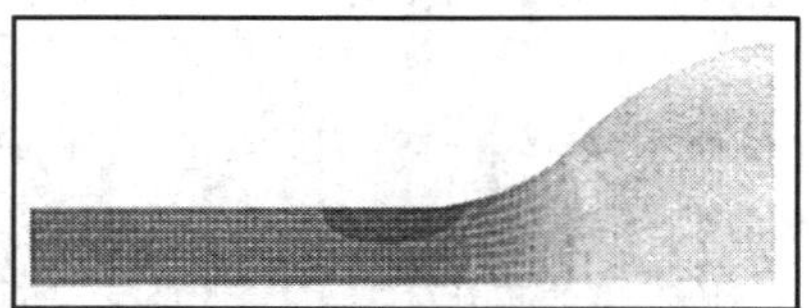

b) 2 型哑铃状试样

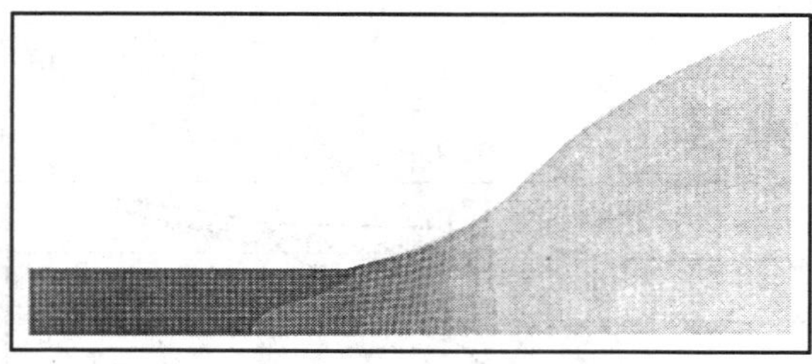

c) 1A 型哑铃状试样

图 C.3 使用“ABAQUS”获得的应变分布实例

参 考 文 献

[1] ISO/TR 9272:2005,橡胶和橡胶制品——试验方法标准精密度的测定。

[2] ISO 5725-3,测量方法和结果的准确性(真实度和精密度)——第3部分:标准测量方法精密度的中间测量。

编者注:规范性引用文件中 ISO 5893 最新版本为 ISO 5893:2002,已转化(等同采用)为 GB/T 17200—2008《橡胶塑料拉力、压力和弯曲试验机(恒速驱动)技术规范》。

ICS 83.060
G 40

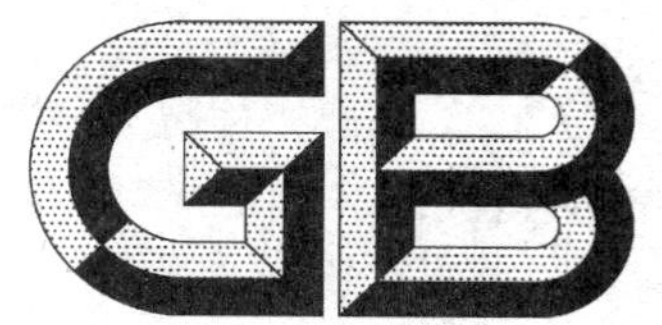

中华人民共和国国家标准

GB/T 529—2008
代替 GB/T 529—1999

硫化橡胶或热塑性橡胶撕裂强度的测定（裤形、直角形和新月形试样）

Rubber, vulcanized or thermoplastic—Determination of tear strength (Trouser, angle and crescent test pieces)

(ISO 34-1:2004, Rubber, vulcanized or thermoplastic—Determination of tear strength—Part 1: Trouser, angle and crescent test pieces, MOD)

2008-06-04 发布　　　　2008-12-01 实施

中华人民共和国国家质量监督检验检疫总局
中国国家标准化管理委员会　发布

前 言

本标准修改采用国际标准 ISO 34-1:2004《硫化橡胶或热塑性橡胶撕裂强度的测定 第1部分:裤形、直角形和新月形试样》。

本标准代替 GB/T 529—1999《硫化橡胶或热塑性橡胶撕裂强度的测定(裤形、直角形和新月形试样)》。

本标准根据 ISO 34-1:2004 重新起草,其技术性差异及原因如下:

本标准中规定:如果多组试样进行比较,则每组试样厚度中位数应在所有组中试样厚度总的中位数的7.5%范围内(本版第9章)。而 ISO 34-1:2004 中规定,如果多组试样进行比较时,则每组试样厚度中位数应在所有组中试样厚度总的中位数的1.5%范围内。这样规定主要是结合我国国情。

为便于使用,本标准还做了下列编辑性修改:

a) 用"本标准"代替"本国际标准";

b) 本标准删除了国际标准前言;

c) 用小数点"."代替作为小数点的逗号","。

本标准与 GB/T 529—1999 相比主要变化如下:

——本标准增加了"试验个数"一章(本版第7章);

——本标准修改了直角形裁刀的部分尺寸:增加了90°角的公差±0.5°,删除了尺寸(27±0.05)mm 和(28±0.05)mm(1999年版的图2,本版的图2)。

本标准附录A和附录B为资料性附录。

本标准由中国石油和化学工业协会提出。

本标准由全国橡标委橡胶物理和化学试验方法分技术委员会(SAC/TC 35/SC 2)归口。

本标准起草单位:桦林佳通轮胎有限公司。

本标准主要起草人:韩雷、耿福民。

本标准所代替标准的历次版本发布情况为:

——GB 529—1965、GB 529—1976、GB 529—1981、GB/T 529—1991、GB/T 529—1999。

硫化橡胶或热塑性橡胶撕裂强度的测定（裤形、直角形和新月形试样）

1 范围

本标准规定了测定硫化橡胶或热塑性橡胶撕裂强度的三种试验方法，即：

——方法A：使用裤形试样；

——方法B：使用直角形试样，割口或不割口；

——方法C：使用有割口的新月形试样。

撕裂强度值与试样形状、拉伸速度、试验温度和硫化橡胶的压延效应有关。

方法A：使用裤形试样

使用裤形试样对切口长度不敏感，而另外两种试样的割口要求严格控制。另外，获得的结果更有可能与材料的基本撕裂性能有关，而受定伸应力的影响较小（该定伸应力是试样“裤腿”伸长所致，可忽略不计），并且撕裂扩展速度与夹持器拉伸速度有直接关系。有些橡胶其撕裂扩展是不平滑的（不连续撕裂），结果分析会有困难。

方法B，试验程序(a)：使用无割口直角形试样

该试验是撕裂开始和撕裂扩展的综合。在直角点处的应力上升至足以发生初始撕裂，然后应力进一步增大直至试样撕裂。但是，只能测定破坏试样所需的总的力。因此，所测得的力不能分解为产生撕裂开始和撕裂扩展的两个分力。

方法B，试验程序(b)：使用有割口直角形试样

该试验是将试样预先割口，测定其扩展撕裂所需的力。扩展速度与拉伸速度没有直接关系。

方法C：使用新月形试样

该试验也是将试样预先割口，测定其扩展撕裂所需的力，而且扩展速度与拉伸速度无关。

注：橡胶小试样（德尔夫特试样）撕裂强度的测定方法在ISO 34-2中另行规定。

2 规范性引用文件

下列文件中的条款通过本标准的引用而成为本标准的条款，凡是注日期的引用文件，其随后所有的修改单（不包括勘误的内容）或修订版均不适用于本标准，然而，鼓励根据本标准达成协议的各方研究是否可使用这些文件的最新版本。凡是不注明日期的引用文件，其最新版本适用于本标准。

GB/T 2941 橡胶物理试验方法试样制备和调节通用程序(GB/T 2941—2006，ISO 23529:2004，IDT)

GB/T 12833 橡胶和塑料 撕裂强度和粘合强度测定中的多峰曲线的分析(GB/T 12833—2006，ISO 6133:1998，IDT)

GB/T 14838 橡胶与橡胶制品 试验方法标准 精密度的确定(GB/T 14838—1993，neq ISO/TR 9272:1986)

ISO 5893 橡胶与塑料拉伸、屈挠及压缩试验机（恒速）技术性能

3 术语和定义

下列术语和定义适用于本标准。

3.1

裤形撕裂强度 trouser tear strength

用平行于切口平面方向的外力作用于规定的裤形试样上，将试样撕断所需的力除以试样厚度，该力值按 GB/T 12833 规定计算。

3.2

无割口直角形撕裂强度 unnicked angle tear strength

用沿试样长度方向的外力作用于规定的直角形试样上，将试样撕断所需的最大力除以试样厚度。

3.3

有割口直角形或新月形撕裂强度 nicked angle or crescent tear strength

用垂直于割口平面方向的外力作用于规定的直角形或新月形试样上，通过撕裂引起割口断裂所需的最大力除以试样厚度。

4 试验原理

用拉力试验机，对有割口或无割口的试样在规定的速度下进行连续拉伸，直至试样撕断。将测定的力值按规定的计算方法求出撕裂强度。

不同类型的试样测得的试验结果之间没有可比性。

5 装置

5.1 裁刀

5.1.1 裤形试样所用裁刀，其所裁切的试样尺寸（长度和宽度）如图 1 所示。

单位为毫米

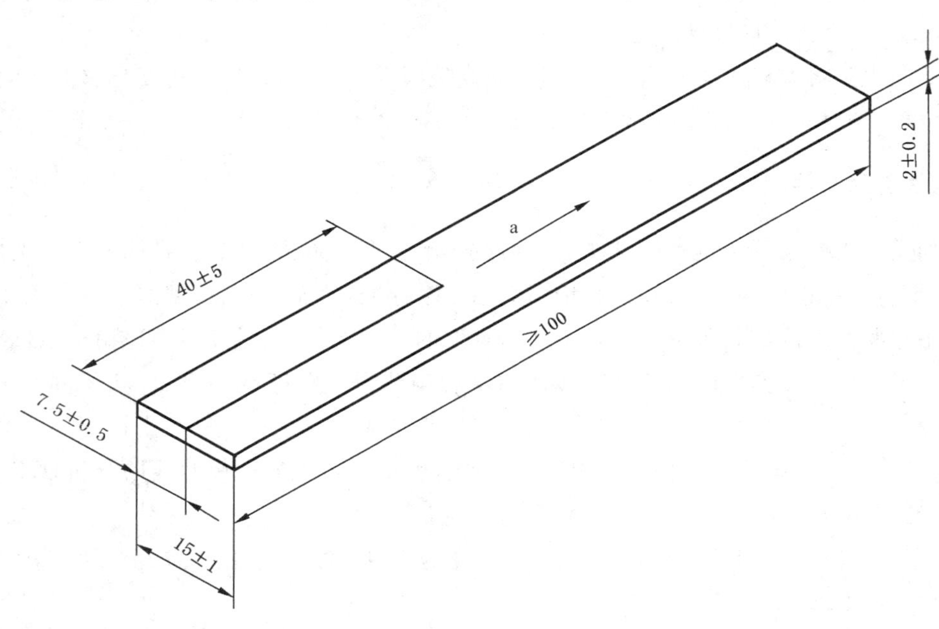

a——切口方向。

图 1 裤形裁刀所裁试样

5.1.2 直角形试样裁刀，其所裁切的试样尺寸如图 2 所示。

单位为毫米

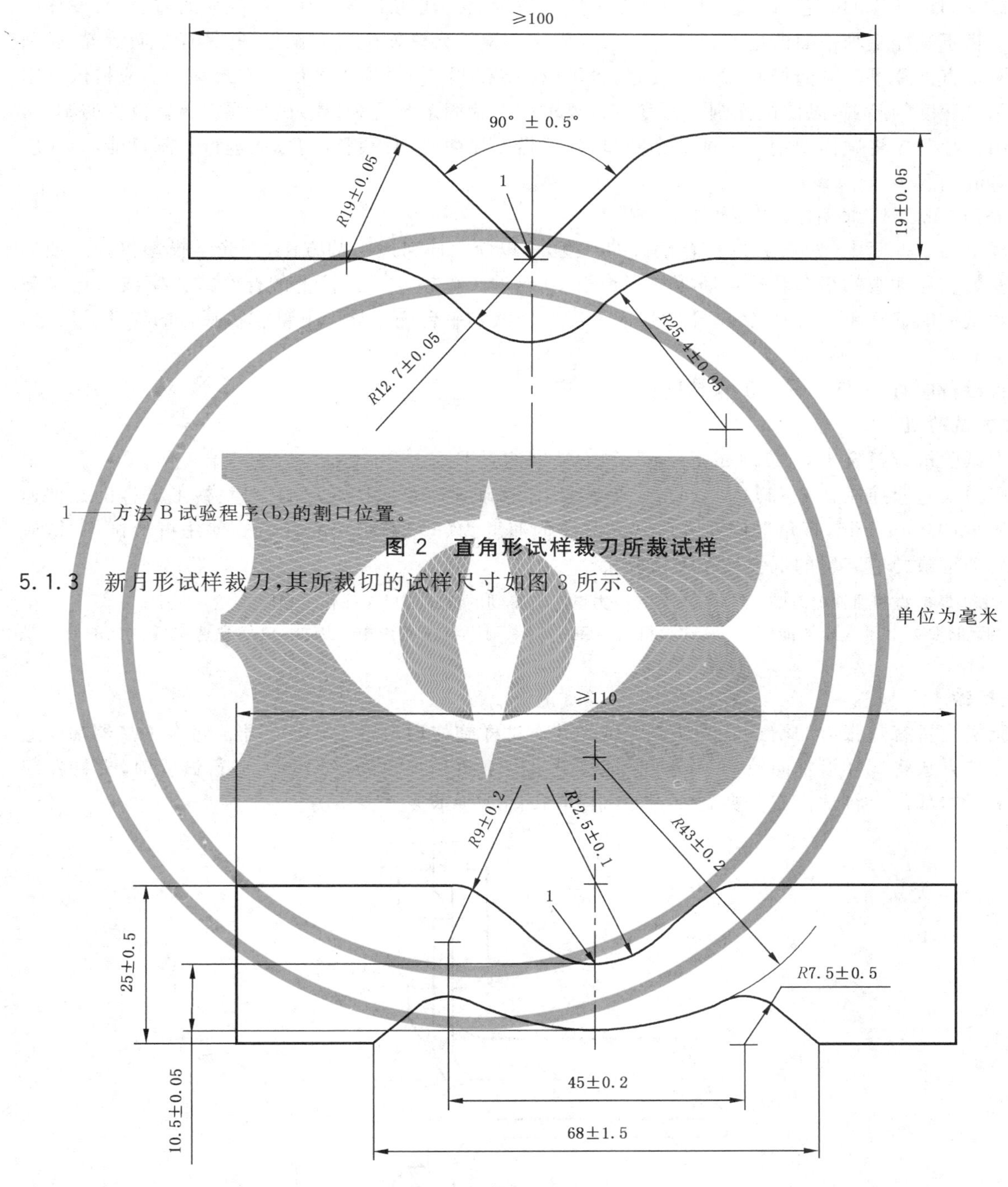

1——方法 B 试验程序(b)的割口位置。

图 2 直角形试样裁刀所裁试样

5.1.3 新月形试样裁刀，其所裁切的试样尺寸如图 3 所示。

单位为毫米

1——割口位置。

图 3 新月形试样裁刀所裁试样

5.1.4 裁刀的刃口必须保持锋利，不得有卷刃和缺口，裁切时应使刃口垂直于试样的表面，其整个刃口应在同一个平面上。

5.2 割口器

5.2.1 用于对试样进行割口的锋利刀片或锋利的刀应无卷刃和缺口。

5.2.2 用于对直角形或新月形试样进行割口的割口器应满足下列要求：

应提供固定试样的装置，以使割口限制在一定的位置上。裁切工具由刀片或类似的刀组成，刀片应固定在垂直于试样主轴平面的适当位置上。刀片固定装置不允许发生横向位移，并具有导向装置，以确保刀片沿垂直试片平面方向切割试片。反之，也可以固定刀片，使试样以类似的方式移动。应提供可精确调整割口深度的装置，以使试样割口深度符合要求。刀片固定装置和（或）试样固定装置位置的调节，是通过用刀片预先将试样切割 1 个或 2 个割口，然后借助显微镜测量割口的方式进行。割口前，刀片应用水或皂液润湿。

注：适用于撕裂试验的割口装置详见参考文献[4]。

在规定的公差范围（见 6.4）内检查割口的深度，可以使用任何适当的方法，如光学投影仪。简便的配置为安装有移动载物平台和适当照明的不小于 10 倍的显微镜。用目镜上的标线或十字线来记录载物平台和试样的移动距离，该距离等于割口的深度。用载物平台测微计来测量载物平台的移动。反之，也可移动显微镜。

检查设备应有 0.05 mm 的测量精度。

5.3 拉力试验机

拉力试验机应符合 ISO 5893 的规定，其测力精度达到 B 级。

作用力误差应控制在 2%以内，试验过程中夹持器移动速度要保持规定的恒速：裤形试样的拉伸速度为(100±10)mm/min，直角形或新月形试样的拉伸速度为(500±50)mm/min。使用裤形试样时，应采用有自动记录力值装置的低惯性拉力试验机。

注：由于摩擦力和惯性的影响，惯性（摆锤式）拉力试验机得到的试验结果往往各不相同。低惯性（如电子或光学传感）拉力试验机所得到的结果则没有这些影响。因此，应优先选用低惯性的拉力试验机。

5.4 夹持器

试验机应备有随张力的增加能自动夹紧试样并对试样施加均匀压力的夹持器。每个夹持器都应通过一种定位方式将试样沿轴向拉伸方向对称地夹入。当对直角形或新月形试样进行试验时，夹持器应在两端平行边部位内将试样充分夹紧。裤形试样应按图 4 所示夹入夹持器。

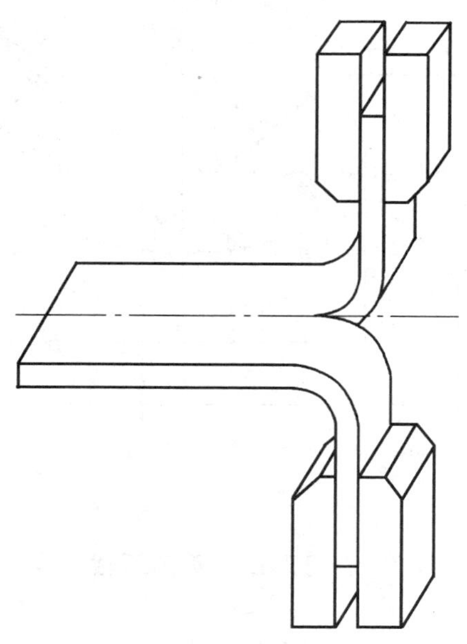

图 4 在拉力试验机上裤形试样的状态

6 试样

6.1 试样应从厚度均匀的试片上裁取。试片的厚度为(2.0±0.2)mm。

试片可以模压或通过制品进行切割、打磨制得。

试片硫化或制备与试样裁取之间的时间间隔,应按 GB/T 2941 中的规定执行。在此期间,试片应完全避光。

6.2 裁切试样前,试片应按 GB/T 2941 中的规定,在标准温度下调节至少 3 h。

试样是通过冲压机利用裁刀从试片上一次裁切而成,其形状如图 1、图 2 或图 3 所示。试片在裁切前可用水或皂液润湿,并置于一个起缓冲作用的薄板(例如皮革、橡胶带或硬纸板)上,裁切应在刚性平面上进行。

6.3 裁切试样时,撕裂割口的方向应与压延方向一致。如有要求,可在相互垂直的两个方向上裁切试样。

撕裂扩展的方向,裤形试样应平行于试样的长度,而直角形和新月形试样应垂直于试样的长度方向。

6.4 每个试样应使用 5.2 规定的装置切割出下列深度。

方法 A(裤形试样)——割口位于试样宽度的中心,深度为(40±5)mm,方向如图 1 所示。其切口最后约 1 mm 处的切、割过程是很关键的。

方法 B,试验程序(b)(直角形试样)——割口深度为(1.0±0.2)mm,位于试样内角顶点(见图 2)。

方法 C(新月形试样)——割口深度为(1.0±0.2)mm,位于试样凹形内边中心处(见图 3)。

试样割口、测量和试验应连续进行,如果不能连续进行试验时,应根据具体情况,将试样在(23±2)℃或(27±2)℃温度下保存至试验。割口和试验之间的间隔不应超过 24 h。

进行老化试验时,切口和割口应在老化后进行。

7 试样数量

每个样品不少于 5 个试样。如有要求,按照 6.3 规定,每个方向各取 5 个试样。

8 试验温度

按 GB/T 2941 的规定,试验应在(23±2)℃或(27±2)℃标准温度下进行。当需要采用其他温度时,应从 GB/T 2941 规定的温度中选择。

如果试验需要在其他温度下进行时,试验前,应将试样置于该温度下进行充分调节,以使试样与环境温度达到平衡。为避免橡胶发生老化(见 GB/T 2941),应尽量缩短试样调节时间。

为使试验结果具有可比性,任何一个试验的整个过程或一系列试验应在相同温度下进行。

9 试验步骤

按 GB/T 2941 中的规定,试样厚度的测量应在其撕裂区域内进行,厚度测量不少于三点,取中位数。任何一个试样的厚度值不应偏离该试样厚度中位数的 2%。如果多组试样进行比较,则每组试样厚度中位数应在所有组中试样厚度总的中位数的 7.5%范围内。

试样按第 8 章所述进行调节后,按 5.4 所述立即将试样安装在拉力试验机上(见 5.3),在下列夹持器移动速度下:直角形和新月形试样为(500±50)mm/min、裤形试样为(100±10)mm/min,对试样进行拉伸,直至试样断裂。记录直角形和新月形试样的最大力值。当使用裤形试样时,应自动记录整个撕裂过程的力值。

10 试验结果的表示

撕裂强度 T_s 按式(1)计算：

$$T_s = \frac{F}{d} \qquad \cdots\cdots(1)$$

式中：

T_s——撕裂强度，单位为千牛每米(kN/m)；

F——试样撕裂时所需的力(当采用裤形试样时，应按 GB/T 12833 中的规定计算力值 F，取中位数；当采用直角形和新月形试样时，取力值 F 的最大值)，单位为牛顿(N)；

d——试样厚度的中位数，单位为毫米(mm)。

试验结果以每个方向试样的中位数、最大值和最小值共同表示，数值准确到整数位。

11 精密度

11.1 概述

按照 GB/T 14838 的规定计算重复性和再现性，有关精密度的概念和术语也参见此标准。重复性和再现性结果的使用指南参见附录 A。

11.2 精密度说明

11.2.1 实验室间的试验方案(ITP)已于 1987 年实施。使用 A、B 和 C 三种胶料配方，硫化成试片送到所有参加试验的实验室。这些胶料的配方参见附录 B。每个试验室均进行以下操作：裁切试样、割口(如果要求)、厚度测量、撕裂强度测定。

11.2.2 25 个实验室使用直角形和新月形试样，22 个实验室使用裤形试样。每种试样在间隔一周的两个试验日中进行试验。取 5 个测定值的中位数作为验结果。用Ⅰ型精密度进行分析。参与的实验室均不进行胶料混炼和硫化。

11.3 精密度结果

所有试验精密度结果见表 1。精密度结果使用指南参见附录 A。

表 1 中所用的符号如下：

r——重复性，用测量单位表示；

(r)——相对重复性，用 r 与材料平均值的百分数表示；

R——再现性，用测量单位表示；

(R)——相对再现性，用 R 与材料平均值的百分数表示。

(r)和(R)的合并值是通过 r 和 R 的合并值与所有材料平均值计算得到。

12 试验报告

试验报告应包括以下内容：

a) 本标准名称或编号；

b) 识别样品所需的所有详细说明；

c) 使用试样的类型；

d) 按第 10 章计算出的每个方向撕裂强度值(kN/m)的中位数、最大值和最小值，以及所有单独的结果；

e) 每个试样厚度中位数；

f) 相对于橡胶压延方向所施加力的方向；

g) 试验温度；

h) 对于方法 B，说明试样是有割口或无割口；

i) 试样在试验过程中需特别说明的情况，例如割口扩展的方向；

j) 硫化和试验日期。

表 1 撕裂强度(kN/m)的 1 型精密度结果

材料	平均值	实验室内		实验室间	
		r	(*r*)	*R*	(*R*)
方法 A					
方向 1(垂直于压延方向)					
胶料 A	3.68	0.91	24.7	1.29	35.0
胶料 B	7.67	1.96	25.5	2.36	30.8
胶料 C	22.8	8.66	38.0	13.80	60.7
合并值	11.3	5.15	45.6	8.15	72.1
方向 2(平行于压延方向)					
胶料 A	4.81	2.32	48.3	2.61	54.3
胶料 B	8.34	2.92	35.0	2.92	35.0
胶料 C	27.3	11.60	42.5	13.50	49.6
合并值	13.6	7.10	52.1	8.15	59.8
方法 B					
无割口					
胶料 A	38.1	4.54	12.1	20.2	53.0
胶料 B	44.5	7.12	15.9	20.4	45.9
胶料 C	98.7	43.3	43.8	47.9	48.6
合并值	60.4	25.8	42.7	31.7	52.5
有割口					
胶料 A	13.2	3.90	29.4	4.74	35.7
胶料 B	14.7	6.02	40.8	6.02	40.8
胶料 C	62.1	29.10	49.6	37.80	60.9
合并值	30.2	17.4	57.6	22.2	73.7
方法 C					
胶料 A	29.9	6.84	22.8	31.0	103.7
胶料 B	31.1	4.70	15.1	29.4	94.6
胶料 C	124.0	29.20	23.5	47.1	38.0
合并值	61.6	17.5	28.4	36.7	59.6

附 录 A
（资料性附录）
精密度结果使用指南

A.1 使用精密度结果的一般程序是首先计算任意两个测量值的正差，用符号$|x_1-x_2|$表示。

A.2 查相应的精密度表（无论所研究的是什么试验参数），在测得参数的平均值与正在研究的试验数据平均值最近处画一横线，该线将给出判断过程中所用的相应的r、(r)、R或(R)。

A.3 可用下列一般重复性陈述和相应的r和(r)值判定精密度（即不考虑正负号）。

A.3.1 绝对差：在正常和正确操作的试验程序下，用标称相同材料的样品得到的两个试验平均值间的差$|x_1-x_2|$，平均20次中不得多于一次超过表列重复性r。

A.3.2 两个试验平均值间的百分数差：在正常和正确操作的试验程序下，用标称相同材料的样品得到两个试验值间的百分数差$[|x_1-x_2|/(x_1+x_2)/2]\times100$，平均20次中不得多于一次超过表列重复性$(r)$。

A.4 可用下列一般再现性陈述和相应的R和(R)值判定精密度。

A.4.1 绝对差：在两个实验室用正常和正确的试验程序，在标称相同材料的样品上得到两个独立测量的试验平均值间绝对差$|x_1-x_2|$，平均20次中不得多于一次超过表列再现性R。

A.4.2 两个试验平均值的百分数差：在两个实验室用正常和正确的试验程序，在标称相同材料的样品上得到两个独立测量的试验平均值的百分数差$[|x_1-x_2|/(x_1+x_2)/2]\times100$，平均20次中不得多于一次超过表列再现性$(R)$。

附 录 B
（资料性附录）
供 ITP 使用胶料 A、B 和 C 配方

材　　料	质量份数		
	A	B	C
天然橡胶	32	—	83
丁苯橡胶 SBR1500	68	100	17
N550 炭黑	66	—	—
N339 炭黑	—	35	—
N234 炭黑	—	—	37
芳烃油	16	—	—
硬脂酸	1	1	2.5
防老剂	3	—	2.8
氧化锌	12	3	3
硫磺	3.2	1.75	1.3
促进剂	2.0	1	1.5
石油树脂	—	—	3.5

参 考 文 献

[1] BUIST,J. M. 橡胶化学技术. 1950(23):137.

[2] KAINRADL,and HANDLER,F,橡胶化学技术. 1960(33):1438.

[3] GB/T 12829 硫化橡胶或热塑性橡胶撕裂强度的测定 第2部分 小试样(德尔夫特试样)(GB/T 12829—2006,idt ISO 34-2:1996)

[4] BUIST,J. M,and KENNEDY,R. L:印度:橡胶杂志,1946(110):809.

编者注:规范性引用文件中ISO 5893最新版本为ISO 5893:2002,已转化(等同采用)为GB/T 17200—2008《橡胶塑料拉力、压力和弯曲试验机(恒速驱动)技术规范》。

ICS 83.060
G 40

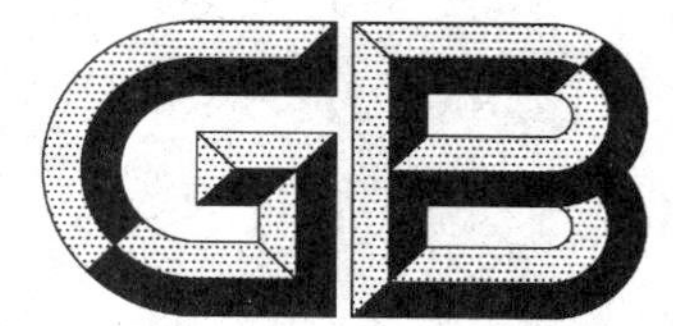

中华人民共和国国家标准

GB/T 531.1—2008/ISO 7619-1:2004
部分代替 GB/T 531—1999

硫化橡胶或热塑性橡胶 压入硬度试验方法 第1部分:邵氏硬度计法(邵尔硬度)

Rubber, vulcanized or thermoplastic—Determination of indentation hardness—Part 1: Duromerer method (Shore hardness)

(ISO 7619-1:2004, IDT)

2008-06-04 发布　　　　2008-12-01 实施

中华人民共和国国家质量监督检验检疫总局
中国国家标准化管理委员会　发布

前　言

GB/T 531 硫化橡胶或热塑性橡胶压入硬度试验方法，包括

——第 1 部分：邵氏硬度计法（邵尔硬度）；

——第 2 部分：便携式橡胶国际硬度计法。

本部分为 GB/T 531 的第 1 部分。

本部分等同采用国际标准 ISO 7619-1:2004《硫化橡胶或热塑性橡胶压入硬度试验方法　第 1 部分：邵氏硬度计法（邵尔硬度）》。

为便于使用，针对原 ISO 标准本部分做了下列编辑性修改：

a）用“本部分”代替“本国际标准”；

b）用小数点“.”代替作为小数点的“,”；

c）删除了国际标准前言；

d）删除了原 ISO 标准第 2 章中的脚注 1），8.2 中的脚注 2）与参考文献部分的脚注 3）。

本部分代替 GB/T 531—1999《橡胶袖珍硬度计压入硬度试验方法》中的邵尔 A、D 标尺试验方法的内容，同时增加了 AO、AM 标尺试验方法。本部分不包括 GB/T 531—1999《橡胶袖珍硬度计压入硬度试验方法》中的橡胶国际硬度袖珍硬度计法。

本部分与 GB/T 531—1999 的主要技术差异如下：

——增加了使用于软性材料的 AO 标尺（本版的第 1 章）；

——增加了使用于薄样品的 AM 标尺（本版的第 1 章）；

——详细描述了对支架的使用（本版的 4.3）；

——引入压足面积的规定（本版的 4.1.1 和 4.2.1）；

——对于硫化橡胶或未知类型橡胶，弹簧试验力保持时间由原来的“1 s 内”改为 3 s，由于在前几秒时间内硬度值显著下降，这样可得到更准确的结果（1999 年版的 7.1，本版的 7.2）；

——对于热塑性橡胶，引入了 15 s 的弹簧试验力保持时间，因为相对于硫化橡胶，其硬度值下降的过程持续了更长的时间，这一时间的规定和 ISO 868[1] 的规定相同（本版的 7.2）；

——改变压针几何尺寸允差和弹簧试验力校准允差，以使硬度计准确度提高（1999 年版的 4.1.2，4.2.2 和 8.1，本版的 4.1.2，4.2.2 和 4.4）。

本部分由中国石油和化学工业协会提出。

本部分由全国橡标委橡胶物理和化学试验方法分技术委员会（SAC/TC 35/SC 2）归口。

本部分主要起草单位：广东省计量科学研究院

本部分参加起草单位：上海六菱仪器厂

本部分主要起草人：陈明华、高富荣、汤昌社。

本部分参加起草人：左维中、余国安。

本部分历次版本发布情况：

——GB/T 531—1965，GB/T 531—1992，GB/T 531—1999。

引　　言

不论采用邵氏硬度计还是便携式橡胶国际硬度计测量橡胶硬度，都是由综合效应在橡胶表面形成一定的压入深度，用以表示硬度测量结果，该压入深度依赖于：

a）橡胶的弹性模量；

b）橡胶的粘弹性和滞弹性；

c）试样的厚度；

d）压针的几何形状；

e）施加的压力；

f）压力增加的速度；

g）记录硬度时间间隔。

由于这些因素，不建议把邵氏硬度直接转换为橡胶国际硬度（IRHD）值，虽然对某些橡胶和化合物，曾经建立了这两种硬度之间转换的修正值。

注：GB/T 6031—1998 规定了硫化橡胶或热塑性橡胶硬度的测定（硬度在 10IRHD～100IRHD 之间），有关邵氏硬度和橡胶国际硬度关系的进一步的信息可见参考文献[5]、[6]、[7]。

硫化橡胶或热塑性橡胶
压入硬度试验方法
第1部分:邵氏硬度计法(邵尔硬度)

警告——使用本部分的人员应有正规实验室工作的实践经验。本部分并未指出所有可能的安全问题。使用者有责任采取适当的安全和健康措施,并保证符合国家有关法规规定的条件。

1 范围

本部分规定了硫化橡胶或热塑性橡胶使用下列标尺的压入硬度(邵尔硬度)试验方法:

——A标尺,适用于普通硬度范围,采用A标尺的硬度计称邵氏A型硬度计;

——D标尺,适用于高硬度范围,采用D标尺的硬度计称邵氏D型硬度计;

——AO标尺,适用于低硬度橡胶和海绵,采用AO标尺的硬度计称邵氏AO型硬度计;

——AM标尺,适用于普通硬度范围的薄样品,采用AM标尺的硬度计称邵氏AM型硬度计。

2 规范性引用文件

下列文件中的条款通过本部分的引用而成为本部分的条款。凡是注日期的引用文件,其随后所有的修改单(不包括勘误的内容)或修订版不适用于本部分,然而,鼓励根据本部分达成协议的各方研究是否可使用这些文件的最新版本。凡是不注明日期的引用文件,其最新版本适用于本部分。

GB/T 2941 橡胶物理试验方法试样制备和调节通用程序(GB/T 2941—2006,ISO 23529:2004,IDT)

3 邵氏硬度计的原理和选择

邵氏硬度计的测量原理是在特定的条件下把特定形状的压针压入橡胶试样而形成压入深度,再把压入深度转换为硬度值。

使用邵氏硬度计,标尺的选择如下:

——D标尺值低于20时,选用A标尺;

——A标尺值低于20时,选用AO标尺;

——A标尺值高于90时,选用D标尺;

——薄样品(样品厚度小于6 mm)选用AM标尺。

4 仪器

4.1 A型、D型和AO型

这些型号的邵氏硬度计包含了4.1.1至4.1.5所列出的零部件。

4.1.1 压足

A型和D型的压足直径为18 mm±0.5 mm并带有3 mm±0.1 mm中孔;AO型的压足面积至少为500 mm^2,带有5.4 mm±0.2 mm中孔;中孔尺寸允差和压足大小的要求仅适用于在支架上使用的硬度计。

4.1.2 压针

A型、D型压针采用直径为1.25 mm±0.15 mm的硬质钢棒制成,其形状分别在图1和图2给出。AO型压针为半径2.5 mm±0.02 mm的球面,其形状在图3给出。

单位为毫米

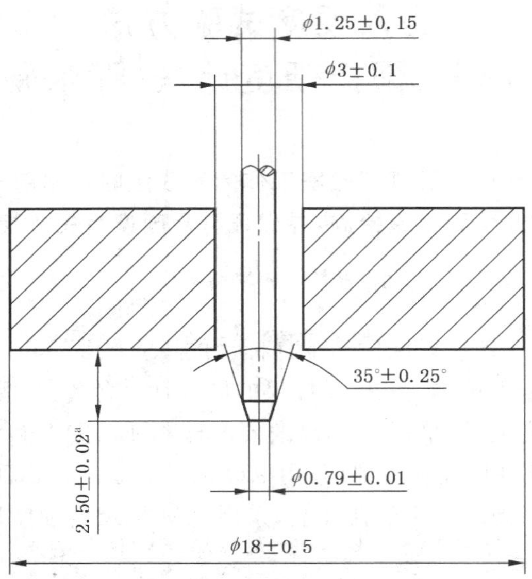

[a] 压针伸出量对应硬度计读数为0。

图1 邵氏A型硬度计压针

单位为毫米

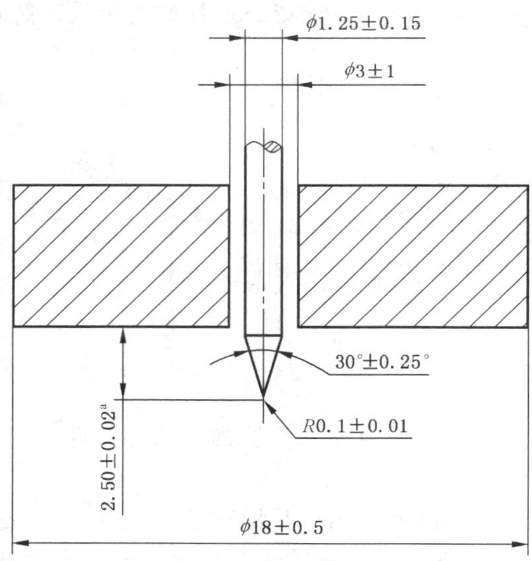

[a] 压针伸出量对应硬度计读数为0。

图2 邵氏D型硬度计压针

单位为毫米

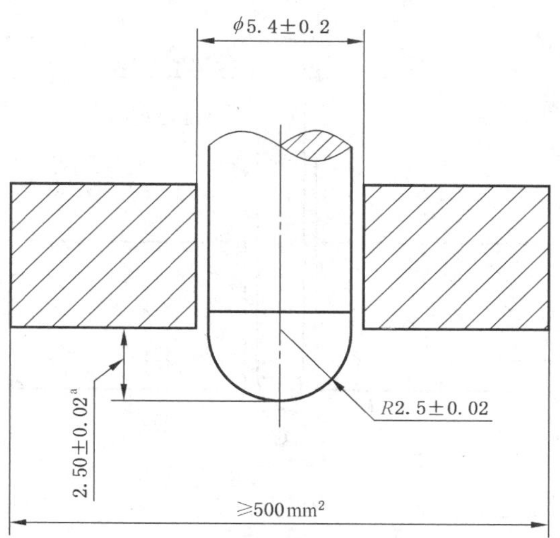

[a] 压针伸出量对应硬度计读数为 0。

图 3 邵氏 AO 型硬度计压针

4.1.3 指示机构

指示机构用于读出压针末端伸出压足表面的长度，并用硬度值表示出来。指示机构的示值范围可以通过下述方法进行校准：在压针最大伸出量为 2.50 mm±0.02 mm 时硬度指示值为 0，把压足和压针紧密接触合适的硬质平面，压针伸出量为 0 时硬度指示值为 100。

4.1.4 弹簧

在压针上施加的弹簧试验力 F 和硬度计的示值应遵循公式(1)～(3)，单位为 mN，

——邵氏 A 型硬度计：

$$F = 550 + 75H_A \qquad (1)$$

式中：

H_A——邵氏 A 型硬度计读数。

——邵氏 D 型硬度计：

$$F = 445H_D \qquad (2)$$

式中：

H_D——邵氏 D 型硬度计读数。

——邵氏 AO 型硬度计：

$$F = 550 + 75H_{AO} \qquad (3)$$

式中：

H_{AO}——邵氏 AO 型硬度计读数。

4.1.5 自动计时机构(供选择)

计时机构在压足和试样接触后自动开始工作，指示出试验结束时间或锁定最后的试验结果。使用计时机构是为了提高准确度，当使用支架操作时，计时允差应为±0.3 s。

4.2 AM 型

这种邵氏硬度计包含了 4.2.1 至 4.2.5 所列出的零部件。

4.2.1 压足

压足直径为 9 mm±0.3 mm 并带有 1.19 mm±0.03 mm 中孔。

4.2.2 压针

压针采用直径为 0.79 mm±0.025 mm 的硬质圆棒制成，其形状在图 4 给出。

单位为毫米

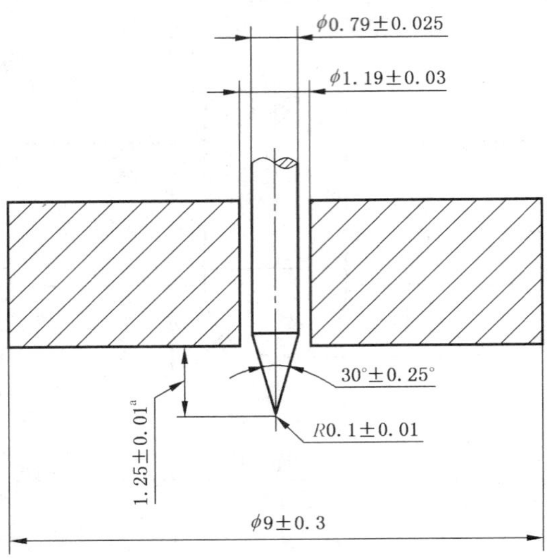

a 压针伸出量对应硬度计读数为 0。

图 4 邵氏 AM 型硬度计压针

4.2.3 指示机构

指示机构用于读出压针末端伸出压足表面的长度，并用硬度值表示出来。指示机构的示值范围可以通过下述方法进行校准：在压针最大伸出量为 1.25 mm±0.01 mm 时硬度指示值为 0，把压足和压针紧密接触合适的硬质平面，压针伸出量为 0 时硬度指示值为 100。

4.2.4 弹簧

在压针上施加的弹簧试验力 F 和硬度计的示值应遵循公式(4)，单位为 mN，

$$F = 324 + 4.4H_{AM} \qquad (4)$$

式中：

H_{AM}——邵氏 AM 型硬度计读数。

4.2.5 自动计时机构(供选择)

计时机构在压足和试样接触后自动开始工作，指示出试验结束时间或锁定最后的试验结果。使用计时机构是为了提高准确度，当使用支架操作时，计时允差应为±0.3 s。

4.3 支架

使用支架可提高测量准确度，通过支架在压针中轴上的砝码加力，使压足压在试样上。邵氏 A 型、D 型和 AO 型硬度计既可以和便携式硬度计一样用手直接使用，也可以安装在支架上使用。邵氏 AM 型硬度计只能安装在支架上使用。

4.3.1 概述

支架可以固定硬度计并使压足和试样支承面平行。

4.3.2 操作速度

支架可以在无震动、最大速度为 3.2 mm/s 条件下将试样压向压针或压针压向试样。

4.3.3 砝码

用以加上弹簧试验力的砝码和邵氏硬度计的总质量应符合如下规定：

A 型和 AO 型为 $1^{+0.1}_{0}$ kg；

D 型为 $5^{+0.5}_{0}$ kg；

AM 型为 $0.25^{+0.05}_{0}$ kg。

4.4 邵氏硬度计弹簧试验力

弹簧试验力的要求见表 1。

表 1 邵氏硬度计弹簧试验力

邵氏硬度计指示值	弹簧试验力/mN		
	AM 型	A 型、AO 型	D 型
0	324	550	—
10	368	1 300	4 450
20	412	2 050	8 900
30	456	2 800	13 350
40	500	3 550	17 800
50	544	4 300	22 250
60	588	5 050	26 700
70	632	5 800	31 150
80	676	6 550	35 600
90	720	7 300	40 050
100	764	8 050	44 500
单位硬度值的弹簧试验力	4.4	75	445
校准允差	±8.8	±37.5	±222.5

5 试样

5.1 厚度

使用邵氏 A 型、D 型和 AO 型硬度计测定硬度时，试样的厚度至少 6 mm。

使用邵氏 AM 型硬度计测定硬度时，试样的厚度至少 1.5 mm。

对于厚度小于 6 mm 和 1.5 mm 的薄片，为得到足够的厚度，试样可以由不多于 3 层叠加而成。对于邵氏 A 型、D 型和 AO 型硬度计，叠加后试样总厚度至少 6 mm；对于 AM 型，叠加后试样总厚度至少 1.5 mm。但由叠层试样测定的结果和单层试样测定的结果不一定一致。

用于比对目的，试样应该是相似的。

注：对于软橡胶采用薄试样进行测量，受支承台面的影响，将得出较高的硬度值。

5.2 表面

试样尺寸的另一要求是具有足够的面积，使邵氏 A 型、D 型硬度计的测量位置距离任一边缘分别至少 12 mm，AO 型至少 15 mm，AM 型至少 4.5 mm。

试样的表面在一定范围内应平整，上下平行，以使压足能和试样在足够面积内进行接触。邵氏 A 型和 D 型硬度计接触面半径至少 6 mm，AO 型至少 9 mm，AM 型至少 2.5 mm。

采用邵氏硬度计一般不能在弯曲、不平和粗糙的表面获得满意的测量结果，然而它们也有特殊应用，比如 ISO 7267-2 适用于橡胶覆盖胶滚筒的表观硬度测定。对这些特殊应用的局限性应有清晰的认识。

6 调节

在进行试验前试样应按照 GB/T 2941 的规定在标准实验室温度下调节至少 1 h，用于比较目的的单一或系列试验应始终采用相同的温度。

7 程序

7.1 概述

将试样放在平整、坚硬的表面上，尽可能快速地将压足压到试样上或反之把试样压到压足上。应没有震动，保持压足和试样表面平行以使压针垂直于橡胶表面，当使用支架操作时，最大速度为 3.2 mm/s。

7.2 弹簧试验力保持时间

按照 4.3.3 的规定加弹簧试验力使压足和试样表面紧密接触，当压足和试样紧密接触后，在规定的时刻读数。对于硫化橡胶标准弹簧试验力保持时间为 3 s，热塑性橡胶则为 15 s。

如果采用其他的试验时间，应在试验报告中说明。未知类型橡胶当作硫化橡胶处理。

7.3 测量次数

在试样表面不同位置进行 5 次测量取中值。对于邵氏 A 型、D 型和 AO 型硬度计，不同测量位置两两相距至少 6 mm；对于 AM 型，至少相距 0.8 mm。

8 校准和核查

8.1 校准

应定期使用合适的仪器对邵氏硬度计的弹簧试验力和有关几何尺寸进行调整和校准。

注：有关硬度计校准的国际标准可参考 ISO 18898。

8.2 使用标准橡胶块进行核查

对于邵氏 A 型硬度计，先将其压在玻璃平板上，调整刻度盘上的读数为 100IRHD。推荐使用一套硬度值大约 30IRHD～90IRHD 的标准橡胶块对其进行校准，所有的调整应按照制造厂的说明书进行。一套标准橡胶块包括至少 6 块，在标准橡胶块间撒上少量的滑石粉，存放于避光、热、油脂的有盖盒子中。标准橡胶块要按照 GB/T 6031 给出的方法用定负荷硬度计定期重新校准，校准间隔时间不超出 6 个月。日常使用的硬度计应至少每星期使用标准橡胶块进行核查。

9 试验报告

试验报告应包含如下信息：

a) 本试验依据的标准名称及编号。

b) 样品详细情况：

——样品及其来源的详细描述；

——所知道的化合物的详细资料以及加工调节情况；

——试样的描述，包括厚度，对于叠层试样的叠层数。

c) 试验详细情况

——试验温度，当材料的硬度与湿度有关时，给出相对湿度；

——使用仪器的型号；

——样品制备到测量硬度之间的时间间隔；

——任何偏离本部分要求的程序；

——本部分有关程序未给出的详细情况，比如任何有可能影响到测量结果的因素。

d) 试验结果——各个压入硬度数值以及在弹簧试验力保持时间不是 3 s 时每次读数的时间间隔，测量中值、最大值和最小值，相关的标尺。邵氏 A 型、D 型、AO 型和 AM 型硬度计测量结果分别用 Shore A、Shore D、Shore AO 和 Shore AM 单位表示。

e) 试验日期。

参 考 文 献

[1] ISO 868 塑料和硬质胶压入硬度的邵氏硬度计(邵尔硬度)试验方法.
[2] GB/T 6031—1998 硫化橡胶或热塑性橡胶硬度的测定(10～100IRHD)(idt ISO 48:1994).
[3] ISO 7267-2 胶辊表观硬度的测定 第2部分 邵尔硬度计法.
[4] ISO 18898 橡胶硬度计的校准和检定.
[5] BROWN, R. P 橡胶物理试验. Chapman and Hall, London, 1996.
[6] OBERTO S. 橡胶化学技术. 1955,28,1054.
[7] JUVE A. E. 橡胶化学技术. 1957, 30,367.

ICS 83.060
G 40

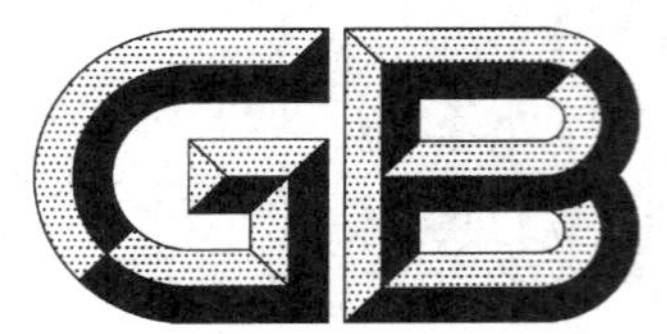

中华人民共和国国家标准

GB/T 531.2—2009/ISO 7619-2:2004
部分代替 GB/T 531—1999

硫化橡胶或热塑性橡胶 压入硬度试验方法 第2部分:便携式橡胶国际硬度计法

Rubber, vulcanized or thermoplastic—Determination of indentation hardness—Part 2:IRHD pocket meter method

(ISO 7619-2:2004,IDT)

2009-04-24 发布　　　　2009-12-01 实施

中华人民共和国国家质量监督检验检疫总局
中国国家标准化管理委员会　发布

前　言

GB/T 531《硫化橡胶或热塑性橡胶　压入硬度试验方法》分为两个部分：

——第1部分：邵氏硬度计法(邵尔硬度)；

——第2部分：便携式橡胶国际硬度计法。

本部分为GB/T 531的第2部分。

本部分等同采用国际标准ISO 7619-2:2004《硫化橡胶或热塑性橡胶　压入硬度试验方法　第2部分：便携式橡胶国际硬度计法》(英文版)。

为便于使用，本部分做了下列编辑性修改：

a) 用“本部分”代替“本国际标准”；

b) 用小数点“.”代替作为小数点的“,”；

c) 删除了国际标准前言；

d) 删除了ISO标准第2章中的脚注1)，8.2中的脚注2)与参考文献部分的脚注3)。

本部分部分代替GB/T 531—1999《橡胶袖珍硬度计压入硬度试验方法》中的橡胶国际硬度袖珍硬度计法的内容。

本部分与GB/T 531—1999的主要技术差异如下：

——对于硫化橡胶或未知类型橡胶，弹簧试验力保持时间由原来的“1 s内”改为3 s，由于在前几秒时间内硬度值显著下降，这样可得到更准确的结果(1999年版的7.1；本版的7.2)；

——对于热塑性橡胶，引入了15 s的弹簧试验力保持时间，因为相对于硫化橡胶，其硬度值下降的过程持续了更长的时间，这一时间的规定和ISO 868的规定相同(本版的7.2)。

本部分由中国石油和化学工业协会提出。

本部分由全国橡胶与橡胶制品标准化技术委员会通用试验方法分技术委员会(SAC/TC 35/SC 2)归口。

本部分起草单位：广东省计量科学研究院。

本部分起草人：陈明华、高富荣、汤昌社。

本部分所代替标准的历次版本发布情况为：

——GB/T 531—1965，GB/T 531—1992，GB/T 531—1999。

引　言

不论采用邵氏硬度计还是便携式橡胶国际硬度计测量橡胶硬度，都是由综合效应在橡胶表面形成一定的压入深度，用以表示硬度测量结果，该压入深度依赖于：

a) 橡胶的弹性模量；

b) 橡胶的粘弹性和滞弹性；

c) 试样的厚度；

d) 压针的几何形状；

e) 施加的压力；

f) 压力增加的速度；

g) 记录硬度时间间隔。

由于这些因素，不建议把橡胶国际硬度(IRHD)直接转换为邵氏硬度值，虽然对某些橡胶和化合物，曾经建立了这两种硬度之间转换的修正值。

注：有关邵氏硬度和橡胶国际硬度二者关系的进一步信息可参考参考文献中[4],[5],[6]。

硫化橡胶或热塑性橡胶 压入硬度试验方法 第2部分:便携式橡胶国际硬度计法

警告——使用GB/T 531本部分的人员应有正规实验室工作的实践经验。本部分并未指出所有可能的安全问题。使用者有责任采取适当的安全和健康措施,并保证符合国家有关法规规定的条件。

1 范围

GB/T 531的本部分规定了利用便携式橡胶国际硬度计测量硫化或热塑性橡胶压入硬度的方法。此类硬度计的使用主要是为了控制产品质量,把便携式硬度计固定于支架可提高其测量精度。

2 规范性引用文件

下列文件中的条款通过GB/T 531的本部分的引用而成为本部分的条款。凡是注日期的引用文件,其随后所有的修改单(不包括勘误的内容)或修订版均不适用于本部分,然而,鼓励根据本部分达成协议的各方研究是否可使用这些文件的最新版本。凡是不注日期的引用文件,其最新版本适用于本部分。

GB/T 2941　橡胶物理试验方法试样制备和调节通用程序(GB/T 2941—2006,ISO 23529:2004,IDT)

GB/T 6031　硫化橡胶或热塑性橡胶硬度的测定(10～100 IRHD)(GB/T 6031—1998,idt ISO 48:1994)

3 测量原理

测量原理是在规定的条件下把规定形状的压针压入被测材料而形成压入深度,再把压入深度转换为硬度值。

4 仪器

4.1 便携式橡胶国际硬度计

4.1.1至4.1.4详细介绍了便携式橡胶国际硬度计的各零部件。

4.1.1 压足

压足应为边长20 mm±2.5 mm的正方形,内有直径2.5 mm±0.5 mm的中孔(见图1)。

4.1.2 压针

压针顶端为直径1.575 mm±0.025 mm的半球形(见图1)。

单位为毫米

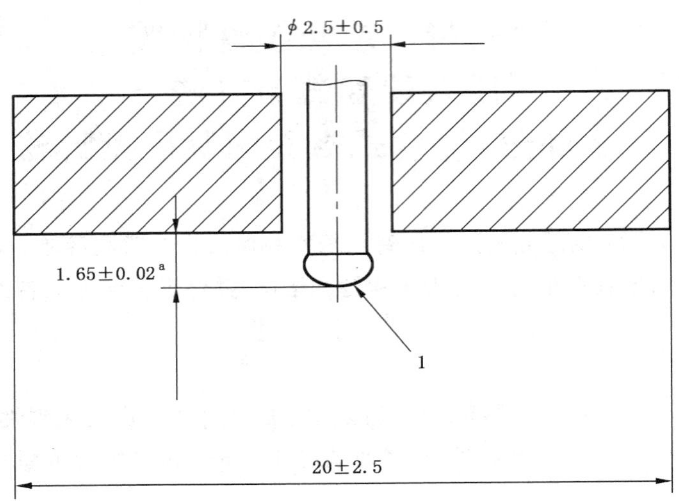

1——半球形压针(直径 1.575 mm±0.025 mm)。

a 硬度示值为 30 IRHD。

图 1　便携式橡胶国际硬度计压针

4.1.3　指示装置

指示装置用于读出压针末端伸出压足表面的长度,并用硬度值表示出来。指示装置的示值范围可通过下述方法进行校准:在压针最大伸出量为 1.65 mm 时指示值为 30 IRHD,把压足和压针紧密接触玻璃平面,伸出量为 0 时指示值为 100 IRHD。

4.1.4　弹簧

在硬度值为 30 IRHD 到 100 IRHD 范围内,弹簧用于对压针施加大小为 2.65 N±0.15 N 的恒定试验力。

5　试样

5.1　厚度

用便携式硬度计测量硬度,试样厚度应至少为 6 mm。

对于厚度小于 6 mm 的薄片,为获得足够的测试厚度,试样可以由不多于 3 片叠加而成,每片的厚度都不应小于 2 mm。但此法获得的测量结果有可能跟单层的测量结果不一致。

用于比对目的的试样,形状及尺寸应该是相似的。

5.2　表面

试样尺寸应足够大,测量点与试样任一边缘应至少有 12 mm 的距离,与压足接触的试样表面应平整。

用便携式橡胶国际硬度计不能在弯曲、不平或粗糙的表面上获得令人满意的测量结果。然而它们也有特殊应用,如 ISO 7267-1 适用于橡胶胶辊的硬度测定。对这些特殊应用的局限性应有清晰的认识。

6　调节

在进行试验前试样应按照 GB/T 2941 的规定在标准实验室温度下调节至少 1 h,用于比较目的的任何单一或系列试验应始终采用相同的温度。

7 程序

7.1 通用程序

将试样放于平整、坚硬的刚性表面上。把持好硬度计，使其压针末端中心与试样各边缘至少有 12 mm 的距离。尽可能快速、无振动地把压足压到试样上。保证压足与试样表面平行，压针与橡胶表面垂直。

7.2 试验力保持时间

施加足够的压力，使压足与试样表面保持紧密接触即可，然后在规定的时间读数。硫化橡胶标准试验力保持时间为 3 s，热塑性橡胶为 15 s。若采用其他试验力保持时间，需在试验报告中说明。未知类型橡胶当作硫化橡胶处理。

7.3 测量次数

在试样表面不同点进行 5 次测量，测量点两两间隔至少为 6 mm，然后取 5 次测量结果的中值。

8 校准与核查

8.1 校准

应定期使用合适的仪器对硬度计的弹簧试验力和有关几何尺寸进行调整和校准。

注：有关邵氏硬度计的校准可参考 ISO 18898。

8.2 使用标准橡胶块进行核查

将硬度计压在玻璃平板上，调整刻度盘上的读数为 100 IRHD。使用一套硬度值大约 30 IRHD～90 IRHD 的标准橡胶块对其进行校准，所有的调整应按照制造厂的说明书进行。一套标准橡胶块包括至少 6 块，在标准橡胶块间撒上滑石粉，存放于避光、热、油脂的有盖盒子中。标准橡胶块要按照 GB/T 6031 给出的方法用定负荷硬度计定期重新校准，每次校准间隔时间不超过 6 个月。日常使用的硬度计应至少每星期使用标准橡胶块进行核查。

9 试验报告

试验报告应包含如下信息：

a) 本试验依据的标准名称及编号。

b) 样品详细情况

——样品及其来源的详细描述；

——所知道的化合物的详细资料以及加工调节情况；

——试样的描述，包括厚度，对于叠层试样的叠层数。

c) 试验详细情况

——试验温度，当材料的硬度与湿度有关时，给出相对湿度；

——使用仪器的型号；

——样品制备到测量硬度之间的时间间隔；

——任何偏离本部分要求的程序；

——本部分有关程序未给出的详细情况，比如任何有可能影响到测量结果的因素。

d) 试验结果——各个压入硬度数值以及在弹簧试验力保持时间不是 3 s 时每次读数的时间间隔，测量中值、最大值和最小值。

e) 试验日期。

参 考 文 献

[1] ISO 868 塑料和硬质胶压入硬度的邵氏硬度计(邵尔硬度)试验方法

[2] ISO 7267-1 胶辊表观硬度的测定 橡胶国际硬度计法

[3] ISO 18898 橡胶硬度计的校准和检定

[4] BROWN, R. P,橡胶物理试验,Chapman and Hall, London, 1996

[5] Oberto S 橡胶化学技术,1955,28,1054

[6] Juve A. E 橡胶化学技术,1957,30,367

前　　言

本标准非等效采用国际标准 ISO 289-1:1994《未硫化橡胶—用圆盘剪切粘度计进行测定—第 1 部分:门尼粘度的测定》。

本标准与 ISO 289-1:1994 相比,在仪器章节中增加了矩形花纹的模腔;在精密度章节中删去了计划内容和精密度结果。

本标准与 GB/T 1232—1992《未硫化橡胶门尼粘度的测定》相比,增加了温度测量章节,并对加热装置章节中的技术内容提出了更高的要求。

本标准以“未硫化橡胶　用圆盘剪切粘度计进行测定”为总标题,包括以下两部分:

第 1 部分:门尼粘度的测定

第 2 部分:早期硫化性能的测定

本标准自实施之日起,代替 GB/T 1232—1992。

本标准的附录 A 是提示的附录。

本标准由国家石油和化学工业局提出。

本标准由全国橡标委橡胶通用物理试验方法分技术委员会归口。

本标准起草单位:北京橡胶工业研究设计院。

本标准主要起草人:张菊秀、李海鹰、沈　辉、纪　波。

本标准于 1976 年 10 月 1 日首次发布,1982 年 12 月 1 日第一次修订,1992 年 9 月 1 日第二次修订。

本标准委托全国橡标委橡胶通用物理试验方法分技术委员会负责解释。

ISO 前言

ISO(国际标准化组织)是各国标准化组织(ISO 成员团体)的世界性联合机构,制定国际标准的工作通常由 ISO 各技术委员会进行,凡对已建立的技术委员会项目感兴趣的成员团体均有权参加该技术委员会,与 ISO 有联系的政府和非政府的国际组织,也可参加此项工作。在电工技术标准化的所有方面,ISO 与国际电工技术委员会(IEC)紧密合作。

技术委员会采纳的国际标准草案,要发给各成员团体进行投票。作为国际标准发布时,要求至少有75%投票的成员团体投赞成票。

国际标准 ISO 289-1 由 ISO/TC 45 橡胶与橡胶制品技术委员会,SC 2 物理和降解试验分技术委员会制定。

本标准撤消并代替 ISO 289 的第一版(ISO 289:1985),是对第一版经过技术修订的版本。

ISO 289 以“未硫化橡胶—用圆盘剪切粘度计进行测定”为总标题,包括以下两个部分:

——第 1 部分:门尼粘度的测定

——第 2 部分:早期硫化性能的测定

ISO 289 本部分的附录 A 是提示的附录。

中华人民共和国国家标准

未硫化橡胶 用圆盘剪切粘度计进行测定 第1部分:门尼粘度的测定

GB/T 1232.1—2000
neq ISO 289-1:1994
代替 GB/T 1232—1992

Rubber,unvulcanized—Determinations using a shearing-disc viscometer—Part 1:Determination of Mooney viscosity

1 范围

本标准规定了用圆盘剪切粘度计测定生胶或混炼胶门尼粘度的方法。

2 引用标准

下列标准所包含的条文,通过在本标准中引用而构成为本标准的条文。本标准出版时,所示版本均为有效。所有标准都会被修订,使用本标准的各方应探讨使用下列标准最新版本的可能性。

GB/T 2941—1991 橡胶试样环境调节和试验的标准温度、湿度及时间(eqv ISO 471:1983,ISO 1826:1981)

GB/T 6038—1993 橡胶试验胶料的配料、混炼和硫化设备及操作程序(neq ISO/DIS 2393:1989)

GB/T 14838—1993 橡胶与橡胶制品 试验方法标准 精密度的确定(neq ISO/TR 9272:1986)

GB/T 15340—1994 天然、合成生胶取样及制样方法(idt ISO 1795:1992)

3 原理

本标准是在规定的试验条件下,使转子在充满橡胶的模腔中转动,测定橡胶对转子转动时所施加的转矩,并将规定的转矩作为门尼粘度的计量单位。

4 仪器

4.1 门尼粘度计由转子、模腔、加热控温装置和转矩测量系统组成。仪器的主要结构见图1,主要尺寸见表1。

表1 仪器主要部件的尺寸

mm

名称	尺寸	
	大	小
转子直径	38.10±0.03	30.48±0.03
转子厚度	5.54±0.03	
模腔直径	50.9±0.1	
模腔深度	10.59±0.03	

国家质量技术监督局 2000-07-31 批准　　2001-03-01 实施

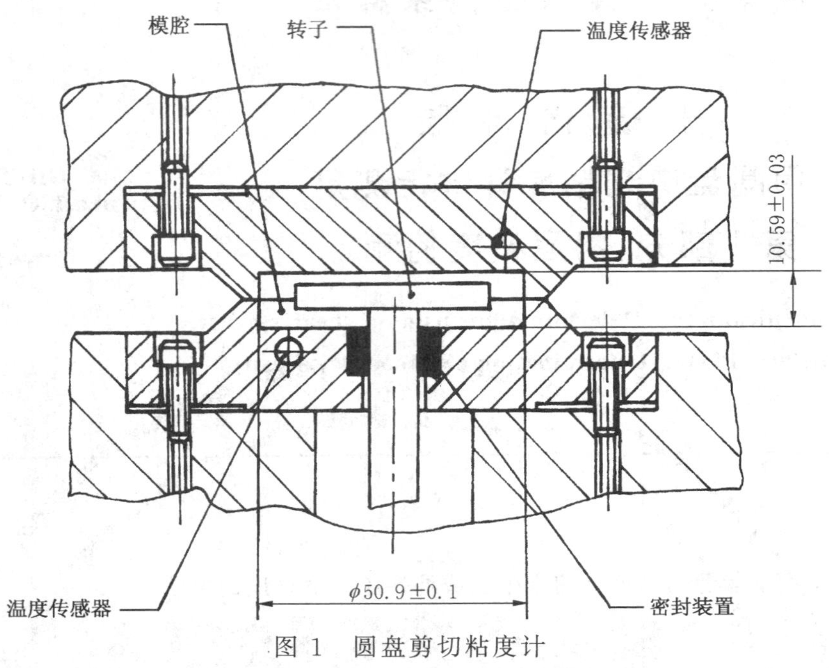

图 1　圆盘剪切粘度计

4.2　转子

4.2.1　转子应由不易变形，无镀层，硬度不低于 60HRC 的淬火钢材制成。

4.2.2　转子表面有两组相互垂直的矩形截面沟槽，沟槽宽为 0.80 mm±0.02 mm，深度为 0.30 mm±0.05 mm，中心间距为 1.60 mm±0.04 mm。转子侧面也有与轴线平行的沟槽，其深度、宽度及中心间距与表面上的相同。具体尺寸见图 2。

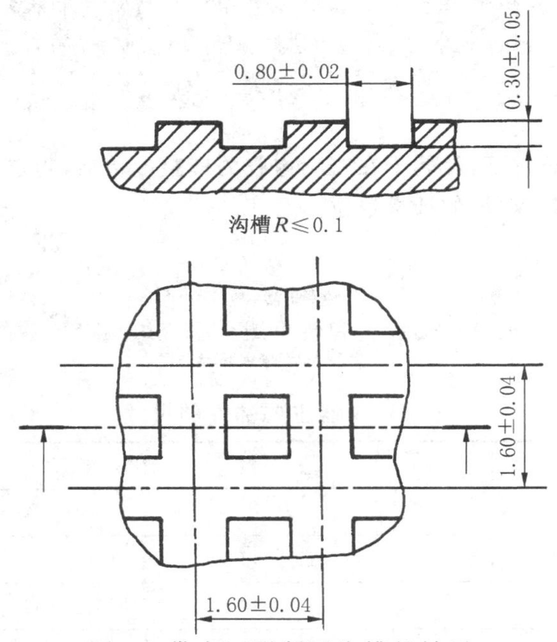

图 2　带有矩形断面沟槽的转子

4.2.3　大转子应有 75 个垂直沟槽，小转子应有 60 个垂直沟槽。

4.2.4　转子与转子杆垂直固定，转子杆直径为 10 mm±1 mm，其长度应使模腔在闭合时转子上面的间隙与转子下面的间隙相差不超过 0.25 mm。转子杆与下模孔间隙应足够小，以防止橡胶流出模腔。在该处可使用O型圈或其他装置使其密封。

4.2.5 转子在工作期间,其偏心度或径向跳动不应超过 0.1 mm。

4.2.6 转子转动速度为 0.209 rad/s±0.002 rad/s(2.00 r/min±0.02 r/min)。

4.2.7 试验中一般使用大转子,但试样的粘度较高时,允许使用小转子。两种转子所得的试验结果是不相等的,但是在比较橡胶性能时却能得出相同的结论。

4.3 模腔

4.3.1 构成模腔的上下模体是由不易变形,无镀层,硬度不低于 60 HRC 淬火钢材制成。

4.3.2 为了有良好的热传导,每个模体最好只用一块钢板制成。在其平整的表面上应具有辐射状的V形沟槽,以防止滑动。沟槽间隔为 20°,上模体的沟槽应从直径为 47 mm 的外圆外延伸至直径为 7 mm 的内圆处,对下模应延伸至距中心孔 1.5 mm 处。沟槽均为 90°,其角平分线垂直于表面,而且沟槽表面宽度为 1.0 mm±0.1 mm(见图 3)。

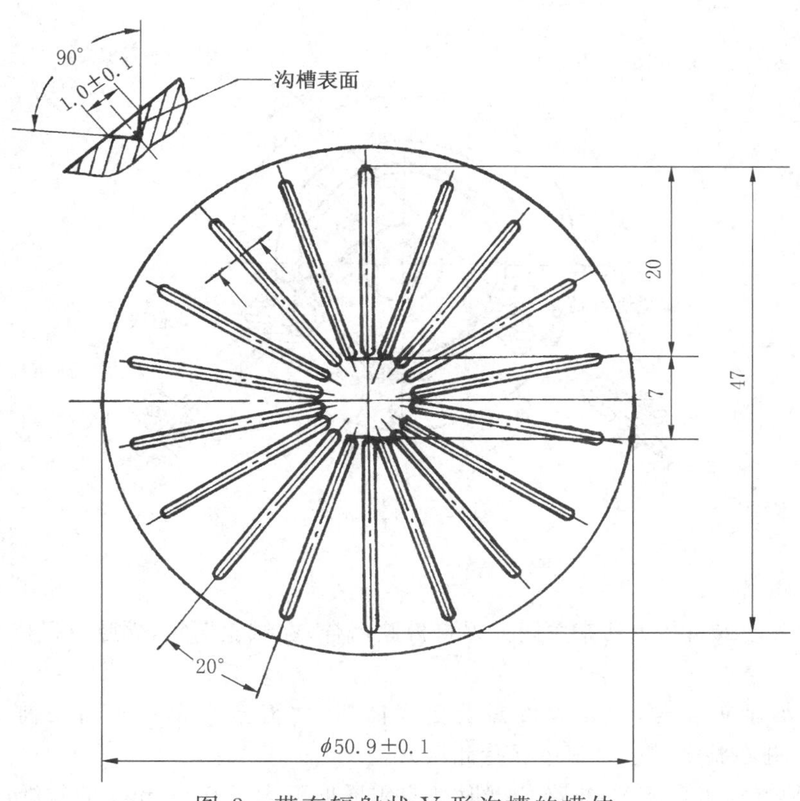

图 3 带有辐射状V形沟槽的模体

4.3.3 也可以使用与转子沟槽相同的模腔。两种模腔可能得出不同的试验结果[1]。

4.4 加热装置

4.4.1 加热控温系统应能使模腔温度恒定在试验温度±0.5℃范围内。

4.4.2 试样放入模腔后,加热装置应能在 4 min 内使模腔温度恢复到试验温度的±0.5℃范围内。

4.5 温度测量系统

4.5.1 试验温度定义为上下模体闭合时,空模腔内有转子情况下,达到恒定状态的温度。该温度是通过插入模腔的两个热电偶测量探极来测量的。如图 4 所示。

采用说明:

1] ISO 289-1:1994 无此规定。

4.5.2 为了控制对模腔的加热，上下模体均应放置温度传感器，以测量模体温度。传感器与模体要保持最佳接触。传感器的轴线到模体工作表面距离应保持 3 mm～5 mm，到转子的旋转轴距离应为 15 mm～20 mm(见图 1)。

4.5.3 热电偶测量探极和温度传感器的指示温度应精确到±0.25℃。

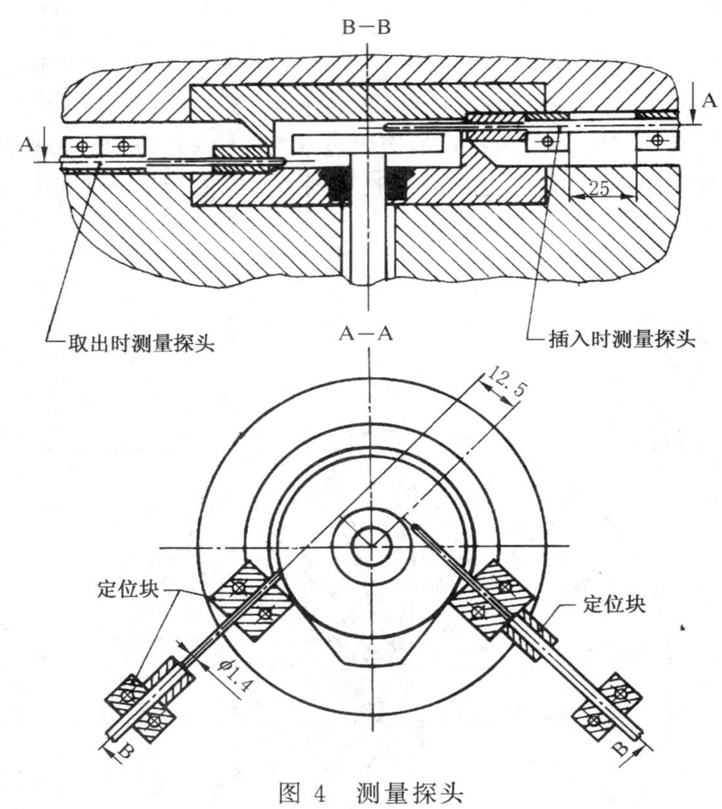

图 4 测量探头

4.6 模体闭合系统

4.6.1 可用液压、气动或机械方法来关闭并保持模腔闭合。在试验期间，模腔应保持 11.5 kN±0.5 kN 的压力。

4.6.2 当试样的粘度较高时，关闭模腔需要更大的压力，但至少在转子启动前 10 s，压力应降到 11.5 kN±0.5 kN，并在整个试验过程中保持此压力。

4.6.3 无论用哪种方法闭合模腔，校准仪器时都应用厚度不大于 0.04 mm 的软纸放置在上下模闭合表面上，当模体闭合时软纸应压有均匀的、连续的印痕。若印痕不均匀，表明仪器调整不当或闭合表面有磨损，上下模体变形等。其中任何一种现象存在，都可能引起试验误差。

4.7 转矩的测量装置和校准

4.7.1 转子转动所需的转矩记录或指示在线性刻度盘上，以门尼值为表示单位。当转子空载运转时读数为零，对转子施加 8.30 N·m±0.02 N·m 的转矩时读数为 100±0.5。因此，0.083 N·m 的转矩相当于一个门尼值单位，当关闭模腔转子空载运转时，与零点的偏差应小于±0.5 个门尼值单位。

4.7.2 如果粘度计装配有转子回弹装置，则应打开模腔进行零位校准，以防转子挤压上模腔。

4.7.3 粘度计的校准要在试验温度下进行。适合于大多数粘度计的校准方法如下：

将直径为 0.45 mm 容易弯曲的金属丝的一端固定在校准转子上，另一端连接校准砝码，使刻度盘上的读数校准至 100。在校准期间，转子以 0.209 rad/s 的速度运转，并且模腔内应达到规定的试验温度。

注

1 为了检查线性度，可分别对25、50和75门尼值单位刻度盘读数进行校准。

2 可用一个已标定门尼值的丁基胶样品来检查仪器是否工作正常，测量可在100℃或125℃温度下进行8 min。

5 试样制备

5.1 试样的制备方法和试验前的试样调节都会影响门尼值，因此应严格按照测定方法中规定的程序进行。

5.2 生胶试样应按照GB/T 15340中的有关规定制备。混炼胶试样应按照GB/T 6038和有关橡胶材料标准规定的方法制备。

5.2.1 试样应由两个直径约为50 mm，厚度约6 mm的圆形胶片组成，在其中一个胶片的中心打一个直径约8 mm的圆孔，以便转子插入。

5.2.2 应尽可能排除胶片中的气泡，以免在转子和模腔表面形成气穴。

5.2.3 试样应按GB/T 2941的规定在试验室温度下调节至少30 min，并在24 h内进行试验。

6 试验温度和试验时间

除非在有关材料标准中另有规定，试验应在100℃±0.5℃温度下进行4 min。

7 试验步骤

7.1 把模腔和转子预热到试验温度，并使其达到稳定状态。

7.2 打开模腔，将转子插入胶片的中心孔内，并把转子放入模腔中，再把另一个胶片准确地放在转子上面，迅速关闭模腔预热试样。

注：测定低粘度或发粘试样时，可以在试样与模腔间衬以0.03 mm厚的聚酯薄膜，以便清除试验后的试样。这种薄膜的使用可能会影响试验结果。

7.3 试样预热1 min时，转子转动，其转动时间如第6章所述。如不是连续记录门尼值，则应在规定的读数时间前30 s内观察刻度盘上的门尼值，并将这段时间的最低值作为该试样的门尼值，精确到0.5门尼值单位。

7.4 对于仲裁试验，从规定的时间之前1 min至规定的时间之后1 min，按5 s的时间间隔读取数值。通过周期波动的最低点或没有波动的所有点绘出一条光滑曲线。取曲线与规定时间相交点作为门尼值。如果使用记录装置，则按照描绘曲线所规定的同样方法，从曲线上读取门尼值。

7.5 为了检查试验时间内的温度情况，可将两个热电偶测量探头插入试样中。转子运转3.5 min时立即将两个探头插入，4 min时读出两个温度的平均数，其平均数与试验温度的偏差应在0～－1.0℃之间。

7.6 各粘度计之间，在试样中的温度梯度和热传导速度各不相同，特别是使用不同的加热方法时更是如此。所以使用不同粘度计时，试验期间试样达到相同温度之后才有可比性。通常在关闭模腔之后大约10 min，才能达到这一条件。

8 试验结果表示

8.1 一般试验结果应按如下形式表示：

$$50ML(1+4)100℃$$

式中：50M——粘度，以门尼值为单位；

L——大转子；

1——预热时间，1 min；

4——转动时间，4 min；

100℃——试验温度。

8.2 测定值精确到0.5个门尼值，试验结果取整数位[1]。

8.3 用不少于两个试验结果的算术平均值表示样品的门尼值。两个试验结果的差值不得大于2个门尼值，否则应重复试验[2]。

9 精密度[3]

关于重复性和再现性的精密度计算按照GB/T 14838进行。该标准表述了精密度的概念和术语。附录A(提示的附录)给出了重复性和再现性的应用指南。

10 试验报告

试验报告应包括下列内容：

a) 试验样品的详细说明和标志，包括：

1) 来源；

2) 如为混炼胶，则报告混炼胶的详细情况。

b) 试样制备的详细情况。

c) 所用仪器的详细情况，包括：

1) 所用仪器型号及仪器的制造厂名；

2) 转子规格(大转子或小转子)。

d) 试验条件的详细说明，包括：

1) 试验温度；

2) 预热时间(如果不是1 min)；

3) 运转时间；

4) 模腔闭合力(如果不是11.5 kN)。

e) 门尼值。

f) 试验日期。

采用说明：

1] ISO 289-1:1994 无此规定。

2] ISO 289-1:1994 无此规定。

3] ISO 289-1:1994 在本章节中有精密度计划内容和结果，本标准删去此内容。

附 录 A
（提示的附录）
精密度结果使用指南

A1 使用精密度结果的一般程序如下，用符号$|X_1-X_2|$表示任何两次测量值的正差。

A2 查相应的精密度表（无论所考虑的是什么试验参数），在测得产权数的平均值与正在研究的试验数据平均值最近处画一横线，该线将给出判断过程中所用的相应的r、(r)、R或(R)。

A3 用下列一般重复性陈述和相应的r和(r)值可用来判定精密度。

A3.1 绝对差：在正常操作的试验程序下，用标牌相同材料的样品得到的两个试验平均值的差$|X_1-X_2|$，平均每20次中不得多于一次超过表列重复性r。

A3.2 两个试验平均值间的百分数差：在正常和正确的试验程序下，在标牌相同材料的样品得到两个试验值间的百分数偏差：

$$[|X_1-X_2|/(X_1+X_2)/2]\times 100$$

平均20次中不得多于一次超过表列重复性(r)。

A4 可用下列一般再现性陈述和相应的R和(R)值来判定精密度。

A4.1 绝对差：在两个实验室用正常和正确的试验程序，在标牌相同的材料的样品得到两个独立测量的试验平均值间绝对差$|X_1-X_2|$，平均20次中不得多于一次超过表列再现性R。

A4.2 两个试验平均值的百分数差：在两个实验室用正常和正确的试验程序，在标牌相同材料的样品上得到两个独立测量的试验平均值的百分数偏差：

$$[|X_1-X_2|/(X_1+X_2)/2]\times 100$$

平均20次中不得多于一次超过表列再现性(R)。

ICS 83.060
G 40

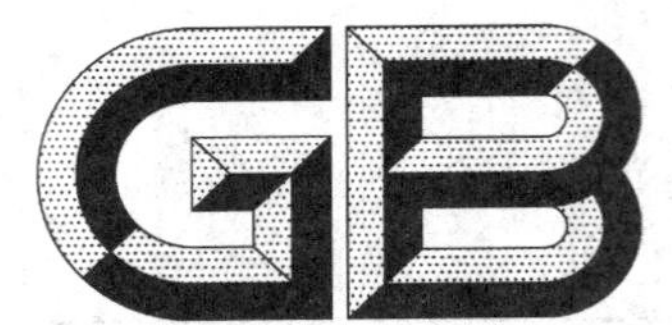

中华人民共和国国家标准

GB/T 1233—2008
代替 GB/T 1233—1992

未硫化橡胶初期硫化特性的测定 用圆盘剪切黏度计进行测定

Rubber, unvulcanized—Determinations of pre-vulcanization characteristic using a shearing disc viscometer

(ISO 289-2:1994, Rubber, unvulcanized—Determinations using a shearing disc viscometer—Part 2: Determination of pre-vulcanization characteristic, MOD)

2008-05-15 发布　　2008-11-01 实施

中华人民共和国国家质量监督检验检疫总局
中国国家标准化管理委员会　发布

前　言

本标准修改采用ISO 289-2:1994《未硫化橡胶　用圆盘剪切黏度计进行测定　第2部分:初期硫化特性的测定》(英文版)。

本标准代替GB/T 1233—1992《橡胶胶料初期硫化特性的测定　门尼粘度计法》。

本标准根据ISO 289-2:1994重新起草。

本标准与ISO 289-2:1994的主要差异、原因及章条结构变化如下:

——在“2 规范性引用文件”中:

a) 用GB/T 1232.1—2000《未硫化橡胶　用圆盘剪切粘度计进行测定　第1部分:门尼粘度的测定》取代了ISO 289-1:1994,其技术上主要差异为:GB/T 1232.1—2000在仪器章节中增加了矩形花纹的模腔;在精密度章节中删去了ISO 289-1:1994中的计划内容和精密度结果。

b) 用GB/T 14838—1993取代了ISO/TR 9272:1986,两者在基本概念、计算方法以及应用方面没有技术差异。

——增加了从最小门尼黏度上升至35或18个门尼值所需的焦烧时间(t_{35}或t_{18})的定义(见3.1),以适应我国对该项试验结果完整性的需要。

——增加了对使用大转子和小转子时的焦烧时间及硫化指数的阐述(见第8章),这样规定更加具体,提高了可操作性。

——相应在图1中增加了t_{35}:从试验开始到胶料黏度下降至最小值后再上升35个门尼值所对应的时间(见图1)。

——相应在试验报告中将f)条“初期硫化时间或焦烧时间(t_5或t_3)”,改为“初期硫化特性(t_5或t_3,t_{35}或t_{18},Δt_{30}或Δt_{15})”(见第10章)。

为便于使用,本标准做了下列编辑性修改:

a) 删除国际标准的前言;

b) “本国际标准”一词改为“本标准”;

c) 用小数点“.”代替作为小数点的逗号“,”。

本标准与GB/T 1233—1992相比主要差异如下:

——修改了标准名称;

——增加了前言;

——增加了第2章　规范性引用文件;

——增加了第3章　术语和定义;

——删除了第7章　试验步骤;

——删除了第8章中的8.2“试样数量不得少于两个。以算术平均值表示试验结果。”;

——删除了第8章中的8.3“t_5或t_3在20 min以下时,两个试样测定结果之差不得大于1 min;t_5或t_3在20 min以上时,两个试样测定结果之差不得大于2 min,超过允许偏差时,应重复试验”;

——删除了第8章中的8.4“测定值精确到0.5 min。计算结果取整数值。”;

——增加了第9章　精密度;

——增加了试验报告的内容(本版第10章)。

本标准由中国石油和化学工业协会提出。

本标准由全国橡标委橡胶物理和化学试验方法分技术委员会(SAC/TC 35/SC 2)归口。

本标准起草单位:贵州轮胎股份有限公司。

本标准主要起草人:冯萍。

本标准所代替标准的历次版本发布情况为:

——GB 1233—1982;GB/T 1233—1992。

未硫化橡胶初期硫化特性的测定 用圆盘剪切黏度计进行测定

警告——使用本标准的人员应有正规实验室工作的实践经验。本标准并未指出所有可能的安全问题。使用者有责任采取适当的安全和健康措施,并保证符合国家有关法规规定的条件。

1 范围

本标准规定了用圆盘剪切黏度计测定未硫化橡胶初期硫化特性的方法。

本标准适用于评价未硫化橡胶在高温条件下能保存的时间和可加工性能。

注:没有一种试验方法被认为与所有不同类型的加工过程如混炼、压延、挤出、硫化互相关联,因此说明试验结果时应考虑胶料先前特定的加工过程。

2 规范性引用文件

下列文件中的条款通过本标准的引用而成为本标准的条款。凡是注日期的引用文件,其随后所有的修改单(不包括勘误的内容)或修订版均不适合于本标准,然而,鼓励根据本标准达成协议的各方研究是否可使用这些文件的最新版本。凡是不注日期的引用文件,其最新版本适用于本标准。

GB/T 1232.1　未硫化橡胶　用圆盘剪切粘度计进行测定　第1部分:门尼粘度的测定(GB/T 1232.1—2000,neq ISO 289-1:1994)

GB/T 14838　橡胶与橡胶制品　试验方法标准精密度的确定(GB/T 14838—1993,neq ISO/TR 9272:1986)

3 术语和定义

下列术语和定义适用于本标准。

3.1

初期硫化时间　pre-vulcanization time

焦烧时间　scorch time

从最小门尼黏度上升至规定值所需的最短时间,包括预热时间。当使用大转子时,规定上升至5个门尼值或35个门尼值,当使用小转子时规定上升至3个门尼值或18个门尼值。对应的初期硫化时间分别用 t_5 或 t_{35} 和 t_3 或 t_{18} 表示,以分钟计。

4 原理

本标准是在规定温度下根据混炼胶料门尼黏度随测试时间的变化,测定门尼黏度上升至规定数值时所需的时间。该温度和加工使用的温度相对应。

5 测试仪器

仪器符合 GB/T 1232.1 的规定,测试高黏度胶料时允许使用小转子。

6 试样制备

从薄通的混炼胶料上制备两片圆形试样。其制备过程符合 GB/T 1232.1 的规定。

7 试验温度

选择与混炼胶料加工相关的试验温度。

8 试验程序

试验程序符合 GB/T 1232.1 的规定。预热时间应为 1 min,然后应继续试验至黏度达到高于最小值的规定数值。用大转子测试的典型曲线图见图 1。

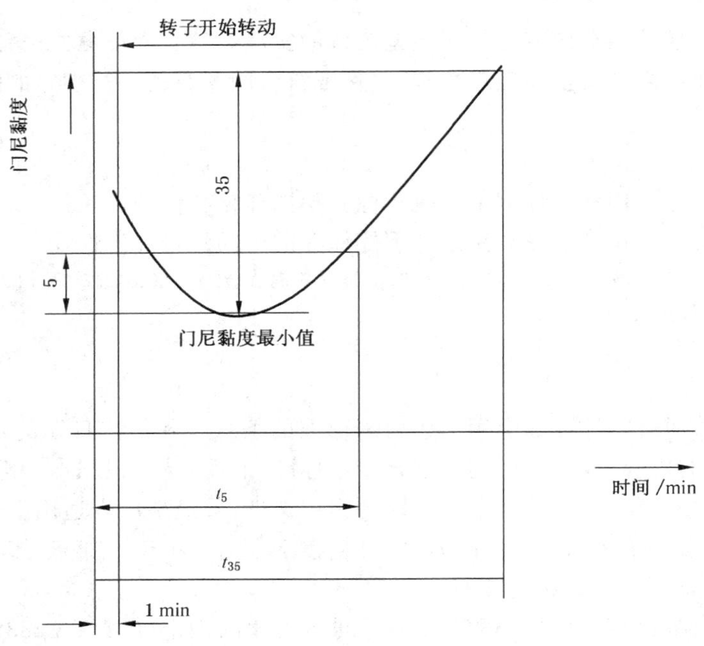

图 1 用大转子测定的初期硫化时间,焦烧时间

a) 用大转子试验时:

焦烧时间 t_5:从试验开始到胶料黏度下降至最小值后再上升 5 个门尼值所对应的时间,以分钟计;

t_{35}:从试验开始到胶料黏度下降至最小值后再上升 35 个门尼值所对应的时间,以分钟计;

硫化指数:Δt_{30} 按式(1)计算:

$$\Delta t_{30} = t_{35} - t_5 \qquad \cdots\cdots (1)$$

b) 用小转子试验时:

焦烧时间 t_3:从试验开始到胶料黏度下降至最小值后再上升 3 个门尼值所对应的时间,以分钟计;

t_{18}:从试验开始到胶料黏度下降至最小值后再上升 18 个门尼值所对应的时间,以分钟计;

硫化指数:Δt_{15} 按式(2)计算:

$$\Delta t_{15} = t_{18} - t_3 \qquad \cdots\cdots (2)$$

注:Δt 越小,硫化速度越快。用两种尺寸的转子测定的焦烧时间和硫化指数没有可比性。

9 精密度

9.1 概述

关于重复性和再现性的精密度计算按照 GB/T 14838 执行,并遵循该标准的概念和术语。GB/T 1232.1 附录 A 给出了重复性和再现性的应用指南。

9.2 详细程序

实验室间比对试验(ITP)于 1987 年组织测试。制备以下混炼胶料试样分送至各参与的实验室:氯丁橡胶(CR),三元乙丙胶 EPDM(高填充胶料),氟橡胶(FKM)和丁苯橡胶 SBR1500+50%(橡胶质量分数)N550 炭黑。

初期硫化特性的测定(独立测量值)可分为 2 天进行(间隔一周之内)。每天各进行一次测定。试验条件按下列要求进行:CR 和 EPDM 胶料用小转子在 120℃ 下测试;FKM 胶料用大转子在 150℃ 下测试;SBR 胶料使用小转子在 170℃下测试。实验室间比对试验共有 16 个实验室参与。

本次实验室间比对试验精密度评价为Ⅰ型,参与实验室未进行胶料的制备及加工。

9.3 精密度结果

9.3.1 精密度结果见表 1。

表 1 初期硫化特性测定的精密度

橡胶原料	均值	实验室内		实验室间	
		r	(r)	R	(R)
最小黏度(门尼转距值)					
SBR	22.0	1.03	4.70	3.06	13.9
CR	22.3	1.28	5.75	4.96	22.2
FKM	46.1	2.81	6.11	7.20	15.6
EPDM	60.3	1.94	3.23	11.10	18.4
合并值	37.7	1.88	4.99	7.23	19.2
初期硫化时间(min)					
SBR	5.23	0.34	6.41	2.55	48.8
CR	14.80	1.82	12.30	7.55	50.9
FKM	8.97	1.27	14.20	3.88	43.3
EPDM	20.80	5.32	25.50	11.60	55.5
合并值	12.50	2.89	23.10	7.28	58.1

9.3.2 表 1 所用符号定义如下:

r——重复性,门尼黏度单位;

(r)——相对重复性,百分比;

R——再现性,门尼黏度单位;

(R)——相对再现性,百分比。

10 试验报告

试验报告应包括以下内容:

a) 混炼胶样品的详细说明和标识,包括它的来源;

b) 本标准的名称及编号;

c) 试验仪器设备的详细情况,包括:

1) 试验仪器型号及制造商;

2) 转子规格(大转子或小转子);

d) 试验温度;

e) 黏度最小值,以门尼黏度为单位;

f) 初期硫化特性(t_5 或 t_3,t_{35} 或 t_{18},Δt_{30} 或 Δt_{15}),用分钟表示;

g) 与本标准试验步骤的差异;

h) 在试验中观察到的任何异常现象;

i) 试验日期。

ICS 83.060
G 40

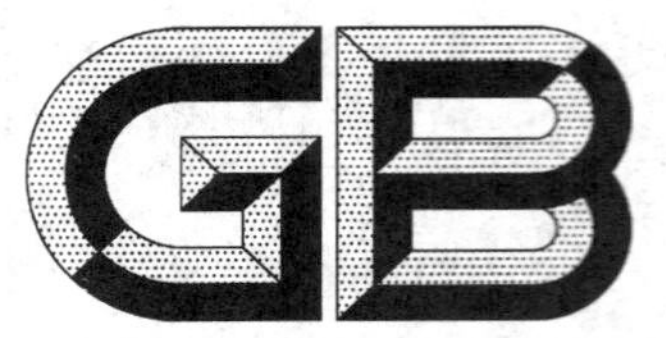

中华人民共和国国家标准

GB/T 2941—2006/ISO 23529:2004
代替 GB/T 2941—1991,GB/T 5723—1993,GB/T 9865.1—1996,GB/T 9868—1988

橡胶物理试验方法试样制备和调节通用程序

Rubber—General procedures for preparing and conditioning test pieces for physical test methods

(ISO 23529:2004,IDT)

2006-09-01 发布　　　　2007-02-01 实施

中华人民共和国国家质量监督检验检疫总局
中国国家标准化管理委员会　发布

前　言

本标准等同采用ISO 23529:2004《橡胶　物理试验方法试样制备和调节通用程序》(英文版)。

本标准代替GB/T 2941—1991《橡胶试样环境调节和试验的标准温度、湿度及时间》、GB/T 5723—1993《硫化橡胶或热塑性橡胶　试验用试样和制品尺寸的测定》、GB/T 9865.1—1996《硫化橡胶或热塑性橡胶　样品和试样的制备　第一部分:物理试验》、GB/T 9868—1988《橡胶获得高于或低于常温试验温度通则》。

本标准等同翻译ISO 23529:2004。

为便于使用,本标准还做了下列编缉性修改:

a) 删除了国际标准的前言;

b) “本国际标准”一词改为“本标准”;

c) 用小数点“.”代替作为小数点的逗号“,”;

d) 在3.2条增加比对试验的试验控制条件的注,其目的是满足实际操作需要,为减少不必要的争议提供指导;

e) 在5.2.3.3中的注,增加“C-30-P-4-V表示磨料为黑碳化硅,粒度为30,硬度代号为P,磨具组织号为4,陶瓷结合剂;C-60-P-4-V表示的粒度为60,其余与C-30-P-4-V表示相同。”以方便使用;

f) 增加了有关裁刀保养的资料性附录(见附录A),以方便用户节约使用和保养裁刀。

本标准依据ISO 23529:2004,同时对GB/T 2941—1991,GB/T 5723—1993,GB/T 9865.1—1996,GB/T 9868—1988四个标准进行修订,本标准包括了这四个标准的全部内容,所陈述的技术内容与原标准所覆盖的范围相同。其主要技术差异如下:

——增加了试样确认及记录的保存要求(本版的第2章);

——修订了实验室湿度控制公差,由原来的±5%、±2%改为±5%、±10%(GB/T 2941—1991的4.2;本版的3.2);

——修订了在标准试验温度以外进行试验的温度公差,由原来的100℃以下±1℃,(101℃~200℃)±2℃,201℃±3℃,改为0℃及其以下±2℃,0℃以上100℃(含100℃)以下±1℃,100℃以上±2℃(GB/T 2941—1991的3.4;本版的8.2.2);

——删除了附录A常用测量器具和附录B适用于方法A的测厚计(GB/T 5723—1993的附录A和附录B);

——将裁刀的有关保养方法调整为资料性附录(GB/T 9865.1—1996的6.2;本版的附录A);

——修订了试验温度控制箱的要求,由原来的具体要求改为原则性要求(GB/T 9868—1988的第3,4,5,6章;本版的第9章)。

本标准的附录A为资料性附录,附录B为规范性附录。

本标准由中国石油和化学工业协会提出。

本标准由全国橡胶与橡胶制品标准化技术委员会橡胶物理和化学试验方法分会(SAC/TC 35/SC 2)归口。

本标准委托全国橡胶与橡胶制品标准化技术委员会橡胶物理和化学试验方法分会负责解释。

本标准起草单位:北京橡胶工业研究设计院。

本标准主要起草人:伍江涛、冯春阳、马维德、刘玉环。

本标准所代替标准的历次版本发布情况为:

——GB 2941—1982,GB/T 2941—1991;

——GB 5723—1985,GB/T 5723—1993;

——GB 9865—1988,GB/T 9865.1—1996;

——GB 9868—1988。

橡胶物理试验方法试样制备和调节通用程序

警告——使用本标准的人员应有正规实验室工作的实践经验。本标准并未指出所有可能的安全问题。使用者有责任采取适当的安全和健康措施,并保证符合国家有关法规规定的条件。

1 范围

本标准规定了用于其他标准物理试验的橡胶试样的制备、测量、标记、存放和调节的通用程序,以及用于试验过程的首选条件。不包括用于特殊试验或材料或模拟特殊气候环境的特定条件,也不包括用于产品试验的特殊要求。

本标准同时规定了橡胶试样和产品,从制成到试验所需要的时间间隔。这些要求对提高试验结果的再现性以及降低消费者和供应商之间的争议是必要的。

2 试样确认及记录的保存

记录应保持每个试样的同一性,以便确定每个独立试样的样品提供,及所有制备、存放、调节、测量的相关细节可以被追踪。

每个样品或试样在其制备及试验的每个阶段,应通过标记或隔离予以单独确认。当采用标记做确认方法时,标记应保持持久有效,并保证样品或试样在被丢弃前仍可确认。当压延效应可能很重要时,每个样品或试样上应标明压延方向。

标记方法不能影响橡胶试样或样品的性能,并且应避开重要表面,这些表面将直接用于试验(如磨耗试验)或试验中断裂而终止的表面(如撕裂或拉伸试验)。

3 标准实验室条件

3.1 标准实验室温度

标准实验室温度应为23℃±2℃或27℃±2℃。

如果更严格要求,温度公差应为±1℃。

注:23℃通常是适用于温带地区的标准实验室温度,27℃通常是适用于热带和亚热带地区的标准实验室温度。

3.2 标准实验室湿度

当温度和湿度都需要控制时,应从表1进行优先选择。

表1 优先选择的相对湿度

温度/℃	相对湿度/%	湿度公差/%
23	50	±10[a]
27	65	
[a] 更严格的公差为±5%。		

注:比对试验的标准实验室温度为23℃±1℃,相对湿度为50%±5%。含有橡胶且用于橡胶产品的纺织材料,用于实验室间比对试验的标准实验室温度为20℃±2℃,相对湿度为65%±4%(参见ISO 139)。

3.3 其他

当不需要控制温度和湿度时,应使用经常出现的环境温度和湿度。

4 样品和试样的停放

4.1 尚未制备试样的样品及试样进行调节之前,应保存在引起老化可能性最小的环境中,如热、光或污染物，包括来自其他样品的交叉污染。

4.2 所有试验，试样形成与试验之间的最短时间间隔为16 h。若试样是从成品上裁下来或者用整个成品进行试验时，例如桥梁支座，可能需要停放16 h以上。在这种情况下，产品说明书和/或有关的试验方法应给出最短时间间隔。

4.3 非成品试验，试样形成与试验之间的最长时间间隔是4周。对于要求比对评估试验应尽可能在相同的时间间隔内进行。

4.4 成品试验，只要有可能，成品形成与试验之间的时间间隔不应超过3个月。其他情况时，应在消费者收到产品之日起的两个月内进行试验。

4.5 这些要求仅与在初始和交付阶段的原始橡胶材料试验及成品有关。其他目的的特殊试验可以在任何时间进行，例如对工艺控制或对一个产品在非正常环境停放影响的评估，这样的原因应在试验报告中明确陈述。

4.6 如果是未硫化胶料，应在3.1规定的某一标准实验室温度下调节2 h～24 h，宜放在密封的容器中，以防其在空气中受潮，或者在一个相对湿度控制在50%±5%的房间内。

5 试样的制备

5.1 试样的厚度

试样厚度应符合相关试验方法的规定。然而，除非技术原因，采用其他厚度；所有试验都推荐使用表2给出的试样厚度，用来做特制的模压胶片。

表2 首选的试样厚度

单位为毫米

试样厚度	公　差
1.0	±0.1
2.0	±0.2
4.0	±0.2
6.3	±0.3
12.5	±0.5

5.2 厚度调整

5.2.1 总则

需要试验的材料，特别是成品，可能不具备5.1规定的厚度，因此需要将厚度调整到规定的限度之内，5.2.2中给出了推荐方法。在大多数情况下，厚度的调整应在裁切试样之前的材料上进行。

5.2.2 方法

5.2.2.1 去除与橡胶相粘合的纺织物

分离织物应尽量避免使用引起橡胶溶胀的溶液。如果不可避免，则可以使用像异辛烷这样的低沸点的无毒液体来湿润接触面。为避免橡胶的过度拉伸，分离过程中应小心地固定住靠近分离点的橡胶，每次分离很小一点。如果使用了溶液，在试样被裁切和进行试验之前，橡胶应停放至少16 h，使液体有足够的时间完全自由挥发。

5.2.2.2 裁切方法

当需要切掉相当厚度的橡胶或从一个厚的胶片制成若干薄片时，应使用5.2.3.1和5.2.3.2中所描述的裁切设备。

5.2.2.3 打磨方法

需要去除表面不平时，如织物的压痕或由用于硫化的水包布或织物组件的接触引起的皱绉，或由于裁切引起的不平，应使用5.2.3.3或5.2.3.4中描述的设备。

5.2.3 制备试样的设备

5.2.3.1 旋转刀具设备

此设备参照工业切片机。机器由具有一个适当直径的、电机或手动驱动的圆盘状裁刀组成，并带有一个可移动的切割台，可将样品送到刀具边缘。切割台上装有一个可慢速调节的装置，用来将橡胶送至切割线，并控制切片的厚度。设备还应该装有固定橡胶的夹紧装置。为了便于切割操作，刀具最好使用稀释的洗涤液润滑。

5.2.3.2 切割机

该设备以商业化的皮革切片机为基础，可适用于切割宽度约 50 mm，厚度不超过 12 mm 的胶片。通过调整可切割不同的厚度，并且具有使胶料通过刀具的供料辊。裁刀的刀刃要保持锋利。辅助装置可从电缆外护胶上冲切及裁切断面。

5.2.3.3 砂轮

打磨装置是包括一个装有电机驱动砂轮的打磨机。砂轮运行应平稳无颤振，氧化铝或碳化硅磨面应锋利准确。打磨机应装有慢速供料装置，可进行极轻微的磨削以避免橡胶过热。还应采用适当的方法以固定橡胶，防止过度变形并控制橡胶相对砂轮横向移动。

注：砂轮直径为 150 mm，线速度的范围为 10 m/s～12 m/s。C-30-P-4-V 型号的砂轮适合用于粗磨，C-60-P-4-V 型号的砂轮适合用于细磨(见 ISO 525)。C-30-P-4-V 表示磨料为黑碳化硅，粒度为 30，硬度代号为 P，磨具组织号为 4，陶瓷结合剂；C-60-P-4-V 表示的粒度为 60，其余与 C-30-P-4-V 表示相同。

第一次打磨时打磨深度不应超过 0.2 mm。连续打磨应逐渐减小打磨深度以避免橡胶过热。除厚度不平整的位置打磨外，其他部位不应打磨。需去掉较大厚度的橡胶，应使用 5.2.3.1 或 5.2.3.2 中所描述的切割设备。

5.2.3.4 挠性打磨带

该装置包括固定有旋转形打磨带的电动转鼓或两个滑轮，其中一个由电动机传动，另一个可以拉紧和调整打磨带。打磨带由织物、纸或两者并用制得。表面粘有一层用防水树脂粘合的氧化铝或碳化硅磨料。设备应装有慢速供料装置并防止橡胶过度变形。

注：打磨带线速度为 20 m/s±5 m/s 比较合适。

操作时，橡胶打磨的厚度为零点几毫米比较合适，用这种方法比用 5.2.3.3 中所陈述的方法打磨时产生的热量要少得多。打磨时可以靠着转鼓进行，也可靠着一个滑轮或靠着滑轮之间绷紧的打磨带进行。

5.3 试样裁刀

5.3.1 裁刀设计

所用的裁刀或裁切器结构和型号，应依据试验材料的厚度和硬度而定。裁切薄的材料时应使用 5.3.2、5.3.3 或 5.3.4 中描述的冲切或旋转裁刀。对于较厚的材料，通常是 4 mm 以上，使用 5.3.4 中描述的旋转裁刀，以减轻裁切过程中因橡胶压缩引起的切边凹陷程度。对没有替换刀片的裁刀，裁刀刃口的设计如图 1 所示。

5.3.2 固定刀刃的裁刀

这类裁刀应使用优质工具钢制造，可以采用整体结构也可采用两件式结构。裁刀可设计成一次能够冲切一个或多个试样。裁刀结构应具有足够的刚度防止裁切时变形。裁刀宜装有顶出装置以便取出试样。顶出装置的设计应适于裁切厚度在4.2 mm以下的样品。如果没有顶出装置，则应有从裁刀后部通至刃口的通道，以便操作人员在不损伤刃口的情况下取出试样。刃口应像 5.4 中叙述的那样保持锋利没有缺口，以防止试样形成粗糙的边缘。

5.3.3 可更换刀片的裁刀

这类裁刀使用磨快的高碳钢条，如单刃刀片，其柔韧性足以满足裁刀形状要求，刀片与裁刀形状应吻合，并能固定在刀体上。刀体应有足够的厚度用以支撑裁切刀片，刀片通常伸出表面不超过2.5 mm。

裁刀刀片的背面应嵌在一个固定的金属底座上。裁刀应装有顶出装置以便取出试样。此装置的设计适应于裁切厚度在2.2 mm以下的样品。如果没有顶出装置，则应有从裁刀后部通至刃口的通道，以便操作人员在不损伤刃口的情况下取出试样。应经常对刀片进行检查，确保裁刀裁切时，特别是裁切高硬度样品时刀片不发生变形。

单位为毫米

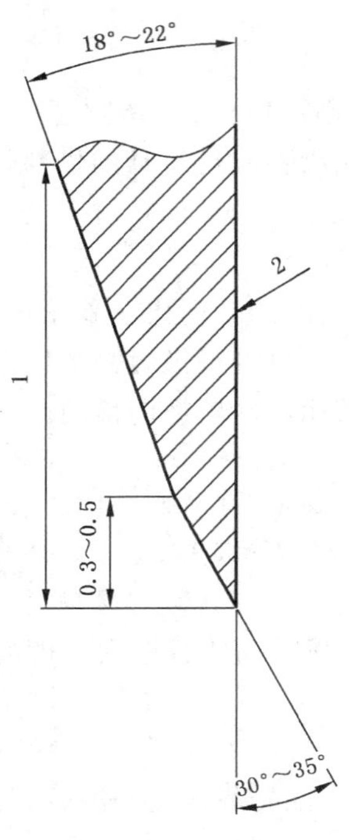

1——大约 6 mm 宽的刃口；
2——裁刀内表面。

图 1 裁刀刃口

5.3.4 旋转裁刀

将环形或弧形裁刀固定在钻床的合适刀架上。裁切过程中应有固定橡胶的装置，这个装置包括安装到刀架的压足，用于固定样品中心部位的柱塞和中心孔尺寸大于裁切尺寸的金属压板，或者可在样品下面施加负压的真空固定器。应设置在裁切过程中向橡胶表面提供润滑剂的装置。为了得到环形试样的垂直切口，同时使用内外环同时裁切。刀片的型号和钻头的速度和行程应充分满足被裁切样品厚度的要求。弧形裁刀的前沿要有一定的角度并保持锋利，以便切入样品。裁切区域应装有一个透明罩以便对裁切的过程进行监控。也可以采用试样围绕固定裁刀相对旋转的其他设备。

5.4 裁刀的保养

应经常维护和保养裁刀的刃口，因为刃口变钝、崩刃或卷刃都会使试样带有缺陷，影响试验结果。裁刀不使用时刃口部位应放置在柔软的物体(例如海绵)上，或者使刃口部位不与任何表面接触。

有关裁刀的其他保养方法参见附录 A。

5.5 模压法试样的制备

5.5.1 片状试样

用模压法硫化片状试样时(见 5.5.2 的注)，尽可能使它们接近产品的硫化程度。首先，按照相应试验方法规定的厚度，模压硫化胶片，然后用裁刀裁切试样。

5.5.2 圆形试样

用模压硫化圆形试样时，尽可能使它们接近产品的硫化程度。

注：GB/T 6038 中规定了模压法制备片状试样和圆形试样的适当方法。

5.5.3 热塑性材料

热塑性材料样品的模压应按照制造商对材料的说明、应用和模压的类型及尺寸进行。

6 调节

6.1 总则

温度和湿度都已规定时，试样的调节时间应不少于16 h，然后立即试验。

当采用标准实验室温度且不需要控制湿度时，试样的调节应不少于3 h，然后立即试验。

当规定了一个不同于标准实验室温度且不需要控制湿度条件时，应经过足够长调节时间，以使试样与环境温度相平衡，或者根据试验材料和产品的有关规定处理。

经过打磨样品制备的试样在试验前应该进行调节。

6.2 低于或高于常温时的调节时间

附录B给出了从初始温度为20℃开始，试样中心达到与设定的调节温度相差1℃之内的计算时间。时间由试样的几何形状、材料以及所用热传输介质的类型决定。

7 试样尺寸的测量

注：作为控制目的的产品尺寸测量，请参阅GB/T 3672.1。

7.1 方法A——用于小于30 mm的尺寸

该方法适用于测量30 mm以下的尺寸，试样放置于两个平行平面之间，也适用于测量施加压力而不引起任何明显变形的其他尺寸。

设备由放置试样或制品的平整坚硬的基座平台和一个可在试样或制品上施加规定压力、直径为2 mm～10 mm的扁平圆形压足组成。

该仪器测量厚度的误差应不大于1%或0.01 mm，或更小。

圆形压足不应超出试样或制品的边缘。对硬度等于或大于35 IRHD的固体橡胶施加22 kPa±5 kPa的压力；对硬度小于35 IRHD的施加10 kPa±2 kPa的压力。在不同的直径下，压足产生22 kPa±5 kPa和10 kPa±2 kPa的规定压力，所需标准质量可参考表3。

注：这种型号的设备同样可以用于没有平整的平行平面的试样，在相关的标准中提供了测量条件。

每个被测尺寸至少应获取3个测量值，结果取3个测量值的中值。

表3 不同直径压足表面压力所需质量

压足直径/mm	施加规定压力所需质量/g	
	10 kPa±2 kPa	22 kPa±5 kPa
2	3	7
3	7	16
4	13	28
5	20	44
6	29	63
8	51	113
10	80	176

7.2 方法B——用于30 mm～100 mm(包括100 mm)的尺寸

该测量采用误差不大于1%的游标卡尺来测量尺寸。测量与试样或制品的相对表面垂直方向的尺寸。固定试样或制品，使测量尺寸不受试样或制品形变的影响。

调节卡尺，使测量试样或制品的面，在不压缩情况下与其相接触。

每个被测尺寸至少应获取 3 个测量值,结果取 3 个测量值的中值。

7.3 方法 C——用于超过 100 mm 的尺寸

采用误差不超过 1 mm 的直尺或卷尺来测量。测量与试样或制品的相对表面垂直方向的尺寸。

每个被测尺寸至少应获取 3 个测量值,结果取 3 个测量值的中值。

7.4 方法 D——非接触法

这种不和橡胶有任何接触的测量,特别适用于具有特殊形状的试样或制品(如 O 型圈或取自胶管的试样)。可采用各种类型的光学设备,例如:移动式显微镜、投影显微镜或 X 光摄影仪。

这些仪器厚度测量的误差应不大于 1%或 0.01 mm,或更小。

每个被测尺寸至少应获取 3 个测量值,结果取 3 个测量值的中值。

8 试验条件

8.1 试验时间

获得某一试样的任何指定变化(比如老化)程度的时间主要依赖橡胶的类型、其配方和硫化状态、自然环境及试验环境的苛刻度。通常会在进行一组不同时间周期的试验通过监测其变化来实现一个全面的研究。出于控制的目的,一个单一的试验时间可能就足够了,通常不需要上述程序。这两种情况下,推荐选择表 4 中给出的试验时间。

表 4 首选试验时间

单位为小时

<table>
<tr><th>试验时间</th><th>公 差</th></tr>
<tr><td>8</td><td rowspan="2">±0.25</td></tr>
<tr><td>16</td></tr>
<tr><td>24</td><td rowspan="3">$^{0}_{-2}$</td></tr>
<tr><td>48</td></tr>
<tr><td>72</td></tr>
<tr><td>168</td><td rowspan="2">±2</td></tr>
<tr><td>168 的倍数</td></tr>
</table>

如果出于技术的原因可能需要更小的公差,应符合有关试验方法中的规定。

8.2 温度和湿度

8.2.1 标准实验室温度和湿度

温度和湿度的标准条件见第 3 章的规定。

8.2.2 其他试验温度

当需要高温或低温时,温度应从表 5 中选择。出于技术原因,可选择其他的温度。

注:为了试验结果能得到更好的重现性,可以规定更严格的公差。

表 5 试验温度

单位为摄氏度

试验温度	公差
−85 −70 −55 −40 −25 −10 0	±2

表 5(续)

单位为摄氏度

试验温度	公差
40 55 70 85 100	±1
125 150 175 200 225 250 275 300	±2

9 试验箱

9.1 温度箱的一般要求

试验箱中的浸泡介质应对橡胶试样的性能没有显著影响。箱内放置试样的部分,其温度应控制在相应试验方法规定的公差范围内;浸泡介质应在箱内完全地流通;首选的是自动温度控制机;在放入试样或试验装置后,按照最小过调量和最小失调量的要求,尽快使温度恢复到设定值,在任何情况下,不应超过 15 min,对气体介质要特别注意到这一点。

箱体应是热绝缘的,以防止低温试验时外表面形成冷凝汽,并防止高温试验时难以接触。如果需要一个窗口来观察试验仪器,例如读表,这个窗口应能够确保足够的热绝缘并避免冷凝。

箱体的结构取决于传热介质的类型。对于气体介质,箱体侧面开口对放入试样是方便的,对于从侧面操作实验仪器是必要的。箱体内壁应由热的良导体制作,最好是铝或镀锡的铜,以保证温度均匀并将辐射效应减至最小。当需要人工操作箱内仪器时(试样的装卸除外),应在箱壁上装设带有手套和绝缘套袖的操作孔。

对于液体介质,可用浸在介质中的元件或箱外热交换系统的循环介质来控制温度。

9.2 高温时控制箱的操作

9.2.1 气体热传递介质控制箱

气体应通过适宜的电热元件来加热,用风扇或吹风机来确保气体充分循环。加热元件应被隔离以防止热辐射直接作用在试样上。

为了达到所需温度控制的精度,热传递系统应:

a) 采用循环气体系统;

b) 设计温度控制所需的大部分热量为连续供给,其余则间隙供给,或采用热量供给的比例调节装置,以防止温度发生大的周期性变化。

9.2.2 液体热传递介质控制箱

这种控制箱应遵循 9.2.1 中的相同原理,用浸泡加热器代替 9.2.1 中的热元件和用一个搅拌器或者泵代替风扇或吹风机。

9.2.3 沸腾床

这种控制箱利用一个惰性材料床,当一种合适的气体以合适的速度通过该床时,惰性材料达到沸腾。

9.3 低温时控制箱的操作

9.3.1 机械冷却装置

通常机械冷却低温控制箱有一个多级压缩机和一个围绕试验箱的冷却螺旋管。

9.3.2 固体二氧化碳冷却装置(直接冷却)

在固体二氧化碳直接冷却低温控制箱中,有一个合适的风扇或吹风机位于固体二氧化碳隔层中,使二氧化碳从固体二氧化碳隔层中气化流动到试样隔层并返回。

9.3.3 固体二氧化碳装置(间接冷却)

在固体二氧化碳间接冷却低温控制箱中,空气作为热传输介质,没有二氧化碳气体与试样接触。

9.3.4 整体冷却装置

将试验装置放入试验控制箱中,循环调节温度的冷空气或二氧化碳气体,从一个单独的冷却装置通过绝热管流通到试验箱并返回这是最理想的。

9.3.5 液氮

可以将液氮按需要注入箱中,来控制温度,或由箱内足够体积的气体经由箱外的液氮容器循环流动,以达到所要求的温度。液氮注入时,应完全气化,氮气应接触试验装置或试样之前达到试验温度。

10 试验报告

试验报告应包括以下信息:

a) 模压条件及模压日期(如果适用);

b) 样品和试样的制备方法;

c) 试样的调节细节;

d) 测量试样尺寸的方法和测试结果;

e) 相应的试验温度和湿度。

附　录　A
（资料性附录）
裁刀的保养方法

A.1　裁刀的保养

A.1.1　裁刀的刃口保养是十分关键的。可以用磨石经常轻轻地研磨和修整刃口，并通过一系列的试验后试样的断裂点来评价刃口的状况。当把断裂的试样从夹持器上取下时，检验试样是否存在总在同一位置、或接近同一位置断裂的趋势，如果有这一趋势，表明刃口在这个特定的部位上可能变钝、有缺口或卷刃。

A.1.2　裁刀应贮存在干燥的环境中并涂上防护油，防止裁刀被腐蚀。

A.1.3　使用时应注意保护刃口，在样品下边垫上软硬适宜的覆胶带或优质纸板保护刃口不受损伤。刃口应定期研磨以保持锋利。

A.1.4　当需要大的研磨时，应首先用安装在通用磨床上的直径为 12.5 mm 的碳化硅磨石研磨。

A.1.4.1　准备 4 种磨石。

A 种：具有与磨石轴垂直的平整面，用以打磨与裁刀底部平行的刃口；

B 种：直径小到足以安装到裁刀刃口内侧，使内侧表面垂直于通过刃口端点确定的平面；

C 种：具有 36°～44°角的锥形端，可以在刃口上产生 18°～22°角；

D 种：具有 60°～70°角的锥形端，可以在刃口上产生 30°～35°角。

A.1.4.2　把每种磨石安装到机器上并用砂轮打磨，对磨石进行整形。

A.1.4.3　沿着机器加工台移动裁刀，依次接触各个旋转的磨石，使裁刀重新磨锐。

A.1.4.4　使用 A 种磨石直到裁刀整个刃口上出现小平面。

A.1.4.5　接着使用 B 种磨石精磨裁刀内侧垂直面（见图 1），裁刀的宽度及其他外形尺寸不应超出公差。

A.1.4.6　然后使用 C 种磨石直至刃口整个长度上出现宽度均匀，非常窄的平面。

A.1.4.7　最后使用 D 种磨石，应保证刃口宽度均匀。

A.1.4.8　这些操作完成后用手工磨刃口，除去沿着刃口出现的羽状毛刺。

A.1.4.9　裁刀磨锐后用工具显微镜对关键尺寸进行测量。

A.2　裁切润滑

用稀释的洗涤液对裁刀或样品表面进行润滑。使用润滑剂后应注意擦干金属表面，防止刃口锈蚀。当润滑剂在旋转裁刀上使用时，由于液体会从裁刀下溅射出来，因此需要加防护罩。

附 录 B
（规范性附录）
橡胶试样的调节时间

表 B.1～表 B.3 给出了试样中心达到设定的调节温度 1℃之内的计算时间，从初始温度为 20℃开始。该时间由试样的几何形状、胶料以及所用热传输介质的类型决定。

对目前正使用着的每一个试样单独进行计算是不实际的。所幸的是试样基本上可分为 3 类：圆盘状、片状及长条状、拉伸试验中用到的哑铃状试样可以认为是长条状。

试样的调节时间取决于样品材料的热性能。橡胶的热扩散率为 0.1 mm^2/s，热导率为 0.2 W/(m·K)。

多数温控箱使用空气或液体作为热传递的介质。为了形成一个表格，假设空气的热传递系数为 20 W/(m^2·K)。不同的液体具有不同的热传递系数，但多数情况下假设为 750 W/(m^2·K)。

调节时间不是最接近分钟数的临界值，尽管这是试样达到平衡给出的足够时间的基础。表中所有时间已被向上舍入到下一个最高 5 min 的倍数。

表 B.1 圆盘状

介质	温度/℃	平衡 1℃的时间/min											
		直径/mm											
		64	40	37	32	29	29	25	25	25	13	13	9.5
		高度/mm											
		38.0	30.0	10.2	16.5	25.0	12.5	20.0	10.0	6.3	12.6	6.3	9.5
空气	−50	130	75	35	45	50	35	40	25	20	20	15	15
	0	95	55	25	35	40	25	30	20	15	15	10	10
	50	105	60	30	35	45	30	35	20	20	20	15	15
	100	130	75	35	45	55	35	45	25	20	20	15	15
	150	145	85	40	50	60	40	45	30	25	25	20	20
	200	155	90	40	55	65	45	50	30	25	25	20	20
	250	160	95	45	55	65	45	50	30	25	25	25	20
液体	−50	75	35	10	15	20	10	20	10	15	5	5	5
	0	60	30	10	15	15	10	15	10	15	5	5	5
	50	65	30	10	15	20	10	20	10	15	5	5	5
	100	80	35	10	20	25	15	25	15	15	5	5	5
	150	85	40	10	20	25	15	25	15	20	10	5	5
	200	90	45	10	20	25	15	25	15	20	10	5	5
	250	90	45	15	20	25	15	25	15	20	10	5	5

表 B.2 片状

介质	温度/℃	平衡 1℃的时间/min								
		厚度/mm								
		25.0	15.0	10.0	8.0	5.0	3.0	2.0	1.0	0.2
空气	−50	135	70	45	35	20	15	10	5	5
	0	95	50	30	25	15	10	10	5	5
	50	110	60	35	30	20	10	10	5	5
	100	140	75	45	35	20	15	10	5	5
	150	155	80	50	40	25	15	10	5	5
	200	160	85	55	40	25	15	10	5	5
	250	170	90	55	45	25	15	10	5	5

表 B.2(续)

介质	温度/℃	平衡 1℃的时间/min								
		厚度/mm								
		25.0	15.0	10.0	8.0	5.0	3.0	2.0	1.0	0.2
液体	−50	90	35	15	10	5	5	5	5	5
	0	75	30	15	10	5	5	5	5	5
	50	80	30	15	10	5	5	5	5	5
	100	90	35	20	10	5	5	5	5	5
	150	95	40	20	10	5	5	5	5	5
	200	100	40	20	15	5	5	5	5	5
	250	105	40	20	15	5	5	5	5	5

表 B.3　长条状

介质	温度/℃	平衡 1℃的时间/min																	
		宽度/mm																	
		25.4								15.0	12.7								
		厚度/mm																	
		12.7	10.0	9.5	6.5	5.0	3.0	2.0	1.0	15.0	12.7	10.0	9.5	6.5	5.0	3.2	3.0	2.0	1.0
空气	−50	45	35	35	25	20	15	10	5	35	30	25	25	20	15	15	10	10	5
	0	30	25	25	20	15	10	10	5	30	25	20	20	15	15	10	10	5	5
	50	35	30	30	20	15	10	10	5	30	25	20	20	15	15	10	10	10	5
	100	45	35	35	25	20	15	10	5	40	30	30	25	20	20	15	10	10	5
	150	50	40	40	30	20	15	10	5	40	35	30	30	25	20	15	15	10	5
	200	50	40	40	30	20	15	10	5	45	35	30	30	25	20	15	15	10	5
	250	55	45	40	30	25	15	10	5	45	40	35	35	25	20	15	15	10	5
液体	−50	15	10	10	5	5	5	5	5	10	10	10	10	5	5	5	5	5	5
	0	10	10	10	5	5	5	5	5	10	10	5	5	5	5	5	5	5	5
	50	15	10	10	5	5	5	5	5	10	10	5	5	5	5	5	5	5	5
	100	15	10	10	5	5	5	5	5	10	10	10	10	5	5	5	5	5	5
	150	15	10	10	5	5	5	5	5	15	10	10	10	5	5	5	5	5	5
	200	15	10	10	5	5	5	5	5	15	10	10	10	5	5	5	5	5	5
	250	15	10	10	5	5	5	5	5	15	10	10	10	5	5	5	5	5	5

介质	温度/℃	平衡 1℃的时间/min														
		宽度/mm														
		6.35								4.0						
		厚度/mm														
		12.7	10.0	6.52	5.0	3.0	2.0	1.5	1.0	12.7	10.0	6.5	5.0	3.0	2.0	1.0
空气	−50	20	20	15	15	10	10	5	5	15	15	10	10	10	5	5
	0	15	15	10	10	10	5	5	5	10	10	10	10	5	5	5
	50	15	15	15	10	10	5	5	5	10	10	10	10	10	5	5
	100	20	20	15	15	10	10	5	5	15	15	10	10	10	10	5
	150	25	20	15	15	10	10	10	5	15	15	15	10	10	10	5
	200	25	20	20	15	10	10	10	5	15	15	15	10	10	10	5
	250	25	25	20	15	10	10	10	5	20	15	15	15	10	10	5

表 B.3(续)

介质	温度/℃	平衡1℃的时间/min														
		宽度/mm														
		6.35								4.0						
		厚度/mm														
		12.7	10.0	6.52	5.0	3.0	2.0	1.5	1.0	12.7	10.0	6.5	5.0	3.0	2.0	1.0
液体	−50	5	5	5	5	5	5	5	5	5	5	5	5	5	5	5
	0	5	5	5	5	5	5	5	5	5	5	5	5	5	5	5
	50	5	5	5	5	5	5	5	5	5	5	5	5	5	5	5
	100	5	5	5	5	5	5	5	5	5	5	5	5	5	5	5
	150	5	5	5	5	5	5	5	5	5	5	5	5	5	5	5
	200	5	5	5	5	5	5	5	5	5	5	5	5	5	5	5
	250	5	5	5	5	5	5	5	5	5	5	5	5	5	5	5

参 考 文 献

[1] GB/T 3672.1 橡胶制品公差 第1部分:尺寸公差
[2] GB/T 6038 橡胶试验胶料 配料、混炼和硫化设备及操作程序
[3] ISO 139 纺织物调节和试验的标准环境
[4] ISO 525 粘结型磨削产品的一般要求

ICS 83.060
G 40

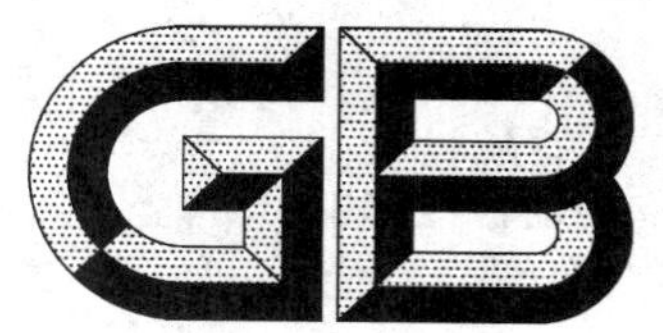

中华人民共和国国家标准

GB/T 4498.1—2013
代替 GB/T 4498—1997

橡胶 灰分的测定 第1部分:马弗炉法

Rubber—Determination of ash—
Part 1:Muffle furnace method

(ISO 247:2006,Rubber—Determination of ash,MOD)

2013-12-31 发布　　2014-09-01 实施

中华人民共和国国家质量监督检验检疫总局
中国国家标准化管理委员会　发布

前　　言

GB/T 4498《橡胶　灰分的测定》分为两个部分：

——第1部分：马弗炉法；

——第2部分：热重分析法。

本部分为GB/T 4498的第1部分。

本部分按照GB/T 1.1—2009给出的规则起草。

本部分代替GB/T 4498—1997《橡胶　灰分的测定》，与GB/T 4498—1997相比，除编辑性修改外主要技术变化如下：

——修改了标准名称；

——修改了规范性引用文件中的引用标准(见第2章，1997版的第2章)；

——仪器中增加了分析天平(见5.1)；

——增加了试样的大小和通入空气的时间(见7.1、7.2)；

——增加了直接灰化法(见7.1)；

——增加了混炼胶的允许差(见9.3)。

本部分使用重新起草法修改采用ISO 247:2006《橡胶　灰分的测定》。本部分与ISO 247:2006的主要技术性差异及原因如下：

——修改了标准名称；

——规范性引用文件一章所列的国际标准分别用采用该文件的我国国家标准代替(见第2章)；

——仪器中增加了分析天平、调温电炉(见5.1、5.4)；

——增加了试样的大小和通入空气的时间，易于操作(见7.1、7.2)；

——增加了直接灰化法，易于操作(见7.1)；

——增加了方法的允许差，提高可操作性(见第9章)。

本部分由中国石油和化学工业联合会提出。

本部分由全国橡胶与橡胶制品标准化技术委员会(SAC/TC 35)归口。

本部分起草单位：中国石油天然气股份有限公司石油化工研究院、中国热带农业科学院农产品加工研究所。

本部分主要起草人：李晓银、卢光、杨芳、吴毅、翟月勤、魏玉丽、孙丽君、李淑萍。

本部分所代替标准的历次版本发布情况：

——GB 4498—84；GB/T 4498—1997；

——GB 6736—86；

——GB 8085—87。

橡胶 灰分的测定
第1部分:马弗炉法

警告——使用本标准的人员应熟悉正规实验室操作规程。本标准无意涉及因使用本标准可能出现的所有安全问题。制定相应的安全和健康规程并确保符合国家法规是使用者的责任。

1 范围

GB/T 4498的本部分规定了测定生橡胶、混炼胶和硫化橡胶灰分的两种方法。除下列所述限制外,本部分适用于GB/T 5576中的M、N、O、R和U类的生橡胶、混炼胶或硫化橡胶。

——方法A不适用于测定含氯、溴或碘的各种混炼胶和硫化橡胶的灰分。

——方法B适用于测定含有氯、溴或碘的混炼胶或硫化橡胶,但不适用于未混炼橡胶。

——含锂和氟的化合物可能会与石英坩埚反应生成挥发性化合物,致使灰分的测定结果偏低。灰化含氟橡胶和锂聚合橡胶应使用铂坩埚。

本部分不涉及解释因混炼胶或硫化橡胶中的无机配合剂而产生的灰分。这是分析工作者的责任,他们应该了解各种橡胶配合剂在高温下的行为。

这两种方法不一定能得到相同的结果,因此在试验报告中应说明所用的方法。

2 规范性引用文件

下列文件对于本文件的应用是必不可少的。凡是注日期的引用文件,仅注日期的版本适用于本文件。凡是不注日期的引用文件,其最新版本(包括所有的修改单)适用于本文件。

GB/T 5576 橡胶和胶乳 命名法(GB/T 5576—1997,idt ISO 1629:1996)

GB/T 15340 天然、合成生胶取样及其制样方法(GB/T 15340—2008,ISO 1795:2000,IDT)

GB/T 24131 生橡胶 挥发分含量的测定(GB/T 24131—2009,ISO 248:2005,MOD)

3 方法概要

3.1 方法A

将已称量试样放入坩埚中,在调温电炉(或本生灯)上加热。待挥发性的分解产物逸去后,将坩埚转移到马弗炉中继续加热直至含碳物质被全部烧尽,并达到质量恒定。

3.2 方法B

将已称量试样放入坩埚中,在硫酸存在下用调温电炉(或本生灯)加热,然后放入马弗炉内灼烧,直至含碳物质被全部烧尽,并达到质量恒定。

4 试剂

硫酸(仅用于方法B):分析纯,$\rho=1.84\ g/cm^3$。

5 仪器

5.1 分析天平：能够精确至 0.1 mg。

5.2 坩埚：容积约为 50 mL 的瓷坩埚、石英坩埚或铂坩埚。对于合成生橡胶，可用每克试样至少 25 mL 容积的坩埚。

5.3 耐热隔热板：100 mm×100 mm，厚度约 5 mm，中心开有放坩埚(5.2)的圆孔。使坩埚约三分之二的部分露于此板之下。

注：可使用石棉板。

5.4 调温电炉或本生灯。

5.5 马弗炉：装有烟道并能控制通入炉内的气流(可以用炉门开度的大小来调节)。备有温控装置，使炉温保持在 550 ℃±25 ℃或 950 ℃±25 ℃。

6 取样与试样制备

6.1 天然生橡胶试样应从按 GB/T 15340 制得的均匀化胶样中切取。合成生橡胶试样应从按 GB/T 24131 测定完挥发分后的干胶中切取。

6.2 混炼胶试样应用手工剪碎。

6.3 硫化橡胶试样应在开炼机上压成薄片或压碎，也可用手工剪碎。

6.4 混炼胶和硫化橡胶试样应具有代表性。

7 操作步骤

7.1 方法 A

将清洁而规格适当的空坩埚(5.2)放在温度为 550 ℃±25 ℃的马弗炉(5.5)内加热约 30 min，取出放入干燥器中冷却至室温，称量，精确至 0.1 mg。根据估计的灰分量，称取约 5 g 生橡胶试样或 1 g～5 g 混炼胶或硫化橡胶试样，精确至 0.1 mg，剪成边长不大于 5 mm 的颗粒。将试样放入耐热隔热板(5.3)上的坩埚内。在通风橱中，用调温电炉(或本生灯)(5.4)慢慢加热坩埚，避免试样着火。如果试样因溅出或溢出而损失，必须重新取试样，按照上述步骤重新试验。

将橡胶分解炭化后，逐渐升高温度直至挥发性分解物质排出，留下干的炭化残余物。将盛有残余物的坩埚移入炉温 550 ℃± 25 ℃马弗炉中，加热 1 h 后微启炉门通入足量的空气使残余物氧化。

继续加热直至炭化残余物变成灰为止。从炉中取出坩埚，放入干燥器中冷却至室温，称量，精确至 0.1 mg。将此坩埚再放入 550 ℃±25 ℃的马弗炉中加热约 30 min，取出放入干燥器中冷却至室温，再称量，精确至 0.1 mg。对于生橡胶，前后两次质量之差不应大于 1 mg 为质量恒定，对于混炼胶和硫化橡胶，不应大于灰分的 1%。如果达不到此要求，重新加热、冷却、称量，直至连续两次称量结果之差符合上述要求为止。

对于生橡胶和部分混炼胶、硫化橡胶，可采用直接灰化法。将已称量试样用直径为 11 cm～15 cm 的定量滤纸包裹，置于预先在 550 ℃±25 ℃恒重的坩埚内，将坩埚直接放入温度为 550 ℃±25 ℃马弗炉中，迅速关闭炉门，加热 1 h 后微启炉门通入足量的空气，继续加热直至含碳物质被全部烧尽，并达到上述质量恒定。

注：对于混炼胶和硫化橡胶，所用温度可以为 950 ℃±25 ℃。

7.2 方法 B

将清洁而规格适当的空坩埚(5.2)放在温度为 950 ℃±25 ℃的马弗炉(5.5)内加热约 30 min,取出放入干燥器中冷却至室温,称量,精确至 0.1 mg。称取 1 g～5 g 混炼胶或硫化橡胶试样,精确至 0.1 mg,剪成边长不大于 5 mm 的颗粒。将试样放入坩埚内,加入约 3.5 mL 浓硫酸,使橡胶完全润湿。将装有试样的坩埚置于耐热隔热板(5.3)孔内。在通风橱中,用调温电炉(或本生灯)(5.4)慢慢加热。如果反应开始阶段,混合物膨胀严重,则撤掉热源以避免试样的损失。

当反应变得较为缓慢时,升高温度,直到过量的硫酸挥发掉,留下干的炭化残余物为止。将盛有残余物的坩埚移入温度为 950 ℃±25 ℃的马弗炉中加热约 1 h,直到被氧化成净灰为止。从马弗炉中取出盛灰的坩埚放入干燥器中冷却至室温,称量,精确至 0.1 mg。然后再将此盛灰坩埚放入 950 ℃±25 ℃的马弗炉中,加热约 30 min 后,取出放入干燥器中冷却至室温,再称量,精确至 0.1 mg。

如果两次称量之差大于灰分的 1%,则重复加热、冷却和称量操作步骤,直至连续两次称量之差小于灰分的 1%为质量恒定。

8 结果计算

灰分含量 x 以试样的质量分数计,按式(1)进行计算:

$$x=\frac{m_2-m_1}{m_0}\times 100\% \qquad \cdots\cdots(1)$$

式中:

m_2——坩埚与灰分质量,单位为克(g);

m_1——空坩埚质量,单位为克(g);

m_0——试样的质量,单位为克(g)。

取两次平行测定结果的平均值作为试验结果。所得结果表示至两位小数。

9 允许差

9.1 天然生橡胶

两次平行测定结果之差不大于 0.02%。

9.2 合成生橡胶

——灰分含量小于 0.07%时,两次平行测定结果之差不大于 0.02%;

——灰分含量在 0.08%～0.24%时,两次平行测定结果之差不大于 0.03%;

——灰分含量在 0.25%～1.00%时,两次平行测定结果之差不大于 0.08%。

9.3 混炼胶和硫化橡胶

——灰分含量在 1.00%～5.00%时,两次测定平行结果之差不大于 0.20%;

——灰分含量在 5.00%～10.00%时,两次测定平行结果之差不大于 0.30%;

——灰分含量在 10.00%～50.00%时,两次测定平行结果之差不大于 0.40%。

10 试验报告

试验报告应包括下列内容：

a） 本部分的编号；

b） 关于样品的详细说明；

c） 采用的方法(方法 A、直接灰化法或方法 B)；

d） 试验温度,以及方法 A 选用 950 ℃的理由；

e） 试验结果；

f） 试验日期。

前　言

本标准等同采用 ISO 1629:1995《橡胶和胶乳——命名法》对 GB/T 5576—85《合成橡胶命名》进行修订。在技术内容和编写格式上与采用标准保持完全一致。

本标准同前版相比，品种序列和符号代码均作了调整。橡胶品种进行了增补和修改。

本标准的附录 A 是提示的附录。

本标准由中国石油化工总公司提出。

本标准由全国橡胶与橡胶制品标准化技术委员会合成橡胶分技术委员会归口。

本标准的起草单位：兰州化学工业公司化工研究院。

本标准主要起草人：郭洪达、陈淑芬。

本标准首次发布于 1985 年 10 月。

本标准由兰州化学工业公司化工研究院负责解释。

ISO 前言

ISO(国际标准化组织)是各国标准团体(ISO 成员团体)的世界性联合机构。制定国际标准的工作通常由 ISO 各技术委员会进行。凡对已建立技术委员会项目感兴趣的成员团体均有权参加该委员会。与 ISO 有联系的政府和非政府的国际组织,也可参加此项工作。在电工技术标准化的所有方面,ISO 与国际电工技术委员会(IEC)紧密合作。

技术委员会采纳的国际标准草案,要发给成员团体进行投票,作为国际标准发布时,要求至少有75%投票的成员团体投票赞成。

国际标准 ISO 1629 由 ISO/TC 45 橡胶与橡胶制品技术委员会制定。

本第三版废止并替代第二版(ISO 1629:1987),是第二版经过技术修订的版本。

本国际标准附录 A 仅供参考。

中华人民共和国国家标准

GB/T 5576—1997
idt ISO 1629:1995
代替 GB/T 5576—85

橡胶和胶乳　命名法

Rubbers and latices—Nomenclature

1　范围

1.1　本标准为干胶和胶乳两种形态的基础橡胶建立了一套符号体系。该符号体系以聚合物链的化学组成为基础。

1.2　本标准的目的是使工业、商业和管理机构使用的术语标准化。本体系无意与现用的商品名称和商标相矛盾,更确切地说是作为它们的补充。

注1：在技术文件或文献中,应尽可能使用橡胶名称。这些符号应置于化学名称之后,以备后文引用。

2　橡胶

对干胶和胶乳两种形态的橡胶,以聚合物链的化学组成为基础,按下列方法分组并用符号表示：

M　具有聚亚甲基型饱和碳链的橡胶

N　聚合物链中含有碳和氮的橡胶

注2：至今尚无使用N组符号表示的橡胶。

O　聚合物链中含有碳和氧的橡胶

Q　聚合物链中含有硅和氧的橡胶

R　具有不饱和碳链的橡胶。例如：天然橡胶和至少部分由共轭双烯烃制得的合成橡胶

T　聚合物链中含有碳、氧和硫的橡胶

U　聚合物链中含有碳、氧和氮的橡胶

Z　聚合物链中含有磷和氮的橡胶

3　分组符号

3.1　"M"组

"M"组包括具有聚亚甲基型饱和链的橡胶,使用下列符号：

ACM　丙烯酸乙酯(或其他丙烯酸酯)与少量能促进硫化的单体的共聚物(通称丙烯酸酯类橡胶)

AEM　丙烯酸乙酯(或其他丙烯酸酯)和乙烯的共聚物

ANM　丙烯酸乙酯(或其他丙烯酸酯)与丙烯腈的共聚物

CM　氯化聚乙烯[1)]

CSM　氯磺化聚乙烯

EPDM　乙烯、丙烯与二烯烃的三聚物。其中二烯烃聚合时,在侧链上保留有不饱和双键

EPM　乙烯-丙烯共聚物

EVM　乙烯-乙酸乙烯酯的共聚物[2)]

采用说明：

1) 在ISO 1043-1[1]中,氯化聚乙烯的缩写为PE-C。

2) 在ISO 1043-1[1]中,乙烯-乙酸乙烯酯共聚物的缩写为E/VAC。

国家技术监督局 1997-10-14 批准　　　　1998-04-01 实施

FEPM　四氟乙烯和丙烯的共聚物

FFKM　聚合物链中的所有取代基是氟、全氟烷基或全氟烷氧基的全氟橡胶

FKM　聚合物链中含有氟、全氟烷基或全氟烷氧基取代基的氟橡胶

IM　聚异丁烯[1)]

NBM　完全氢化的丙烯腈-丁二烯共聚物(见 3.4.2)

3.2 "O"组

"O"组包括聚合物链中含有碳和氧的橡胶,使用下列符号:

CO　聚环氧氯丙烷(通称氯醚橡胶)

ECO　环氧乙烷和环氧氯丙烷的共聚物(也称氯醚共聚物或氯醚橡胶)

GECO　环氧氯丙烷-环氧乙烷-烯丙基缩水甘油醚的三聚物

GPO　环氧丙烷和烯丙基缩水甘油醚的共聚物(也称环氧丙烷橡胶)

3.3 "Q"组

在聚硅氧烷代号"Q"之前写出聚合物链中取代基的名称以定义"Q"组,使用下列符号:

FMQ　聚合物链中含有甲基和氟两种取代基团的硅橡胶

FVMQ　聚合物链中含有甲基、乙烯基和氟取代基团的硅橡胶

MQ　聚合物链中只含甲基取代基团的硅橡胶,例如聚二甲基硅氧烷

PMQ　聚合物链中含有甲基和苯基两种取代基团的硅橡胶

PVMQ　聚合物链中含有甲基、乙烯基和苯基取代基团的硅橡胶

VMQ　聚合物链中含有甲基和乙烯基两种取代基团的硅橡胶

聚合物链中取代基的字母应置于主链含硅和氧的橡胶代码字母(Q)的左面,按其百分含量递降顺序排列,即占比例大的靠近 Q。

注 3:在 ISO 1043-1[1]中硅氧烷聚合物的符号是 SI。

3.4 "R"组

3.4.1 说明

含干胶和胶乳两种形态的"R"组,规定在"橡胶"一词前冠以制备该橡胶的一种或多种单体的名称(天然橡胶除外)。字母"R"前的字母表示制备该橡胶(天然橡胶除外)的共轭二烯烃。在二烯烃字母前的一个或几个字母,则表示一种或几种共聚单体、取代基或化学组成。用字母 E 和连字符"-"放在名称之前表示乳液聚合型橡胶,用字母 S 和连字符"-"放在名称之前表示溶液聚合型橡胶。

对于胶乳,在特定的符号后再加词"胶乳"一词。例如,"SBR 胶乳"。

使用列在 3.4.2 至 3.4.4 内的符号。

3.4.2 普通橡胶

ABR　丙烯酸酯-丁二烯橡胶

BR　丁二烯橡胶

CR　氯丁二烯橡胶

ENR　环氧化天然橡胶

HNBR　氢化丙烯腈-丁二烯橡胶(含少量残余不饱和双键,见 3.1)

IIR　异丁烯-异戊二烯橡胶(通称丁基橡胶)

IR　合成异戊二烯橡胶

MSBR　α-甲基苯乙烯-丁二烯橡胶

NBR　丙烯腈-丁二烯橡胶(通称丁腈橡胶)

NIR　丙烯腈-异戊二烯橡胶

采用说明:

1) 在 ISO 1043-1[1]中,聚异丁烯的缩写为 PIB。

NR 天然橡胶

PBR 乙烯基吡啶-丁二烯橡胶

PSBR 乙烯基吡啶-苯乙烯-丁二烯橡胶

SBR 苯乙烯-丁二烯橡胶

E-SBR 乳液聚合 SBR

S-SBR 溶液聚合 SBR

SIBR 苯乙烯-异戊二烯-丁二烯橡胶

3.4.3 聚合物链上含有羧基(COOH)的橡胶

XBR 羧基-丁二烯橡胶

XCR 羧基-氯丁二烯橡胶

XNBR 羧基-丙烯腈-丁二烯橡胶

XSBR 羧基-苯乙烯-丁二烯橡胶

3.4.4 聚合物链上含有卤素的橡胶

BIIR 溴化-异丁烯-异戊二烯橡胶(通称溴化丁基橡胶)

CIIR 氯化-异丁烯-异戊二烯橡胶(通称氯化丁基橡胶)

3.5 "T"组

"T"组包括聚合物链中含有碳、氧和硫的橡胶。通称为聚硫橡胶,使用下列符号:

OT 在聚合物链的聚硫链间含有—CH_2—CH_2—O—CH_2—O—CH_2—CH_2—基,或偶尔含有 R 基的橡胶,该 R 基为脂族烃,而不是通常的—CH_2—CH_2—。

EOT 在聚合物链的聚硫链间含有—CH_2—CH_2—O—CH_2—O—CH_2—CH_2—基和 R 基的橡胶,该 R 基通常为—CH_2—CH_2—,但有时为其他脂族基。

3.6 "U"组

"U"组包括聚合物链中含有碳、氧和氮的橡胶,使用下列符号:

AFMU 四氟乙烯-三氟硝基甲烷和亚硝基全氟丁酸的三聚物。

AU 聚酯型聚氨酯

EU 聚醚型聚氨酯

3.7 "Z"组

"Z"组包括聚合物链中含有磷和氮的橡胶,使用下列符号:

FZ 在链中含有—P=N—链和接在磷原子上的氟烷基的橡胶

PZ 在链中含有—P=N—链和接在磷原子上的芳氧基(苯氧基和取代的苯氧基)的橡胶

附 录 A
（提示的附录）
书 目

[1] ISO 1043-1:1987，塑料—符号—第1部分：基本聚合物及其特性

ICS 83.060
G 34

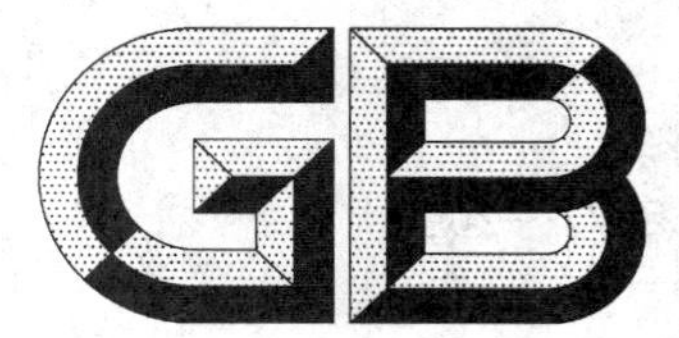

中华人民共和国国家标准

GB/T 5577—2008
代替 GB 5577—1985

合成橡胶牌号规范

Codification of types for synthetic rubbers

2008-06-19 发布 2008-12-01 实施

中华人民共和国国家质量监督检验检疫总局
中国国家标准化管理委员会 发布

前　言

本标准代替 GB 5577—1985《合成橡胶牌号规定》。

本标准与 GB 5577—1985 相比主要变化如下：

——标准名称改为“合成橡胶牌号规范”；

——增加了标准前言；

——修改了对橡胶牌号规定的原则；

——对牌号的主要特征数码和位数不再进行统一规定，以充分满足企业技术发展的需要；

——增加了合成橡胶牌号的格式规定；

——删除了命名手续的规定；

——将附录 A“主要特征数码规定”改为“合成橡胶主要特征信息”，并对其中的 NBR、EPDM、EPM、IIR 和 SBS 等胶种的主要特征信息进行了修改；

——根据目前国内生产现状，修改了附录 B“国内生产的部分合成橡胶及其牌号”；

——按照 GB/T 1.1—2000 的规定重新进行编写。

本标准的附录 A 和附录 B 为资料性附录。

本标准由中国石油化工集团公司提出。

本标准由全国橡胶与橡胶制品标准化技术委员会合成橡胶分技术委员会归口(SAC/TC 35/SC 6)。

本标准起草单位：中国石油天然气股份有限公司兰州化工研究中心。

本标准参加单位：中国石油天然气股份有限公司独山子石化分公司、中国石油天然气股份有限公司兰州石化分公司。

本标准主要起草人：孙丽君、徐天昊、王小为、李晓银、王春龙。

本标准所代替标准的历次版本发布情况为：

——GB 5577—1985。

合成橡胶牌号规范

1 范围

本标准规定了制定合成橡胶牌号的原则和格式。

本标准适用于合成橡胶。

本标准不适用于胶乳。

2 规范性引用文件

下列文件中的条款通过本标准的引用而成为本标准的条款。凡是注日期的引用文件，其随后所有的修改单（不包括勘误的内容）或修订版均不适用于本标准，然而，鼓励根据本标准达成协议的各方研究是否可使用这些文件的最新版本。凡是不注日期的引用文件，其最新版本适用于本标准。

GB/T 5576—1997 橡胶和胶乳 命名法(idt ISO 1629:1995)

3 合成橡胶牌号规定原则

合成橡胶牌号的表达方式应简明扼要，一般由橡胶品种代号和特征信息组成，必要时可以增加一些附加信息。

3.1 合成橡胶品种代号

合成橡胶品种代号应符合 GB/T 5576—1997 的规定；合成橡胶与其他合成材料改性产品的代号应由合成橡胶品种代号加其他合成材料品种代号共同组成，每种材料品种代号之间用符号“/”隔开；液体橡胶、粉末橡胶等其他形状的橡胶，可在附加信息中表示其外观形状。

3.2 橡胶特征信息

橡胶特征信息应由能够表征生橡胶主要特征的信息组成。可以包括：结构含量、相对分子质量、结合单体含量、生胶门尼黏度、熔融指数、溶液黏度、聚合温度、聚合用催化剂体系、填充情况、防老剂类型等，各种合成橡胶特征信息可参考附录 A；特征信息一般用阿拉伯数字表示。

3.3 橡胶附加信息

如果特征信息尚不能够明确区分橡胶产品品种，则可以根据需要适当加入一些附加信息，如加工性能、用途、颜色、外观形状等；附加信息可以采用数字表示，也可以采用英文字母或汉语拼音字头的方式表示。

4 合成橡胶牌号格式

合成橡胶的牌号一般由 2～3 个字符组构成；

第一个字符组：橡胶品种代号信息组，应符合 GB/T 5576—1997 的规定。

第二个字符组：橡胶特征信息组，如果采用数字表示特征信息，那么根据需要列出的特征信息的多少，由 2～4 位阿拉伯数字组成，可以用一位数字表示一个特征信息，也可以用二位数字表示一个特征信息。

第三个字符组：橡胶附加信息组，附加信息与特征信息之间可以用短“-”连接。

合成橡胶牌号格式如下：

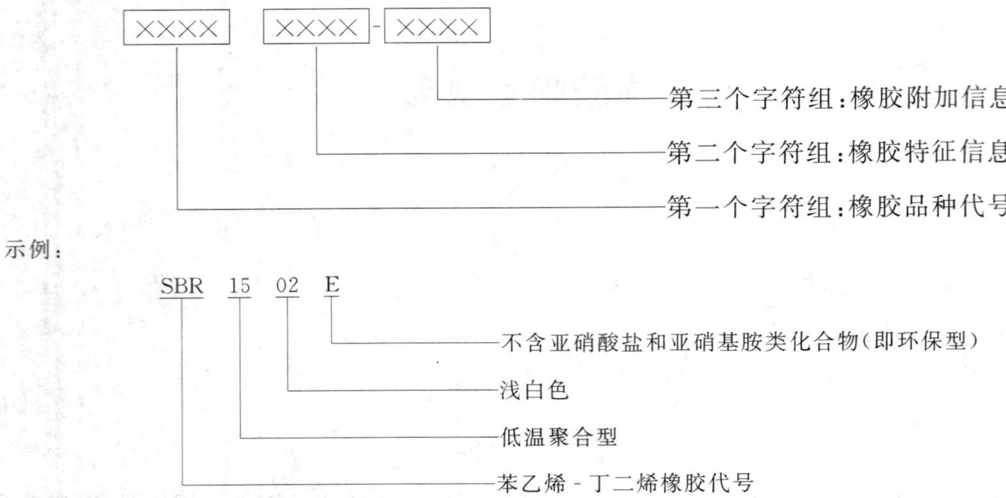

示例:

SBR 15 02 E

- E——不含亚硝酸盐和亚硝基胺类化合物(即环保型)
- 02——浅白色
- 15——低温聚合型
- SBR——苯乙烯-丁二烯橡胶代号

国内生产的部分合成橡胶及其牌号见附录B。

附 录 A
（资料性附录）
合成橡胶主要特征信息

表 A.1 列举了部分可供选择的合成橡胶主要特征信息，使用者也可以根据实际情况酌情增加或减少使用。

表 A.1 合成橡胶主要特征信息参考表

橡胶代号	橡胶名称	主要特征信息
SBR	苯乙烯-丁二烯橡胶（即丁苯橡胶）	聚合温度、填充信息、松香酸皂乳化剂等。与国际合成橡胶生产者协会（IISRP）规定的系列相同。 通常：SBR 1000 系列表示热聚橡胶；SBR 1500 系列表示冷聚橡胶；SBR 1600 系列表示充炭黑橡胶；SBR 1700 系列表示充油橡胶；SBR 1800 系列表示充油充炭黑母胶
S-SBR	溶液聚合型苯乙烯-丁二烯橡胶（即溶聚丁苯橡胶）	结合苯乙烯含量、乙烯基含量、生胶门尼黏度、充油信息等
PSBR	乙烯基吡啶-苯乙烯-丁二烯橡胶（即丁苯吡橡胶）	结合苯乙烯含量、生胶门尼黏度等
SBS	苯乙烯-丁二烯嵌段共聚物	结构类型、苯乙烯与丁二烯嵌段比、充油信息等
SEBS	氢化苯乙烯-丁二烯嵌段共聚物	结构类型、苯乙烯与丁二烯嵌段比、不饱和度等
BR	丁二烯橡胶	顺式-1,4 结构含量、生胶门尼黏度、填充信息、镍系催化等。 通常：90-高顺式，65-中顺式，35-低顺式
CR	氯丁二烯橡胶（即氯丁橡胶）	调节形式、结晶速度、生胶门尼黏度或旋转黏度等。 通常： 调节类型数码为 1——硫调节，2——非硫调节，3——混合调节； 结晶速度数码为 0——无结晶速度，1——微结晶速度，2——低结晶速度，3——中结晶速度，4——高结晶速度
NBR	丙烯腈-丁二烯橡胶（即丁腈橡胶）	结合丙烯腈含量、生胶门尼黏度等
HNBR	氢化丙烯腈-丁二烯橡胶（即氢化丁腈橡胶）	不饱和度、结合丙烯腈含量、生胶门尼黏度等
XNBR	丙烯酸或甲基丙烯酸-丙烯腈-丁二烯橡胶（即羧基丁腈橡胶）	结合丙烯腈含量、生胶门尼黏度等
NBR/PVC	丁腈橡胶/聚氯乙烯共沉胶	NBR 与 PVC 的比例、结合丙烯腈含量、生胶门尼黏度等
EPM	乙烯-丙烯共聚物（即二元乙丙橡胶）	乙烯含量、生胶门尼黏度等
EPDM	乙烯-丙烯-二烯烃共聚物（即三元乙丙橡胶）	第三单体类型及含量、生胶门尼黏度、充油信息等
IR	异戊二烯橡胶	顺式-1,4 结构含量、生胶门尼黏度
IIR	异丁烯-异戊二烯橡胶（即丁基橡胶）	不饱和度、生胶门尼黏度等
CIIR	氯化异丁烯-异戊二烯橡胶（即氯化丁基橡胶）	氯元素含量、不饱和度、生胶门尼黏度等

表 A.1(续)

橡胶代号	橡胶名称	主要特征信息
BIIR	溴化异丁烯-异戊二烯橡胶(即溴化丁基橡胶)	溴元素含量、不饱和度、生胶门尼黏度等
MQ VMQ PMQ PVMQ NVMQ FVMQ	甲基硅橡胶 甲基乙烯基硅橡胶 甲基苯基硅橡胶 甲基乙烯基苯基硅橡胶 甲基乙烯基腈乙烯基硅橡胶(腈硅橡胶) 甲基乙烯基氟基硅橡胶(氟硅橡胶)	硫化温度、取代基类型等。 通常: 硫化温度数码为 1——高温硫化,3——室温硫化; 取代基数码为 0——取代基为甲基,1——取代基为乙烯基,2——取代基为苯基,3——取代基为腈乙烯, 4——取代基为氟烷基
FPM FPNM AFMU	氟橡胶 含氟磷腈橡胶 羧基亚硝基氟橡胶	生胶门尼黏度、密度、特征聚合单体。 对于含氟烯烃类的氟橡胶通常数码为: 2——偏氟乙烯,3——三氟氯乙烯,4——四氟乙烯,6——六氟丙烯
CSM	氯磺化聚乙烯	氯含量、硫含量、生胶门尼黏度
CO ECO GECO	聚环氧氯丙烷(即氯醚橡胶) 环氧氯丙烷-环氧乙烷共聚物(即二元氯醚橡胶) 环氧氯丙烷-环氧乙烷-烯丙基缩水甘油醚共聚物(即三元氯醚橡胶)	氯含量、生胶门尼黏度、相对密度
T	聚硫橡胶	硫含量、平均相对分子质量
AU EU	聚酯型聚氨酯橡胶 聚醚型聚氨酯橡胶	制品加工方式 通常数码为:1——混炼型,2——烧注型,3——热塑型
ACM	聚丙烯酸酯	聚合类型、生胶门尼黏度、耐油耐寒型
注:在制定牌号时,可根据实际情况选择使用上述特征信息。		

附 录 B
（资料性附录）
国内生产的部分合成橡胶及其牌号

B.1 苯乙烯-丁二烯橡胶

苯乙烯-丁二烯橡胶产品及其牌号见表B.1。

表 B.1 苯乙烯-丁二烯橡胶产品及其牌号

牌号	门尼黏度 ML(1+4)100 ℃	结合苯乙烯质量分数 %	防老剂对橡胶的变色性	乳化剂	其他	备注
SBR 1500	46～58	22.5～24.5	变色	松香酸皂		
SBR 1502	45～55	22.5～24.5	不变色	混合酸皂		
SBR 1507	35～45	22.5～24.5	不变色	混合酸皂		
SBR 1516	45～55	38.5～41.5	不变色	混合酸皂	高结合苯	
SBR 1712	44～54	22.5～24.5	变色	混合酸皂	充高芳烃油 37.5 份	
SBR 1714	45～55	22.5～24.5	变色	混合酸皂	充高芳烃油 50 份	
SBR 1721	49～59	38.5～41.5	变色	混合酸皂	充高芳烃油 37.5 份	
SBR 1723	45～55	22.5～24.5	变色	混合酸皂	充环保型高芳烃油 37.5 份	
SBR 1778	44～54	22.5～24.5	不变色	混合酸皂	充环烷油 37.5 份	
SBR 1739	46～58	22.5～24.5	变色	混合酸皂	充环保型高芳烃油 37.5 份	
SBR 1500E	46～58	22.5～24.5	变色	松香酸皂		不含亚硝酸盐及亚硝基胺类化合物
SBR 1502E	45～55	22.5～24.5	不变色	混合酸皂		不含亚硝酸盐及亚硝基胺类化合物
SBR 1712E	44～54	22.5～24.5	变色	混合酸皂	充高芳烃油 37.5 份	不含亚硝酸盐及亚硝基胺类化合物
SBR 1778E	44～54	22.5～24.5	不变色	混合酸皂	充环烷油 37.5 份	不含亚硝酸盐及亚硝基胺类化合物

B.2 丁二烯橡胶

丁二烯橡胶产品及其牌号见表B.2。

表 B.2　丁二烯橡胶产品及其牌号

牌号	顺式-1,4 质量分数 %	门尼黏度 ML(1+4)100 ℃	催化剂	备注
BR 9000	96	40～50	镍-铝-硼	
BR 9001	96	48～56	镍-铝-硼	
BR 9002	96	38～45	镍-铝-硼	
BR 9071	96	35～45	镍-铝-硼	充高芳烃油 15 份
BR 9072	96	40～50	镍-铝-硼	充高芳烃油 25 份
BR 9073	96	40～50	镍-铝-硼	充高芳烃油 37.5 份
BR 9053	96	40～50	镍-铝-硼	充环烷油 37.5 份
BR 9100	97	40～50	稀土	
BR 9171	97	35～45	稀土	充高芳烃油 25 份
BR 9172	97	35～45	稀土	充高芳烃油 37.5 份
BR 9173	97	45～55	稀土	充高芳烃油 50 份
BR 3500	35	20～35	烷基锂	

B.3　氯丁二烯橡胶

氯丁二烯橡胶产品及其牌号见表 B.3。

表 B.3　氯丁二烯橡胶产品及其牌号

牌号	调节剂	结晶速度	分散剂	防老剂对橡胶的变色性	门尼黏度 ML(1+4)100 ℃	备注
CR 1211	硫	低	石油磺酸钠	变	20～40	
CR 1212	硫	低	石油磺酸钠	变	41～60	
CR 1213	硫	低	石油磺酸钠	变	61～75	
CR 1221	硫	低	石油磺酸钠	不变	20～40	
CR 1222	硫	低	石油磺酸钠	不变	41～60	
CR 1223	硫	低	石油磺酸钠	不变	61～75	
CR 2321	调节剂丁	中	石油磺酸钠	不变	35～45	
CR 2322	调节剂丁	中	石油磺酸钠	不变	45～55	
CR 2323	调节剂丁	中	石油磺酸钠	不变	56～70	
CR 2341	调节剂丁	中	石油磺酸钠	不变		65～90
CR 2342	调节剂丁	中	石油磺酸钠	不变		91～125
CR 2343	调节剂丁	中	石油磺酸钠	不变		126～155
CR 2441	调节剂丁	高	二萘基甲烷磺酸钠	不变	1 000～3 000	溶液黏度(MPa)
CR 2442	调节剂丁	高	二萘基甲烷磺酸钠	不变	3 001～7 000	溶液黏度(MPa)
CR 2443	调节剂丁	高	二萘基甲烷磺酸钠	不变	7 001～10 000	溶液黏度(MPa)

表 B.3（续）

牌号	调节剂	结晶速度	分散剂	防老剂对橡胶的变色性	门尼黏度 ML(1+4)100 ℃	备注
CR 2481	调节剂丁	高	二萘基甲烷磺酸钠	不变	1 000～3 000	溶液黏度(MPa)
CR 2482	调节剂丁	高	二萘基甲烷磺酸钠	不变	3 001～6 000	溶液黏度(MPa)
CR 3211	硫、调节剂丁	低	石油磺酸钠	变	25～40	
CR 3212	硫、调节剂丁	低	石油磺酸钠	变	41～60	
CR 3213	硫、调节剂丁	低	石油磺酸钠	变	61～80	
CR 3221	硫、调节剂丁	低	石油磺酸钠	不变	25～40	
CR 3222	硫、调节剂丁	低	石油磺酸钠	不变	41～60	
CR 3223	硫、调节剂丁	低	石油磺酸钠	不变	61～80	
DCR 2131	调节剂丁	微	二萘基甲烷磺酸钠	不变	35～45	
DCR 2132	调节剂丁	微	二萘基甲烷磺酸钠	不变	45～55	
DCR 1141	硫	微	二萘基甲烷磺酸钠	不变	30～45	
DCR 1142	硫	微	二萘基甲烷磺酸钠	不变	46～60	

注 1：第三位数表示分散剂及防老剂变色类型；

注 2：1——石油磺酸钠(变)，2——石油磺酸钠(不变)，3——二萘基甲烷磺酸钠(变)，4——二萘基甲烷磺酸钠(不变)，6——中温聚合，8——接枝专用。

B.4 热塑性丁苯橡胶

热塑性丁苯橡胶产品及其牌号见表 B.4。

表 B.4 热塑性丁苯橡胶产品及其牌号

牌号	结构	苯乙烯含量 %	相对分子质量/10^4	备　注
SBS 4303	星 型	30	18～25	
SBS 4402	星 型	40	18～21	
SBS 1301	线 型	30	8～12	
SBS 1401	线 型	40	8～12	
SBS 796	线 型	22	8～11	
SBS 791	线 型	30	8～11	
SBS 762	线 型	30	8～11	内含二嵌段聚合物
SBS 791H	线 型	30	10～13	
SBS 788	线 型	35	6～10	
SBS 761	线 型	30	14～18	
SBS 792	线 型	40	8～11	
SBS 763	线 型	20	8～11	
SBS 898	线 型/星 型	30	26～30	

表 B.4（续）

牌号	结构	苯乙烯含量 %	相对分子质量/10^4	备　　注
SBS 768	线 型/星 型	35	6～10	
SBS 801	星 型	30	28～30	
SBS 801-1	星 型	30	20～26	
SBS 道改 2#	星 型	30	26～30	
SBS 802	星 型	40	18～22	
SBS 803	星 型	40	14～18	
SBS 815	星 型	40	18～20	填充油 10 份
SBS 805	星 型	40	18～20	填充油 50 份，1# 油品
SBS 825	星 型	40	18～20	填充油 50 份，2# 油品
SBS 875	星 型	40	18～20	填充油 50 份，3# 油品
SEBS 6151		32	20～30	
SEBS 6154		31	14～20	
注：牌号为四位数字的 SBS 产品系北京燕山石化公司合成橡胶事业部产品，牌号为三位数字的 SBS 产品系巴陵石化合成橡胶事业部产品。				

B.5　丁腈橡胶

丁腈橡胶产品及其牌号见表 B.5。

表 B.5　丁腈橡胶产品及其牌号

牌号	结合丙烯腈质量分数 %	门尼黏度 ML(1+4)100 ℃	防老剂对橡胶的 变色性	聚合温度
NBR 1704	17～20	40～65*	变色	高
NBR 2707	27～30	70～120	变色	高
NBR 3604	36～40	40～65*	变色	高
NBR 2907	27～30	70～80	不变色	低
NBR 3305	32～35	48～58	不变色	低
NBR 4005	39～41	48～58	不变色	低
XNBR 1753	17～20	≥100		
XNBR 2752	27～30	70～90		
XNBR 3351	33～40	40～60		
注：标有“*”者，门尼黏度为 MS(1+4)100 ℃。				

B.6　液体丁腈橡胶

液体丁腈橡胶产品及其牌号见表 B.6。

表 B.6 液体丁腈橡胶产品及其牌号

牌号	结合丙烯腈质量分数 %	特性黏度
NBR 1768-L	17～20	8～13
NBR 2368-L	23～27	8～13
NBR 3068-L	30～40	8～13
NBR 3071-L	30～35	8～10
NBR 3072-L	30～35	10～13

B.7 丁腈橡胶/聚氯乙烯共沉胶

丁腈橡胶/聚氯乙烯共沉胶产品及其牌号见表 B.7。

表 B.7 丁腈橡胶/聚氯乙烯共沉胶产品及其牌号

牌号	NBR/PVC 质量比	结合丙烯腈质量分数 %
NBR/PVC 8020	80/20	24～26
NBR/PVC 7030	70/30	20～24

B.8 乙丙橡胶

乙丙橡胶产品及其牌号见表 B.8。

表 B.8 乙丙橡胶产品及其牌号

牌号	乙烯质量分数 %	第三单体	门尼黏度 ML(1+4)100 ℃
EPDM J-0010	48.1～53.1	—	8～13
EPDM J-0030	47.8～52.8	—	21～27
EPDM J-0050	49.3～54.3	—	45～55
EPDM J-2070	54.8～60.8	乙叉降冰片烯	39～49*
EPDM J-2080	60.0～68.0	乙叉降冰片烯	48～58*
EPDM 3045	51.1～57.1	乙叉降冰片烯	35～45*
EPDM 3062E	57.5～71.5	乙叉降冰片烯	36～46*
EPDM J-3080	65.5～71.5	乙叉降冰片烯	65～75*
EPDM J-3080P	65.5～71.5	乙叉降冰片烯	65～75*
EPDM J-3092E	54.2～60.2	乙叉降冰片烯	61～71*
EPDM 4045	49.0～55.0	乙叉降冰片烯	40～50
EPDM J-4090	49.5～55.5	乙叉降冰片烯	60～70*
注：标“*”者门尼黏度为 ML(1+4)125 ℃。			

B.9 丁基橡胶

丁基橡胶产品及其牌号见表 B.9。

表 B.9 丁基橡胶产品及其牌号

牌号	不饱和度	门尼黏度 ML(1+4)100 ℃	污染程度
IIR 1751	1.75	51	非污染
IIR 1758	1.75	58	非污染
IIR 1742	1.75	42	非污染

B.10 异戊橡胶

异戊橡胶产品及其牌号见表 B.10。

表 B.10 异戊橡胶产品及其牌号

牌号	顺式-1,4 质量分数 %	门尼黏度 ML(1+4)100 ℃	污染程度
IR 9500	>95	>80	非污

B.11 溶聚苯乙烯-丁二烯橡胶

溶聚苯乙烯-丁二烯橡胶产品及其牌号见表 B.11。

表 B.11 溶聚苯乙烯-丁二烯橡胶产品及其牌号

牌号	总苯乙烯质量分数 %	乙烯基质量分数 %	门尼黏度 ML(1+4)100 ℃	防老剂对橡胶变色性	结构特点	用途	对应原牌号
S-SBR 1534	14.5～19.5	11～13	39.0～51.0	不变色	低苯乙烯含量充油胶	轮胎及工业制品	T1534
S-SBR 1530	15.0～20.0	11～13	31.0～43.0	不变色	低苯乙烯含量充油胶	轮胎及工业制品	T1530
S-SBR 1524	14.5～19.5	11～13	55.0～69.0	不变色	低苯乙烯含量充油胶	轮胎及工业制品	T1524
S-SBR 2530	22.5～27.5	11～13	34.0～46.0	不变色	中苯乙烯含量充油胶	轮胎及工业制品	T2530
S-SBR 2535	25.0～30.0	11～13	48.0～62.0	不变色	中苯乙烯含量充油胶	轮胎及工业制品	T2535
S-SBR 2535L	23.0～29.0	11～13	40.0～54.0	不变色	中苯乙烯含量充油胶	轮胎及工业制品	T2535L
S-SBR 2003	22.5～27.5	11～13	27.0～39.0	不变色	直链嵌段苯乙烯	制鞋及工业制品	T2003
S-SBR 1000	15.0～20.0	11～13	39.0～51.0	不变色	低苯乙烯含量胶	制鞋、轮胎及工业制品	T1000
S-SBR 2000A	23.5～26.5	11～13	39.0～51.0	不变色	中苯乙烯含量胶；极低的杂质和凝胶含量	MBS 树脂(透明型 HIPS)的抗冲改性剂	T2000A
S-SBR 2000R	22.5～27.5	11～13	39.0～51.0	不变色	中苯乙烯含量的非充油胶	制鞋、轮胎及工业制品	T2000R
S-SBR 2100R	22.5～27.5	11～13	68.0～88.0	不变色	中苯乙烯含量的非充油胶	制鞋、轮胎及工业制品	T2100R

B.12 氟橡胶

氟橡胶产品及其牌号见表 B.12。

表 B.12 氟橡胶产品及其牌号

牌号	氟质量分数 %	门尼黏度 ML(5+4)100 ℃
FPM 2301	19.1～20.2(氯含量)	1.5～2.4(特性黏度)
FPM 2302	13.2～15.2(氯含量)	4.4～5.6(特性黏度)
FPM 2601	65	60～100
FPM 2602	65	140～180
FPM 2461		50～80
FPM 2462		70～100
FPM 4000	54～58	70～110*
FPNM 3700		
注：标有“*”者，门尼黏度为 ML(1+10)100 ℃。		

B.13 硅橡胶

硅橡胶产品及其牌号见表 B.13。

表 B.13 硅橡胶产品及其牌号

牌号	相对分子质量 10^4	基团含量/ %
MQ 1000	40～70	
MVQ 1101	50～80	乙烯基 0.07～0.12
MVQ 1102	45～70	乙烯基 0.13～0.22
MVQ 1103	60～85	乙烯基 0.13～0.22
MPVQ 1201	45～80	苯基 7
MPVQ 1202	40～80	苯基 20
MNVQ 1302	>50	β 氰乙基 20～25
MFVQ 1401	40～60	乙烯基链接 0.3～0.5
MFVQ 1402	60～90	乙烯基链接 0.3～0.5
MFVQ 1403	90～130	乙烯基链接 0.3～0.5

B.14 聚氨酯橡胶

聚氨酯橡胶产品及其牌号见表 B.14。

表 B.14 聚氨酯橡胶产品及其牌号

牌号	多羟基化合物	异氰酸酯
AU 1110	聚己二酸-乙二酸-丙二醇	MDI
AU 1102	聚己二酸-乙二酸-丙二醇	TDI
AU 2100	聚己二酸-乙二酸-丙二醇	TDI
AU 2110	聚己二酸-乙二酸-丙二醇	MDI
AU 2200	聚己二酸丁二醇	TDI
AU 2210	聚己二酸丁二醇	MDI
AU 2300	聚 ε-己内酯	TDI
AU 2310	聚 ε-己内酯	MDI
EU 2400	聚丙二醇	TDI
EU 2410	聚丙二醇	MDI
EU 2500	聚四氢呋喃	TDI
EU 2510	聚四氢呋喃	MDI
EU 2600	聚四氢呋喃-环氧乙烷	TDI
EU 2610	聚四氢呋喃-环氧乙烷	MDI
EU 2700	聚四氢呋喃-环氧丙烷	TDI
EU 2710	聚四氢呋喃-环氧丙烷	MDI
注：第三位数为异氰酸酯种类：0——2,4-甲苯二异氰酸酯(TDI)，1——4,4-二苯基甲烷二氰异酸酯(MDI)。		

B.15 氯磺化聚乙烯

氯磺化聚乙烯产品及其牌号见表 B.15。

表 B.15 氯磺化聚乙烯产品及其牌号

牌号	氯质量分数 %	硫质量分数 %	门尼黏度 ML(1+4)100 ℃
CSM 2300	23～27	0.8～1.2	40～60
CSM 2910	29～33	1.3～1.7	40～50
CSM 3303	33～37	0.8～1.2	30～40
CSM 3304	33～37	0.8～1.2	41～50
CSM 3305	33～37	0.8～1.2	51～60
CSM 3308	33～37	0.8～1.2	80～90
CSM 4010	40～45	0.8～1.2	60～90

B.16 氯醚橡胶

氯醚橡胶产品及其牌号见表 B.16。

表 B.16 氯醚橡胶产品及其牌号

牌号	氯质量分数 %	门尼黏度 ML(1+4)100 ℃
CO 3606	26～38	60～70
ECO 2406	24～27	55～85
ECO 2408	24～27	85～120
PECO 1206	12～18	55～85

B.17 聚丙烯酸酯橡胶

聚丙烯酸酯橡胶产品及其牌号见表 B.17。

表 B.17 聚丙烯酸酯橡胶产品及其牌号

牌号	聚合类型	门尼黏度 ML(1+4)100 ℃	防老剂类型	耐油耐热型
ACM 3221	三元共聚型	45～45	非污染	耐热型
ACM 3222	三元共聚型	35～45	非污染	耐热改进耐寒型

ICS 83.060
G 40

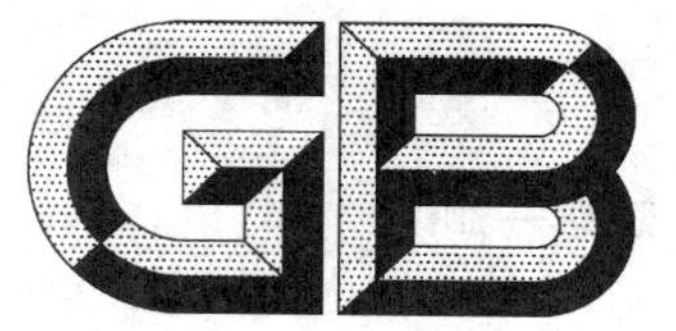

中华人民共和国国家标准

GB/T 6038—2006
代替 GB/T 6038—1993

橡胶试验胶料 配料、混炼和硫化设备及操作程序

Rubber test mixes—Preparation,mixing and vulcanization—Equipment and procedures

(ISO 2393:1994, MOD)

2006-03-14 发布 2006-12-01 实施

中华人民共和国国家质量监督检验检疫总局
中国国家标准化管理委员会 发布

前　　言

本标准修改采用国际标准 ISO 2393:1994《橡胶试验胶料　配料、混炼和硫化　设备及操作程序》(英文版)。

本标准代替 GB/T 6038—1993《橡胶试验胶料的配料、混炼和硫化设备及操作程序》。

本标准与 ISO 2393:1994 相比,其技术性差异及原因如下:

在"2　规范性引用文件"中,引用的 GB/T 1232.1—2000《未硫化橡胶　用圆盘剪切粘度计进行测定　第1部分:门尼粘度的测定》对应于 ISO 2393:1994 中引用的 ISO 289-1:1994,采用级别为非等效,其技术上主要差异如下:

GB/T 1232.1—2000 在仪器章节中增加了矩形花纹的模腔;在精密度章节中删去了 ISO 289-1 中的计划内容和精密度结果 。

为便于使用,本标准还做了下列编辑性修改:

a)　"本国际标准"一词改为"本标准";

b)　用小数点"."代替作为小数点的逗号",";

c)　删除国际标准的前言;

d)　在 5.1.1 的注中删去了"某些国家"。

本标准与 GB/T 6038—1993 相比主要变化如下:

——增加了警告词(本版的 6.1,本版的 6.2.2);

——增加了炭黑调节的内容(本版的 5.3);

——增加了微型密炼机的内容(本版的 6.3 和 7.3);

——增加了密炼机的型号(本版的 6.2);

——增加了圆环状标准硫化胶片制备的内容(本版的 9);

——对平板温度重新作了规定(1993 年版的 6.2.4;本版的 8.2.1);

——增加了对比试验停放时间的规定(本版的 8.3.5 和 8.3.6)。

本标准由中国石油和化学工业协会提出。

本标准由全国橡标委物理和化学试验方法分技术委员会(SAC/TC 35/SC 2)归口。

本标准负责起草单位:北京橡胶工业研究设计院。

本标准参加起草单位:苏州宝化炭黑有限公司、桦林轮胎股份有限公司、江苏省金坛密封件厂。

本标准主要起草人:谢君芳、李和平、沈伟光、韩雷、张美玲、李静、杨贵元。

本标准所代替标准的历次版本发布情况为:

——GB 6038—1985、GB/T 6038—1993。

橡胶试验胶料　配料、混炼和硫化设备及操作程序

1　范围

本标准规定了橡胶试验用胶料的配料、混炼、硫化所需设备和一般操作程序，如同在橡胶评估程序中规定的一样。

2　规范性引用文件

下列文件中的条款通过本标准的引用而成为本标准的条款。凡是注日期的引用文件，其随后所有的修改单(不包括勘误的内容)或修订版均不适用于本标准，然而，鼓励根据本标准达成协议的各方研究是否可使用这些文件的最新版本。凡是不注日期的引用文件，其最新版本适用于本标准。

GB/T 528　硫化橡胶或热塑性橡胶　拉伸应力应变性能的测定(GB/T 528—1998,eqv ISO 37:1994)

GB/T 1232.1　未硫化橡胶　用圆盘剪切粘度计进行测定　第1部分:门尼粘度的测定(GB/T 1232.1—2000,neq ISO 289-1:1994)

GB/T 2941　橡胶试样环境调节和试验的标准温度、湿度及时间(GB/T 2941—1991,eqv ISO 471:1983)

GB/T 9869　橡胶胶料硫化特性的测定(圆盘振荡硫化仪法)(GB/T 9869—1997,idt ISO 3417:1991)

3　术语和定义

下列术语和定义适用于本标准。

3.1

基本配方量　formulation batch mass

以生胶或充油生胶为100 g时，胶和配方中所有配合剂的总量，单位以克(g)计。与相应橡胶评估过程规定的一致。

3.2

批混炼量　batch mass

指一次加工所制得的胶料总量。

3.3

总混炼室容积　total free volume

当转子处于腔室时，混炼室的容积。

3.4

额定混炼容量　nominal mixer capacity

混炼过程中占据总混炼室容积的比例。对于切向转子密炼机以0.75倍为宜。

4　配合剂

制备橡胶试验用胶料的各种配合剂应符合相应产品标准的规定，本规定也适用于相应的橡胶评估操作程序。

5 配料

5.1 混炼胶的批量

5.1.1 除非在相应橡胶评估程序中另有规定，试验室开放式炼胶机标准批混炼量应为基本配方量的4倍，单位以克(g)计。

注：若采用较小的批混炼量，其结果可能不同。

5.1.2 标准密炼机的每次批混炼量[单位以克(g)计]，应等于密炼机额定混炼容量[单位以立方厘米(cm^3)计]乘以混炼胶的密度。

5.1.3 微型密炼机的每次批混炼量[单位以克(g)计]，应等于微型密炼机额定混炼容量(单位以立方厘米(cm^3)计]乘以混炼胶的密度。

5.2 称量允许偏差

5.2.1 生胶和炭黑的称量应精确至1 g；油类应精确至1 g或±1%(以精确度高的为准)；硫化剂和促进剂应精确至0.02 g；氧化锌和硬脂酸应精确至0.1 g；所有其他配合剂应精确至±1%。

5.2.2 用微型密炼机混炼时，生胶和炭黑的称量应精确至0.1 g；油类应精确至0.1 g或±1%(以精确度高的为准)；硫化剂和促进剂应精确至0.002 g；氧化锌和硬脂酸应精确至0.01 g；所有其他配合剂应精确至±1%。

5.3 炭黑的调节

除非另有规定，炭黑在称量前应进行调节。将炭黑放入温度为105℃±5℃的烘箱中加热2 h。在调节过程中，炭黑应放置在一个开放的尺寸适宜的容器中，以使炭黑深度不超过10 mm。调节好的炭黑在混炼前应贮存在一个密闭防潮容器中。

另一种调节方法是将炭黑置于温度为125℃±3℃的烘箱中加热1 h。以这种方式调节过的炭黑可能会与105℃±5℃调节过的炭黑所得结果不同。所用的调节温度应记录在试验报告中。

6 混炼设备

6.1 开放式炼胶机

标准试验室开放式炼胶机主要技术参数如下：

辊筒直径(外径)(mm)，150 ～ 155；

辊筒长度(两挡板间)(mm)，250 ～ 280；

前辊筒(慢辊)转速(r/min)，24 ± 1；

辊筒速比(优先采用)，1.0∶1.4；

两辊筒间隙(可调)(mm)，0.2 ～ 8.0；

控温偏差(℃)±5(除非另有规定)。

警告——依照国家安全规章，开放式炼胶机应配备安全设施，以防止事故发生。

注1：若使用其他规格开放式炼胶机，可调整混炼批量和混炼周期，以获得可比结果。

注2：若辊筒速比不是1.0∶1.4，则可调整混炼程序，以获得可比结果。

辊筒间隙应明确按以下方法测量。首先，准备两根铅条，至少长50 mm，宽10 mm±3 mm，厚度比欲测辊距大0.25 mm～0.50 mm。再根据GB/T 1232.1，准备一块尺寸大约75 mm×75 mm×6 mm的混炼胶，其门尼黏度ML(1+4)100℃大于50。将两根铅条分别插入辊筒两端距挡板约25 mm处，同时把混炼胶从两辊筒中心部位轧过。此时，辊筒温度应调节至混炼所要求的温度。铅条轧过后，用精度为±0.01 mm的厚度计分别测量两根铅条上三个不同点的厚度，辊筒间距的允许偏差为±10%或0.05 mm，以较大值为准。

开放式炼胶机应具有循环加热、冷却系统。

6.2 密炼机

6.2.1 密炼机可分为两种基本类型：切线型转子密炼机和啮合型转子密炼机。

对于切线型转子密炼机，剪切应力-应变集中发生在转子顶端和混炼室内壁之间。并且转子以不同速度运转，以协助对胶料进行捏压、混炼操作。

对于啮合型转子密炼机，其转子以相同速度运转，但由于转子凸棱的设计以及啮合运动，使转子间产生摩擦。因此，剪切应力应变集中发生在转子之间。

6.2.2 本标准描述了试验室标准密炼机的三种类型。A_1 型和 A_2 型属于切线型转子密炼机，B 型属于啮合型转子密炼机。除此之外，也可用其他类型密炼机。通常情况下，使用不同类型密炼机最终所得混炼胶性能不同。在仲裁等特殊场合，有关人员应协商并限定调整。

警告—— 依照国家安全规章，为防止事故发生，密炼机应具有适当的排气系统及安全装置。

6.2.3 三种试验室用标准密炼机的数据见表 1。

表 1 密炼机类型

密炼机的技术特征	A_1 型 （切线型即非啮合型转子密炼机）	A_2 型	B 型 （啮合型转子密炼机）
额定混炼容量/cm^3	1 170±40	2 000	1 000
转子速度（快速转子）/(r/min)	77±10 110±10	40±10	55
转子摩擦比	1.125∶1	1.2∶1	1∶1
转子间隙/mm 新 旧	 2.38±0.13 3.70	 4.0±1.0	 2.45～2.50 5.0
每转消耗功率/[kW/(r/min)]	0.13（快速转子）		0.227
混炼胶上顶栓压力/MPa	0.5～0.8 （或参照有关标准）	0.5～0.8	0.3 （或参照有关标准）
注：通常使用 A_1 型。			

6.2.4 密炼机应装有测温系统，以便指示和记录混炼操作中的温度，精确至 1℃。

注 3：实际混炼温度通常大于测温系统显示的温度，所超值受混炼条件和测温位置影响。

6.2.5 密炼机应装有计时装置，以便显示混炼操作的时间，精确至±5 s。

6.2.6 密炼机应装有指示和记录消耗的功率和转矩的系统。

6.2.7 密炼机还应配有有效的加热和冷却系统，以便控制转子和混炼室内腔壁表面的温度。

6.2.8 在混炼过程中，密炼室是封闭的。胶料被上顶栓封闭在密炼室内。

6.2.9 当转子间隙超过表 1 中规定的值时，需进行大修，否则会影响混炼质量。转子间隙达到表 1 中最大值时相当于增加约 10%的额定混炼容积。

6.2.10 为将密炼机排出的胶料压实，应同时备有符合 6.1 中所规定的开放式炼胶机 。

6.3 微型密炼机

优先采用的微型密炼机的技术参数如下：

转子类型，非啮合型转子；

额定混炼容量(cm^3)，64±1；

转子速度(r/min)，60^{+3}_{0}(快转子)；

转子摩擦比，1.5∶1。

注 4：微型密炼机仅可以为硫化仪试验和尺寸约 150 mm×75 mm×2 mm 的硫化胶片提供充足的混炼胶。

6.3.1 微型密炼机应装有测温系统，以便测量和指示或记录混炼操作中的温度，精确至 1℃。

注 5：实际混炼温度通常超过显示的温度，所超数值受混炼条件影响。

6.3.2 应配有计时装置，以显示混炼操作时间，精确至±5 s。

6.3.3 微型密炼机应配有功率及转矩记录系统，以指示和记录所消耗的功率和转矩。

6.3.4 微型密炼机还应配有有效的加热和冷却系统，以便控制混炼室内腔壁的温度。

6.3.5 微型密炼机在混炼过程中，密炼室是密闭的。胶料被上顶栓或操作杆封闭在密炼室内。

7 混炼程序

7.1 开放式炼胶机混炼程序

7.1.1 除非另有规定，每批胶料在混炼时都要包在前辊上。

7.1.2 在混炼过程中，应确保辊筒始终保持规定温度，可采用连续式温度自动记录仪，也可采用手动测温计(精度为±1℃或精度更高的仪器)连续测量辊筒表面中间部位的温度。为测量前辊筒表面温度，可以把胶料迅速地从炼胶机上取下，测温后再将胶料放回。

7.1.3 做 3/4 割刀时规定：切割包辊胶宽度的 3/4，同时割刀保持在这一位置，直到积胶全部通过辊筒间隙。

7.1.4 配合剂应沿着整个辊筒的长度加入。当堆积胶或辊筒表面上还有明显的游离粉料时，不应切割胶料，应将从间隙散落的配合剂小心收集并重新混入胶料中。

7.1.5 除非另有规定，每次按规定做连续 3/4 割刀，应交替方向进行，并且两次连续割刀之间允许间隔时间为 20 s。

7.1.6 混炼后的胶料质量与所有原材料总质量之差不应超过＋0.5％ 或不应低于－1.5％。

7.1.7 混炼后的胶料应放置在平整、清洁、干燥的金属表面冷却至室温，冷却后的胶料应用铝箔或其他合适材料包好以防被其他物料污染。另外，混炼后的胶料也可放入水中冷却，但结果可能不同。

7.1.8 应为每批混炼胶填写报告，并在报告中指明：

a) 摩擦比(或辊筒速比)和辊筒转速；

b) 两挡板间距离；

c) 辊筒最高及最低温度；

d) 炭黑调节温度；

e) 混炼后胶料的冷却方式。

7.2 密炼机混炼程序

7.2.1 密炼机混炼方法应按不同橡胶的相应标准规定进行，若无可依据的标准，可按供需双方协议规定进行混炼。

7.2.2 在一系列相同混炼胶制备期间，每一批胶料的混炼条件应当相同。在一系列混炼开始前，可先混炼一个与试验胶料配方相同的胶料以调整密炼机的工作状态，同时也可起到净化密炼室的作用。密炼机在一次试验结束后和下一次试验开始前应冷却至规定温度。在一系列试验胶混炼期间，密炼机的温度控制条件应保持不变。

注：为得到最好的结果，需要对比的试验胶料最好使用同一台密炼机进行混炼。

7.2.3 为了更简便、快速地喂料，材料应加工成小块或小片。

7.2.4 按照相关标准规定，密炼机排出胶料应在标准实验室开放式炼胶机上压实，并在一个平整、洁净、干燥的金属表面上冷却至 GB/T 2941 规定的温度之一(23℃±2℃或 27℃±2℃)。

7.2.5 混炼后的胶料质量与所有原材料总质量之差不应超过＋0.5％ 或不应低于－1.5％。

已知某些橡胶配合剂含有少量挥发物，它们在密炼机混炼温度下可能挥发，其结果可能无法满足上述质量差范围，在这种情况下应在试验报告中注明实际质量差。此段叙述也适用于 7.2.8 和 7.3.4。

7.2.6 需分阶段混炼的胶料，在进行第二段混炼操作前将混炼胶至少停放 30 min 或直到胶料达到标准温度为止，两个阶段混炼之间最长停放时间为 24 h。

7.2.7 若使用密炼机进行最终阶段（第二段）混炼时，应先将第一阶段胶料切成条状以便于投入密炼机，然后再按相关标准规定加入余下的配合剂。若用开放式炼胶机进行最终阶段混炼时，应按有关标准规定加入剩余配合剂，除非另有规定，每批混炼胶量应减至基本配方量的四倍。

7.2.8 当最终阶段混炼用密炼机时，从密炼机排出的胶料应按有关标准规定，在 6.1 中规定的开放式炼胶机上压实。

最终胶料的质量与所有原材料总质量之差不应超过＋0.5％或不应低于－1.5％。

7.2.9 除非另有规定，按照 GB/T 9869 的规定取出一个硫化仪试样和一个胶料黏度试样（若需要）后，余下混炼胶在 50℃±5℃辊温下在开炼机上过辊四次，每次过辊后沿混炼胶纵向对折，并让胶片总以同一方向过辊以获得压延效应。调整辊距使收缩后的胶片厚度为 2.1 mm ～2.5 mm，以适于制备哑铃状试样的硫化胶片。若需要制备环状试样的硫化胶圆片，调整辊距使压出胶片厚度为 4.1 mm ～4.5 mm。

7.2.10 应为每批混炼胶填写报告，并在报告中指出：

a） 起始温度；

b） 混炼时间；

c） 转子速度；

d） 上顶栓压力；

e） 密炼胶料排出时的温度；

f） 所用密炼机的类型；

g） 任何超出 7.2.5 和 7.2.8 规定范围的许可质量损失；

h） 炭黑调节温度。

对于在密炼机上完成的分阶段混炼胶料，每完成两个阶段混炼，填写一份胶料报告。

7.3 微型密炼机混炼程序

7.3.1 在混炼操作前，预热微型密炼机密炼室达到规定温度至少 5 min。

7.3.2 除非另有规定，转子速度应为($1.0^{+0.05}_{0}$) r/s，即为(60^{+3}_{0}) r/min。对于转子速度可变的机型，转子速度需经常核对。

7.3.3 对于所有橡胶，其混炼工艺在相应的标准中应有叙述。如果没有标准，工艺应由工作双方协商制定。

7.3.4 微型密炼机排出胶料应立刻置于标准开炼机（保持规定温度）上过辊两次，此时辊筒最好以相同转速运行并且辊距为 0.5 mm，然后调节辊距至 3 mm，再过辊两次，以便散热和称重。混炼后的胶料质量与所有原材料总质量之差不大于 0.5％。

某些橡胶和配合剂含有少量挥发物，它们在微型密炼机混炼温度下可能挥发，其结果无法满足上述质量差范围，在这种情况下应在试验报告中注明实际质量差。

8 哑铃状试样标准硫化胶片的制备

8.1 胶料的调节

8.1.1 胶料应在 GB/T 2941 规定的标准温度条件下调节 2 h～24 h，为避免吸收空气中的潮气，可放置在密闭容器中或将室内相对湿度控制在(35±5)％。

8.1.2 压成片状的胶料应放置在平整、洁净、干燥的金属表面上。裁切成与模腔尺寸相应的胶坯，并在每片上标明橡胶的压延方向。当在按 8.2.2 规定的模具中硫化时，胶坯质量由表 2 给出，其偏差范围在 0 g～＋3 g 之间。

胶料尽可能不要返炼，一旦需要返炼，应按 7.2.9 的规定进行。

表 2　胶坯质量

胶料密度/ Mg/m³	胶坯质量/ g	胶料密度/ Mg/m³	胶坯质量/ g
0.94	47	1.14	57
0.96	48	1.16	58
0.98	49	1.18	59
1.00	50	1.20	60
1.02	51	1.22	61
1.04	52	1.24	62
1.06	53	1.26	63
1.08	54	1.28	64
1.10	55	1.30	65
1.12	56		

8.2　硫化设备

8.2.1　平板硫化机

在整个硫化过程中，平板硫化机在模具模腔面积上施加的压强不应小于 3.5 MPa，它应有足够尺寸的加热板以使在硫化期间它的边缘与模具边缘应有不小于 30 mm 的距离。平板最好由轧制钢制成，加热系统可采用电加热、蒸汽加热或热流质加热。

当使用蒸汽加热时，每块平板需单独供汽。在蒸汽管道引出端需设置自动汽水分离器或气孔，以使蒸汽连续通过平板，如使用箱式热板，则应将蒸汽出口设置在略低于蒸汽室的部位，以确保良好的排水性。

为了防止加热板与硫化机体之间的热传导，最好在它们之间加上钢化热绝缘板或用其他方法使之尽量减少热损失，并对加热平板周围的通风进行适当的隔离。

平板硫化机两加热板加压面应互相平行。将软质焊条或铅条放置在平板之间，当平板在 150℃ 满压下闭合时，其平行度应在 0.25 mm/m 范围之内。

两种形式的热板都应使整个模具面积上的温度分布均匀。平板中心处的最大温度偏差不超过 ±0.5℃。相邻平板之间相应位置点的温度差不应超过 1℃。平板温度的平均差不超过 0.5℃。

8.2.2　模具

模具模腔尺寸应满足哑铃状试样的裁取数量要求，并符合 GB/T 528 的规定，合适的模具如图 1 所示。但是最佳选择是用尺寸接近 150 mm×145 mm×2 mm 的长方形模腔的模具。模具应使压出胶片具有明显的压延方向的标识。

模腔边缘宽不超过 6 mm，深 1.9 mm～2.0 mm。模腔交角的圆弧半径一般不超过 6 mm。

模具表面应干净并高度抛光。模具材料最好选用高硬度钢，也可选用镀铬中碳钢或不锈钢。模具的模盖为厚度不小于 10 mm 的平板，且应与模腔有较好的接合，以使得模腔表面减少刮痕。

取代分体的模具与模盖，可将模腔直接插入平板硫化机的平板间硫化。

通常模具表面不使用隔离剂，如果需要，可选用与硫化胶片不产生化学作用的隔离剂，并用硫化方式将多余的隔离剂去除，硫化后的第一套胶片抛弃不要。适合的隔离剂有硅油或中性皂液，但硫化硅胶时不应使用硅油作隔离剂。

单位为毫米

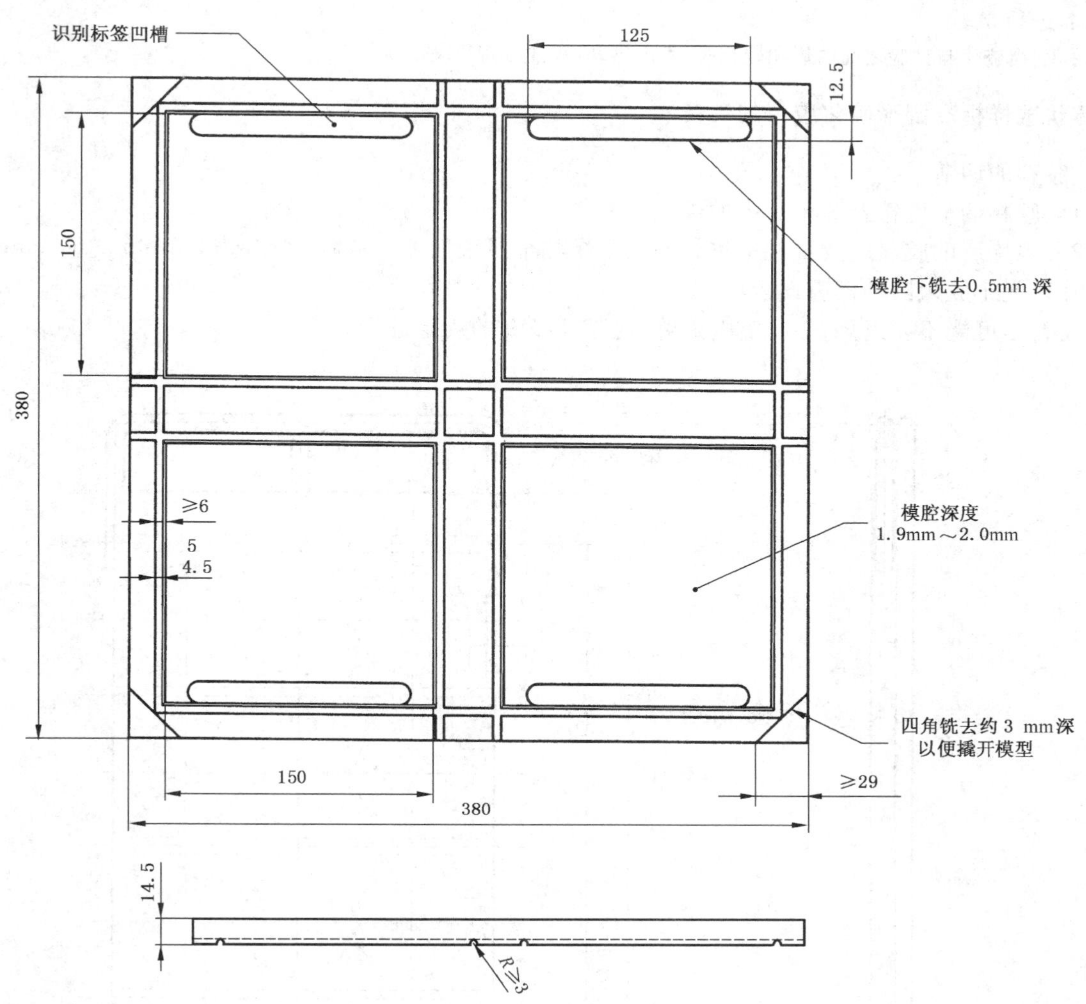

注：识别标签凹槽是可选的。

图1 四腔模具图

8.3 硫化过程

8.3.1 未硫化胶片放入模具前，将模具放置在温度为硫化温度±0.5℃之内的闭合热板之间至少20 min，模具的温度通过热电偶或其他适宜的温度测量装置插入其中一个溢胶槽以及与模具紧密接触的地方确认。

8.3.2 开启平板并在尽可能短的时间内将准备好的未硫化胶片装入模具并闭合平板。当取出模具装入胶片时，应采取预防措施以免模具因接触冷金属板或暴露在空气中而过冷。

8.3.3 硫化时以加足压力瞬间至泄压瞬间这段时间作为硫化时间。硫化期间要保持模腔压强不小于3.5 MPa。

硫化平板打开后立即从模具中取出硫化胶片，放入水(室温或低于室温)中或放在金属板上冷却10 min～15 min，用于电学测量的胶片应放在金属板上冷却。放入水中冷却的胶片擦干后保存备验。上述操作要仔细进行以防止胶片被过分拉伸和变形。

注1：另可选择将模具从硫化平板上取下后、在硫化胶片取出前直接放入冷水中冷却。

注2：不同程序将获得不同的结果。

8.3.4 硫化胶片的保存温度应符合GB/T 2941中规定的温度之一。在储存时可用铝箔或其他适宜材料分隔以防污染。

8.3.5 对于所有试验而言，硫化与试验之间的时间间隔最短应为16 h。

8.3.6 硫化和试验之间的最长时间间隔应为 96 h,用于对比试验的硫化胶片,应尽可能在相同的时间间隔下进行试验。

注 3:当硫化与试验之间的周期较长时,可由供、需双方协商解决。

9 环状试样标准圆形硫化胶片的制备

9.1 胶料的调节

9.1.1 胶料调节应符合 8.1.1 中的规定。

9.1.2 混炼后的胶料应放置在平整、干净、干燥的金属表面上。从胶片上裁切 63 mm～64 mm 直径的圆形片以便于放入圆柱模腔,模具如图 2。

胶料尽可能不要返炼,一旦需要返炼,应按 7.2.9 的规定进行。

单位为毫米

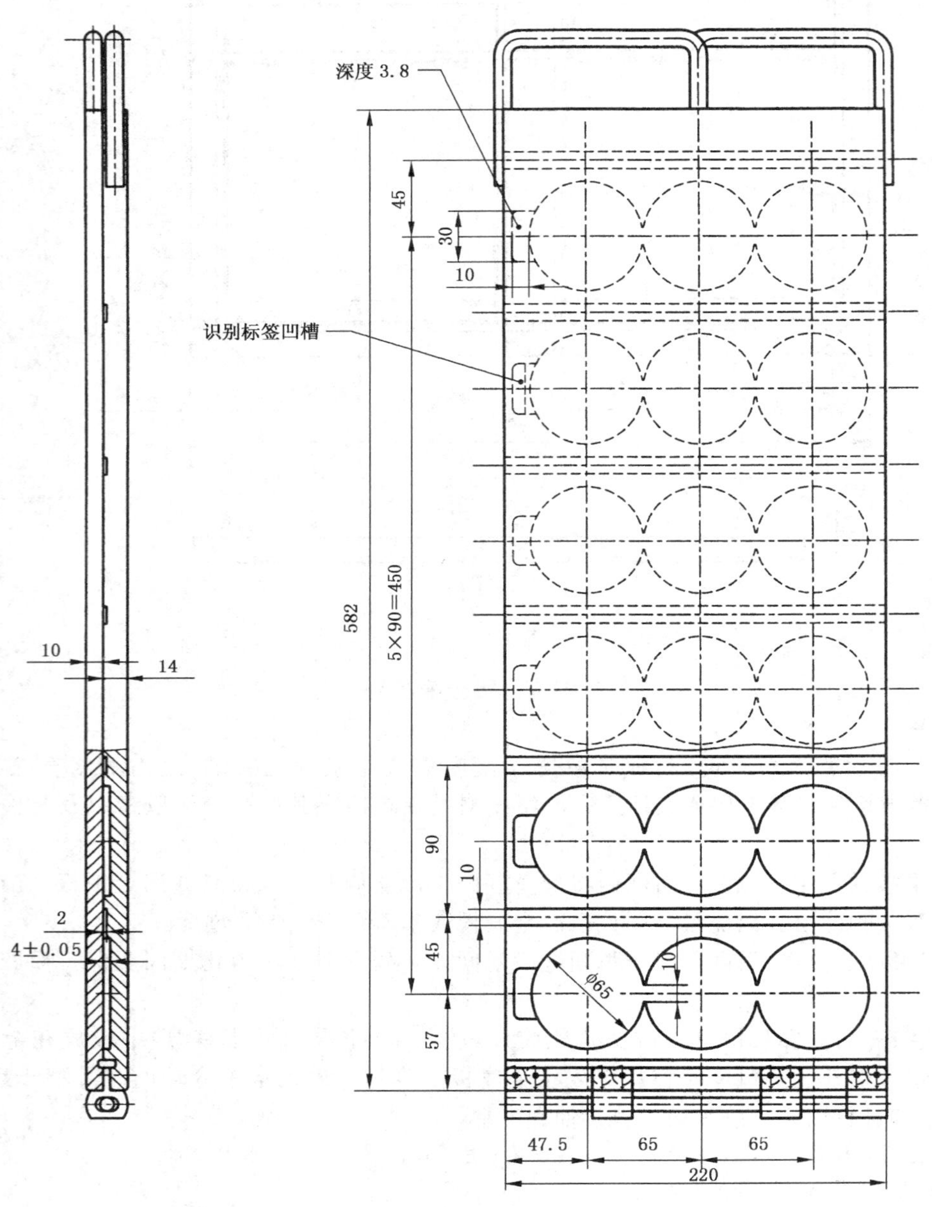

注:识别标签凹槽是可选的。

图 2 环状试样圆形硫化胶片模具图

9.2 硫化设备

9.2.1 平板硫化机

应符合 8.2.1 中的规定。

9.2.2 模具

模具的模腔部分参考尺寸应与图 2 所示相近，圆柱直径为 65 mm，深 4 mm。

模具由模盖和彼此连接的模腔部分构成。合页开椭圆形孔以使两加压面保持水平，从而防止装入厚胶片平板闭合时，模盖发生扭变。

模腔部分由几组圆柱状腔体组成，每组有三个相互连接的圆柱腔。每组闭合腔体上有一个 10 mm 的凹槽，用以识别每组胶料。由于工艺上的原因，凹槽的深度要小于圆片腔体深度。为便于识别，可将压花铝条放置在凹槽内，标签连接在每组三个试样上。

模腔腔体数量可依平板硫化机平板尺寸而定，材料可选用硬质铝合金制造，如图 2 所示，较薄的模具(如：上盖 4 mm，模腔截面部分 8 mm)可选用钢质的。但较薄模具的合页部分更难于加工。

模腔应均匀，深度偏差不超过 0.05 mm。模腔交角圆弧半径不超过 0.5 mm。模具表面应洁净并高度抛光。

9.3 硫化过程

应符合 8.3 的规定。

ICS 83.060
G 40

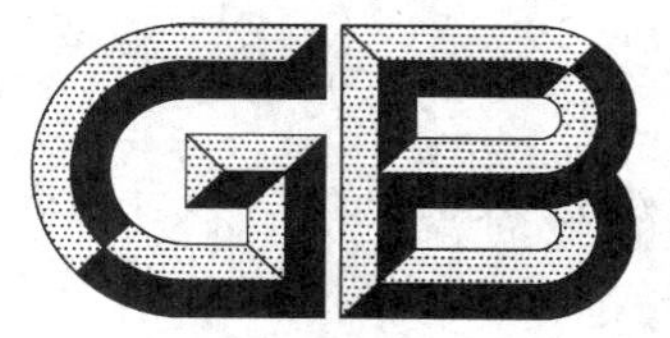

中华人民共和国国家标准

GB/T 7762—2014
代替 GB/T 7762—2003

硫化橡胶或热塑性橡胶　耐臭氧龟裂 静态拉伸试验

Rubber, vulcanized or thermoplastic—Resistance to ozone cracking—Static strain testing

(ISO 1431-1:2004, Rubber vulcanized or thermoplastic—Resistance to ozone cracking—Part 1:Static and dynamic strain testing, NEQ)

2014-12-22 发布　　　　2015-06-01 实施

中华人民共和国国家质量监督检验检疫总局
中国国家标准化管理委员会　发布

前　言

本标准按照 GB/T 1.1—2009 给出的规则起草。

本标准代替 GB/T 7762—2003《硫化橡胶或热塑性橡胶　耐臭氧龟裂　静态拉伸试验》，与 GB/T 7762—2003 相比，主要技术变化如下：

——删除了采用无声放电管制造臭氧时推荐使用氧气的规定(见 2003 年版的 5.2)；

——用 GB/T 2941 代替了 GB/T 9865.1(见 6.1，2003 年版的 6.1)；

——修改了窄试样的尺寸，并增加了可供选择的符合 GB/T 528 的哑铃型样条(见 6.3，2003 年版的 6.3)；

——对于在潮湿气候中使用的制品，修改了试验时对其相对湿度的要求，由原来的“试验应在 80% 到 90% 的相对湿度下进行”改为“如果可行，试验应在 80%～90% 的相对湿度下进行”(见 8.3，2003 年版的 8.3)；

——增加了一种可供选择的伸长率(25±2)%(见 8.4)；

——增加了一种可供选择的观测和评定龟裂等级的方法：按照 GB/T 11206—2009 的有关规定(见 10.1)。

本标准使用重新起草法参考 ISO 1431-1:2004《硫化橡胶或热塑性橡胶　耐臭氧龟裂　第 1 部分：静态和动态拉伸试验》编制，与 ISO 1431-1:2004 的一致性程度为非等效。

本标准由中国石油和化学工业联合会提出。

本标准由全国橡胶与橡胶制品标准化技术委员会通用试验方法分会(SAC/TC 35/SC 2)归口。

本标准起草单位：广州合成材料研究院有限公司、广州市华南橡胶轮胎有限公司、风神轮胎股份有限公司、江苏明珠试验机械有限公司、贵州轮胎股份有限公司、北京橡胶工业研究设计院、中策橡胶集团有限公司、广州橡胶工业制品研究所有限公司。

本标准主要起草人：谢宇芳、易军、梁亚平、罗吉良、任绍文、刘豫皖、朱明、冯萍、谢君芳、李静、项蝉、赵艳芬。

本标准所代替标准的历次版本发布情况为：

——GB/T 7762—1987、GB/T 7762—2003。

硫化橡胶或热塑性橡胶 耐臭氧龟裂 静态拉伸试验

警告1:使用本标准的人员应有正规实验室工作的实践经验。本标准并未指出所有可能的安全问题。使用者有责任采取适当的安全和健康措施,并保证符合国家有关法规规定的条件。

警告2:必须注意到臭氧具有极高的毒性。应采取措施减少试验人员接触臭氧的时间。通常认为人体能接触的最大臭氧浓度为0.1×10^{-6},应使人体接触的最大平均臭氧浓度低于允许的最大浓度。如果使用不完全密闭的系统,建议采用排风管排除含臭氧的空气。

1 范围

本标准规定了硫化橡胶或热塑性橡胶在静态拉伸应变下,暴露于含一定浓度臭氧的空气中和在规定温度且无光线直接影响下的环境中进行的耐臭氧龟裂的试验方法。

本标准适用于硫化橡胶或热塑性橡胶。

注:不同橡胶的相对耐臭氧性能取决于其所处的条件,尤其是臭氧浓度和温度,因此试图将标准试验的结果推广到使用情况时应特别小心。另外,用薄试样进行拉伸试验的结果与实际应用中制品的老化情况会因尺寸、形状和变形的不同存在差异。关于橡胶在臭氧作用下的自然老化情况的说明参见附录A。

2 规范性引用文件

下列文件对于本文件的应用是必不可少的。凡是注日期的引用文件,仅注日期的版本适用于本文件。凡是不注日期的引用文件,其最新版本(包括所有的修改单)适用于本文件。

GB/T 528—2009 硫化橡胶或热塑性橡胶 拉伸应力应变性能的测定(ISO 37:2005, IDT)

GB/T 2941—2006 橡胶物理试验方法试样制备和调节通用程序(ISO 23529:2004, IDT)

GB/T 11206—2009 橡胶老化试验 表面龟裂法

ISO 1431-3 硫化橡胶或热塑性橡胶 耐臭氧龟裂 第3部分:在实验室试验箱中测定臭氧浓度的参考方法和可选择的方法(Rubber, vulcanized or thermoplastic—Resistance to ozone cracking—Part 3: Reference and alternative mathods for determining the ozone concentration in laboratory test chambers)

3 术语和定义

下列术语和定义适用于本文件。

3.1

临界应变 threshold strain

将橡胶在给定温度下暴露于含规定臭氧浓度的空气中,在规定的暴露时间后,不出现臭氧龟裂的最大拉伸应变。

3.2

极限临界应变 limiting threshold strain

当拉伸应变低于某一数值时,臭氧龟裂所需要的时间明显增加,实际上为无限大,此时的拉伸应变为极限拉伸应变。

4 试验原理

将硫化橡胶或热塑性橡胶试样在静态拉伸应变条件下，暴露于含有恒定臭氧浓度的空气和恒温的密闭试验箱中，按预定时间对试样龟裂情况进行检查。

在选定的臭氧浓度和试验温度条件下评价臭氧龟裂可任选如下方法：

a) 在规定的试验时间后，检查试样是否出现龟裂，如果需要可以评价试样的龟裂程度；

b) 在任意规定的拉伸应变下，测定试样最早出现龟裂的时间；

c) 对任意规定的暴露时间，测定临界应变。

5 试验装置

5.1 试验箱

试验箱应该是密闭无光照的，能恒定控制试验温度差在±2 ℃，试验箱的内壁、导管和框架应使用不易分解臭氧的材料(如铝)制成。试验箱可设观察试样表面变化的窗口，可安装光源以方便检查试样，但是在试验时应保持无光。

试验装置示意图见图1。

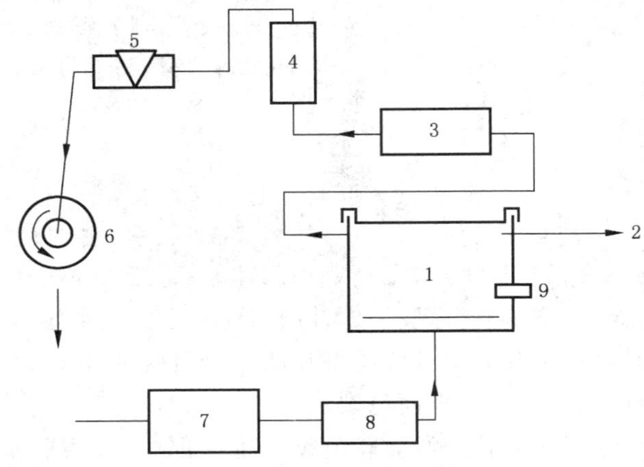

说明：

1——试验箱；

2——连接至臭氧浓度测量装置；

3——净化柱；

4——流量计；

5——调节器；

6——循环风扇；

7——臭氧发生器；

8——热交换器；

9——温度计。

图1 试验装置示意图

5.2 臭氧化空气发生器

臭氧化空气中应尽量避免氮氧化物的存在，以免影响臭氧浓度。

可以采用下列任一种臭氧化空气发生器：

a) 紫外灯；

b) 无声放电管。

用于产生臭氧或稀释用的空气，应先通过活性炭净化，并使其不含有影响臭氧浓度、臭氧测定和使试样龟裂的污染物。

注：理论上来说，在无声放电管中用空气制造臭氧时会产生氮氧化物，干扰试验，但是在标准规定的低臭氧浓度下不会发生这种干扰情况。

发生器的温度应能保持恒定，温差应在±2 ℃以内。

从发生器出来的臭氧化空气必须经过一个热交换器，并将其调节到试验所需的温度和相对湿度后才输入试验箱内。

5.3 臭氧浓度的调节

当采用紫外灯时，臭氧浓度可以通过调节施加在灯管上的电压、气体流速或遮盖部分灯管的方法来控制。当使用无声放电管时，臭氧浓度可以通过调节加在发生器上的电压、电极尺寸、氧气流速或空气流速来控制。这些调节方法应使臭氧浓度保持在 8.1 规定浓度的公差范围内。另外，打开试验箱放入或检查试样后，臭氧浓度应能在 30 min 内恢复到试验规定的浓度。试验箱内的臭氧浓度在任何情况下都不能超过试验规定的浓度。

5.4 臭氧浓度的测定

在试验箱内试样附近采集臭氧化空气、测定臭氧浓度的方法按 ISO 1431-3 的规定进行。如果需要，也可参考附录 B 的方法进行。

5.5 调节气流的方法

试验箱应该具有调节臭氧化空气平均流速的装置，流速不低于 8 mm/s，最好在 12 mm/s～16 mm/s之间。臭氧化空气流速可以通过试验箱内测定的气体流量除以与气流方向垂直的箱体有效截面积来计算。作对比试验时，流速的变化不能超过±10%。气体流量是臭氧化空气在单位时间内通过的体积，流速应足够大以防止试样老化消耗引起的臭氧浓度降低。臭氧的消耗速率随使用的橡胶、试验条件和其他试验细节而变化，通常推荐试样暴露表面积与气体流量之比不超过 12 s/m（见注 2）。但是这个数值不必太低。当有怀疑时，必须通过实验对消耗影响进行校验，必要时可减少试样的表面积。可用扩散隔膜或等效的装置加速进入试验箱的气体与箱内气体的混合。

可以使用空气循环装置引入空气来调节箱内的臭氧浓度，排除试样产生的挥发性组分。

如果需要较高的流速，可以在箱内安装风扇以提高臭氧化空气流速达到 600 mm/s±100 mm/s。

注 1：试样暴露表面积与气体流量之比的单位为秒每米（s/m），由面积（m^2）除以体积流量（m^3/s）得到。

注 2：臭氧化空气的体积流量不同得到的结果可能不同。

5.6 静态拉伸试验试样的固定

夹具应能在规定的伸长率下固定住试样，且试样在与臭氧化空气接触时，其长度方向应与气流方向基本平行。夹具应由不容易分解臭氧的材料（如铝）制成。

为了减少试验箱内臭氧浓度不均的影响，建议在试验箱中安装机械旋转架，旋转架上放置固定好试样的夹具。例如用适合的旋转框架，使试样旋转速度在 20 mm/s～25 mm/s 之间，在垂直于气流的平面内，每件试样连续地沿着相同的途径移动，同一个试样旋转一周的时间为 8 min～12 min，试样的横扫面积(如图 2 中的阴影部分所示)至少是试验箱有效横截面积的 40%。

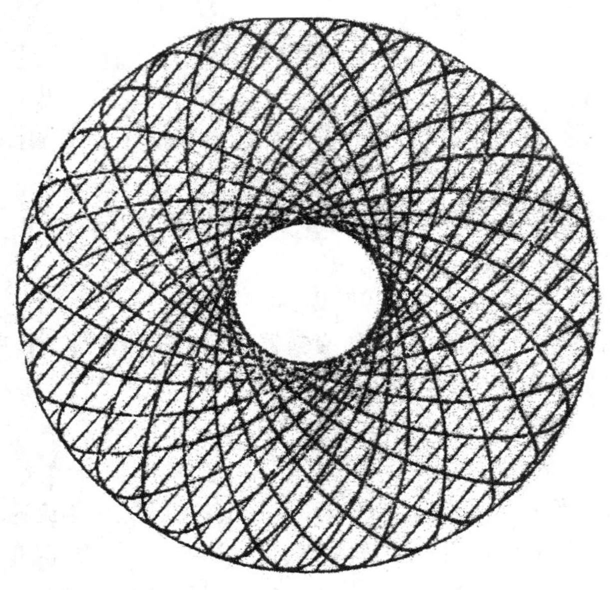

图 2 试样转动轨迹和扫描面积(阴影线)

6 试样

6.1 概述

标准试样应符合 6.2 和 6.3 的规定。

试样制备应符合 GB/T 2941—2006 的规定，试样应从模压出的试片上裁取，如果需要，可以从成品上裁取。试样至少应具有一个完好无损的表面，被裁切或打磨后的试样表面不能用来评价试样的耐臭氧性能。不同材料的比较只有用相同方法制成的相同样品来评价其表面龟裂才有效。

每一试验条件至少使用 3 个试样。

注 1：需在高度光洁的铝箔上硫化试片，直到制备试样时再取下铝箔，这样可使试样表面免于触及而受到保护，保持试样表面的清洁。

注 2：作为一种选择，由于拉伸环状试样时会产生一个连续变化的应变，所以环状试样已经被用于代替几种不同应变下暴露的静态拉伸试样。当用以确定临界应变时，这种方法得到的结果与标准试样得到的结果相近。

注 3：作为一种选择，矩形试样弯曲成环可以产生不同的拉伸应变，可用于代替静态拉伸试样在不同应变下的暴露试验。

6.2 宽试样

试样条的宽度不小于 10 mm，厚度为 2.0 mm±0.2 mm，拉伸前夹具两端间试样的长度不少于 40 mm。

试样被夹持的端部可用耐臭氧漆防护。应小心选用油漆，防止油漆所使用的溶剂使橡胶明显膨胀，不得采用硅油。此外也可用改善试样两端的办法，例如试样端部采用突出部分，使其两端能延伸而不致引起应力过分集中，并在臭氧暴露期间不会在夹持处断裂。

6.3 窄试样

窄试样条的宽度为 2.0 mm±0.2 mm，厚度为 2.0 mm±0.2 mm，窄条长度为 50 mm，试样端部为 6.5 mm 的正方形，试样的形状如图 3。该试样不能用于方法 A。

也可使用符合 GB/T 528—2009 规定的哑铃型试样。

单位为毫米

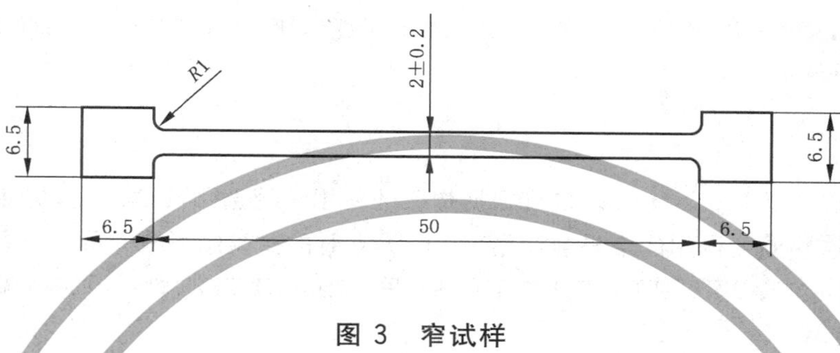

图 3 窄试样

7 试样的状态调节

7.1 未拉伸试样的调节

对所有试验，试样硫化与试验之间的最短时间不得少于 16 h。

对非制品试验，试样硫化与试验之间的最长时间间隔为 4 周。

对制品试验，只要有可能，试样硫化与试验之间的时间间隔应不超过 3 个月，在其他情况下，从用户收到制品之日起，试验应在 2 个月之内进行。

试样硫化与试验之间，不同组分的试样和试片不能相互接触，防止能影响臭氧龟裂发展的助剂，如防臭氧剂，从一种橡胶表面迁移到相邻的橡胶表面上。

建议在不同组分的试样之间放置铝箔以防止添加剂的迁移，但也可以采用其他方法防止添加剂迁移。

样品和试样应在暗处储存，硫化后到试验前的期间内，应储存在基本无臭氧的大气环境中，标准储存温度应按照 GB/T 2941—2006 的规定，对有特殊用途的，也可采用其他适用的控制温度。对于制品来说，也尽可能采用这些储存条件。作对比试验时，储存时间和条件都应相同。

对于热塑性橡胶应该在成型后立即储存。

7.2 拉伸试样的调节

试样拉伸后，应在黑暗且基本无臭氧的大气环境下调节 48 h～96 h。调节温度应按照 GB/T 2941—2006 的规定，对有特殊用途的，也可采用其他适用的控制温度。在调节期间，不得触摸试样，也不得以任何方式损伤试样。作对比试验时，调节时间和温度都应相同。

8 试验条件

8.1 臭氧浓度

臭氧浓度以体积分数表示，试验时可选用的臭氧浓度如下：

——$(25\pm5)\times10^{-8}$；

——$(50\pm5)\times10^{-8}$；

——$(100\pm10)\times10^{-8}$；

——$(200\pm20)\times10^{-8}$。

除非另有规定，一般在$(50\pm5)\times10^{-8}$的臭氧浓度下试验。如果已知橡胶在低臭氧浓度环境下使用，需要在低臭氧浓度试验，建议在$(25\pm5)\times10^{-8}$的臭氧浓度下进行试验。如果是耐臭氧橡胶，建议在$(100\pm10)\times10^{-8}$或$(200\pm20)\times10^{-8}$的臭氧浓度下进行试验。

注：臭氧浓度可用臭氧分压 MPa 表示，在标准大气压和温度（101.3 kPa，273K）下，臭氧浓度 1×10^{-8} 相当于 1.01 MPa的臭氧分压。

8.2 温度

最适宜的试验温度为(40±2) ℃。也可根据橡胶的使用环境选用其他温度，例如(30±2) ℃或(23±2) ℃，但是使用这些温度得到的结果与使用(40±2) ℃时的试验结果有差异。

注：在实际应用中可能会遇到温度明显变化的情况，需选用在应用温度范围内的 2 个或多个温度下进行试验。

8.3 相对湿度

在试验温度下，臭氧化空气的相对湿度一般不超过 65%。

过高的湿度会影响试验结果；在潮湿气候中使用的制品，如果可行，试验应在 80%～90%的相对湿度下进行。

8.4 最大伸长率

通常选用以下一种或多种伸长率进行试验：

(5±1)%、(10±1)%、(15±2)%、(20±2)%、(25±2)%、(30±2)%、(40±2)%、(50±2)%、(60±2)%、(80±2)%。

注：试验选用的伸长率需与应用时的伸长率相近。

9 试验程序

9.1 概述

调节至规定的臭氧流速、浓度和试验温度，然后将已拉伸和经调节的试样放入试验箱内，并保持试验条件稳定。

用 7 倍放大镜定期检查试样的龟裂情况，可用适当的光源照明检查试样。放大镜可安装在箱壁的窗口上，或者将试样从试验箱内取出作短时间检查，进行检查时不应触摸或碰撞试样。

表面上由于裁样和抛光时导致的裂纹应忽略。

可选用下列三种暴露试样的试验程序。

9.2 方法 A

除非另有规定，试样拉伸应变为 20%，按照 7.2 的规定调节拉伸后的试样，暴露 72 h 后，检查试样表面的龟裂情况（也可采用产品规范中规定的伸长率和暴露时间）。

9.3 方法 B

按 8.4 的规定采用一种或多种伸长率的试样，并按 7.2 的规定进行调节。除非另有规定，仅采用一种伸长率时，应采用 20%的伸长率。暴露 2 h、4 h、8 h、24 h、48 h、72 h 和 96 h 后检查试样，必要时可适当延长暴露时间，记录各种伸长率下的试样出现龟裂的时间。

注：如果需要，也可选择在暴露16 h后检查试样。

9.4 方法C

按8.4的规定采用不少于四种伸长率的试样，并按7.2的规定进行调节。暴露2 h、4 h、8 h、24 h、48 h、72 h和96 h后检查试样，必要时可适当延长暴露时间，记录各种伸长率下的试样出现龟裂的时间，由此可以测定临界应变。

10 试验结果

10.1 方法A

以无龟裂或出现龟裂报告试验结果。如果有龟裂，需要评定龟裂程度，可以用出现的裂纹说明龟裂情况（例如，个别裂纹、单位面积上的裂纹数目，以及10条最大裂纹的平均长度等）或拍照龟裂试样来说明，观测和评定龟裂等级的方法按照GB/T 11206—2009的有关规定进行。

10.2 方法B

在规定的拉伸条件下，以第一次出现龟裂所需时间评价试样的耐臭氧性能。

10.3 方法C

在规定的暴露时间后，通过不出现龟裂的最大应变和出现龟裂的最小应变确定临界应变的范围。如果重复试验得到不同的结果则列出试验中观察到的极限范围，例如，分别采用伸长率为10%、15%和20%的3件试样进行试验，伸长率10%的试样只有1件出现龟裂，伸长率15%的试样也只有1件出现龟裂，而伸长率20%的3件试样都出现龟裂，在这种情况下得出的临界应变的范围为10%～20%。用图表示有助于解释结果。

可用应变对数对初始龟裂时间的对数作图，可以是不出现龟裂的最长时间，也可以是开始出现龟裂的最早时间。尽可能在每一拉伸应变时不出现龟裂的最长时间和出现龟裂的最早时间范围内作出一条光滑曲线，有助于估算在试验中任一时间的临界应变（见图4）。对某些橡胶，曲线接近为直线，但不宜采用此曲线确定临界应变，因为这可能会导致较大误差。除非另有规定，报告临界应变的最长试验时间。

注：对某些橡胶，用应变对初始龟裂时间作出的直线图能够观察到极限临界应变。

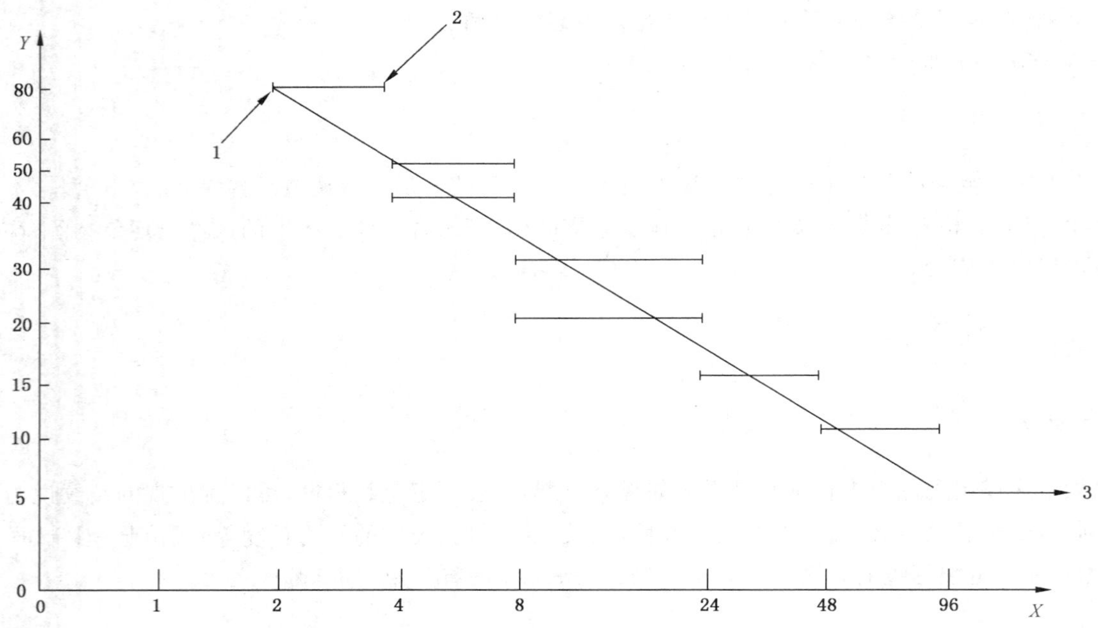

说明：

X ——时间，h（对数刻度）；

Y ——应变，%（对数刻度）；

1 ——观察不到龟裂；

2 ——刚出现龟裂；

3 ——无龟裂。

注：如图所示，48 h 对应的临界应变为 10%。

图 4　试验结果示意图

11　试验报告

试验报告应包括以下内容：

a）试样详细情况：

1）试样的详细说明及其来源；

2）胶料的标志；

3）试样制备的方法，例如，模压或裁切。

b）试验方法：

1）本标准的名称及编号；

2）采用的方法（A、B 或 C）；

3）试样类型和尺寸；

4）是否采用转动框架。

c）试验详细说明：

1）臭氧浓度及测定方法；

2）试验温度和相对湿度；

3）试样的应变；

4）试验时间；

5）非标准规定的任何细节。

d) 试验结果：
   1) 每种拉伸应变下的试样数量；
   2) 对于方法A，说明是否出现龟裂(如果需要，也可记录龟裂特征)；
   3) 对于方法B，说明每种拉伸应变下首次出现裂纹的时间；
   4) 对于方法C，说明在适当的暴露周期或几个暴露周期内观察到的临界应变范围或极限临界应变。
e) 试验日期。

附 录 A
（资料性附录）
臭氧龟裂的说明

A.1 简介

在拉伸应变条件下，龟裂只在橡胶表面发展。龟裂的类型和严重程度因拉伸施加的方式和大小而显示出极大的不同。一件制品在实际使用过程中的应变可能从某一最小值（此最小值不一定为零）到另一最大值而变化。在测定耐臭氧性能时，应考虑在此伸长范围内的裂纹形状。

表征一种材料耐臭氧性能的首要指标是完全未发生龟裂。因此，在规定的暴露时间内未出现龟裂时，可承受拉伸应变越高，或是在规定的拉伸应变下，出现龟裂的暴露时间越长，说明材料的耐臭氧性能越好。

然而，当橡胶在指定的应变范围内，其臭氧龟裂的大小均低于允许极限值时，则应该改用另一种判断标准。此标准是以性能对比为根据，在指定的使用过程中出现的应变范围内，一种橡胶的龟裂程度低于另一种橡胶，则认为该种橡胶的耐臭氧性能更优。当试样表面出现肉眼可见的龟裂时，应该记录下来，以便确定应变和臭氧龟裂严重程度之间的全部关系。

A.2 静态拉伸暴露

臭氧龟裂和应变之间并非一种简单关系。试样的裂纹数目和试样的尺寸大小有关系，而且这种关系对任一材料而言与规定的试样伸长率和规定的暴露时间的临界应变有关。

因此，在规定的暴露周期内，在零应变和临界应变之间无臭氧龟裂出现（根据定义）。当应变稍微超过临界应变时将出现一些大裂纹。随着应变逐渐增加，裂纹将变得更多和更小。在更高应变下，裂纹有时候小到用肉眼看不出来。

当增加暴露时间，裂纹将集中，尤其当试样表面裂纹很多时更是如此，裂纹集中将使一些裂纹的长度增加，但是深度不按比例增加。裂纹集中可能是由于臭氧侵蚀造成的撕裂引起的，裂纹集中有时会导致在高应变试样表面上的密集细纹之间产生大裂纹。

附 录 B
（资料性附录）
臭氧浓度的测定方法 碘量滴定法

B.1 测定原理

利用碘化钾与臭氧反应而析出游离碘，以硫代硫酸钠标准溶液进行滴定，然后计算出臭氧量。其化学反应式为：

$$O_3 + 2KI + H_2O \leftrightarrows I_2 + 2KOH + O_2 \uparrow$$

$$I_2 + 2Na_2S_2O_3 \leftrightarrows 2NaI + Na_2S_4O_6$$

B.2 试剂

B.2.1 碘化钾(KI)水溶液：质量分数为 0.01%。

B.2.2 硫酸溶液：$c(H_2SO_4)=0.5$ mol/L。

B.2.3 硫代硫酸钠标准溶液：$c(Na_2S_2O_3)=0.000\ 5$ mol/L。

B.2.4 淀粉溶液：质量分数为 0.01%。

B.3 测定方法

将碘化钾(KI)水溶液(B.2.1)盛于吸收瓶中，再将吸收瓶连接在由老化试验箱至取样真空泵之间，吸取一定容积的含臭氧空气后，移入滴定瓶中，并加入硫酸溶液(B.2.2)进行酸化，硫酸溶液的体积分数为 0.4%，然后以硫代硫酸钠标准溶液(B.2.3)滴定，至溶液呈浅黄色时，加入 2 滴淀粉溶液(B.2.4)指示剂，继续滴定至溶液蓝色刚消失即为终点。

B.4 臭氧浓度的计算

据 B.1 化学反应式，在标准状况(101.3 kPa，273 K)下 1 mol 臭氧气体体积为 22.4 L。根据上述化学反应式，1 mol 硫代硫酸钠($Na_2S_2O_3$)对应的臭氧体积为 11.2 L，故臭氧量 U(L)为：

$$U=\frac{11.2}{1\ 000}\times 0.000\ 5\times B \qquad \cdots\cdots\cdots\cdots\cdots\cdots (\text{B.1})$$

通过碘化钾(KI)吸收液的臭氧化空气量 V_0(L)在标准状况下为：

$$V_0=\frac{273}{1.013\times 10^5}\times\frac{p\times V}{T} \qquad \cdots\cdots\cdots\cdots\cdots\cdots (\text{B.2})$$

由此得到臭氧浓度(c_{O_3})的计算式为：

$$c_{O_3}=\frac{U}{V_0}=\frac{11.2\times 0.000\ 5\times B\times 1.013\times 10^5\times T}{1\ 000\times 273\times pV}=207\ 795\times\frac{BT}{pV}\times 10^{-8} \qquad \cdots\cdots (\text{B.3})$$

式中：

c_{O_3}——试验的臭氧浓度(体积分数为 10^{-8})，在标准大气压和温度(101.3 kPa，273 K)下，臭氧浓度 1×10^{-8} 相当于 1.01 MPa 的臭氧分压；

B ——硫代硫酸钠标准溶液的消耗量,单位为毫升(mL);

T ——试验温度,单位为开(K);

p ——吸收瓶中的气压($p = p_{大气压} - p_{真空度}$),单位为帕(Pa);

V ——通过吸收液的臭氧化空气总量,单位为升(L)。

ICS 83.060
G 35

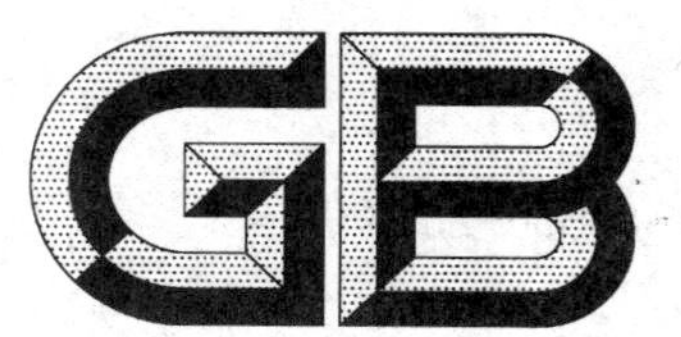

中华人民共和国国家标准

GB/T 8655—2006
代替 GB 8655—1988

苯乙烯-丁二烯橡胶(SBR)1500

Styrene-butadiene rubber (SBR) 1500

2006-01-23 发布　　2006-10-01 实施

中华人民共和国国家质量监督检验检疫总局
中国国家标准化管理委员会　发布

前　言

本标准代替GB 8655—1988《丁苯橡胶(SBR)1500》。

本标准与GB 8655—1988相比主要修改如下：

——标准名称修改为“苯乙烯-丁二烯橡胶(SBR)1500”；

——修改了引用标准，删除了GB 6734和GB 6735，增加了GB/T 528—1998、GB/T 15340—1994、GB/T 19187—2003及GB/T 19188—2003(1988版的2；本版的2)；

——修改了技术要求中的部分项目名称，“总灰分”修改为“灰分”(1988版的表1；本版的表1)；

——修订了“挥发分”、“总灰分”、“生胶门尼黏度”、“300%定伸应力”项目的技术指标(1988版的表1；本版的表1)；

——灰分不再作为出厂检验项目，改为每月至少进行一次型式检验(1988版的4.1；本版的4.1)；

——技术要求中混炼胶和硫化胶性能指标修改为“使用ASTM IRB №7的混炼胶和硫化胶性能指标”(1988版的表1；本版的表1)；

——修改了检验规则(1988版的4；本版的4)；

——规定了包装用内衬聚乙烯薄膜的厚度和熔点；

——规定按GB/T 19188—2003进行橡胶贮存；

——修改了附录A(1988版的附录A；本版的附录A)。

本标准的附录A为资料性附录。

本标准由中国石油化工股份有限公司提出。

本标准由全国橡胶与橡胶制品标准化技术委员会合成橡胶分技术委员会(TC 35/SC 6)归口。

本标准主要起草单位：中国石油天然气股份有限公司兰州石化分公司合成橡胶厂、中国石油天然气股份有限公司兰州石化分公司石油化工研究院、中国石油天然气股份有限公司吉林石化分公司有机合成厂。

本标准参加起草单位：中国石化齐鲁石化股份有限公司橡胶厂、申华化学工业有限公司。

本标准主要起草人：王小为、王进、周瑞彬、郭洪达、李莉、成瑾。

本标准于1988年首次发布。

苯乙烯-丁二烯橡胶(SBR)1500

1 范围

本标准规定了苯乙烯-丁二烯橡胶(简称丁苯橡胶)(SBR)1500的技术要求、试验方法、检验规则以及产品的包装、标志、运输和贮存要求。

本标准适用于以丁二烯和苯乙烯为单体，以歧化松香酸钾皂或其混合皂为乳化剂，采用低温乳液聚合法，添加污染型防老剂而制得的SBR 1500。

2 规范性引用文件 、

下列文件中的条款通过本标准的引用而成为本标准的条款。凡是注日期的引用文件，其随后所有的修改单(不包括勘误的内容)或修订版本均不适用于本标准，然而，鼓励根据本标准达成协议的各方研究是否可使用这些文件的最新版本，凡是不注日期的引用文件，其最新版本适用于本标准。

GB/T 528—1998 硫化橡胶或热塑性橡胶拉伸应力应变性能的测定(eqv ISO/DIS 37:1994)

GB/T 1232.1—2000 未硫化橡胶 用圆盘剪切黏度计进行测定 第1部分:门尼黏度的测定(eqv ISO 289-1:1994)

GB/T 4498—1997 橡胶 灰分的测定(eqv ISO 247:1990)

GB/T 6737—1997 生橡胶 挥发分含量的测定(eqv ISO 248:1991)

GB/T 8656—1998 乳液和溶液聚合型苯乙烯-丁二烯橡胶(SBR)评价方法(idt ISO 2322:1996)

GB/T 8657—2000 苯乙烯-丁二烯生胶 皂和有机酸含量的测定(eqv ISO 7781:1996)

GB/T 8658—1998 乳液聚合型苯乙烯-丁二烯橡胶生胶结合苯乙烯含量的测定 折光指数法(idt ISO 2453:1991)

GB/T 15340—1994 天然、合成生胶取样及制样方法(idt ISO 1795:1992)

GB/T 19187—2003 合成生胶抽样检查程序

GB/T 19188—2003 天然生胶和合成生胶贮存指南(ISO 7664:2000,IDT)

3 技术要求和试验方法

3.1 SBR 1500为污染型块状胶，不含焦化颗粒、泥沙及机械杂质。

3.2 SBR 1500技术要求和试验方法见表1。

表1 SBR 1500技术要求和试验方法

项目		指标			试验方法
		优等品	一等品	合格品	
挥发分的质量分数/%	≤	0.60	0.80	1.00	GB/T 6737—1997 热辊法
灰分的质量分数/%	≤	0.50			GB/T 4498—1997 方法A
有机酸的质量分数/%		5.00～7.25			GB/T 8657—2000 A法
皂的质量分数/%	≤	0.50			
结合苯乙烯的质量分数/%		22.5～24.5			GB/T 8658—1998
生胶门尼黏度,ML(1+4)100℃		47～57	46～58	45～59	GB/T 1232.1—2000

表 1(续)

项　　目		指　　标			试验方法
		优等品	一等品	合格品	
混炼胶门尼黏度，ML(1+4)100℃　　≤		88			GB/T 1232.1—2000 (使用 ASTM IRB №7)
300%定伸应力(145℃)/MPa	25 min	11.8～16.2	10.7～16.3	—	GB/T 8656—1998 方法 A， (使用 ASTM IRB №7) GB/T 528—1998 (使用Ⅰ型裁刀)
	35 min	15.5～19.5	14.4～20.0	14.2～20.2	
	50 min	17.3～21.3	16.2～21.8	—	
拉伸强度(145℃、35 min)/MPa　　≥		24.0	23.0	23.0	
扯断伸长率(145℃、35 min)/%　　≥		400			

4 检验规则

4.1 本标准所列项目除灰分外，其他均为出厂检验项目。正常情况下，每月至少进行一次型式检验。

4.2 生产厂应按本标准对出厂的 SBR 1500 进行检验，保证所有出厂的产品符合本标准的技术要求。每批产品应附有一定格式的质量证明书。

4.3 用户有权对所收到 SBR 1500 按本标准进行验收，如果不符合本标准要求时，应在到货后两个月内提出异议。使用单位因保管、使用不当等原因造成产品质量下降，应由使用单位负责。供需双方如发生质量争议，可协商解决或由质量仲裁单位按本标准进行检验；如果发生净含量争议，可在整批胶包中随机抽取 30 个胶包(少于 30 包时全部抽取)，称量总净含量，其总净含量应大于或等于额定总净含量。

4.4 进行质量检验时，抽样按 GB/T 19187—2003 的规定进行；仲裁检验应使用 ASTM IRB №7，其他检验可以使用国产 SRB 3 号[1)]。ASTM IRB №7 与国产 SRB 3 号的差值见附录 A。

4.5 出厂检验时，按 GB/T 15340—1994 中第 7 章的实验室混合样品进行检验，出厂检验项目中任何一项不符合本标准的等级要求时，应对保留样品进行复验，复验结果仍不符合相应的等级要求时，则该批产品应降等或定为不合格品。

4.6 仲裁检验时，按 GB/T 19187—2003 规定对挥发分和生胶门尼黏度分别进行单包检验和验收，其他项目按 4.4 和 4.5 的规定进行。

5 包装、标志、运输和贮存

5.1 用纸塑复合袋或聚丙烯编织袋包装 SBR 1500，内衬聚乙烯薄膜或印有特殊商标标志的聚乙烯薄膜，其厚度为 0.04 mm～0.06 mm，熔点不大于 110℃。每包橡胶净含量为 25 kg±0.25 kg 或 35 kg±0.35 kg。

5.2 每个包装袋正面应清楚地标明产品名称、牌号、等级、净含量、生产厂(公司)名称、地址、注册商标、标准编号等标志，在包装袋背面、侧面或袋口的标签上应印有生产日期或生产批号等标志。

5.3 存放 SBR 1500 时，应成垛成行堆放整齐，并保持一定行距，堆放高度不大于 10 包，贮存条件见 GB/T 19188—2003。

5.4 在运输 SBR 1500 的过程中，应防止日光直接照射或水浸雨淋；运输车辆应整洁，以避免包装破损或杂物混入。

5.5 SBR 1500 质量保证期自生产日期起为 2 年。

---

1) 国产 SRB3 号于 1997 年研制。

附 录 A
（资料性附录）
使用 ASTM IRB №7 与国产 SRB3 号的混炼胶门尼黏度和硫化胶拉伸应力应变性能结果的差值

使用 ASTM IRB №7 与国产 SRB3 号的混炼胶门尼黏度和硫化胶拉伸应力应变性能结果的差值见表 A.1。

表 A.1 使用 ASTM IRB №7 与国产 SRB3 号的混炼胶门尼黏度和硫化胶拉伸应力应变性能结果的差值

项目		差值
混炼胶门尼黏度，ML(1+4)100℃		4.0
300%定伸应力(145℃)/MPa	25 min	3.7
	35 min	3.4
	50 min	3.3
拉伸强度(145℃、35 min)/MPa		2.0
扯断伸长率(145℃、35 min)/%		−47
注：使用 ASTM IRB №7 的修正值等于国产 SRB3 号的测定值加差值。		

编者注：规范性引用文件中 GB/T 6737—1997 已废止，可采用 GB/T 24131—2009《生橡胶 挥发分含量的测定》。

前　　言

本标准等同采用 ISO 2322:1996《乳液和溶液聚合型苯乙烯-丁二烯橡胶(SBR)评价方法》,对 GB/T 8656—93《乳液聚合型丁苯橡胶(SBR)试验配方和硫化特性评价》进行修订。

本标准与 GB/T 8656—93 的主要差异:

1　变更了标准名称;

2　扩大了适用范围;

3　增加了如下内容:

a) 生胶的物理和化学试验方法;

b) 评价充油型苯乙烯-丁二烯橡胶可供选用的其他试验配方,方法 C——小型密炼机混炼操作步骤;

c) 用硫化仪进行硫化特性评价;

d) 精密度;

e) 试验报告;

f) 附录 A、附录 B 和附录 C,均为提示的附录。

本标准自生效之日起,代替 GB/T 8656—93。

本标准由中国石油化工总公司提出。

本标准由全国橡胶与橡胶制品标准化技术委员会合成橡胶分技术委员会归口。

本标准起草单位:吉林化学工业股份有限公司有机合成厂、兰州化学工业公司化工研究院。

本标准主要起草人:李　莉、钱定澜、郭洪达、杨宝纯。

本标准于 1988 年 2 月首次发布,1993 年 7 月第一次修订,本次修订为第二次修订。

ISO 前言

ISO(国际标准化组织)是各国家标准团体(ISO 成员团体)的世界性联合机构。制定国际标准的工作通常由 ISO 各技术委员会进行。凡对已建立技术委员会项目感兴趣的成员团体均有权参加该委员会。与 ISO 有联系的政府和非政府的国际组织,也可参加此项工作。在电工技术标准化的所有方面,ISO 与国际电工技术委员会(IEC)紧密合作。

技术委员会采纳的国际标准草案,要发给成员团体进行投票。作为国际标准发布时,要求至少有 75%投票的成员团体投赞成票。

国际标准 ISO 2322 由 ISO/TC 45 橡胶与橡胶制品技术委员会、SC3 橡胶工业用原材料(包括胶乳)分委会制定。

本第四版是第三版经过技术修订的版本,它代替并废止第三版(ISO 2322:1985)。

本国际标准附录 A、附录 B 和附录 C 均为提示的附录。

中华人民共和国国家标准

乳液和溶液聚合型 苯乙烯-丁二烯橡胶(SBR)评价方法

GB/T 8656—1998
idt ISO 2322:1996
代替 GB/T 8656—93

Styrene-butadiene rubber(SBR)—Emulsion and solution-polymerized types—Evaluation procedures

警告:使用本标准的人员应熟悉正规实验室操作规程。本标准无意涉及因使用本标准可能出现的所有安全问题。制定相应的安全和健康制度并确保符合国家法规是使用者的责任。

1 范围

本标准规定了生胶的物理和化学试验方法;规定了评价乳液和溶液聚合型苯乙烯-丁二烯橡胶(SBR)(包括充油橡胶)硫化特性所用的标准材料、标准试验配方、设备及操作方法。

本标准适用于表1所列橡胶,这些橡胶通常以硫化胶形式使用。

表 1 苯乙烯-丁二烯橡胶生胶的类型

橡胶(充油或非充油)		共聚物的类型	苯乙烯	
			总含量,%(m/m)	嵌段含量,%(m/m)
A系列	1) 乳聚 SBR	无规	<50	0
	2) 溶聚 SBR	无规	<50	0
	3) 溶聚 SBR	部分嵌段	<50	<30
B系列	1) 乳聚 SBR	无规	>50	0
	2) 溶聚 SBR	无规	>50	0
	3) 溶聚 SBR	部分嵌段	<50	>30

2 引用标准

下列标准所包含的条文,通过在本标准中引用而构成为本标准的条文。本标准出版时,所示版本均为有效。所有标准都会被修订,使用本标准的各方应探讨使用下列标准最新版本的可能性。

GB/T 528—92 硫化橡胶和热塑性橡胶拉伸性能的测定(neq ISO/DIS 37:1990)

GB/T 1232—92 未硫化橡胶门尼粘度的测定(neq ISO 289:1985)

GB/T 2941—91 橡胶试样环境调节和试验的标准温度、湿度及时间(eqv ISO 471:1983 和 ISO 1826:1981)

GB/T 4498—1997 橡胶灰分的测定(eqv ISO 247:1990)

GB/T 6038—93 橡胶试验胶料的配料、混炼和硫化设备及操作程序(neq ISO/DIS 2393:1989)

GB/T 6737—1997 生橡胶挥发分含量的测定(eqv ISO 248:1991)

GB/T 9869—88 橡胶胶料硫化特性的测定(圆盘振荡硫化仪法)(idt ISO 3417:1977)

GB/T 15340—94 天然、合成生胶取样及制样方法(idt ISO 1795:1992)

GB/T 16584—1996 橡胶 用无转子硫化仪测定硫化特性(eqv ISO 6502:1991)

GB/T 14838—93 橡胶与橡胶制品—试验方法标准精密度的确定(eqv ISO/TR 9272:1986)

国家质量技术监督局 1998-07-13 批准 1999-02-01 实施

ISO 5725-1:1994 精确度(准确性和精密度)的测定方法和结果—第一部分:一般原则及定义

ISO 5725-2:1994 精确度(准确性和精密度)的测定方法和结果—第二部分:测定标准测试方法的重复性和再现性的基本方法

ISO/DIS 11235:1997 橡胶配合剂—次磺酰胺类促进剂—试验方法

ASTMD 3185—88(1994) 橡胶试验方法—包括充油橡胶 SBR(苯乙烯-丁二烯橡胶)的评价方法

3 取样和制样

3.1 按 GB/T 15340 规定取样约 1.5 kg。

3.2 按 GB/T 15340 规定制备试样。

4 生胶的物理和化学试验

4.1 门尼粘度

按 GB/T 15340 规定制备试样(直接法),按 GB/T 1232 规定测定门尼粘度,结果以 ML(1+4)100℃表示。

注

1 若门尼值 ML(1+4)100℃超过 100,可以使用小转子,结果以 MS(1+4)100℃表示。

2 测定门尼粘度的另外一种方法是按 GB/T 15340 规定的过辊法制备试样。此方法再现性较差,结果可能不同。

4.2 挥发分

按 GB/T 6737 规定测定挥发分含量。

4.3 灰分

按 GB/T 4498 规定测定灰分含量。

5 评价苯乙烯-丁二烯橡胶用混炼胶的制备

5.1 标准试验配方

标准试验配方见表 2。

表 2 标准试验配方

材料	质量份	
	A 系列	B 系列
苯乙烯-丁二烯橡胶(SBR) (含充油 SBR 中的油)	100.00	—
SBR1500 类型[1]	—	65.00
B 系列 SBR	—	35.00
硫磺	1.75	1.75
硬脂酸	1.00	1.00
通用工业参比炭黑[2]	50.00	35.00
氧化锌	3.00	3.00
TBBS[3]	1.00	1.00
	156.75	141.75

1) SBR 1500 EST 由 Enichem Elastomeri,Strada 3,Palazzo B1,20090 ASSARGO,Milan Italy 提供,是市场上可购得的适用产品的一例。给出这一信息是为了给本标准的使用者提供方便,并非是 ISO 担保的指定产品,如果能够证明其他产品可得到同样的结果,当然可以作为等效产品使用。

2) 在 125℃±3℃下干燥 1 h,并于密闭容器中贮存。

3) *N*-叔丁基-2-苯并噻唑次磺酰胺,以粉末形态供应,按ISO 11235规定测定其最初不溶物含量应小于 0.3%。该材料应在室温下贮存于密闭容器中,每六个月检查一次不溶物含量,若超过 0.75%,则应弃去或重结晶。

应使用符合国家或国际标准的参比材料。如果得不到标准参比材料,应使用有关团体认可的材料。

5.2 充油 SBR 的其他试验配方

ASTM D3185 规定了按橡胶的含油量评价通用充油 SBR 的试验配方，见表 3。这些配方可代替表 2 中试验配方。

表 3 充油 SBR 的其他试验配方

配方号	数量（质量份）					
	1B	2B	3B	4B	5B	6B
油份	25	37.5	50	62.5	75	Y[1)]
充油橡胶	125.00	137.50	150.00	162.50	175.00	$100+Y$
氧化锌	3.00	3.00	3.00	3.00	3.00	3.00
硫磺	1.75	1.75	1.75	1.75	1.75	1.75
硬脂酸	1.00	1.00	1.00	1.00	1.00	1.00
通用工业参比炭黑[2)]	62.5	68.75	75.00	81.25	87.50	$(100+Y)/2$
TBBS[3)]	1.25	1.38	1.50	1.63	1.75	$(100+Y)/100$
	194.50	213.38	232.25	251.13	270.00	
开炼机混炼投料系数	2.4	2.2	2.0	1.9	1.7	
小型密炼机混炼投料系数						
凸轮头	0.37	0.34	0.31	0.29	0.27	
班伯里头	0.328	0.298	0.273	0.252	0.234	

1）Y：在充油橡胶中，每 100 份基础聚合物含油的质量份。

2）在 125℃±3℃下干燥 1 h，并于密闭容器中贮存。

3）N-叔丁基-2-苯并噻唑次磺酰胺，以粉末形态供应，按 ISO/DIS 11235 规定测定其最初不溶物含量应小于 0.3%。该材料应在室温下贮存于密闭容器中，每六个月检查一次不溶物含量，若超过 0.75%，则弃去或重结晶。

5.3 操作步骤

5.3.1 设备与操作步骤

试验胶料的配料、混炼、硫化设备及操作步骤按 GB/T 6038 规定进行。

本标准规定了两种可供选用的混炼方法：

——方法 A：开炼机混炼；

——方法 C：小型密炼机混炼。

注：方法 B：初混炼用密炼机和终混炼用开炼机，见附录 A。仅因本方法未经足够的试验和缺乏精密度资料，而未列在标准的正文中。

5.3.2 方法 A：开炼机混炼操作步骤

标准试验室开炼机投胶量（以 g 计）应为配方量的 4 倍（即 4×156.75 g=627 g 或 4×141.75 g=567 g）。辊筒表面温度保持在 50℃±5℃，混炼期间，辊间应保持适量的堆积胶。如果在规定的辊距下得不到这种效果，应对辊距稍作调整。

	A 系列 持续时间 min	A 系列 累积时间 min	B 系列 持续时间 min	B 系列 累积时间 min
a）将开炼机辊距设定在 1.1 mm，在 100℃±5℃辊温下均化 B 系列橡胶。	—	—	1.0	1.0
b）辊距设定在 1.1 mm，辊温为 50℃±5℃，使橡胶包辊，每 30 s 交替地从每边作 3/4 割刀。	7.0	7.0	—	—
SBR1500 包辊后，加入 5.3.2a 的均化胶，每 30 s 从两边作 3/4 割刀。	—	—	8.0	9.0

	A 系列		B 系列	
	持续时间 min	累积时间 min	持续时间 min	累积时间 min
c）沿辊筒缓慢而均匀地加入硫磺。	2.0	9.0	2.0	11.0
d）加入硬脂酸，每边作 3/4 割刀一次。	2.0	11.0	2.0	13.0
e）以恒定的速度沿辊筒均匀地加入炭黑，当加入大约一半炭黑时，将辊距调至 1.4 mm，从每边作 3/4 割刀一次，然后加入剩余炭黑，要确保散落在接料盘中的炭黑都加入胶料中。当炭黑全部加完后，辊距调至1.8 mm，从每边作 3/4 割刀一次。	12.0	23.0	12.0	25.0
f）加入氧化锌和 TBBS。	3.0	26.0	3.0	28.0
g）从每边作 3/4 割刀三次。	2.0	28.0	2.0	30.0
h）下片。辊距调至 0.8 mm，将混炼胶打卷纵向薄通六次。	2.0	30.0	2.0	32.0

i）调节辊距，使胶料折叠通过开炼机四次，将胶料压制成厚约 6 mm 的胶片，检查其质量（见 GB/T 6038)，如果胶料质量与理论值之差超过＋0.5％或－0.5％[1]，则弃去此胶料并重新混炼。取足够的胶料供硫化仪试验用。

j）按 GB/T 528 规定，将胶料压制成厚约 2.2 mm 的胶片用于制备硫化试片或压制成适当厚度用于制备环形试样。

k）胶料在混炼后硫化前，调节 2～24 h。如有可能，按 GB/T 2941 规定在标准温度、湿度下进行。

5.3.3 方法 C：小型密炼机混炼操作步骤

小型密炼机的额定容量为 64 mL，A 系列橡胶投胶量为配方量的 0.47 倍（即 0.47×156.75 g＝73.67 g)；B 系列橡胶投胶量为配方量的 0.49 倍（即 0.49×141.75 g＝69.46 g)是合适的。

小型密炼机的机头温度保持在 60℃±3℃，空载时转子速度为 6.3～6.6 rad/s(60～63 r/min)。

辊温在 50℃±5℃，辊距为 0.5 mm，使橡胶通过开炼机一次，将胶片剪成宽约 25 mm 的胶条。

注：如果将橡胶、炭黑和油以外的其他配料预先按配方需要的比例掺合，再加入到小型密炼机的胶料中，会使加料更方便、准确。这种掺合物可用研钵和研杵完成，也可在带增强旋转棒的双锥形掺混器里混合 10 min，或在一般掺混器里混合 5 次（3 s/次），每次混合后都要刮下粘附在内壁的胶料。已有适用于本方法的报警掺混器。使用此法时，若每次混合时间超过 3 s，硬脂酸会熔融，使分散性变差。

	持续时间，min	累积时间，min
a）加入橡胶，放下上顶栓，塑炼橡胶。	1.0	1.0
b）升起上顶栓，加入预先混合好的氧化锌、硫磺、硬脂酸、TBBS，小心避免任何损失，然后加入炭黑，清扫进料口，并放下上顶栓。	1.0	2.0
c）混炼胶料。	7.0	9.0

d）关掉电机，升起上顶栓，打开混炼室，卸下胶料。记录胶料的最高温度。9 min 后，胶料温度不得超过 120℃。如果达不到上述条件，需调节胶料质量或顶部温度。

e）辊温在 50℃±5℃，辊距为 0.5 mm，使胶料通过开炼机一次，然后将辊距调至 3.0 mm，再通过两次。

f）检查胶料质量（见 GB/T 6038)并记录。如果胶料质量与理论值之差超过 0.5％，则弃去此胶料。

采用说明：

1］ISO 2322 中规定为 0.5％。

g）如果需要，按 GB/T 9869 规定裁取试片供硫化特性试验用，试验前，试片在 23℃±3℃下调节 2～24 h。

h）为获得开炼机的方向效应，在辊温为 50℃±5℃、合适的辊距下，将胶料折叠通过开炼机四次，如果需要，按 GB/T 528 规定将胶料压制成厚约 2.2 mm 的胶片，用于制备硫化试片或压制成适当厚度用于制备环形试样。将胶片放在平整、干燥的表面上冷却。

i）胶料在混炼后硫化前，调节 2～24 h。如有可能，按 GB/T 2941 规定在标准温度、湿度下进行。

6 用硫化仪评价硫化特性

6.1 用圆盘振荡硫化仪

测定以下标准试验参数：

在规定时间的 M_L、M_H，t_{S1}、$t'_C(50)$和 $t'_C(90)$。

按 GB/T 9869 规定采用以下试验条件：

振荡频率：1.7 Hz（100 周/min）

振幅：1°

量程：至少选择 M_H 为满量程的 75%；

对某些橡胶，或许达不到满量程的 75%

模腔温度：160℃±0.3℃

预热时间：无

6.2 用无转子硫化仪

测定下列标准试验参数：

在规定时间的 F_L、F_{max}，t_{S1}、$t'_C(50)$和 $t'_C(90)$。

按 ISO 6502 规定采用以下试验条件：

振荡频率：1.7 Hz（100 周/min）

振幅：0.5°

量程：至少选择 F_{max}为满量程的 75%；

对某些橡胶，或许达不到满量程的 75%

模腔温度：160℃±0.3℃

预热时间：无

7 评价硫化胶拉伸应力-应变性能

在 145℃下硫化，从 15、25、35、50 和 75 min 中选择三个硫化点、或在 150℃下硫化，从 10、15、20、25、30、35 和 50 min 中选择三个硫化点。这三个硫化点应包括欠硫、正硫和过硫。两种条件下所测得的结果有差异。

硫化试片在标准试验温度下调节 16～96 h。如有可能，按 GB/T 2941 规定，在标准温度和湿度下进行。

按 GB/T 528 规定，测定应力-应变性能。

注：方法 C 为评价硫化试片的应力-应变性能提供了足够的配料。

8 精密度

8.1 方法 A：开炼机混炼

8.1.1 概述

按 GB/T 14838 规定进行了以重复性和再现性表示的精密度计算，可查阅精密度的概念和术语。附录 B 提供了重复性和再现性的使用指南。

8.1.2 精密度细则

8.1.2.1 在1986年编制了实验室间的试验方案(ITP)。对A系列SBR橡胶选用两个配方:

A-1:充油SBR 1712

A-2:非充油SBR 1500

对B系列SBR橡胶选用一个配方:

A-3:高苯乙烯SBR

在参与试验的13个实验室里,在约一周的时间内,各自分两天制备混炼胶。试验前,将制备混炼胶所需全部材料的专用样品送到各实验室。对于每种样品,都要从同批次的均匀材料中抽取。按规定的试验步骤对每个混炼胶的硫化试片进行应力-应变性能试验。

8.1.2.2 按GB/T 528规定,300%定伸应力、拉伸强度和伸长率用哑铃型试样测定。试验结果取五个测定结果的中值。因此,计算的精密度是2型精密度,重复性和再现性的时间周期以天计。

关于精密度结果的说明见附录C。

8.1.3 精密度结果

精密度结果见表4。表4所用符号定义如下:

r:重复性,用测量单位表示。这是一个数值,在指定概率下,同一实验室内两个试验结果之差的绝对值应低于该值。

(r):相对重复性,用百分比表示。

两个试验结果的相对重复性是指在相同试验条件下(同一实验室、同一操作者、同一仪器),在规定的时间周期内,采用同一试验方法和相同试验材料得到的。除非另有说明,概率为95%。

R:再现性,用测量单位表示。这是一个数值,在指定概率下,实验室间的两个试验结果之差的绝对值应低于该值。

(R):相对再现性,用百分比表示。

两个试验结果的相对再现性是指在不同的试验条件下(不同的实验室、不同的操作者、不同的仪器),在规定时间周期内,采用同一试验方法和相同试验材料得到的,除非另有说明,概率为95%。

表4 用开炼机混炼后应力-应变试验的2型精密度

性能	胶料	平均值	实验室内		实验室间	
			r	(r)	R	(R)
300%定伸应力 MPa	SBR A-2	12.3	1.62	13.1	3.83	31.1
	SBR A-1	14.6	1.80	12.3	3.86	26.5
	SBR A-3	16.6	2.36	14.8	6.12	38.2
拉伸强度 MPa	SBR A-2	20.3	2.05	10.1	3.09	15.2
	SBR A-3	23.4	4.70	20.1	4.70	20.1
	SBR A-1	25.5	2.50	9.79	3.60	14.1
扯断伸长率 %	SBR A-3	434	52.0	11.9	200	46.2
	SBR A-2	481	56.6	11.8	103	21.5
	SBR A-1	481	51.6	10.7	66.2	13.8

8.2 方法C:小型密炼机混炼

8.2.1 概述

用小型密炼机混炼操作步骤制备胶料,测定门尼粘度、硫化特性和硫化试片的拉伸应力-应变性能的精密度结果已按ISO 5725-1和ISO 5725-2规定制作精密度表。

8.2.2 精密度细则

8.2.2.1 本方法的2型精密度是七个实验室各自在两天内,分别采用小型密炼机对SBR 1712和SBR 1502橡胶进行混炼和试验得到的。

8.2.2.2 表5中给出了按实验室间方案得到的基本精密度数据。硫化仪试验是按GB/T 9869规定进行的，在ISO 5725的术语中，2型精密度包括了在每个实验室内混炼和硫化操作中的偏差部分。

8.2.2.3 硫化仪试验结果是用硫化仪测定的一个值。

8.2.2.4 拉伸试验结果是用三个哑铃试样测得结果的中值。

8.2.2.5 门尼粘度试验结果是用粘度计测定的一个值。

8.2.2.6 精密度结果的使用指南见附录B。

8.2.3 精密度结果

精密度结果见表5，符号定义见8.1.3。

表5 小型密炼机混炼2型精密度

性能	测定值范围	实验室内			实验室间		
		S_r[2]	r	(r)[1]	S_R[3]	R	(R)[1]
精密度估算按GB/T 9869，在160℃、1.7 Hz和振幅1°时为：							
M_L，dN·m	9.7～9.8	0.21	0.594	6.1	0.52	1.47	15.2
M_H，dN·m	32.5～43.8	0.77	2.18	5.7	2.21	6.25	16.4
t_{S1}，min	3.5～4.9	0.13	0.368	8.8	0.67	1.90	45.2
$t'(50)$，min	8.2～8.3	0.20	0.566	6.9	0.74	2.09	25.3
$t'(90)$，min	13.6～16.4	0.48	1.36	9.1	1.12	3.17	21.1
精密度估算按GB/T 528，在145℃、硫化35 min时为：							
300%定伸应力，MPa	8.7～13.8	0.62	1.75	15.6	1.55	4.39	39.0
拉伸强度，MPa	21.9～25.9	0.83	2.35	9.8	1.40	3.96	16.6
伸长率，%	504～599	16.2	45.8	8.3	67.7	191.0	34.7
精密度估算按GB/T 1232为：							
ML(1+4)100℃	63.8～70.3	1.51	4.27	6.4	6.61	18.7	27.9

1) 用测定值范围的中值计算(r)和(R)；

2) S_r：实验室内的标准偏差；

3) S_R：实验室间的标准偏差。

9 试验报告

试验报告应包括以下内容：

a) 本标准的编号；

b) 关于样品的详细说明；

c) 挥发分含量测定所用方法(辊筒法或烘箱法)；

d) 灰分含量测定所用方法(GB/T 4498中A法或B法)；

e) 使用的参比材料；

f) 使用的标准试验配方；

g) 使用的混炼步骤；

h) 在第5.3.2k、5.3.3i和第7章中选用的调节环境；

i) 在第6章中硫化仪试验选用的标准及M_H的时间；

j) 在第7章中选用的硫化时间和温度；

k) 在试验过程中观察到的任何异常现象；

l) 在本标准或引用标准中未包括的任何自选操作；

m) 试验结果及单位的表述；

n) 试验日期。

附 录 A

（提示的附录）

方法 B 初混炼用密炼机和终混炼用开炼机

A1 密炼机初混炼操作步骤

A1 型密炼机（见 GB/T 6038）的额定容量为 1 170 mL±40 mL。A 系列橡胶投胶量（以 g 计）按8.5 倍配方量（即 8.5×156.75 g=1 332.37 g），B 系列橡胶投胶量（以 g 计）按 9.5 倍配方量（即 9.5×141.75 g=1 346.62 g）是合适的。快辊转速应设定在 77 r/min±10 r/min。

混炼 5 min 后，卸下的胶料最终温度应在 150～170℃。如有必要，调节投胶量以达到规定的温度。

在开炼机终混炼期间，辊筒间应保持适量堆积胶。如果在规定的辊距下得不到这种效果，应对辊距稍作调整。

	持续时间，min	累积时间，min
a）将密炼机初始温度设定在 50℃±3℃。关闭卸料口，固定转子，升起上顶栓。		
b）加入橡胶，放下上顶栓，塑炼橡胶。	0.5	0.5
c）升起上顶栓，装入氧化锌、硬脂酸、炭黑，放下上顶栓。	0.5	1.0
d）混炼胶料。	2.0	3.0
e）升起上顶栓，清扫密炼机入口和上顶栓的顶部，放下上顶栓。	0.5	3.5
f）混炼胶料。	1.5	5.0
g）卸下胶料。		

h）立即用合适的测量设备，检查胶料的温度。若温度不在 150～170℃，则弃去此胶料。将胶料在辊距为 2.5 mm，辊温为 50℃±5℃的开炼机上薄通三次。压制成约 10 mm 胶片，检查胶料质量（见 GB/T 6038）并记录，如果胶料质量与理论值之差超过+0.5%或−1.5%[1]，则弃去此胶料并重新混炼。

i）取下胶料，调节 30 min～24 h。如有可能，按 GB/T 2941 规定在标准温度和湿度下进行。

A2 终混炼用开炼机操作步骤

	持续时间，min	累积时间，min
a）标准实验室用开炼机的投胶量（以 g 计）应是配方量的 3 倍。		
b）辊距为 1.5 mm，辊温为 50℃±5℃。		
c）母炼胶包在慢辊上。	1.0	1.0
d）加入硫磺和促进剂，待其分散完成后，再割刀。	1.5	2.5
e）每边作 3/4 割刀三次，每刀间隔 15 s。	2.5	5.0
f）下片。辊距调至 0.8 mm，将混炼胶打卷，交替地从每一端加入，纵向薄通六次。	2.0	7.0

采用说明：

1] ISO 2322 中规定为 0.5%。

g) 按 GB/T 528 规定，将胶料压制成厚约 2.2 mm 的胶片用于制备硫化试片或压制成适当厚度用于制备环形试样，检查胶料质量(见 GB/T 6038)并记录，如果胶料质量与理论值之差超过+0.5%或−1.5%[1]，则弃去此胶料。

h) 胶料在混炼后硫化前，调节 2～24 h。如有可能，按 GB/T 2941 规定在标准温度和湿度下进行。

附　录　B

(提示的附录)

精密度结果使用指南

B1 使用精密度结果的一般方法是，用$|X_1-X_2|$表示任意两个测量值差的绝对值。

B2 将考查的任何试验参项的测定平均值，引入相应的精密度表，置它与表列“试验”平均值的最接近处，它所在行就会给出用于判定过程的 r、(r)或 R、(R)。

B3 用 r 和(r)，可对下述试验结果的重复性作出判定。

B3.1 对于绝对差

在正常和正确的试验操作步骤下，对同一试样测得的两个试验平均值差的绝对值$|X_1-X_2|$，超过表列的重复性(r)，平均在 20 次中不会多于一次。

B3.2 对于相对差(百分比差)

在正常和正确的试验操作步骤下，对同一试样测得的两个试验平均值差的绝对值的相对差$\{|X_1-X_2|/[(X_1+X_2)/2]\}\times100$，超过表列的重复性$(r)$，平均在 20 次中不会多于一次。

B4 用 R 和(R)，可对下述试验结果的再现性作出判定。

B4.1 对于绝对差

在两个实验室中，在正常和正确的试验操作步骤下，对同一试样各自测得的两个试验平均值差的绝对值$|X_1-X_2|$，超过表列的重复性 R，平均在 20 次中不会多于一次。

B4.2 对于相对差(百分比差)

在两个实验室中，在正常和正确的试验操作步骤下，对同一试样各自测得的两个试验平均值差的相对差$\{|X_1-X_2|/[(X_1+X_2)/2]\}\times100$，超过表列的重复性 R，平均在 20 次中不会多于一次。

附　录　C

(提示的附录)

关于精密度结果的说明

C1 表 4 表明：SBR A-3 拉伸强度的重复性和再现性是相等的。这种偶然现象是在第一天和第二天的测定结果相差很大，而这两天的平均值又使室间偏差变小的少量数据(仅有几个实验室)产生的。

C2 重复性和再现性相等的另一个原因是两个主要的室内误差产生机理起作用，即单元标准偏差 S_{ij}分布是双峰形的。第二个峰的存在，使得同一实验内的 r 和(r)升高，从而使 r 和 R 的值相等。对于这种特殊的试验方案，双峰分布的出现是最可能的原因。

C3 如果测定的 SBR 不是上述型号，得到的精密度结果也许会不同。

采用说明：

1] ISO 2322 中规定为 0.5%。

编者注：规范性引用文件中GB/T 6737—1997已废止，可采用GB/T 24131—2009《生橡胶 挥发分含量的测定》；ISO 5725-1：1994已转化（等同采用）为GB/T 6379.1—2004《测量方法与结果的准确度（正确度与精密度）第1部分：总则与定义》；ISO 5725-2：1994已转化（等同采用）为GB/T 6379.2—2004《测量方法与结果的准确度（正确度与精密度）第2部分：确定标准测量方法重复性与再现性的基本方法》；ISO 11235最新版本为ISO 11235：1999，已转化（非等效）为GB/T 21184—2007《橡胶配合剂 次磺酰胺促进剂 试验方法》。

ICS 83.040.10
G 34

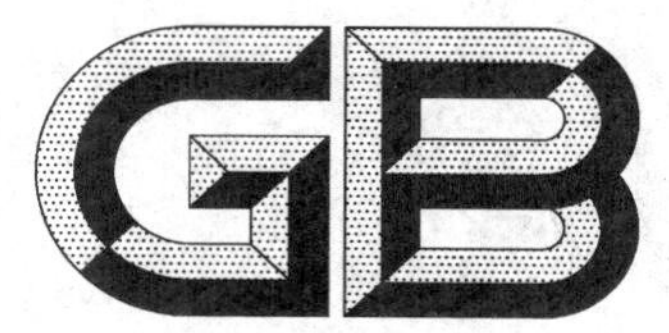

中华人民共和国国家标准

GB/T 8657—2014
代替 GB/T 8657—2000

苯乙烯-丁二烯生橡胶 皂和有机酸含量的测定

Styrene-butadiene rubber, raw—Determination of soap and organic-acid content

(ISO 7781:2008,MOD)

2014-07-08 发布　　2014-12-01 实施

中华人民共和国国家质量监督检验检疫总局
中国国家标准化管理委员会　发布

前 言

本标准按照 GB/T 1.1—2009 给出的规则起草。

本标准代替 GB/T 8657—2000《苯乙烯-丁二烯生胶 皂和有机酸含量的测定》。

本标准与 GB/T 8657—2000 的技术差异如下：

——修改了标准名称；

——增加了警告；

——修改了范围(见第 1 章)；

——删除了采用固定 pH 值判定滴定终点的方法及相关内容(见 2000 年版的第 3 章、第 4 章、第 5 章、7.3、第 8 章和 9.2)；

——增加了采用电位突跃判定滴定终点的方法及相关内容(见第 3 章、第 5 章、7.3、第 8 章、9.2 和附录 A)；

——增加附录 B(资料性附录)“松香测试试验”。

本标准使用重新起草法修改采用 ISO 7781:2008《苯乙烯-丁二烯生胶 皂和有机酸含量的测定》(英文版)。

本标准与 ISO 7781:2008 的技术差异如下：

——关于规范性引用文件,本标准做了具有技术性差异的调整,以适应我国的技术条件,调整的情况集中反映在第 2 章“规范性引用文件”中,具体调整如下：

- 用等同采用国际标准的 GB/T 15340 代替了 ISO 1795；
- 删除了 ISO 385；
- 删除了 ISO 648；
- 删除了 ISO 1042；
- 删除了 ISO 4799；
- 增加了 GB/T 601。

——删除了使用索式萃取器制备试液的方法。

——删除了采用固定 pH 值判定滴定终点的方法及相关内容。

——增加了采用电位突跃判定滴定终点的方法及相关内容(见第 3 章、第 5 章、7.3、第 8 章和规范性附录 A)。

——增加了允许差(见第 9 章)。

本标准由中国石油化工集团公司提出。

本标准由全国橡胶与橡胶制品标准化技术委员会合成橡胶分技术委员会(SAC/TC 35/SC 6)归口。

本标准起草单位:中国石油天然气股份有限公司石油化工研究院、申华化学工业有限公司。

本标准主要起草人:耿占杰、范国宁、翟月勤、吴毅、薛慧峰、姚晓晖、王芳、李晓银、李叔萍、魏玉丽、王学丽、笪敏峰。

本标准所代替标准的历次发布情况为：

——GB/T 8657—1988、GB/T 8657—1992、GB/T 8657—2000。

苯乙烯-丁二烯生橡胶
皂和有机酸含量的测定

警告：使用本标准的人员应熟悉正规实验室操作规程。本标准无意涉及因使用本标准可能出现的所有安全问题。制定相应的安全和健康制度并确保符合国家法规是使用者的责任。

本标准中规定的某些分析方法可能会涉及使用物质或生成物质或产生废物，这些可能造成当地的环境危害。在试验之后应参考适当的安全操作文件进行处理。

1 范围

本标准规定了测定苯乙烯-丁二烯生橡胶中皂和有机酸含量的两种方法：A 法为指示剂法，B 法为自动电位滴定法。

本标准适用于乳液聚合型苯乙烯-丁二烯生橡胶。对于使用芳烃填充油和(或)对苯二胺类防老剂的苯乙烯-丁二烯生橡胶，宜采用 B 法。

2 规范性引用文件

下列文件对于本文件的应用是必不可少的。凡是注日期的引用文件，仅注日期的版本适用于本文件。凡是不注日期的引用文件，其最新版本(包括所有的修改单)适用于本文件。

GB/T 601 化学试剂 标准滴定溶液的制备

GB/T 15340 天然、合成生胶取样及其制样方法(GB/T 15340—2008，ISO 1795：2000，IDT)

3 方法概要

将样品制备成条状，用溶剂萃取出橡胶中的皂和有机酸，然后通过酸碱滴定测定皂和有机酸含量。

A 法采用指示剂法，用盐酸标准滴定溶液滴定以测定皂含量，用氢氧化钠标准滴定溶液滴定以测定有机酸含量。

B 法采用电位滴定法，通过电位突跃点判定滴定等当点。采用返滴定方法，加过量酸用氢氧化钠标准滴定溶液滴定以测定皂和有机酸含量。

4 试剂

除非另有说明，在分析中仅使用确认为分析纯及以上纯度的试剂和蒸馏水或相当纯度的水。

4.1 萃取剂

4.1.1 乙醇-甲苯共沸液(ETA)：将 7 份体积的无水乙醇与 3 份体积的甲苯混合。

4.1.2 乙醇-甲苯-水混合液：将 95 mL 的 ETA(4.1.1)与 5 mL 的蒸馏水混合。

4.2 盐酸标准滴定溶液：$c(HCl)=0.05$ mol/L，按 GB/T 601 配制。

4.3 氢氧化钠标准滴定溶液：$c(NaOH)=0.1$ mol/L，按 GB/T 601 配制。

4.4 百里酚蓝指示剂：将 0.06 g 的百里酚蓝溶于 6.45 mL 的 0.02 mol/L 氢氧化钠溶液(由 4.3 稀释得到)中，并用蒸馏水稀释至 50 mL。

5 仪器

5.1 天平:精度为1 mg。
5.2 加热器:恒温水浴、沙浴或电加热套。
5.3 广口锥形瓶:400 mL～500 mL。
5.4 回流冷凝器:球形或蛇形冷凝器。
5.5 容量瓶:250 mL。
5.6 移液管:100 mL。
5.7 移液管:2 mL。
5.8 锥形瓶:250 mL。
5.9 滴定管:1 mL。
5.10 滴定管:25 mL。
5.11 烧杯:150 mL。
5.12 自动电位滴定仪:带有非水电极,具有磁力搅拌功能、动态 pH 滴定模式、计算机数据处理系统和曲线评估功能。

6 试样制备

按 GB/T 15340 规定的方法制备试样,并剪成长不超过 10 mm,宽不超过 5 mm 的细条。称取约 2 g试样,精确至 1 mg。

7 分析步骤

7.1 试液的制备

将一张圆形滤纸放入广口锥形瓶(5.3)底部,并加入 100 mL 萃取剂(4.1)。

注:一般使用乙醇-甲苯共沸液(4.1.1),对矾凝聚的橡胶,用乙醇-甲苯-水混合液(4.1.2)。

将制备好的试样逐一放入广口锥形瓶内,每次加入后旋转广口锥形瓶,使萃取剂完全浸润试样,减少粘连。将回流冷凝器(5.4)装在广口锥形瓶上,用加热器(5.2)加热。在回流条件下,缓慢煮沸 1 h 后,将萃取液转移至容量瓶(5.5)内。重新加入 100 mL 萃取剂,再缓慢煮沸 1 h,将此萃取液也转移至容量瓶(5.5)内。分别用 10 mL 萃取剂洗涤试样 3 次,洗涤液均转移至容量瓶中。待冷却至室温后,用萃取剂定容至 250 mL,混匀待用。

7.2 A 法:指示剂法

7.2.1 皂含量分析步骤

用移液管(5.6)吸取 100 mL 试液至锥形瓶(5.8)内,加入 6 滴百里酚蓝指示剂(4.4),用盐酸标准滴定溶液(4.2)滴定至颜色发生突变,记录消耗的盐酸标准滴定溶液的体积(V_1)。另吸取 100 mL 萃取剂用同样的方法做空白试验,记录消耗的盐酸标准滴定溶液的体积(V_2)。

7.2.2 有机酸含量分析步骤

用移液管吸取 100 mL 试液至锥形瓶内,加入 6 滴百里酚蓝指示剂,用氢氧化钠标准滴定溶液(4.3)滴定至颜色发生突变,记录消耗的氢氧化钠标准滴定溶液的体积(V_3)。另吸取 100 mL 萃取剂用同样的方法做空白试验，记录消耗的氢氧化钠标准滴定溶液的体积(V_4)。

7.3 B 法：自动电位滴定法

7.3.1 仪器准备

在滴定开始之前检查和排空滴定管路中的气泡，按表1设置自动电位滴定仪的参数，按规定的分析步骤进行滴定即可得到类似图A.1的试液滴定曲线和类似图A.4的空白滴定曲线。实验人员也可以根据自己的经验设置自动电位滴定仪的参数进行滴定，得到类似图A.1的试液滴定曲线和图A.4的空白滴定曲线。

表1 自动电位滴定仪的主要参数设置

参数	设定值
滴定模式	动态 pH 模式
加液管规格	5 mL
搅拌速度	使液面出现明显的漩涡，但不造成液体飞溅
信号漂移控制	50 mV
最小加液等待时间	0 s
最大加液等待时间	25 s
最小加液体积	0.01 mL
最大加液体积	关闭
滴定终止条件	加液体积 4 mL

7.3.2 试液分析步骤

用移液管(5.6)吸取100 mL试液于烧杯(5.11)中，用移液管(5.7)加入2 mL盐酸标准滴定溶液(4.2)。向烧杯中放一磁力搅拌子，置于自动电位滴定仪的测定台上，将电极插入盛有试液的烧杯中，开启搅拌，搅拌2 min后将滴定头插入试液中，用氢氧化钠标准滴定溶液进行滴定。

7.3.3 空白分析步骤

用移液管吸取100 mL萃取剂于烧杯中，用移液管(5.7)加入2 mL盐酸标准滴定溶液(4.2)，用与分析试液时完全相同的滴定方法进行滴定。

7.3.4 确定滴定等当点

按照附录A，对7.3.2和7.3.3得到的滴定曲线进行评估，确定滴定等当点，并记录等当点处氢氧化钠标准滴定溶液的体积，其中试液滴定曲线的等当点EP1和EP2分别对应V_5和V_6，空白滴定曲线的等当点EP1和EP2分别对应V_7和V_8。

8 结果计算

8.1 皂含量计算

皂含量w_S以质量分数(%)表示，A法测定的皂含量按式(1)计算，B法测定的皂含量按式(2)计算：

$$w_S = \frac{0.25 \times (V_1 - V_2) \times c_1 \times K_S}{m} \quad \cdots\cdots (1)$$

$$w_S = \frac{0.25 \times (V_7 - V_5) \times c_2 \times K_S}{m} \quad \cdots\cdots (2)$$

式中：

V_1——A 法滴定试液时消耗盐酸标准滴定溶液的体积，单位为毫升(mL)；

V_2——A 法滴定空白时消耗盐酸标准滴定溶液的体积，单位为毫升(mL)；

V_5——B 法滴定试液时，等当点 EP1 对应的氢氧化钠标准滴定溶液的体积，单位为毫升(mL)；

V_7——B 法滴定空白时，等当点 EP1 对应的氢氧化钠标准滴定溶液的体积，单位为毫升(mL)；

c_1——盐酸标准滴定溶液的实际浓度，单位为摩尔每升(mol/L)；

c_2——氢氧化钠标准滴定溶液的实际浓度，单位为摩尔每升(mol/L)；

m——试样质量，单位为克(g)。

K_S 值从下列数值中选用或由橡胶样品的生产厂家提供：

——306，当皂为硬脂酸钠时；

——368，当皂为松香酸钠时；

——337，当皂为 50∶50 的硬脂酸钠与松香酸钠的混合物时；

——322，当皂为硬脂酸钾时；

——384，当皂为松香酸钾时；

——353，当皂为 50∶50 的硬脂酸钾与松香酸钾的混合物时；

——345，当皂为 50∶50 的硬脂酸钠与松香酸钾或硬脂酸钾与松香酸钠的混合物时。

当皂含量低于 0.05%时，计算结果有可能出现负值，此时应将结果记为 0。

所得结果保留至小数点后两位。

注：由于橡胶中的皂不是单一的化学物质，因此，用指定的 K_s 值计算仅能得到皂含量的近似值。松香测试试验参见附录 B。

8.2 有机酸含量计算

有机酸含量 w_O 以质量分数(%)表示，A 法测定的有机酸含量按式(3)计算，B 法测定的有机酸含量按式(4)计算：

$$w_O = \frac{0.25 \times (V_3 - V_4) \times c_2 \times K_O}{m} \quad \cdots\cdots (3)$$

$$w_O = \frac{0.25 \times (V_6 - V_8) \times c_2 \times K_O}{m} \quad \cdots\cdots (4)$$

式中：

V_3——A 法滴定试液时消耗氢氧化钠标准滴定溶液的体积，单位为毫升(mL)；

V_4——A 法滴定空白时消耗氢氧化钠标准滴定溶液的体积，单位为毫升(mL)；

V_6——B 法滴定试液时，等当点 EP2 对应的氢氧化钠标准滴定溶液的体积，单位为毫升(mL)；

V_8——B 法滴定空白时，等当点 EP2 对应的氢氧化钠标准滴定溶液的体积，单位为毫升(mL)；

c_2——氢氧化钠标准滴定溶液的实际浓度，单位为摩尔每升(mol/L)；

m——试样质量，单位为克(g)。

K_O 值从下列数值中选用或由橡胶样品的生产厂家提供：

——284，当酸为硬脂酸时；

——346，当酸为松香酸时；

——315，当酸为 50∶50 的硬脂酸与松香酸混合物时。

所得结果保留至小数点后两位。

注：由于橡胶中的有机酸不是单一的化学物质，因此，用指定的 K_O 值计算仅能得到有机酸含量的近似值。松香测试试验参见附录 B。

9 允许差

9.1 A 法

皂含量在 0～0.55%时，平行测定的两个结果之差值不大于 0.03%；有机酸含量在 3.00%～8.00%时，平行测定的两个结果之差值不大于 0.15%。

9.2 B 法

皂含量在 0～0.55%时，平行测定的两个结果之差值不大于 0.04%；有机酸含量在 3.00%～8.00%时，平行测定的两个结果之差值不大于 0.25%。

10 试验报告

试验报告应包括以下内容：

a） 本标准的编号；

b） 关于样品的详细说明；

c） 分析过程使用的方法（A 法或 B 法）；

d） 试验结果和单位的表示（注明 K_S，K_O 值）；

e） 在试验过程中观察到的任何异常现象；

f） 本标准或引用标准中未包括的任何自选操作；

g） 试验日期。

附 录 A
（规范性附录）
滴定曲线评估

调出试验数据文件，打开仪器的曲线评估功能。典型的试液滴定曲线见图 A.1，用平行切线法确定试液滴定曲线的等当点 EP1（图 A.2）和 EP2（图 A.3）。典型的空白滴定曲线见图 A.4，用平行切线法确定空白滴定曲线的等当点 EP1（图 A.5）和 EP2（图 A.6）。

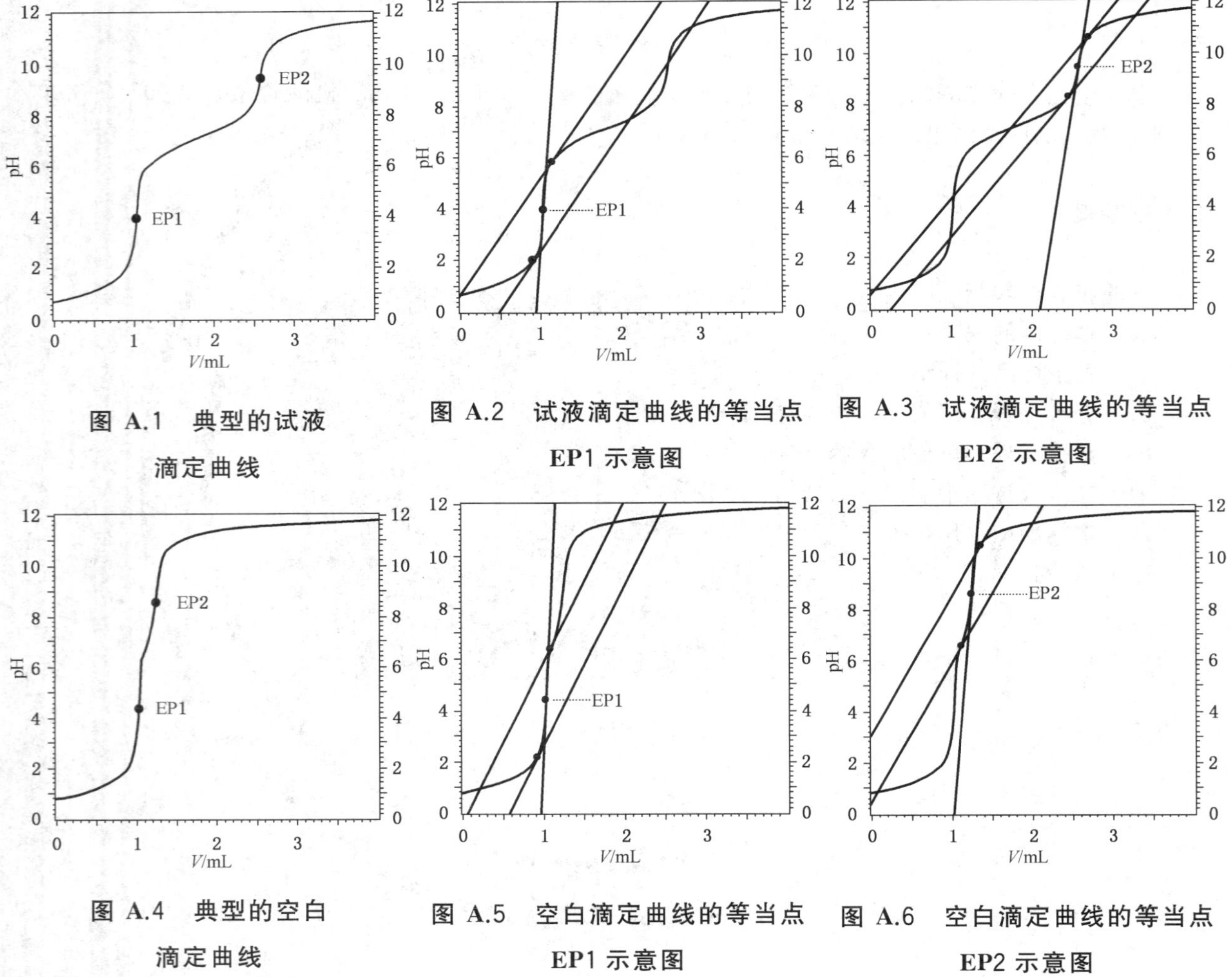

图 A.1 典型的试液滴定曲线

图 A.2 试液滴定曲线的等当点 EP1 示意图

图 A.3 试液滴定曲线的等当点 EP2 示意图

图 A.4 典型的空白滴定曲线

图 A.5 空白滴定曲线的等当点 EP1 示意图

图 A.6 空白滴定曲线的等当点 EP2 示意图

附 录 B
（资料性附录）
松香测试试验

B.1 试剂

B.1.1 醋酸酐。

B.1.2 硫酸溶液：将 65 g 硫酸（ρ_{20}＝1.84 g/mL）与 35 g 水小心混合均匀。

B.1.3 高锰酸钾溶液：$c(KMnO_4)$＝0.000 2 mol/L。

B.2 分析步骤

将约 3 mL 的醋酸酐（B.1.1）与少量试样混合，加入 2 滴硫酸（B.1.2），如果出现短暂的比高锰酸钾溶液颜色还深的蓝紫色，则表明试样中有松香存在。

前　　言

本标准等同采用 ISO 2453:1991《乳液聚合型苯乙烯-丁二烯橡胶生胶　结合苯乙烯含量的测定　折光指数法》。

本标准与其前版的主要差异:

1　依照 ISO 2453:1991,将“丁苯橡胶”改称“苯乙烯-丁二烯橡胶(SBR)”。

2　对标准的适用范围作了修改。说明如果不能制得合适的样品,则不适用于充油 SBR。

3　样品干燥时的真空度要求由 13.3 kPa 改为 1 300 Pa。

4　规定了用两种模板制样的方法。

5　将标准玻璃块的校正温度由 20℃改为 25.0℃。

6　对方法的精密度作了更符合实际情况的规定及说明。

本标准代替 GB/T 8658—88。

本标准由中国石油化工总公司提出。

本标准由全国橡胶与橡胶制品标准化技术委员会合成橡胶分技术委员会归口。

本标准起草单位:兰州化学工业公司合成橡胶厂。

本标准起草人:王小为、袁　丽。

本标准于 1988 年 1 月首次发布。

ISO 前言

ISO(国际标准化组织)是各国家标准团体(ISO 成员团体)的世界性联合机构。制定国际标准的工作通常由 ISO 各技术委员会进行。凡对已建立技术委员会项目感兴趣的成员团体均有权参加该委员会。与 ISO 有联系的政府和非政府的国际组织,也可参加此项工作。在电工技术标准化的所有方面,ISO 与国际电工技术委员会(IEC)紧密合作。

技术委员会采纳的国际标准草案,要发给成员团体进行投票。作为国际标准发布时,要求至少有75%投票的成员团体投赞成票。

国际标准 ISO 2453 由 ISO/TC 45 橡胶与橡胶制品技术委员会制定。

本第二版是第一版经过技术修订的版本,它代替并废止第一版(ISO 2453:1975)。

本标准的附录 A 为提示的附录。

中华人民共和国国家标准

乳液聚合型苯乙烯-丁二烯橡胶生胶结合苯乙烯含量的测定 折光指数法

GB/T 8658—1998
idt ISO 2453:1991

Rubber, raw styrene-butadiene emulsion-polymerized—Determination of bound styrene content—Refractive index method

代替 GB/T 8658—88

警告：使用本标准的人员应熟悉正规实验室操作规程。本标准无意涉及因使用本标准可能出现的所有安全问题。制定相应的安全和健康制度，并确保符合国家有关法规是使用者的责任。

1 范围

本标准规定了一种测定乳液聚合型苯乙烯-丁二烯橡胶(SBR)结合苯乙烯含量的方法。本方法是通过测定抽提后试样的折光指数，并依据折光指数和苯乙烯的质量百分数对照表确定结合苯乙烯的量。

如果能制得适合于折光指数测定的胶片，本方法也适用于经抽提过的乳液聚合型充油 SBR。本方法不适用于溶液聚合型 SBR。

2 测定的意义

结合苯乙烯含量的测定是为了确定橡胶中结合单体的组成。本测定常用作检验单体配料的准确性。因为结合苯乙烯含量影响物理性能，所以也用作控制产品的均一性。

3 原理

试样用乙醇-甲苯共沸液(ETA)抽提、干燥后，放入两块铝箔之间，压制成厚度不大于 0.5 mm 的试片，在 25℃下测定试片的折光指数，计算结合苯乙烯含量。

4 试剂

本标准使用分析纯试剂。

4.1 乙醇-甲苯共沸液(ETA)

将无水乙醇与甲苯按 7∶3 体积比混合。也可以使用工业级乙醇与甲苯按 7∶3 体积比混合，将该混合物与无水氧化钙一起加热煮沸回流 4 h，然后进行蒸馏，收集沸程不超过 1℃的共沸液馏分供试验用。

4.2 酸化 ETA

在部分 ETA(4.1)中加入 10 mL 浓盐酸[约 35%(*m*/*m*)]，补加 ETA 使容积达 1 000 mL

注 1：酸化 ETA 用于明矾凝聚的聚合物。

4.3 α-溴代萘。

5 仪器

5.1 支架：由 13 mm×13 mm 的铝片或不锈钢片制成，每个角上带一根长约 38 mm 的镍铬引线。如采用盐酸酸化的 ETA 作抽提剂时，支架和引线应采用钽制作。

国家质量技术监督局 1998-07-13 批准　　　　1999-02-01 实施

5.2 回流冷凝器。

5.3 阿贝(Abbe)折光仪：量值精确至小数第四位。为了测定固体的折光指数，可调其折射棱镜接近水平位置。为了消除色差，必须有一个阿米西(Amici)补偿棱镜，否则应采用钠蒸气灯作光源。

通过恒定室温或在仪器内通入恒温循环水，使折光仪温度保持在25℃±0.1℃。

5.4 真空烘箱：压力可抽至1 300 Pa[1)]，温度保持在100℃±5℃。

5.5 铝箔：厚度在0.025～0.08 mm，具有良好的撕裂强度。

5.6 标准玻璃块：用于校正折光仪。该标准玻璃块应在25℃下使用。

5.7 液压机：能保持温度在100℃，作用于平板的总压力能达到100 kN。

5.8 压模(选件)：规格为210 mm×210 mm×3 mm，带有木制手柄。其中一块板中心刻有面积150 mm×150 mm、深不超过0.65 mm的凹槽。

5.9 剪刀：小而锋利。

5.10 光源：要求能发出一光束射至棱镜。如果使用白炽光源，例如白炽灯泡，则应使光强度减弱。也可使用钠灯作光源。对光源的要求是能够在折光仪的目镜里观察到具有对比明显、清晰的线条。

将薄皱纸放在光路中，使光线衰减或产生散射，可提高观测效果。

6 试样制备

6.1 将橡胶压制成厚度不大于0.5 mm的薄片，再切成宽约13 mm、长约25 mm的胶条。然后将该胶条固定在支架(5.1)的每根引线上，从而使胶条的各个侧面与溶剂充分接触。将带有胶条的支架放入盛有60 mL ETA(4.1)、容积为400 mL的烧瓶中[对明矾凝聚的聚合物，需用酸化ETA(4.2)和钽制作的支架]。装上回流冷凝器(5.2)，在溶剂微沸条件下抽提1 h，弃去抽提液，再加入60 mL ETA或酸化ETA，继续抽提1 h，从烧瓶中取出支架，放入压力约1 300 Pa、温度为100℃±5℃的真空烘箱(5.4)中干燥胶条至质量恒定。试样的充分抽提和干燥十分重要，因为无论是残留的溶剂，还是未抽提完的物质，都将引起折光指数的测试误差。

注2：避免试样因过热而塑化。

6.2 待试样充分干燥后，将其从支架上取下。压片时可以根据橡胶的类型和现有的设备在多种适用的方法中选用一种合适的方法。在100℃下压片时，其压力和时间可以调整。试样可以在加压条件下冷却至室温，也可以从热的压力机中取出冷却。热压时间不能超过10 min，最好为5 min。

应选择压片的条件，以使制成的试片均匀，并在测定折光指数时，可在目镜内观察到亮区和暗区清晰的分界线。下述6.2.1和6.2.2条中提供了两种通用压片操作方法。

6.2.1 使用压模(5.8)的操作方法

将约0.3 g经抽提、干燥过的试样放在两片约50 mm×50 mm的铝箔之间，将各角折叠一次，置于压模间，再将其放入温度约100℃的液压机上。可以同时压制几个试片。闭合压板，但不施压，预热1 min。然后施加约100 kN的压力，加压3 min。卸压后，将试片从液压机中取出，使其冷却。

6.2.2 使用无凹槽的平板压制方法

如果使用无凹槽的两块平板压片时，按下述操作步骤，可以修改一些操作的细节以适应不同的样品：取一条干燥好的胶条，置于两块25 mm×25 mm洁净的铝箔之间，在约100℃下，以2.2～6.6 kN的压力对铝箔施压3～10 min(最好3～5 min)以压制成片。如果一次压制几个试片时，应按比例增加压力，以使施加在每个试片上的压力约在3.45～10.35 MPa。有些聚合物所要求的压力较低，也有些聚合物可能需要在施压条件下用水冷却。

6.3 最终测量用试片的厚度不得超过0.5 mm，还可以更薄。对试片厚度的要求，取决于压制试片的技能和能否获得准确的折光指数值。

1) 10^3Pa＝10^3N/m^2＝7.5 mmHg。

6.4 用锋利的剪刀(5.9)将所制备的试样剪为两半并剥下一面的铝箔,用剪刀剪下一片宽约 6 mm、长约 12 mm 的试样,其中宽度较窄的两端之一端应为新剪的。可以剥下第二面铝箔,但是往往为了便于处理试样,而把一面铝箔留在胶片上。

7 分析步骤

7.1 检查折光仪温度,让其稳定在 25℃。

7.2 用一滴 α-溴代萘(4.3)作接触液,将标准玻璃块(5.6)紧紧压贴在棱镜上,校准折光仪。调整光源(5.10),使光线通过薄皱纸散射,可获得标准玻璃块的准确读数。转动手动调节器,直至分界线刚好到达十字线上(一般总是由亮区向暗区移动),至少重复读取三次测定值。调整仪器,读取标准玻璃块的折光指数。校正完后,用乙醇和镜头纸认真擦净棱镜。

7.3 将试样置于棱镜上原放置标准玻璃块的位置,让试样的剪切面朝向光源。将薄皱纸从光路移开,用手指将试样按压在棱镜上,停留 1 min,以使温度平衡。如果仍有充足的光线集中在试样的一端时,也可将上面的棱镜轻轻地压合在试样上。但是只有在试样极薄时,才可以这样操作,否则会对棱镜或其固定件造成损坏。调整补偿棱镜,直至在亮区和暗区之间看到一条具有最低色彩的清晰的分界线为止。按压棱镜上的试样,检查试样和棱镜的接触情况,在进行此项检查时,分界线的位置不得产生变化。

7.4 至少读数三次。如果读数之差大于 0.000 1 时,需增加读数次数。

7.5 对具有新剪切面的另一半试样重复进行上述的测定,将得到的两组读数分别进行平均。如果两组读数平均值之差不大于 0.000 2,即可采用两组平均值的均值,按第 8 章的公式进行计算;如果差值大于 0.000 2,则应进行重复试验。如果采用非 25℃测定条件,可按下列公式将测定值校正为 25℃下的折光指数值:

$$n_{25}=n_{\theta}+0.000\ 37(\theta-25)$$

式中:n_{25}——25℃下的折光指数;

n_{θ}——测定温度(θ)下的折光指数;

θ——测定温度,℃。

8 分析结果的表述

8.1 计算方法

按质量百分数表示的苯乙烯-丁二烯橡胶中结合苯乙烯含量 W_s,应用表 1 或由下列公式校正到 25℃下的折光指数求得:

$$W_s=23.50+1\ 164(n_{25}-1.534\ 56)-3\ 497(n_{25}-1.534\ 56)^2$$

所得结果应表示至一位小数。

8.2 精密度

8.2.1 重复性

当结合苯乙烯含量为 20%～30%(m/m)时,95%的测定结果与平均值之差不得大于0.5%(m/m)。

8.2.2 再现性

50℃聚合 SBR 的再现性与重复性处于同一数量级。对于 5℃聚合 SBR 的再现性尚未确切掌握,但是一般认为当所测聚合物的苯乙烯含量范围在 20%～30%(m/m)时,再现性在上述重复性的范围之内。

9 试验报告

试验报告应包括下列内容:

a) 本标准的编号;

b) 关于样品的详细说明;

c）试验结果和表述方法；

d）在试验过程中观察到的任何异常现象；

e）本标准或引用标准中未包括的任何自选操作。

附 录 A
（提示的附录）
与测定苯乙烯-丁二烯橡胶中苯乙烯含量有关的其他国际标准

ISO 3136:1983 丁苯胶乳—结合苯乙烯含量的测定

ISO 4655:1985 橡胶—补强 SBR 胶乳—总结合苯乙烯含量的测定

ISO 5478:1990 橡胶—苯乙烯含量的测定—硝化法

ISO 6235:1982 橡胶生胶—嵌段聚合苯乙烯含量的测定—臭氧分解法

ICS 83.060
G 35

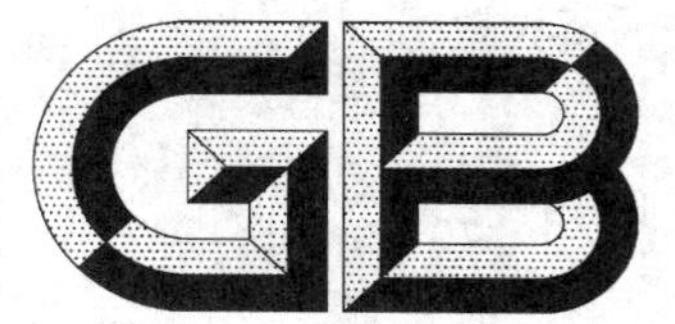

中华人民共和国国家标准

GB/T 8659—2008
代替 GB/T 8659—2001

丁二烯橡胶(BR)9000

Rubber, butadiene(BR)9000

2008-06-19 发布　　2008-12-01 实施

中华人民共和国国家质量监督检验检疫总局
中国国家标准化管理委员会　发布

前　言

本标准代替GB/T 8659—2001《丁二烯橡胶(BR)9000》。

本标准与GB/T 8659—2001的主要差异：

——引用标准中增加GB/T 15340—2008、GB/T 19187—2003和GB/T 19188—2003；

——删除了GB/T 8659—2001附录A"用ASTM IRB No.6炭黑评价混炼胶和硫化胶的技术指标"；

——增加附录A"BR 9000挥发分含量的测定"；

——按照国内产品的实际质量水平修改了硫化胶的300%定伸应力、拉伸强度和扯断伸长率的技术指标。

本标准的附录A为规范性附录。

本标准由中国石油化工集团公司提出。

本标准由全国橡胶与橡胶制品标准化技术委员会合成橡胶分技术委员会(SAC/TC 35/SC 6)归口。

本标准主要起草单位：中国石油化工股份有限公司北京燕山分公司合成橡胶事业部、中国石油天然气股份有限公司兰州化工研究中心。

本标准主要起草人：翟月勤、于洪洸、吴毅、徐天昊、孟祥峰、方芳、隗合宁。

本标准所代替标准的历次发布情况为：

GB/T 8659—1988、GB/T 8659—2001。

丁二烯橡胶(BR)9000

1 范围

本标准规定了丁二烯橡胶(BR)9000的要求、试验方法、检验规则以及包装、标志、储存和运输。

本标准适用于1,3-丁二烯在镍催化体系下经溶液聚合制得的顺式-1,4-聚丁二烯橡胶。

2 规范性引用文件

下列文件中的条款通过本标准的引用而成为本标准的条款。凡是注日期的引用文件,其随后所有的修改单(不包括勘误的内容)或修订版本均不适用于本标准,然而,鼓励根据本标准达成协议的各方研究是否可使用这些文件的最新版本。凡是不注日期的引用文件,其最新版本适用于本标准。

GB/T 1232.1—2000 未硫化橡胶 用圆盘剪切粘度计进行测定 第1部分:门尼粘度的测定(eqv ISO 289-1:1994)

GB/T 4498—1997 橡胶 灰分的测定(eqv ISO 247:1990)

GB/T 6038—2006 橡胶试验胶料 配料、混炼或硫化设备及操作程序(ISO 2393:1994,MOD)

GB/T 8660—2008 溶液聚合型 丁二烯橡胶(BR)评价方法(ISO 2476:1996,IDT)

GB/T 15340—2008 天然、合成生胶取样及制样方法(ISO 1795:2000,IDT)

GB/T 19187—2003 合成生胶抽样检查程序

GB/T 19188—2003 天然生胶和合成生胶贮存指南(ISO 7664:2000,IDT)

3 要求和试验方法

3.1 外观:浅色半透明块状,不含焦化颗粒、机械杂质及油污。

3.2 BR 9000的技术指标和试验方法见表1。

表1 BR 9000技术指标

项目		指标			试验方法
		优等品	一等品	合格品	
挥发分的质量分数/%		≤0.50	≤0.80	≤1.10	附录A 热辊法
灰分的质量分数/%		≤0.20			GB/T 4498 方法A
生胶门尼粘度/ML(1+4)100 ℃		45±4	45±5	45±7	GB/T 1232.1
混炼胶门尼粘度/ML(1+4)100 ℃		≤65	≤67	≤70	
300%定伸应力/MPa	25 min	7.0~12.0			GB/T 8660 C2法混炼 1型裁刀
	35 min	8.0~13.0			
	50 min	8.0~13.0			
拉伸强度/MPa	35 min	≥13.2			
扯断伸长率/%	35 min	≥330			
注:混炼胶和硫化胶的性能指标均采用ASTM IRB No.7进行评价。					

4 检验规则

4.1 本标准所列项目除灰分,其他均为出厂检验项目;正常情况下,每月至少进行一次型式检验。

4.2 进行质量检验时，抽样按 GB/T 19187—2003 的规定进行。

4.3 生产厂应按本标准对出厂的 BR 9000 进行检验，并保证所有出厂的产品符合本标准的要求。每批产品应附有一定格式的质量证明书。质量证明书上应注明名称、牌号、生产厂(公司)名称、生产批号、等级等有关内容，并加盖质量检验专用章和检验员章。

4.4 出厂检验时，按 GB/T 15340—2008 中实验室混合样品进行检验，出厂检验项目中任何一项不符合等级要求时，应对保留样品进行复验，复验结果仍不符合相应的等级要求时，则该批产品应降等或定为不合格品。

4.5 用户有权按本标准对收到的 BR 9000 进行验收，如果不符合本标准要求时，应在到货后两个月内提出异议。使用单位因保管、使用不当等原因造成产品质量下降，应由使用单位负责。供需双方如发生质量争议，可协商解决或由质量仲裁单位按本标准进行仲裁检验。如果发生橡胶净含量争议，可在整批胶中随机抽取 40 个胶包称量，其胶包总净含量与额定胶包总净含量之差应小于额定胶包总净含量的 0.5%。

4.6 仲裁检验时，按 GB/T 19187—2003 规定对挥发分和生胶门尼粘度分别进行单包检验和验收，其他项目按 4.4 和 4.5 的规定进行。

5 包装、标志、储存和运输

5.1 BR 9000 内层用印有商标或特殊标记的低密度聚乙烯薄膜包装，其厚度为 0.04 mm～0.06 mm、熔点不大于 110 ℃；外层用复合塑料编织袋或采用用户认可的其他形式包装。每袋净含量 25 kg±0.25 kg 或其他包装单元。

5.2 每个包装袋应清楚地标明产品名称、牌号、净含量、生产厂(公司)名称、地址、注册商标、标准编号、等级、生产日期或生产批号等。

5.3 贮存 BR 9000 时，应成行成垛整齐堆放，并保持一定行距，堆放高度不大于 10 包。贮存条件见 GB/T 19188—2003。

5.4 在运输 BR 9000 过程中，应防止日光直接照射和雨水浸泡，运输车辆应整洁，避免包装破损和杂物混入。

5.5 在贮存条件下 BR 9000 质量保证期自生产日期起为 2 年。

附 录 A
(规范性附录)
BR 9000 挥发分含量的测定

A.1 范围

本附录规定了测定 BR 9000 生胶中水分和其他挥发性物质的两种方法:热辊法和烘箱法。

A.2 原理

A.2.1 热辊法

试样在加热的开炼机上辊压直到所有的挥发分被赶除,辊压过程中的质量损失即为挥发分含量。

A.2.2 烘箱法

试样在烘箱中干燥至恒重,此过程中的质量损失即为挥发分含量。

A.3 设备

A.3.1 开炼机:应符合 GB/T 6038—2006 的要求。

A.3.2 烘箱:鼓风式,能将温度控制在 105 ℃±5 ℃。

A.3.3 铝皿或玻璃表面皿:深约 15 mm、直径(或长度)80 mm。

A.4 操作步骤

A.4.1 热辊法

A.4.1.1 按照 GB/T 15340—2008 的规定称取约 250 g 胶样,精确至 0.1 g(质量 m_1)。

A.4.1.2 按照 GB/T 6038—2006 规定,用窄铅条将开炼机辊距调节至 0.25 mm±0.05 mm,辊筒表面温度保持在 105 ℃±5 ℃。

A.4.1.3 将已称量的胶样(A.4.1.1)在开炼机(A.3.1)上反复通过 4 min,不允许试样包辊,并小心操作以防试样损失,称量试样质量,精确至 0.1 g。再将试样在开炼机上通过 2 min,再称量试样的质量。如果在 4 min 末和 6 min 末,试样质量之差小于 0.1 g,可计算挥发分含量;否则,将试样在开炼机上再通过 2 min,直至连续两次称量之差小于 0.1 g(最终质量 m_2)。每次称量之前,应使试样在干燥器中冷却至室温。

A.4.1.4 结果表示

挥发分(x_1)的质量分数(%)按式(A.1)计算:

$$x_1 = \frac{m_1 - m_2}{m_1} \times 100 \qquad \text{(A.1)}$$

式中:

m_1——辊压前试样的质量,单位为克(g);

m_2——辊压后试样的质量,单位为克(g)。

所得结果应表示至二位小数。

A.4.2 烘箱法

A.4.2.1 直接从橡胶样品中取约 10 g 试样,手工剪成约 2 mm×2 mm×2 mm 的小块,置于玻璃表面皿或铝皿(A.3.3)中称量。精确到 1 mg(质量 m_3)。

A.4.2.2 将称量后的试样放入烘箱(A.3.2)中,在 105 ℃±5 ℃下干燥 1 h,干燥的过程中应打开鼓风;取出试样,放入干燥器中冷却至室温后称量;再将试样干燥 30 min,取出试样,放入干燥器中冷却至室温后称量，如此反复，直到连续两次称量值之差不大于 1 mg（最终质量 m_4）。

A.4.2.3 结果表示

挥发分（x_2）的质量分数（%）按式（A.2）计算。

$$x_2 = \frac{m_3 - m_4}{m_3} \times 100 \qquad \cdots\cdots(A.2)$$

式中：

m_3——干燥前试样的质量，单位为克（g）；

m_4——干燥后试样的质量，单位为克（g）。

所得结果应表示至二位小数。

A.5 允许差

A.5.1 热辊法

挥发分质量分数小于 0.20%时，两次平行测定结果之差不大于 0.04%。

挥发分质量分数在 0.21%～0.40%时，两次平行测定结果之差不大于 0.12%。

挥发分质量分数在 0.41%～0.70%时，两次平行测定结果之差不大于 0.15%。

A.5.2 烘箱法

挥发分质量分数小于 0.22%时，两次平行测定结果之差不大于 0.04%。

挥发分质量分数在 0.23%～0.70%时，两次平行测定结果之差不大于 0.15%。

挥发分质量分数在 0.71%～1.00%时，两次平行测定结果之差不大于 0.22%。

A.6 实验报告

实验报告应包括以下内容：

a） 关于样品的详细说明；

b） 测定所采用的方法；

c） 每个试样的测试结果；

d） 本标准编号；

e） 本附录未包括的任何自选操作；

f） 试验日期。

ICS 83.060
G 34

中华人民共和国国家标准

GB/T 8660—2008/ISO 2476:1996
代替 GB/T 8660—1998

溶液聚合型丁二烯橡胶(BR)评价方法

Rubber, butadiene(BR)—Solution-polymerized types—Evaluation procedures

(ISO 2476:1996,IDT)

2008-06-19 发布 2008-12-01 实施

中华人民共和国国家质量监督检验检疫总局
中国国家标准化管理委员会 发布

前　言

本标准等同采用ISO 2476:1996《橡胶——丁二烯橡胶(BR)——溶液聚合型——评价方法》。

本标准做了下列编辑性修改:

——删除了ISO前言;

——将ISO 2476:1996中引用的国际标准改为相应的我国国家标准。

本标准代替GB/T 8660—1998《溶液聚合型丁二烯橡胶(BR)评价方法》。

本标准与GB/T 8660—1998的主要差异:

——修改了规范性引用文件;

——对标准重新进行了编辑。

本标准代替GB/T 8660—1998。

本标准的附录A为资料性附录。

本标准由中国石油化工集团公司提出。

本标准由全国橡胶与橡胶制品标准化技术委员会合成橡胶分技术委员会(SAC/TC 35/SC 6)归口。

本标准主要起草单位:中国石油化工股份有限公司北京燕山分公司合成橡胶事业部、中国石油天然气股份有限公司兰州化工研究中心。

本标准主要起草人:章火山、吴毅、于洪洸、翟月勤、段宏玮、叶秀丽、李连生。

本标准所代替标准的历次发布情况为:

GB/T 8660—1988、GB/T 8660—1998。

溶液聚合型丁二烯橡胶(BR)评价方法

警告:使用本标准的人员应熟悉正规实验室操作规程,本标准无意涉及因使用本标准可能出现的所有安全问题。制定相应的安全和健康制度并确保符合国家法规是使用者的责任。

1 范围

本标准规定了生胶的物理和化学试验方法;规定了评价溶液聚合型丁二烯橡胶(BR)[包括充油型(OEBR)]硫化特性所用的标准材料、标准试验配方、设备、操作方法以及评价硫化胶拉伸应力-应变性能的方法。

2 规范性引用文件

下列文件中的条款通过本标准的引用而成为本标准的条款。凡是注日期的引用文件,其随后所有的修改单(不包括勘误的内容)或修订版均不适用于本标准,然而,鼓励根据本标准达成协议的各方研究是否可使用这些文件的最新版本。凡是不注日期的引用文件,其最新版本适用于本标准。

GB/T 528—1998 硫化橡胶或热塑性橡胶 拉伸应力应变性能的测定(eqv ISO 37:1994)

GB/T 1232.1—2000 未硫化橡胶 用圆盘剪切粘度计进行测定 第1部分:门尼粘度的测定(eqv ISO 289-1:1994)

GB/T 2941—2006 橡胶物理试验方法试样制备和调节通用程序(ISO 23529:2004,IDT)

GB/T 4498—1997 橡胶 灰分的测定(eqv ISO 247:1990)

GB/T 6038—2006 橡胶试验胶料 配料、混炼和硫化 设备及操作程序(ISO 2393:1994,MOD)

GB/T 9869—1997 橡胶胶料硫化特性的测定(圆盘振荡硫化仪法)(idt ISO 3417:1991)

GB/T 14838—1993 橡胶与橡胶制品 试验方法标准 精密度的确定(neq ISO/TR 9272:1986)

GB/T 15340—2008 天然、合成生胶取样及制样方法(ISO 1795:2000,IDT)

GB/T 16584—1996 橡胶 用无转子硫化仪测定硫化特性(eqv ISO 6502:1991)

GB/T 19187—2003 合成生胶抽样检查程序

ISO 248:2005 生橡胶——挥发分含量的测定

3 取样和制样

3.1 按 GB/T 19187—2003 取样约 1.5 kg。

3.2 按 GB/T 15340—2008 制备试样。

4 生胶的物理和化学试验

4.1 门尼粘度

按 GB/T 15340—2008 制备试样,按 GB/T 1232.1—2000 测定门尼粘度(最好不过辊,如果需要过辊,开炼机辊筒表面温度保持在 35 ℃±5 ℃)。

测试结果以 ML(1+4)100 ℃表示。

4.2 挥发分

按 ISO 248:2005 测定挥发分含量。

4.3 灰分

按 GB/T 4498—1997 测定灰分含量。

5 丁二烯橡胶用混炼胶试样的制备

5.1 标准试验配方

标准试验配方见表1。

应使用符合国家或国际标准的参比材料。如果得不到标准参比材料,应使用有关团体认可的材料。

表1 标准试验配方

材料	质量份	
	非充油胶	充油胶
丁二烯橡胶	100.00	100.00[a]
氧化锌	3.00	3.00
通用工业参比炭黑	60.00	60.00
硬脂酸	2.00	2.00
ASTM103# 油[b]	15.00	—
硫磺	1.50	1.50
TBBS[c]	0.90	0.90
总计	182.40	167.40[d]

a 指含填充油的橡胶100份。

b 这种油的密度为0.92 g/cm³,可以从Sun oil,Industrial products Dept 1068 Walnut Street,Philadelphia PA19103 USA获得3.8 L～19 L包装的这种商品油,其他油如Circosol4240、R. E. Caroll ASTM103# 油具有下列特性:

在100 ℃时运动黏度:16.8 mm²/s±1.2 mm²/s

黏度比重常数:0.889±0.002

在37.8 ℃时,根据Saybolt通用黏度和在15.5℃/15.5℃时的相对密度计算黏度比重常数(VGC)按下式计算:

$$\mathrm{VGC}=\frac{10d-1.0752\log_{10}(\nu-38)}{10-\log_{10}(\nu-38)}$$

式中:

d——15.5 ℃/15.5 ℃时的相对密度;

ν——在37.8 ℃时Saybolt通用黏度。

c N-叔丁基-2-苯并噻唑次磺酰胺。其供应品为粉末,其最初甲醇不溶物质量分数应小于0.3%。该促进剂应在室温下贮存于密闭容器内,并每六个月检查一次甲醇不溶物含量,若超过0.75%,则应废弃去或重结晶。

d 以充油量(质量分数)为37.5%的充油BR为准。

5.2 操作程序

5.2.1 概述

试验胶料的配料、混炼和硫化设备及操作程序按GB/T 6038—2006进行。

5.2.2 混炼方法

规定了四种混炼方法:

方法A——密炼机混炼;

方法B——初混炼用密炼机,终混炼用开炼机;

方法C_1和方法C_2——开炼机混炼。

注1:这些方法会给出不同的结果。

注2:溶液聚合型丁二烯橡胶用开炼机混炼要比其他橡胶更困难,最好用密炼机完成混炼,某些类型的丁二烯橡胶用开炼机混炼,不可能得到满意的结果。

5.2.2.1 **方法 A——密炼机混炼**

5.2.2.1.1 **第一步:初混炼程序**

		持续时间/min	累积时间/min
a)	设定密炼机温度(推荐温度 50 ℃±5 ℃)、转子转速和上顶栓压力以满足[5.2.2.1.1e)]规定的条件。关闭卸料门、升起上顶栓、启动电机。	—	—
b)	加入一半橡胶、氧化锌、炭黑、油(充油胶不需加油)、硬脂酸和剩余的橡胶,放下上顶栓。	0.5	0.5
c)	混炼胶料。	3.0	3.5
d)	升起上顶栓、清理密炼机颈口及上顶栓的顶部,放下上顶栓。	0.5	4.0
e)	当胶料的温度达到 170 ℃或总时间达到 6 min 时即可卸下胶料。	2.0	6.0

f) 即在辊距为 5.0 mm,辊温为 50 ℃±5 ℃的实验室开炼机上通过三次。检验胶料质量(见 GB/T 6038—2006),如果胶料质量与理论值之差超过+0.5%或−1.5%,则弃去该胶料,重新混炼。

5.2.2.1.2 **第二步:终混炼程序**

		持续时间/min	累积时间/min
a)	在转子上通过足够的冷却水,使密炼机温度冷却到 40 ℃±5 ℃,升起上顶栓,启动电机。	—	—
b)	继续通入冷却水,关闭蒸汽。将全部硫磺和 TBBS 与一半母炼胶卷在一起,加入密炼机中。再加入剩余的母炼胶,放下上顶栓。	0.5	0.5
c)	混炼胶料,当胶料温度达到 110 ℃或总时间达到 3 min 时即可卸下胶料。	2.5	3.0

d) 即在辊距为 0.8 mm 辊温为 50 ℃±5 ℃的实验室开炼机上通过。

e) 使胶料打卷纵向薄通六次。

f) 胶料制成厚约 6 mm 的胶片,检验胶料质量(见 GB/T 6038—2006),如果胶料质量与理论值之差超过+0.5%或−1.5%,则弃去该胶料,重新混炼。取出足够的胶料供硫化仪试验用。

g) 按 GB/T 528—1998 规定将胶料制成厚约 2.2 mm 的胶片用于制备试片或制成适当厚度用于制备环形试样。

5.2.2.2 **方法 B——初混炼用密炼机,终混炼用开炼机**

5.2.2.2.1 第一步:密炼机初混炼程序按 5.2.2.1.1 进行。

5.2.2.2.2 第二步:开炼机终混炼程序

割取母炼胶 720.0 g(对非充油胶)或 660.0 g(对充油 37.5%充油胶)称出四倍于配方量的硫化剂(6.00 g 硫磺,3.60 g TBBS)。

在混炼期间,辊间应保持有适量的堆积胶,如在规定的辊距下达不到这种效果,应对辊距稍作调整。

		持续时间/min	累积时间/min
a)	调节开炼机温度为 35 ℃±5 ℃,调节辊距为 1.5 mm,加入母炼胶并使之在前辊上包辊。	1.0	1.0
b)	慢慢地将硫磺和 TBBS 加入胶料中,清理接料盘中所有物料并将其加入胶料中。	1.0	2.0
c)	从每边作 3/4 割刀六次。	1.5	3.5

d) 下片。调节辊距为 0.8 mm,使胶料打卷纵向薄通六次。	1.5	5.0

e) 将胶片制成厚约 6 mm 的胶片,检验胶料质量(见 GB/T 6038—2006),如果胶料质量与理论值之差超过+0.5%或-1.5%,则弃去该胶料,重新混炼。取出足够的胶料供硫化仪试验用。

f) 按 GB/T 528—1998 规定将胶料制成厚约 2.2 mm 的胶片用于制备试片或制成适当厚度的胶片用于制备环形试样。

5.2.2.3 方法 C1 和 C2——开炼机混炼

由于溶液聚合型丁二烯橡胶在开炼机上加工困难,如果有合适的密炼机应优先选择方法 A 和方法 B,这样可使胶料有较好的分散性。如果没有密炼机可以用以下两种开炼机混炼方法。

方法 C1,可以用于充油和非充油溶液聚合型丁二烯橡胶。

方法 C2,仅限于非充油溶液聚合型丁二烯橡胶,是一种较易的混炼方法,它使胶料有较好的分散性。

对于非充油溶液聚合型丁二烯橡胶,方法 C1 和 C2 未必能得到相同的结果,因此在实验室进行相互对比或系列评价时,都应使用相同的方法混炼。

5.2.2.3.1 方法 C1

标准实验室投胶量(以 g 计)应为配方量的三倍(即 3×182.40 g=547.20 g 或 3×167.40 g=502.20 g),在整个混炼过程中调节开炼机辊筒的冷却条件以保持其温度为 35 ℃±5 ℃。

在混炼期间应保持有适量的堆积胶,如规定的辊距达不到这种效果,应对辊距稍作调整。

	持续时间/min	累积时间/min
a) 调节开炼机辊距为 1.3 mm。 注:非充油胶可能需要较长的混炼时间,以达到良好的包辊性。	1.0	1.0
b) 沿辊筒均匀地加入氧化锌和硬脂酸,从每边作 3/4 割刀二次。	2.0	3.0
c) 沿辊筒等速均匀地加入炭黑,当加入约一半时将辊距调节为1.8 mm,接着加入剩余的炭黑。从每边做 3/4 割刀二次,每次间隔 30 s。要确保散落在接料盘中的炭黑都加入胶料中。	15.0～18.0	18.0～21.0
d) 慢慢滴加入油(充油胶不加)。	8～10	26.0～31.0
e) 加入 TBBS 和硫磺。扫起接料盘中所有物料并将其加入胶料中。	2.0	28.0～33.0
f) 从每边接连作 3/4 割刀六次。	2.0	30.0～35.0
g) 下片。调节辊距为 0.8 mm,使胶料打卷纵向薄通六次。	2.0	32.0～37.0

h) 将胶料制成厚约 6 mm 的胶片,检验胶料质量(见 GB/T 6038—2006),如果胶料与理论值之差超过+0.5%或-1.5%,则弃去该胶料,重新混炼。取出足够的胶料供硫化仪试验用。

i) 按 GB/T 528—1998 规定将胶料制成厚约 2.2 mm 的胶片用于制备试片或制成适当厚度的胶片用于制备环形试样。

5.2.2.3.2 方法 C2

标准实验室投胶量(以 g 计)应为配方量的二倍(即 2×182.40 g=364.80 g),在混炼过程中调节开炼机辊筒的冷却条件以保持其温度为 35 ℃±5 ℃,沿辊筒均匀地慢慢加入各配料,所有配料掺混后才能下片。

在混炼期间应保持有适量的堆积胶,如在规定的辊距下达不到这种效果,应对辊距稍作调整。

	持续时间/min	累积时间/min
a) 调节开炼机辊距为 0.45 mm±0.1 mm,让橡胶通过两次,再从每边接连作 3/4 割刀二次。	2.0	2.0

b) 沿辊筒均匀地加入氧化锌和硬脂酸，从每边接连作 3/4 割刀三次。	2.0	4.0
c) 依次加入一半油和一半炭黑，从每边接连作 3/4 割刀七次。	12.0	16.0
d) 依次加入剩余的油和炭黑，要把散落在接料盘中的炭黑都加入胶料中。从每边作 3/4 割刀七次。	12.0	28.0
e) 加入硫磺和 TBBS，从每边做 3/4 割刀六次。	4.0	32.0
f) 下片。调节辊距为 0.7～0.8 mm，使胶料打卷纵向薄通六次。	3.0	35.0

g) 将胶料制成厚约 6 mm 的胶片，检验胶料质量(见 GB/T 6038)，如果胶料质量与理论值之差超过＋0.5％或－1.5％，则弃去该胶料，重新混炼。取出足够的胶料供硫化仪试验用。

h) 按 GB/T 528—1998 规定将胶料制成厚约 2.2 mm 的胶片用于制备试片或制成适当厚度的胶片用于制备环形试样。

6 混炼胶的环境调节

按方法 A、方法 B、方法 C1 和 C2 制成的所有混炼胶在硫化前调节 2 h～24 h，如有可能按 GB/T 2941—2006规定在标准温度和湿度下进行调节。

7 硫化特性评价

7.1 用圆盘振荡硫化仪

测定以下标准试验参数：

在规定时间的 M_L、M_H，t_{s1}、$t'_c(50)$和 $t'_c(90)$。

按 GB/T 9869—1997 规定，采用下列试验条件：

振荡频率：1.7 Hz(100 r/min)。

振幅：1°。

量程：至少选择 M_H 为满量程的 75％。

注：某些橡胶或许达不到满量程的 75％。

模腔温度：160 ℃±0.3 ℃。

预热时间：无。

7.2 用无转子硫化仪

测定以下标准试验参数：

在规定时间的 F_L、F_{max}，t_{s1}、$t'_c(50)$和 $t'_c(90)$。

按 GB/T 16584—1996 规定，采用下列试验条件：

振荡频率：1.7 Hz(100 r/min)。

振幅：0.5°。

量程：至少选择 F_{max} 为满量程的 75％。

注：某些橡胶或许达不到满量程的 75％。

模腔温度：160 ℃±0.3 ℃。

预热时间：无。

8 硫化拉伸应力-应变性能的评价

试片在 145 ℃±0.5 ℃下硫化，硫化时间分别为 25 min、35 min、50 min，也可以选在 150 ℃±0.5 ℃下硫化，硫化时间分别为 20 min、30 min、50 min，试验过程所选择的三种硫化时间应包括胶料的欠硫、正硫和过硫。

硫化试片应调节 16 h～96 h。如有可能，按 GB/T 2941—2006 规定的标准温度和湿度下调节。

按 GB/T 528—1998 规定测定硫化橡胶拉伸应力-应变性能。

9 精密度

9.1 概述

按 GB/T 14838—1993 规定进行了以重复性和再现性表示的精密度计算。可查阅精密度的概念和术语。本标准重复性和再现性的使用指南参见附录 A。

9.2 实验室间试验方案

9.2.1 1987 年编制了实验室间试验方案，选择含不同类型的两个配方，并由参与试验的 17 家实验室在约一周的时间内各自分两天制备混炼胶。配方 1 包含有一种非充油 BR，配方 2 包含有一种充油胶。

胶料的混炼方法仅采用了方法 C1(开炼机混炼)。

在试验开始以前，制备混炼胶所需全部材料的专用样品均送达各实验室。每种专用样品均从同一批次的均匀材料中抽取。按规定的试验步骤对每个混炼胶的硫化试片进行应力-应变性能试验。

9.2.2 按 GB/T 528—1998 规定，进行定伸应力(300%定伸应力)、拉伸强度和伸长率的测定，取五次单独试验的中值作为试验结果。17 个实验室都采用哑铃试片测试，其中五个实验室同时采用环型试样进行测试。因此，计算的精密度为 2 型精密度。重复性和再现性的时间周期以天计。

9.3 精密度结果

9.3.1 哑铃型试片的精密度结果见表 2，环型试片精密度结果见表 3。在表 2 和表 3 中使用的符号定义如下：

r：重复性，用测量单位表示。这是一个数值，在指定的概率下，实验室内两个试验结果的绝对差应低于该值。

(r)：相对重复性，用百分比表示。

两个试验结果的相对重复性，是在相同的试验条件下(同一实验室，同一操作者和同一仪器)，在规定的时间周期内，采用同一试验方法和相同试验材料所得到的。除非另有说明，概率为 95%。

R：再现性，用测量单位表示。这是一个数值，在指定的概率下，实验室间两个试验结果的绝对差应低于该值。

(R)：相对再现性，用百分比表示。

两个试验结果的相对再现性，是在不同的试验条件下(不同的实验室，不同的操作者和不同的仪器)，在规定的时间周期内，采用同一试验方法和相同试验材料得到的。除非另有说明，概率为 95%。

表 2 哑铃型试片的 2 型精密度

配方	平均值	实验室内		实验室间	
		r	(r)	R	(R)
1) 300%定伸应力/MPa					
配方 1	10.9	1.37	12.6	2.61	23.8
配方 2	13.0	1.66	12.8	2.90	22.3
2) 拉伸强度/MPa					
配方 1	16.5	1.23	7.47	3.13	18.9
配方 2	17.7	1.82	10.3	3.93	22.3
3) 扯断伸长率/%					
配方 1	367	35.1	9.55	76.6	20.8
配方 2	424	57.8	13.6	127	29.9

表 3 环型试片的 2 型精密度

配方	平均值	实验室内		实验室间	
		r	(r)	R	(R)
1) 300%定伸应力/MPa					
配方 1	10.3	0.82	7.98	4.13	40.2
配方 2	11.9	0.82	6.93	4.73	39.7
2) 拉伸强度/MPa					
配方 1	14.4	0.98	6.81	3.03	21.1
配方 2	15.8	1.40	8.88	4.36	27.6
3) 扯断伸长率/%					
配方 1	362	62.1	17.2	62.1	17.2
配方 2	433	51.7	11.9	51.7	11.9

9.3.2 这些精密度结果仅适用于本标准的开炼机混炼方法(5.2.2.3.1 方法 C1)。

10 试验报告

试验报告应包括如下内容:

a) 本标准的编号;

b) 关于样品的详细说明;

c) 使用的标准试验配方;

d) 使用的参比材料;

e) 挥发分测定选用的方法(辊筒法或烘箱法);

f) 选用 5.2.2 中哪种混炼方法;

g) 选用第 8 章所规定哪种硫化温度和时间;

h) 测定过程中观察到的任何异常现象;

i) 本标准或引用标准中,未包括的任何自选操作;

j) 试验结果和表述方法;

k) 试验日期。

附 录 A
（资料性附录）
精密度结果使用指南

A.1 使用精密度结果的一般方法是：$|X_1-X_2|$表示任意两个测量值差的绝对值。

A.2 将考查的任何试验参数项的测定平均值，引入相应的精密度表，置它于表列“试验”平均值的最接近外，它所在的行就会给出用于过程判定的 r、(r)或 R、(R)。

A.3 用 r 和(r) 判定试验结果的重复性

A.3.1 绝对差

在正常和正确的试验操作步骤下，对同一试样测得的两个试验结果平均值差的绝对值$|X_1-X_2|$超过表列重复性 r，平均在 20 次中不会多于一次。

A.3.2 相对差(用百分比表示)

在正常和正确的试验操作步骤下，对同一试样测得的两个试验结果平均值差的绝对值的相对差$|X_1-X_2|/[|X_1+X_2|/2]\times100$超过表列重复性$(r)$，平均在 20 次中不会多于一次。

A.4 用 R 和(R)判定试验结果的再现性

A.4.1 绝对差

在两个实验室中，在正常和正确的试验操作步骤下，对同一试样各自测得的两个试验结果平均值差的绝对值$|X_1-X_2|$超过表列的重复性 R，平均在 20 次中不会多于一次。

A.4.2 相对差(用百分比表示)

在两个实验室中，在正常和正确的试验操作步骤下，对同一试样测得的两个试验结果平均值差的绝对值的相对差$|X_1-X_2|/[|X_1+X_2|/2]\times100$ 超过表列重复性(R)，平均在 20 次中不会多于一次。

编者注：规范性引用文件中 ISO 248:2005 已转化(修改采用)为 GB/T 24131—2009《生橡胶 挥发分含量的测定》。

ICS 83.060
G 40

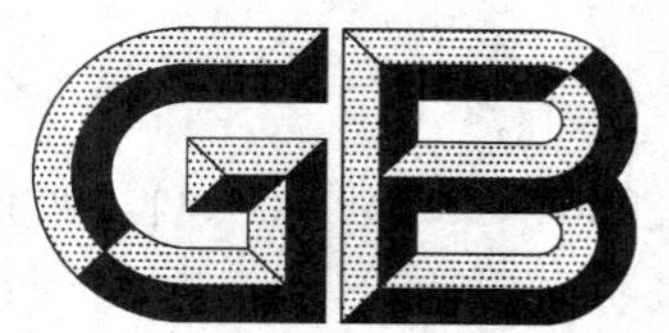

中华人民共和国国家标准

GB/T 9869—2014/ISO 3417:2008
代替 GB/T 9869—1997

橡胶胶料　硫化特性的测定 圆盘振荡硫化仪法

Rubber—Measurement of vulcanization characteristics with the oscillating disc curemeter

(ISO 3417:2008,IDT)

2014-12-22 发布　　2015-06-01 实施

中华人民共和国国家质量监督检验检疫总局
中国国家标准化管理委员会　发布

前　言

本标准按照 GB/T 1.1—2009 给出的规则起草。

本标准代替 GB/T 9869—1997《橡胶胶料硫化特性的测定(圆盘振荡硫化仪法)》,与 GB/T 9869—1997 相比主要技术变化如下:

——增加了警告语;

——增加了规范性引用文件(本版第 2 章);

——增加了术语和定义(本版第 3 章);

——将“硫化速度”改为“硫化速率”(本版 4.3、11.5);

——在温度测量中,按照国际标准的要求,规定了试样放入模腔的时间和温度恢复值,即如果将 23 ℃±5 ℃的试样放入模腔中,在 3 min 内模腔的温度应该恢复到测试温度的±0.3 ℃以内(本版 5.7.2);

——增加了试样调节内容,即试样测试前应在 23 ℃±5 ℃的条件下至少调节 3 h(本版第 9 章);

——根据 ISO 3417:2008 标准原文,删除了前版中附录 A 精密度。

本标准使用翻译法等同采用 ISO 3417:2008《橡胶胶料　硫化特性的测定　圆盘振荡硫化仪法》(英文版)。

与本标准中规范性引用的国际文件有一致性对应关系的我国文件如下:

——GB/T 25268—2010　橡胶　硫化仪使用指南(ISO 6502:1999,IDT)。

本标准由中国石油和化学工业联合会提出。

本标准由全国橡胶与橡胶制品标准化技术委员会通用试验方法分技术委员会(SAC/TC 35/SC 2)归口。

本标准主要起草单位:风神轮胎股份有限公司、青岛橡六输送带有限公司、广州市华南橡胶轮胎有限公司、山东八一轮胎制造有限公司、徐州徐轮橡胶有限公司、江苏明珠试验机械有限公司、北京橡胶工业研究设计院。

本标准主要起草人:任绍文、麻天成、张峰、姚峰、诸志刚、商伟俊、刘强、赵建林、刘练、吴金梅、朱明、谢君芳、李静。

本标准所代替标准的历次版本发布情况为:

——GB/T 9869—1988、GB/T 9869—1997。

橡胶胶料　硫化特性的测定
圆盘振荡硫化仪法

警告:使用本标准的人员应有正规实验室工作的实践经验。本标准并未指出所有可能的安全问题。使用者有责任采取适当的安全和健康措施,并保证符合国家有关法律法规的规定。

注意:本标准规定的某些程序可能涉及使用或产生废弃物,该类物质会对当地环境产生危害。应制定相关的文件规定适当的安全操作和使用后废弃物的处理。

1　范围

本标准规定了用圆盘振荡硫化仪测定橡胶胶料硫化特性的方法。

本标准适用于用圆盘振荡硫化仪测定胶料硫化特性。

2　规范性引用文件

下列文件对于本文件的应用是必不可少的。凡是注日期的引用文件,仅注日期的版本适用于本文件。凡是不注日期的引用文件,其最新版本(包括所有的修改单)适用于本文件。

ISO 6502　橡胶　硫化仪使用指南(Rubber—Guide to the use of curemeters)

3　术语和定义

ISO 6502 给出的术语和定义适用于本文件。

4　原理

4.1　将胶料试样放入具有规定初始压力并保持硫化温度的密闭试验模腔内。埋入试样中的双圆锥圆盘以一个小的摆动振幅振荡。圆盘振荡使试样产生剪切应变,圆盘振荡的转矩取决于胶料的刚度(剪切模量)。所记录的转矩是时间的函数。

在一般情况下,转矩与胶料的刚度成正比,但在高转矩的情况下,圆盘轴与传动装置会产生弹性形变,因此不可能在所有的使用条件下转矩与刚度都成正比。此外,在小振幅变形条件下,应变中会有相当大的弹性成分,对常规检验来说,可不必进行校正。

4.2　随着硫化开始,胶料的刚度逐渐增大。当记录的转矩上升到稳定值或最大值时,便得到一条硫化曲线(见图 1)。如果转矩继续上升,则认为硫化在给定的时间内未完成。从硫化曲线得到的时间值取决于试验温度和胶料特性。

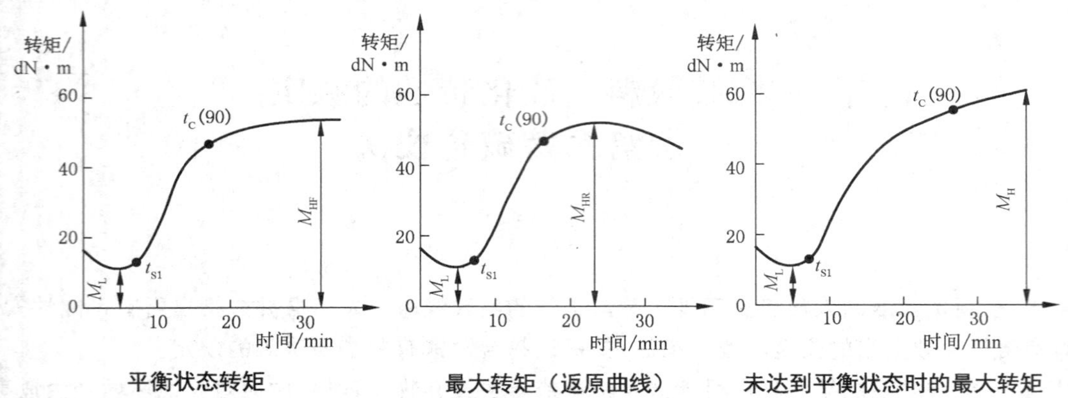

图 1　硫化曲线类型

4.3　从硫化曲线的转矩和时间的关系中可以得到以下参数(见图 1)：

$$M=f(t)$$

式中：

M_L ——最小转矩；

M_{HF} ——平衡状态的转矩；

M_{HR} ——最大转矩(返原曲线)；

M_H ——经规定时间后,在没有获得平衡值或最高值的曲线上所达到的最大转矩；

t_{Sx} ——初始硫化时间(焦烧时间)；

$t_C(y)$ ——达到最大转矩的 y%的硫化时间；

$t_C'(y)$ ——从最小转矩到达到完全硫化的 y%的硫化时间；

$100/[t_C(y)-t_{Sx}]$ ——硫化速率(用公式计算的曲线的平均斜率)。

最小转矩 M_L 取决于未硫化胶料在低剪切速率下的刚度和黏度。

最高转矩(M_{HF}、M_{HR}或 M_H)用于在试验温度下测试硫化后胶料的刚度。

初始硫化时间 t_{Sx}用于测试加工安全性。

$t_C(y)$和 $t_C'(y)$及相应的转矩在硫化进展过程中得到。最合适的时间通常由 $t_C'(90)$得到。

5　仪器

5.1　硫化仪

硫化仪是由温度受控制的模腔和腔内的双圆锥圆盘组成,圆盘轴被紧固在传动轴上,并以一个小的摆动振幅振荡(见图 2)。

作用到圆盘的转矩表示胶料对圆盘的阻力,通过记录仪便得到一条转矩对时间的曲线。

5.2　模腔

5.2.1　模腔应由硬度不低于 50HRC 的不变形工具钢制成。

模腔的几何图形如图 3 和图 4 所示。为减少圆盘和橡胶之间的打滑,应按模腔的设计使用或在整个试验过程中施加稳定压力。按照图 3 和图 4 中给定的尺寸,在上下模上都钻孔,以便能插入温度敏感元件。模腔表面应每隔 20°刻有矩形沟槽,以使滑动减至最小。图 3 中给出了下模尺寸。上模应刻有相同的沟槽,图 4 中给出了上模的尺寸。

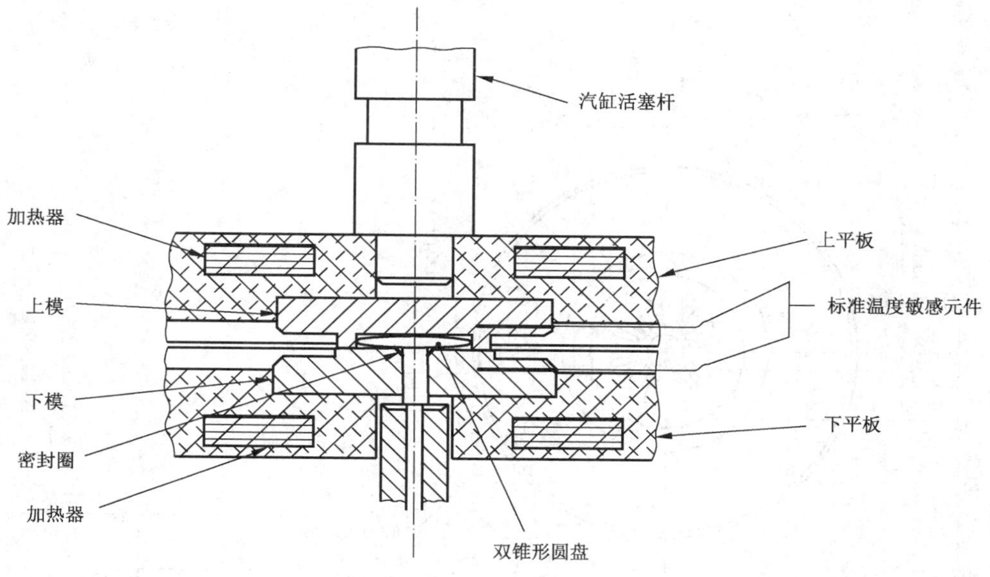

图 2 硫化仪组件

单位为毫米

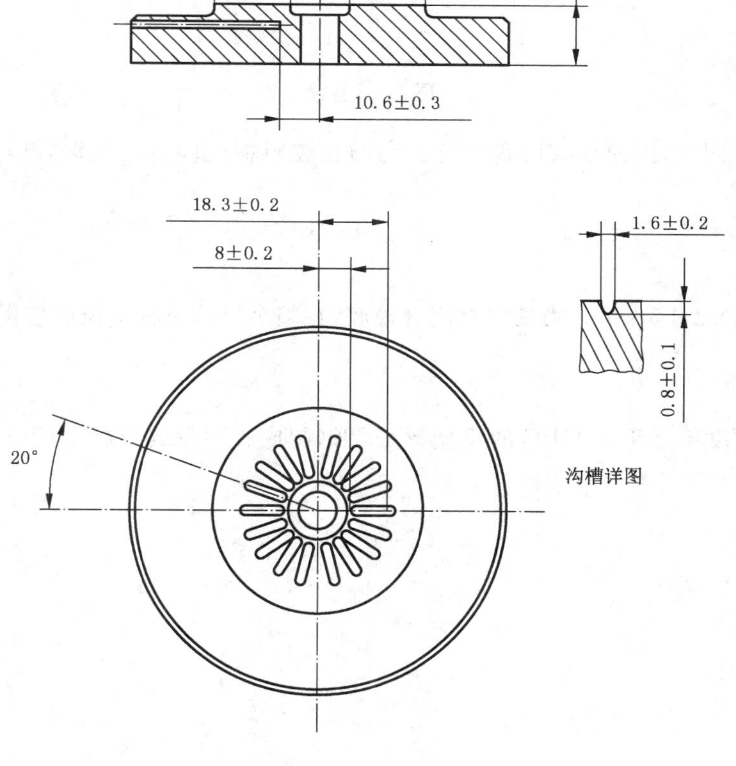

图 3 下模

单位为毫米

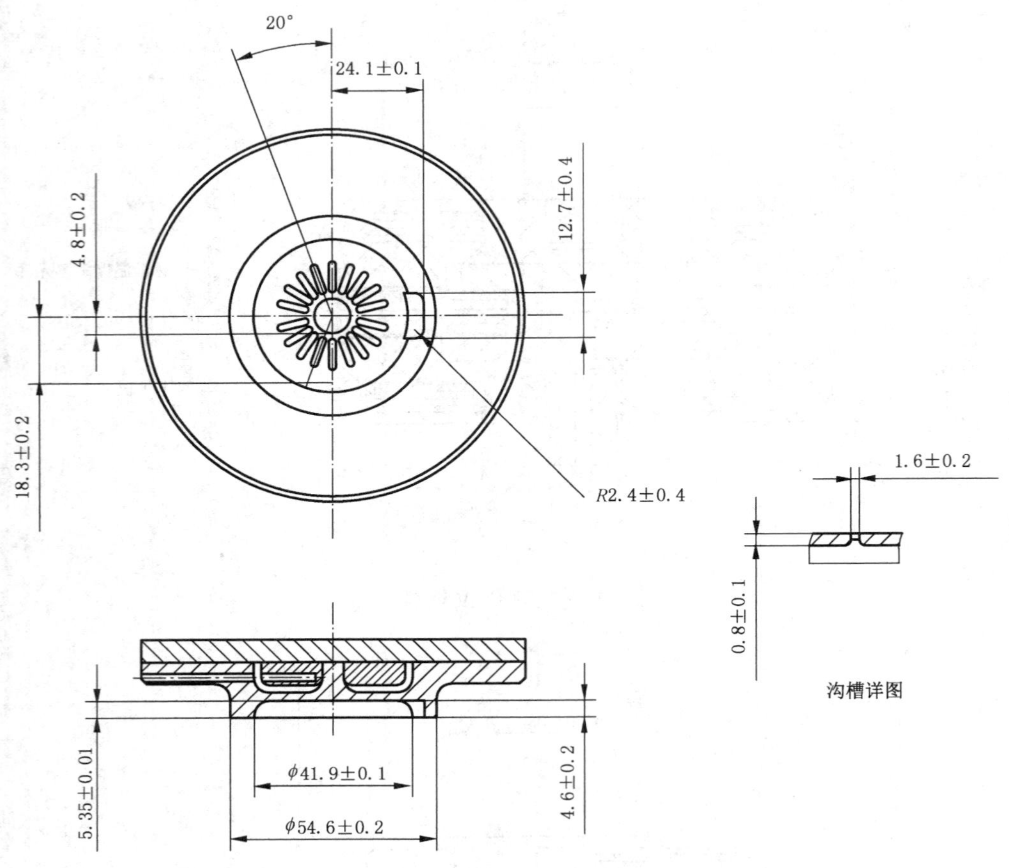

图 4　上模

5.2.2　下模中心开一圆孔，以便插入圆盘轴杆。为防止胶料在试验过程泄漏，孔中应装配一个稳定的低摩擦力的密封圈。

5.3　模腔闭合

使用具有 11.0 kN±0.5 kN 压力的气缸闭合模腔，在整个试验过程中模腔应保持闭合状态。

5.4　圆盘

双锥形圆盘用硬度不低于 50HRC 的不变形工具钢制成。圆盘的形状如图 5 所示，表 1 列出了圆盘的主要尺寸。

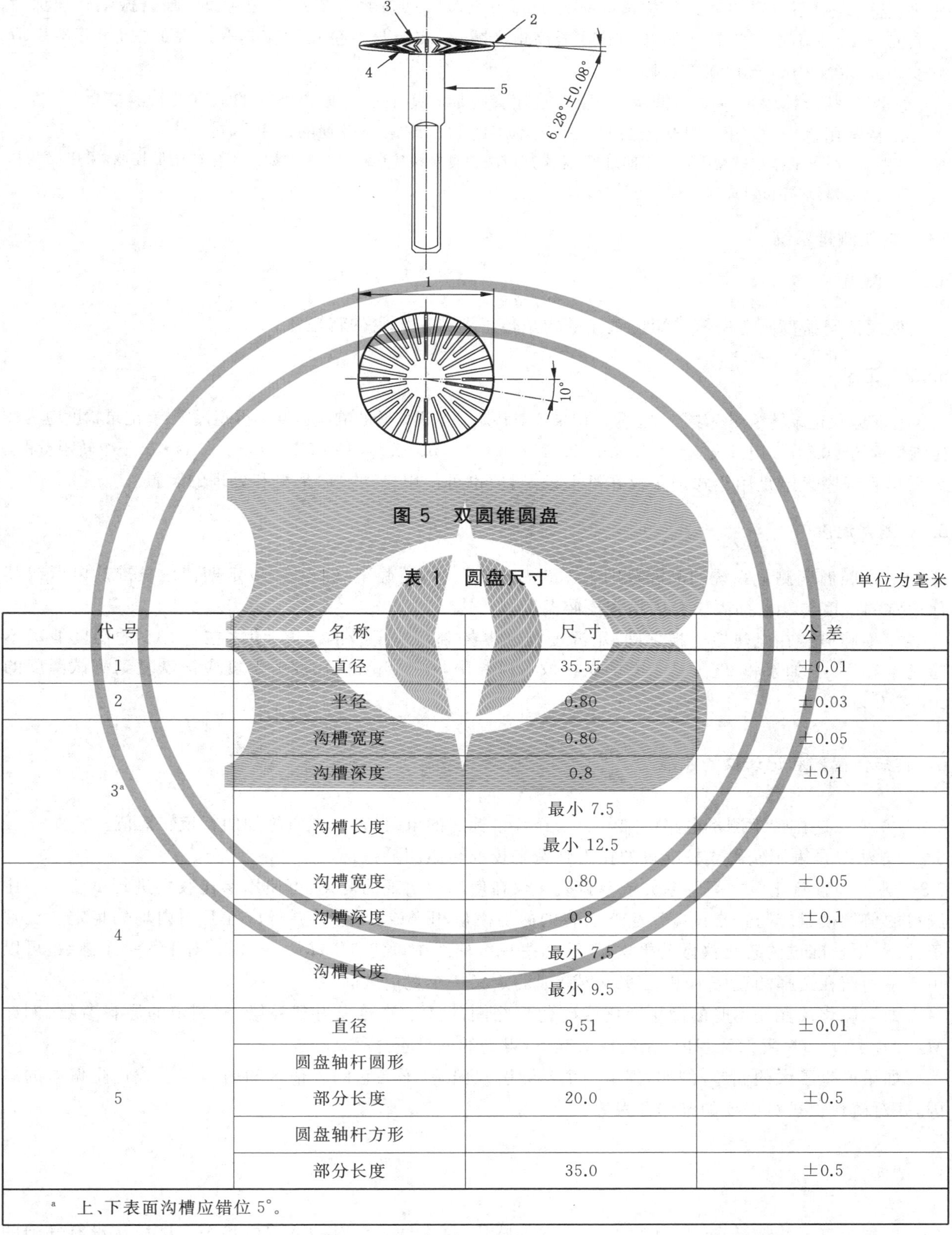

图 5　双圆锥圆盘

表 1　圆盘尺寸

单位为毫米

代号	名称	尺寸	公差
1	直径	35.55	±0.01
2	半径	0.80	±0.03
3[a]	沟槽宽度	0.80	±0.05
	沟槽深度	0.8	±0.1
	沟槽长度	最小 7.5	
		最小 12.5	
4	沟槽宽度	0.80	±0.05
	沟槽深度	0.8	±0.1
	沟槽长度	最小 7.5	
		最小 9.5	
5	直径	9.51	±0.01
	圆盘轴杆圆形		
	部分长度	20.0	±0.5
	圆盘轴杆方形		
	部分长度	35.0	±0.5

[a] 上、下表面沟槽应错位 5°。

5.5　圆盘振荡

圆盘振荡频率为 1.7 Hz±0.1 Hz，在特殊用途中，允许使用 0.05 Hz～2 Hz 的其他频率。空模腔时,圆盘围绕中心位置的最大角位移量应为1.00°±0.02°(总幅度为2°)。空模腔时,圆盘振幅必须保持在1.00°±0.02°不变。当转矩的增加导致振荡角度减小,转矩与振荡角度应具有线性的关系,其斜率应小于0.05°/(N·m)±0.002°/(N·m)。

应配备既能检验振荡初始振幅,又能检验随着施加转矩而引起振幅下降的适宜的检验装置。

在特殊用途中,也可采用其他振幅。采用不同的频率或振幅得到的结果不同。

注:为了防止试样与模腔或圆盘之间打滑,需定期清洗圆盘和模腔(见10.2.3)。如用于生产质量控制,采用3°的初始振幅,这样可以提高试验的灵敏度。

5.6 转矩测量系统

5.6.1 测量

使用能与振荡圆盘所需转矩成正比的转矩传感器测定圆盘的转矩。

5.6.2 记录

用记录仪记录转矩测量装置的信号。记录仪对转矩满量程偏转的响应速度不得超过1 s。记录精度应为转矩满量程的±0.5%。记录仪应有0 N·m～2.5 N·m,0 N·m～5.0 N·m,0 N·m～10.0 N·m三个转矩量程。

尽管程序设定是用笔式记录仪在纸上记录,但也可使用自动数据采集和处理的装置。

5.7 测量温度

5.7.1 模腔温度测量系统的测温范围为100 ℃～200 ℃,精确至0.1 ℃。应定期使用校准热电偶或其他适宜的温度传感器插入模腔内检查模腔温度。

5.7.2 模腔应装在电热铝平板之间,用温度控制器控制每块平板的温度,使之在稳态下的温度波动不超过±0.3 ℃。如果将23 ℃±5 ℃的试样放入模腔中,在3 min内模腔的温度应该恢复到测试温度的±0.3 ℃以内。

6 转矩传感器和记录仪的校准

6.1 方法一是在转矩测量电路中加入一个经计量标定的电阻,以模拟所施加的特定转矩值。

6.2 方法二是采用砝码或校准过的扭力弹簧来校准转矩测量系统。

6.3 为了检查硫化仪之间的差异或单台硫化仪在使用中出现的变化,可使用参比胶料进行试验。参比胶料的剪切模量应与正常试验用生产胶料的剪切模量相当或者稍大,并且应在几周内均匀稳定。正常条件下,用校准过的硫化仪做若干次试验,从每一个曲线中确定M_H、M_L或t_C'。对于每一个参数,可以用各系列值在选择的置信水平上(95%或99%)定义一个置信区间。

如果硫化仪在使用时的微小变化或硫化仪之间的微小差异未得到补偿,而测定的原料参数(例如M_H、M_L或t_C')在置信区间内,在这种情况下,得到的差异不显著。

如果产生了大的偏差,例如,仅由一个参数引起偏差(不在它的置信区间内),应查找产生偏差的原因,并对硫化仪进行必要的维修和保养。

7 试样

试样为直径约30 mm,厚度约12.5 mm的圆片,每次试验用料的体积应相等。试样从没有气泡的薄胶片裁取。总体积约为8 cm^3。

注:如果有少量的胶料从模腔的边缘挤出,则能得到最佳尺寸的试样。试样尺寸过大,会使模腔在试验早期阶段过度冷却,导致试验无效。

8 试验温度

试验温度由胶料的特性或者应用决定,但是通常在 100 ℃～200 ℃,其温度的波动为±0.3 ℃。

9 试样调节

试样测试前应在 23 ℃±5 ℃的条件下至少调节 3 h。

10 试验步骤

10.1 试验准备

在圆盘(5.4)位于合适的位置及模腔闭合的条件下,加热上下模腔(见 5.2)到试验温度。随着圆盘到合适的位置及模腔的闭合,调整记录仪上的记录笔到零转矩和零时间的位置上。如果需要,校准记录仪(见 6.1)并且选择合适的转矩量程。

10.2 装载试样

10.2.1 打开模腔,将试样放在圆盘顶部,在 5 s 内使模腔完全闭合。当试验的胶料黏性较强时,可在圆盘下面和试样上面垫合适的薄膜材料,以防胶料粘在模腔上。

10.2.2 从模腔闭合的瞬间起计时,圆盘可在零时间处开始启动(见 5.5),或者在模腔闭合后启动,但是不能超过 1 min。当记录的转矩上升到一个平衡值或者最大值时,硫化曲线就完成了。如果转矩继续上升,则认为硫化在给定的时间内未完成。

10.2.3 试验过程中,部分胶料的沉积物可能粘附在圆盘和模腔上,这样会影响最终的转矩值。建议每天用参比胶料进行试验,以检查这种情况。如果圆盘和模腔粘着胶料较多,可以用一种柔软磨料轻轻磨去,但这项操作必须特别小心,以保持沟槽的锐角及其尺寸。为了避免磨损可用超声波清洗,也可用热的溶剂或无腐蚀性的清洗剂把沉积物除去。如果用溶剂或清洗剂时,清洗后的最初两组试验结果应作废。

11 试验结果表示

11.1 概要

从硫变曲线上可以得到 11.2～11.5 的值。

11.2 转矩值

M_L:最小转矩,用 N·m 表示;

M_{HF}:平衡状态转矩,用 N·m 表示;

M_{HR}:最大转矩(返原曲线),用 N·m 表示;

M_H:经规定时间后,在没有获得平衡值或最高值的曲线上所达到的最大转矩,用 N·m 表示。

11.3 时间值

t_{Sx}:超过 M_L 之后,转矩增加 x 单位的时间(见 11.4 和 11.5),用 min 表示;

$t_C(y)$:达到最大转矩的 y%的硫化时间(见 11.5),用 min 表示;

$t_C{}'(y)$：从最小转矩 M_L 增加到 $M_L+0.01y(M_H-M_L)$ 的硫化时间(见 11.4)，用 min 表示。

11.4 不同百分比的硫化时间

除非另有规定，推荐使用下列参数：

t_{S1}：超过 M_L 之后，转矩增加 0.1 N·m 的时间，用 min 表示；

$t_C{}'(50)$：转矩达到$[M_L+0.5(M_H-M_L)]$的时间，用 min 表示；

$t_C{}'(90)$：转矩达到$[M_L+0.9(M_H-M_L)]$的时间，用 min 表示。

如果用 3°的振幅来代替 1°标准振幅，那么应用 t_{S2} 取代 t_{S1}；即超过 M_L 之后，转矩增加 0.2 N·m 的时间，用 min 表示。

11.5 硫化速率指数

$100/[t_C(y)-t_{Sx}]$：它与硫化速率曲线在陡峭区域内的平均斜率成正比。

12 试验报告

试验报告应包括下列内容：

a) 样品说明：
   1) 样品及其来源的完整描述；
   2) 试验胶料。
b) 试验方法：
   1) 本标准及编号；
   2) 硫化仪型号。
c) 试验说明：
   1) 规定的振荡幅度，报告上应为总位移的一半。例如，当总位移为 2°时，报告上写 1°；
   2) 振荡频率(如果不是 1.7 Hz 时)，用 Hz 表示(见 5.5)；
   3) 所选择的转矩量程，用 N·m 表示；
   4) 记录仪的进纸速度，用 mm/min 表示；
   5) 预热时间，用 min 表示(见 5.7.2)；
   6) 硫化温度，用℃表示。
d) 试验结果：
   1) 获得硫化曲线的类型(见图 1)；
   2) 从硫化曲线上得到的试验结果。
e) 试验日期。

编者注：规范性引用文件中 ISO 6502 最新版本为 ISO 6502:1999，已转化(等同采用)为 GB/T 25268—2010《橡胶　硫化仪使用指南》。

ICS 83.060
G 35

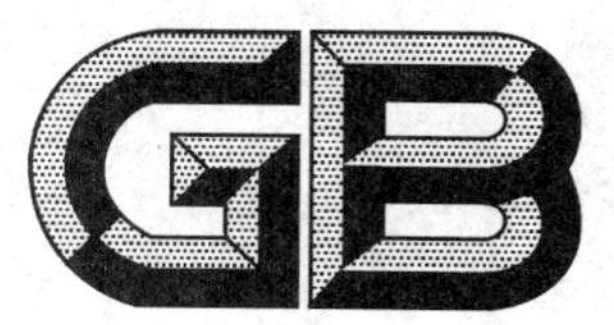

中华人民共和国国家标准

GB/T 12824—2002
代替 GB 12824—1991

苯乙烯-丁二烯橡胶(SBR)1502

Rubber, styrene-butadiene (SBR) 1502

2002-10-15 发布　　2003-04-01 实施

中华人民共和国
国家质量监督检验检疫总局　发布

前　言

本标准以国外同类产品先进的技术指标和产品实测值为依据，对 GB 12824—1991《丁苯橡胶(SBR) 1502》进行修订。

本标准代替 GB/T 12824—1991。

本标准与 GB/T 12824—1991 相比主要变化为：

——标准名称的变化，标准名称由前版的“丁苯橡胶(SBR)1502”改为“苯乙烯—丁二烯橡胶(SBR)1502”。

——修订了包括挥发分、灰分、300%定伸应力等在内的部分产品技术指标。其中“25 min，300%定伸应力”一项没有规定中值的具体值，而是以 M 给出(见第 3 章)。

——本标准在第 3 章“技术要求和试验方法”中给出的是使用 ASTMIRB No. 7 的混炼胶和硫化胶性能指标。为了方便使用，本标准在附录 A 中给出了使用 ASTMIRB No. 6 的混炼胶和硫化胶性能指标，在附录 B 中给出了使用 ASTMIRB No. 7 与国产 SRB No. 3 的混炼胶和硫化胶性能结果的差值；而前版只给出了使用 ASTMIRB No. 6 的混炼胶和硫化胶性能指标。

——灰分不再作为出厂检验项目，可根据需要进行抽检(见第 4 章)，而前版无此项规定。

本标准的附录 A 为规范性附录，附录 B 为资料性附录。

本标准由中国石油化工股份有限公司提出。

本标准由全国橡胶与橡胶制品标准化技术委员会合成橡胶分技术委员会(CSBTS/TC35/SC6)归口。

本标准主要起草单位：中国石油天然气股份有限公司吉林化学工业股份有限公司有机合成厂、中国石油天然气股份有限公司兰州石化公司研究院。

本标准参加单位：中国石油化工股份有限公司齐鲁石油化工股份有限公司橡胶厂。

本标准主要起草人：萧洪程、孙丽君、李莉、米海岩、梁红。

本标准于 199E1 年首次发布。

苯乙烯-丁二烯橡胶(SBR)1502

1 范围

本标准规定了苯乙烯-丁二烯橡胶(SBR)1502(以下简称"SBR 1502")的技术要求,试验方法,检验规则以及包装、标志、储存、运输等要求。

本标准适用于以丁二烯和苯乙烯为单体,以歧化松香酸钾皂和脂肪酸皂混合物为乳化剂,采用低温乳液聚合法,添加非污染型防老剂而制得的SBR 1502。

2 规范性引用文件

下列文件中的条款通过本标准的引用而成为本标准的条款。凡是注日期的引用文件,其随后所有的修改单(不包括勘误的内容)或修订版本均不适用于本标准,然而,鼓励根据本标准达成协议的各方研究是否可使用这些文件的最新版本。凡是不注日期的引用文件,其最新版本适用于本标准。

GB/T 1232.1—2000 未硫化橡胶 用圆盘剪切粘度计进行测定 第1部分:门尼粘度的测定(eqv ISO 289-1:1994)

GB/T 4498—1997 橡胶 灰分的测定(eqv ISO 247:1990)

GB/T 6737—1997 生橡胶 挥发分含量的测定(eqv ISO 248:1991)

GB/T 8656—1998 乳液和溶液聚合型苯乙烯-丁二烯橡胶(SBR)评价方法(idt ISO 2322:1996)

GB/T 8657—2000 苯乙烯-丁二烯生胶 皂和有机酸含量的测定(eqv ISO 7781:1996)

GB/T 8658—1998 乳液聚合型苯乙烯-丁二烯橡胶生胶结合苯乙烯含量的测定 折光指数法(idt ISO 2453:1991)

GB/T 15340—1994 天然、合成生胶取样及制样方法(idt ISO 1795:1992)

3 技术要求和试验方法

3.1 SBR 1502为非污染型浅色块状胶,无异物。

3.2 SBR 1502技术指标和试验方法列于表1及附录A中。

表1 SBR 1502技术指标和试验方法

项目	指标			试验方法
	优等品	一等品	合格品	
挥发分/%	≤0.60	≤0.75	≤0.90	GB/T 6737—1997 热辊法
灰分/%	≤0.50			GB/T 4498—1997 A法
有机酸/%	4.50~6.75			GB/T 8657—2000 A法
皂/%	≤0.50			
结合苯乙烯/%	22.5~24.5			GB/T 8658—1998
生胶门尼粘度 50 ML(1+4)100℃	45~55	44~56		GB/T 1232.1—2000
混炼胶门尼粘度 50ML(1+4)100℃	≤93			

表 1(续)

项　　目		指　　标			试验方法
		优等品	一等品	合格品	
300%定伸应力/MPa　145℃×	25 min	M±2.0	M±2.5		GB/T 8656—1998A 法
	35 min	20.6±2.0	20.6±2.5		
	50 min	21.5±2.0	21.5±2.5		
拉伸强度(145℃×35 min)/MPa		≥25.5	≥24.5		
扯断伸长率(145℃×35 min)/%		≥340	≥330		
注 1:表中列出的是使用 ASTMIRB No.7 的混炼胶和硫化胶性能指标。 注 2:M 值由供需双方协商确定。					

4　检验规则

4.1　本标准所列项目除灰分外,均为出厂检验项目。正常情况下,每月应对灰分至少进行一次检验。

4.2　生产厂应按本标准对出厂的 SBR 1502 进行检验,保证所有出厂的产品符合本标准的要求。每批产品应附有一定格式的质量证明书。

4.3　用户有权对所收到的 SBR 1502 按本标准进行验收,如不符合本标准要求时,必须在到货后两个月内提出异议。供需双方如发生质量争议,可协商解决或由质量仲裁单位按本标准进行仲裁检验;如发生胶包重量争议,可在整批胶中随机抽取 40 个胶包,称取总净质量,其总净质量与额定总质量之差应不大于额定总质量的 0.5%。使用单位因保管、使用不当等原因造成产品质量下降,应由使用单位负责。

4.4　仲裁检验应使用 ASTMIRB No.7。其他检验,可以使用 ASTMIRB No.7 或 ASTMIRB No.6;如果需要,也可以使用国产工业标准参比炭黑 SRB No.3,附录 B 只提供了 ASTMIRB No.7 与 SRB No.3 差值的参考值。

4.5　抽样规则

从同一批产品中随机抽取一组胶包作为样本,抽取的胶包数应符合表 2 规定。

表 2　抽样规定

批胶包总数	样本包数
<40	4
40～100	7
>100	10

4.6　出厂检验时,应按 GB/T 15340 的规定,从样本中取出实验室样品;从每一份实验室样品中取出等量的胶样经混合制成实验室混合样品。

4.7　用实验室混合样品进行全项检验,检验结果中任何一项不符合本标准的技术要求时,应对保留样品进行复检,复检结果仍不符合相应的等级要求时,则该批产品应降等或定为不合格品。

4.8　仲裁检验时,对组成样本的每个胶包的挥发分和门尼粘度进行单包检验,其他项目按检验规则 4.4～4.6 进行。挥发分和门尼粘度按表 3 规定进行批合格与否的判定。

表 3　挥发分和门尼粘度批合格判定数

批胶包总数 N	样本数 n	批合格判定数 A_c
<40	4	0
40～100	7	1
>100	10	2

5 包装、标志、储存和运输

5.1 SBR 1502 外层用复合袋或聚丙烯编织袋等包装，内衬印有 SBR 1502 牌号或商标的聚乙烯薄膜，厚度为 0.04 mm～0.06 mm，初熔点不大于 105℃。每包橡胶净质量为 25 kg±0.25 kg 或 35 kg ±0.50 kg。

5.2 每个包装袋正面应清楚地标明产品名称、牌号、等级、净质量、生产厂(公司)名称、注册商标、标准编号等。在包装袋背面、侧面或袋口的标签上印有生产日期或生产批号等。

5.3 SBR 1502 存放时，应成垛成行堆放整齐，并保持一定行距，堆放高度不大于 10 包，应存放在常温、通风、清洁、干燥的仓库中，严禁露天堆放和日光直接照射。

5.4 SBR 1502 在运输过程中，运输车辆应整洁，防止日光直接照射或雨水浸泡，避免包装破损或杂物混入。

5.5 SBR 1502 质量保证期自生产日期起为 1 年。

附　录　A
(规范性附录)
SBR 1502 产品技术指标和试验方法

表 A.1　SBR 1502 产品技术指标和试验方法(使用 ASTMIRB No.6)

<table>
<tr><th colspan="2" rowspan="2">项目</th><th colspan="3">指　　标</th><th rowspan="2">试验方法</th></tr>
<tr><th>优等品</th><th>一等品</th><th>合格品</th></tr>
<tr><td colspan="2">挥发分/%</td><td>≤0.60</td><td>≤0.75</td><td>≤0.90</td><td>GB/T 6737—1997 热辊法</td></tr>
<tr><td colspan="2">灰分/%</td><td colspan="3">≤0.50</td><td>GB/T 4498—1997 A 法</td></tr>
<tr><td colspan="2">有机酸/%</td><td colspan="3">4.50～6.75</td><td rowspan="2">GB/T 8657—2000 A 法</td></tr>
<tr><td colspan="2">皂/%</td><td colspan="3">≤0.50</td></tr>
<tr><td colspan="2">结合苯乙烯/%</td><td colspan="3">22.5～24.5</td><td>GB/T 8658—1998</td></tr>
<tr><td colspan="2">门尼粘度 50 ML(1+4)100℃</td><td>45～55</td><td colspan="2">44～56</td><td rowspan="2">GB/T 1232.1—2000</td></tr>
<tr><td colspan="2">混炼胶门尼粘度 50ML(1+4)100℃</td><td colspan="3">≤90</td></tr>
<tr><td rowspan="3">300%定伸应力/MPa　145℃×</td><td>25 min</td><td>M±2.0</td><td colspan="2">M±2.5</td><td rowspan="5">GB/T 8656—1998A 法</td></tr>
<tr><td>35 min</td><td>16.4±2.0</td><td colspan="2">16.4±2.5</td></tr>
<tr><td>50 min</td><td>17.5±2.0</td><td colspan="2">17.5±2.5</td></tr>
<tr><td colspan="2">拉伸强度(145℃×35 min)/MPa</td><td>≥23.7</td><td colspan="2">≥22.7</td></tr>
<tr><td colspan="2">扯断伸长率(145℃×35 min)/%</td><td>≥415</td><td colspan="2">≥400</td></tr>
</table>

附 录 B
(资料性附录)
使用 ASTM IRB No.7 与国家 SRB No.3 的混炼胶和硫化胶应力-应变性能结果的差值

表 B.1 使用 ASTM IRB No.7 与国产 SRB No.3 的混炼胶和硫化胶应力-应变性能结果的差值

项 目		差 值
混炼胶门尼粘度 50 ML(1+4)100℃		4.4
300%定伸应力/MPa 145℃×	25 min	3.7
	35 min	3.8
	50 min	3.7
拉伸强度(145℃×35 min)/MPa		1.9
扯断伸长率(145℃×35 min)/%		−50
注:使用 ASTM IRB No.7 的修正值等于 SRB No.3 的测定值加差值。		

编者注:规范性引用文件中 GB/T 6737—1997 已废止,可采用 GB/T 24131—2009《生橡胶 挥发分含量的测定》。

ICS 83.060
G 35

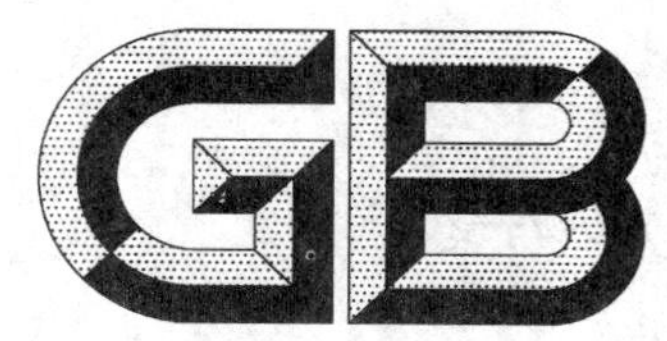

中华人民共和国国家标准

GB/T 14647—2008
代替 GB/T 14647—1993

氯丁二烯橡胶 CR121、CR122

Chloroprene rubber CR121、CR122

2008-06-19 发布　　2008-12-01 实施

中华人民共和国国家质量监督检验检疫总局
中国国家标准化管理委员会　发布

前　　言

本标准代替 GB/T 14647—1993《氯丁橡胶 CR121》。

本标准与 GB/T 14647—1993 的主要差异：

——本标准名称修改为“氯丁二烯橡胶 CR121、CR122”，增加 CR122；

——修改范围的内容；

——规范性引用文件中现行有效的国家标准代替作废的标准；

——GB/T 21462—2008 代替附录 A；

——删除了 CR121 牌号规定及划分；

——修改了产品的技术要求；

——附录 A 代替附录 C；

——删除了附录 B；

——本标准灰分设为型式检验项目。

本标准的附录 A 为规范性附录。

本标准由中国石油化工集团公司提出。

本标准由全国橡胶与橡胶制品标准化技术委员会合成橡胶分技术委员会（SAC/TC 35/SC 6）归口。

本标准主要起草单位：重庆长寿化工有限责任公司、中国石油天然气股份有限公司兰州化工研究中心、山西合成橡胶集团有限责任公司。

本标准主要起草人：涂智明、翟月勤、左祥东、张丽、汪华琴、李晓银、宿士斌、张芳。

本标准所代替标准的历次发布情况为：

——GB/T 14647—1993。

氯丁二烯橡胶 CR121、CR122

1 范围

本标准规定了硫磺调节型氯丁二烯橡胶 CR121 系列中 CR1211、CR1212、CR1213 和 CR122 系列中 CR1221、CR1222、CR1223 的要求、检验方法、检验规则以及包装、标志、储存和运输。

本标准适用于以氯丁二烯为单体，硫磺为调节剂，经乳液聚合制得的 CR1211、CR1212、CR1213、CR1221、CR1222、CR1223。

2 规范性引用文件

下列文件中的条款通过本标准的引用而成为本标准的条款。凡是注日期的引用文件，其随后所有的修改单(不包括勘误的内容)或修订版本均不适用于本标准，然而，鼓励根据本标准达成协议的各方研究是否可使用这些文件的最新版本。凡是不注日期的引用文件，其最新版本适用于本标准。

GB/T 528—1998 硫化橡胶或热塑性橡胶拉伸应力应变性能的测定 (eqv ISO 37:1994)

GB/T 1232.1—2000 未硫化橡胶 用圆盘剪切粘度计进行测定 第1部分：门尼粘度的测定 (eqv ISO 289-1:1994)

GB/T 1233—1992 橡胶胶料初期硫化特性的测定 门尼粘度计法(neq ISO 667:1981)

GB/T 4498—1997 橡胶 灰分的测定(eqv ISO 247:1990)

GB/T 15340—2008 天然、合成生胶取样及其制样方法(ISO 1795:2000,IDT)

GB/T 19187—2003 合成生胶抽样检查程序

GB/T 21462—2008 氯丁二烯橡胶(CR) 评价方法

HG/T 3928—2007 工业活性轻质氧化镁

3 要求和试验方法

3.1 米黄色或浅棕色片状、块状物，不含滑石粉以外的机械杂质，无焦烧粒子(目测)。

3.2 CR1211、CR1212、CR1213、CR1221、CR1222、CR1223 的技术指标见表 1。

表 1 CR1211、CR1212、CR1213、CR1221、CR1222、CR1223 技术指标

项目			指标		
			优等品	一等品	合格品
门尼粘度 ML(1+4)100℃	CR1211、CR1221		20～40		
	CR1212、CR1222		41～60		
	CR1213、CR1223		61～75		
门尼焦烧时间 MSt_5/min			30～60	≥25	≥20
500%定伸应力/MPa			2.0～5.0		
拉伸强度/MPa		≥	24.0	22.0	20.0
拉断伸长率/%		≥	900	850	800
挥发分的质量分数/%		≤	1.2	1.5	1.5
灰分的质量分数/%		≤	1.0	1.3	1.5

4 检验方法

4.1 门尼粘度

按 GB/T 19187—2003 抽取实验室混合样品，抖落表面滑石粉，按 GB/T 15340—2008 中 8.3.2.2 过辊法制备样品（辊温 20℃±5℃，辊距 1.4 mm±0.1 mm，过辊 10 次），按 GB/T 1232.1—2000 测定门尼粘度。

4.2 门尼焦烧时间

取 GB/T 21462—2008 制备的混炼胶片，按 GB/T 1233—1992 进行测定，采用小转子，在 120℃下预热 1 min，取上升 5 个门尼值所对应的时间为结果，以 MSt_5 表示。

4.3 500%定伸应力、拉伸强度、拉断伸长率

按 GB/T 528—1998 进行测定。按 GB/T 21462—2008 规定的配方 1，开炼法 A 混炼，炼胶机挡板距 150 mm，Ⅰ型裁刀。氧化镁应符合 HG/T 3928—2007 的规定。

4.4 挥发分的质量分数

按 GB/T 15340—2008 均化，均化温度为 20℃±5℃，按附录 A 测定。

4.5 灰分的质量分数

按 GB/T 4498—1997 方法 A 进行，试样约 2 g，灼烧温度为 850℃±25℃。

5 检验规则

5.1 本标准所列项目除灰分外，其他均为出厂检验项目；正常情况下，每月至少进行一次型式检验。

5.2 进行质量检验时，抽样按 GB/T 19187—2003 的规定进行。

5.3 生产厂应按本标准对出厂的产品进行检验，并保证所有出厂的产品符合本标准的要求。每批产品应附有一定格式的质量证明书。质量证明书上应注明名称、牌号、生产厂（公司）名称、生产批号、等级等有关内容。

5.4 出厂检验时，按 GB/T 15340—2008 中实验室混合样品进行检验，出厂检验项目中任何一项不符合等级要求时，应对保留样品进行复验，复验结果仍不符合相应的等级要求时，则该批产品应降等或定为不合格品。

5.5 用户有权按本标准对收到的产品进行验收，如果不符合本标准要求时，应在到货后半个月内提出异议。使用单位因保管、使用不当等原因造成产品质量下降，应由使用单位负责。供需双方如发生质量争议，可协商解决或由质量仲裁单位按本标准进行仲裁检验。如果发生橡胶净含量争议，可在整批胶中随机抽取 40 包（少于 40 包时全部抽取），称量实际的总净含量，实际的总净含量应大于或等于额定总含量。

6 包装、标志、储存和运输

6.1 内层用聚乙烯薄膜包装，其厚度为 0.04 mm～0.06 mm、熔点不大于 110℃；外层用复合塑料编织袋或采用用户认可的其他形式包装。每袋净含量 25 kg±0.25 kg 或其他包装单元。

注：包装时可以适当撒入滑石粉以防止黏结。

6.2 每个包装袋应清楚地标明产品名称、牌号、净含量、生产厂（公司）名称、地址、注册商标、标准编号、生产日期或生产批号等。

6.3 贮存运输过程中，必须通风干燥，严防日光曝晒，勿近热源，防止受潮或混入杂质，保持包装完好无损。长期超温贮存会引起颜色改变、门尼粘度及门尼焦烧时间的变化。

6.4 在运输过程中，应防止日光直接照射和雨水浸泡，运输车辆应整洁，避免包装破损和杂物混入。

6.5 质量保证期自生产日期起在 20℃以下保质期为一年，30℃以下保质期为半年。

附 录 A
（规范性附录）
氯丁二烯橡胶 CR121、CR122 挥发分的测定

A.1 范围

本附录规定了烘箱法测定 CR121、CR122 生胶中水分和其他挥发性物质的方法。

A.2 原理

试样在烘箱中干燥一定时间，此过程中的质量损失即为挥发分含量。

A.3 设备

A.3.1 烘箱：鼓风式，能将温度控制在 105℃±5℃。
A.3.2 铝皿或玻璃表面皿：深约 15 mm、直径（或长度）约 80 mm。

A.4 操作步骤

A.4.1 取 4.4 均化的橡胶样品约 50 g 在辊温 20℃±5℃、辊距 0.25 mm±0.05 mm 条件下压成薄片。剪取两份边长约 2 mm 的试样约 5 g，置于铝皿或玻璃表面皿中（A.3.2）称量，精确至 1 mg（质量 m_1）
A.4.2 如果样品粘辊而不能压成薄片，则直接从样品中剪取两份边长约 2 mm 的试样约 5 g，置于铝皿或玻璃表面皿中（A.3.2）称量，精确至 1 mg（质量 m_1）。
A.4.3 将已称量的试样放入温度 105℃±5℃的烘箱（A.3.1）中干燥 1 h，干燥过程中应打开鼓风。取出试样，放入干燥器中冷却至室温后称量（质量 m_2）。

A.5 结果表示

挥发分 x 的质量分数（%），按式（A.1）计算：

$$x = \frac{m_1 - m_2}{m_1} \times 100 \qquad \text{（A.1）}$$

式中：
m_1——干燥前试样的质量，单位为克（g）；
m_2——干燥后试样的质量，单位为克（g）。
所得结果应准确至小数点后两位。

A.6 允许差

挥发分质量分数小于 0.22%时，两次平行测定结果之差不大于 0.04%。
挥发分质量分数在 0.23%～0.70%时，两次平行测定结果之差不大于 0.15%。
挥发分质量分数在 0.71%～1.50%时，两次平行测定结果之差不大于 0.22%。

A.7 实验报告

实验报告应包括以下内容：
a） 关于样品的详细说明；

b) 每个试样的测试结果；
c) 本附录未包括的任何自选操作；
d) 本标准的编号；
e) 试验日期。

ICS 83.060
G 35

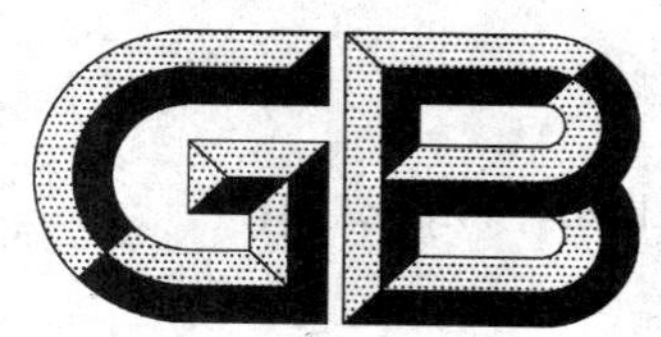

中华人民共和国国家标准

GB/T 15257—2008
代替 GB/T 15257—1994

混合调节型氯丁二烯橡胶 CR321、CR322

Mixed modulation chloroprene rubber CR321、CR322

2008-06-19 发布　　2009-02-01 实施

中华人民共和国国家质量监督检验检疫总局
中国国家标准化管理委员会　发布

前　言

本标准代替 GB/T 15257—1994《混合调节型氯丁橡胶 CR321、CR322》。

本标准与 GB/T 15257—1994 的主要差异：

——修改范围的内容；

——规范性引用文件由不注日期引用改为注日期引用；

——GB/T 4498—1997 代替 GB 6736；

——GB/T 15340—1997 代替 GB 6735；

——GB/T 19187—2003 代替 GB 6734；

——GB/T 21462—2008 代替附录 A；

——HG/T 3928—2007 代替 HG 9004；

——删除了 GB/T 2941、GB/T 5577、GB/T 6038；

——删除了 CR321、CR322 牌号规定及划分；

——修改了产品的技术要求；

——本标准灰分设为型式检验项目；

——删除了附录 A 和附录 B；

——附录 A 代替附录 C。

本标准的附录 A 为规范性附录。

本标准由中国石油化工集团公司提出。

本标准由全国橡胶与橡胶制品标准化技术委员会合成橡胶分技术委员会（SAC/TC 35/SC 6）归口。

本标准主要起草单位：山西合成橡胶集团有限责任公司、中国石油天然气股份有限公司兰州化工研究中心、重庆长寿化工有限责任公司。

本标准主要起草人：宿士斌、翟月勤、张芳、赵海军、邢世霞、汤妍雯、涂智明、左祥东。

本标准所代替标准的历次发布情况为：

——GB/T 15257—1994。

混合调节型氯丁二烯橡胶 CR321、CR322

1 范围

本标准规定了混合调节型氯丁二烯橡胶 CR321 系列中 CR3211、CR3212、CR3213 和 CR322 系列中 CR3221、CR 3222、CR 3223 的技术要求、检验方法、检验规则以及包装、标志、储存、运输。

本标准适用于以氯丁二烯为单体,硫磺和调节剂丁为调节剂,经乳液聚合制得的 CR3211、CR3212、CR3213、CR3221、CR3222、CR3223。

2 规范性引用文件

下列文件中的条款通过本标准的引用而成为本标准的条款。凡是注日期的引用文件,其随后所有的修改单(不包括勘误的内容)或修订版本均不适用于本标准,然而,鼓励根据本标准达成协议的各方研究是否可使用这些文件的最新版本。凡是不注日期的引用文件,其最新版本适用于本标准。

GB/T 528—1998 硫化橡胶或热塑性橡胶拉伸应力应变性能的测定(eqv ISO 37:1994)

GB/T 1232.1—2000 未硫化橡胶 用圆盘剪切粘度计进行测定 第一部分:门尼粘度的测定(neq ISO 289-1:1994)

GB/T 1233—2008 未硫化橡胶初期硫化特性的测定 用圆盘剪切黏度计进行测定(ISO 289-2:1994,MOD)

GB/T 4498—1997 橡胶 灰分的测定(eqv ISO 247:1990)

GB/T 15340—1994 天然、合成生胶取样及制样方法(idt ISO 1795:1992)

GB/T 19187—2003 合成生胶抽样检查程序

GB/T 21462—2008 氯丁二烯橡胶(CR) 评价方法

HG/T 3928—2007 工业活性轻质氧化镁

3 技术要求

3.1 外观

米黄色或浅棕色片状、块状物,不含滑石粉以外的机械杂质,无焦烧粒子(目测)。

3.2 技术指标

CR3211、CR3212、CR3213、CR3221、CR3222、CR3223 的技术指标见表 1。

表 1 CR3211、CR3212、CR3213、CR3221、CR3222、CR3223 技术指标

项目			指标		
			优等品	一等品	合格品
生胶门尼黏度 ML(1+4)100 ℃	CR3211、CR3221		25~40		
	CR3212、CR3222		41~60		
	CR3213、CR3223		61~80		
门尼焦烧时间 MSt_5/min		≥	25	20	16
500%定伸应力/MPa		≥	2.0~5.0		
拉伸强度/MPa		≥	25.0	22.0	20.0

表 1（续）

项　　目		指　　标		
		优等品	一等品	合格品
拉断伸长率/%	≥	900	850	800
挥发分的质量分数/%	≤	1.2	1.5	1.5
灰分的质量分数/%	≤	1.2	1.3	1.5

4　检验方法

4.1　门尼黏度

按 GB/T 19187—2003 抽取实验室混合样品，抖落表面滑石粉后，按 GB/T 15340—1994 中 8.2.2.2 过辊法制备样品（辊温 20 ℃±5 ℃，辊距 1.4±0.1mm，过辊 10 次），按 GB/T 1232.1—2000 测定门尼黏度。

4.2　门尼焦烧时间

取 GB/T 21462—2008 制备的混炼胶片，按 GB/T 1233—1992 进行测定，采用小转子，在 120 ℃下预热 1 min，取上升 5 个门尼值所对应的时间为结果，以 MSt_5 表示。

4.3　500%定伸应力、拉伸强度、拉断伸长率

按 GB/T 528—1998 进行测定。按 GB/T 21462—2008 规定的配方 1，开炼法 A 混炼，炼胶机挡板距 150 mm，Ⅰ型裁刀。氧化镁应符合 HG/T 3928—2007 的规定。

4.4　挥发分的质量分数

样品按 GB/T 15340—1994 均化，均化温度 20 ℃±5 ℃，按附录 A 测定。

4.5　灰分的质量分数

按 GB/T 4498—1997 方法 A 进行，试样约 2 g，灼烧温度为 850 ℃±25 ℃。

5　检验规则

5.1　本标准所列检验项目除灰分，其他均为出厂检验项目；正常情况下，每月至少进行一次型式检验。

5.2　进行质量检验时，抽样按 GB/T 19187—2003 的规定进行。

5.3　生产厂应按本标准对出厂的 CR321、CR322 进行检验，每批出厂的产品应符合本标准的要求。产品应附有一定格式的质量证明书。质量证明书上应注明名称、牌号、生产厂（公司）名称、生产批号、等级等有关内容。

5.4　出厂检验时，按 GB/T 15340—1994 中第 7 章的实验室混合样品进行检验，出厂检验项目中任何一项不符合等级要求时，应重新自双倍量的包装中取样、复检。复验结果仍不符合相应的等级要求时，则该批产品应降等或定为不合格品。

5.5　用户有权按本标准对收到的 CR321、CR322 进行验收，如果不符合本标准要求时，应在到货后半个月内提出异议。使用单位因保管、使用不当等原因造成产品质量下降，应由使用单位负责。供需双方如发生质量争议，可协商解决或由质量仲裁单位进行仲裁检验。如果发生橡胶净含量争议，可在整批胶中随机抽取 40 包（少于 40 包时全部抽取），称量实际的总净含量，实际的总净含量应大于或等于额定总含量。

6　包装、标志、储存和运输

6.1　内层用聚乙烯薄膜包装，其厚度为 0.04 mm～0.06 mm、熔点不大于 110 ℃；外层用复合塑料编织袋包装。或采用用户认可的其他形式包装。每袋净含量 25 kg±0.25 kg 或其他包装单元。

注：包装时可以适当撒入滑石粉以防止粘结。

6.2　包装袋上应清楚地标明产品名称、牌号、净含量、生产厂(公司)名称、地址、注册商标、标准编号、生产日期、防潮防晒、等级和生产批号等。

6.3　贮存过程中,必须通风干燥,严防日光曝晒,勿近热源,防止受潮或混入杂质,保持包装完好无损。长期超温贮存会引起颜色改变、黏度及门尼焦烧时间的变化。

6.4　运输过程中,应防止日光直接照射和雨水浸泡,运输车辆应整洁,避免包装破损和杂物混入。

6.5　质量保证期自生产日期起在 20 ℃以下保质期为 1 年,30 ℃以下保质期为半年。

附 录 A
（规范性附录）
氯丁二烯橡胶 CR321、322 挥发分的测定

A.1 范围

本附录规定了烘箱法测定 CR321、CR322 生胶中水分和其他挥发性物质的方法。

A.2 原理

试样在烘箱中干燥一定时间，此过程中的质量损失即为挥发分含量。

A.3 设备

A.3.1 烘箱：鼓风式，能将温度控制在 105 ℃±5 ℃。

A.3.2 铝皿或玻璃表面皿：深约 15 mm、直径（或长度）约 80 mm。

A.4 操作步骤

A.4.1 取 4.4 均化的橡胶样品约 50 g 在辊温 20 ℃±5 ℃、辊距 0.25 mm±0.05 mm 条件下压成薄片。剪取两份边长约 2 mm 的试样约 5 g，置于铝皿或玻璃表面皿中（A.3.2）称量，精确至 1 mg（质量 m_1）。

A.4.2 如果样品粘辊而不能压成薄片，则直接从样品中剪取两份边长约 2 mm 的试样约 5 g，置于铝皿或玻璃表面皿中（A.3.2）称量，精确至 1 mg（质量 m_1）。

A.4.3 将已称量的试样放入温度 105 ℃±5 ℃的烘箱（A.3.1）中干燥 1 h，干燥过程中应打开鼓风。取出试样，放入干燥器中冷却至室温后称量（质量 m_2）。

A.5 结果表示

挥发分的质量分数 w，用%表示，按式（A.1）计算：

$$w = \frac{m_1 - m_2}{m_1} \times 100 \qquad \cdots\cdots (A.1)$$

式中：

m_1——干燥前试样的质量，单位为克（g）；

m_2——干燥后试样的质量，单位为克（g）。

所得结果应表示至两位小数。

A.6 允许差

挥发分含量小于 0.22%时，两次平行测定结果之差不大于 0.04%。

挥发分含量在 0.23%～0.70%时，两次平行测定结果之差不大于 0.15%。

挥发分含量在 0.71%～1.50%时，两次平行测定结果之差不大于 0.22%。

A.7 实验报告

实验报告应包括以下内容：

a) 关于样品的详细说明；

b) 每个试样的测试结果；

c) 本附录未包括的任何自选操作；

d) 试验日期。

ICS 83.060
G 40

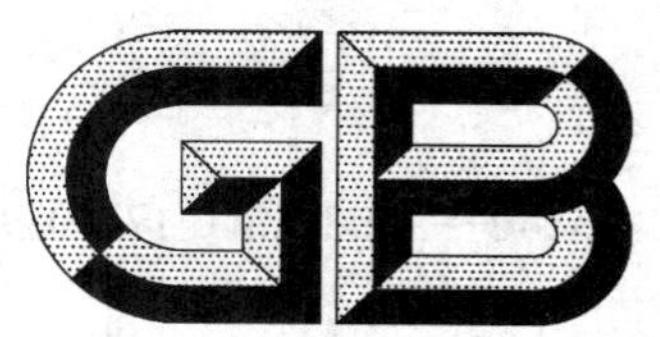

中华人民共和国国家标准

GB/T 15340—2008/ISO 1795:2000
代替 GB/T 8083—1987 和 GB/T 15340—1994

天然、合成生胶取样及其制样方法

Rubber, raw natural and raw synthetic—
Sampling and further preparative procedures

(ISO 1795:2000, IDT)

2008-04-01 发布　　　　2008-09-01 实施

中华人民共和国国家质量监督检验检疫总局
中国国家标准化管理委员会　发布

前　言

本标准等同采用国际标准 ISO 1795:2000《天然、合成生胶取样及其制样方法》(英文版)。

本标准代替 GB/T 8083—1987《天然生胶　标准橡胶取样》和 GB/T 15340—1994《天然、合成生胶取样及制样方法》。

本标准等同翻译国际标准 ISO 1795:2000。规范性引用文件用 GB/T 6038 取代了 ISO 2393,本标准所引用的 GB/T 6038 中开炼机内容与 ISO 2393 没有差异。

为便于使用,本标准做了下列编辑性修改:

a) "本国际标准"一词改为"本标准";

b) 用小数点"."代替作为小数点的逗号",";

c) 删除国际标准的前言;

d) 增加资料性附录 A——天然橡胶抽样。

本标准与 GB/T 15340—1994 相比主要变化如下:

—— 增加了警示语;

—— 增加了 3 个规范性引用文件(见第 2 章);

—— 增加了术语词条的英文;

—— 实验室样品的制备,总量由 600 g~1 500 g 修订为 350 g~1 500 g(见第 5 章);

—— 1994 年版的 7,8.1,8.2.1 中的注本版放在 7,8.2.1,8.3.1 的条文中;

—— 增加了资料性附录 A。

本标准与 GB/T 8083—1987 相比主要变化如下:

——增加了天然、合成生胶制样的内容(本版第 8 章)。

本标准的附录 A 是资料性附录。

本标准由中国石油和化学工业协会提出。

本标准由全国橡胶与橡胶制品标准化技术委员会橡胶物理和化学试验方法分技术委员会(SAC/TC 35/SC 2)归口。

本标准起草单位:北京橡胶工业研究设计院、中国热带农业科学研究院农产品加工研究所。

本标准主要起草人:蔡尚脉、陈鹰。

本标准所代替标准的历次版本发布情况为:

——GB/T 15340—1994;

——GB/T 8083—1987。

天然、合成生胶取样及其制样方法

警告:使用本标准的人员应熟悉正规实验室操作规程。本标准无意涉及因使用本标准可能出现的所有安全问题。制定相应的安全和健康制度并确保其符合国家法规是使用者的责任。

1 范围

本标准规定了成包、成块及袋装生胶的取样方法,同时规定了由所取胶样制备理化试验试样的操作步骤。

2 规范性引用文件

下列文件中的条款通过本标准的引用而成为本标准的条款。凡是注日期的引用文件,其随后的所有修改单(不包括勘误的内容)或修订版均不适用于本标准,然而,鼓励根据本标准达成协议的各方研究是否可使用这些文件的最新版本。凡是不注日期的引用文件,其最新版本适用于本标准。

GB/T 6038 橡胶试验胶料 配料、混炼和硫化 设备及操作程序(GB/T 6038—2006,ISO 2393:1994,MOD)

GB/T 9869 橡胶胶料硫化特性的测定(圆盘振荡硫化仪法)(GB/T 9869—1997,idt ISO 3417:1991)

NY/T 1403 天然橡胶 评价方法(NY/T 1403—2007,ISO 1658:1994,IDT)

ISO 248:1991 生橡胶 挥发分含量的测定

ISO 289-1:1994 未硫化橡胶 用圆盘剪切黏度计进行测定 第1部分:门尼黏度的测定

ISO 2930:1995 天然生胶塑性保持率的测定

ISO 3951:1989 不合格品率的计量抽样检验程序及图表

3 术语和定义

下列术语和定义适用于本标准,其中“包”均包含“块”和“袋”(屑状、粉末状及片状胶均为袋装)。

3.1

批 lot

品级和批号相同的全体胶包。

3.2

样本 sample

抽选出代表批的一组胶包。

3.3

实验室样品 laboratory sample

取自一个样本胶包并代表该胶包的胶样。

3.4

混合实验室样品 combined laboratory sample

将等量的实验室样品混合制成代表样本的胶样。

3.5

试验样品 test sample

取自实验室样品或混合实验室样品用于测试(包括试样制备)的胶样。

3.6

试样 test piece

取自试验样品用于某项测试的胶样。

4 抽样方法

样本的包数越多,样本对批的代表性就越强。但在多数情况下要从实际考虑规定一个合理的限度。随机抽选的胶包数应当由供需双方商定;如果可行,从 ISO 3951 选一个统计抽样方案。

关于天然橡胶的抽样也可参见附录 A。

5 实验室样品的选取

实验室样品按下面推荐的方法从选出的各胶包选取,从胶包上去掉外层包皮、聚乙烯包装膜、胶包涂层或其他表面物;垂直于胶包最大表面切透两刀且不得用润滑剂,从胶包中部取出一整块胶。做仲裁检验应按此法取样。

此外,实验室样品也可从胶包任何方便的部位选取。

根据所要测试的项目,每个实验室样品的总量定为 350 g～1 500 g,如果橡胶为屑状或粉末状,应从胶袋随机取出相同数量的胶样。

如实验室样品不立即进行测试,则应放入容积不超过样品体积两倍的避光防潮容器或包装袋中待检。

注:表层如被滑石粉或其他隔离剂沾污可去掉。

6 取样报告

取样报告至少应包括以下内容:

a) 鉴别样本所需全部细节,如批标记;

b) 胶型及品级;

c) 组成批的胶包或胶袋数量及类别;

d) 组成样本的胶包或胶袋数量;

e) 与本标准任何偏离之处;

f) 取样日期。

7 测试

每个实验室样品应单独测试、单独提出报告。

做质量检验时可用混合实验室样品(见 3.4)测定化学性质和硫化特性。

8 试验样品制备

8.1 概述

炼胶应采用符合 GB/T 6038 的开炼机。

8.2 天然橡胶

8.2.1 开炼

称取 250 g±5 g 实验室样品,精确至 0.1 g,将开炼机辊距调至 1.3 mm±0.15 mm;辊温保持在 70℃±5℃,过辊 10 次使实验室样品均匀化。第 2～9 次过辊时,将胶片打卷后把胶卷一端放入辊筒再次过辊,散落的固体全部混入胶中;第 10 次过辊时下片,将胶片放入干燥器冷却后重新称量,精确至0.1 g。

均匀化过程有挥发性组分损失,因而可用质量的初值和终值计算挥发分(见 ISO 248 中的烘箱法),

如果不立即测挥发分,则将均匀化胶样放入容积不超过其体积两倍的密闭容器内或用两层铝箔包紧备验。

8.2.2 化学和物理测试

从均匀化实验室样品(见 8.2.1)剪取试验样品,按具体测试项目的要求分配试验样品。各项测试均按相应标准进行,挥发分含量按 ISO 248 规定的烘箱法测定。

8.2.3 门尼黏度

取两个 30 g～40 g 均匀化实验室样品(见 8.2.1)按 ISO 289-1 测门尼黏度。

8.2.4 塑性保持率

从均匀化实验室样品(见 8.2.1)取 20 g±2 g 试验样品,按 ISO 2930 规定的方法制备试样并测定塑性保持率(PRI)。

8.2.5 硫化特性

按 NY/T 1403 和 GB/T 9869 规定的方法用均匀化实验室样品(见 8.2.1)测定硫化特性。

8.3 合成橡胶

8.3.1 化学和物理测试

从实验室样品剪取 250 g±5 g 试验样品(如果是屑状胶或粉末胶,则随机取出相同量的试验样品),按 ISO 248 规定的热辊法测挥发分含量。从测过挥发分的胶样取样进行要求的其他化学试验。

有些橡胶用热辊法会粘辊,如发生这种情况应改用 ISO 248 中的烘箱法。即使采用烘箱法测挥发分含量,在进行化学测试前仍需用热辊法干燥胶样。如果做不到这一点,则直接从实验室样品中取试验样品。

如果按第 7 章第二段的步骤测试,则将测过挥发分的各胶样按 8.3.2.2 规定的步骤混合制成 250 g±5 g的混合实验室样品。

8.3.2 门尼黏度

8.3.2.1 直接法(优先采用)

从实验室样品剪取厚度适宜的试验样品,按 ISO 289-1 测定门尼黏度。试验样品应尽可能不带空气,以免夹带的空气附在转子和模腔表面,屑状或粒状橡胶应均匀分布在转子上下。

8.3.2.2 过辊法

有时在测试前需用开炼机将橡胶压实(对某种特定的橡胶,相应的评价方法将规定是否采用过辊法),过辊应按下列程序进行:

从实验室样品取 250 g±5 g 试验样品,将开炼机辊距调至 1.4 mm±0.1 mm,辊距表面温度保持在 50℃±5℃,将试验样品过辊 10 次(注意下面对顺丁橡胶、三元乙丙橡胶、氯丁橡胶和某些丁腈橡胶作了特别规定)。在第 2～9 次过辊时,将胶片对折,第 10 次过辊时不对折直接下片,随后按 ISO 289-1 测定门尼黏度。

对低门尼黏度(小于 35)的顺丁橡胶(BR)、三元乙丙橡胶(EPDM),辊筒表面温度为 35℃±5℃。

氯丁橡胶(CR)辊筒表面温度为 20℃±5℃,辊距为 0.4 mm±0.05 mm,过辊二次(如果辊筒表面较为潮湿,可考虑采用适用的最低温度,但需在报告中注明)。

某些丁腈橡胶(NBR),辊距为 1.0 mm±0.1 mm,辊筒表面温度为 50℃±5℃。

如有需要,可采用其他条件(如不同的辊距和辊温)用于胶料过辊,但需在报告中注明。

注 1:在以下情况需采用“过辊法”:

a) 橡胶多孔或极不均匀;

b) 橡胶黏度过高;

c) 半成品胶粉;

d) 炭黑母炼胶。

注 2:过辊法测出的门尼黏度值与直接法测出的可能有些差异,此外过辊法的测定结果重现性较差。

8.3.3 **硫化特性**

从实验室样品剪取试验样品(如为屑状或粉末状胶,则随机取料),按与被测胶相应的评价方法测定硫化特性。

如按第7章第二段的步骤测试,则从各实验室样品取足胶样,在混炼程序的开始阶段进行混和操作,制备适量混合实验室样品。

附 录 A
（资料性附录）
天然橡胶抽样

按批抽样，批的大小可在 1 t～50 t 范围内变动。从整批胶包总数随机选取样本胶包的数量可按表 A.1执行。

表 A.1 整批胶包总数随机选取样本胶包的数量

单位为包

整批胶包的数量	选取样本胶包的数量
<40	4
40～100	7
>100	10

编者注：规范性引用文件中 ISO 248:1991 最新版本是 ISO 248-1:2011，ISO 248:2005 已转化（修改采用）为 GB/T 24131—2009《生橡胶 挥发分含量的测定》；ISO 289-1:1994 已转化（非等效采用）为 GB/T 1232.1—2000《未硫化橡胶 用圆盘剪切粘度计进行测定 第 1 部分：门尼粘度的测定》；ISO 2930:1995 最新版本为 ISO 2930—2009，已转化（修改采用）为 GB/T 3517—2014《天然生胶 塑性保持率（PRI）的测定》；ISO 3951:1989 最新版本为 ISO 3951-1:2005，已转化（等同采用）为 GB/T 6378.1—2008《计量抽样检验程序 第 1 部分：按接收质量限（AQL）检索的对单一质量特性和单个 AQL 的逐批检验的一次抽样方案》。

前　　言

本标准是根据国际标准 ISO 6502:1991《橡胶——用无转子硫化仪测定硫化特性》制定的，在技术内容和编写规则上与之等效。

本标准规定了三种仪器，其中前两种与国际标准 ISO 6502：1991 一致，另一种是 ASTM D5289—93a 标准中规定的、1994 年 ISO 6502CD 草案中已增加的这种仪器。考虑到我国国情，在本标准中增加了这种仪器。

本标准由中华人民共和国化学工业部提出。

本标准由化工部北京橡胶工业研究设计院归口。

本标准负责起草单位：上海轮胎橡胶(集团)股份有限公司大中华橡胶厂、北京进出口商品检验局。

本标准主要起草人：刘培忠、陈春丽。

本标准委托化工部北京橡胶工业研究设计院负责解释。

ISO 前言

ISO(国际标准化组织)是各国标准协会(ISO 成员体)的世界性联合机构。制定国际标准的工作通过各技术委员会进行。凡对已建立技术委员会的项目感兴趣的成员团体均有权参加该委员会。凡与 ISO 有联系的政府和非政府的国际组织,也可参加此项工作。ISO 与国际电工技术委员会(IEC)在电工技术标准化的各个方面密切合作。

国际标准草案集中到各成员体的技术委员会投票表决才能通过。国际标准需要至少 75%的成员体表决通过才能公布。

国际标准 ISO 6502 由 ISO/TC45 橡胶和橡胶制品技术委员会制定。

本版(第二版)取消和代替第一版本(ISO 6502:1983),是对第一版的技术修订。

中华人民共和国国家标准

GB/T 16584—1996
eqv ISO 6502:1991

橡胶 用无转子硫化仪测定硫化特性

Rubber—Measurement of vulcanization characteristics with rotorless curemeters

1 范围

本标准规定了用无转子硫化仪测定未硫化胶料的硫化特性的方法。三种类型的仪器不可能给出同样的试验结果。

2 原理

2.1 将橡胶试样放入一个完全密闭或几乎完全密闭的模腔内，并保持在试验温度下。模腔有上下两部分，其中一部分以微小的线性往复移动或摆角振荡。振荡使试样产生剪切应变，测定试样对模腔的反作用转矩(力)。此转矩(力)取决于胶料的剪切模量。

2.2 硫化开始，试样的剪切模量增大。当记录下来的转矩(力)上升到稳定值或最大值时，便得到一条转矩(力)与时间的关系曲线，即硫化曲线(如图 1a)。曲线的形状与试验温度和胶料特性有关。

2.3 本标准采用的下列符号可结合硫化曲线(如图 1b)理解。

a) F_L :最小转矩或力；

b) t_{sx} :初始硫化时间(焦烧时间)；

c) $t_c(y)$:达到某一硫化程度的时间；

d) F_{max} :在规定时间内达到的平坦、最大、最高转矩或力。

国家技术监督局1996-10-28批准 1997-06-01实施

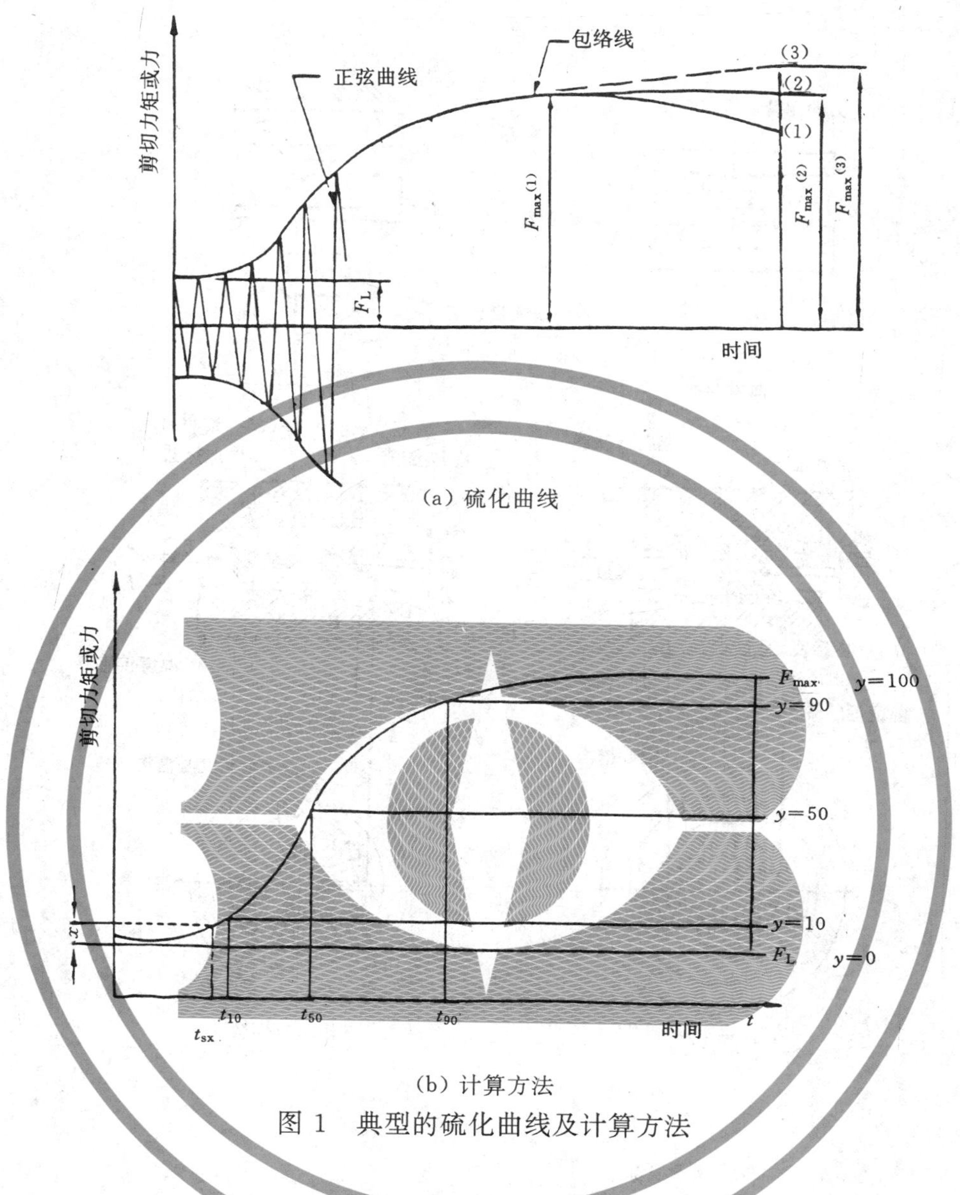

(a) 硫化曲线

(b) 计算方法

图 1　典型的硫化曲线及计算方法

3　仪器

三种类型的无转子硫化仪均可使用，每种情况下一个小振幅的振荡提供给模腔的一部分上。

1) 第一种类型测量由恒定振幅的线性应变产生的力(如图 2a)。

2) 第二种类型测量不完全密封的模腔里的恒定振幅的角应变产生的转矩(如图 2b)。

3) 第三种类型测量完全密封的模腔里的恒定振幅的角应变产生的转矩(如图 2c)。[1]

3.1　模腔

模腔的上下二部分，必须采用不低于 HRC50 的工具钢制成。典型的线性剪切硫化仪模腔直径为 30 mm，深度为 4.0 mm。典型的转矩剪切硫化仪模腔直径为(40±2) mm，分离角为 7°～18°[2]。模腔的中心间距为 0.5 mm 外加模腔边缘处的间隙。模腔边缘处的间隙为 0.05～0.2 mm，不密封的模腔最好是0.1 mm，密封的模腔边缘不需要有间隙(如图 2)。

采用说明：

1〕ISO 6502:1991 没有这种仪器。

2〕ISO 6502:1991 只规定分离角为 18°。

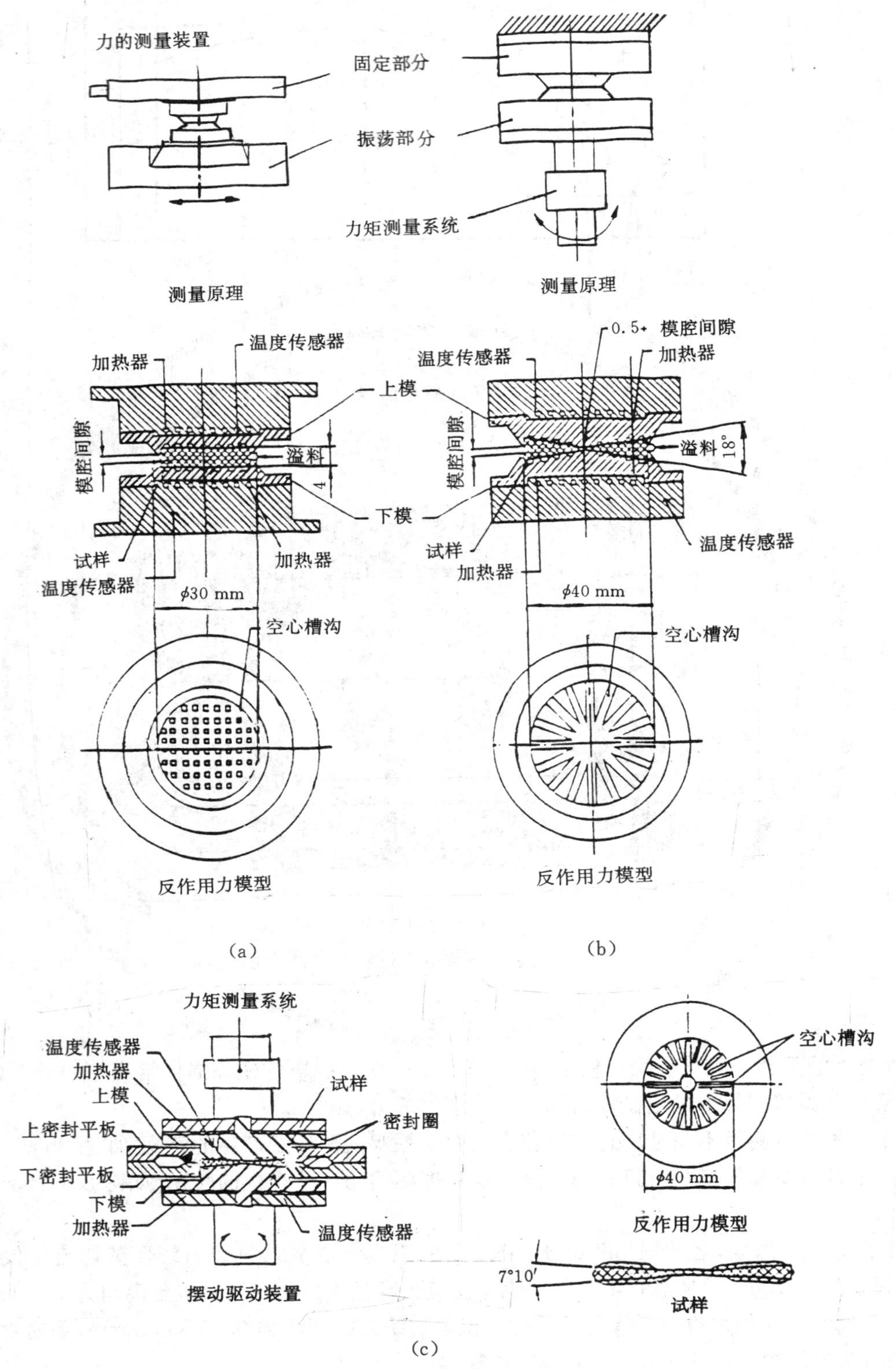

图 2　硫化仪的类型

3.2　模腔的密闭

在整个试验过程中，气缸或其他装置能够施加并保持不低于 8 kN 的作用力。

3.3　模腔的摆动装置

摆动装置由一个刚性偏心传动装置组成，振荡频率为0.5～2 Hz，以(1.7±0.1)Hz为佳。振幅为下列二者之一：

1）±0.01～±0.1 mm，一般选用±0.05 mm。

2）±0.1°～±2°，一般选用±0.5°。

3.4 转矩(力)的测量装置

3.4.1 转矩(力)的测量装置应能测量剪切力矩(力)。测量装置应紧固地固定在一个模腔上，其形变应小至可忽略不计，并应得到与转矩(力)成正比的信号。

摆动和测量装置的弹性应变应不大于摆幅的1%，否则必须修订硫化仪曲线。

由零点误差、灵敏度误差、线性和重复性误差所产生的累积误差不应超过所选定测量范围的1%。

3.4.2 记录装置接受来自转矩(力)测量装置发出的信号，它对转矩(力)满量程偏转的响应速度不应超过1 s，记录精度应为量程的±0.5%。转矩(力)的记录装置可以是平台式记录仪、打印机或计算机。

3.5 校正

转矩(力)的校正装置(如图3)应能测量线性或摆动的振幅，并能校正转矩(力)。振幅的测量用位移传感器，并应在无试样的状态下进行。力的测量用标准砝码(如图3a、3b)，也可用转矩标准器来代替(如图3c)。

3.6 温度控制系统

为了得到硫化曲线的最佳重复性，温度控制系统必须保证下列参数：温度恢复时间、试验温度、温度分布和基准温度。

a）温度恢复时间要求模腔合模后在1.5 min内将试样加热恢复到放入试样前的温度。

b）试验温度为试样的平均温度，经过3.6 a)的温度恢复时间后此温度应保持恒定，波动范围为±0.3℃。

c）试样内部的温度分布应尽可能均匀，误差不应超过±1℃。

d）基准温度由控温传感器决定，它与试样平均温度的偏差不应大于2℃。

e）硫化仪应具有精度为±0.3℃的温度测量装置，还应有插入试样内的温度传感器来检查温度分布。

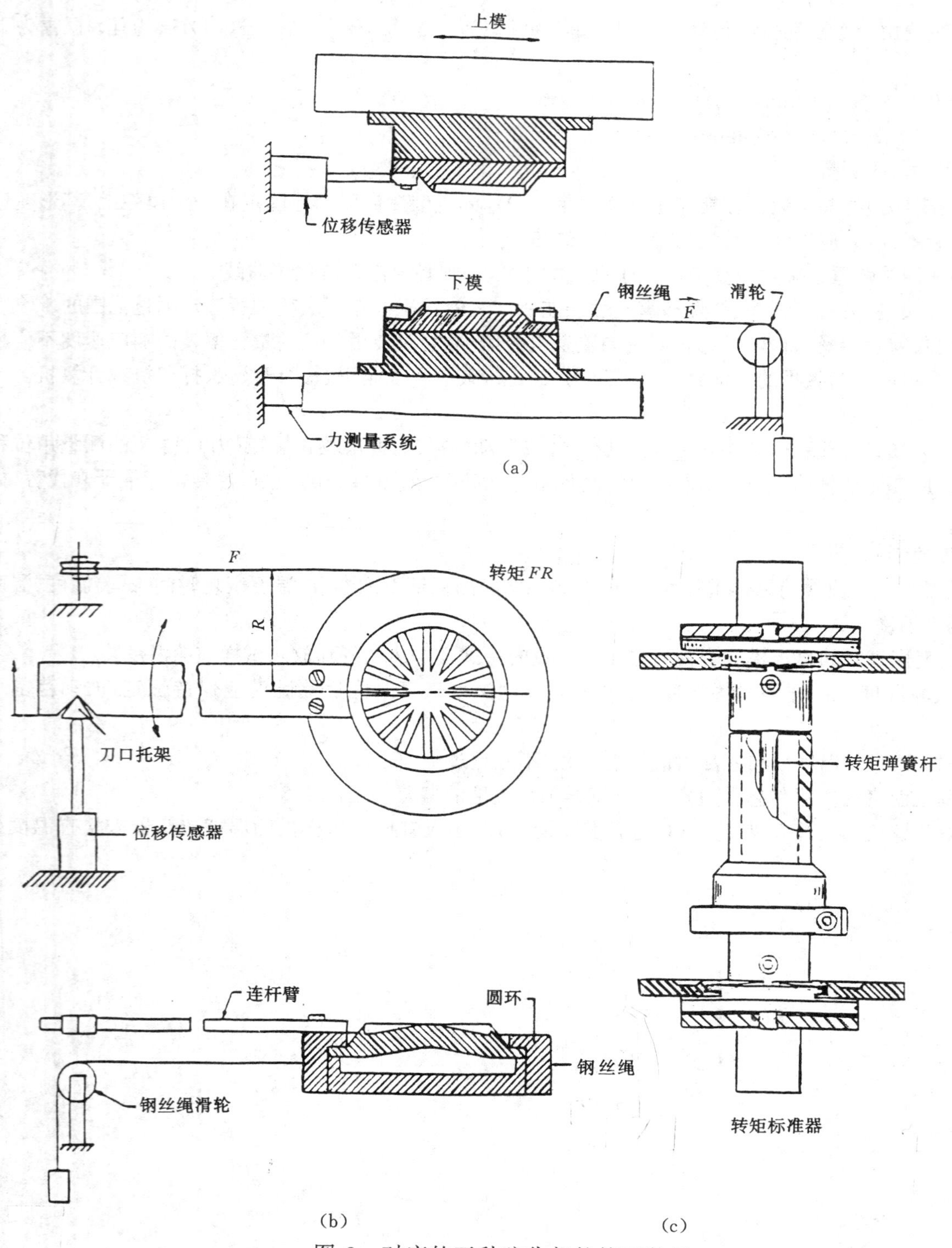

图 3 对应的三种硫化仪的校正装置

4 试样

4.1 试样应是均匀、室温存放的,并应尽可能无残留空气。

4.2 模腔的容积建议为 3～5 cm^3。为了得到最佳重复性,应采用相同体积的试样,试样的体积应略大于模腔的容积,并应通过预先试验确定。

4.3 试样应是圆形的,直径略小于模腔。

5 温度

推荐的试验温度为100℃～200℃,必要时也可使用其他温度。

6 试验步骤

6.1 将模腔加热到试验温度。如果需要,调正记录装置的零位,选好转矩量程和时间量程。

6.2 打开模腔,将试样放入模腔,然后在5 s以内合模。

注:当试验发粘胶料时,可在试样上下衬垫合适的塑料薄膜,以防胶料粘在模腔上。

6.3 记录装置应在模腔关闭的瞬间开始计时。模腔的摆动应在合模时或合模前开始。

6.4 当硫化曲线达到平衡点或最高点或规定的时间后,关闭电机,打开模腔,迅速取出试样。

7 试验结果

由硫化曲线(如图1)可读取如下数据:

a) F_L ——最小转矩或力,N·m或N。

b) F_{max} ——在规定时间内达到的平坦、最大、最高转矩或力。

c) t_{sx} ——初始硫化时间,即从试验开始到曲线由 F_L 上升 x N·m(N)所对应的时间,min。

d) $t_c(y)$ ——达到某一硫化程度所需要的时间,即转矩达到 $F_L + y(F_{max} - F_L)/100$ 时所对应的时间,min。通常 y 有三个常用数值10,50,90。

t_{10}:初始硫化时间;

t_{50}:能最精确评定的硫化时间;

t_{90}:经常采用的最佳硫化时间;

e) V_c ——硫化速度指数,由式(1)计算

$$V_c = 100/(t_{90} - t_{sx}) \quad \cdots\cdots(1)$$

8 试验报告

试验报告包括下列项目:

a) 不同于本标准中所规定的那些条件;

b) 振荡幅度;

c) 试验温度;

d) 所选择的转矩或力的量程;

e) 振荡频率;

f) 记录装置的时间量程;

g) 试验结果;

h) 试验日期。

ICS 83.040.01
G 34

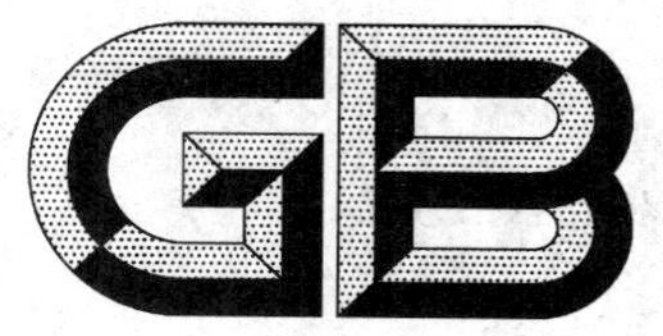

中华人民共和国国家标准

GB/T 19187—2003

合成生胶抽样检查程序

Sampling procedures for inspection of raw synthetic rubber

2003-06-09 发布　　　　2003-12-01 实施

中华人民共和国
国家质量监督检验检疫总局　发布

前　言

本标准与美国材料与试验协会标准 ASTM D 3896:1985(1995)《合成生橡胶抽样检查程序》的一致性程度为非等效。

本标准与 ASTM D 3896:1985(1995)的主要差异如下:

——增加了第 2 章"术语和定义"。

——扩大了使用范围,增加了"连续批抽样检查程序",该程序是根据 GB 6378—1986"不合格品率的计量抽样检查程序及图表(适用于连续批的检查)"制定。

——孤立批抽样方案分为"仲裁检查抽样方案"和"其他孤立批检查抽样方案"。其中"仲裁检查抽样方案"与 ASTM D 3896:1985(1995)抽样方案相比,扩大了检查批的批量范围,ASTM D 3896:1985(1995)规定的最大批量为 50 000 kg~80 000 kg 时,抽取 20 个样品进行检查;本标准规定批量大于50 000 kg时,抽取 20 个样品进行检查。"其他孤立批检查抽样方案"是根据国内合成橡胶的生产及质量状况,对 ASTM D 3896:1985(1995)中批量大于 18 000 kg 的抽样方案作了修改,规定批量大于18 000 kg时,抽取 10 个样品进行检查。

——本标准规定产品技术指标具有双侧规格限时,分别用上、下限的质量统计量判定批是否接收,删除了使用批上、下限缺陷百分率的和判定批是否接收的方法,简化了判定程序。

本标准由中国石油化工股份有限公司提出;

本标准由全国橡胶与橡胶制品标准化技术委员会合成橡胶分技术委员会(SAC/TC35/SC6)归口;

本标准起草单位:中国石油天然气股份有限公司兰州石化分公司石油化工研究院。

本标准主要起草人:翟月勤、郭洪达、孙丽君、吴毅。

本标准为首次制定。

合成生胶抽样检查程序

1 范围

本标准规定了各种尺寸包装的固体合成生胶抽样方案、抽样方法及相应的判定程序。

本标准适用于固体合成生胶的抽样检查。

2 术语和定义

本标准采用以下术语，其中“包”包括“袋”(屑状、粉末状为袋装)。

2.1

批 lot

品级和批号相同的全体胶包。

2.2

样品 sample

抽选出代表批的一组胶包。

2.3

实验室样品 laboratory sample

取自一个样品胶包并代表该胶包的胶样。

2.4

实验室混合样品 combined laboratory sample

将各实验室样品等量混合制成的有代表性的胶样。

2.5

试料 test portion

取自实验室样品或实验室混合样品用于测试(包括试样制备)的胶样。

2.6

试样 test piece

取自试料用于某项测试的胶样。

2.7

抽样方案 sampling plan

为决定样品大小和判断批能否接收而规定的一组规则。

2.8

可接收质量水平 acceptable quality level

为了进行抽样检查，而对一系列连续提交批规定的认为可接收过程不合格品率的上限值。

2.9

上规格限 upper specification limit

规定的合格计量特性最大值。

2.10

下规格限 lower specification limit

规定的合格计量特性最小值。

2.11

单侧规格限 single specification limit

仅对上或下规格限规定了可接收质量水平的规格限。

2.12

双侧规格限　double specification limit

同时对上或下规格限规定了可接收质量水平的规格限。

2.13

批的接收或拒收　acceptability or rejection of lot

由样品中获得的信息以判断批是否满足抽样规定的接收准则。满足接收准则的批应接收,否则应拒收。

3　抽样方案

本抽样检查程序可接收质量水平规定为2.5%。

3.1　孤立批抽样方案

仲裁检查抽样方案应符合表1规定,其他孤立批检查抽样方案可按表2规定进行。

表1　仲裁检查抽样方案

批量/kg	样品数	最小质量统计量(Q)
300～4 000	3	1.12
4 001～6 500	4	1.17
6 501～11 000	5	1.24
11 001～18 000	7	1.33
18 001～30 000	10	1.41
30 001～50 000	15	1.47
>50 000	20	1.51

表2　其他孤立批检查抽样方案

批量/kg	样品数	最小质量统计量(Q)
300～4 000	3	1.12
4 001～6 500	4	1.17
6 501～11 000	5	1.24
11 001～18 000	7	1.33
>18 000	10	1.41

3.2　连续批检查抽样方案

3.2.1　连续批检查抽样方案分为正常检查抽样方案(见表3),加严检查抽样方案(见表4),放宽检查抽样方案。

表3　正常检查抽样方案

批量/kg	样品数	最小质量统计量(Q)
2 000～15 000	3	1.12
15 001～25 000	4	1.17
25 001～50 000	5	1.24
50 001～90 000	7	1.33
>90 000	10	1.41

表 4　加严检查抽样方案

批量/kg	样品数	最小质量统计量(Q)
2 000～8 000	4	1.34
8 001～15 000	5	1.40
15 001～25 000	7	1.50
25 001～50 000	10	1.58
50 001～90 000	15	1.65
>90 000	20	1.69

放宽检查抽样方案：无论批量大小，均抽出 3 个样品分别进行测试，最小质量统计量(Q)为 0.958。

3.2.2　抽样方案的转移规则

如无特殊情况，开始应使用正常检查抽样方案。除需要按转移规则改变抽样方案外，下一次检查继续使用和前一次检查相同的抽样方案。在抽样检查中，应根据质量变化情况，按下述情况进行严格调整。

3.2.2.1　从正常检查到加严检查

当进行正常检查时，若在不多于 5 批的抽样检查中有 2 批经初检查拒收，则从下一批起执行加严检查。

3.2.2.2　从加严检查到正常检查

当进行加严检查时，若连续 5 批经初检查接收，则从下一批起执行正常检查。

3.2.2.3　从正常检查到放宽检查

当执行正常检查时，若下列条件均满足，则从下一批执行放宽检查：

a）　初检查中连续 10 批均接收；

b）　经加严检查抽样方案中相同样品数对应的最小质量统计量(Q)判断后，这些批仍被接收；

c）　生产正常；

d）　负责部门同意转到放宽检查。

3.2.2.4　从放宽检查到正常检查

当进行放宽检查时，若出现下列情况之一，则从下一批起执行正常检查：

a）　一批经初检查拒收；

b）　生产不正常；

c）　负责部门认为有必要回到正常检查。

3.2.2.5　从加严检查到暂停检查

加严检查后，拒收的批数累计到 5 批时，暂时停止按本标准进行检查。

3.2.2.6　检查暂停以后的恢复检查

检查暂停后，供货方的确采取了有效的改进措施，改善了提交产品的质量，可按加严检查方案开始抽样检查。

4　抽样方法

4.1　样品的选取

从批量产品中随机抽选出代表批的一组胶包。

4.2　实验室样品的选取

如果合成生胶为块状，则从胶包上去掉外层包皮、聚乙烯包装膜、胶包涂层或其他无关的表面材料；

垂直于胶包最大表面积切透两刀且不用润滑剂；从胶包中部取出一整块胶。做仲裁检查应按此法取样。做其他检查时，实验室样品可以从胶包任何方便的部位选取。

如果合成生胶为屑状或粉末状，实验室样品应从胶袋中随机选取。

根据所要做项目，每个实验室样品的总量为 350 g～1 500 g。

实验室样品如不立即测试，则应放入容积不超过样品体积 2 倍的密封容器或包装袋中备用。

5 测试

每个实验室样品要单独测试、单独提出报告。

注：质量控制检验时可考虑用实验室混合样品测定理化性质。

6 质量统计量的计算

6.1 具有上规格限，按式(1)计算质量统计量：

$$Q_U = \frac{U - \overline{X}}{S} \qquad \cdots\cdots(1)$$

式中：

Q_U——上质量统计量；

U——技术指标允许的上限值；

$\overline{X}$——测试结果的平均值；

S——试样标准差。

6.2 具有下规格限，按式(2)计算质量统计量：

$$Q_L = \frac{\overline{X} - L}{S} \qquad \cdots\cdots(2)$$

式中：

Q_L——下质量统计量；

$\overline{X}$——测试结果的平均值；

L——技术指标允许的下限值；

S——试样标准差。

7 批可接收与否的判定

7.1 具有单侧规格限的质量特性，如果质量统计量(Q_U 或 Q_L)大于或等于抽样方案中的最小质量统计量(Q)，则该批可接收。否则该批拒收。

7.2 具有双侧规格限时，如果上、下规格限的质量统计量(Q_U 和 Q_L)都大于或等于抽样方案中的最小质量统计量(Q)，则该批可接收。否则该批拒收。

ICS 83.040.01
G 34

中华人民共和国国家标准

GB/T 19188—2003/ISO 7664:2000

天然生胶和合成生胶贮存指南

Rubber, raw natural and raw synthetic—General guidance on storage

(ISO 7664:2000, IDT)

2003-06-09 发布　　2003-12-01 实施

中华人民共和国国家质量监督检验检疫总局 发布

前　　言

本标准等同采用ISO 7664:2000《天然生胶和合成生胶　贮存指南》(英文版)。

本标准等同翻译ISO 7664:2000。

为便于使用,本标准做了下列编辑性修改:

a)　“本国际标准”一词改为“本标准”;

b)　删除国际标准前言。

本标准由中国石油化工股份有限公司提出。

本标准由全国橡胶与橡胶制品标准化技术委员会合成橡胶分技术委员会归口。

本标准起草单位:中国石油天然气股份有限公司兰州石化分公司石油化工研究院。

本标准起草人:王　进。

引　言

在不良的贮存条件下，各种类型生胶的物理和(或)化学性能都会或多或少地发生变化，例如发生硬化、软化、表面降解、变色等，从而导致生胶的加工性能和硫化胶性能发生变化，最终可能导致生胶不再适用于生产。

这些变化可能是某一特定因素或几种因素综合作用(主要是氧、光、温度和湿度的作用)的结果。然而，恰当地选择贮存条件可以使这些因素的有害影响减少到最低限度。因此，本标准规定了最适合的贮存条件。

天然生胶和合成生胶贮存指南

1 范围

本标准规定了天然生胶和合成生胶胶包的最适合贮存条件。

对粉末状、松散碎块或颗粒状的生胶，由于暴露的表面积较大，所以贮存时应格外小心。此外，粒状生胶在较高的温度和(或)压力的影响下还会结团。

2 贮存条件

贮存室应清洁、干燥、通风良好和温度适宜。

2.1 温度

贮存温度最好为10℃～35℃。事实上，世界上许多地方的环境温度不可避免地或高或低。

如果暴露在太高的温度中会导致生胶性能发生不可逆变化。在某些情况下，低温会导致结晶，但它是可逆的，并不造成永久性损害。

结晶或部分结晶的生胶会变硬，且难于混炼，所以可在加工前，用一段足够长的时间，通过提高温度，使这些结晶生胶恢复原状。

注：天然胶在－27℃时结晶速率最大，在0℃～10℃之间结晶速率也较快。建议以20℃为最低贮存温度，以限制结晶程度。其他容易结晶的橡胶为异戊二烯橡胶(IR)和氯丁橡胶(CR)。

2.2 供热

贮存室中采用的热源可进行调节，并安装有隔板以保证在最近处贮存的生胶温度不超过25℃。

2.3 湿度

应注意防潮，贮存条件应能保证生胶或包装材料上不会凝结水分。

湿度会影响生胶加工，甚至会影响生胶的硫化性能，不但如此，湿度过大还可能引起某些种类的生胶发生水解。

2.4 光

生胶应避免光照，特别是直射的阳光或紫外线较强的强力人造光。除非生胶用不透明的材料包装，建议贮存室的窗户最好挂红色或橙色的窗帘。否则，应将板条箱或集装箱盖好。最好使用普通的白炽灯。

3 污染

生胶应严格防尘，且防止除包装材料(包括生产者用于捆扎胶包或包装某种级别天然胶的胶条)外的所有其他外来物质的污染。应避免与其他类生胶的直接接触。建议运输过程中，将生胶保存在包装材料中，直至使用。当使用部分胶料后再贮存时，应注意包装剩余胶包。

4 库存周转

生胶贮存在仓库中的时间应尽量短，因此，生胶应按照“先进先出”的原则周转，使留在仓库内的生胶是最近交付的货。

ICS 83.060
G 35

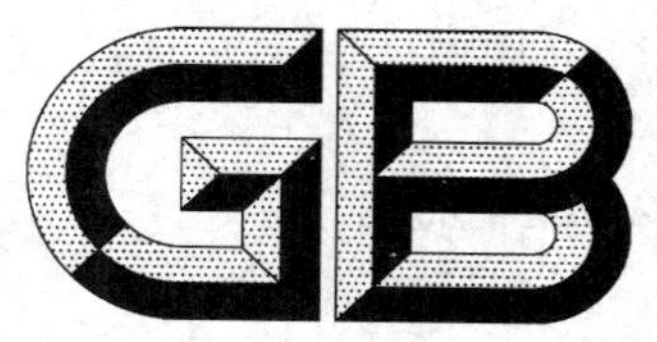

中华人民共和国国家标准

GB/T 21462—2008

氯丁二烯橡胶(CR)评价方法

Evaluation procedure of chloroprene rubber(CR)

2008-02-26 发布

2008-08-01 实施

中华人民共和国国家质量监督检验检疫总局
中国国家标准化管理委员会 发布

前　言

本标准与美国材料与试验协会标准 ASTM D 3190:2006《橡胶标准试验方法　氯丁二烯橡胶(CR)的评价》一致性程度为非等效。

本标准与 ASTM D 3190:2006 的主要差异如下:

——删除了 ASTM 的非国际单位制单位;

——第 2 章"规范性引用文件"中,增加引导语;引用标准除 ASTM D 4483 外,其余的都被相对应的国家标准代替;

——删除 ASTM 第 3 章"方法概要"和第 4 章"重要性和使用";

——5.2 生胶制备,辊温由"50℃±5℃"修改为"45℃±5℃";

——表 2 中,混炼期间辊温由"50℃±5℃"修改为"45℃±5℃";

——表 2 中 c)条增加 3/4 割刀 1 次;

——删除了实验室用本伯里密炼机评价方法;

——增加第 8 章"试验报告"的列项。

本标准由中国石油化工股份有限公司提出。

本标准由全国橡胶与橡胶制品标准化技术委员会合成橡胶分技术委员会(SAC/TC 35/SC 6)归口。

本标准起草单位:中国石油天然气股份有限公司兰州化工研究中心、重庆长寿化工有限责任公司、山西合成橡胶集团有限责任公司。

本标准主要起草人:翟月勤、涂智明、马东柱、孙丽君、吴毅、方芳、张阜东。

本标准为首次发布。

氯丁二烯橡胶(CR)评价方法

警告:使用本标准的人员应有正规实验室工作的实践经验。本标准并未指出所有可能的安全问题。使用者有责任采取适当的安全和健康措施,并保证符合国家有关法规规定的条件。

1 范围

本标准规定了评价氯丁二烯橡胶(CR)硫化特性所用的标准材料、标准试验配方、设备和操作程序以及评价应力-应变性能的方法。

本标准适用于硫磺调节型CR、硫醇调节型CR。

注:其他调节型CR可以使用硫磺调节型或硫醇调节型CR的评价方法。

2 规范性引用文件

下列文件中的条款通过本标准的引用而成为本标准的条款。凡是注日期的引用文件,其随后所有的修改单(不包括勘误的内容)或修订版均不适用于本标准,然而,鼓励根据本标准达成协议的各方研究是否可使用这些文件的最新版本。凡是不注日期的引用文件,其最新版本适用于本标准。

GB/T 528—1998 硫化橡胶或热塑性橡胶 拉伸应力应变性能的测定(eqv ISO 37:1994)

GB/T 1232.1—2000 未硫化橡胶用圆盘剪切粘度计进行测定 第1部分:门尼粘度的测定(neq ISO 289-1:1994)

GB/T 1233—1992 橡胶胶料初期硫化特性的测定 门尼粘度计法(eqv ISO 667:1981)

GB/T 6038—2006 橡胶试验胶料 配料、混炼和硫化设备及操作程序(ISO 2393:1994,MOD)

GB/T 9869—1997 橡胶胶料硫化特性的测定(圆盘振荡硫化仪法)(idt ISO 3417:1991)

GB/T 16584—1996 橡胶 用无转子硫化仪测定硫化特性(eqv ISO 6502:1991)

GB/T 19187—2003 合成生胶抽样检查程序

ASTM D 4483 橡胶和炭黑工业标准试验方法精密度的确定

3 标准试验配方

标准试验配方见表1。

表1 标准试验配方

配方		1	2	3	4
CR	硫磺调节型	100.00	100.00		
	硫醇调节型			100.00	100.00
硬脂酸		0.50	0.50		
氧化镁[a]		4.00	4.00	4.00	4.00
工业参比炭黑(IRB)No.7			25.00		25.00
氧化锌		5.00	5.00	5.00	5.00
3-甲基噻唑啉-2硫酮占交联剂的80%				0.45	0.45
总计		109.50	134.50	109.45	134.45
投料系数[b]	MIM(Cam机头)	0.76	0.63	0.76	0.63
	MIM(Banbury机头)	0.65	0.54	0.65	0.54

a 吸碘值(80~100) mg/g,纯度≥92%。

b 对于MIM,橡胶、炭黑精确到0.01 g,配合剂精确到0.001 g。

应使用符合国家标准规定的参比材料，如果得不到国家标准的参比材料，应使用有关团体认可的材料。

配方 1 和配方 2 用于硫磺调节型 CR，配方 3 和配方 4 用于硫醇调节型 CR。

4 取样

按照 GB/T 19187—2003 取样。

5 混炼操作程序

5.1 本标准提供 3 种操作程序。

5.1.1 开炼法 A：适用于配方 1 和配方 2。

5.1.2 开炼法 B：适用于配方 3 和配方 4。

5.1.3 小型密炼机混炼法：适用于所有配方。

注：这些方法会得出不同的结果。

5.2 制备生胶

5.2.1 调节开炼机辊温为 45℃±5℃，辊距为 1.5 mm，将 320 g 橡胶在慢辊上包辊，使堆积胶高度约为 12 mm，塑炼 6 min，根据需要作 3/4 割刀 3～5 次。制备硫醇调节型 CR 辊温调节为 50℃±5℃。

5.2.2 下片，将胶料冷却至室温，称取 300 g 胶料。

5.3 开炼法 A：适用于配方 1 和配方 2 的操作程序（硫磺调节型 CR），见表 2。对一般的混炼、称量和硫化过程，按照 GB/T 6038—2006 规定进行。

5.3.1 根据表 2 混炼后，检查胶料质量并记录，对于填充炭黑的胶料，如果胶料质量与总质量之差超过 0.5%；对于未填充炭黑的胶料，如果差值超过 0.3%，则弃去该胶料，重新混炼。

表 2 方法 A——适用于配方 1 和配方 2 的开炼机混炼周期

混炼期间保持辊温 45℃±5℃	持续时间/min	
	未填充炭黑配方	填充炭黑配方
a) 调节辊距为 1.5 mm，加入按 5.2 制备的 300 g 胶料，并保持辊筒间有适量的堆积胶	1	1
b) 加入硬脂酸	1	1
c) 沿辊筒缓慢而均匀地加入氧化镁，作 3/4 割刀 1 次，在加入碳黑前确保氧化镁完全混入	2	2
d) 加入炭黑，调节辊距使其保持一定的堆积胶	—	5
e) 加入氧化锌	2	2
f) 交替从每边作 3/4 割刀 3 次	2	2
g) 调节辊距为 0.8 mm，将混炼胶打卷纵向薄通 6 次	2	2
h) 调节辊距，制备厚度约为 6 mm 的胶料，将胶料折叠起来再过辊 4 次	0	0
总时间	10	15

5.3.2 剪取试片，在混炼后 1 h～2 h 内根据 GB/T 1233—1992 测试焦烧时间（试验用大转子时，试验温度为 125℃±1℃，从最低值上升 5 个门尼单位对应的时间）；根据 GB/T 1232.1—2000 测定混炼胶门尼黏度；根据 GB/T 9869—1997 或 GB/T 16584—1996 测定硫化特性。

5.3.3 进行应力-应变试验时，根据 GB/T 6038—2006 制备厚度约为 2.2 mm 的混炼试片。

5.4 开炼法 B：适用于配方 3 和配方 4 的操作程序（硫醇调节型 CR），见表 3。对一般的混炼、称量和硫化过程，按照 GB/T 6038—2006 规定进行。

表3　方法B——适用于配方3和配方4的开炼机混炼周期

混炼期间保持辊温50℃±5℃	持续时间/min	
	未填充炭黑配方	填充炭黑配方
a) 调节辊距为1.5 mm,加入按5.2制备的300 g胶料,并保持辊筒间有适量的堆积胶	1	1
b) 沿辊筒缓慢而均匀地加入氧化镁,在加入下一种材料之前确保氧化镁完全混入	2	2
c) 加入炭黑,调节辊距使其保持一定堆积胶	—	5
d) 加入氧化锌	2	2
e) 加入交联剂	1	1
f) 交替从每边作3/4割刀3次	2	2
g) 调节辊距为0.8 mm,将混炼胶打卷纵向薄通6次	2	2
h) 调节辊距,压成约为6 mm厚度的胶料,将胶料折叠起来再过辊4次	0	0
总时间	10	15

5.4.1　根据表3混炼后,检查胶料质量并记录,对于填充炭黑的胶料,如果胶料质量与总质量之差超过0.5%;对于未填充炭黑的胶料,如果差值超过0.3%,则弃去该胶料,重新混炼。

5.4.2　剪取试片,在混炼后1 h~2 h内根据GB/T 1233—1992测试焦烧时间(试验用大转子时,试验温度为125℃±1℃,从最低值上升5个门尼单位对应的时间);根据GB/T 1232.1—2000测定混炼胶门尼黏度;根据GB/T 9869—1997或GB/T 16584—1996测定硫化特性。

5.4.3　进行应力-应变试验时,根据GB/T 6038—2006制备厚度约为2.2 mm的混炼试片。

5.5　小型密炼机(MIM)操作程序——适用于所有配方,见表4。

表4　小型密炼机混炼周期

操作步骤	持续时间/min	
	未填充炭黑配方	填充炭黑配方
a) 将5.5.2制备的胶料装入混炼室,放下上顶栓,开始计时	0	0
b) 塑炼橡胶	1	1
c) 升起上顶栓,加入预先混合的配合剂,小心加入,避免损失,清扫进料口,放下上顶栓	2	1
d) 升起上顶栓,加入炭黑,放下上顶栓,开始混炼	—	7
总时间	3	9

5.5.1　对于一般的混炼和硫化过程,按照GB/T 6038—2006规定进行。

MIM机头温度保持在60℃±3℃,转速保持在6.3 rad/s~6.6 rad/s(60 r/min~63 r/min)。

5.5.2　制备生胶(投料系数Cam机头为0.80,Banbury机头为0.68)

5.5.2.1　将橡胶切成小块,粗略称量,装入混炼室,放下上顶栓,开始计时,塑炼橡胶6 min。

5.5.2.2　关掉转子,升起上顶栓,打开混炼室,卸下胶料。

5.5.2.3　将橡胶切成小块,冷却到室温,混炼之前再称量。

5.5.3　根据表4混炼后,关掉电机,升起上顶栓,打开混炼室,卸下混炼胶。如果需要,记录胶料的最高温度。

5.5.4　调节开炼机辊温为50℃±5℃,辊距为0.5 mm,立即将胶料过辊两次;调节辊距为3 mm,过辊两次;调节辊距为0.8 mm,使胶料打卷纵向薄通6次。

5.5.5 检查胶料质量并记录,对于填充炭黑的胶料,如果胶料质量与总质量之差超过 0.5%;对于未填充炭黑的胶料,如果差值超过 0.3%,则弃去该胶料,重新混炼。

5.5.6 剪取试片,在混炼后 1 h~2 h 内根据 GB/T 1233—1992 测试焦烧时间(试验用大转子时,试验温度为 125℃±1℃,从最低值上升 5 个门尼单位对应的时间)。根据 GB/T 1232.1—2000 测定混炼胶门尼黏度;根据 GB/T 9869—1997 或 GB/T 16584—1996 测定硫化特性。

5.5.7 进行应力-应变试验时,根据 GB/T 6038—2006 制备厚度约为 2.2 mm 的混炼胶片。

6 硫化胶的制备和试验

6.1 硫化胶拉伸应力-应变性能的评价

6.1.1 根据 GB/T 6038—2006 硫化试片。

6.1.2 硫磺和硫醇调节型的 CR,推荐的标准硫化温度和硫化时间分别为 160℃、15 min。

注:其他调节型 CR,推荐的硫化温度为 160℃,硫化时间可从 20 min、25 min 中选择。

6.1.3 试验前,硫化片应于 23℃±3℃下调节 16 h~96 h。

注:为严格监控生产,橡胶生产过程中的质量控制可以在 1 h~6 h 内测定,测定结果可能略有不同。

6.1.4 按照 GB/T 528—1998 制备试样,测试定伸强度、拉伸强度及拉断伸长率。

6.2 硫化特性的评价

6.2.1 振荡圆盘式硫化仪

推荐的标准试验参数为 M_L、M_H、t_{s1}、$t'_c(50)$、$t'_c(90)$。

按照 GB/T 9869—1997 规定,采用下列试验条件:

振荡频率:1.7Hz;

振幅:±1°;

模腔温度:160℃±0.3℃;

预热时间:无;

试验时间:30 min。

注:如果合适,建议 M_H 为 30 min 时的扭矩值。

6.2.2 无转子硫化仪

推荐的标准试验参数为 F_L、F_{max}、t_{s1}、t_{50}、t_{90}。

按照 GB/T 16584—1996 规定,采用下列试验条件:

振荡频率:1.7 Hz;

扭力剪切硫化仪振幅:±0.5°;

线型剪切硫化仪振幅为:±0.05 mm;

模腔温度:160℃±0.3℃;

预热时间:无;

试验时间:30 min。

7 精密度与偏差

7.1 本章是按照 ASTM D 4483 计算的重复性和再现性。

7.2 本章给出的精密度是按照特定实验室间程序,包括材料(橡胶)在内的试验方法精密度估算,如果不是特定的材料和包括试验方法在内的试验协议文件,那么精密度参数就不应作为任何橡胶的验收或拒收的依据。

7.3 开展的 2 型室间精密度程序采用开炼机程序,几天为一周期分别做重复性试验。当选定了测定项目、规定了试验方法时,一个试验结果为一个值。

7.4 评价两种不同类型的 CR(硫磺调节型及硫醇调节型)的精密度。在 8 个实验室里,各自在两天内对每种 CR 开展重复性试验。ASTM D 4483 表 1 中每个单元的基础数据包括 4 个数值（试验两天，每天 2 个数值），因此各自两天内估算的重复性参数来自 2 个不确定的误差源。试验方法所得的精密度参数见表 5。

表 5　CR 硫化特性及应力-应变性能的 2 型精密度

性　　能	平均值	实验室内			实验室间		
		S_r	r	(r)	S_R	R	(R)
硫磺调节型							
配方 1（未填充炭黑）							
M_L t_5/min	29.7	2.31	6.47	21.8	3.83	10.73	36.2
M_L/(dN·m)	3.5	0.19	0.54	15.6	0.77	2.15	61.8
M_H/(dN·m)	32.9	0.55	1.55	4.7	1.72	4.83	14.7
t_{s1}/min	3.9	0.16	0.44	11.4	0.43	1.20	31.3
$t'_c(90)$/min	9.2	0.24	0.66	7.2	1.88	5.27	57.4
100%定伸应力/MPa	1.2	0.04	0.10	8.5	0.07	0.19	15.6
300%定伸应力/MPa	2.2	0.07	0.21	9.6	0.11	0.32	14.8
拉伸强度/MPa	26.1	1.13	3.16	12.1	1.75	4.89	18.7
拉断伸长率/%	875	13.89	38.90	4.4	27.30	76.44	8.7
配方 2（填充炭黑）							
M_L t_5/min	19.4	3.72	10.43	53.8	3.72	10.43	53.8
M_L/(dN·m)	5.7	0.28	0.80	14.0	1.16	3.24	56.7
M_H/(dN·m)	53.9	1.03	2.87	5.3	2.97	8.32	15.4
t_{s1}/min	2.1	0.22	0.61	28.6	0.51	1.43	66.7
$t'_c(90)$/min	8.6	0.52	1.45	16.8	1.36	3.81	44.1
100%定伸应力/MPa	3.0	0.10	0.27	9.0	0.17	0.48	16.1
300%定伸应力/MPa	11.8	0.41	1.15	9.8	0.60	1.67	14.2
拉伸强度/MPa	26.1	0.77	2.15	8.3	1.66	4.65	17.8
拉断伸长率/%	597	16.65	46.62	7.8	32.00	89.60	15.0
硫醇调节型							
配方 3（未填充炭黑）							
M_L t_5/min	26.7	3.16	8.84	33.1	5.37	15.03	56.3
M_L/(dN·m)	4.5	0.18	0.50	11.2	0.90	2.51	55.7
M_H/(dN·m)	26.6	0.55	1.55	5.8	1.00	2.80	10.5
t_{s1}/min	4.3	0.37	1.02	23.8	0.58	1.63	37.8
$t'_c(90)$/min	10.7	1.37	3.85	36.1	2.15	6.01	56.4
100%定伸应力/MPa	0.9	0.02	0.07	7.3	0.05	0.14	15.3
300%定伸应力/MPa	1.7	0.07	0.20	12.2	0.12	0.33	20.2
拉伸强度/MPa	17.2	1.35	3.78	21.9	1.98	5.55	32.2
拉断伸长率/%	780	25.89	72.51	9.3	28.84	80.76	10.4
配方 4（填充炭黑）							
M_L t_5/min	11.4	0.80	2.24	19.6	2.29	6.41	56.2
M_L/(dN·m)	7.6	0.27	0.77	10.1	1.02	2.87	37.9
M_H/(dN·m)	47.5	0.69	1.93	4.1	3.31	9.27	19.5

表 5（续）

性　　能	平均值	实验室内			实验室间		
		S_r	r	(r)	S_R	R	(R)
t_{s1}/min	2.2	0.10	0.28	12.9	0.32	0.89	41.1
$t'_c(90)$/min	10.7	0.87	2.43	24.6	2.47	6.91	69.8
100%定伸应力/MPa	2.6	0.12	0.34	13.2	0.24	0.67	25.6
300%定伸应力/MPa	14.5	0.69	1.94	13.4	1.18	3.31	22.8
拉伸强度/MPa	24.3	1.24	3.48	14.2	1.51	4.23	17.4
拉断伸长率/%	441	23.58	66.03	15.0	34.17	95.67	21.7

S_r——实验室内标准偏差；
r——重复性(以测量单位计)；
(r)——相对重复性(用材料平均值的百分数表示)；
S_R——实验室间标准偏差；
R——再现性(以测量单位计)；
(R)——相对再现性(用材料平均值的百分数表示)。

7.5　这些试验方法的精密度(试验结果的精密度)可用 r、R、(r)与(R)的“近似值”表示。r、R、(r)与(R)和表 5 中的平均值相关。在规定的时间内、同一试验方法、相同的原材料条件下，进行常规试验时使用与试验结果最接近平均值的 r、R、(r)或(R)。

7.6　r=重复性，用测量单位表示。这些试验方法 r 的近似值见表 5。在同一实验室，按照通常试验方法试验得到 2 个单独试验结果，差值大于表 5 中的 r(给定值)，应考虑让不同的试验人员进行试验。

7.7　R=再现性，这些试验方法 R 的近似值见表 5。在两个不同实验室，按照通常试验方法测定得到 2 个单独试验结果。差值大于表中 R(给定值)应考虑来让不同的试验人员进行试验。

7.8　相对重复性(r)和相对再现性(R)与上述 r 和 R 的叙述相同，用百分比表示。

7.9　偏差——分析专业术语中，偏差是平均值和参考值(真实值)之间的差值。由于试验结果由试验方法决定，由试验方法确定的真实值不存在，因而偏差也不能确定。

8　试验报告

试验报告包括以下内容：

a)　本标准的引用文件；
b)　关于样品的详细说明；
c)　使用的标准试验配方；
d)　使用的配合剂；
e)　使用的混炼方法；
f)　使用的调节时间；
g)　测定门尼焦烧使用的大转子还是小转子；
h)　使用的硫化温度和硫化时间；
i)　测定过程中观察到的任何异常现象；
j)　本标准或引用标准中未包括的任何自选操作；
k)　分析结果和单位的表述；
l)　试验日期。

ICS 83.060
G 35

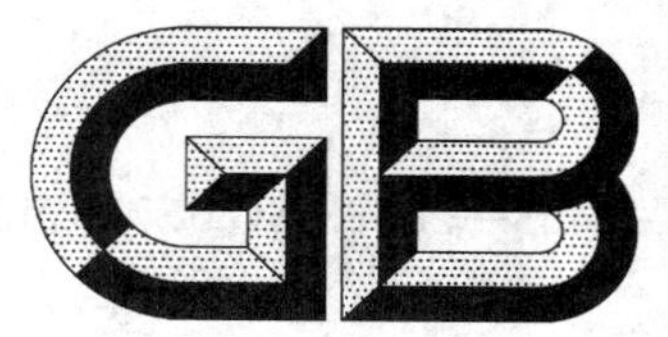

中华人民共和国国家标准

GB/T 21463—2008/ISO 13773:1997

氯丁二烯橡胶胶乳碱度的测定

Rubber—Polychloroprene latex—Determination of alkalinity

(ISO 13773:1997,IDT)

2008-02-26 发布　　2008-08-01 实施

中华人民共和国国家质量监督检验检疫总局
中国国家标准化管理委员会　发布

前　　言

本标准等同采用ISO 13773:1997《橡胶　氯丁二烯橡胶胶乳碱度的测定》(英文版)。

本标准等同翻译ISO 13773:1997。

为便于使用,本标准做了下列编辑性修改:

——“本国际标准”一词改为“本标准”;

——删除国际标准的前言;

——引用的国际标准改为相应的国家标准;

——对公式进行编号。

本标准的附录A、附录B均为资料性附录。

本标准由中国石油化工股份有限公司提出。

本标准由全国橡胶与橡胶制品标准化技术委员会合成橡胶分技术委员会(SAC/TC 35/SC 6)归口。

本标准起草单位:中国石油天然气股份有限公司兰州石化公司石油化工研究院、重庆长寿化工有限责任公司。

本标准主要起草人:翟月勤、张翠兰、笪敏峰、涂智明。

本标准为首次发布。

氯丁二烯橡胶胶乳碱度的测定

警告:使用本标准的人员应有正规实验室工作的实践经验。本标准并未指出所有可能的安全问题。使用者有责任采取适当的安全和健康措施,并保证符合国家有关法规规定的条件。

1 范围

本标准规定了用碱性乳化剂聚合而成的氯丁二烯橡胶胶乳碱度的测定方法。本标准不适用于用非离子乳化剂制备的氯丁二烯橡胶胶乳和浓缩天然胶乳,也不一定适用于除氯丁胶乳以外的其他合成胶乳。

2 规范性引用文件

下列文件中的条款通过本标准的引用而成为本标准的条款。凡是注日期的引用文件,其随后所有的修改单(不包括勘误的内容)或修订版均不适用于本标准,然而,鼓励根据本标准达成协议的各方研究是否可使用这些文件的最新版本。凡是不注日期的引用文件,其最新版本适用于本标准。

GB/T 6682—1992 分析实验室用水规格和试验方法(neq ISO 3696:1987)

SH/T 1149—2006 合成橡胶胶乳取样(ISO 123:2001,MOD)

SH/T 1150—1999 合成橡胶胶乳 pH 值的测定(eqv ISO 976:1996)

3 原理

用电位计以盐酸滴定胶乳试样至滴定曲线(pH 值范围 4～5)的第二个拐点。根据所需的盐酸量计算碱度。

一般试验中碱度用两部分表示。一部分为滴定至曲线上第一个拐点(pH 值范围 10～11)需要的酸量,用来测定游离碱量(碱储量)。另一部分为滴定至曲线上第二个拐点需要的酸量,用来测量在胶乳里皂化阴离子有机表面活性剂的量,通常称为“delta 滴定度”。

注:当用 pH 计控制滴定时,一般规定滴定曲线拐点处的 pH 值为 10.5 和 4.5。然而由于这些值不一定与真正拐点处的一致,因此得到的结果是近似的。

4 试剂

仅使用公认的分析纯试剂和不含二氧化碳的蒸馏水或同等纯度的水(GB/T 6682—1992 规定的三级水)。

4.1 稳定剂溶液:质量分数为 10%的烷基苯酚聚环氧乙烷缩合型的非离子稳定剂。

注:所提供稳定剂的确切类别并不重要,而在于它赋予胶乳的酸稳定性,且不干扰滴定。

4.2 盐酸标准滴定溶液:$c(HCl)=0.1$ mol/L。

5 仪器

实验室常用设备及下列仪器:

5.1 自动电位滴定计:备有自动滴定管,容积可达 50 mL。

注:允许用 50 mL 的手动操作滴定管。在这种情况下,需要初步确定近似终点。

5.2 复合 pH 电极:内装玻璃电极,适用于 pH 值最大为 14.0 的溶液。

5.3 磁力或机械搅拌器:可调节转速的非金属搅拌棒或磁力棒,电机应接地,以避免干扰。

6 取样

按 SH/T 1149—2006 规定的方法之一进行取样。

注：未密封的碱性氯丁二烯橡胶胶乳样品会迅速地从空气中吸收二氧化碳。

7 分析步骤

按照仪器说明书或 SH/T 1150—1999 的规定校正电位滴定计。

称量约 35 g 的胶乳试样，精确至 0.01 g，放入一个 150 mL 的干净玻璃或塑料烧杯中，插入搅拌器(5.3)，开始搅拌。调节搅拌器的速度使液体表面形成小旋涡，用移液管缓慢加入 10 mL 稳定剂溶液(4.1)，插入电极(5.2)，开始滴定，最多可自动加入 50 mL 的盐酸(4.2)，盐酸加入体积和加入速度视 pH 变化而定。记录滴定曲线上第一个拐点和第二个拐点消耗盐酸的体积 V_1 和 V_2(pH 值分别大约为 10.5 和 4.5)及相应的 pH 值。

如果在加稳定剂时，有振动或凝结的迹象，则在加入前要用等体积的水稀释。

如果使用手动操作滴定管(见 5.1 中的注)，则要求做初步滴定，以得到近似的滴定终点。在随后的滴定时，在拐点区域内应缓慢加入盐酸。

如果测定过程中，有凝结物出现，则需要重新取样测定并加入 20 mL 的稳定剂溶液。

对一个胶乳进行重复性测定，如果两次重复测定碱度的计算值大于 0.02 mmol，则应再取 2 个胶乳试样进行测定。

8 结果表示

8.1 胶乳的碱储量(AR)，用每 100 g 胶乳所需盐酸的量(以 mmol 计)表示，按式(1)计算：

$$AR = \frac{cV_1}{m} \times 100 \qquad \cdots\cdots(1)$$

式中：

c——盐酸的实际浓度，单位为摩尔每升(mol/L)；

V_1——至第一个终点所需的盐酸体积，单位为毫升(mL)；

m——试样的质量，单位为克(g)。

所得结果应保留至小数点后两位。

8.2 胶乳的 delta 滴定度(ΔT)，用每 100 g 胶乳所需盐酸的量(以 mmol 计)表示，按式(2)计算：

$$\Delta T = \frac{c(V_2 - V_1)}{m} \times 100 \qquad \cdots\cdots(2)$$

式中：

V_2——第二个终点所需的盐酸体积，单位为毫升(mL)；

c、V_1 和 m 与 8.1 的叙述相同。

所得结果应保留至小数点后两位。

8.3 胶乳的碱量(A)，用每 100 g 胶乳所需盐酸的量(以 mmol 计)表示，按式(3)计算：

$$A = AR + \Delta T \qquad \cdots\cdots(3)$$

式中：

AR、ΔT 与 8.1、8.2 的叙述相同。

所得结果应表示至小数点后两位。

取两次重复试验结果的平均值为最终试验结果，表示至小数点后一位。

9 试验报告

试验报告应包括如下内容：

a） 本标准的引用标准；
b） 关于样品的详细说明；
c） 第一个和第二个拐点的 pH 值；
d） 所用稳定剂溶液的量；
e） 在试验过程中，观察到的任何异常现象；
f） 本标准未包括的任何自选操作；
g） 试验日期和地点。

附 录 A
（资料性附录）
试验方法的精密度

A.1 重复性

±0.02 mmol。

A.2 再现性

未确定。

附 录 B
（资料性附录）
滴定期间 pH 的变化实例

滴定期间 pH 的变化实例数据见表 B.1。

表 B.1 滴定期间 pH 的变化实例

体积(V)/mL	体积增量(ΔV)/mL	pH 值	pH 值改变(ΔpH)	差值比(ΔpH/ΔV)
0.00	0.00	12.603	0.000	0.000
1.71	1.71	12.511	0.092	0.054
2.57	0.86	12.458	0.053	0.062
3.00	0.43	12.429	0.029	0.067
3.86	0.86	12.369	0.060	0.070
4.86	1.00	12.293	0.076	0.076
5.86	1.00	12.208	0.085	0.085
6.86	1.00	12.108	0.100	0.100
7.86	1.00	11.988	0.120	0.120
8.83	0.97	11.842	0.146	0.151
9.54	0.71	11.703	0.139	0.196
10.09	0.55	11.564	0.139	0.253
10.53	0.44	11.421	0.143	0.325
10.86	0.33	11.286	0.135	0.409
11.14	0.28	11.148	0.138	0.493
11.37	0.23	11.018	0.130	0.565
11.58	0.21	10.891	0.127	0.605
11.79	0.21	10.766	0.125	0.595
12.02	0.23	10.634	0.132	0.574
12.27	0.25	10.507	0.127	0.508
12.58	0.31	10.372	0.135	0.435
12.95	0.37	10.236	0.136	0.368
13.40	0.45	10.099	0.137	0.304
13.97	0.57	9.960	0.139	0.244
14.69	0.72	9.819	0.141	0.196
15.59	0.90	9.681	0.138	0.153
16.59	1.00	9.558	0.123	0.123
17.59	1.00	9.456	0.102	0.102
18.59	1.00	9.368	0.088	0.088

表 B.1（续）

体积(V)/mL	体积增量(ΔV)/mL	pH值	pH值改变(ΔpH)	差值比(ΔpH/ΔV)
19.59	1.00	9.290	0.078	0.078
20.59	1.00	9.217	0.073	0.073
21.59	1.00	9.150	0.067	0.067
22.59	1.00	9.087	0.063	0.063
23.59	1.00	9.023	0.064	0.064
24.59	1.00	8.961	0.062	0.062
25.59	1.00	8.899	0.062	0.062
26.56	1.00	8.836	0.063	0.063
27.59	1.00	8.770	0.066	0.066
28.29	0.70	8.702	0.068	0.097
29.59	1.30	8.630	0.072	0.055
30.59	1.00	8.556	0.074	0.074
31.59	1.00	8.473	0.083	0.083
32.59	1.00	8.381	0.092	0.092
33.59	1.00	8.281	0.100	0.100
34.59	1.00	8.166	0.113	0.113
35.59	1.00	8.035	0.133	0.133
36.49	0.90	7.899	0.136	0.151
37.29	0.80	7.758	0.141	0.176
37.94	0.65	7.626	0.132	0.203
38.55	0.61	7.492	0.134	0.220
39.10	0.55	7.351	0.141	0.256
39.57	0.47	7.219	0.132	0.281
40.01	0.44	7.073	0.146	0.332
40.41	0.40	6.956	0.117	0.293
40.96	0.55	6.775	0.181	0.329
41.37	0.41	6.626	0.149	0.363
41.78	0.41	6.469	0.157	0.383
42.20	0.42	6.303	0.166	0.395
42.62	0.42	6.130	0.173	0.412
43.05	0.43	5.934	0.196	0.456
43.48	0.43	5.700	0.234	0.544
43.91	0.43	5.402	0.298	0.693
44.35	0.44	4.987	0.415	0.943

表 B.1(续)

体积(V)/mL	体积增量(ΔV)/mL	pH 值	pH 值改变(ΔpH)	差值比(ΔpH/ΔV)
44.79	0.44	4.504	0.483	1.098
45.24	0.45	4.076	0.428	0.951
45.69	0.45	3.739	0.337	0.749
46.15	0.46	3.454	0.285	0.620
46.61	0.46	3.216	0.238	0.517
47.08	0.47	3.017	0.199	0.423
47.55	0.47	2.860	0.157	0.334
48.03	0.48	2.735	0.125	0.260
48.75	0.72	2.591	0.144	0.200
49.68	0.93	2.450	0.141	0.152
50.00	0.32	2.411	0.039	0.122

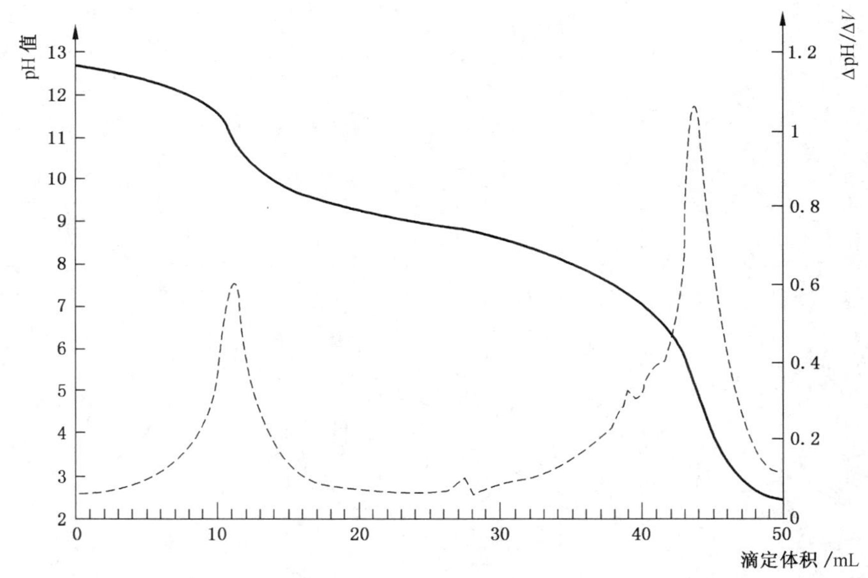

—— pH 值变化曲线

- - - ΔpH/ΔV 变化曲线

图 B.1 滴定及相关量的变化曲线

ICS 83.060
G 35

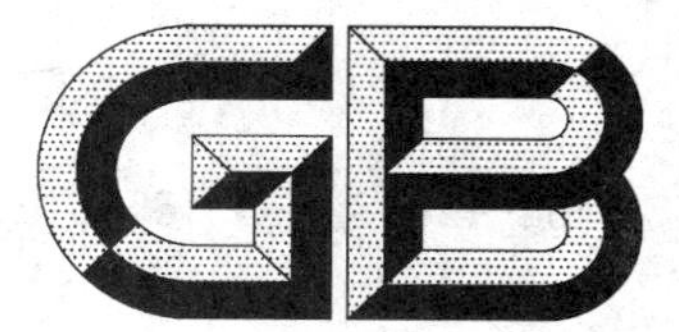

中华人民共和国国家标准

GB/T 21464—2008/ISO 16565:2002

橡胶 乙烯-丙烯-二烯烃(EPDM)三元共聚物中5-乙叉降冰片烯(ENB)或双环戊二烯(DCPD)含量的测定

Rubber—Determination of 5-Ethylidenenorbornene(ENB) or Dicyclopentadiene(DCPD) in Ethylene-Propylene-Diene (EPDM) terpolymers

(ISO 16565:2002,IDT)

2008-02-26 发布　　2008-08-01 实施

中华人民共和国国家质量监督检验检疫总局
中国国家标准化管理委员会　发布

前　　言

本标准等同采用国际标准 ISO 16565:2002《橡胶　乙烯-丙烯-二烯烃(EPDM)三元共聚物中 5-乙叉降冰片烯(ENB)或双环戊二烯(DCPD)含量的测定》(英文版)。

本标准等同翻译 ISO 16565:2002。

为便于使用,本标准做了下列编辑性修改:

——对公式进行编号;

——为使图形更清晰,便于理解,将图 1、图 2、图 3 重新进行标识,将图 4 拆分为图 4(a)和图 4(b),并重新标识。

本标准附录 A 为规范性附录。

本标准由中国石油化工股份有限公司提出。

本标准由全国橡胶与橡胶制品标准化技术委员会合成橡胶分技术委员会(SAC/TC 35/SC 6)归口。

本标准起草单位:中国石油天然气股份有限公司兰州石化分公司石油化工研究院、中国石油天然气股份有限公司吉林石化分公司有机合成厂。

本标准主要起草人:王进、赵家林、吴毅、李莉。

本标准为首次发布。

橡胶 乙烯-丙烯-二烯烃(EPDM)三元共聚物中5-乙叉降冰片烯(ENB)或双环戊二烯(DCPD)含量的测定

警告——使用本标准的人员应有正规实验室工作的实践经验。本标准并未指出所有可能的安全问题。使用者有责任采取适当的安全和健康措施,并保证符合国家有关法规规定的条件。

1 范围

本标准规定了乙烯-丙烯-二烯烃(EPDM)三元共聚物中5-乙叉降冰片烯(ENB)或双环戊二烯(DCPD)含量的测定方法。

本标准适用于二烯烃含量(质量分数)在0.1%~10%范围内的乙烯-丙烯-二烯烃(EPDM)三元共聚物。

2 原理

将置于两张聚四氟乙烯涂层的铝箔或聚酯膜之间的试样压制成膜片。通过测定ENB的环外双键在1 681 cm^{-1}~1 690 cm^{-1}范围内的红外吸收测定ENB含量。通过测定DCPD的单环双键在1 605 cm^{-1}~1 610 cm^{-1}范围内的红外吸收测定DCPD含量。

计算该处吸收的峰高并与标准物进行比较。对于ENB,约1 690 cm^{-1}处的峰高与ENB质量分数有关。同样地,对于DCPD,约1 610 cm^{-1}处峰高的二阶导数与DCPD质量分数有关。

对于充油高聚物,在测定二烯烃含量前必须将填充油抽提干净。

3 仪器

3.1 平板硫化机,可于150℃、10 MPa下压制膜片。

3.2 模具

3.2.1 主要由一个带开口的400 μm厚的不锈钢长条组成,该开口(2 cm×2 cm)是为了能够得到符合3.4描述的膜片样品夹持器尺寸要求的样品膜片。该模具最好与平板硫化机平板尺寸基本相同。

3.2.2 也可使用更薄的模具。如果二烯烃含量较低,方法的精密度会受到影响。当使用较薄的模具平板时,宜测定该方法的精密度。

3.2.3 对于液体EPDM样品,可使用一个外径22 mm、内径16 mm、厚400 μm的环形垫圈作为两块盐片(NaBr,NaCl)之间的隔垫,以保持一个固定的光程。隔垫的大小只要能覆盖盐片的外边缘即可。

3.3 聚四氟乙烯涂层的铝箔模压薄片,36 μm厚,或硅氧烷脱膜膜片。

3.4 样品-膜片夹持器:膜片压制好后,宜取下来并转移至膜片夹持器上。磁性膜片夹持器较为理想。标准盐片夹持器可用于盐片间的液体样品制备,液体样品置于两块盐片之间。

3.5 傅立叶变换红外光谱仪,能测定4 000 cm^{-1}到600 cm^{-1}范围内的吸光度,透光度的准确度为±1%或更高。仪器的光谱分辨率为2 cm^{-1}。建议使用氘化硫酸三苷肽(DTGS)检测器或使用碲镉汞(MCT)检测器。

光谱仪宜具有光谱叠加、平均、差减等处理功能。水分是该方法的主要干扰源。要获得满意的精密度,需要通过物理方法和电学方法将雾化程度和雾化变动程度降到最低。比较好的方法是使用带有干燥气体吹扫和样品穿梭器的仪器,样品穿梭器可以交替重复采集单光束的样品光谱和背景光谱(见第5章)。此外,如果没有样品穿梭器,用干燥氮气仔细吹扫样品室也能得到满意的测量结果。充分的吹扫可使标样校准数据具有较高的精密度。如果通过吹扫不能避免雾化的干扰,还可使用差减水蒸气光谱的方法。该方法的详细操作步骤见附录 A。

4 试样制备

4.1 基本方法

将 0.20 g±0.05 g 待测样品置于模具(见 3.2.1)的两块箔片(见 3.3)间。再将模具放入平板硫化机的平板间,加热至 125℃±5℃,用 4 MPa 压力压制 60 s±10 s。

如果样品具有较高的黏性,模具可加热到 175℃±5℃。

冷却试样至室温。切取一片约 15 mm×50 mm 的膜片。再将样品膜片从箔片中取出,并固定于光谱仪样品室的窗口上。

4.2 可选方法

如果使用更薄的模具(3.2.2),将一小块样品(0.04 g～0.06 g)置于两张箔片间的开口中,按 4.1 压制。将模具从平板硫化机中取出,翻面后再压片。压完片后,取出模具并冷却至室温。冷却后仔细取下箔片,让样品膜片附着在模具上。

4.3 液体高聚物膜片制备的可选方法

将垫圈(见 3.2.3)放在盐片上。再将少量待测 EPDM 高聚物液体(约 0.3 g)加到垫圈中央,充满垫圈。将另一个盐片放在已充满液体的垫圈上。施加 1 kg 的压力在盐片/垫圈组件上并保持 2 min～3 min(对于黏性样品,在压膜前必须先加热样品)。撤除施加的压力,如果需要,将样品冷却。擦掉加压后溢出垫圈的多余样品。将盐片/垫圈轻轻拿起至光线下,查看是否有气泡或没有充满的空隙,如果有,再加大样品量重新制备试样。

5 光谱图的获取

5.1 带有样品穿梭器

5.1.1 数据采集的参数要求是:

——分辨率:2 cm^{-1};

——扫描次数/扫描时间:全扫描时间,样品扫描和背景扫描之间的间隔大约 90 s。

5.1.2 将试样置于样品室,进行吹扫,以交替重复采集单光束样品谱图和单光束背景谱图。建议使用 8 通道穿梭器(可同时进行 8 个样品和 8 个空样品室的采集),在每个位置采集 4 次扫描谱图。

5.1.3 样品的吸光度以负的 lg(单光束样品光束强度与空样品室光束强度之比)来计算:

$$A = -\lg(I/I_0) \qquad \cdots\cdots (1)$$

式中:

A——给定波长下的样品吸光度;

I——给定波长下的单光束样品光束强度;

I_0——给定波长下的空样品室光束强度。

5.2 没有样品穿梭器

5.2.1 数据采集的参数要求是:

——分辨率:2 cm^{-1};

——扫描次数/扫描时间:背景扫描次数:32 次扫描,120 s 完成;

样品扫描次数:32 次扫描,120 s 完成。

5.2.2 干燥空样品室,采集空样品室光谱。

5.2.3 将试样置于样品室,并再次干燥样品室。采集单光束样品谱图并按 5.1.3 所描述的方法计算样品吸光度。

6 光谱仪的校准

6.1 使用二烯烃含量(质量分数)在0%～10%之间的系列标准样品。校准工作通常使用已知二烯烃含量的主标准样品,也可使用其他实验室通过这种方法定量的次标准样品。主标准样品的二烯烃含量是通过氢核磁共振(H-NMR)结合其他分析技术得到的。建立本方法使用的ENB标样是通过使用折射仪结合氢核磁共振(将样品溶解于120℃下的氘代邻二氯苯,ENB以ENB烯烃质子的形式单独分布在环外)测量的。DCPD标样也是通过类似的氢核磁共振技术测量分布在环内的DCPD烯烃质子得到的。最少需要提供二烯烃含量(质量分数)分别为0%、2%、5%、10%的4个标样。

6.2 用第5章规定的方法,按6.1所述要求对每个校准标样获取最少5个吸收光谱。每个标样的重复测定结果经过平均,可以提高校正的准确性。

6.3 按照第7章规定的方法,计算每个光谱图特征峰高与膜厚(以净吸光度表征)的比值。

6.4 使用标准最小二乘线性回归技术计算斜率和截距,得到一条线性标准曲线[二烯烃峰高与标准样品二烯烃含量(以质量分数表示)的关系曲线]。

7 二烯烃含量的测定

7.1 制样

按第5章的规定制备样品膜片。

7.2 单一吸收光谱

按第6章的规定采集单一吸收光谱。

7.3 膜片厚度的测量

7.3.1 把谱图的最低点视为零点使光谱图归一化(即测定谱图的最小吸收,并把最小吸收设为零点来抵消光谱图)。

7.3.2 为了自动计算膜片的厚度,可用约2 703 cm^{-1}处的吸光度减去约2 750 cm^{-1}处的吸光度。如结果为正值,样品属于1类。如结果为负值,样品属于2类(见图1)。

1类:用2 708 cm^{-1}处(计量点)与2 450 cm^{-1}处(定位点)的净吸光度差值表征膜厚(见图2)。

2类:用2 668 cm^{-1}处(计量点)与2 450 cm^{-1}处(定位点)的净吸光度差值表征膜厚(见图3)。

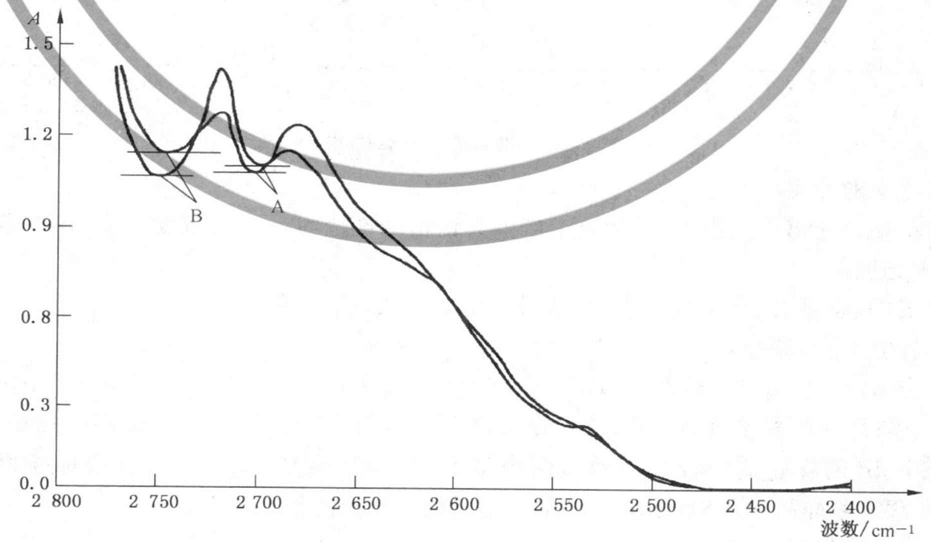

如果 $A_A - A_B > 0$,样品属于1类;

如果 $A_A - A_B < 0$,样品属于2类。

图1 FT-IR厚度 类的判定

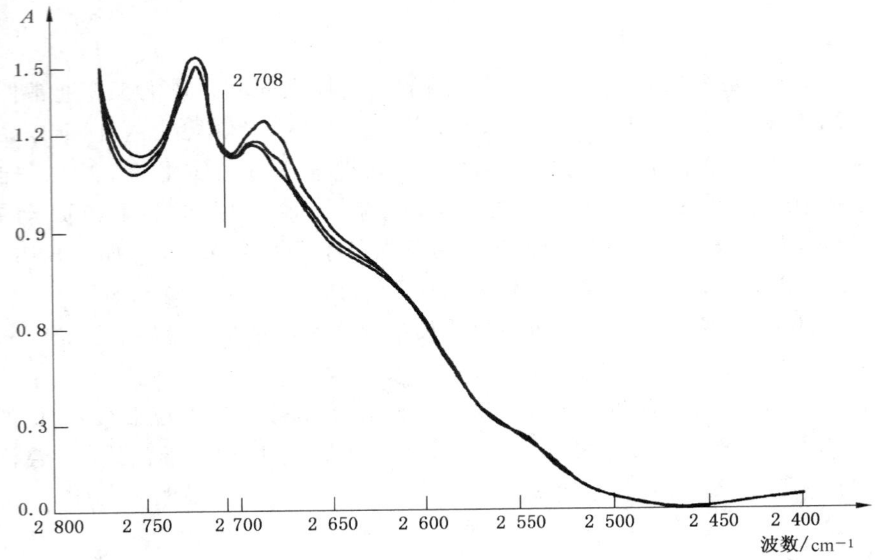

图 2 FT-IR 1 类厚度

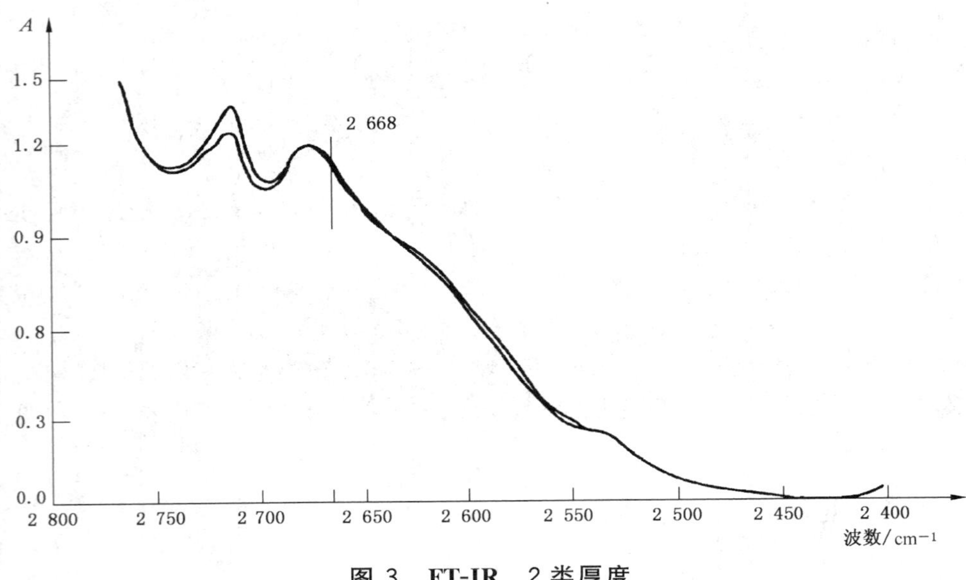

图 3 FT-IR 2 类厚度

7.4 二烯烃含量的测定

7.4.1 通过将整个光谱图乘以 $1/A$，使整个红外光谱信号规范为一个光密度单位，式中 A 是表征该膜片厚度的净吸光度。

7.4.2 计算 ENB 含量，以质量分数表示，结果保留至小数点后两位。

用式(2)计算 ENB 峰高：

$$\text{峰高} = A_{1\,681} - (0.75A_{1\,688} + 0.25A_{1\,689}) \quad \cdots\cdots(2)$$

对照第 6 章建立的标准曲线，用 ENB 峰高计算样品的 ENB 质量分数(使用内插法，而不用外插法)。如果该 ENB 的峰高低于校准标样谱图中最低的 ENB 峰高，或者高于校准标样谱图中最高的 ENB 峰高，就意味着样品的 ENB 浓度超出了所使用校准标样的校正范围。

图 4(a)为 EPDM 标准谱图。

7.4.3 计算 DCPD 含量，以质量分数表示，结果保留至小数点后两位。

将位于 1 601 cm^{-1}～1 620 cm^{-1} 范围内的二阶导数(二阶导数的计算使用 9 点平滑法)的峰高作为 DCPD 峰高(光密度单位)。

用式(3)计算 DCPD 峰高：

$$峰高 = A_{1\,601} - A_{1\,610} \quad \cdots\cdots(3)$$

对照第 6 章建立的标准曲线，用 DCPD 峰高计算样品的 DCPD 质量分数。如果该 DCPD 的峰高低于校准标样谱图中最低的 DCPD 峰高，或者高于校准标样谱图中最高的 DCPD 峰高，就意味着样品的 DCPD 浓度超出了所使用校准标样的校正范围。

图 4(b)为 EPDM 的标准二阶导数谱图。

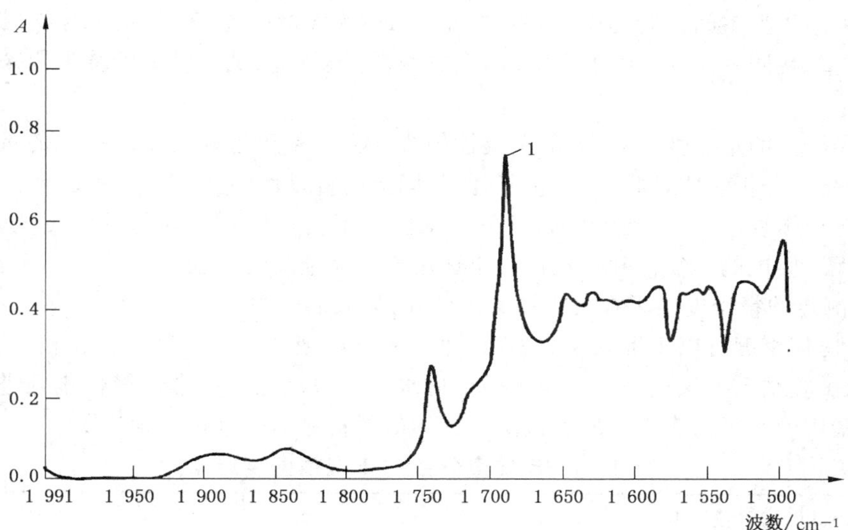

1——1 690 cm^{-1} 处的双键峰。

图 4(a) EPDM 标准谱图

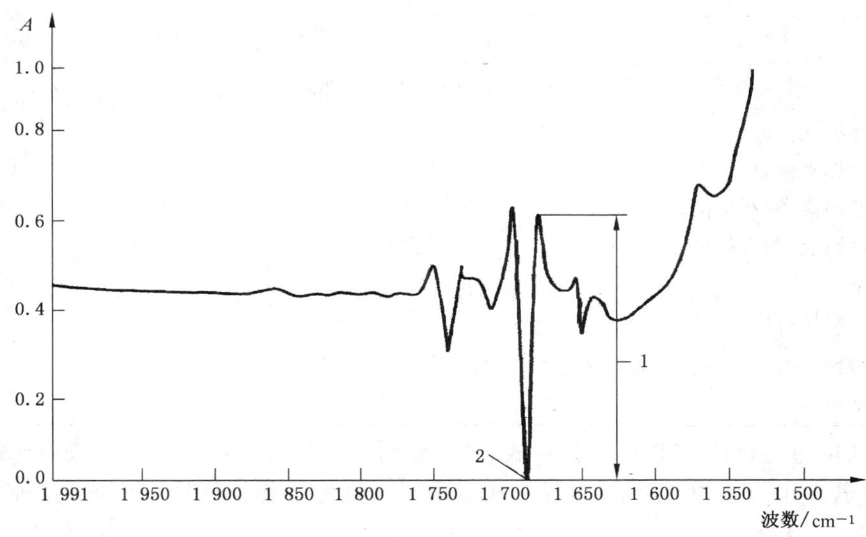

1——二阶导数峰高；

2——SD=0 的峰。

图 4(b) 标准二阶导数谱图

8 精密度和偏差

8.1 本章给出的精密度和偏差数据是按照 ISO/TR 9272 的规定，采用基本方法制样(见 4.1)得到的。这里给出了术语和其他统计计算的详细内容。

8.2 本章的精密度结果是按照 8.3 与 8.4 规定的特定室间试验程序，对指定材料(橡胶等)使用本试验方法进行测定时，对该方法精密度的评价。这些精密度参数不能用于接收或拒收没有证书的任何材料。这些参数适用于一些特定材料和使用本试验方法的特定检测协议。

8.3 本精密度采用 1 型室间试验程序。将不同水平 ENB 含量的 5 种材料(聚合物)提供给 3 个实验室。在每个实验室，在同一天或连续的两天内，完成两次重复性测试。该试验结果用来表征 ENB 质量分数。

8.4 为了判断同一天的重复性/不同天的重复性的合并方差是否远远大于同一天的重复性方差，事先进行了一个预分析。分析表明，同一天的重复性/不同天的重复性的合并方差并非远远大于同一天的重复性方差，说明对于本程序，连续几天内的重复性试验并不会比同一天内的重复性试验产生更大的改变。因此，由本程序生成的重复性和再现性结果适用于短期重复性试验。

8.5 ENB 含量测定的精密度结果在表 1 中给出(同时见表的脚注)。

本试验方法的精密度可以用下列参数表示，即用 r 与 R 或 (r) 与 (R) 的所谓"相当"值的形式表示，即用这个值判定试验结果。该相当值与表 1 中平均水平有关。在按照常规操作步骤进行试验时，对任一待测原料，其精密度水平与表 1 中所列最接近平均值的材料的 r 值和 R 值有关。

表 1 ENB 质量分数的 1 型精密度结果

材料	ENB 平均含量	S_r	r	(r)	S_R	R	(R)
ENB003	0.08	0.110	0.311	—[a]	0.137	0.388	—[a]
ENB005	3.70	0.030	0.083	2.26	0.167	0.473	12.77
ENB002	4.99	0.059	0.168	3.36	0.171	0.484	9.70
ENB004	6.78	0.062	0.177	2.60	0.259	0.733	10.81
ENB001	10.92	0.066	0.186	1.70	0.404	1.143	10.47
合并值	—[b]	—	0.159	2.60	—	0.758	11.00

S_r——重复性标准偏差；
S_R——再现性标准偏差；
r——重复性限值，测量单位；
R——再现性限值，测量单位；
(r)——相对重复性，%；
(R)——相对再现性，%。

[a] 对 ENB 含量非常低的情况，相对精密度无意义。

[b] 不包括 ENB003。

8.6 本试验方法的重复性限 r(以质量分数表示)已经用表 1 中的相当值算出。按照标准试验方法，两次试验结果之差若大于表 1 中的 r 值(对任一相应水平)，则应认作是所用试样取自不同样本总体或非等质的样本总体。

8.7 本试验方法的再现性已经用表 1 中的相当值算出。在两个不同实验室，按照标准试验方法，两次试验测得结果之差若大于表中的 R 值(对任一相应水平)，则应认为所用试样取自不同样本总体或非等量的样本总体。

8.8 ENB 含量在 3.0%～11.0%(真实值)范围内时，相对重复性 (r) 和相对再现性 (R) 分别近似等于 2.6%(相对值)和 11.0%(相对值)(见表 1 的平均值)。

8.9 在试验方法术语中，偏差是平均测定值与参比（或真值）试验特性值之间的差异。因为无法通过本试验方法对试验特性值进行定义，故对本试验方法来讲参比值不存在，由此不能测定偏差。

9 试验报告

试验报告应包括以下内容：

a) ENB 和 DCPD 的质量分数，每次试验结果保留两位小数；

b) 使用的模具类型；

c) 是否使用样品穿梭器采集光谱；

d) 分析日期。

附 录 A
(规范性附录)
水蒸气的光谱差减方法

A.1 背景

A.1.1 水蒸气和大气中可能包含的其他气体可能会对ENB的分析结果产生影响。即使用干燥气体(使用空气或氮气)吹扫样品室,一些残留的水蒸气仍会影响光谱的采集。使用样品穿梭器,能够交替采集单光束的样品光谱和背景(空样品室)光谱,在采集光谱过程中样品室始终关闭,按规定步骤可以大部分或全部消除水蒸气的影响。当计算样品的吸收光谱时,由于在采集样品的光谱图时已经扣除掉了等量的背景光谱,背景的影响可以忽略不计,因此可不参加计算。

A.1.2 这种从吸收光谱中消除背景干扰的方法不能在一台没有配置样品穿梭器的傅立叶变换红外光谱仪上使用。该仪器在加入或取出样品时必须打开样品室,而每次打开样品室都会引入不同的背景干扰。

A.1.3 幸运的是,只有水蒸气达到一定含量时,才在适用波长附近以较低吸收影响分析。因此,即使没有样品穿梭器,也可以使用与一个或多个样品谱图相对应的一个背景谱图来消除样品中水蒸气或背景光谱的影响。下面的叙述概括了这种校正方法的步骤。

A.2 水蒸气吸收光谱的获得

A.2.1 系统充分吹扫后采集单光束背景光谱(I_0),称为单光束空样品室谱图。

A.2.2 在打开又关闭样品室的盖子后(仍未加上高聚物膜片),迅速采集一个单光束谱图(I_W)。它被称为单光束水汽谱图。

A.2.3 计算水蒸气吸收光谱:

$$A_W = -\lg(I_W/I_0) \qquad \text{(A.1)}$$

A.3 单光束空样品室谱图的使用

A.3.1 较为理想的是,在分析每个高聚物样品膜片之前都应该采集单光束空样品室谱图(见A.2.1)并保存。但实际上,如果傅立叶变换红外光谱仪的操作条件稳定,在短期内(一般小于4 h),可以反复使用一个已保存的单光束空样品室谱图。

A.3.2 当将一个高聚物样品膜片放入样品室后,宜等待一段时间以便进行反复吹扫。经过吹扫后,样品室残留的水蒸气将大为减少。按照以往的经验控制吹扫时间(最多15 min)。

A.3.3 采集高聚物样品的单光束谱图,使用保存的单光束空样品室谱图(见A.3.1)计算吸收光谱(A)。

A.3.4 对含水蒸气的高聚物吸收光谱进行分析。如果检测到的水蒸气峰是正峰(扫描高聚物时空气中水蒸气较大)或负峰(扫描背景时空气中水蒸气较大),就可以在计算ENB含量之前对该光谱进行光谱差减或光谱叠加,以消除光谱中的水蒸气峰。具体做法如下:

a) 测量水蒸气的一条或一组吸收谱带作为计算光谱差减的基准。选择信号足够强且容易从高聚物样品吸收中消除的峰。

b) 计算高聚物光谱中该峰的高度并将它们与保存的水汽吸收光谱(见 A.2.3)峰高相比,以计算校正系数 S。

c) 计算消除水蒸气影响后的光谱强度 A^*:

$$A^* = A(1 - SA_w) \qquad \cdots\cdots(A.2)$$

在以后的计算中,用修正吸收光谱强度(A^*)替代如 6.2 所描述的高聚物吸收光谱强度(A)。

ICS 83.060
G 34

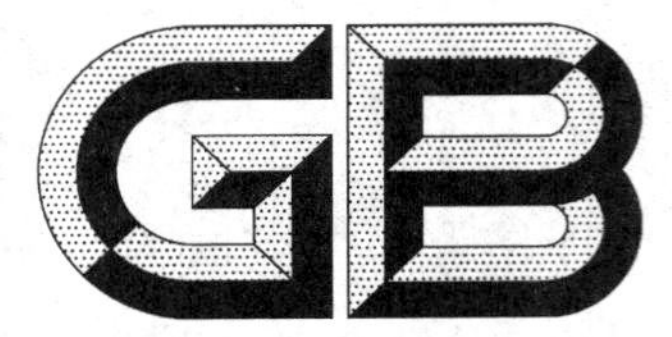

中华人民共和国国家标准

GB/T 22027—2008/ISO 18064:2003

热塑性弹性体　命名和缩略语

Thermoplastic elastomers—Nomenclature and abbreviated terms

(ISO 18064:2003,IDT)

2008-06-19 发布　　2008-12-01 实施

中华人民共和国国家质量监督检验检疫总局
中国国家标准化管理委员会　发布

前　言

本标准等同采用 ISO 18064:2003《热塑性弹性体——命名和缩略语》(英文版)。

本标准作了下列编辑性修改:

——删除国际标准的前言;

——“国际标准”改为“国家标准”。

本标准的附录 A 为资料性附录。

本标准由中国石油化工集团公司提出。

本标准由全国橡胶与橡胶制品标准化技术委员会合成橡胶分技术委员会归口(SAC/TC 35/SC 6)。

本标准起草单位:中国石油天然气股份有限公司兰州化工研究中心。

本标准主要起草人:王进、吴毅、徐天昊。

引　言

热塑性弹性体兼有硫化热固性橡胶和热塑性材料的多种特性和性能。因此,橡胶和塑料工业对当今快速发展的聚合物的分类和命名体系的认可是很重要的。现行橡胶命名与缩略语标准(ISO 1629)和塑料缩略语标准(ISO 1043-1)均不能适合目前聚合物的分类和命名体系。建立本标准是为避免利益冲突或定义不明确,允许在热塑性弹性体的缩略语解释中使用现存缩略语,也允许将来发展和扩充。

本标准使用已规定的缩略语。其目的是避免对已规定的热塑性弹性体有多个术语的情况发生,也可以避免对已有的缩略语给出多种解释的情况发生。因此,本标准将合理使用ISO 1043-1和ISO 1629中列出的术语和符号。

热塑性弹性体　命名和缩略语

1　范围

本标准建立了以聚合物和相关聚合物的化学组成为基础的热塑性弹性体的命名体系。规定了工业、商业和政府用于识别热塑性弹性体的符号和缩略语。本标准的建立并不与现存的贸易名称和商标相冲突，而是对它们的补充。

注1：本标准规定的弹性体缩略语名称应在技术文件和文献中使用。

注2：附录A给出了过去在材料标准、技术公告、教科书、专利和贸易文献中使用的热塑性弹性体缩略语。

2　规范性引用文件

下列文件中的条款通过本标准的引用而成为本标准的条款。凡是注日期的引用文件，其随后所有的修改单(不包括勘误的内容)或修订版均不适用于本标准，然而，鼓励根据本标准达成协议的各方研究是否可使用这些文件的最新版本。凡是不注日期的引用文件，其最新版本适用于本标准。

GB/T 5576—1997　橡胶与胶乳　命名法(idt ISO 1629:1995)

ISO 1043-1　塑料——符号和缩略语——第一部分：基础聚合物及其特性

3　术语和定义

下列术语和定义适用于本标准。

3.1

热塑性弹性体　thermoplastic elastomer(TPE)

TPE

热塑性弹性体包含聚合物或聚合物混合物，其使用温度下的性能与硫化橡胶相似，同时也可像热塑性塑料一样通过提高温度进行加工和再加工。

注：通常热塑性橡胶被当作热塑性弹性体术语使用。

3.2

热塑性的　thermoplastic(TP)

TP

TP用于表示热塑性弹性体缩略语的前缀。

4　命名体系

4.1　在前缀TP后应再加上表征热塑性弹性体类别的字母，详见第5章。

4.2　每种热塑性弹性体的缩略语应在连字号后再加上描述每种类别的专有部分的符号，详见第6章。

5　热塑性弹性体分类

5.1　TPA

聚酰胺类热塑性弹性体(polyamide thermoplastic elastomer)，由硬链段和软链段的交互嵌段共聚物组成，硬链段为酰胺化学链，软链段为醚和(或)酯链。

5.2　TPC

共聚多酯类热塑性弹性体(copolyester thermoplastic elastomer)，由硬链段和软链段的交互嵌段共聚物组成，主链上是酯和(或)醚。

5.3 **TPO**

烯烃类热塑性弹性体(olefinic thermoplastic elastomers),由聚烯烃和通用橡胶混合物组成,混合物中橡胶互不交联或有少量交联。

5.4 **TPS**

苯乙烯类热塑性弹性体(styrenic thermoplastic elastomers),至少由苯乙烯和特定二烯的三段嵌段共聚物组成,两个嵌段末端(硬嵌段)是聚苯乙烯,内嵌段(软嵌段或嵌段)是聚二烯或加氢聚二烯。

5.5 **TPU**

氨基甲酸乙酯类热塑性弹性体(urethane thermoplastic elastomers),由硬链段和软链段的交互嵌段共聚物组成,硬嵌段是氨基甲酸乙酯化学链,软嵌段是醚、酯或碳酸酯或其混合物。

5.6 **TPV**

热塑性硫化胶 (thermoplastic rubber vulcanizate),是由热塑性材料和通用橡胶的混合物组成,橡胶在混合和掺混过程中通过动态硫化完成交联。

5.7 **TPZ**

未分类的其他热塑性弹性体,由除 TPA、TPC、TPO、TPS、TPU 和 TPV 以外的其他组分或结构组成。

6 热塑性弹性体细目

6.1 聚酰胺类 TPEs(TPAs)

根据软链段 TPA 可分为不同的子类,用下列缩略语表示:

TPA-EE 软链段为酯和醚链段;

TPA-ES 聚酯软链段;

TPA-ET 聚醚软链段。

6.2 共聚酯类 TPEs (TPCs)

根据软嵌段 TPC 可分为不同的子类,用下列缩略语表示:

TPC-EE 软链段为酯和醚链段;

TPC-ES 聚酯软链段;

TPC-ET 聚醚软链段。

6.3 烯烃类 TPEs (TPOs)

根据所使用的热塑性聚烯烃的特性和橡胶类型的不同 TPO 的子类也不相同。

专用 TPO 可通过橡胶标准缩略语(见 GB/T 5576),后跟"+"和热塑性塑料类标准缩略语(见 ISO 1043-1)识别,并按照热塑性体和橡胶含量递减的顺序进行排列。

示例如下:

TPO-(EPDM+PP) 乙烯-丙烯-二烯三元共聚物和聚丙烯的混合物,EPDM 互不交联或少量交联,EPDM 含量大于 PP 含量。

6.4 苯乙烯类 TPEs(TPSs)

TPS 子类使用下列缩略语:

TPS-SBS 苯乙烯和丁二烯的嵌段共聚物;

TPS-SEBS 聚苯乙烯-聚(乙烯-丁烯)-聚苯乙烯;

TPS-SEPS 聚苯乙烯-聚(乙烯-丙烯)-聚苯乙烯;

TPS-SIS 苯乙烯和异戊二烯嵌段共聚物。

注:TPS-SEBS 是苯乙烯和丁二烯的嵌段共聚物,软嵌段为氢化顺式-1,4 聚丁二烯和 1,2 聚丁二烯单元的混合物组成。TPS-SEPS 是苯乙烯和异戊二烯的嵌段共聚物,其中聚异戊二烯已氢化。

6.5 聚氨酯类 TPEs (TPUs)

根据硬嵌段上聚氨酯链段之间的烃类(芳烃或脂肪烃)特性和软嵌段上的化学链段(醚、酯、碳酸酯)的不同 TPU 可分为以下子类:

TPU-ARES 芳烃硬链段,聚酯软链段;

TPU-ARET 芳烃硬链段,聚醚软链段;

TPU-AREE 芳烃硬链段,醚和酯软链段;

TPU-ARCE 芳烃硬链段,聚碳酸酯软链段;

TPU-ARCL 芳烃硬链段,聚己酸内酯软链段;

TPU-ALES 脂肪烃硬链段,聚酯软链段;

TPU-ALET 脂肪烃硬链段,聚醚软链段。

6.6 动态硫化类 TPEs (TPVs)

TPV 的子类取决于的热塑性材料的特性和橡胶类型。

专用 TPV 可通过橡胶缩略语(见 GB/T 5576—1997),后跟"+"和热塑性塑料类缩略语(见 ISO 1043-1)识别。橡胶缩略语置于热塑性体缩略语之前。

示例如下:

TPV-(EPDM+PP) 三元乙丙橡胶和聚丙烯混合,其中三元乙丙橡胶高度交联,并均匀分散于连续聚丙烯相。

TPV-(NBR+PP) 丙烯腈-丁二烯橡胶和聚丙烯混合,其中丙烯腈-丁二烯橡胶高度交联,并均匀分散于连续聚丙烯相。

TPV-(NR+PP) 天然橡胶和聚丙烯混合,其中天然橡胶高度交联,并均匀分散于连续聚丙烯相。

TPV-(ENR+PP) 环氧天然橡胶和聚丙烯混合,其中环氧天然橡胶高度交联,并均匀分散于连续聚丙烯相。

TPV-(IIR+PP) 丁基橡胶和聚丙烯相混合,其中丁基橡胶高度交联,并均匀分散于连续聚丙烯相。

6.7 其他类材料(TPZ)

这类热塑性弹性体不适用于任何专用分类,可用前缀 TPZ 表示。现有 TPZ 类如下:

TPZ-(NBR+PVC) 丙烯腈-丁二烯橡胶和聚氯乙烯混合物

注:许多 NBR+PVC 混合物是热固性硫化橡胶,此时不能使用前缀 TPZ。

附 录 A
（资料性附录）
已使用的缩略语

多年来，开发出了不同类型的热塑性材料，并且部分已经工业化。最初，使用不同的方法描述这些材料不同类别的特征，目前对材料描述的一些术语已经用于文献和专利中。因此就出现了同种材料却有不同术语的状况。为便于与制定的描述热塑性材料的缩略语比较，并与现有文献保持连续，将原来使用的一部分术语和缩略语在下文中给出：

以前使用的缩略语	新缩略语	描述
FCEA	TPV	完全交联弹性合金
HCTPV	TPV	高度交联热塑性硫化物
NPV	TPZ-(NBR+PVC)	NBR 和 PVC 的共混物(缩略语主要用于印度)
PEBA	TPA	热塑性弹性体，聚醚嵌段胺
SBS	TPS-SBS	苯乙烯-丁二烯-苯乙烯嵌段共聚物
SEBS	TPS-SEBS	苯乙烯-乙烯/丁烯-苯乙烯嵌段共聚物
SEPS	TPS-SEPS	苯乙烯-乙烯/丙烯-苯乙烯嵌段共聚物
SIS	TPS-SIS	苯乙烯-异戊二烯-苯乙烯嵌段共聚物
TECEA	TPZ-(NBR+PVC)	热塑性弹性体，聚氯乙烯合金
TEEE	TPC	热塑性弹性体，醚-酯
TEO	TPO	热塑性弹性体，烯烃类
TES	TPS	热塑性弹性体，苯乙烯类

编者注：规范性引用文件中 ISO 1043-1 最新版本为 ISO 1043-1:2011，ISO 1043-1:2001 已转化(等同采用)为 GB/T 1844.1—2008《塑料　符号和缩略语　第 1 部分：基础聚合物及其特征性能》。

ICS 83.060
G 40

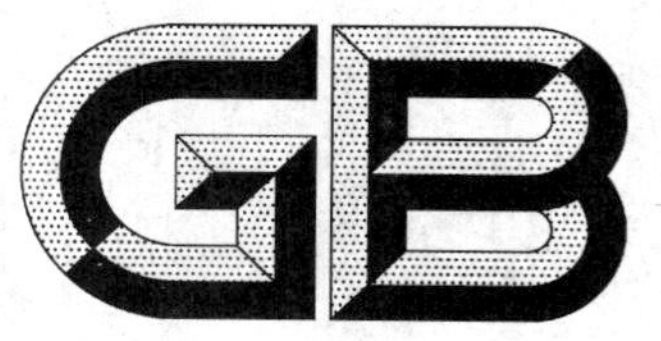

中华人民共和国国家标准

GB/T 24131—2009

生橡胶　挥发分含量的测定

Rubber, raw—Determination of volatile matter content

(ISO 248:2005, MOD)

2009-06-15 发布　　2010-02-01 实施

中华人民共和国国家质量监督检验检疫总局
中国国家标准化管理委员会　发布

前　言

本标准修改采用国际标准 ISO 248:2005《生橡胶　挥发分含量的测定》(英文版)。

本标准根据 ISO 248:2005 重新起草。

考虑到我国实验室及国产橡胶的具体情况，在采用 ISO 248:2005 时，本标准做了如下技术性修改：

——删除了 ISO 248:2005 中的均化步骤(见 4.2.1.1)；

——辊距由 0.25 mm±0.05 mm 修改为 0.30 mm±0.05 mm(见 4.2.1.2、4.2.2、5.2.2.1)；

——增加了关于热辊法 B 使用现象的说明注解，即条文注 2(见 4.2.2)；

——修改了热辊法 A 的计算公式，公式由：$w_1=\left[1-\frac{m_2\times m_4}{m_1\times m_3}\right]\times 100$ 改为：$w_1=\frac{m_1-m_2}{m_1}\times 100$(见 4.3.1)；

——增加了方法的允许差内容(见 6.2)；

——按照本标准分析步骤的顺序对试样的质量符号的下脚标重新进行编号，每个质量符号所表征的内容均在其对应的公式中给出解释。

为便于使用，本标准还做了以下编辑性修改：

——“本国际标准”一词改为“本标准”；

——删除国际标准的前言；

——增加了关于试样形状与干燥效果的提示性注解，即条文注 2(见 5.2.2.2)。

本标准的附录 A、附录 B 为资料性附录。

本标准由中国石油和化学工业协会提出。

本标准由全国橡胶与橡胶制品标准化技术委员会(SAC/TC 35)归口。

本标准负责起草单位：中国石油天然气股份有限公司兰州化工研究中心。

本标准参加单位：中国热带农业科学院农产品加工研究所。

本标准主要起草人：方芳、孙丽君、沈海陇、卢光。

生橡胶　挥发分含量的测定

警告1——使用本标准的人员应熟悉正规实验室的操作规程。本标准并未指出所有可能的安全问题。使用者有责任采取适当的安全和健康措施，并保证符合国家有关法规规定的条件。

警告2——本标准的某些步骤中生成的物质和废料可能对当地的环境有所损害。应制定使用后安全处理的有关文件。

1　范围

本标准规定了测定生橡胶中水分和其他挥发性物质含量的两种方法:热辊法和烘箱法。

本标准适用于测定列入GB/T 5576—1997中"R"组橡胶的挥发分含量。"R"组橡胶是指含有不饱和碳链的橡胶，例如天然橡胶和至少部分由二烯烃聚合的合成橡胶。

本标准也可能适用于测定其他类橡胶。在这种情况下，应验证质量的改变仅仅是由于原有的挥发性物质的损失而不是橡胶降解所致。

热辊法不适用于天然橡胶和合成异戊二烯橡胶或者在热辊上难以处理的橡胶，也不适用于片状或粉末状橡胶。

这两种方法不一定能得到相同的结果。因此，在有争议的情况下，宜使用烘箱法A。

2　规范性引用文件

下列文件中的条款通过本标准的引用而成为本标准的条款。凡是注日期的引用文件，其随后所有的修改单(不包括勘误的内容)或修订版均不适用于本标准，然而，鼓励根据本标准达成协议的各方研究是否可使用这些文件的最新版本。凡是不注日期的引用文件，其最新版本适用于本标准。

GB/T 5576—1997　橡胶与乳胶　命名法(idt ISO 1629:1995)

GB/T 6038　橡胶试验胶料　配料、混炼及硫化设备及操作程序(GB/T 6038—2006,ISO 2393:1994,MOD)

GB/T 14838　橡胶与橡胶制品　试验方法标准精密度的确定(GB/T 14838—2009,ISO/TR 9272:2005,IDT)

GB/T 15340　天然、合成生橡胶取样及其制样方法(GB/T 15340—2008,ISO 1795:2002,IDT)

3　原理

3.1　热辊法

试样在加热的开炼机上辊压直到所有的挥发分被赶除，辊压过程中的质量损失即为挥发分含量。

3.2　烘箱法

如果样品不是粉末状，则按照GB/T 15340的规定用实验室开炼机进行均匀化。无论是从均匀化后的试样上取样，还是直接从粉末状橡胶中取样，都要将试样压成薄片，在烘箱中干燥至恒重，此过程中质量损失与该试样在均匀化过程中的质量损失之和计算为挥发分含量。

4　热辊法

4.1　设备

4.1.1　开炼机:应符合GB/T 6038的要求。

4.2　操作步骤

4.2.1　热辊法A

4.2.1.1　按照GB/T 15340规定称取约250 g试样(质量 m_1)精确到0.1 g。

4.2.1.2 按 GB/T 6038 的规定，用窄铅条调整开炼机辊距为 0.30 mm±0.05 mm，辊筒表面温度保持在 105 ℃±5 ℃。

4.2.1.3 将已称量的试样在开炼机(4.1.1)上反复通过 4 min，不允许试样包辊，并小心操作以防止试样损失；称量试样，精确至 0.1 g。再将试样在开炼机上通过 2 min，再称量。如果在 4 min 末和 6 min 末的质量差小于 0.1 g，可计算挥发分的含量。否则，将试样在开炼机上再通过 2 min，直至连续两次称量值之差小于 0.1 g(最终质量 m_2)。在每次称量前，将试样放在干燥器中冷却至室温。

4.2.1.4 如果橡胶在开炼机上易成碎片或粘辊，导致称量困难或难以称量，则应采用烘箱法(步骤 5.2.1.2)。

4.2.2 热辊法 B

称取约 250 g 试样，精确至 0.1 g(质量 m_3)，调整辊距为 0.30 mm±0.05 mm，辊筒表面温度保持在 105 ℃±5 ℃。将试样至少通过辊筒两次，称量，精确至 0.1 g；再次将试样至少通过辊筒两次，并称量。当前后两次质量差小于 0.1 g 时，可以认为试样已完全干燥。否则，继续将试样通过辊筒两次，直至连续两次称量值之差小于 0.1 g(最终质量 m_4)。

注 1：虽然水分含量并不影响测定结果，称量前还是有必要将试样放在干燥器中。

注 2：对于挥发分含量较小的橡胶，用热辊法 B 进行快速分析效果较好。

4.3 结果表示

4.3.1 热辊法 A

试样中挥发分含量 w_1 以质量分数(%)计，按式(1)计算：

$$w_1 = \frac{m_1 - m_2}{m_1} \times 100 \qquad \cdots\cdots(1)$$

式中：

m_1——过辊前试样的质量，单位为克(g)；

m_2——过辊后最终试样的质量，单位为克(g)。

4.3.2 热辊法 B

试样中挥发分含量 w_2 以质量分数(%)计，按式(2)计算：

$$w_2 = \frac{m_3 - m_4}{m_3} \times 100 \qquad \cdots\cdots(2)$$

式中：

m_3——过辊前试样的质量，单位为克(g)；

m_4——过辊后最终试样的质量，单位为克(g)。

5 烘箱法

5.1 设备

5.1.1 烘箱：能进行空气循环，温度可控制在 105 ℃±5 ℃。

5.2 操作步骤

5.2.1 烘箱法 A

5.2.1.1 天然橡胶

5.2.1.1.1 对于非粉末状橡胶，称取胶样约 600 g 并按照 GB/T 15340 进行均匀化。称量均匀化前后胶样的质量，精确到 0.1 g，(质量分别为 m_5 和 m_6)。在最后称量前，将胶样冷却至室温。

5.2.1.1.2 从均匀化后的胶样中称取约 10 g 试样，精确至 1 mg(质量 m_7)。

5.2.1.1.3 将开炼机辊温调至 70 ℃±5 ℃，将辊距调至可压出胶片厚度小于 2 mm，将试样在辊筒间通过两次。

5.2.1.1.4 如果橡胶为粉末状，可随机称取约 10 g 试样，置于表面皿或便于称量的铝碟中称量。精确到 1 mg(质量 m_7)。

5.2.1.2 **合成橡胶**

5.2.1.2.1 如果橡胶不是粉末状,称取约 250 g 胶样,并按照 GB/T 15340 中均匀化天然橡胶的步骤进行均匀化。称量均匀化前后胶样的质量,精确至 0.1 g(质量分别为 m_5 和 m_6)。

5.2.1.2.2 将开炼机辊温调至 70 ℃±5 ℃,辊距调至可压出胶片厚度小于 2 mm。从均匀化后的胶样中称取 10 g 试样,精确至 1 mg(质量 m_7),将试样在辊筒间通过两次。

5.2.1.2.3 如果橡胶不能压成片,则从均匀化后的胶样中取 10 g 试样,手工剪成约 2 mm 的小块,置于表面皿或便于称量的铝碟中称量。精确到 1 mg(质量 m_7)。

5.2.1.2.4 如果橡胶为粉末状,可随机称取约 10 g 试样,置于表面皿或便于称量的铝碟中称量,精确到 1 mg(质量 m_7)。

5.2.1.3 **样品在烘箱中的处理(天然和合成橡胶)**

将按照 5.2.1.1 或 5.2.1.2 得到的试样放入 105 ℃±5 ℃的烘箱(5.1.1)中干燥 1 h,同时打开烘箱的通风口,如果安装了循环风扇亦打开,在放置试样时应尽可能使其与热空气有最大的接触面。取出试样放入干燥器中冷却至室温称量;再干燥 30 min,并冷却称量,如此反复,直到连续两次称量值之差不大于 1 mg(最终质量 m_8)。

5.2.2 **烘箱法 B**

5.2.2.1 称取样品约 250 g,在表面温度约 30 ℃、辊距为 0.30 mm±0.05 mm 的辊筒上压成薄片。在此薄片中随机取两份约 50 g 的试样,精确至 0.01 g(质量 m_9)。

5.2.2.2 如果橡胶粘辊而不能压成薄片,则直接从样品中取两份约 10 g 试样,分别将其剪成约 2 mm 的小块,置于深 15 mm、直径 60 mm 的铝碟或相同形状的容器中,称量,精确至 1 mg(质量 m_9)。将盛有试样的容器放入温度为 105 ℃±5 ℃的烘箱中干燥 1 h,取出,置于干燥器中冷却至室温,再称量(质量 m_{10})。

注 1:天然橡胶需要均匀化,因此烘箱法 B 不适用。

注 2:将压成薄片的试样再剪成小碎片,可以增大试样与热空气的接触面积,干燥效果更佳。

5.3 **结果表示**

5.3.1 **烘箱法 A**

5.3.1.1 当试样是从均匀化后的胶样中取出时(见 5.2.1.1.2 和 5.2.1.2.2),试样中挥发分含量 w_3 以质量分数(%)计,按式(3)计算:

$$w_3 = \left[1 - \frac{m_6 \times m_8}{m_5 \times m_7}\right] \times 100 \qquad \cdots\cdots(3)$$

式中:

m_5——均匀化前胶样的质量,单位为克(g);

m_6——均匀化后胶样的质量,单位为克(g);

m_7——从均化后的胶样中取出的试样的质量,单位为克(g);

m_8——经烘箱干燥后试样的质量,单位为克(g)。

5.3.1.2 当试样是直接从粉末状橡胶中取出时(见 5.2.1.1.4 和 5.2.1.2.4),试样中挥发分含量 w_4 以质量分数(%)计,按式(4)计算:

$$w_4 = \frac{m_7 - m_8}{m_7} \times 100 \qquad \cdots\cdots(4)$$

式中:

m_7——从样品中取出的试样的质量,单位为克(g);

m_8——经烘箱干燥后试样的质量,单位为克(g)。

5.3.2 烘箱法 B

试样中挥发分含量 w_5 以质量分数(%)计,按式(5)计算:

$$w_5 = \frac{m_9 - m_{10}}{m_9} \times 100 \qquad \cdots\cdots(5)$$

式中:

m_9——干燥前试样的质量,单位为克(g);

m_{10}——干燥后试样的质量,单位为克(g);

所得结果取平行试验结果的平均值。

6 精密度

6.1 重复性

本标准按照 GB/T 14838 开展实验室间精密度试验,详细信息见附录 A。有关精密度的概念和术语参考 GB/T 14838。

本标准的附录 B 对重复性和再现性的应用作了说明。

6.2 允许差(适用于合成生橡胶)

6.2.1 热辊法 A 允许差

挥发分含量不大于 0.10%时,两次平行测定结果之差不大于 0.02%;

挥发分含量在 0.11%~0.20%时,两次平行测定结果之差不大于 0.04%;

挥发分含量在 0.21%~0.40%时,两次平行测定结果之差不大于 0.12%;

挥发分含量在 0.41%~0.70%时,两次平行测定结果之差不大于 0.15%。

6.2.2 烘箱法 A 允许差

挥发分含量不大于 0.22%时,两次平行测定结果之差不大于 0.04%;

挥发分含量在 0.23%~0.70%时,两次平行测定结果之差不大于 0.15%;

挥发分含量在 0.71%~1.00%时,两次平行测定结果之差不大于 0.22%;

挥发分含量在 1.01%~1.50%时,两次平行测定结果之差不大于 0.35%。

7 试验报告

试验报告应包括以下内容:

a) 本标准的编号;

b) 有关样品的详细说明;

c) 使用的方法(热辊法或烘箱法);

d) 10 g 试样是取自均匀化后的试片(见 5.2.1.1.2 和 5.2.1.2.2)还是直接取自粉末状样品(见 5.2.1.1.4和 5.2.1.2.4);

e) 每个试样的测定结果;

f) 测定过程中的任何异常情况;

g) 不包括在本标准之中的任何自选的操作;

h) 试验日期。

附 录 A
（资料性附录）
实验室间精密度试验

A.1 1984 年版的实验室间精密度信息

A.1.1 1984 年末，由马来西亚橡胶研究院组织了一次实验室间精密度试验，在 5 月和 7 月，每个实验室对两种类型的样品独立进行了试验，这两种样品是：

a) A 和 B 两种橡胶的混合样品；

b) A 和 B 两种橡胶的非混合样品。

A.1.2 对上述混合的和非混合的样品，以 3 个独立测试结果的平均值作为试验结果。

A.1.3 通常采用烘箱法 A 来测定挥发分。

A.1.4 1 型精密度是按照实验室间试验程序测定的。在规定的时间周期内，分别由 14 个实验室对混合样品、13 个实验室对非混合样品开展试验，确定出再现性和重复性。

A.2 2003 年版实验室间精密度信息

A.2.1 2003 年 4 月和 5 月，在多个实验室开展了实验室间精密度试验。7 个实验室参加了热辊法 B 试验，8 个实验室参加了烘箱法 B 试验。

A.2.2 热辊法 B 和烘箱法 B 均使用生橡胶样品 C(SBR1500) 和 D(非充油 BR)。

A.2.3 表 A.3 和表 A.4 分别给出了烘箱法 B、热辊法 B 的平均值和精密度估计值，这些结果是根据多家实验室对两种材料进行重复试验而确定的。

A.3 精密度结果

1984 年版的精密度结果分别列于表 A.1(混合样品)、表 A.2(非混合样品)。

2003 年版的精密度结果分别列于表 A.3(烘箱法 B)、表 A.4(热辊法 B)。

如果没有这些精密度参数适用于某些特殊的材料和特殊的试验方法的协议文件，该精密度值不能用于判断接受/拒绝材料的依据。

表 A.1 烘箱法 A——混合样品试验

橡胶样品	平均挥发分含量(质量分数)/%	同一实验室重复性		实验室间再现性	
		r	(r)	R	(R)
A	0.37	0.031	8.54	0.154	41.9
B	0.37	0.032	8.71	0.151	40.7
合并值	0.37	0.032	8.62	0.152	41.3

各符号的定义如下：

r——重复性，以质量分数计；

(r)——重复性，以平均值的(相对)百分数计；

R——再现性，以质量分数计；

(R)——再现性，以平均值的(相对)百分数计。

表 A.2 烘箱法 A——非混合样品试验

橡胶样品	平均挥发分含量(质量分数)/%	同一实验室重复性		实验室间再现性	
		r	(r)	R	(R)
A	0.35	0.081	22.9	0.257	73.1
B	0.40	0.091	23.1	0.299	74.5
合并值	0.37	0.086	23.0	0.279	74.6
各符号的定义见表 A.1。					

表 A.3 烘箱法 B——挥发分含量试验

橡胶样品	平均挥发分含量(质量分数)/%	同一实验室重复性			实验室间再现性		
		s_r	r	(r)	s_R	R	(R)
C(SBR)	0.10	0.02	0.04	45.7	0.02	0.06	67.6
D(BR)	0.22	0.03	0.08	35.1	0.08	0.22	99.2
各符号的定义如下： s_r——重复性标准偏差； s_R——再现性标准偏差； 其他符号的定义见表 A.1。							

表 A.4 热辊法 B——挥发分含量试验

橡胶样品	平均挥发分含量(质量分数)/%	同一实验室重复性			实验室间再现性		
		s_r	r	(r)	s_R	R	(R)
C(SBR)	0.07	0.02	0.07	97.8	0.03	0.10	137.3
D(BR)	0.23	0.04	0.10	44.7	0.06	0.18	80.5
各符号的定义如下： s_r——重复性标准偏差； s_R——再现性标准偏差； 其他符号的定义见表 A.1。							

附 录 B
（资料性附录）
精密度结果应用指南

B.1 一般程序

使用精密度结果的一般程序如下：用符号$|X_1-X_2|$表示任意两个测量值的正差（即忽略正负号）。

a) 选择合适的精密度表，根据所开展的试验参数，在表中找出与试验数据平均值最接近的“挥发分含量平均值”处，查相应精密度表。该行就会给出相应的用于判断的 r,(r),R 和(R)。

b) 对于 r 和(r)值，通常可用 B.2 的一般重复性说明来作判断。

c) 对于 R 和(R)值，通常可用 B.3 的一般再现性说明来作判断。

B.2 一般重复性说明

B.2.1 绝对差

在正常和正确操作的试验程序下，对于标称为相同材料的样品所得到的两次试验（值）平均值的差$|X_1-X_2|$，平均每 20 次不会多于 1 次超过表中的重复性 r。

B.2.2 两次试验（值）平均值之差的百分数

在正常和正确操作的试验程序下，对于标称为相同材料的样品所得到的 2 次试验（值）平均值之差的百分数$[|X_1-X_2|/(X_1+X_2)/2]\times 100$，平均每 20 次不会多于 1 次超过表中的重复性(r)。

B.3 一般再现性说明

B.3.1 绝对差

两个实验室在正常和正确操作的试验程序下，对于标称为相同材料的样品所得到的 2 个独立测量试验（值）平均值的差$|X_1-X_2|$，平均每 20 次不会多于 1 次超过表中再现性 R。

B.3.2 两个试验（值）平均值之差的百分数

两个实验室在正常和正确操作的试验程序下，对于标称为相同材料的样品所得到的 2 个独立测量试验（值）平均值之差的百分数$[|X_1-X_2|/(X_1+X_2)/2]\times 100$，平均每 20 次不会多于 1 次超过表中再现性(R)。

ICS 83.060
G 35

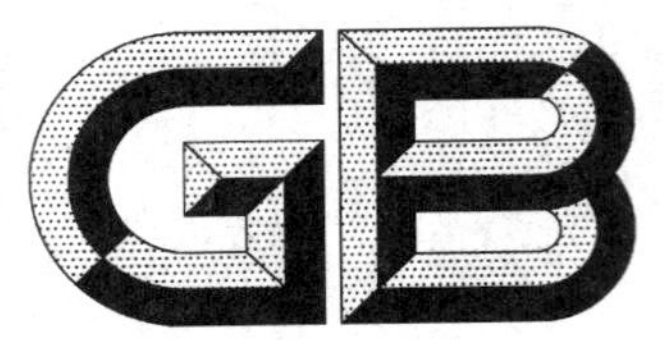

中华人民共和国国家标准

GB/T 24797.1—2009/ISO 20299-1:2006

橡胶包装用薄膜　第1部分：丁二烯橡胶(BR)和苯乙烯-丁二烯橡胶(SBR)

**Film for wrapping rubber bales—
Part 1: Butadiene rubber(BR) and styrene-butadiene rubber(SBR)**

(ISO 20299-1:2006, IDT)

2009-12-15 发布　　2010-06-01 实施

中华人民共和国国家质量监督检验检疫总局
中国国家标准化管理委员会　发布

前言

GB/T 24797《橡胶包装用薄膜》共分三个部分：

——第1部分：丁二烯橡胶(BR)和苯乙烯-丁二烯橡胶(SBR)；

——第2部分：天然橡胶；

——第3部分：乙烯-丙烯-二烯烃橡胶(EPDM)，丙烯腈-丁二烯橡胶(NBR)，氢化丙烯腈-丁二烯橡胶(HNBR)，乙烯基丙烯酸橡胶(AEM)，丙烯酸橡胶(ACM)。

本部分为GB/T 24797的第1部分。

本部分等同采用国际标准ISO 20299-1:2006《橡胶包装薄膜 第1部分：丁二烯橡胶(BR)和苯乙烯-丁二烯橡胶(SBR)》(英文版)。

为便于使用，本部分做了下列修改：

——删除国际标准的前言；

——本部分规范性引用文件改为我国现行国家标准，技术内容与相应的国际标准一致；

——按照汉语语言习惯，对标准的文字进行了编辑性修改。

本部分由中国石油和化学工业协会提出。

本部分由全国橡胶与橡胶制品标准化技术委员会合成橡胶分技术委员会归口(SAC/TC 35/SC 6)。

本部分起草单位：中国石油天然气股份有限公司石油化工研究院兰州化工研究中心。

本部分主要起草人：孙丽君、王春龙、魏玉丽、方芳、陈吉豹。

引　言

通用合成橡胶大部分是由橡胶胶料经过干燥、压块制成，压块后的橡胶温度仍然在60 ℃左右，橡胶块在自动化程序下覆盖包装薄膜并进行外包装。

包装用薄膜应该有足够的强度以承受在包装过程中所产生的力。在贮存过程中，橡胶会冷流，包装薄膜应能承受所产生的各种压力，如果薄膜破损将会导致橡胶与外包装发生粘连。

使用包装薄膜的目的是使橡胶的包与包之间在任何时候都处于分离状态，以便能够很容易地从包装中取出使用。由于从每一个橡胶包上剥去包装膜既困难又不经济，因此在橡胶混炼过程中这种包装薄膜应能够分散到橡胶中去，这就要求包装薄膜的熔点必须低于密炼过程所达到的温度，通常为120 ℃～160 ℃。

目前还没有一个合适的方法用于直接测量分散性。

如果在开炼或密炼循环混炼过程中不能达到所需要的分散温度，则应考虑从橡胶包上剥去薄膜或者使用更低熔点的包装膜。

橡胶包装用薄膜　第1部分：丁二烯橡胶(BR)和苯乙烯-丁二烯橡胶(SBR)

警告——使用本标准的人员应该熟悉普通实验室操作。本标准没有对使用中可能出现的安全问题做任何陈述。使用者有责任建立适当的安全和健康机制并确保拥有国家正规实验室条件。

1　范围

本部分规定了包装通用合成橡胶所用的非剥离型薄膜的材料及其物理特性。该薄膜是为了确保橡胶在储存期间,每个橡胶包能够单独分离不相互粘连。

本部分适用于苯乙烯-丁二烯橡胶(SBR)和丁二烯橡胶(BR)。

某些应用或加工方法要求除去薄膜,本部分不针对可剥离型的薄膜。

2　规范性引用文件

下列文件中的条款通过GB/T 24797的本部分的引用而成为本部分的条款。凡是注日期的引用文件,其随后所有的修改单(不包括勘误的内容)或修订版均不适用于本部分,然而,鼓励根据本部分达成协议的各方研究是否可使用这些文件的最新版本。凡是不注日期的引用文件,其最新版本适用于本部分。

GB/T 1633—2000　热塑性塑料维卡软化温度(VST)的测定(idt ISO 306:1994)

GB/T 19466.3—2004　塑料　差示扫描量热法(DSC)　第3部分:熔融和结晶温度及热焓的测定(ISO 11357-3:1999,IDT)

GB/T 20220—2006　塑料薄膜和薄片　样品平均厚度、卷平均厚度及单位质量面积的测定　称量法(称量厚度)(ISO 4591:1992,IDT)

3　材料

包装薄膜应由以下材料之一制得:

——低密度聚乙烯(LDPE);

——低密度聚乙烯与乙烯-醋酸乙烯酯聚合物(EVAC)的共混物;

——合适规格的EVAC。

注:薄膜中可以存在防老剂、爽滑剂和防粘剂。

4　物理特性

4.1　试样厚度

按照GB/T 20220—2006的称量法测定,薄膜的厚度应在0.035 mm～0.065 mm之间。

4.2　热性能

4.2.1　概要

一般情况满足下列规定的两种热性能之一即可。

4.2.2　维卡软化温度

按照GB/T 1633—2000中的方法A_{50}测定,维卡软化温度应小于或等于95 ℃。

4.2.3　差示扫描热量分析

按照GB/T 19466.3—2004测定,熔融峰温应低于113 ℃(维卡软化温度+18 ℃)。

5 试验报告

报告应包括以下内容：

a) 本部分的编号；

b) 有关样品的详细说明；

c) 测定过程中的任何异常现象；

d) 根据第 4 章的规定所得到的结果；

e) 试验日期。

ICS 83.060
G 35

中华人民共和国国家标准

GB/T 24797.3—2014/ISO 20299-3:2008

橡胶包装用薄膜 第3部分:乙烯-丙烯-二烯烃橡胶(EPDM)、丙烯腈-丁二烯橡胶(NBR)、氢化丙烯腈-丁二烯橡胶(HNBR)、乙烯基丙烯酸酯橡胶(AEM)和丙烯酸酯橡胶(ACM)

Film for wrapping rubber bales—Part 3:Ethylene-propylene-diene rubber (EPDM),acrylonitrilebutadiene rubber (NBR),hydrogenated nitrile-butadiene rubber(HNBR),acrylic-ethylene rubber (AEM) and acrylic rubber (ACM)

(ISO 20299-3:2008,IDT)

2014-07-08 发布　　　　2014-12-01 实施

中华人民共和国国家质量监督检验检疫总局
中国国家标准化管理委员会　发布

前　言

GB/T 24797《橡胶包装用薄膜》分为三个部分：

——第1部分：丁二烯橡胶(BR)和苯乙烯-丁二烯橡胶(SBR)；

——第2部分：天然橡胶；

——第3部分：乙烯-丙烯-二烯烃橡胶(EPDM)、丙烯腈-丁二烯橡胶(NBR)、氢化丙烯腈-丁二烯橡胶(HNBR)、乙烯基丙烯酸酯橡胶(AEM)和丙烯酸酯橡胶(ACM)。

本部分为GB/T 24797的第3部分。

本部分按照GB/T 1.1—2009给出的规则起草。

本部分等同采用ISO 20299-3:2008《乙烯-丙烯-二烯烃橡胶(EPDM)、丙烯腈-丁二烯橡胶(NBR)、氢化丙烯腈-丁二烯橡胶(HNBR)、乙烯基丙烯酸酯橡胶(AEM)和丙烯酸酯橡胶(ACM)》。

本部分由中国石油化工集团公司提出。

本部分由全国橡胶与橡胶制品标准化技术委员会合成橡胶分技术委员会归口(SAC/TC 35/SC 6)。

本部分起草单位：中国石油天然气股份有限公司石油化工研究院、凯迪西北橡胶有限公司、宁波顺泽橡胶有限公司。

本部分主要起草人：孙丽君、陆延、李晓银、王春龙、魏玉丽、李淑萍、张兆庆。

引　言

为了确保橡胶在储存期间，每块胶能够单独分离不相互粘连，通常采用合适的薄膜对橡胶块进行包装。

大部分通用合成橡胶是由橡胶胶料经过干燥压制成块，在自动化程序下覆盖包装薄膜，最后进行外包装，因此包装用薄膜应具有足够的强度以承受在包装过程中所受到的力。同时，橡胶在贮存过程中会冷流，因此也要求包装用薄膜应具有足够的强度能够承受橡胶冷流过程所产生的压力，以防止薄膜破损导致橡胶与外包装发生粘连。

在橡胶混炼前，如果剥去每个橡胶包上的包装膜，既困难又不经济，因此操作者通常直接将橡胶连同其包装膜一起混炼，这就要求该薄膜在橡胶混炼过程中能较好地分散到橡胶中去，其熔点应低于密炼过程所达到的温度(通常为 120 ℃～160 ℃)。

目前还没有直接测量分散性的方法。

如果在开炼或密炼混炼过程中不能达到所需要的分散温度，则应剥去包装膜，或者使用更低熔点的包膜。

橡胶包装用薄膜 第3部分:乙烯-丙烯-二烯烃橡胶(EPDM)、丙烯腈-丁二烯橡胶(NBR)、氢化丙烯腈-丁二烯橡胶(HNBR)、乙烯基丙烯酸酯橡胶(AEM)和丙烯酸酯橡胶(ACM)

警告:使用本标准的人员应该熟悉普通实验室操作。本标准没有对使用中可能出现的安全问题做任何陈述。使用者有责任建立适当的安全和健康机制并确保拥有国家正规实验室条件。

1 范围

GB/T 24797 的本部分规定了合成橡胶所用的非剥离型包装薄膜的材料及其物理特性。

本部分适用于乙烯-丙烯-二烯烃橡胶(EPDM)、丙烯腈-丁二烯橡胶(NBR)、氢化丙烯腈-丁二烯橡胶(HNBR)、乙烯基丙烯酸酯橡胶(AEM)和丙烯酸酯橡胶(ACM)。

本部分不适用于需剥离型的薄膜。

2 规范性引用文件

下列文件对于本文件的应用是必不可少的。凡是注日期的引用文件,仅注日期的版本适用于本文件。凡是不注日期的引用文件,其最新版本(包括所有的修改单)适用于本文件。

GB/T 1633—2000 热塑性塑料维卡软化温度(VST)的测定(ISO 306:1994,IDT)

GB/T 19466.3—2004 塑料 差示扫描量热法(DSC) 第3部分:熔融和结晶温度及热焓的测定(ISO 11357-3:1999,IDT)

GB/T 20220—2006 塑料薄膜和薄片 样品平均厚度、卷平均厚度及单位质量面积的测定 称量法(称量厚度)(ISO 4591:1992,IDT)

ISO 1872-1:1993 聚乙烯(PE)模塑和挤出材料 第1部分:命名系统和分类基础[Polyethylene (PE) moulding and extrusion materials—Part 1:Designation system and basis for specifications]

3 材料

包装薄膜应由以下材料之一制得:

a) 低密度聚乙烯(LDPE);

b) 低密度聚乙烯与乙烯-乙酸乙烯酯聚合物(EVAC)的共混物;

c) 合适规格的乙烯-乙酸乙烯酯聚合物(EVAC);

d) 其他1-烯烃单体含量少于50%(质量分数)的乙烯共聚物和带官能团的非烯烃单体含量不多于3%(质量分数)的乙烯共聚物(见 ISO 1872-1:1993)。

注:可以存在防老剂、爽滑剂和防粘剂。

4 物理特性

4.1 厚度

按照 GB/T 20220—2006 的称量法测定薄膜厚度。采用第 3 章中材料 a)、b)和 c)制得的薄膜，其厚度应在 0.040 mm～0.070 mm 之间；采用材料 d)制得的薄膜，其厚度应在 0.040 mm～0.085 mm 之间；如果在混炼过程中分散性不好，薄膜厚度也可以在 0.025 mm～0.040 mm 之间。

4.2 热性能

4.2.1 概要

本部分规定了两种热性能，满足其中一种即可。

4.2.2 维卡软化温度

按照 GB/T 1633—2000 中的方法 A_{50} 测定，维卡软化温度应不高于 95 ℃。

4.2.3 DSC 熔融峰温

按照 GB/T 19466.3—2004 测定，熔融峰温应低于 113 ℃(相当于维卡软化温度加 18 ℃)。

5 试验报告

报告应包括以下内容：

a) 本部分的编号；

b) 有关样品的详细说明；

c) 试验过程中发现到的任何异常情况；

d) 根据第 4 章的规定所得到的结果；

e) 试验日期。

编者注：规范性引用文件中 ISO 1872-1:1993 已转化(修改采用)为 GB/T 1845.1—1999《聚乙烯(PE)模塑和挤出材料 第 1 部分：命名系统和分类基础》。

ICS 83.060
G 35

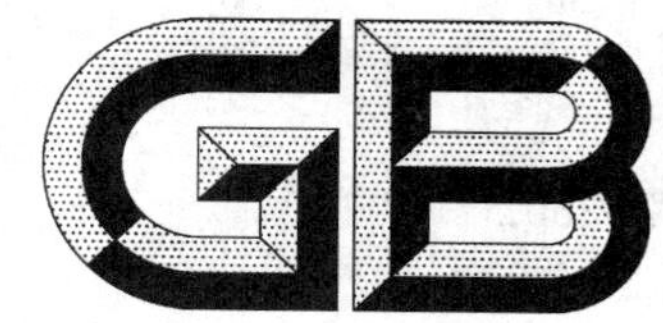

中华人民共和国国家标准

GB/T 25260.1—2010

合成胶乳　第1部分：羧基丁苯胶乳（XSBRL）56C、55B

Synthetic rubber latex—Part 1：Carboxyl styrene-butadiene rubber latex（XSBRL）56C，55B

2010-09-26 发布　　2011-08-01 实施

中华人民共和国国家质量监督检验检疫总局
中国国家标准化管理委员会　发布

前　言

GB/T 25260《合成胶乳》共分三个部分：

——第1部分：羧基丁苯胶乳(XSBRL)56C、55B；

——第2部分：丁腈胶乳；

——第3部分：氯丁胶乳。

本部分为GB/T 25260的第1部分。

本部分以国外同类产品先进的技术指标和国内产品的实测值为依据制定。

本部分由中国石油和化学工业协会提出。

本部分由全国橡胶与橡胶制品标准化技术委员会合成橡胶分技术委员会归口(SAC/TC 35/SC 6)。

本部分起草单位：日照金马化工有限公司、中国石油天然气股份有限公司石油化工研究院。

本部分参加单位：上海高桥巴斯夫分散体有限公司、浙江浦江天杰胶业有限公司。

本部分主要起草人：马祖余、陈爱砚、孙丽君、刘艳丽、李凡华、侯海云、向远清、张弘强。

合成胶乳　第1部分:羧基丁苯胶乳(XSBRL)56C、55B

1　范围

本部分规定了羧基丁苯胶乳(XSBRL)56C、55B的要求、试验方法、检验规则、标志、包装、贮存、运输。

本部分适用于以苯乙烯、丁二烯、不饱和羧酸为主要单体,采用乳液聚合法制得的造纸用和地毯用羧基丁苯胶乳。

2　规范性引用文件

下列文件中的条款通过GB/T 25260的本部分的引用而成为本部分的条款。凡是注日期的引用文件,其随后所有的修改单(不包括勘误的内容)或修订版均不适用于本部分,然而,鼓励根据本部分达成协议的各方研究是否可使用这些文件的最新版本。凡是不注日期的引用文件,其最新版本适用于本部分。

SH/T 1149—2006　合成橡胶胶乳　取样(ISO 123:2000,MOD)

SH/T 1150—1999(2005)　合成橡胶胶乳 pH 值的测定(eqv ISO 976:1996)

SH/T 1151—1992(2005)　合成胶乳高速机械稳定性测定(idt ISO 2006:1985)

SH/T 1152—1992(2005)　合成胶乳粘度测定(eqv ISO 1652:1985)

SH/T 1153—1992(2005)　合成胶乳凝固物含量的测定(eqv ISO 706:1985)

SH/T 1154—1999(2005)　合成橡胶胶乳总固物含量测定(eqv ISO 124:1997)

SH/T 1156—1999(2005)　合成橡胶胶乳表面张力测定(eqv ISO 1409:1995)

SH/T 1500—1992(2003)　合成胶乳　命名及牌号规定

SH/T 1608—1995(2003)　丁苯胶乳对钙离子稳定性测定

SH/T 1760—2007　合成橡胶胶乳中残留单体和其他有机成分的测定　毛细管柱气相色谱　直接液体进样法(ISO 13741-1:1998,MOD)

3　牌号划分

牌号划分参考SH/T 1500—1992(2003)的规定,示例如下:

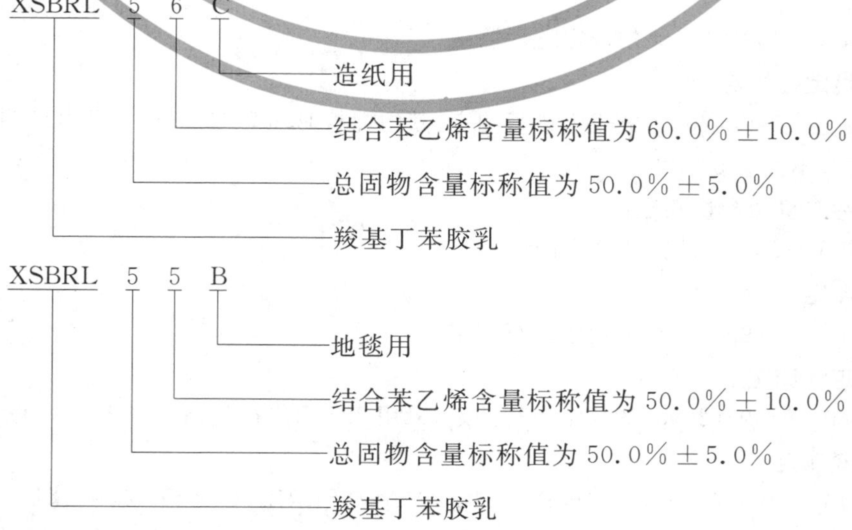

注:结合苯乙烯含量的测定参见SH/T 1593—1994(2003)[1]。

4 要求

4.1 外观

羧基丁苯胶乳(XSBRL)56C、55B为白色乳液,无肉眼可见凝块及机械杂质。

4.2 羧基丁苯胶乳(XSBRL)56C、55B技术指标见表1。

表1 羧基丁苯胶乳(XSBRL)56C、55B技术指标

<table>
<tr><th colspan="2" rowspan="2">项目</th><th colspan="3">XSBRL56C</th><th colspan="3">XSBRL55B</th></tr>
<tr><th>优等品</th><th>一等品</th><th>合格品</th><th>优等品</th><th>一等品</th><th>合格品</th></tr>
<tr><td colspan="2">总固物含量(质量分数)/%</td><td colspan="3">≥48.0</td><td colspan="3">≥48.0</td></tr>
<tr><td colspan="2">黏度/(mPa·s)</td><td colspan="3">≤300</td><td colspan="3">≤300</td></tr>
<tr><td colspan="2">pH值</td><td colspan="3">6.0~8.0</td><td colspan="3">6.0~8.0</td></tr>
<tr><td colspan="2">残留挥发性有机物含量(质量分数)/%</td><td>≤0.02</td><td>≤0.05</td><td>≤0.10</td><td>≤0.02</td><td>≤0.05</td><td>≤0.10</td></tr>
<tr><td rowspan="2">凝固物含量(质量分数)/%</td><td>325目</td><td>≤0.01</td><td>≤0.03</td><td>≤0.06</td><td>—</td><td>—</td><td>—</td></tr>
<tr><td>120目</td><td>—</td><td>—</td><td>—</td><td>≤0.01</td><td>≤0.03</td><td>≤0.06</td></tr>
<tr><td colspan="2">机械稳定性(质量分数)/%</td><td colspan="2">≤0.01</td><td>≤0.05</td><td colspan="2">≤0.01</td><td>≤0.05</td></tr>
<tr><td colspan="2">钙离子稳定性(质量分数)/%</td><td>≤0.03</td><td>≤0.05</td><td>≤0.08</td><td>≤0.03</td><td>≤0.05</td><td>≤0.08</td></tr>
<tr><td colspan="2">表面张力/(mN/m)</td><td colspan="3">40~55</td><td colspan="3">40~55</td></tr>
</table>

5 试验方法

5.1 外观检测

目测法进行检测。

5.2 总固物含量测定

按SH/T 1154—1999(2005)中6.1的规定进行测定,其中干燥温度为(105±5)℃,干燥时间为2 h。

5.3 黏度测定

按SH/T 1152—1992(2005)的规定进行测定。

5.4 pH值测定

按SH/T 1150—1999(2005)的规定进行测定。

5.5 高速机械稳定性测定

按SH/T 1151—1992(2005)的规定进行测定,其中搅拌时间为15 min,采用325目滤网过滤,平行测定两个结果之差不大于0.002%。

5.6 残留挥发性有机物含量测定

按SH/T 1760—2007的规定进行测定。

5.7 表面张力测定

按SH/T 1156—1999(2005)的规定进行测定。

5.8 钙离子稳定性测定

按SH/T 1608—1995(2003)的规定进行测定,采用325目筛网过滤。

5.9 凝固物含量测定

按SH/T 1153—1992(2005)的规定进行测定,其中,XSBRL56C采用325目滤网过滤,XSBRL55B采用120目滤网过滤,平行测定两个结果之差不大于0.002%。

6 检验规则

6.1 本部分所列项目均为出厂检验项目。

6.2 生产厂应按本部分对出厂的产品进行检验，保证出厂的产品符合本部分的要求。每批产品应附有一定格式的质量证明书。

6.3 出厂检验时，按 SH/T 1149—2006 的规定进行取样，并对所取样品进行全项检验。检验结果中任何一项不符合相应等级的质量要求时，应重新加倍取样，对该项进行复检，并以复检结果作为该批产品质量判定的依据。

6.4 供需双方如发生质量争议，可协商解决或由质量仲裁单位按本部分进行仲裁检验。

6.5 需仲裁检验时，根据 SH/T 1149—2006 抽取规定的样本数对质量争议项目检验，并按照本部分进行质量判定。

7 包装、标志、贮存、运输

7.1 包装

羧基丁苯胶乳(XSBRL)56C、55B 可使用塑料桶包装，或其他形式包装。

7.2 标志

包装物上应有牢固、清晰的标志。其内容包括：生产厂名称、地址、产品名称、型号、批号、生产日期、净含量、注册商标及标准编号等。

7.3 贮存

羧基丁苯胶乳(XSBRL)56C、55B 应贮存在通风、干净、干燥、避光的库房内，贮存温度为 5 ℃～30 ℃，桶(槽)装胶乳应尽可能一次用完，如果不能一次用完，则应在使用后迅速盖上盖子并拧紧，避免长期接触空气。

7.4 运输

羧基丁苯胶乳(XSBRL)56C、55B 属于非危险化学品，可以采用桶装运输、槽车运输或其他形式运输。运输时应防冻、防曝晒、防泄漏，避免包装破损和杂物混入。

7.5 质量保证期为自生产日期起 6 个月。

参 考 文 献

[1] SH/T 1593—1994(2003) 丁苯胶乳中结合苯乙烯含量的测定(neq ISO 4655:1985)。

ICS 83.040
G 35

中华人民共和国国家标准

GB/T 30914—2014

苯乙烯-异戊二烯-丁二烯橡胶(SIBR)微观结构的测定

Styrene-isoprene-butadiene rubber(SIBR)—
Determination of the microstructure

2014-07-08 发布　　2014-12-01 实施

中华人民共和国国家质量监督检验检疫总局
中国国家标准化管理委员会　发布

前　言

本标准按照 GB/T 1.1—2009 给出的规则起草。

本标准由中国石油和化学工业联合会提出。

本标准由全国橡胶与橡胶制品标准化技术委员会合成橡胶分技术委员会(SAC/TC 35/SC 6)归口。

本标准起草单位:中国石油化工股份有限公司北京北化院燕山分院、中国石油天然气股份有限公司兰州化工研究中心。

本标准主要起草人:吴春红、卜少华、王足远、关敏。

苯乙烯-异戊二烯-丁二烯橡胶(SIBR)微观结构的测定

警告——使用本标准的人员应有正规实验室工作的实践经验。本标准并未指出所有可能的安全问题，使用者有责任采取适当的安全和健康措施，并保证符合国家有关法规规定的条件。

1 范围

本标准规定了采用核磁共振氢谱法测定苯乙烯-异戊二烯-丁二烯橡胶(SIBR)中单体微观结构的方法。

本标准适用于测定SIBR中非嵌段苯乙烯、嵌段苯乙烯、总苯乙烯、丁二烯1,2-结构、丁二烯1,4-结构、异戊二烯1,2-结构、异戊二烯1,4-结构和异戊二烯3,4-结构含量。

2 规范性引用文件

下列文件对于本文件的应用是必不可少的。凡是注日期的引用文件，仅注日期的版本适用于本文件。凡是不注日期的引用文件，其最新版本(包括所有的修改单)适用于本文件。

GB/T 3516—2006 橡胶 溶剂抽出物的测定

GB/T 6379.2 测量方法与结果的准确度(正确度与精密度) 第2部分:确定标准测量方法重复性与再现性的基本方法

GB/T 15340—2008 天然、合成生胶取样及其制样方法

3 方法概要

将经抽提的SIBR样品溶解在氘代氯仿中，在给定的参数条件下，测定试样的核磁共振氢谱，得到丁二烯的1,4-结构、1,2-结构，异戊二烯的3,4-结构、1,4-结构和1,2-结构的峰面积及嵌段、非嵌段苯乙烯的峰面积。通过不同化学环境下质子的化学位移以及积分面积值来确定SIBR中不同单体结构含量。

4 试剂

4.1 氘代氯仿($CDCl_3$):纯度>99.8%，含≤0.03%的四甲基硅烷(TMS)作为内标。

4.2 无水乙醇-甲苯共沸物(ETA):将无水乙醇和甲苯按体积比7∶3混合。

4.3 丙酮:分析纯。

5 仪器

5.1 核磁共振波谱仪:具有400 MHz或更高频率的傅立叶变换核磁共振波谱仪(FT-NMR)。

5.2 抽提器:符合GB/T 3516—2006的规定。

5.3 真空烘箱:温度可控制在50 ℃~60 ℃;真空度<133 Pa。

5.4 分析天平：精确至 0.1 mg。

6 取样和制样

按照 GB/T 15340—2008 的规定取样。按照 GB/T 3516—2006 中第 8 章方法 A 的规定，用 ETA (4.2)或丙酮(4.3)抽提样品，在真空烘箱(5.3)中干燥抽提后的样品至恒量。

7 分析步骤

7.1 取 15 mg～30 mg 按第 6 章制备的样品放进 5 mm 核磁样品管内，加入 0.5 mL 或者 0.6 mL 氘代氯仿(4.1)，室温下溶解至少 4 h。

注： 根据所使用核磁共振波谱仪的分辨率选择试样的浓度。

7.2 设定核磁共振氢谱试验条件：

a) 脉冲程序：单脉冲；

b) 试验温度：室温～50 ℃；

c) 数据点：32 k；

d) 中心频率：5×10^{-6}；

e) 扫描宽度：15×10^{-6}～20×10^{-6}；

f) 脉冲角度：30°；

g) 脉冲间隔时间：1 s～3 s；

h) 扫描次数：16 次。

7.3 将配置好的样品放入仪器内进行测量。

7.4 记录图谱，按表 1 将 8×10^{-6}～0×10^{-6} 范围内谱峰准确积分。表 1 所列 A、B、C、D、E、F、G 是对 SIBR 样品溶液在核磁共振氢谱中信号积分面积的限定。图 1 所示为 A、B、C、D、E、F、G 在核磁共振氢谱中积分面积的示例。

7.5 每个试样按步骤 7.1～7.4 重复测定 2 次。同时进行氘代氯仿空白实验。

表 1 信号积分面积的限定

面　积	信号积分范围
A	从约 7.60×10^{-6} 处到 6.75×10^{-6} 处的最小强度点
B	从 6.75×10^{-6} 处到约 6.20×10^{-6} 处的最小强度点
C	从约 5.90×10^{-6} 处到约 5.64×10^{-6} 处的最小强度点。如果 5.70×10^{-6} 处没有明显的特征峰，则此处积分值取零
D	从约 5.64×10^{-6} 处到约 5.17×10^{-6} 处的最小强度点
E	从约 5.17×10^{-6} 处到约 5.02×10^{-6} 处的最小强度点
F	从约 5.02×10^{-6} 处到约 4.81×10^{-6} 处的最小强度点
G	从约 4.81×10^{-6} 处到约 4.20×10^{-6} 处的最小强度点
TMS	从约 0.09×10^{-6} 处到约 -0.09×10^{-6} 处的最小强度点
CD_{blank}	从约 7.35×10^{-6} 处到约 7.17×10^{-6} 处的最小强度点

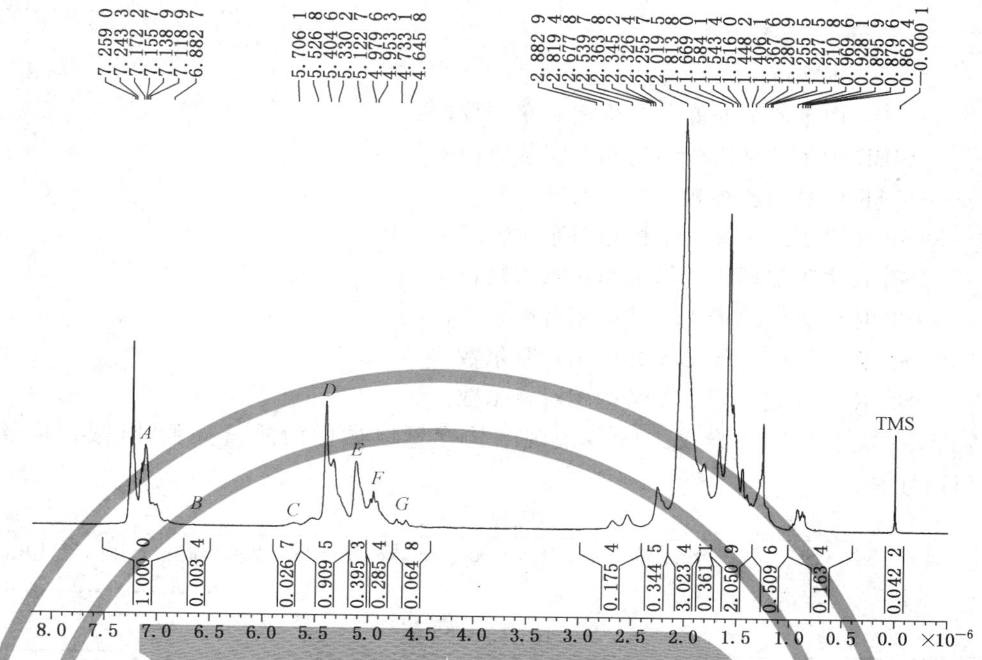

图 1　SIBR 典型核磁共振氢谱示例

8　结果计算

8.1　将氘代氯仿的核磁共振氢谱作为空白背景，按式(1)扣除掉待测试样中残留氯仿($CHCl_3$)所产生的积分面积。

$$A_{calib}=A-CD_{blank}\times\frac{TMS}{TMS_{blank}} \quad \cdots\cdots(1)$$

式中：

A_{calib} ——试样中扣除残留 $CHCl_3$ 后，信号 A 的积分面积；

CD_{blank} ——空白中 $CHCl_3$ 的积分面积；

TMS ——试样中 TMS 的积分面积；

TMS_{blank}——空白中 TMS 的积分面积。

注：残留氯仿($CHCl_3$)为试剂氘代氯仿中含有的少量杂质，产生干扰。

8.2　SIBR 中苯乙烯、丁二烯和异戊二烯微观结构的相对摩尔数按式(2)～式(9)计算：

$$St_{non\text{-}block}=\left(A_{calib}-3\times\frac{B}{2}\right)/5 \quad \cdots\cdots(2)$$

$$St_{block}=\frac{B}{2} \quad \cdots\cdots(3)$$

$$St=St_{non\text{-}block}+St_{block} \quad \cdots\cdots(4)$$

$$Bd_{1,2}=\frac{F}{2} \quad \cdots\cdots(5)$$

$$Bd_{1,4}=\left(D-\frac{F}{2}\right)/2 \quad \cdots\cdots(6)$$

$$Ip_{1,2}=C \quad \cdots\cdots(7)$$

$$Ip_{1,4}=E-2C \quad \cdots\cdots(8)$$

$$Ip_{3,4}=\frac{G}{2} \quad \cdots\cdots(9)$$

式中：

$St_{non\text{-}block}$——SIBR 中苯乙烯非嵌段结构相对摩尔数；

St_{block}——SIBR 中苯乙烯嵌段结构相对摩尔数；

St——SIBR 中总苯乙烯相对摩尔数；

$Bd_{1,2}$——SIBR 中丁二烯 1,2 结构相对摩尔数；

$Bd_{1,4}$——SIBR 中丁二烯 1,4 结构相对摩尔数；

$Ip_{1,2}$——SIBR 中异戊二烯 1,2 结构相对摩尔数；

$Ip_{1,4}$——SIBR 中异戊二烯 1,4 结构相对摩尔数；

$Ip_{3,4}$——SIBR 中异戊二烯 3,4 结构相对摩尔数。

8.3 SIBR 中苯乙烯、丁二烯和异戊二烯各微观结构含量以试样的质量分数计，数值以%表示，按式(10)～式(17)计算：

$$St_{non\text{-}block}\%=\frac{104.15\times St_{non\text{-}block}}{104.15\times(St_{non\text{-}block}+St_{block})+54.09\times(Bd_{1,2}+Bd_{1,4})+68.11\times(Ip_{1,2}+Ip_{1,4}+Ip_{3,4})}\times100 \quad \cdots\cdots(10)$$

$$St_{block}\%=\frac{104.15\times St_{block}}{104.15\times(St_{non\text{-}block}+St_{block})+54.09\times(Bd_{1,2}+Bd_{1,4})+68.11\times(Ip_{1,2}+Ip_{1,4}+Ip_{3,4})}\times100 \quad \cdots\cdots(11)$$

$$St\%=\frac{104.15\times(St_{non\text{-}block}+St_{block})}{104.15\times(St_{non\text{-}block}+St_{block})+54.09\times(Bd_{1,2}+Bd_{1,4})+68.11\times(Ip_{1,2}+Ip_{1,4}+Ip_{3,4})}\times100 \quad \cdots\cdots(12)$$

$$Bd_{1,2}\%=\frac{54.09\times Bd_{1,2}}{104.15\times(St_{non\text{-}block}+St_{block})+54.09\times(Bd_{1,2}+Bd_{1,4})+68.11\times(Ip_{1,2}+Ip_{1,4}+Ip_{3,4})}\times100 \quad \cdots\cdots(13)$$

$$Bd_{1,4}\%=\frac{54.09\times Bd_{1,4}}{104.15\times(St_{non\text{-}block}+St_{block})+54.09\times(Bd_{1,2}+Bd_{1,4})+68.11\times(Ip_{1,2}+Ip_{1,4}+Ip_{3,4})}\times100 \quad \cdots\cdots(14)$$

$$Ip_{1,2}\%=\frac{68.11\times Ip_{1,2}}{104.15\times(St_{non\text{-}block}+St_{block})+54.09\times(Bd_{1,2}+Bd_{1,4})+68.11\times(Ip_{1,2}+Ip_{1,4}+Ip_{3,4})}\times100 \quad \cdots\cdots(15)$$

$$Ip_{1,4}\%=\frac{68.11\times Ip_{1,4}}{104.15\times(St_{non\text{-}block}+St_{block})+54.09\times(Bd_{1,2}+Bd_{1,4})+68.11\times(Ip_{1,2}+Ip_{1,4}+Ip_{3,4})}\times100 \quad \cdots\cdots(16)$$

$$Ip_{3,4}\%=\frac{68.11\times Ip_{3,4}}{104.15\times(St_{non\text{-}block}+St_{block})+54.09\times(Bd_{1,2}+Bd_{1,4})+68.11\times(Ip_{1,2}+Ip_{1,4}+Ip_{3,4})}\times100 \quad \cdots\cdots(17)$$

式中：

$St_{non\text{-}block}\%$——SIBR 中苯乙烯非嵌段结构含量；

$St_{block}\%$——SIBR 中苯乙烯嵌段结构含量；

St%——SIBR 中总苯乙烯含量；

$Bd_{1,2}\%$——SIBR 中丁二烯 1,2 结构含量；

$Bd_{1,4}\%$——SIBR 中丁二烯 1,4 结构含量；

$Ip_{1,2}\%$——SIBR 中异戊二烯 1,2 结构含量；

$Ip_{1,4}$% ——SIBR 中异戊二烯 1,4 结构含量；

$Ip_{3,4}$% ——SIBR 中异戊二烯 3,4 结构含量。

取两次重复测定结果为试验结果，结果保留 1 位小数。

9 精密度

9.1 按照 GB/T 6379.2 的规定确定方法的精密度，精密度数值(95%置信水平)见表 2～表 7。表中的数据是测定结果的平均值和试验方法的精密度估算值。有 8 个实验室参加了精密度实验，每个实验室对两种 SIBR 样品重复测定 2 次，在一周内完成实验。

9.2 重复性：

在重复性条件下，两次独立测试结果的绝对差值应不大于 r。

9.3 再现性：

在再现性条件下，两次独立测试结果的绝对差值应不大于 R。

表 2 SIBR 中苯乙烯含量的精密度

试样	平均值	实验室内			实验室间		
	%	s_r	r	(r)	s_R	R	(R)
SIBR-1	21.1	0.08	0.23	1.11	0.19	0.53	2.51
SIBR-2	19.3	0.34	0.97	5.00	0.41	1.16	5.98

表中所列符号定义如下：

s_r：重复性标准差；

r：重复性，以测量值单位表示；

(r)：重复性，以相对百分数表示；

s_R：再现性标准差；

R：再现性，以测量值单位表示；

(R)：再现性，以相对百分数表示。

表 3 SIBR 中丁二烯 1,2-结构含量的精密度

试样	平均值	实验室内			实验室间		
	%	s_r	r	(r)	s_R	R	(R)
SIBR-1	17.8	0.16	0.45	2.55	0.29	0.81	4.58
SIBR-2	11.5	0.12	0.35	3.02	0.22	0.63	5.49

表 4 SIBR 中丁二烯 1,4-结构含量的精密度

试样	平均值	实验室内			实验室间		
	%	s_r	r	(r)	s_R	R	(R)
SIBR-1	24.7	0.08	0.21	0.86	0.09	0.26	1.03
SIBR-2	26.1	0.16	0.45	1.74	0.16	0.46	1.75

表 5　SIBR 中异戊二烯 1,4-结构含量的精密度

试样	平均值	实验室内			实验室间		
	%	s_r	r	(r)	s_R	R	(R)
SIBR-1	18.3	0.22	0.62	3.39	0.35	0.99	5.42
SIBR-2	31.3	0.21	0.60	1.92	0.29	0.83	2.66

表 6　SIBR 中异戊二烯 3,4-结构含量的精密度

试样	平均值	实验室内			实验室间		
	%	s_r	r	(r)	s_R	R	(R)
SIBR-1	18.0	0.06	0.16	0.88	0.14	0.40	2.20
SIBR-2	11.8	0.09	0.25	2.08	0.11	0.32	2.74

10　试验报告

试验报告应包括以下内容：

a）本标准的编号；

b）关于样品的详细说明；

c）所用仪器型号和实验条件；

d）试验结果；

e）规定方法的所有偏离；

f）试验日期。

ICS 83.040
G 35

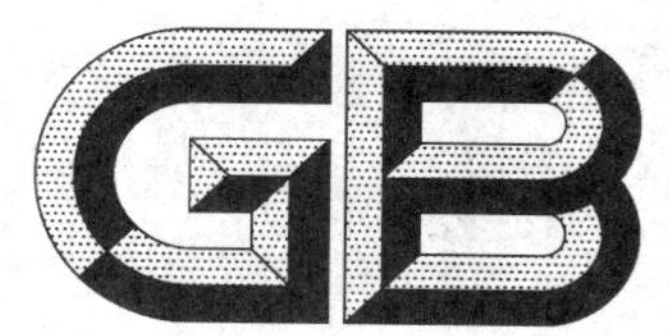

中华人民共和国国家标准

GB/T 30918—2014

非充油溶液聚合型异戊二烯橡胶(IR)评价方法

Non-oil-extended, solution-polymerized isoprene rubber(IR)—Evaluation procedure

(ISO 2303:2011, Isoprene rubber(IR)—Non-oil-extended, solution-polymerized—Evaluation procedure, MOD)

2014-07-08 发布　　　　2014-12-01 实施

中华人民共和国国家质量监督检验检疫总局
中国国家标准化管理委员会　发布

前　言

本标准按照 GB/T 1.1—2009 给出的规则起草。

本标准修改采用 ISO 2303:2011《异戊二烯橡胶(IR)　非充油、溶液聚合型橡胶　评价方法》。

本标准与 ISO 2303:2011 的技术差异如下:

——关于规范性引用文件,本标准做了具有技术性差异的调整,以适应我国的技术条件,调整的情况集中反映在第 2 章"规范性引用文件"中,具体调整如下:

- 用等同采用国际标准的 GB/T 528 代替了 ISO 37;
- 用非等效采用的国际标准的 GB/T 1232.1 代替了 ISO 289-1;
- 用等同采用国际标准的 GB/T 2941 代替了 ISO 23529;
- 用修改采用国际标准的 GB/T 4498 代替了 ISO 247;
- 用修改采用国际标准的 GB/T 6038 代替了 ISO 2393;
- 用等同采用国际标准的 GB/T 9869 代替了 ISO 3417;
- 用等同采用国际标准的 GB/T 15340 代替了 ISO 1795;
- 用修改采用国际标准的 GB/T 16584 代替了 ISO 6502;
- 增加 GB/T 19187　合成生胶抽样检查程序;
- 用等同采用国际标准的 GB/T 24131 代替了 ISO 248。

——修改标题"一段混炼程序"为"微型密炼机混炼程序",增加微型密炼机额定混炼容积和配方量,并将混炼程序由"示例"修改为"条文"(见 5.2.3.2)。

——增加实验室密炼机的额定混炼容积和配方量(见 5.2.3.3.1)。

——修改两段混炼程序为条文(见 5.2.3.3)。

——修改两段混炼程序开炼机终混炼试验配方量为 3 倍(见 5.2.3.3.3.2)。

——增加资料附录 C"ASTM D3403 规定的精密度"。

本标准由中国石油化工集团公司提出。

本标准由全国橡胶与橡胶制品标准化技术委员会合成橡胶分技术委员会归口(SAC/TC 35/SC 6)。

本标准负责起草单位:中国石油天然气股份有限公司石油化工研究院。

本标准参加起草单位:中国石油兰州石化公司、贵州轮胎股份有限公司、广东茂名鲁华化工有限公司、青岛伊科思新材料股份有限公司。

本标准主要起草人:翟月勤、吴毅、王春龙、陈跟平、刘俊保、王宏斌、杨伟燕、冯萍、崔广军、王代强。

非充油溶液聚合型异戊二烯橡胶(IR)评价方法

1 范围

本标准规定了通用非充油溶液聚合型异戊二烯橡胶(IR):

——生胶的物理和化学试验方法;

——评价硫化特性所用的标准材料、标准试验配方、设备和操作程序。

2 规范性引用文件

下列文件对于本文件的应用是必不可少的。凡是注日期的引用文件,仅注日期的版本适用于本文件。凡是不注日期的引用文件,其最新版本(包括所有的修改单)适用于本文件。

GB/T 528 硫化橡胶或热塑性橡胶 拉伸应力应变性能的测定(GB/T 528—2009,ISO 37:2005,IDT)

GB/T 1232.1 未硫化橡胶 用圆盘剪切粘度计进行测定 第1部分:门尼粘度的测定(GB/T 1232.1—2000,neq ISO 289-1:1994)

GB/T 2941 橡胶物理试验方法试样制备和调节通用程序(GB/T 2941—2006,ISO 23529:2004,IDT)

GB/T 4498 橡胶 灰分的测定(GB/T 4498—1997,eqv ISO 247:1990)

GB/T 6038 橡胶试验胶料 配料、混炼和硫化 设备及操作程序(GB/T 6038—2006,ISO 2393:1994,MOD)

GB/T 9869 橡胶胶料硫化特性的测定(圆盘振荡硫化仪法)(GB/T 9869—1997,idt ISO 3417:1991)

GB/T 15340 天然、合成生胶取样及其制样方法(GB/T 15340—2008,ISO 1795:2000,IDT)

GB/T 16584 橡胶 用无转子硫化仪测定硫化特性(GB/T 16584—1996,eqv ISO 6502:1991)

GB/T 19187 合成生胶抽样检查程序

GB/T 24131 生橡胶 挥发分含量的测定(GB/T 24131—2009,ISO 248:2005,MOD)

3 取样和样品制样

3.1 按照GB/T 19187规定取样约1.5 kg。

3.2 按照GB/T 15340规定制备试样。

4 生胶的物理和化学试验

4.1 门尼粘度

按照GB/T 1232.1规定测定门尼粘度,试样制备采用GB/T 15340规定的不过辊法。

测定结果以ML(1+4)100 ℃表示。

4.2 挥发分

按照 GB/T 24131 规定测定挥发分含量。

4.3 灰分

按照 GB/T 4498 规定测定灰分含量。

5 评价 IR 混炼胶试样的制备

5.1 标准试验配方

标准试验配方见表 1。

表 1 评价 IR 橡胶用标准试验配方

材料	质量份数
异戊二烯橡胶(IR)	100.00
硬脂酸	2.00
氧化锌	5.00
硫磺	2.25
工业参比炭黑(N330)	35.00
TBBS[a]	0.70
总计	144.95

[a] *N*-叔丁基-2-苯并噻唑次磺酰胺(TBBS)参见 ISO 6472。TBBS 应为粉末状，按照 ISO 11235 测定最初不溶物，其含量应低于 0.3%。在室温下应储存在密闭容器内，每 6 个月应测定一次不溶物的含量。如果不溶物的含量超过 0.75%，则应丢弃。TBBS 也可以通过再提纯处理，比如采用重结晶的方法，这种处理程序不在本标准的范围之内。

应使用国家或国际标准参比材料。如果无法获得标准参比材料，可使用有关团体认可的材料。

5.2 程序

5.2.1 设备和程序

试样制备、混炼和硫化所用的设备及程序应符合 GB/T 6038 的规定。

5.2.2 开炼机混炼程序

5.2.2.1 概要

规定了方法 A 和方法 B 两种开炼机混炼方法。方法 B 的混炼时间短于方法 A。

两种方法不一定得到相同的结果。任何情况下，实验室间的验证或一系列评价都应该采用相同的程序。

两种方法中，标准实验室开炼机投料量(以 g 计)都应为配方量的 4 倍。混炼过程中辊筒的表面温度应保持在 70 ℃±5 ℃。

混炼期间，应保持辊筒间隙上方有适量的滚动堆积胶，如果按 5.2.2.2 和 5.2.2.3 规定的辊距达不到该要求，应对辊距稍作调整。

5.2.2.2 方法 A

	保持时间 min	累积时间 min
a) 调节辊距为 0.5 mm±0.1 mm,使橡胶不包辊连续通过辊筒间两次。	2.0	2.0
b) 调节辊距为 1.4 mm,使橡胶包辊,从每边作 3/4 割刀两次。	2.0	4.0

注:某些类型的异戊二烯橡胶会粘到后辊上,这种情况下,应当添加硬脂酸,加入硬脂酸后,通常情况下橡胶就会被传送到前辊。另外,对于某些韧性较好异戊二烯橡胶,在添加其他物质之前,破胶可能需要较长时间。

	保持时间 min	累积时间 min
c) 调节辊距为 1.7 mm,加入硬脂酸,从每边作 3/4 割刀一次。	2.0	6.0
d) 加入氧化锌和硫磺。从每边作 3/4 割刀两次。	3.0	9.0
e) 沿辊筒等速均匀地加入炭黑。当加入约一半炭黑时,将辊距调至 1.9 mm,从每边作 3/4 割刀一次,然后加入剩余的炭黑。务必将掉入接料盘中的炭黑加入混炼胶中。当炭黑全部加完后,从每边作 3/4 割刀一次。	13.0	22.0
f) 使辊距保持在 1.9 mm,加入 TBBS,从每边作 3/4 割刀三次。	3.0	25.0
g) 下片。调节辊距至 0.8 mm,将胶料打卷,从两端交替纵向薄通六次。	3.0	28.0

h) 将胶料压成厚约 6 mm 的胶片,检查胶料质量(见 GB/T 6038),如果胶料质量与理论值之差超过 +0.5%或−1.5%,则弃去此胶料并重新混炼。

i) 取足够的胶料,按 GB/T 16584 或 GB/T 9869 评价硫化特性。如果可能,测试之前在 GB/T 2941 规定的标准温度和湿度下调节试样 2 h~24 h。

j) 按照 GB/T 528 规定将胶料压成厚约 2.2 mm 的胶片用于制备试片;或者制成适当厚度的胶片用于制备环状或哑铃状试样。

k) 胶料在混炼后硫化前调节 2 h~24 h。如有可能,在 GB/T 2941 规定的标准温度和湿度下调节。

5.2.2.3 方法 B

	保持时间 min	累积时间 min
a) 辊距设定为 0.5 mm±0.1 mm,使橡胶不包辊通过两次,然后将辊距调至 1.4 mm,使橡胶包辊。	2.0	2.0
b) 加入硬脂酸,从每边作 3/4 割刀一次。	2.0	4.0
c) 加入硫磺和氧化锌。从每边作 3/4 割刀两次。	3.0	7.0
d) 加入一半炭黑。从每边作 3/4 割刀两次。	3.0	10.0
e) 加入剩余的炭黑和掉入接料盘中的炭黑。从每边作 3/4 割刀三次。	5.0	15.0
f) 加入 TBBS。从每边作 3/4 割刀三次。	3.0	18.0
g) 下片。辊距调节至 0.5 mm±0.1 mm,将胶料打卷,从两端交替纵向薄通六次。	2.0	20.0

h) 将胶料压成约 6 mm 的厚度,检查胶料质量(见 GB/T 6038),如果胶料质量与理论值之差超过 +0.5%或−1.5%,废弃此胶料;重新混炼。

i) 取足够的胶料,按 GB/T 16584 或 GB/T 9869 评价硫化特性。如果可能,测试之前在 GB/T 2941 规定的标准温度和湿度下调节试样 2 h~24 h。

j) 按照 GB/T 528 规定将胶料压成厚约 2.2 mm 的胶片用于制备试片;或者制成适当厚度的胶片用于制备环状或哑铃状试样。

k) 胶料在混炼后硫化前调节 2 h~24 h。如有可能,在 GB/T 2941 规定的标准温度和湿度下调节。

5.2.3 实验室密炼机(LIM)混炼程序

5.2.3.1 概要

通常情况下实验室密炼机的容积从 65 cm^3 到 2 000 cm^3 不等,投料量应等于额定密炼机容积(以立方厘米表示)乘以胶料的密度。在制备一系列相同的胶料期间,对每个胶料的混炼,实验室密炼机的混合条件应相同。在一系列混炼试验开始之前,可先混炼一个与试验配方同样的胶料调整密炼机的工作状态。密炼机温度在一个试样混炼结束之后和下一个试样开始混炼前冷却到 60 ℃。在一系列混炼试验期间,密炼机温度的控制条件应保持不变。

5.2.3.2 微型密炼机混炼程序

微型密炼机(MIM)额定混炼容积为 64 mL±1 mL。凸轮头 MIM 混炼投料系数为 0.5,班伯里头 MIM 混炼投料系数为 0.43。混炼后出料温度不应超过 120 ℃,如果必要,通过调节投料量、机头温度或转子转速以满足此条件。

注:如果将橡胶、炭黑和油以外的其他配料预先按配方比例混合,再加入到微型密炼机的胶料中,会使加料更准确、方便。

	持续时间 min	累积时间 min
a) 装入橡胶,放下上顶栓,塑炼橡胶。	1.0	1.0
b) 升起上顶栓,加入预先混合的氧化锌、硫磺、硬脂酸和 TBBS,谨慎操作以免损失,然后加入炭黑,清扫加料口,放下上顶栓。	1.0	2.0
c) 混炼胶料。	7.0	9.0

d) 关掉电机,升起上顶栓,打开混炼室,卸下胶料。记录所卸胶料的最高温度。

e) 卸下胶料后,将开炼机温度设为 70 ℃±5 ℃,辊距调至 0.5 mm,使胶料通过一次;然后将辊距调至 3.0 mm 再通过两次。

f) 将胶料压成约 6 mm 的厚度,检查胶料质量(见 GB/T 6038),如果胶料质量与理论值之差超过+0.5%或-1.5%,则弃去此胶料,重新混炼。

g) 取足够的胶料,按 GB/T 16584 或 GB/T 9869 评价硫化特性。如果可能,测试之前在 GB/T 2941 规定的标准温度和湿度下调节试样 2 h~24 h。

h) 按照 GB/T 528 规定将胶料压成厚约 2.2 mm 的胶片用于制备试片;或者制成适当厚度的胶片用于制备环状或哑铃状试样。

i) 胶料在混炼后硫化前调节 2 h~24 h。如有可能,在 GB/T 2941 规定的标准温度和湿度下调节。

5.2.3.3 两段混炼程序(包括开炼机终混炼程序)

5.2.3.3.1 概述

实验室密炼机温度在一个试样混炼结束之后和下一个试样开始混炼前冷却到 60 ℃。实验室密炼机额定混炼容积为 1 170 mL±40 mL,投胶量(以 g 计)按 10 倍配方量(即 10×144.95 g=1 449.5 g)。

5.2.3.3.2 第一阶段——密炼机初混炼程序

混炼应使所有组分达到均匀分散。

混炼后胶料的终出料温度应在 150 ℃~170 ℃之间,如果必要,通过调节投料量、机头温度或转子速度达到此条件。

		保持时间 min	累积时间 min
a)	调节实验室密炼机的初始温度为 60 ℃±3 ℃，关闭卸料口，设定电机转速为 77 r/min，开启电机，升起上顶栓。	—	—
b)	装入一半橡胶、所有的炭黑、氧化锌和硬脂酸，然后装入剩下的橡胶。放下上顶栓。	0.5	0.5
c)	混炼胶料。	3.0	3.5
d)	升起上顶栓，清扫密炼机加料口和上顶栓顶部，放下上顶栓。	0.5	4.0
e)	当混炼温度达到 170 ℃或总混炼时间达到 6 min，满足其中一个条件即可卸下胶料。	2.0	6.0

f) 检查胶料质量(见 GB/T 6038)，如果胶料质量与理论值之差超过+0.5%或−1.5%，废弃此胶料，重新混炼。

g) 将胶料压成约 6 mm 的厚度，温度为 70 ℃±5 ℃的开炼机上通过三次。

h) 胶料混炼后调节 2 h～24 h。如有可能，在 GB/T 2941 规定的标准温度和湿度下调节。

5.2.3.3.3 第二阶段——终混炼程序

在终混炼之前，将胶料放置 30 min 或其温度降至室温，混炼应使所添加的配合剂分散较好。混炼之后胶料的终温度不应超过 120 ℃。

使用实验室密炼机(LIM)时，如果必要，可通过调节投料量、机头温度和(或)转子速度以达到此条件。使用开炼机时，辊筒温度设置为 70 ℃±5 ℃，在整个混炼过程中要保持该温度；标准实验室开炼机投料量(以 g 计)应为试验配方量的 3 倍，在混炼过程中，辊筒间应有适量的堆积胶，如果达不到下面规定的要求，应调节开炼机的辊距。

5.2.3.3.3.1 密炼机终混炼程序

		保持时间 min	累积时间 min
a)	密炼机温度 40 ℃±5 ℃，设置转速 8.1 rad/s(77 r/min)，升起上顶栓。	—	—
b)	装入母炼胶、硫磺和促进剂，放下上顶栓。	0.5	0.5
c)	混炼胶料，当胶料温度达到 120 ℃或时间 2 min，满足其中一个条件即可卸下胶料。	2.0	2.5
d)	将开炼机的辊温调至 70 ℃±5 ℃、辊距为 0.8 mm，将胶料打卷，从两端交替加入纵向薄通四次。	0.5	3.0

e) 将胶料压成约 6 mm 的厚度，检查胶料质量(见 GB/T 6038)，如果胶料质量与理论值之差超过+0.5%或−1.5%，废弃此胶料，重新混炼。

f) 取足够的胶料，按 GB/T 16584 或 GB/T 9869 评价硫化特性。如果可能，测试之前在 GB/T 2941 规定的标准温度和湿度下调节试样 2 h～24 h。

g) 按照 GB/T 528 规定将胶料压成厚约 2.2 mm 的胶片用于制备硫化试片；或者制成适当厚度的胶片用于制备环状或哑铃型试样。

h) 胶料在混炼后硫化前调节 2 h～24 h。如有可能，在 GB/T 2941 规定的标准温度和湿度下调节。

5.2.3.3.3.2 开炼机终混炼程序

辊筒温度设置为 70 ℃±5 ℃，在整个混炼过程中要保持该温度。标准实验室开炼机投料量(以 g

计)应为试验配方量的3倍,在混炼过程中,辊筒间应有适量的堆积胶,如果达不到下面规定的要求,应调节开炼机的辊距。

	保持时间 min	累积时间 min
a) 设定辊温为70 ℃±5℃、辊距为1.9 mm,将母炼胶在慢速辊上包辊。		
b) 加入促进剂,等促进剂完全分散后,从每边作3/4割刀三次。	3.0	3.0
c) 加入硫磺,等硫磺完全分散后,从每边作3/4割刀一次。	3.0	6.0
d) 辊距调节至0.8 mm,将胶料打卷,从两端交替加入纵向薄通六次。	2.0	8.0
e) 调节辊距至6 mm,将胶料打卷,从两端交替加入纵向薄通六次,下片。	1.0	9.0

f) 检查胶料质量(见GB/T 6038),如果胶料质量与理论值之差超过+0.5%或-1.5%,废弃此胶料,重新混炼。

g) 取足够的胶料,按GB/T 16584或GB/T 9869评价硫化特性。如果可能,测试之前在GB/T 2941规定的标准温度和湿度下调节试样2 h~24 h。

h) 按照GB/T 528规定将胶料压成厚约2.2 mm的胶片用于制备硫化试片;或者制成适当厚度的胶片用于制备环状或哑铃型试样。

i) 胶料在混炼后硫化前调节2 h~24 h。如有可能,在GB/T 2941规定的标准温度和湿度下调节。

6 用硫化仪评价硫化特性

警告:硫化过程中,可能产生亚硝酸铵。

6.1 用圆盘振荡硫化仪

测定以下标准试验参数:

M_L、M_H(在规定的时间)、t_{s1}、$t'_C(50)$和$t'_C(90)$。

按GB/T 9869规定采用以下试验条件:

——振荡频率:1.7 Hz(100 r/min);

——振幅:1°;

——量程:至少选择M_H为满量程的75%(对某些橡胶,或许达不到满量程的75%);

——模腔温度:160 ℃±0.3 ℃;

——预热时间:无。

6.2 用无转子硫化仪

测定下列标准试验参数:

F_L、F_{max}(在规定的时间)、t_{s1}、$t'_C(50)$和$t'_C(90)$。

按GB/T 16584规定采用以下试验条件:

——振荡频率:1.7 Hz(100 r/min);

——振幅:0.5°;

——量程:至少选择F_{max}为满量程的75%(对某些橡胶,或许达不到满量程的75%);

——模腔温度:160 ℃±0.3 ℃;

——预热时间:无。

7 评价硫化胶拉伸应力-应变性能

试片在 135 ℃下硫化，从 20 min、30 min、40 min 和 60 min 的硫化点中选择 3 个硫化点。这 3 个硫化点应包括该试验条件下的欠硫、正硫和过硫。

硫化试片在标准温度下调节 16 h～96 h，如有可能，在 GB/T 2941 规定的标准湿度下调节。

按 GB/T 528 规定测定应力-应变性能。

8 精密度

参见附录 A、附录 B、附录 C。

9 试验报告

试验报告包括以下内容：

a) 本标准的编号。
b) 关于样品的详细说明。
c) 测定门尼粘度的时间和温度，是否使用制样程序。
d) 测定灰分使用的方法。
e) 使用的标准试验配方。
f) 使用的参比材料。
g) 使用的混炼方法。
h) 5.2.2.2、5.2.2.3 、5.2.3.2 或 5.3.3.3 使用的调节条件。
i) 第 6 章中：
——引用标准；
——M_H 的时间；
——硫化试验使用的振幅。
j) 第 7 章中使用的硫化时间。
k) 测定过程中观察到的任何异常现象。
l) 本标准或引用标准中未包括的任何自选操作。
m) 分析结果和单位的表述。
n) 试验日期。

附 录 A
（资料性附录）
开炼机和实验室密炼机混炼胶硫化特性精密度数据

A.1 总则

按 ISO/TR 9272 规定的精密度程序和导则进行 ITP(实验室间试验程序)。本标准引用 ISO/TR 9272 中关于精密度的其他细节和术语。

用圆盘振荡硫化仪评价硫化特性的 2 型室间精密度，试验中使用异戊二烯橡胶样品。有 5 个实验室参加开炼机混炼程序(方法 A)，8 个实验室参加实验室密炼机(LIM)初混炼和开炼法终混炼程序，每个实验室在不同的 3 天内完成试验。

如果没有进行精密度验证试验，按 ITP 确定的精密度结果不能用于任何材料或产品的接收或拒收。

A.2 结果

A.2.1 导则

开炼机混炼程序硫化特性重复性和再现性精密度结果见表 A.1，LIM 的硫化特性精密度结果见表 A.2。

表 A.1 开炼机混炼(方法 A)硫化特性试验精密度

项目	均值[a]	实验室内			实验室间		
		S_r	r	(r)	S_R	R	(R)
M_L/(dN·m)	6.05	0.15	0.40	6.61	0.36	1.01	16.69
M_H/(dN·m)	39.87	0.25	0.69	1.73	1.73	4.86	12.19
t_{s1}/min	3.19	0.19	0.53	16.61	0.36	1.00	31.35
$t'_C(50)$ /min	4.97	0.07	0.20	4.02	0.14	0.39	7.85
$t'_C(90)$ /min	7.09	0.08	0.23	3.24	0.10	0.28	3.95

S_r：重复性标准差；
r ：重复性，以测量单位表示；
(r)：相对重复性，以相对百分数表示；
S_R：再现性标准差；
R：再现性，以测量单位表示；
(R)：相对再现性，以相对百分数表示。

[a] 在 160 ℃、振荡频率 1.7 Hz、振幅 1°的条件下测定结果的中值用于计算(r)和(R)。

表 A.2　2 步混炼(LIM-开炼机)硫化特性试验精密度

项目	均值[a]	实验室内			实验室间		
		S_r	r	(r)	S_R	R	(R)
M_L/(dN·m)	6.85	0.09	0.26	3.80	0.18	0.50	7.30
M_H/(dN·m)	39.12	0.44	1.24	3.17	1.15	3.21	8.20
t_{s1}/min	3.82	0.09	0.26	6.80	0.24	0.66	17.28
$t'_C(50)$ /min	6.23	0.07	0.19	3.04	0.45	1.25	20.06
$t'_C(90)$ /min	8.47	0.10	0.27	3.19	0.44	1.23	14.52

标题栏中精密度参数符号的含义见表 A.1。

[a] 在 160 ℃、振荡频率 1.7 Hz、振幅 1°的条件下测定结果的中值用于计算(r)和(R)。

A.2.2　重复性

重复性 r 值见表 A.1 和表 A.2,两个单独的试验结果之差大于表中给定值,应分析产生误差的原因。

A.2.3　再现性

再现性 R 值见表 A.1 和表 A.2,两个单独的试验结果之差大于表中给定值,应分析产生误差的原因。

附 录 B
（资料性附录）
天然橡胶精密度数据

下面天然橡胶的开炼机混炼和实验室密炼机混炼精密度数据来源于 ISO 1658:2009。这些精密度数据包括硫化特性测试和应力-应变性能的测试，关于 ITP 的所有细节和结果的论述见 ISO1658:2009 的附录 B。

如果没有进行精密度验证试验，精密度结果不能用于任何材料或产品的接收或拒收。

表 B.1　开炼机混炼应力应变性能精密度（2 型）

项目	均值	实验室内			实验室间			实验室数
		S_r	r	(r)	S_R	R	(R)	
100%定伸应力/ MPa	2.70	0.029	0.080	3.00	0.092	0.26	9.70	5
200%定伸应力/ MPa	7.10	0.12	0.33	4.60	0.40	1.13	21.90	5
300%定伸应力/ MPa	13.50	0.16	0.45	3.30	0.93	2.60	19.30	5
扯断伸长率/%	527	11.2	31.5	20.2	38.0	106	20.20	6
拉伸强度/MPa	28.7	0.39	1.09	3.80	3.31	9.30	32.30	6
平均值		—	—	6.98	—	—	20.70	
标题栏中精密度参数符号的含义见表 A.1。								

表 B.2　开炼机混炼硫化特性精密度（2 型）

项目	均值	实验室内			实验室间			实验室数
		S_r	r	(r)	S_R	R	(R)	
M_H/(dN·m)	14.70	0.22	0.62	4.20	1.96	5.50	37.3	4
M_L/(dN·m)	1.62	0.09	0.25	15.4	0.29	0.82	50.6	5
t_{s1}/min	1.58	0.04	0.12	7.60	0.39	1.09	69.1	5
$t'_C(50)$/min	3.17	0.12	0.34	10.60	0.27	0.75	23.5	6
$t'_C(90)$/min	5.40	0.12	0.34	6.30	0.19	0.53	9.90	5
门尼粘度 ML(1+4) 100 ℃	51.8	2.35	6.57	12.7	3.85	10.8	20.8	5
平均值	—	—	—	8.82	—	—	38.1	
标题栏中精密度参数符号的含义见表 A.1。								

表 B.3 LIM 混炼-应力应变精密度(2 型)

项目	均值	实验室内			实验室间			实验室数
		S_r	r	(r)	S_R	R	(R)	
100%定伸应力/MPa	2.55	0.05	0.13	5.10	0.23	0.64	25.2	8
200%定伸应力/MPa	6.69	0.15	0.43	6.40	0.61	1.70	25.4	8
300%定伸应力/MPa	13.0	0.20	0.56	4.30	0.83	2.33	18.0	8
扯断伸长率/%	518	7.10	19.9	3.80	19.6	54.9	10.6	6
拉伸强度/MPa	29.2	0.44	1.24	4.20	2.66	7.46	25.5	8
平均值		—	—	4.76	—	—	20.9	
标题栏中精密度参数符号的含义见表 A.1。								

表 B.4 LIM 混炼硫化特性精密度(2 型)

项目	均值	实验室内			实验室间			实验室数
		S_r	r	(r)	S_R	R	(R)	
M_H/(dN·m)	14.9	0.15	0.41	2.80	0.81	2.26	15.2	7
M_L/(dN·m)	1.94	0.06	0.17	8.80	0.18	0.49	25.2	8
t_{s1}/min	1.57	0.04	0.12	7.40	0.33	0.91	58.2	9
$t'_C(50)$/min	3.00	0.06	0.17	5.70	0.34	0.95	31.7	7
$t'_C(90)$/min	5.40	0.09	0.26	4.90	0.33	0.93	17.3	6
门尼粘度 ML(1+4) 100 ℃	55.8	1.42	3.97	7.10	2.19	6.12	11.0	8
平均值		—	—	5.92	—	—	29.5	
标题栏中精密度参数符号的含义见表 A.1。								

附 录 C
（资料性附录）
ASTM D3403 规定的精密度

ASTM D3403—2007 给出了评价 IR 的 2 型精密度。开展精密度试验使用 2 种异戊二烯橡胶样品，有 6 个实验室参加，在一周内每个样品重复 2 次完成的，得出的无转子硫化仪测定硫化特性的精密度数据见表 C.1，硫化胶应力-应变试验的精密度数据见表 C.2。

表 C.1 无转子硫化仪评价硫化特性的精密度

项目	平均值	实验室内			实验室间		
		S_r	r	(r)	S_R	R	(R)
F_L/(dN·m)	1.70	0.18	0.51	29.80	0.22	0.64	37.36
F_{max}/(dN·m)	15.59	0.19	0.55	3.50	0.67	1.88	12.09
T_{s1}/min	3.28	0.11	0.31	9.44	0.16	0.45	13.79
t_{50}/min	4.77	0.14	0.39	8.29	0.18	0.52	10.85
t_{90}/min	7.18	0.16	0.44	6.17	0.35	1.00	13.99
标题栏中精密度参数符号的含义见表 A.1。							

表 C.2 IR 硫化胶应力-应变试验的精密度

项目	平均值	实验室内			实验室间		
		S_r	r	(r)	S_R	R	(R)
10%定伸应力/MPa	2.07	1.10	0.30	14.28	0.31	0.87	42.31
300%定伸应力/MPa	9.08	0.44	1.26	13.85	0.83	2.34	25.83
拉伸强度/MPa	28.28	1.58	4.48	15.86	1.63	4.62	16.35
扯断伸长率/%	579.38	16.10	45.5	7.86	22.43	63.47	10.95
标题栏中精密度参数符号的含义见表 A.1。							

参 考 文 献

[1] ISO 1658:2009 Natural rubber (NR)—Evaluation procedure

[2] ISO 6472 Rubber compounding ingredients—Symbols and abbreviated terms

[3] ISO/TR 9272 Rubber and rubber products—Determination of precision for test method standards

[4] ISO 11235 Rubber compounding ingredients—Sulfenamide accelerators—Test methods

[5] ASTM D3403 Standard Test Methods for Rubber—Evaluation of IR (Isoprene Rubber)

ICS 83.040
G 34

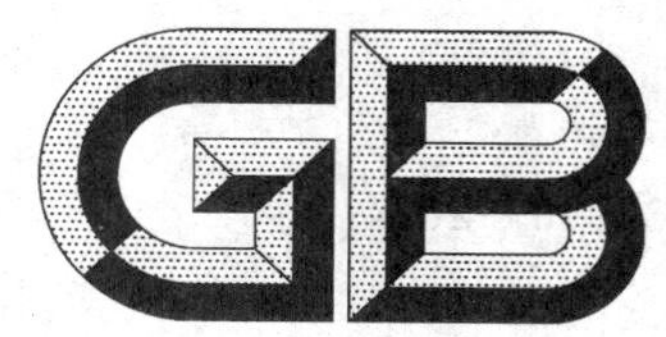

中华人民共和国国家标准

GB/T 30919—2014

苯乙烯-丁二烯生橡胶 *N*-亚硝基胺化合物的测定 气相色谱-热能分析法

Styrene-butadiene rubber, raw—Determination of *N*-nitrosamines content by gas chromatography—Thermo energy analyzer method

2014-07-08 发布 2014-12-01 实施

中华人民共和国国家质量监督检验检疫总局
中国国家标准化管理委员会 发布

前　言

本标准按照 GB/T 1.1—2009 给出的规则起草。

本标准由中国石油化工集团公司提出。

本标准由全国橡胶与橡胶制品标准化技术委员会合成橡胶分技术委员会(SAC/TC 35/SC 6)归口。

本标准起草单位:中国石油天然气股份有限公司石油化工研究院。

本标准主要起草人:薛慧峰、龚光碧、耿占杰、秦鹏、范国宁、孙丽君、翟月勤、吴毅、王芳、高冬梅、王学丽。

苯乙烯-丁二烯生橡胶 N-亚硝基胺化合物的测定 气相色谱-热能分析法

警告:使用本标准的人员应熟悉正规实验室操作规程。本标准无意涉及因使用本标准可能出现的所有安全问题。制定相应的安全和健康制度并确保符合国家法规是使用者的责任。

本标准中规定的某些分析方法可能会涉及使用物质或生成物质或产生废物,这些可能造成当地的环境危害。在试验之后应参考适当的安全操作文件进行处理。

1 范围

本标准规定了采用气相色谱-热能分析仪(GC-TEA)测定苯乙烯-丁二烯橡胶中 N-亚硝基二甲胺、N-亚硝基甲乙胺、N-亚硝基二乙胺、N-亚硝基二丙胺、N-亚硝基二丁胺、N-亚硝基哌啶、N-亚硝基吡咯烷、N-亚硝基吗啉、N-亚硝基甲基苯胺、N-亚硝基乙基苯胺等 10 种 N-亚硝基胺含量的方法。

本标准适用于非充油乳液聚合苯乙烯-丁二烯生橡胶。

2 规范性引用文件

下列文件对于本文件的应用是必不可少的。凡是注日期的引用文件,仅注日期的版本适用于本文件。凡是不注日期的引用文件,其最新版本(包括所有的修改单)适用于本文件。

GB/T 15340　天然、合成生胶取样及制样方法(GB/T 15340—2008,ISO 1795:2000,IDT)

3 方法概要

将样品粉碎,用溶剂萃取出橡胶中的 N-亚硝基胺化合物,去除干扰物后,将溶液浓缩,用 GC-TEA 进行测定。

4 试剂与材料

除非另有说明,在分析中仅使用确认为分析纯及以上纯度的试剂和蒸馏水或相当纯度的水。

4.1　甲醇。

4.2　二氯甲烷。

4.3　亚硝胺标准物质:纯度>98%,或有准确浓度的标准溶液。

4.4　氯化钠溶液:质量分数为 2%。

4.5　甲醇-氯化钠溶液:甲醇与氯化钠溶液(4.4)的混合溶液(体积比为 2∶3)。

4.6　标准储备液 A:取约 100 mL 甲醇加入到 500 mL 的棕色容量瓶中,再加入 10 种亚硝胺标准物质(每种约 50 mg,精确至 0.1 mg),用甲醇稀释至刻度线,摇匀后密封,低于 5 ℃环境中避光保存,有效期以标准物质证书为准。也可以用有准确浓度的标准溶液直接稀释配制。标准储备液 A 中各亚硝胺的浓度约为 100 μg/mL。

4.7 标准储备液B:准确量取10 mL标准储备液A(4.6),加入250 mL棕色容量瓶中,用甲醇稀释至刻度线,摇匀后密封,低于5 ℃环境中避光保存。

4.8 标准工作溶液:用甲醇将标准储备液B(4.7)稀释成与样品溶液浓度接近的溶液,至少配制两个浓度水平。使用时配制。

4.9 定量滤纸:中速型。

5 仪器

5.1 天平:精度为0.01 g。

5.2 气相色谱仪:配有不分流进样口和自动进样器。

5.3 热能分析仪:氮元素的检测限低于10^{-11} g/s(信噪比$S/N=3:1$)。

5.4 旋转蒸发仪:水浴温度可控制在40 ℃±2 ℃。

5.5 真空泵:真空度在30 kPa～50 kPa的范围内可调,控制精度±1 kPa。

5.6 氮吹仪:流量可调。

5.7 锥形瓶:棕色、磨口、150 mL。

5.8 锥形分液漏斗:棕色、125 mL。

5.9 梨形浓缩瓶:棕色、磨口(与旋转蒸发仪配套使用)、250 mL。

5.10 K-D浓缩瓶:棕色、球形、带1 mL尾管(最小分度0.1 mL)。

6 试样制备

按GB/T 15340的规定取样,将样品去掉至少2 cm厚的表皮后剪成不大于2 mm×2 mm×2 mm的小颗粒,称取5 g±0.1 g试样,准确至0.01 g。

7 分析步骤

7.1 萃取

将试样放入锥形瓶(5.7)中,依次加入40 mL甲醇(4.1)和10 mL二氯甲烷(4.2),摇动锥形瓶使试样在瓶底散开。在20 ℃±3 ℃的环境温度下静置24 h。然后收集萃取液于梨形浓缩瓶(5.9)中,并用10 mL甲醇清洗试样和锥形瓶,清洗液倒入梨形浓缩瓶。

7.2 预浓缩

将装有萃取液的梨形浓缩瓶(7.1)接在旋转蒸发仪(5.4)上,水浴温度设定为40 ℃,真空泵(5.5)的终点压力设定为40 kPa,浓缩10 min。再将真空泵的终点压力设定为30 kPa,使萃取液浓缩至20 mL±5 mL。

7.3 分离非目标物

将浓缩液(7.2)转移至分液漏斗(5.8)中,用2 mL甲醇清洗梨形浓缩瓶,将清洗液倒入分液漏斗。向分液漏斗中加入30 mL氯化钠溶液(4.4),静置5 min后转移至放好滤纸(4.9)的玻璃漏斗中,进行缓慢抽滤。收集过滤液并转移至干净分液漏斗,再用10 mL甲醇-氯化钠溶液(4.5)清洗漏斗中的沉淀物和收滤瓶,并将清洗液倒入分液漏斗。向分液漏斗中加入20 mL二氯甲烷,振荡2 min,静置5 min后,将下层溶液收集到梨形浓缩瓶中。再以同样的方式重复萃取2次,合并3次的萃取液于梨形浓缩瓶中。

7.4 浓缩

将装有萃取液的梨形浓缩瓶(7.3)接在旋转蒸发仪上,水浴温度设定为40 ℃,常压下浓缩至3 mL~5 mL。然后将浓缩液转移至K-D浓缩瓶(5.10)中,并用2 mL二氯甲烷清洗梨形浓缩瓶,清洗液合并入K-D浓缩瓶。在大气环境下,用氮吹仪(5.6)吹扫浓缩至1.0 mL(试液体积V),氮气流量应使液面出现明显的漩涡,但不造成液体飞溅。

7.5 测定

7.5.1 气相色谱仪测试条件

测试条件包括:

a) 毛细管色谱柱:FFAP 30 m×0.25 mm×0.5 μm;

b) 进样口温度:110 ℃;

c) 柱温:初始温度40 ℃,以10 ℃/min的速率升至110 ℃,再以5 ℃/min的速率升至140 ℃,保留20 min。

d) 热能分析仪接口温度:150 ℃;

e) 热能分析仪裂解温度:500 ℃;

f) 载气:氦气(纯度≥99.999%),流量:2.0 mL/min;

g) 进样方式:不分流自动进样;

h) 进样量:1 μL。

7.5.2 *N*-亚硝基胺的定性

按照7.5.1规定的试验条件,对标准工作溶液和试液进行测定,比对色谱图,利用保留时间定性。图1为上述测试条件下标准工作溶液的典型色谱图。

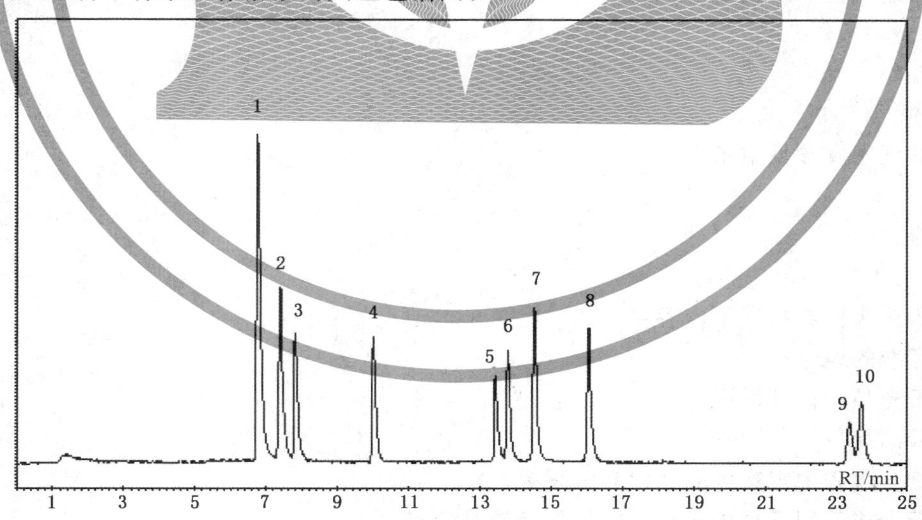

说明:

1 ——*N*-亚硝基二甲胺;
2 ——*N*-亚硝基甲乙胺;
3 ——*N*-亚硝基二乙胺;
4 ——*N*-亚硝基二丙胺;
5 ——*N*-亚硝基二丁胺;
6 ——*N*-亚硝基哌啶;
7 ——*N*-亚硝基吡咯烷;
8 ——*N*-亚硝基吗啉;
9 ——*N*-亚硝基乙基苯胺;
10——*N*-亚硝基甲基苯胺。

图1 亚硝胺标准工作溶液的色谱图

7.5.3 N-亚硝基胺的定量

对标准工作溶液进行测定，建立亚硝胺浓度 c 对峰面积 A 的标准工作曲线，得到线性关系式 $c=f(A)$，用外标法进行定量。

注：如果试液中亚硝胺的响应值超出仪器检测的线性范围，可将试液适当稀释后再测定。

8 结果计算

试样中 N-亚硝基胺的含量 X_i 以微克每千克表示，按式(1)计算：

$$X_i=\frac{1\ 000\times c_i\times V}{m} \qquad \cdots\cdots(1)$$

式中：

V ——试液的体积，单位为毫升(mL)；

m ——试样的质量，单位为克(g)；

c_i ——试液中亚硝胺 i 的浓度，单位为微克每毫升(μg/mL)，按式(2)计算：

$$c_i=f(A_i) \qquad \cdots\cdots(2)$$

式中：

A_i——试液中亚硝胺 i 的峰面积。

所得结果保留至小数点后 1 位。

9 最低检测限

本方法的最低检测限见附录 A。

10 精密度

本方法的精密度参见附录 B。

11 试验报告

试验报告至少应给出以下内容：

a) 本标准的编号；

b) 关于样品的详细说明；

c) 试验结果；

d) 在试验过程中观察到的任何异常现象；

e) 本标准或引用标准中未包括的任何自选操作；

f) 试验日期。

附 录 A
（规范性附录）
方法的最低检测限

本方法的最低检测限见表 A.1。

表 A.1 10 种 *N*-亚硝基胺的最低检测限

单位为微克每千克

亚硝胺名称	分子式	CAS 号	最低检测限
N-亚硝基二甲胺	$C_2H_6N_2O$	62-75-9	7
N-亚硝基甲乙胺	$C_3H_8N_2O$	10595-95-6	6
N-亚硝基二乙胺	$C_4H_{10}N_2O$	55-18-5	8
N-亚硝基二丙胺	$C_6H_{14}N_2O$	621-64-7	11
N-亚硝基二丁胺	$C_8H_{18}N_2O$	924-16-3	11
N-亚硝基哌啶	$C_5H_{10}N_2O$	100-75-4	9
N-亚硝基吡咯烷	$C_4H_8N_2O$	930-55-2	9
N-亚硝基吗啉	$C_4H_8N_2O_2$	59-89-2	10
N-亚硝基甲基苯胺	$C_7H_8N_2O$	614-00-6	22
N-亚硝基乙基苯胺	$C_8H_{10}N_2O$	612-64-6	33

附 录 B
（资料性附录）
方法的精密度

按照GB/T 6379.3—2012的规定，开展了实验室内精密度试验，在一周内，由6名实验人员对SBR 1500E样品重复测定2次，确定的精密度数值（95%置信概率）见表B.1。

表B.1 10种N-亚硝基胺的实验室内精密度

亚硝胺名称	含量 μg/kg	实验室内		
		S_r	r	(r)
N-亚硝基二甲胺	46.5	2.86	8.0	17.2
N-亚硝基甲乙胺	18.3	1.67	4.7	25.8
N-亚硝基二乙胺	24.3	1.95	5.5	22.6
N-亚硝基二丙胺	23.9	1.56	4.4	18.4
N-亚硝基二丁胺	26.9	1.80	5.1	19.0
N-亚硝基哌啶	29.0	2.11	5.9	20.3
N-亚硝基吡咯烷	30.6	2.16	6.1	19.9
N-亚硝基吗啉	24.5	1.77	5.0	20.4
N-亚硝基甲基苯胺	35.9	2.89	8.1	22.6
N-亚硝基乙基苯胺	35.4	2.78	7.8	22.0

表中所列符号定义如下：
——S_r：实验室内标准偏差；
——r：重复性，以测量单位表示；
——(r)：相对重复性，用相对百分数表示。

重复性：两个独立测试结果的绝对差不大于表中所列r值，相对差不大于(r)值。

注：由于没有进行实验室间试验，只给出重复性数据。

参考文献

［1］ GB/T 6379.3—2012 测量方法与结果的准确度(正确度与精密度) 第3部分:标准测量方法精密度的中间度量

ICS 83.060
G 34

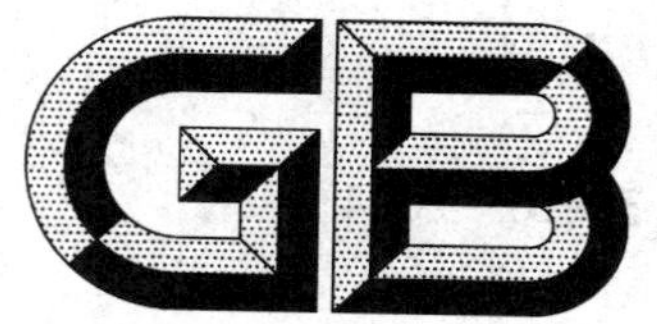

中华人民共和国国家标准

GB/T 30920—2014

氯磺化聚乙烯(CSM)橡胶

Chlorosulfonted polyethylene(CSM) rubber

2014-07-08 发布

2014-12-01 实施

中华人民共和国国家质量监督检验检疫总局
中国国家标准化管理委员会 发布

前　言

本标准按照 GB/T 1.1—2009 给出的规则起草。

本标准由中国石油化工集团公司提出。

本标准由全国橡胶与橡胶制品标准化技术委员会合成橡胶分技术委员会(SAC/TC 35/SC 6)归口。

本标准起草单位:中国石油天然气股份有限公司吉林石化分公司、中国石油天然气股份有限公司石油化工研究院。

本标准主要起草人:杨永梅、韩淑杰、刘洪录、翟月勤、刘丽萍、费雅姝、李宝、纪静、张澜澜、吴超。

氯磺化聚乙烯(CSM)橡胶

警告:使用本标准的人员应有正规实验室工作的实践经验。本标准并未指出所有可能的安全问题。使用者有责任采取适当的安全和健康措施,并保证符合国家有关法规规定的条件。

1 范围

本标准规定了氯磺化聚乙烯(CSM)橡胶的要求、检验方法、检验规则以及包装、标志、贮存和运输。

本标准适用于以高密度聚乙烯或低密度聚乙烯、液氯、二氧化硫等为原料,经氯化和氯磺酰化反应而制得的CSM橡胶。

2 规范性引用文件

下列文件对于本文件的应用是必不可少的。凡是注日期的引用文件,仅注日期的版本适用于本文件。凡是不注日期的引用文件,其最新版本(包括所有的修改单)适用于本文件。

GB/T 528 硫化橡胶或热塑性橡胶 拉伸应力应变性能的测定(GB/T 528—2009,ISO 37:2005,IDT)

GB/T 601—2002 化学试剂 标准滴定溶液的制备

GB/T 1232.1—2000 未硫化橡胶 用圆盘剪切粘度计进行测定 第1部分:门尼粘度的测定(neq ISO 289—1:1994)

GB/T 2941 橡胶物理试验方法试样制备和调节通用程序(GB/T 2941—2006,ISO 23529:2004,IDT)

GB/T 4497.1—2010 橡胶 全硫含量的测定 第1部分:氧瓶燃烧法(ISO 6528-1:1992,IDT)

GB/T 5576—1997 橡胶和乳胶 命名法(idt ISO 1629:1995)

GB/T 5577—2008 合成橡胶牌号规范

GB/T 6038 橡胶试验胶料 配料、混炼和硫化 设备及操作程序(GB/T 6038—2006,ISO 2393:1994,MOD)

GB/T 6682—2008 分析实验室用水规格和试验方法(ISO 3696:1987,MOD)

GB/T 9872—1998 氧瓶燃烧法测定橡胶和橡胶制品中溴和氯的含量(idt ISO 7725:1991)

GB/T 15340 天然、合成生胶取样及其制样方法(GB/T 15340—2008,ISO 1795:2000,IDT)

GB/T 19187—2003 合成生胶抽样检查程序

GB/T 24131—2009 生橡胶 挥发分含量的测定(ISO 248:2005,MOD)

HG/T 3928—2007 工业活性轻质氧化镁

3 牌号命名

氯磺化聚乙烯橡胶(CSM)按照GB/T 5576—1997和GB/T 5577—2008的规定,按以下方式命名牌号。

氯磺化聚乙烯橡胶(CSM)牌号由两个字符组组成。

字符组1:氯磺化聚乙烯橡胶的代号;按照GB/T 5576—1997的规定,氯磺化聚乙烯橡胶代号为“CSM”。

字符组 2:氯磺化聚乙烯橡胶的特征信息代号,由四位数字组成;前两位数字为氯含量的标称值,用氯含量质量分数的低限值表示;第三位数字表示原料聚乙烯的种类,原料为低密度聚乙烯时,用“1”表示,原料为高密度聚乙烯时,用“0”表示;第 4 位数字为生胶门尼粘度的标称值,“0”表示门尼粘度指标不作窄范围特殊控制,其他数字则表示生胶门尼粘度低限值的十位数字。

示例 1:

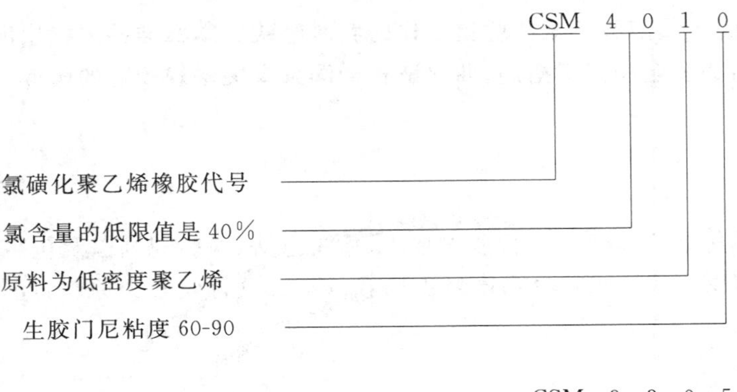

示例 2:

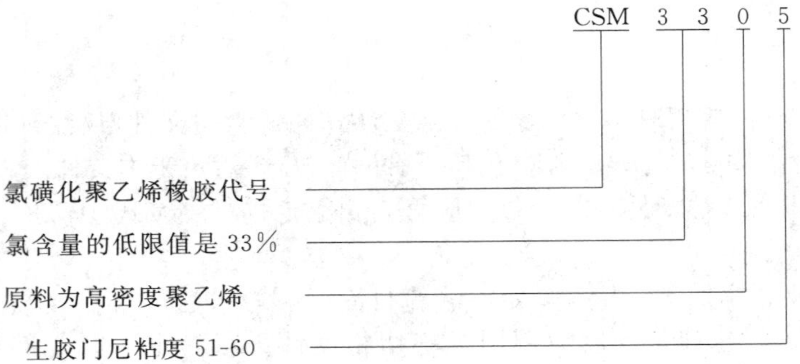

4 要求

4.1 外观:CSM 橡胶为片状或粒状固体,无异物。

4.2 CSM 橡胶的技术指标见表 1。

5 试验方法

5.1 挥发分

按 GB/T 24131—2009 “烘箱法 B”中 5.2.2.2 规定进行测定。

允许差:两次平行测定结果之差不大于 0.1%。

5.2 氯含量

按附录 A 的规定进行测定。仲裁检验时,按 GB/T 9872—1998 中 6.3.2 进行测定。

5.3 硫含量

按附录 B 的规定进行测定。仲裁检验时,按照 GB/T 4497.1—2010 进行测定。

5.4 门尼粘度

5.4.1 制备试样

按 GB/T 15340“过辊法”制备试样,辊温为 25 ℃±5 ℃。CSM33 系列橡胶辊距为 2.2 mm。

表 1 CSM 橡胶的技术指标

项目	CSM 4010			CSM 3303			CSM 3304			CSM 3305			CSM 3306			CSM 3307			CSM 3308		
	优等品	一等品	合格品	优等品	一等品	合格品	优等品	一等品	合格品	优等品	一等品	合格品	优等品	一等品	合格品	优等品	一等品	合格品	优等品	一等品	合格品
挥发分的质量分数/% ≤	1.0	1.5	2.0	1.0	1.5	2.0	1.0	1.5	2.0	1.0	1.5	2.0	1.0	1.5	2.0	1.0	1.5	2.0	1.0	1.5	2.0
氯的质量分数/%	40～45			33～37																	
硫的质量分数/%	0.8～1.2																				
门尼粘度 ML(1+4)100 ℃	60～90			30～40			41～50			51～60			61～70			71～80			81～90		
拉伸强度 /MPa ≥	—			25.0																	
拉断伸长率 /% ≥	—			500																	

5.4.2 试验

按 GB/T 1232.1—2000 的规定进行测定。

5.5 拉伸强度、拉断伸长率

按附录 C 的规定进行测定。

6 检验规则

6.1 本标准所列项目除拉伸强度、拉断伸长率外，其他均为出厂检验项目；在生产正常情况下，每月至少进行一次型式检验。

6.2 进行质量检验时以每班生产量为一批，抽样按 GB/T 19187—2003 的规定进行。

6.3 生产厂应按本标准对出厂的产品进行检验，并保证所有出厂的产品符合本标准的要求。每批产品应附有一定格式的质量证明书。质量证明书上应注明产品名称、牌号、生产厂(公司)名称、生产批号、等级等有关内容。

6.4 出厂检验时，按 GB/T 19187—2003 的实验室混合样品进行检验，出厂检验项目中任何一项不符合等级要求时，应对保留样品进行复验，复验结果仍不符合相应的等级要求时，则该批产品应降等或判定为不合格品。

6.5 用户有权按本标准对收到的产品进行验收，如果不符合本标准要求时，应在到货后半个月内提出异议。使用单位因保管、使用不当等原因造成产品质量下降，应由使用单位负责。供需双方如发生质量争议，可协商解决或由质量仲裁单位按本标准进行仲裁检验。

7 包装、标志、贮存和运输

7.1 产品使用聚丙烯编织袋或用户认可的其他形式包装。每袋净重 25 kg±0.25 kg 或其他包装单元。

7.2 每个包装袋应清楚地标明产品名称、牌号、净含量、生产厂(公司)名称、地址、注册商标、标准编号、生产日期或生产批号等。

7.3 贮存、运输过程中，应通风干燥，严防日光曝晒，勿近热源，防止受潮或混入杂质，保持包装完好无损。

7.4 质量保证期自生产日期起在 20 ℃以下保质期为两年，在 20 ℃～30 ℃保质期为一年。

附 录 A
（规范性附录）
氯磺化聚乙烯橡胶中氯含量的测定

A.1 原理

在盛有过氧化氢吸收液且充满氧气的燃烧瓶中引燃试样，其中有机物的碳、氢被氧化，氯转化成氯化氢，在中性或弱碱性溶液中以铬酸钾为指示剂，用硝酸银标准滴定溶液滴定。

A.2 试剂和材料

本附录所使用的试剂在没有注明其他要求时，均使用分析纯试剂。所使用的水应满足GB/T 6682—2008 中三级水规格。

A.2.1 质量分数为2%的过氧化氢吸收液：将1体积30%的过氧化氢用水稀释至15体积。

警告：30%的过氧化氢溶液对皮肤有很大的腐蚀性，操作时应戴橡胶或塑料手套和护目镜。

A.2.2 氢氧化钠溶液：$c(NaOH)=0.05$ mol/L，称取2.0 g氢氧化钠，溶于1 L水中。

A.2.3 硝酸银标准滴定溶液：$c(AgNO_3)=0.05$ mol/L

A.2.3.1 硝酸银标准滴定溶液的配制

称取8.5 g硝酸银，溶于1 L水中，摇匀。溶液贮存于棕色瓶中。

A.2.3.2 硝酸银标准滴定溶液的标定

称取0.11 g（精确至0.000 01 g）于500 ℃～600 ℃的高温炉中灼烧至恒重的工作基准试剂氯化钠，溶于70 mL水中，加2滴溴甲酚绿-甲基红混合指示液（A.2.5），用氢氧化钠溶液（A.2.2）中和至亮绿色，再加入铬酸钾指示液（A.2.4）1 mL，用硝酸银标准滴定溶液（A.2.3）滴定至出现混浊的砖红色为终点。

硝酸银标准滴定溶液的浓度 $c_{(AgNO_3)}$（mol/L），按式（A.1）计算：

$$c_{(AgNO_3)}=\frac{m\times 1\ 000}{VM} \qquad \text{(A.1)}$$

式中：

m——氯化钠的质量，单位为克（g）；

V——试验消耗硝酸银标准滴定溶液的体积，单位为毫升（mL）；

M——氯化钠的摩尔质量（$M=58.44$），单位为克每摩尔（g/mol）。

A.2.4 质量浓度为50 g/L的铬酸钾指示液：称取50 g铬酸钾，溶于1 L水中。

A.2.5 溴甲酚绿-甲基红混合指示液：称取0.03 g溴甲酚绿溶于0.6 mL氢氧化钠溶液（A.2.2）中，稀释至50 mL。称取0.02 g甲基红溶于1.5 mL氢氧化钠标准溶液（A.2.2）中用水稀释至50 mL。将溴甲酚绿溶液和甲基红溶液按1+1比例混合均匀。

A.2.6 无灰滤纸：剪成旗形（见图A.1）。

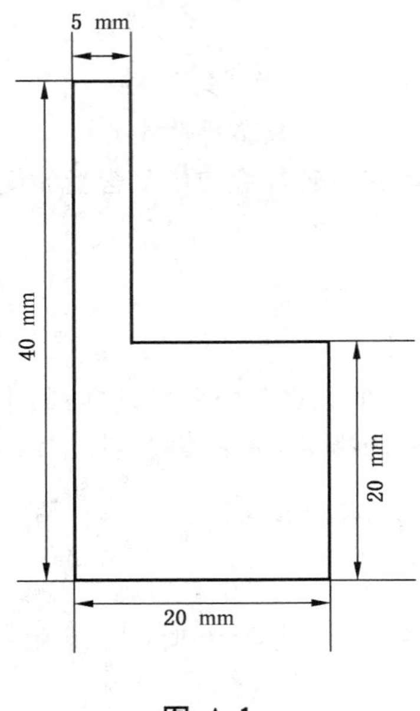

图 A.1

A.2.7 氧气:纯度≥99.0%。

A.3 仪器

A.3.1 一般实验室仪器。

A.3.2 氧燃烧瓶:碘量瓶 250 mL,在磨口塞中心部位焊接一段下端呈螺旋状的铂丝。铂丝直径为 1 mm左右。

A.3.3 滴定管:棕色酸式滴定管,10 mL。

A.4 试验步骤

在剪好的滤纸上称取 0.02 g～0.03 g 胶样,精确至 0.000 2 g,包好。置于盛有 10 mL～15 mL 过氧化氢溶液(A.2.1)并充满氧气的燃烧瓶中燃烧。经振荡吸收完全后置于电炉上加热煮沸 3 min,取下冷却至室温,加 2 滴溴甲酚绿-甲基红混合指示液(A.2.5),用氢氧化钠标准溶液(A.2.2)中和至亮绿色,再加入铬酸钾指示液(A.2.4)1 mL,用硝酸银标准滴定溶液(A.2.3)滴定至出现混浊的砖红色为终点。

A.5 分析结果的表述

氯含量以氯的质量分数 w_{cl} 计,按式(A.2)计算:

$$w_{cl}=\frac{(V/1\ 000)cM}{m}\times 100\% \quad \cdots\cdots(A.2)$$

式中:

V——试验消耗硝酸银标准滴定溶液的体积,单位为毫升(mL);

c——硝酸银标准滴定溶液浓度,单位为摩尔每升(mol/L);

M——氯的摩尔质量(M=35.45),单位为克每摩尔 (g/mol);

m——试样的质量,单位为克(g)。

A.6 允许差

两次平行测定结果之差不大于0.6%。

附　录　B
（规范性附录）
氯磺化聚乙烯橡胶硫含量的测定

B.1　原理

在盛有过氧化氢吸收液且充满氧气的燃烧瓶中引燃试样，其中有机物的碳、氢被氧化，硫的氧化物被过氧化氢溶液吸收转化为硫酸，吸收液以钍试剂为指示剂，用氯化钡标准滴定溶液滴定。

B.2　试剂和溶液

本附录所使用的试剂在没有注明其他要求时，均使用分析纯试剂。所使用的水应满足GB/T 6682—2008 中三级水规格。

B.2.1　无水乙醇。

B.2.2　质量分数为 2 %的过氧化氢吸收液：将 1 体积 30%的过氧化氢用蒸馏水稀释至 15 体积。

警告：30%的过氧化氢溶液对皮肤有很大的腐蚀性，操作时应戴橡胶或塑料手套和护目镜。

B.2.3　硫酸标准滴定溶液：$c\ (1/2H_2SO_4)=0.1$ mol/L。按 GB/T 601—2002 进行制备。

B.2.4　氯化钡标准滴定溶液：$c\ (1/2BaCl_2)=0.015$ mol/L

B.2.4.1　氯化钡标准滴定溶液的配制

称取 1.83 g 氯化钡，溶于 1 L 水中，摇匀。

B.2.4.2　氯化钡标准滴定溶液的标定

准确吸取 5.00 mL 硫酸标准滴定溶液(B.2.3)于 250 mL 三角瓶中，加 25 mL 乙醇(B.2.1)，加 2 滴～3 滴钍指示剂(B.2.5)，用氯化钡标准滴定溶液(B.2.4)滴定至溶液出现红色为终点。

B.2.4.3　氯化钡标准滴定溶液的浓度 $c\ (1/2BaCl_2)$ (mol/L)，按式(B.1)计算：

$$c\ (\frac{1}{2}BaCl_2)=\frac{c_1V_1}{V} \qquad \cdots\cdots\cdots\cdots(B.1)$$

式中：

c_1——硫酸标准溶液浓度，单位为摩尔每升(mol/L)；

V_1——硫酸标准溶液的体积，单位为毫升(mL)；

V——氯化钡标准溶液的体积，单位为毫升(mL)。

B.2.5　质量浓度为 2 g/L 的钍试剂指示液：称取 2 g 钍试剂溶于 1 L 水中。

B.2.6　无灰滤纸：剪成旗形(见图 B.1)。

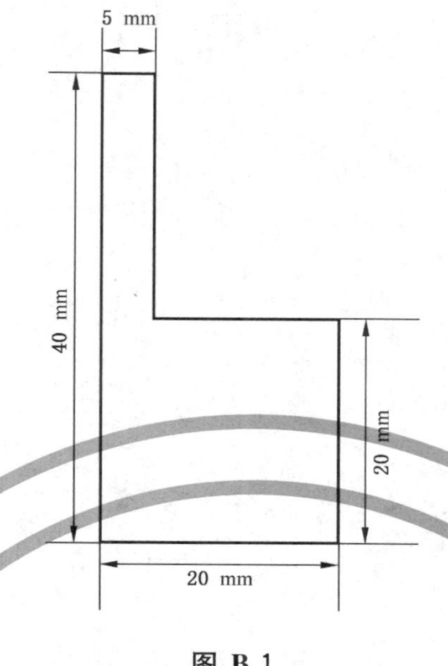

图 B.1

B.2.7 氧气:纯度≥99.0%。

B.3 仪器

B.3.1 氧燃烧瓶:250 mL 碘量瓶,在磨口塞中心部位焊接一段下端呈螺旋状的铂丝。铂丝直径为 1 mm左右。

B.3.2 微量滴定管:2 mL。

B.4 分析步骤

在剪好的滤纸上称取 0.02 g~0.03 g 胶样,精确至 0.000 2 g,包好。置于盛有 10 mL~15 mL 过氧化氢溶液(B.2.2)并充满氧气的燃烧瓶中燃烧。经振荡吸收完全后置于电炉上加热浓缩至 5 mL 左右,取下冷却至室温,沿瓶壁加入 20 mL 无水乙醇(B.2.1),加 1 滴~2 滴钍试剂(B.2.5),用氯化钡标准滴定溶液(B.2.4)滴定至出现红色为终点。

B.5 分析结果的表述

硫含量以硫的质量分数 w_s 计,按式(B.2)计算:

$$w_s = \frac{(V/1\,000)cM}{m} \times 100\% \quad \cdots\cdots (B.2)$$

式中:

V——试验消耗氯化钡标准滴定溶液的体积,单位为毫升(mL);

c——氯化钡标准滴定溶液浓度,单位为摩尔每升(mol/L);

M——硫的摩尔质量(M=16.03),单位为克每摩尔(g/mol);

m——试样的质量,单位为克(g)。

B.6 允许差

两次平行测定结果之差不大于0.04%。

附 录 C
（规范性附录）
氯磺化聚乙烯橡胶评价方法

C.1 范围

本附录规定了评价 CSM 橡胶硫化特性所用的标准材料、标准试验配方、设备和操作程序以及测定应力-应变性能的方法。

C.2 试验配方

试验基本配方见表 C.1。

表 C.1 基本配方

配方(组成)	质量(g)
CSM 橡胶	100
氧化镁[a]	4
四硫化双五次甲基秋兰姆(TRA)	2
季戊四醇[b]	3
合计	109

[a] 氧化镁应符合 HG/T 3928—2007 的规定。

[b] 季戊四醇为高熔点晶体，在胶料中难以均匀分散，需用 120 目～180 目筛网过筛成细粉末状后，方可加入胶料中。

应使用符合国家标准规定的参比材料，如果得不到国家标准的参比材料，应使用有关团体认可的材料。

C.3 混炼操作程序

配料、混炼和硫化设备及操作程序均按照 GB/T 6038 进行。批混炼胶量为基本配方量的 3.5 倍。其中前辊筒辊速为 17.8 r/min±1.0 r/min，辊温为 30 ℃±5 ℃，挡板间距离为 280 mm。具体操作步骤如下：

	持续时间 min
a） 调节辊距为 1.0 mm，加入 350 g 胶料使橡胶包辊，交替从每边作 3/4 割刀一次。	2
b） 沿辊筒缓慢而均匀地加入氧化镁、TRA、季戊四醇的混合物，直至配合剂完全混入胶料。	4
c） 交替从每边作 3/4 割刀八次。	3
d） 调节辊距为 0.2 mm 进行薄通，同时打三角包六次。	2
e） 辊距调到 1.2 mm 下片。	2
总时间	13

f) 检查胶料质量。如果胶料质量与理论值之差超过＋0.5 ％或－1.5 ％，废弃此胶料，重新混炼。
g) 将混炼后胶料调节 2 h～24 h。如有可能，在 GB/T 2941 规定的标准温度和湿度下调节。

C.4 硫化胶应力-应变性能的测定

试片在 153 ℃±1 ℃硫化，硫化时间为 50 min。硫化胶片应调节 16 h～96 h。如有可能，按 GB/T 2941规定在标准温度和湿度下调节。

采用通用 1 型裁刀，按 GB/T 528 规定，测定硫化胶应力-应变性能。

C.5 允许差

拉伸强度：两次平行测定结果之差不大于 3.0 MPa。

拉断伸长率：两次平行测定结果之差不大于 35％。

ICS 83.060
G 35

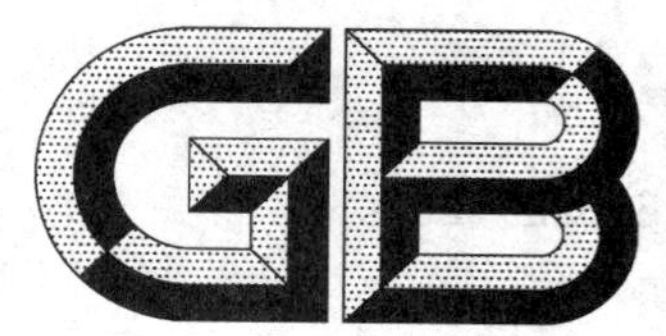

中华人民共和国国家标准

GB/T 30922—2014

异丁烯-异戊二烯橡胶(IIR)

Isobutene-isoprene rubber

2014-07-08 发布

2014-12-01 实施

中华人民共和国国家质量监督检验检疫总局
中国国家标准化管理委员会 发布

前　言

本标准按照 GB/T 1.1—2009 给出的规则起草。

本标准由中国石油化工集团公司提出。

本标准由全国橡胶与橡胶制品标准化技术委员会合成橡胶分技术委员会(SAC/TC 35/SC 6)归口。

本标准起草单位:中国石油化工股份有限公司北京燕山分公司、中国石油天然气股份有限公司石油化工研究院。

本标准主要起草人:彭金瑞、孙丽君、崔广洪、于洪洸、孟祥峰、吴毅、马海英。

异丁烯-异戊二烯橡胶(IIR)

警告:使用本标准的人员应有正规实验室工作的实践经验。本标准并未指出所有可能的安全问题。使用者有责任采取适当的安全和健康措施,并保证符合国家有关法规规定的条件。

1 范围

本标准规定了异丁烯-异戊二烯橡胶(以下简称 IIR)的要求、试验方法、检验规则、标志、包装、运输和贮存。

本标准适用于以异丁烯和异戊二烯为主要原料,以氯甲烷为溶剂经低温共聚制得的异丁烯-异戊二烯橡胶(IIR)。

2 规范性引用文件

下列文件对于本文件的应用是必不可少的。凡是注日期的引用文件,仅注日期的版本适用于本文件。凡是不注日期的引用文件,其最新版本(包括所有的修改单)适用于本文件。

GB/T 1232.1—2000 未硫化橡胶 用圆盘剪切粘度计进行测定 第1部分:门尼粘度的测定(neq ISO 289-1:1994)

GB/T 4498—1997 橡胶 灰分的测定(eqv ISO 247:1991)

GB/T 5576—1997 橡胶和胶乳 命名法(idt ISO 1629:1995)

GB/T 5577—2008 合成橡胶牌号规范

GB/T 6682—2008 分析实验室用水规格和试验方法(ISO 3696:1987,MOD)

GB/T 8170 数值修约规则与极限数值的表示和判定

GB/T 9869—1997 橡胶胶料硫化特性的测定(圆盘振荡硫化仪法)(idt ISO 3417:1991)

GB/T 15340—2008 天然、合成生胶取样及其制样方法(ISO 1795:1992,IDT)

GB/T 16584—1996 橡胶 用无转子硫化仪测定硫化特性(eqv ISO 6502:1991)

GB/T 19187—2003 合成生胶抽样检查程序

GB/T 24131—2009 生橡胶 挥发分含量的测定(ISO 248:2005,MOD)

SH/T 1717—2008 异丁烯-异戊二烯橡胶(IIR) 评价方法(ISO 2302:2005,IDT)

3 牌号命名

异丁烯-异戊二烯橡胶(IIR)按照 GB/T 5576—1997 和 GB/T 5577—2008 的规定,按以下方式命名牌号。

异丁烯-异戊二烯橡胶(IIR)牌号由两个字符组组成。

字符组 1:异丁烯-异戊二烯橡胶的代号;按照 GB/T 5576—1997 的规定,异丁烯-异戊二烯橡胶代号为“IIR”。

字符组 2:异丁烯-异戊二烯橡胶的特征信息代号,由四位数字组成;前两位为不饱和度的标称值,不饱和度大于 1 时,用标称值的前两位数字表示,不饱和度小于 1 时,用“0+标称值的第一位数字”表示;后两位为生胶门尼黏度标称值,用标称值的前两位数字表示。

示例：

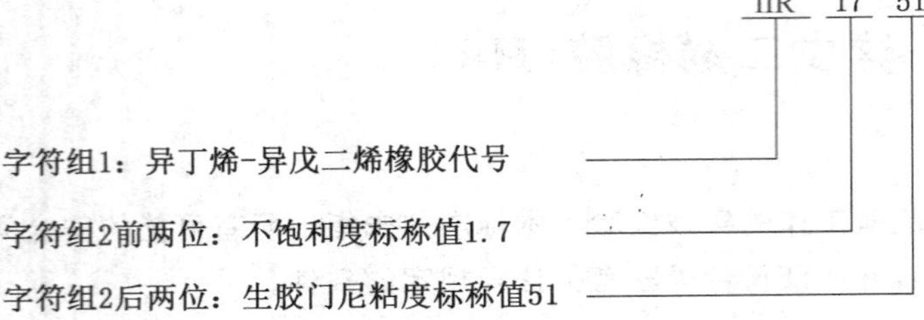

4 要求和试验方法

4.1 外观：白色或浅黄色块状，无机械杂质。

4.2 IIR 的技术要求和试验方法见表 1。

表 1 IIR 的技术要求和试验方法

项目		IIR 1751		试验方法
		优级品	合格品	
挥发分(质量分数)/%		≤ 0.3	≤0.5	GB/T 24131—2009 烘箱法
灰分(质量分数)/%		≤ 0.3		GB/T 4498—1997 方法 A
生胶门尼黏度 ML(1+8)125℃		51±5		GB/T 1232.1—2000
不饱和度/(mol %)		1.70±0.20		附录 A
硫化特性[a,b]	M_H/(dN·m)	86.6±6.0		按照 SH/T 1717—2008 的方法 C 混炼。按照 GB/T 9869—1997 测定。采用 SH/T 1717—2008 中 6.1 规定的试验条件
	M_L/(dN·m)	16.8±4.5		
	$t'_c(50)$/min	7.7±3.0		
	$t'_c(90)$/min	24.2±4.0		
	t_{S2}/min	2.7±1.5		
	F_H/(dN·m)	16.8±1.4		按照 SH/T 1717—2008 的方法 C 混炼。按照 GB/T 16584—1996 测定。采用 SH/T 1717—2008 中 6.2 规定的试验条件
	F_L/(dN·m)	3.3±0.9		
	$t'_c(50)$/min	5.3±2.0		
	$t'_c(90)$/min	20.4±3.3		
	t_{S1}/min	2.0±1.0		

[a] GB/T 9869—1997 和 GB/T 16584—1996 的测定结果不具有可比性，供需双方应商定硫化特性的测定方法。

[b] 硫化特性采用 ASTM IRB NO.7 炭黑评价。

5 检验规则

5.1 检验分类与检验项目

IIR 产品的检验分为型式检验和出厂检验两类。

表 1 中所有项目均为 IIR 产品的型式检验项目。

IIR 产品的出厂检验项目为外观、挥发分、生胶门尼黏度和硫化特性。

5.2 组批规则

IIR 产品应以同一生产线上、相同原料、相同工艺生产的同一牌号的产品组批；生产单位可以一个班生产的产品为一批，也可按其他适宜方式确定批次。

IIR 产品应以批为单位进行检验和验收。

5.3 抽样方法

IIR 产品可按照 GB/T 19187—2003 第 3 章的规定确定抽样方案。

IIR 产品可在生产线上抽样，样品总量应不低于 2.0 kg。

IIR 产品应按照 GB/T 15340—2008 规定制取实验室样品。

5.4 出厂检验及判定规则

IIR 产品应由质量检验部门按照本标准规定的试验方法，对按照 5.3 规定的抽样样品进行出厂检验，依据检验结果和表 1 中的技术要求对产品作出质量判定。

产品出厂时，每批产品应附有产品质量证明书。证明书上应注明产品名称、牌号、批号、等级、执行标准等，并加盖质量检验专用章。

5.5 复查检验及判定规则

出厂检验结果若某项指标不符合本标准要求时，应从双倍包装单元重新取样进行复验，以复验结果作为该批产品的质量判定依据。

6 标志

IIR 包装箱或外包装袋上应有明显的标志。标志内容可包括：产品名称、牌号、生产厂名称、厂址、注册商标、批号(生产日期)、净含量等。

7 包装、运输和贮存

7.1 包装

IIR 产品包装形式为箱包装、袋包装或其他。

7.1.1 箱包装

IIR 胶块用印有商标、产品名称或特殊标记的低密度聚乙烯薄膜热合封装，薄膜厚度为 0.04 mm～0.06 mm、熔点不大于 110 ℃，将封装好的胶块放入木箱或铁箱内，每块橡胶净含量为 25 kg。

7.1.2 袋包装

IIR 产品内层用印有商标、产品名称或特殊标记的低密度聚乙烯薄膜热合封装，薄膜厚度为 0.04 mm～0.06 mm、熔点不大于 110 ℃；外层用纸塑袋、复合塑料编织袋或其他材料包装袋。每袋橡胶净含量 25 kg 或其他包装单元。

7.2 运输

IIR 产品在运输时应保持常温、干燥、通风、清洁，应避免高温和阳光直接照射，同时避免包装破损和杂物混入。

7.3 贮存

IIR 产品应在低于 35 ℃和避光条件下保存。在贮存条件下 IIR 质量保证期自生产日期起为 1 年。

附　录　A
（规范性附录）
异丁烯-异戊二烯橡胶(IIR)不饱和度的测定　容量法

A.1　方法概要

已知量的样品溶解于溶剂中,在催化剂的作用下与碘发生反应,消耗的碘量可通过滴定剩余碘量并与空白样相比较而得到碘值,再通过经验公式换算为不饱和度。

A.2　试剂与材料

除非另有说明,在分析中仅使用确认为分析纯的试剂和 GB/T 6682—2008 规定的三级水。

A.2.1　硫代硫酸钠标准滴定溶液:$c(Na_2S_2O_3)=0.100\ 0$ mol/L。

A.2.2　碘的四氯化碳溶液(0.1 mol/L):称取 12.7 g 碘(精确至 0.01 g),研细后放入 1 000 mL 深色瓶中,加入 700 mL 四氯化碳,搅拌均匀。待碘完全溶解后(约需 30 h),再加入 300 mL 四氯化碳,混匀。使用前至少放置两周。

A.2.3　乙酸汞溶液:称取 3 g 乙酸汞(精确至 0.1 mg)放入 200 mL 烧杯中,加入 100 mL 冰乙酸,水浴加热,用玻璃棒搅拌直到乙酸汞完全溶解。此溶液应在使用前配置。

A.2.4　三氯乙酸溶液:称取 4 g 三氯乙酸(精确至 0.01 g)放入 50 mL 烧杯中,加入 20 mL 四氯化碳,搅拌至三氯乙酸完全溶解。此溶液应在使用前配置。

A.2.5　碘化钾溶液:质量分数为 10%。

A.2.6　淀粉指示剂:称取 1 g 淀粉(精确至 0.01 g),放入小烧杯中,加 10 mL 水,搅拌后注入装有 200 mL沸水的大烧杯中,加热微沸 2 min,冷却后,将清液倒入棕色试剂瓶中备用。可加入适量水扬酸(1.25 g/L)以保存指示剂,如果放入冰箱中可保存 15 天～20 天。

A.3　仪器

恒温水浴:温度可控制在 25 ℃±0.5 ℃。

A.4　分析步骤

A.4.1　称取 0.5 g 样品(精确至 0.1 mg),将样品切成长约 2 mm、宽约 1.5 mm 的小条,放入 500 mL 的碘量瓶中,加入 50 mL 四氯化碳,在振荡器上振荡 2 h～3 h 至完全溶解。如果还有未溶颗粒,应重新准备样品。

A.4.2　在样品溶液中依次用移液管加入 5 mL 三氯乙酸溶液(A.2.4)、25 mL 碘的四氯化碳溶液(A.2.2)和 25 mL 乙酸汞溶液(A.2.3),每次加入后要充分摇动使之混合均匀。在 25 ℃的恒温水浴(A.3)内避光恒温 30 min。

A.4.3　停置后,在样品溶液中加入 50 mL 碘化钾溶液(A.2.5)和 50 mL 蒸馏水,摇匀,用硫代硫酸钠标准滴定溶液(A.2.1)滴定碘,滴定过程中缓慢加入硫代硫酸钠标准溶液,摇匀,当溶液变成淡黄色时,加 2 mL 淀粉指示剂(A.2.6),继续滴定至蓝色刚好消失。

A.4.4　按同样步骤做空白试验。

A.5 结果计算

按式(A.1)计算 IIR 的碘值：

$$I = \frac{c \times (V_0 - V) \times 12.69}{m} \qquad \cdots\cdots (A.1)$$

式中：

I ——IIR 的碘值，单位为克每百克(g/100 g)；

c ——硫代硫酸钠标准滴定溶液的物质的量浓度，单位为摩尔每升(mol/L)；

V_0 ——滴定空白所需硫代硫酸钠标准滴定溶液的体积，单位为毫升(mL)；

V ——滴定样品所需硫代硫酸钠标准滴定溶液的体积，单位为毫升(mL)；

m ——样品质量，单位为克(g)；

12.69——碘原子量的十分之一。

按式(A.2)计算 IIR 的不饱和度：

$$X = \frac{I \times M}{126.9 \times 3} \qquad \cdots\cdots (A.2)$$

式中：

X ——IIR 的不饱和度(摩尔分数)，%；

I ——碘值，单位为克每百克(g/100g)；

M ——IIR 单体的平均分子质量；

126.9 ——碘的相对原子质量。

取两次重复测定结果的算术平均值作为试验结果，按照 GB/T 8170 的规定对分析结果进行修约，结果保留至小数后两位。

A.6 重复性

同一操作人员，使用同一台仪器，对同一试样在相同的条件下进行重复测定，两次重复测定结果之差不应大于 0.03 mol %。

A.7 试验报告

试验报告应包括下列内容：

a) 关于样品的详细说明；

b) 试验结果；

c) 试验日期；

d) 试验过程中观察到的任何异常现象。

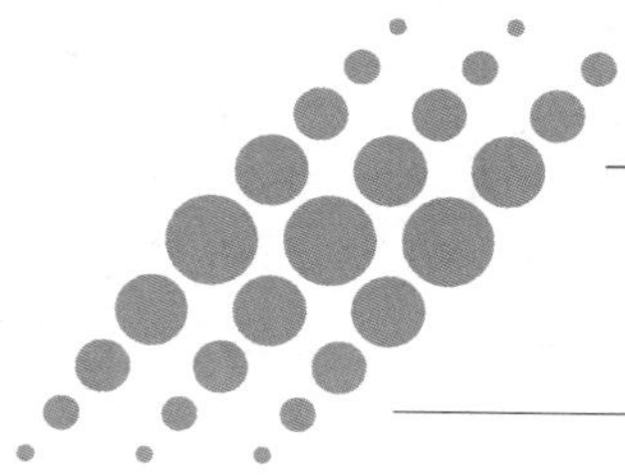

石化有机原料部分

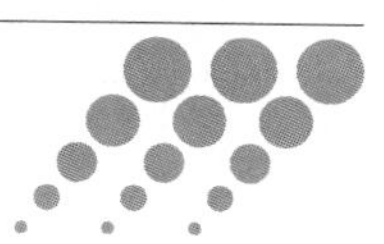

前　言

本标准等效采用 ASTM D 6159:1997《气相色谱法测定乙烯中烃类杂质的标准试验方法》，对 GB/T 3391—1991《工业用乙烯中烃类杂质的测定　气相色谱法》进行了修订。

本标准与 ASTM D 6159:1997 的主要差异为：

1　推荐的色谱柱由双柱串联系统改为单一色谱柱。

2　增加了也可选用 N_2 作为载气的操作条件。

3　采用了本标准自行确定的重复性。

本标准对原标准的主要修订内容为：

采用 Al_2O_3 PLOT 毛细管柱代替了原标准的氧化铝填充柱，对原标准文本内容进行了全面修订。

本标准自实施之日起，同时替代 GB/T 3391—1991。

本标准由中国石油化工股份有限公司提出。

本标准由全国化学标准化技术委员会石油化学分技术委员会归口。

本标准起草单位：上海石油化工研究院。

本标准主要起草人：林伟生、唐琦民。

本标准于 1982 年 12 月首次发布，1991 年 12 月第一次修订。

中华人民共和国国家标准

工业用乙烯中烃类杂质的测定 气相色谱法

GB/T 3391—2002

代替 GB/T 3391—1991

Ethylene for industrial use—Determination of hydrocarbon impurities—Gas chromatographic method

1 范围

1.1 本标准规定了用气相色谱法测定工业用乙烯中甲烷、乙烷、丙烷、丁烷、异丁烷、丙烯、乙炔、丙二烯、顺-2-丁烯、1-丁烯、异丁烯、反-2-丁烯、甲基乙炔和 1,3-丁二烯。由于本标准不能测定所有可能存在的杂质如 CO、CO_2、H_2O、醇类、NO 和羰基硫化物,以及高于癸烷的烃类,所以要全面表征乙烯样品还需要应用其他的试验方法。

1.2 本标准并不是旨在说明与其使用有关的所有安全问题。因此,本标准的使用者应事先有责任建立适当的安全与防护措施,并确定适当的规章制度。

2 引用标准

下列标准所包含的条文,通过在本标准中引用而构成为本标准的条文。本标准出版时,所示版本均为有效。所有标准都会被修订,使用本标准的各方应探讨使用下列标准最新版本的可能性。

GB/T 3394—1993 工业用乙烯、丙烯中微量一氧化碳和二氧化碳的测定 气相色谱法(neq ISO 6381:1981)

GB 7715—1987 工业用乙烯

GB/T 8170—1987 数值修约规则

GB/T 12701—1990 工业用乙烯、丙烯中微量甲醇的测定 气相色谱法(neq ISO 8174:1986)

GB/T 13289—1991 工业用乙烯液态和气态采样法(neq ISO 7382:1986)

3 方法提要

乙烯样品得到后即可分析。将适量试样注入毛细管气相色谱仪进行测定,采用火焰离子化检测器(FID)进行检测。以外标法定量测定烃类杂质的含量,乙烯纯度的质量分数可由 100.00%减去全部杂质总量求得。

4 仪器

4.1 气相色谱仪(GC):应具备程序升温功能且配备火焰离子化检测器(FID)。

4.2 检测器:火焰离子化检测器(FID),对列于 1.1 中的化合物应具有约 2.0 mL/m^3 或更低的检测限。

4.3 色谱柱温度程序升温:气相色谱仪应具有足够范围的线性程序升温操作功能以满足色谱分离的要求。7.1 条列出了推荐操作条件。在整个分析过程中,程序升温速率应具有足够的再现性以保证保留时间能达到 0.05 min(3 s)的重复性。

中华人民共和国国家质量监督检验检疫总局 2002-10-15 批准　　2003-04-01 实施

4.4 色谱柱：KCl 去活的 Al_2O_3PLOT 柱，长 50 m，内径 0.53 mm 或其他合适的内径。其他采用硫酸盐或其他专利方法脱活的 Al_2O_3PLOT 柱亦可使用。杂质的出峰顺序及相对保留时间取决于柱子的去活方法，必须用标准样品进行测定。

注：如果在实际分析中，甲基乙炔、异戊烷和正戊烷的分离不够良好，可在 Al_2O_3PLOT 柱后串联一根甲基聚硅氧烷柱（长 30 m，内径 0.53 mm，液膜厚度 5 μm），以改进这些组分的分离。

4.5 进样系统：采用 1.6 mm 接头的气体进样阀，并将其置于气相色谱仪未加热的区域。分流方式与不分流进样方式均可使用。

4.5.1 无分流进样方式：可使用 10 μL～60 μL 的定量管，图 1 和图 2 为阀的典型安装图。在阀连接时应注意避免死体积、冷点、连接过长和加热不均等问题。

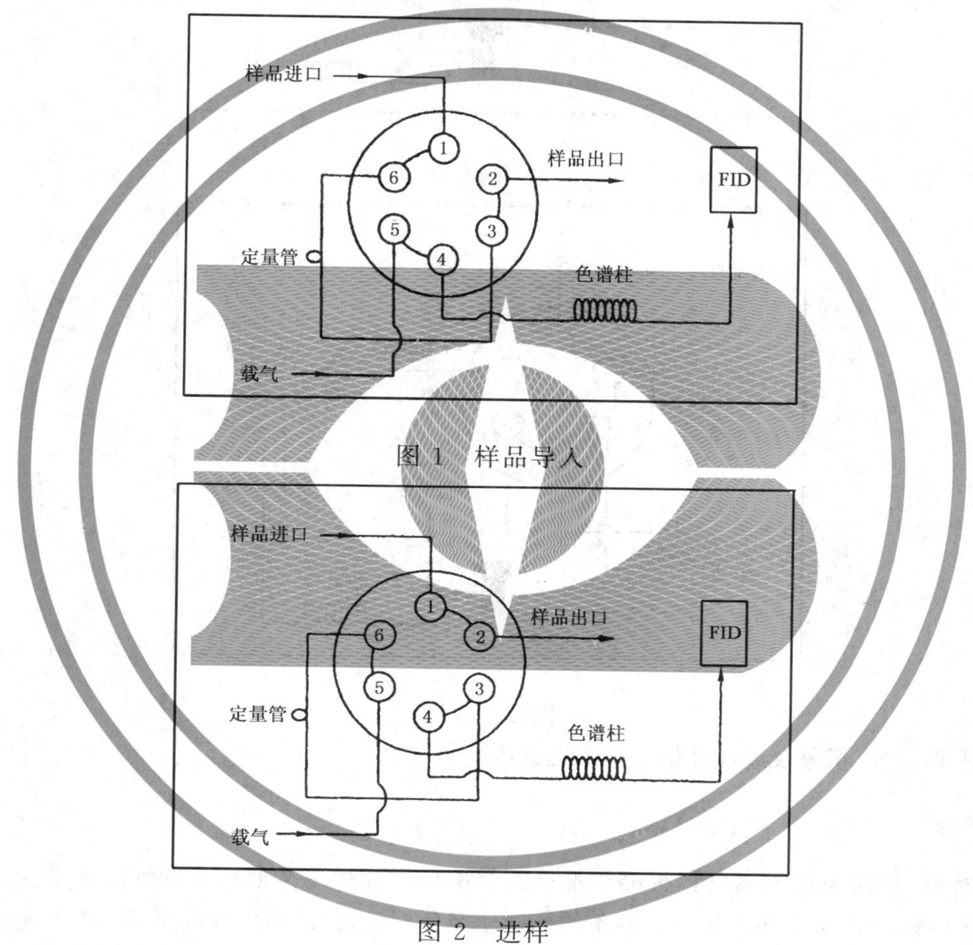

图 1 样品导入

图 2 进样

4.5.2 分流进样方式：分流进样器应由可调温的控制器加热，在 150℃到 200℃时采用 50∶1 到100∶1 的分流比，并推荐使用 200 μL～500 μL 的定量管，典型的安装图见图 3 和图 4。采用分流器时应检查其线性，在 50∶1、75∶1 和 100∶1 分流比时分别注入标准混合物。按 8.1 步骤测定校正因子，其变化不能超过 3%。

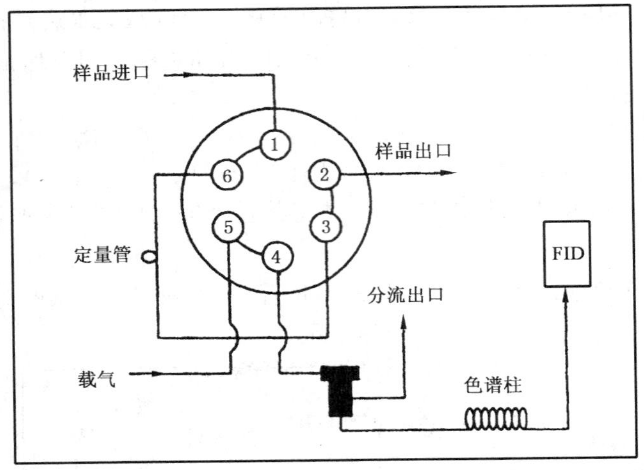

图 3 样品导入

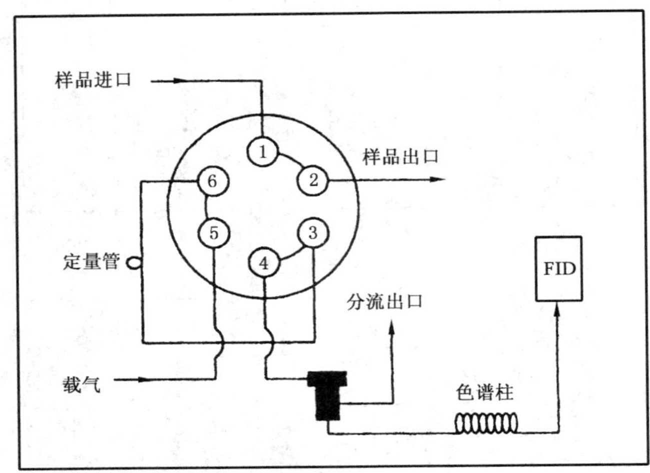

图 4 进样

4.6 数据采集系统：积分仪或计算机数据采集系统。

5 试剂和材料

5.1 气体标样：用重量法配制气体标样校准检测器响应。标样中杂质组分的浓度水平为 2 mg/kg～204 mg/kg(4 mL/m^3～340 mL/m^3)。制备的标样应经分析验证，以确保分析所得数据与重量法配制的标准含量之间的差别在±1%～±2%之内。气体标样中杂质组分的浓度应比待测样品高 20%～50%。

5.2 压缩氦气或氮气：气体纯度的体积分数为 99.999%或更高，总烃类水平低于 1 mL/m^3。当用氦气为载气时，可用氮气作为尾吹气以提高 FID 响应。

注意：压缩氦气或氮气是一种高压气体。

5.3 压缩氢气，用于 FID 检测器燃气(烃类杂质低于 1 mL/m^3)。

注意：氢气是一种极其易燃的高压气体。

5.4 压缩空气：在使用 FID 时，建议使用烃类杂质低于 1 mL/m^3 的空气。

6 采样

按 GB/T 13289 的技术要求采样，如采取的是液态样品，则要采用相应的气化装置。在采样前，为了赶尽钢瓶中存在的空气及其他污染物，应用样品彻底冲洗钢瓶。

7 仪器准备

7.1 仪器条件:按以下推荐条件调节仪器参数:

柱温:初温:35℃;初温保持时间:2.0 min;升温速率:4℃/min;终温:190℃;终温保持时间:15 min。

载气:氦气或氮气,6 mL/min～8 mL/min。

分流进样系统:进样阀定量管体积:200 μL～500 μL,进样阀温度:35℃～45℃,分流进样器温度:150℃～200℃,分流比:50:1～100:1,FID 温度:300℃,空气:300 mL/min,氢气:30 mL/min,尾吹气 N_2,20 mL/min。

灵敏度:设置于可获得杂质测量数值的适宜值。

不分流进样系统:进样阀定量管体积:10 μL～60 μL,进样阀温度:35℃～45℃。

注:1 Al_2O_3PLOT 柱加热不能超过 200℃以防止柱活性发生变化。

2 FID 的空气与氢气流量参数可按仪器生产厂商建议的数值确定。

7.2 当仪器稳定后,即可进行分析。

8 校准

8.1 注入气体标样,将气体标样与气体进样阀进样端口相连并冲洗定量管 30 s。然后关闭标样钢瓶的出口阀,当压力降至常压且无样品流出时,迅即转动阀门,注入标样进行分析。至少要进行三次标样测定以求得测定值的相对标准偏差。

8.2 计算校正因子,按式(1)计算标样中每个杂质的校正因子。

$$f_i = c_i / A_i \qquad \cdots\cdots(1)$$

式中:f_i——校正因子;

c_i——标样中杂质 i 的浓度,mL/m³;

A_i——数据采集系统积分得到的杂质 i 的峰面积数值。

9 测定步骤

9.1 样品必须在与气体标样相同的温度与压力下注入。

9.2 将气体样品钢瓶与气体进样阀进样端口相连并冲洗定量管 30 s。然后关闭样品钢瓶的出口阀,当压力降到常压且无样品流出时,迅即转动阀门,注入样品进行分析。积分杂质的峰面积,通过与气体标样保留时间的比较而对杂质进行定性。典型的样品色谱图如图 5 所示。

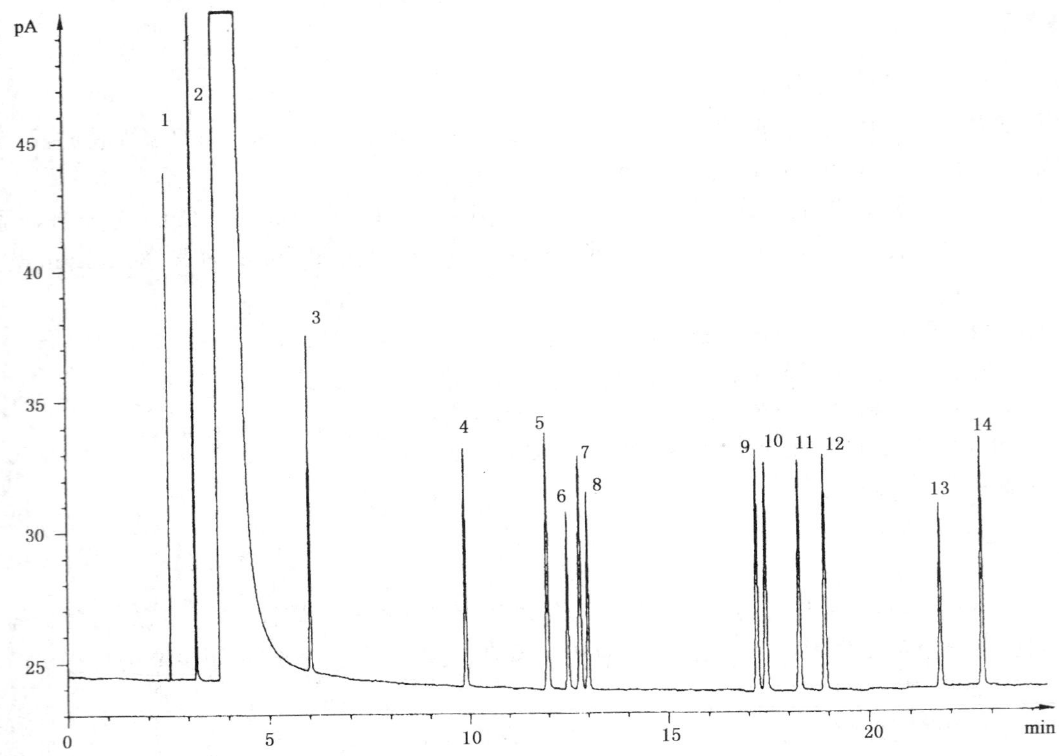

1—甲烷；2—乙烷；3—丙烷；4—丙烯；5—异丁烷；6—乙炔；7—丙二烯；8—正丁烷；
9—反-2-丁烯；10—1-丁烯；11—异丁烯；12—顺-2-丁烯；13—甲基乙炔；14—1,3-丁二烯

图 5 典型色谱图

10 计算

10.1 按式(2)计算杂质的浓度，按 GB/T 8170 的规定进行修约，精确至 1 mL/m^3。

$$c_i = f_i \times A_i \qquad (2)$$

式中：c_i——试样中杂质 i 的浓度，mL/m^3；

f_i——由式(1)计算的杂质 i 的校正因子；

A_i——数据采集系统积分得到的杂质 i 的峰面积。

10.2 将各个杂质含量相加得到烃类杂质总量。乙烯纯度的体积分数可由 100.00%减去杂质总量求得。由于本标准不能分析如 CO、CO_2、O_2、N_2、H_2O 及醇类化合物等杂质，需要时可按 GB/T 3394、GB 7715—1987附录 A、GB/T 12701 等其他方法对乙烯中的这些杂质进行分析，并在计算乙烯纯度时一并予以扣除。

11 重复性

在同一实验室，由同一操作员，采用同一仪器和设备，对同一试样相继做两次重复测定，在 95%置信水平条件下，所得结果之差应不大于下列数值：

杂质组分浓度≥10 mL/m^3，为其平均值的 10%；

杂质组分浓度<10 mL/m^3，为其平均值的 15%。

12 报告

报告应包括下列内容：

a）有关样品的全部资料，例如样品的名称、批号、采样地点、采样日期、采样时间等。

b）本标准代号。

c）分析结果。

d）测定中观察到的任何异常现象的细节及其说明。

e）分析人员的姓名及分析日期等。

ICS 71.080
G 16

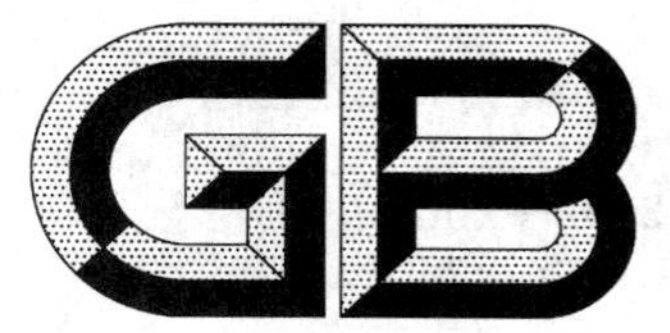

中华人民共和国国家标准

GB/T 3392—2003
代替 GB/T 3392—1991

工业用丙烯中烃类杂质的测定 气相色谱法

Propylene for industrial use—Determination of hydrocarbon impurities—Gas chromatographic method

2003-06-09 发布　　2003-12-01 实施

中华人民共和国
国家质量监督检验检疫总局　发布

前　　言

本标准修改采用 ASTM D 2712:1991(1996)《用气相色谱法测定丙烯浓缩物中痕量烃类的标准试验方法》(英文版),对 GB/T 3392—1991《工业用丙烯中烃类杂质的测定　气相色谱法》进行了修订。

本标准在采用 ASTM D 2712:1991(1996)时进行了修改。本标准与 ASTM D 2712:1991(1996)的主要差异为:

——色谱柱由填充柱改为 Al_2O_3 PLOT 毛细管柱。

——定量方法增加了校正面积归一化法。

——采用了自行确定的重复性(r)。

为使用方便,本标准在编辑上还作了适当修改,在附录 A 中列出了本标准章条编号与 ASTM D 2712:1991(1996)章条编号的对照一览表。

本标准代替 GB/T 3392—1991《工业用丙烯中烃类杂质的测定　气相色谱法》。

本标准与 GB/T 3392—1991 相比主要变化如下:

——以 Al_2O_3 PLOT 毛细管柱代替原标准的填充柱。

——进样方式规定了小量液态样品完全汽化的技术要求,并增加了采用液体进样阀的直接液态进样。

——定量方法增加了校正面积归一化法。

本标准的附录 A 为资料性附录。

本标准由中国石油化工股份有限公司提出。

本标准由全国化学标准化技术委员会石油化学分技术委员会(SAC/TC63/SC4)归口。

本标准起草单位:上海石油化工股份有限公司炼油化工部。

本标准主要起草人:葛振祥、曹明吉、蔡伟星。

本标准所代替标准的历次版本发布情况为:

GB/T 3392—1982、GB/T 3392—1991。

工业用丙烯中烃类杂质的测定 气相色谱法

1 范围

1.1 本标准规定了用气相色谱法测定工业用丙烯中体积分数不小于0.000 2%的甲烷、乙烷、乙烯、丙烷、环丙烷、异丁烷、正丁烷、丙二烯、乙炔、反-2-丁烯、1-丁烯、异丁烯、顺-2-丁烯、1,3-丁二烯、甲基乙炔等烃类杂质的方法。丙烯的体积分数可由100.00%减去杂质的总量求得。

由于本标准不能测定所有可能存在的杂质，如氢气、氧气、一氧化碳、二氧化碳、水、齐聚物及醇类化合物等，所以要全面表征丙烯样品还需要应用其他的试验方法。

1.2 本标准并不是旨在说明与其使用有关的所有安全问题。因此，本标准的使用者应事先建立适当的安全与防护措施，并确定适当的管理制度。

2 规范性引用文件

下列文件中的条款通过本标准的引用而成为本标准的条款。凡是注日期的引用文件，其随后所有的修改单(不包括勘误的内容)或修订版均不适用于本标准，然而，鼓励根据本标准达成协议的各方研究是否可使用这些文件的最新版本。凡是不注日期的引用文件，其最新版本适用于本标准。

GB/T 3393—1993 工业用乙烯、丙烯中微量氢的测定 气相色谱法

GB/T 3394—1993 工业用乙烯、丙烯中微量一氧化碳和二氧化碳的测定 气相色谱法

GB/T 3396—2002 工业用乙烯、丙烯中微量氧的测定 电化学法

GB/T 3723—1999 工业用化学产品采样安全通则(idt ISO 3165:1976)

GB/T 3727—2003 工业用乙烯、丙烯中微量水的测定

GB/T 8170—1987 数值修约规则

GB/T 9722—1988 化学试剂 气相色谱法通则

GB/T 12701—1990 工业用乙烯、丙烯中微量甲醇的测定 气相色谱法

GB/T 13290—1991 工业用丙烯和丁二烯液态采样法

GB/T 19186—2003 工业用丙烯中齐聚物含量的测定 气相色谱法

3 方法提要

3.1 校正面积归一化法

在本标准规定的条件下，将适量试样注入色谱仪进行分析。测量每个杂质和主组分的峰面积，以校正面积归一化法计算每个组分的体积分数。氢气、氧气、一氧化碳、二氧化碳、水、齐聚物及醇类化合物等杂质用相应的标准方法进行测定，并将所得结果与本标准测定结果进行归一化处理。

3.2 外标法

在本标准规定的条件下，将待测试样和外标物分别注入色谱仪进行分析。测定试样中每个杂质和外标物的峰面积，由试样中杂质峰面积和外标物峰面积的比例计算每个杂质的含量。丙烯浓度可由100.00%减去烃类杂质总量和用其他标准方法测定的氢气、氧气、一氧化碳、二氧化碳、水、齐聚物及醇类化合物等杂质的总量求得。

4 试剂和材料

4.1 氦气

载气，气体纯度≥99.99%(体积分数)。

4.2 氮气

载气或补充气，气体纯度≥99.99%(体积分数)。

4.3 标准试剂

所需标准试剂为1.1所述的各种烃类，供测定校正因子和配制外标标样用，其质量分数应不低于99%。

5 仪器

5.1 气相色谱仪

具备程序升温功能且配备火焰离子化检测器(FID)的气相色谱仪。该仪器对本标准所规定最低测定浓度的杂质所产生的峰高至少大于仪器噪音的两倍。而且，当采用归一化法分析样品时，仪器的动态线性范围必须满足要求。

该气相色谱仪应具有足够范围的线性程序升温操作功能，能满足色谱分离要求。在整个分析过程中，程序升温速率应具有足够的再现性，以使保留时间能达到0.05 min (3 s)的重复性。

5.2 色谱柱

本标准推荐的色谱柱及典型操作条件见表1，典型的色谱图见图1。杂质的出峰顺序及相对保留时间取决于Al_2O_3 PLOT柱的去活方法，使用时必须用标准样品加以验证。其他能达到同等分离效率的色谱柱亦可使用。

表1 色谱柱及典型操作条件

色谱柱		Al_2O_3 PLOT柱
柱长/m		50
柱内径/mm		0.53
载气平均线速/(cm/s)		35(N_2);41(He)
柱温	初温/℃	55
	初温保持时间/min	3
	一段升温速率/(℃/min)	4
	一段终温/℃	120
	一段终温保持时间/min	2
	二段升温速率/(℃/min)	20
	二段终温/℃	170
	二段终温保持时间/min	2
进样器温度/℃		150
检测器温度/℃		250
分流比		15∶1
进样量		液态1 μL;气态0.5 mL
注：Al_2O_3 PLOT柱加热不能超过200℃，以防止柱活性发生变化。		

5.3 进样装置

5.3.1 液体进样阀(定量管容积1 μL)或其他合适的液体进样装置。

凡能满足以下要求的液体进样阀均可使用：在不低于使用温度时的丙烯蒸气压下，能将丙烯以液体状态重复进样，并满足色谱分离要求。

液体进样装置的流程示意图见图2。要求金属过滤器中的不锈钢烧结砂芯的孔径为2 μm～4 μm，以滤除样品中可能存在的机械杂质，保护进样阀。进样阀出口安装适当长度的不锈钢毛细管(或减压阀)，以避免样品汽化，造成失真，影响进样重复性。进样时，将采样钢瓶出口阀开启，用液态样品冲洗定量管数秒钟后，即可操作进样阀，将试样注入色谱仪，然后关闭钢瓶出口阀。

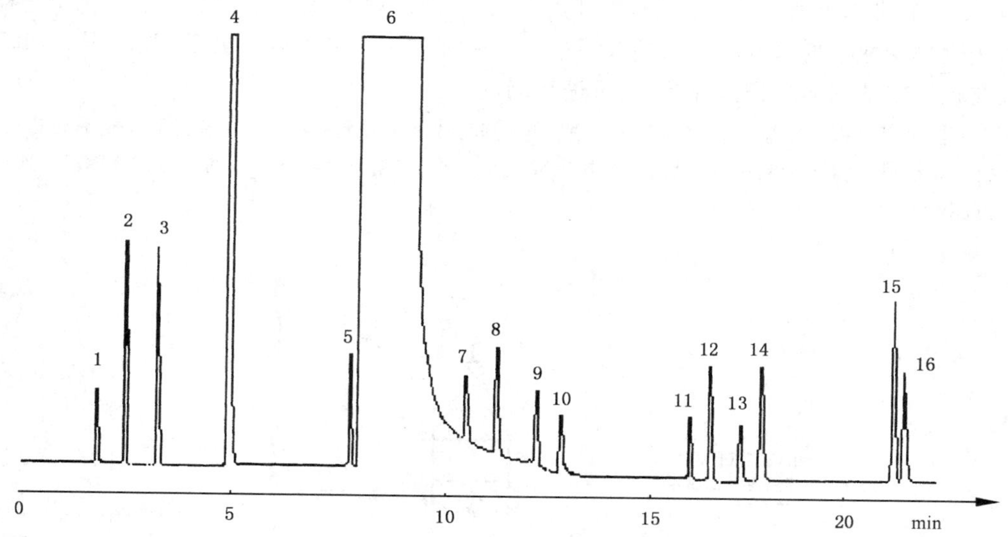

1——甲烷；
2——乙烷；
3——乙烯；
4——丙烷；
5——环丙烷；
6——丙烯；
7——异丁烷；
8——正丁烷；
9——丙二烯；
10——乙炔；
11——反-2-丁烯；
12——正丁烯；
13——异丁烯；
14——顺-2-丁烯；
15——1,3-丁二烯；
16——甲基乙炔。

图 1 典型的色谱图

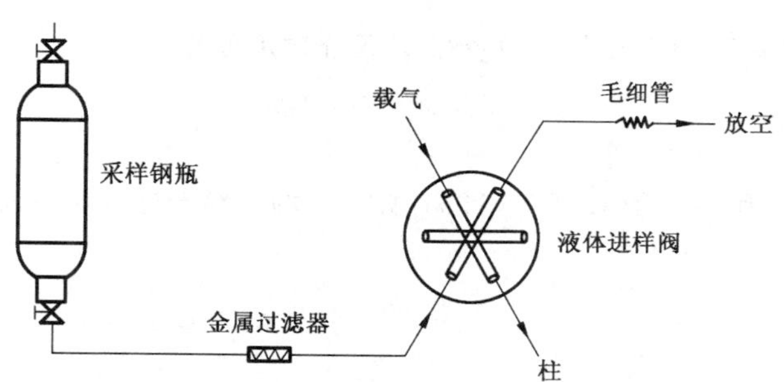

图 2 液体进样装置的流程示意图

5.3.2 气体进样阀(定量管容积为 0.5 mL)

气体进样使用图 3 所示的小量液体样品汽化装置，以完全地汽化样品，保证样品的代表性。

首先在 E 处卸下容积约为 1 700 mL 的进样钢瓶，并抽真空(<0.3 kPa)。然后关闭阀 B，开启阀 C 和 D，再缓慢开启阀 B，控制液态样品流入管道钢瓶。当阀 B 处有稳定的液态样品溢出时，立即依次关

闭阀 B、C 和 D，管道钢瓶中即取得了小量液态样品。

将已抽真空的进样钢瓶连接于 E 处，先开启阀 A，后开启阀 B，使液态样品完全汽化于进样钢瓶中。此时，连接于进样钢瓶上的真空压力表应指示在(50～100) kPa 范围内。最后，关闭阀 A，卸下进样钢瓶，并将其与色谱仪的气体进样阀连接，便可进行测定。

注：盛有液态样品的采样钢瓶应在实验室里放置足够时间，让液态样品的温度与室温达到平衡后再进行上述操作。当管道钢瓶中取得小量液态样品后，应尽快完成汽化操作，避免充满液态样品的管道钢瓶随停留时间增加爆裂的可能性。

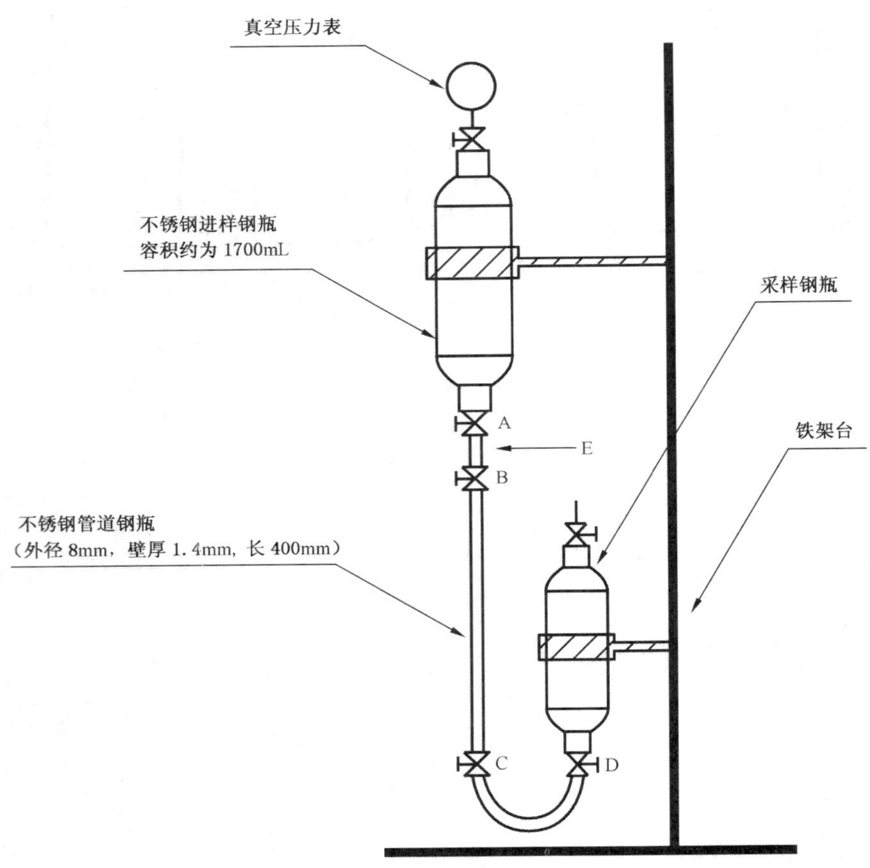

图 3　小量液态样品汽化装置示意图

5.4　记录装置

任何能满足测定要求的积分仪或色谱数据采集系统均可使用。

6　采样

按 GB/T 3723—1999 和 GB/T 13290—1991 所规定的安全与技术要求采集样品。

7　测定步骤

7.1　校正面积归一化法

7.1.1　设定操作条件

根据仪器操作说明书，在色谱仪中安装并老化色谱柱。然后调节仪器至表 1 所示的操作条件，待仪器稳定后即可开始测定。

7.1.2　校正因子的测定

a)　标准样品的制备

已知烃类杂质含量的液态标样可由市场购买有证标样，或用重量法自行制备。标样中烃类杂质的含量应与待测试样相近。盛放标样的钢瓶应符合GB/T 13290—1991的技术要求。制备时使用的丙烯本底样品，需事先在本标准规定条件下进行检查，应在待测组分处无其他烃类杂质流出，否则应予以修正。

b) 按GB/T 9722—1988中8.1规定的要求，用上述混合标样在本标准推荐的条件下进行测定，并计算出其相应的校正因子。

7.1.3 试样测定

用符合5.3要求的进样装置，将适量试样注入色谱仪，并测量各组分的色谱峰面积。

7.1.4 计算

按校正面积归一化法计算每个杂质和丙烯的体积分数，并将用其他标准方法（见规范性引用文件）测定的氢气、氧气、一氧化碳、二氧化碳、水、齐聚物及醇类化合物等杂质的总量，对此结果再进行归一化处理。按式(1)计算每一烃类杂质或丙烯的体积分数。

$$\phi_i = \frac{A_i \times R_i}{\Sigma(A_i \times R_i)} \times (100.00 - \phi_s) \quad \cdots\cdots(1)$$

式中：

ϕ_i——试样中杂质 i 或丙烯的体积分数，%；

A_i——试样中杂质 i 或丙烯的峰面积；

R_i——杂质 i 或丙烯的校正因子；

ϕ_s——用其他方法测定的所得到杂质的总体积分数，%。

7.2 外标法

7.2.1 按7.1.1待仪器稳定后，用符合5.3要求的进样装置，将同等体积的待测样品和标样分别注入色谱仪，并测量除丙烯外所有烃类杂质和外标物的峰面积。

标样两次重复测定的峰面积之差应不大于其平均值的5%，取其平均值供定量计算用。

7.2.2 计算

7.2.2.1 按式(2)计算标样中每个组分的外标定量校正因子。

$$f_i = c_s \div A_s \quad \cdots\cdots(2)$$

式中：

f_i——组分 i 的外标定量校正因子；

c_s——标样中组分 i 的浓度，%（体积分数）；

A_s——标样中组分 i 的峰面积。

7.2.2.2 按式(3)计算试样中每个烃类杂质组分的体积分数，%。

$$\phi_i = f_i \times A_i \quad \cdots\cdots(3)$$

7.2.2.3 累计各个烃类杂质组分的含量得到烃类杂质总量，丙烯的体积分数可由100.00%减去烃类杂质总量和用其他标准方法测定的氢气(GB/T 3393—1993)、氧气(GB/T 3396—2002)、一氧化碳和二氧化碳(GB/T 3394—1993)、水(GB/T 3727—2003)、齐聚物(GB/T 19186—2003)及醇类化合物(GB/T 12701—1990)等杂质的总量求得。

8 分析结果的表述

8.1 对于任一试样，分析结果的数值修约按GB/T 8170—1987规定进行，并以两次重复测定结果的算术平均值表示其分析结果。

8.2 报告每个烃类杂质的体积分数，应精确至0.000 1%。

9 精密度

9.1 重复性

在同一实验室，由同一操作员，用同一台仪器，对同一试样相继做两次重复测定，在95％置信水平条件下，所得结果之差应不大于下列数值：

杂质组分含量	
≤0.001 0％(体积分数)	为其平均值的30％
＞0.001 0％(体积分数)～≤0.010％(体积分数)	为其平均值的20％
＞0.010％(体积分数)	为其平均值的10％

10 报告

报告应包括下列内容：

a) 有关样品的全部资料，如样品名称、批号、采样地点、采样日期、采样时间等；

b) 本标准代号；

c) 分析结果；

d) 测定中观察到的任何异常现象的细节及其说明；

e) 分析人员的姓名及分析日期等。

附 录 A
（资料性附录）
本标准章条编号与 ASTM D 2712:1991(1996)章条编号对照

表 A.1 给出了本标准章条编号与 ASTM D 2712:1991(1996)章条编号对照一览表。

表 A.1 本标准章条编号与 ASTM D 2712:1991(1996)章条编号对照

本标准章条编号	对应的 ASTM 标准章条编号
1.1	1.1
—	1.2
1.2	1.3
3.1	—
3.2	3.1 和 3.2
—	4.1
4	6
5.1 和 5.4	5.2
5.2	5.1
5.3.1	9.5.1
5.3.2	9.5.2
6	9.1～9.4
7.1.2	7 和 8
7.1	—
7.2	10 和 11
9.1	12.1.1

ICS 71.080.10
G 16

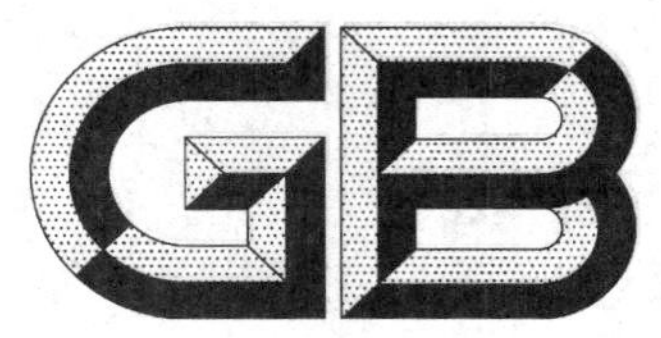

中华人民共和国国家标准

GB/T 3393—2009
代替 GB/T 3393—1993

工业用乙烯、丙烯中微量氢的测定 气相色谱法

Ethylene and propylene for industrial use—Determination of trace hydrogen—Gas chromatographic method

2009-10-30 发布　　　　2010-06-01 实施

中华人民共和国国家质量监督检验检疫总局
中国国家标准化管理委员会　发布

前 言

本标准与 ASTM D2504:1988(2004)《气相色谱法分析 C_2 和轻烃产品中不凝气的标准试验方法》(英文版)的一致性程度为非等效。

本标准代替 GB/T 3393—1993《工业用乙烯、丙烯中微量氢的测定 气相色谱法》。

本标准与 GB/T 3393—1993 相比主要变化如下:

——增加了 PoraPak Q 填充柱、PLOT/Q 毛细管柱的色谱条件及色谱图;

——修改了标样配制内容,增加了标样配制用气体的有关要求;

——增加了用于进样和反吹控制的阀路连接图;

——删除了有机载体 407 填充柱及其色谱条件;

——增加了 7.3 注对液态丙烯的气化控制进行补充说明。

本标准由中国石油化工集团公司提出。

本标准由全国化学标准化技术委员会石油化学分技术委员会(SAC/TC 63/SC 4)归口。

本标准起草单位:中国石油化工股份有限公司上海石油化工研究院。

本标准主要起草人:李薇、乔林祥。

本标准所代替标准的历次版本发布情况为:

——GB/T 3393—1982、GB/T 3393—1993。

工业用乙烯、丙烯中微量氢的测定 气相色谱法

1 范围

本标准规定了用气相色谱法测定工业用乙烯、丙烯中微量氢的含量。

本标准适用于工业用乙烯、丙烯中浓度不低于 1 mL/ m^3(填充柱)或 2 mL/m^3(毛细管柱)氢含量的测定。

本标准并不是旨在说明与其使用有关的所有安全问题。使用者有责任采取适当的安全与健康措施,保证符合国家有关法规的规定。

2 规范性引用文件

下列文件中的条款通过本标准的引用而成为本标准的条款。凡是注日期的引用文件,其随后所有的修改单(不包括勘误的内容)或修订版均不适用于本标准,然而,鼓励根据本标准达成协议的各方研究是否可使用这些文件的最新版本。凡是不注日期的引用文件,其最新版本适用于本标准。

GB/T 3723 工业用化学产品采样安全通则(GB/T 3723—1999, idt ISO 3165:1976)

GB/T 8170 数值修约规则与极限数值的表示和判定

GB/T 13289 工业用乙烯液态和气态采样法(GB/T 13289—1991, neq ISO 7382:1986)

GB/T 13290 工业用丙烯和丁二烯液态采样法(GB/T 13290—1991, neq ISO 8563:1987)

3 方法提要

在本标准规定的条件下,气体(或液体气化后)试样通过进样装置被载气带入色谱柱。使氢气与其他组分分离,用热导检测器检测。记录氢气的峰面积,采用外标法定量。

4 试剂与材料

4.1 载气

氮气,纯度(体积分数)≥99.99%,经硅胶及 5 A 分子筛干燥,净化。

4.2 制备标样用气体

乙烯:纯度(体积分数)不小于 99.95%,氢含量不大于 1 mL/m^3。

氮气:纯度(体积分数)不小于 99.999%,氢含量不大于 1 mL/m^3。

氢气:纯度(体积分数)不小于 99.99%。

4.3 标样

氢标样可由市场购买有证标样或自行制备,底气为氮气或乙烯(4.2),底气中氢含量应不大于 1 mL/m^3,否则应予以修正。标样中氢的含量应与待测试样相近。

5 仪器

5.1 气相色谱仪

配置带有气体进样阀(定量管容积 1 mL～3 mL)、反吹系统和热导检测器(TCD)的气相色谱仪。该仪器对本标准所规定的最低测定浓度下的氢所产生的峰高应至少大于噪声的两倍。气体进样反吹系统如图 1 所示。满足本标准分离和定量效果的其他进样和反吹装置也可使用。

5.2 色谱柱

推荐的色谱柱及典型操作条件见表1，典型色谱图见图2、图3及图4，能给出同等分离和定量效果的其他色谱柱也可使用。

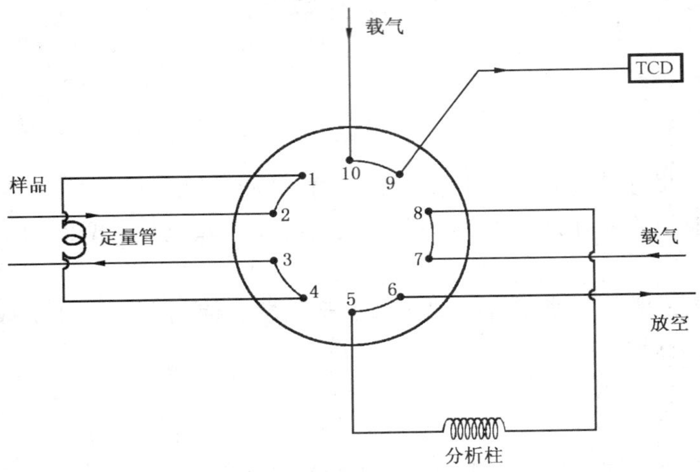

a）反吹状态

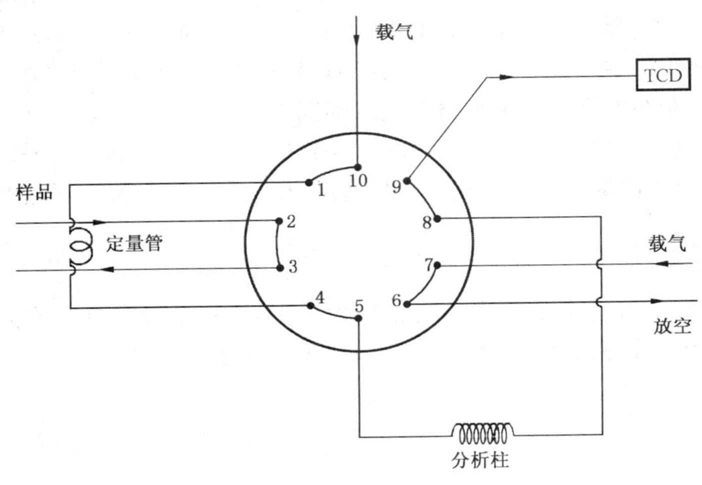

b）进样状态

图1　反吹及进样状态下的十通阀连接图

表1　推荐的色谱柱及典型操作条件

色谱柱	TDX-01	PoraPak Q	PLOT/Q
柱长/m	1	1.8	30
柱内径/mm	2	3	0.53
液膜厚度/μm	—	—	40
载气(N_2)流速/(mL/min)	20	15	6.0
柱温/℃	50	50	35
进样器温度/℃	30	30	30
检测器温度/℃	250	250	250
分流比	—	—	1∶1
进样量/mL	1～3		1

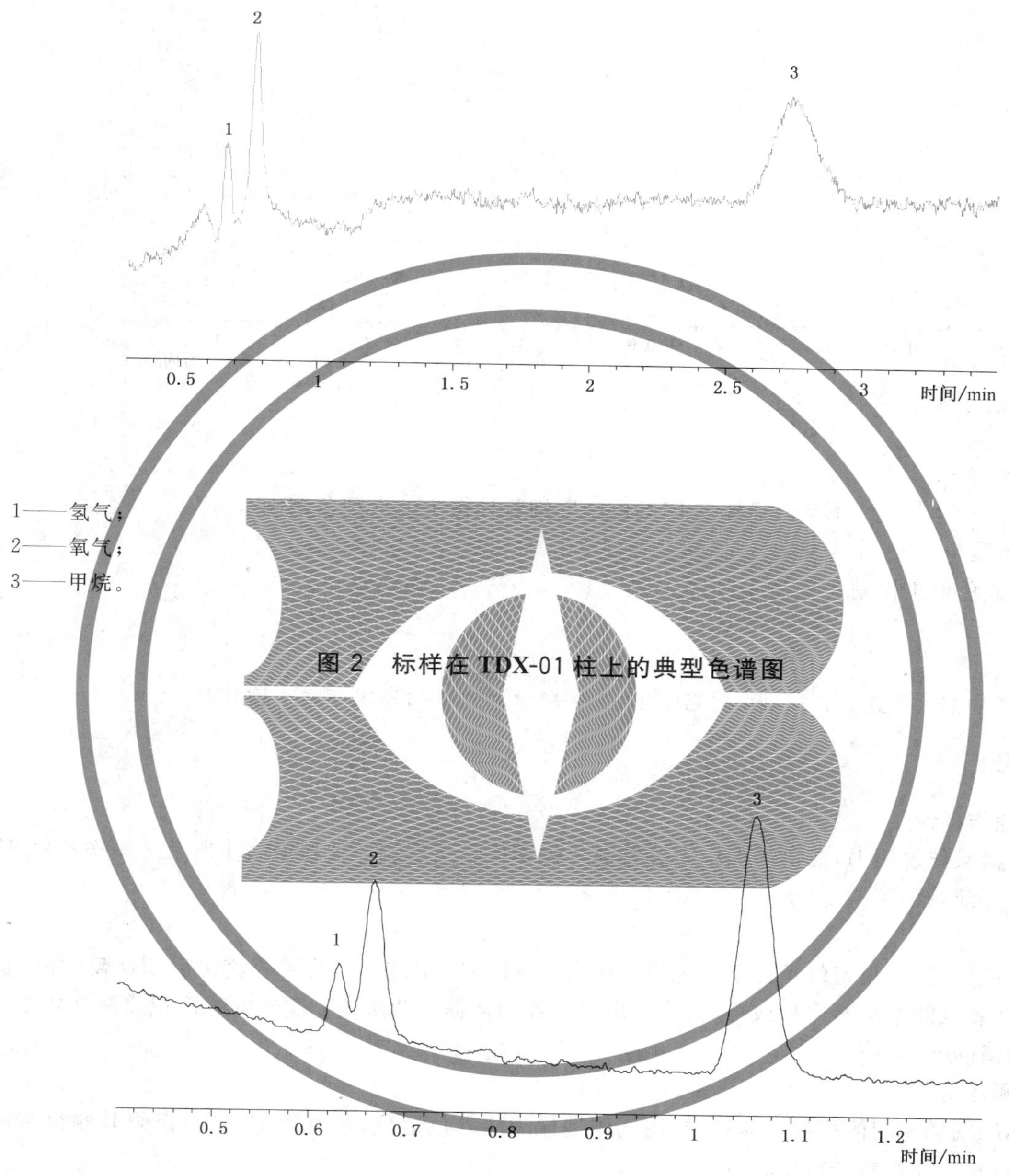

1——氢气；
2——氧气；
3——甲烷。

图 2 标样在 **TDX**-01 柱上的典型色谱图

1——氢气；
2——氧气；
3——甲烷。

图 3 标样在 **Porapak Q** 柱上的典型色谱图

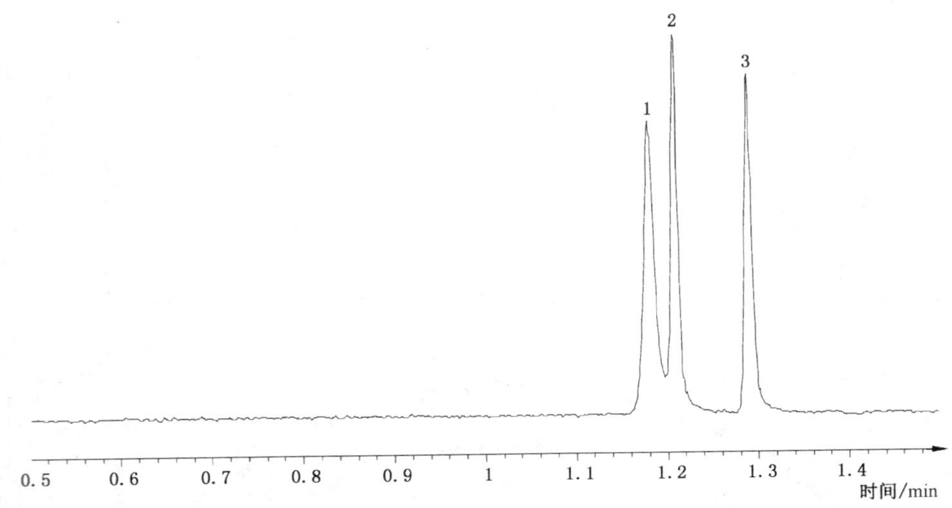

1——氢气；
2——氧气；
3——甲烷。

图 4 标样在 PLOT/Q 毛细管柱柱上的典型色谱图

5.3 记录装置

积分仪或色谱工作站。

6 采样

按 GB/T 13289、GB /T 13290 和 GB/T 3723 规定的安全与技术要求采取样品。

7 测定步骤

7.1 设定操作条件

根据仪器操作说明书，在色谱仪中安装并老化色谱柱。然后调节仪器至表 1 所示的操作条件，待仪器稳定后即可开始测定。

7.2 校正

用气体进样阀，在规定的条件下向色谱仪注入 1 mL～3 mL 标样，待甲烷流出后切换反吹阀，重复测定两次，计算氢的平均峰面积或峰高，作为定量计算的依据。两次重复测定的峰面积或峰高之差应不大于其平均值的 5%。

7.3 试样测定

取与标准气样相同体积的气体试样，用气体进样阀注入色谱仪，重复测定两次，记录并测得氢的峰面积或峰高，并与外标样进行比较。

注：液态丙烯进样时应采取措施确保液态丙烯完全气化，可采用闪蒸进样器或水浴等方式进行气化。

8 分析结果的表述

8.1 计算

乙烯、丙烯中氢含量 φ_i 以毫升每立方米（mL/m^3）计，按式(1)计算：

$$\varphi_i = \varphi_s \times \frac{A_i}{A_s} \qquad (1)$$

式中：

φ_s——标样中氢的含量，单位为毫升每立方米（mL/m^3）；

A_s——标样中氢的峰面积或峰高；

A_i——试样中氢的峰面积或峰高。

8.2 结果的表示

8.2.1 对于任一试样，分析结果的数值修约按 GB/T 8170 规定进行，并以两次重复测定结果的算术平均值表示其分析结果。

8.2.2 报告氢的含量，应精确至 1 mL/m³。

9 精密度

9.1 重复性

在同一实验室，由同一操作者使用相同设备，按相同的测试方法，并在短时间内对同一被测对象相互独立进行测试获得的两次独立测试结果，对氢含量为 5 mL/m³～20 mL/m³ 的试样，其绝对差值不大于其平均值的 10%，以大于其平均值 10%的情况不超过 5%为前提。

9.2 再现性

在两个不同实验室，由不同操作员，用不同仪器和设备，按相同的测试方法，对同一被测对象相互独立进行测试获得的两个测试结果，对氢含量为 5 mL/m³～20 mL/m³ 的试样，其绝对差值不大于其平均值的 30%，以大于其平均值 30%的情况不超过 5%为前提。

10 试验报告

试验报告应包括下列内容：

a) 有关样品的全部资料，例如样品名称、批号、采样地点、采样日期、采样时间等；

b) 本标准代号；

c) 分析结果；

d) 测定中观察到的任何异常现象的细节及其说明；

e) 分析人员的姓名及分析日期等。

ICS 71.080.10
G 16

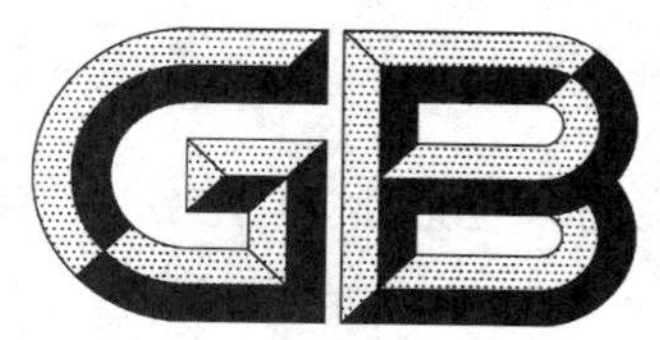

中华人民共和国国家标准

GB/T 3394—2009
代替 GB/T 3394—1993,GB/T 3395—1993

工业用乙烯、丙烯中微量一氧化碳、二氧化碳和乙炔的测定 气相色谱法

Ethylene and propylene for industrial use—Determination of trace carbon monoxide,carbon dioxide and acetylene—Gas chromatographic method

2009-10-30 发布

2010-06-01 实施

中华人民共和国国家质量监督检验检疫总局
中国国家标准化管理委员会 发布

前　　言

本标准与 ASTM D 2505：1988(2004)《气相色谱法分析高纯乙烯中的乙烯、烃类杂质和二氧化碳的标准试验方法》(英文版)的一致性程度为非等效。

本标准代替 GB/T 3394—1993《工业用乙烯、丙烯中微量一氧化碳和二氧化碳的测定　气相色谱法》和 GB/T 3395—1993《工业用乙烯中微量乙炔的测定　气相色谱法》。

本标准与 GB/T 3394—1993 和 GB/T 3395—1993 的主要差异为：

——将两个标准整合成一个标准，名称改为“工业用乙烯、丙烯中微量一氧化碳、二氧化碳和乙炔的测定　气相色谱法”；

——增加了毛细管柱的色谱分析操作条件；

——取消了乙炔分析中角鲨烷色谱柱及其操作条件；

——增加了用于进样和反吹控制的阀路连接图；

——增加了标样制备用气体的技术要求；

——增加了毛细管柱的重复性限(r)。

本标准由中国石油化工集团公司提出。

本标准由全国化学标准化技术委员会石油化学分技术委员会(SAC/TC 63/SC 4)归口。

本标准起草单位：中国石油化工股份有限公司上海石油化工研究院。

本标准主要起草人：唐琦民、张育红。

本标准所代替标准的历次版本发布情况为：

——GB/T 3394—1982、GB/T 3394—1993；

——GB/T 3395—1982、GB/T 3395—1993。

工业用乙烯、丙烯中微量一氧化碳、二氧化碳和乙炔的测定 气相色谱法

1 范围

本标准规定了测定工业用乙烯、丙烯中微量一氧化碳、二氧化碳和乙炔含量的气相色谱法。

本标准适用于乙烯、丙烯中含量不低于 1 mL/m³ 的一氧化碳、不低于 5 mL/m³ 的二氧化碳和不低于 1 mL/m³ 的乙炔的测定。

本标准并不是旨在说明与其使用有关的所有安全问题。使用者有责任采取适当的安全与健康措施,保证符合国家有关法规的规定。

2 规范性引用文件

下列文件中的条款通过本标准的引用而成为本标准的条款。凡是注明日期的引用文件,其随后所有的修改单(不包括勘误的内容)或修订版均不适用于本标准,然而,鼓励根据本标准达成协议的各方研究是否可使用这些文件的最新版本。凡是不注明日期的引用文件,其最新版本适用于本标准。

GB/T 3723 工业用化学产品采样安全通则(GB/T 3723—1999,idt ISO 3165:1976)

GB/T 8170 数值修约规则与极限数值的表示和判定

GB/T 13289 工业用乙烯液态和气态采样法(GB/T 13289—1991,neq ISO 7382:1986)

GB/T 13290 工业用丙烯和丁二烯液态采样法(GB/T 13290—1991,neq ISO 8563:1987)

3 方法提要

气体试样(或液体试样气化后)通过进样装置被载气带入填充柱或毛细管色谱柱,使一氧化碳、二氧化碳或乙炔与其他组分分离。一氧化碳、二氧化碳经催化加氢转化为甲烷。用氢火焰离子化检测器(FID)检测,记录各杂质组分的色谱峰面积,采用外标法定量。

一氧化碳、二氧化碳转化成甲烷的反应原理如下:

$$CO+3H_2 \xrightarrow[\text{Ni 催化剂}]{350\ ℃\sim400\ ℃} CH_4+H_2O\ ;$$

$$CO_2+4H_2 \xrightarrow[\text{Ni 催化剂}]{350\ ℃\sim400\ ℃} CH_4+2H_2O$$

4 试剂与材料

4.1 载气

氮气:纯度(体积分数)≥99.995%,经硅胶及 5A 分子筛干燥、净化。

氢气:纯度(体积分数)≥99.995%,经硅胶及 5A 分子筛干燥、净化。

4.2 燃烧气

氢气,纯度(体积分数)≥99.0%。

4.3 空气

经硅胶及 5A 分子筛干燥、净化。

4.4 制备标样用气体

4.4.1 乙烯:纯度(体积分数)不小于99.95%,应不含一氧化碳、二氧化碳和乙炔。

4.4.2 氮气:纯度(体积分数)不小于99.999%,应不含一氧化碳、二氧化碳和乙炔。

4.4.3 一氧化碳:纯度(体积分数)大于99%的商品一氧化碳,也可用下法制备纯一氧化碳:用甲酸和浓硫酸在水浴上加热至80 ℃脱水制得的一氧化碳经50%碱液、焦性没食子酸碱溶液,再经氯化钙和五氧化二磷进行净化、干燥。待容器中空气排尽后,即可进行收集,纯度达99%以上。

4.4.4 二氧化碳:纯度(体积分数)大于99%的商品二氧化碳,也可用下法制备纯二氧化碳:用碳酸钠与稀盐酸反应,经浓硫酸干燥后制得,纯度可达99%以上。

4.4.5 乙炔:纯度(体积分数)大于99%。可使用纯度为99%以上的商品乙炔,也可用下法制备纯乙炔:取电石数十克,装入500 mL三口烧瓶中,将适量水注入三口烧瓶上的分液漏斗内,逐滴加入三口烧瓶中。产生的乙炔需经20%(质量分数)的氢氧化钠溶液,20%(质量分数)的铬酸酐溶液净化。待容器中的空气排尽后即可进行收集。乙炔纯度可达99%以上。

4.5 标样

一氧化碳、二氧化碳或乙炔标样可由市场购买有证标样或自行制备,底气为氮气或乙烯(4.4.1)应不含一氧化碳、二氧化碳或乙炔,否则应予以修正。标样中一氧化碳、二氧化碳或乙炔的含量应与待测试样中浓度接近。

5 仪器

5.1 气相色谱仪:配置十通阀进样装置(定量管容积1 mL~3 mL)和反吹装置,分流进样系统和氢火焰离子化检测器(FID),并能按表1或表3条件操作的任何双气路气相色谱仪。测定一氧化碳、二氧化碳还需配置镍转化炉催化加氢装置。该仪器对本标准所规定杂质的最低检测浓度所产生的峰高应至少大于噪音的两倍。仪器十通阀连接和反吹装置见图1和图2。满足本标准分离和定量效果的其他进样和反吹装置也可使用。

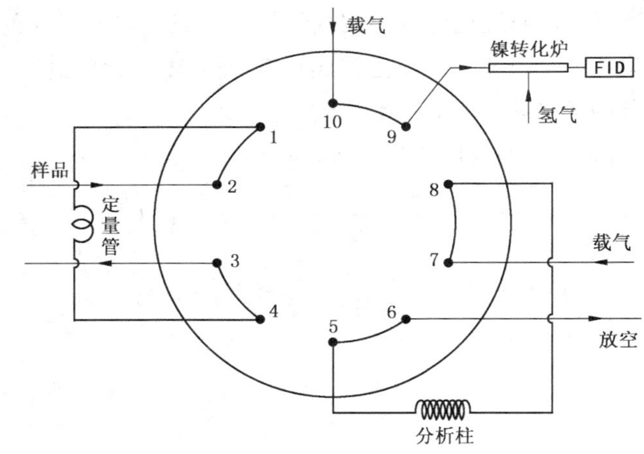

注:测定乙炔不需要连接镍转化炉。

图1 取样及反吹状态下十通阀连接图

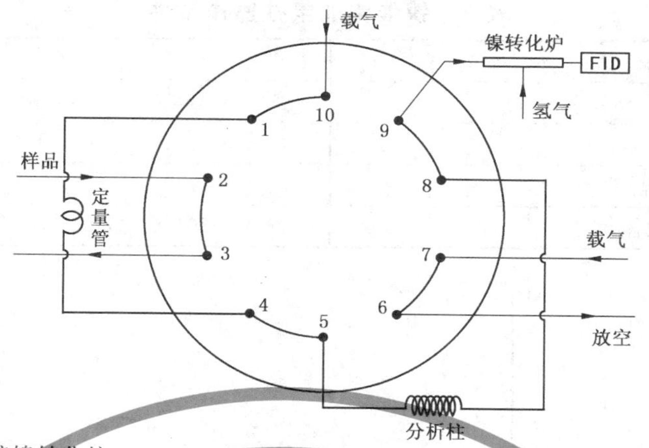

注：测定乙炔不需要连接镍转化炉。

图 2　进样状态下十通阀连接图

5.2　色谱柱：本标准推荐测定一氧化碳、二氧化碳的色谱柱及典型操作条件见表 1，典型色谱图见图 3 和图 4；本标准推荐测定乙炔的色谱柱及典型操作条件见表 3，典型色谱图见图 5 和图 6。能给出同等分离和定量效果的其他色谱柱和分析条件也可使用。

5.3　镍转化炉：镍转化炉是将一氧化碳、二氧化碳催化加氢转化为甲烷的装置，由镍催化加氢柱和加热装置组成。推荐镍催化加氢柱的操作条件见表 2（填充柱和毛细管柱操作条件相同）。

镍催化加氢柱按如下方法制备：称取 200 g 硝酸镍溶于 90 mL 蒸馏水中，加入 80 g 6201 色谱担体或其他合适的载体，煮沸（5～10）min 后，冷却，过滤，将担体放置蒸发皿中，于 105 ℃下烘干，再放置电炉上缓缓加热（应在通风橱中），直至红棕色二氧化氮赶尽。于 450 ℃并通氮气下灼烧 7 h 后，冷却，得到氧化镍催化剂。装入清洁、干燥的不锈钢柱管内，于 350 ℃～380 ℃温度下通氢气（流量约为 50 mL/min）4 h，使其还原成镍催化剂即可使用。制得的镍催化加氢柱应密封保存，防止接触空气、水后降低催化剂的活性。

注：应定期采用标样检查镍催化加氢柱的反应活性。

5.4　记录装置：电子积分仪或色谱数据处理装置。

表 1　一氧化碳、二氧化碳测定用色谱柱及典型操作条件

色谱柱	TDX-01	Carbobond
柱长/m	1	50
柱内径/mm	3	0.53
液膜厚度/μm	—	5
柱温/℃	100	50
进样器温度/℃	150	150
检测器温度/℃	250	250
进样量/mL	1～3	1～3
载气	氢气	氮气
流量/(mL/min)	50	5.0
分流比	—	5∶1
空气流量/(mL/min)	300	300
氢气流量/(mL/min)	50	50
辅助氮气及流量/(mL/min)	—	15

表 2 镍催化加氢柱操作条件

柱长/m	0.1～0.2
内径/mm	2～4
材质	不锈钢
柱温/℃	350～380
载体	6201,(0.250～0.420)mm[(60～40)目]

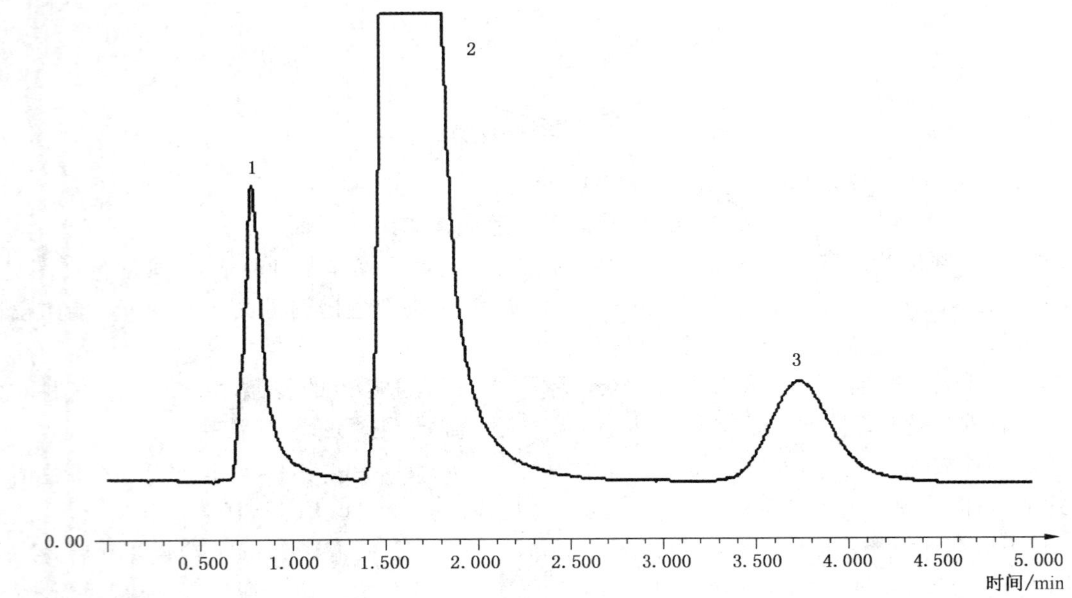

1——一氧化碳；
2——甲烷；
3——二氧化碳。

图 3 乙烯、丙烯标样在 TDX-01 填充柱上的典型色谱图

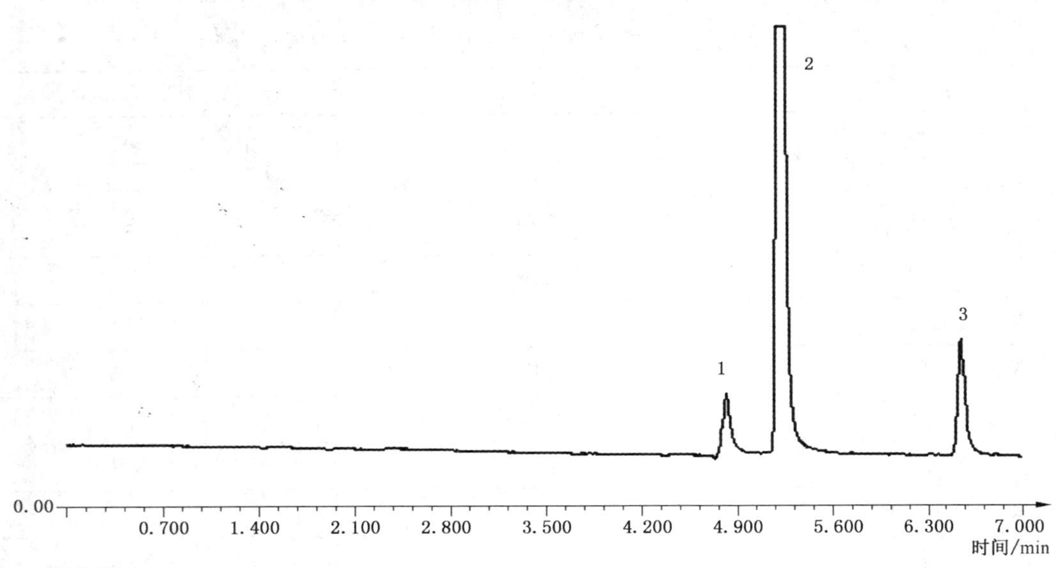

1——一氧化碳；
2——甲烷；
3——二氧化碳。

图 4 乙烯、丙烯标样在 Carbobond 毛细管柱上的典型色谱图

表 3　乙炔分析色谱柱及典型操作条件

色谱柱	TDX-01	Carbobond
柱长/m	1	50
柱内径/mm	3	0.53
液膜厚度/μm	—	5
柱温/℃	150	35
进样器温度/℃	150	150
检测器温度/℃	170	250
进样量/mL	1～3	1～3
载气	氮气	氮气
流量/(mL/min)	50	3.0
分流比	—	5∶1
空气流量/(mL/min)	300	300
氢气流量/(mL/min)	50	35
辅助氮气及流量/(mL/min)	—	15

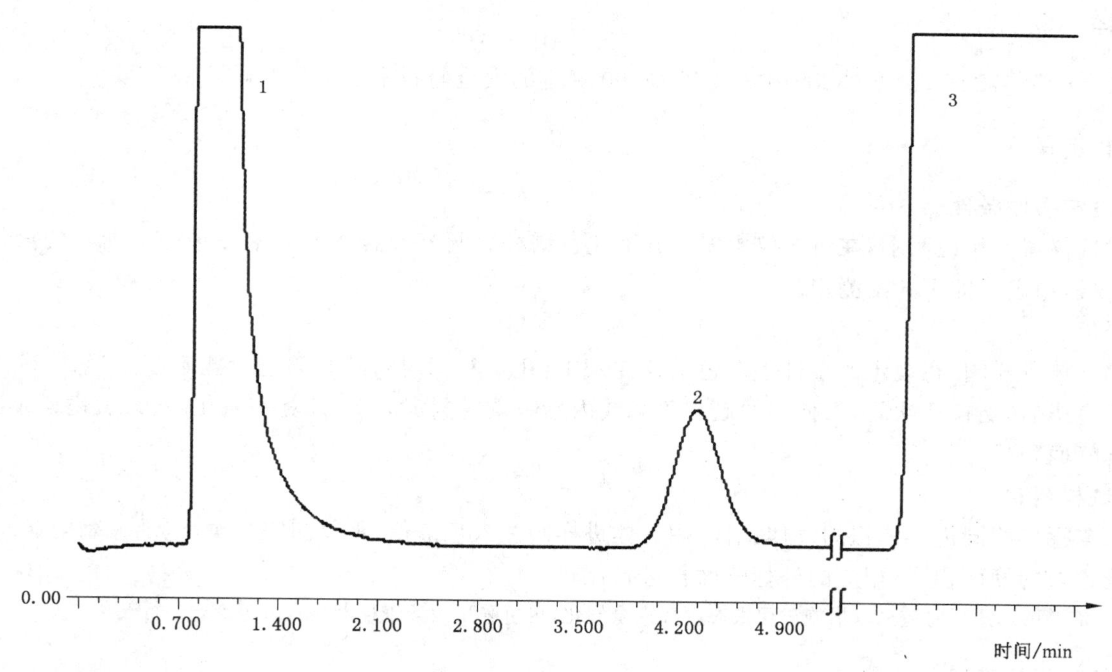

1——甲烷；
2——乙炔；
3——乙烯或丙烯。

图 5　乙烯、丙烯标样在 TDX-01 填充柱上的典型色谱图

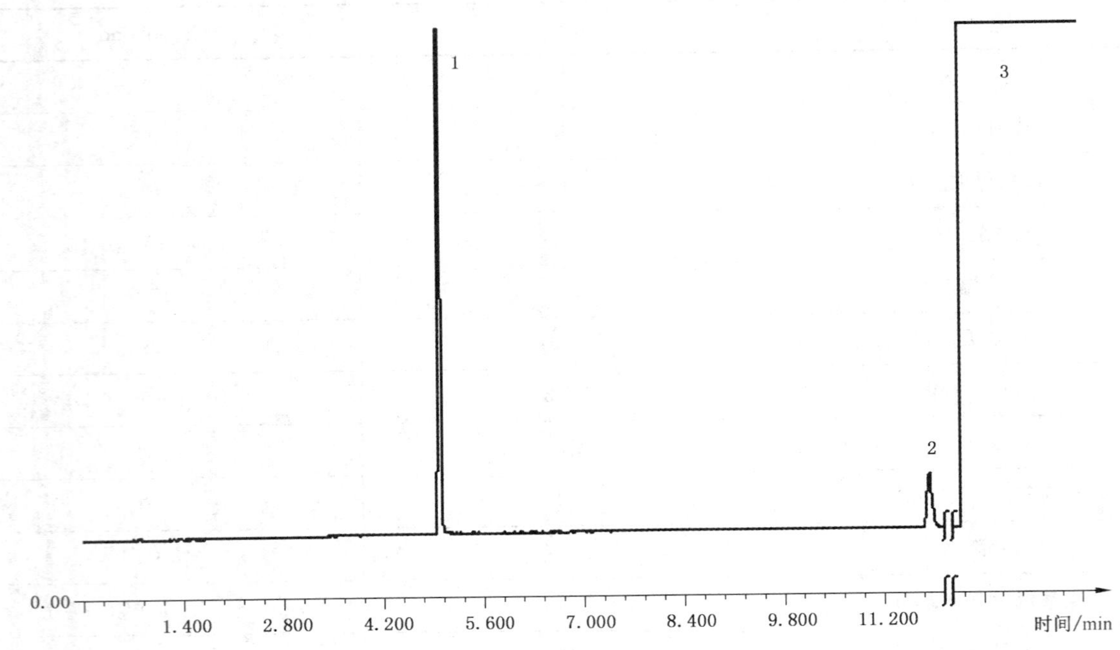

1——甲烷；

2——乙炔；

3——乙烯或丙烯。

图 6 乙烯、丙烯标样在 Carbobond 毛细管柱上的典型色谱图

6 采样

按 GB/T 3723、GB/T 13289 和 GB/T 13290 规定的安全与技术要求采取样品。

7 分析步骤

7.1 设定操作条件

根据仪器操作说明书，在色谱仪中安装并老化色谱柱。调节仪器至表 1、表 2 或表 3 所示的操作条件，待仪器稳定后即可开始测定。

7.2 校正

用气体进样阀，在规定的条件下向色谱仪注入 1 mL～3 mL 标样(4.5)进行测定，等二氧化碳或乙炔出峰完毕后，切换反吹阀，以便尽快赶出乙烯或丙烯。重复测定 2 次，计算一氧化碳、二氧化碳或乙炔的平均峰面积 A_s。

7.3 试样测定

取与标样相同进样体积的气体试样，用气体进样阀注入色谱仪，重复测定 2 次，记录一氧化碳、二氧化碳或乙炔的峰面积，与相应的外标峰面积进行比较。

注：液态丙烯进样时应采取措施确保液态丙烯完全气化，也可采用闪蒸进样器或水浴等方式进行气化。

8 分析结果的表述

8.1 计算

8.1.1 一氧化碳、二氧化碳或乙炔的含量 φ_i，以毫升每立方米计(mL/m³)，按式(1)计算：

$$\varphi_i = \varphi_s \times \frac{A_i}{A_s} \qquad \cdots\cdots(1)$$

式中：

φ_s——标样中一氧化碳、二氧化碳或乙炔的含量，单位为毫升每立方米（mL/m³）；

A_i——被测样品中一氧化碳、二氧化碳或乙炔的峰面积；

A_s——标样中一氧化碳、二氧化碳或乙炔的峰面积。

8.2 结果的表示

8.2.1 分析结果的数值按 GB/T 8170 规定进行修约，取两次重复测定结果的算术平均值表示其分析结果。

8.2.2 报告一氧化碳、二氧化碳或乙炔的含量应精确至 1 mL/m³。

9 精密度

9.1 重复性

在同一实验室，由同一操作者使用相同设备，按相同的测试方法，并在短时间内对同一被测对象相互独立进行测试获得的两次独立测试结果的绝对差值不应超过表 4 列出的重复性限(r)，以超过重复性限(r)的情况不超过 5%为前提。

表 4 重复性限(r)

杂 质	浓度范围/(mL/m³)	填充柱	毛细管柱
一氧化碳	5～20	其平均值的 15%	—
	2～20	—	其平均值的 15%
二氧化碳	10～20	其平均值的 15%	—
	5～20	—	其平均值的 15%
乙炔	5～20	其平均值的 10%	—
	2～20	—	其平均值的 10%

9.2 再现性

在任意两个不同实验室，由不同操作人员，用不同仪器和设备，对同一被测对象相互独立进行测试获得的两个测试结果，对乙炔含量为(5～20)mL/m³ 的试样，其差值应不大于其平均值的 30%，以大于其平均值 30%的情况不超过 5%为前提。

10 试验报告

试验报告应包括下列内容：

a） 有关样品的全部资料，例如样品名称、批号、采样地点、采样日期、采样时间等；

b） 本标准编号；

c） 分析结果；

d） 测定中观察到的任何异常现象的细节及其说明；

e） 分析人员的姓名及分析日期等。

前　　言

本标准是对GB/T 3396—1982《聚合级乙烯、丙烯中微量氧的测定　原电池法》的修订。

本标准对原标准的主要修订内容为：以膜覆盖原电池电化学法和电解电化学法代替原标准的普通原电池方法。

本标准自实施之日起，同时替代GB/T 3396—1982。

本标准由中国石油化工股份有限公司提出。

本标准由全国化学标准化委员会石油化学分技术委员会归口。

本标准由中国石化扬子石油化工股份有限公司、上海石油化工研究院共同起草。

本标准主要起草人：吴晨光、王川、柯厚俊、丁大喜。

本标准于1982年12月首次发布。

中华人民共和国国家标准

工业用乙烯、丙烯中微量氧的测定 电化学法

GB/T 3396—2002

代替 GB/T 3396—1982

Ethylene and propylene for industrial use—Determination of trace oxygen—Electrochemical method

1 范围

本标准规定了测定气态乙烯或丙烯中微量氧的膜覆盖原电池电化学法和电解电化学法。

本标准适用于测定工业用乙烯、丙烯中含量不小于 1 mL/m^3 的微量分子氧。

2 引用标准

下列标准所包含的条文，通过在本标准中引用而构成为本标准的条文。本标准出版时，所示版本均为有效。所有标准都会被修订，使用本标准的各方应探讨使用下列标准最新版本的可能性。

GB/T 6682—1986 分析实验室用水规格和试验方法(neq ISO 3696:1987)

GB/T 13289—1991 工业用乙烯液态和气态采样法(neq ISO 7382:1986)

GB/T 13290—1991 工业用丙烯和丁二烯液态采样法(neq ISO 8563:1987)

3 方法提要

3.1 膜覆盖原电池电化学法

当气体以恒定速率流经装有膜覆盖原电池(燃料电池)的测量室时，气体中的氧分子扩散透过原电池表面覆盖的聚合物薄膜，在不活泼金属制成的阴极发生还原反应，氧分子从外电路得到电子：

$O_2 + 2H_2O + 4e \longrightarrow 4OH^-$

同时铅阳极被含水胶状电解质中的 KOH 腐蚀发生氧化反应，向外电路输出电子：

$2OH^- + Pb \longrightarrow PbO + H_2O + 2e$

原电池总反应为：

$2Pb + O_2 = 2PbO$

外电路产生的电流的大小与气体中氧的分压成比例，在总压恒定时，电流与气体中氧的浓度成比例。

3.2 电解电化学法

当气体以恒定速率流经电解电化学法仪器的测量室时，气体中的氧分子扩散透过多孔材料进入装有氢氧化钾电解液的电解池中，在外加直流电压的驱动下，氧分子在由铂、金或石墨制成的阴极发生还原反应，氧分子从外电路得到电子：

$O_2 + 2H_2O + 4e \longrightarrow 4OH^-$

同时电解质中的 OH^- 在惰性阳极表面发生氧化反应，向外电路输出电子：

$4OH^- \longrightarrow O_2 + 2H_2O + 4e$

中华人民共和国国家质量监督检验检疫总局 2002-10-15 批准 2003-04-01 实施

反应不消耗阳极材料，反应产生的分子氧透过阳极附近的多孔材料排出。电解电流的大小与样品气体中氧的浓度成正比。

4 仪器和材料

4.1 常用实验室仪器；

4.2 测氧仪

4.2.1 膜覆盖原电池法测氧仪：由测量室、原电池、放大器、温度补偿单元、读数表等部分组成，测氧仪的检测限应低于 1 mL/m^3。原电池的结构示意图见图 1，原电池的阴极由非活泼金属制成，如银、金、铂，阳极由铅或锌制成。原电池内部装有保持湿润状态的胶状电解质。

4.2.2 电解法测氧仪：由电解池、读数表等部分组成，仪器示意图见图 2。

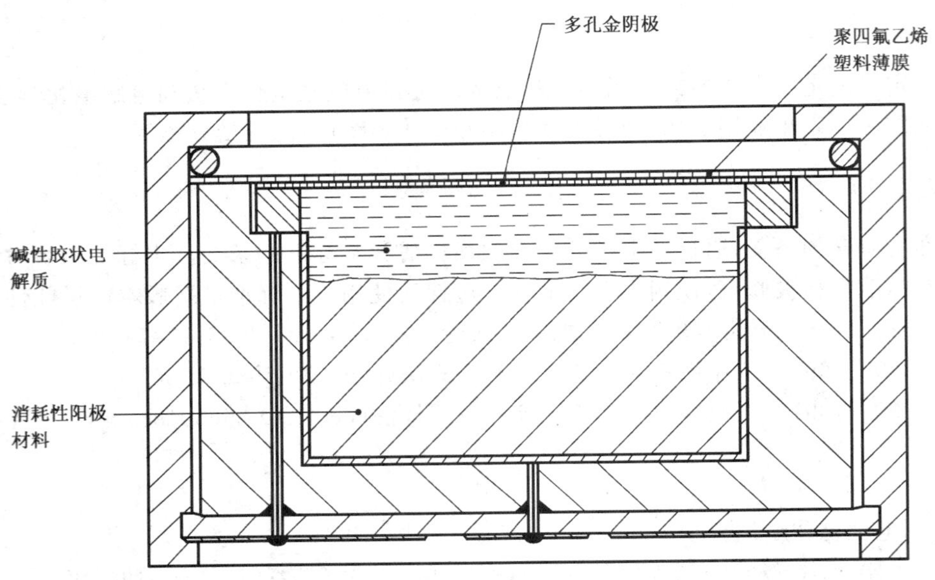

图 1 典型原电池示意图

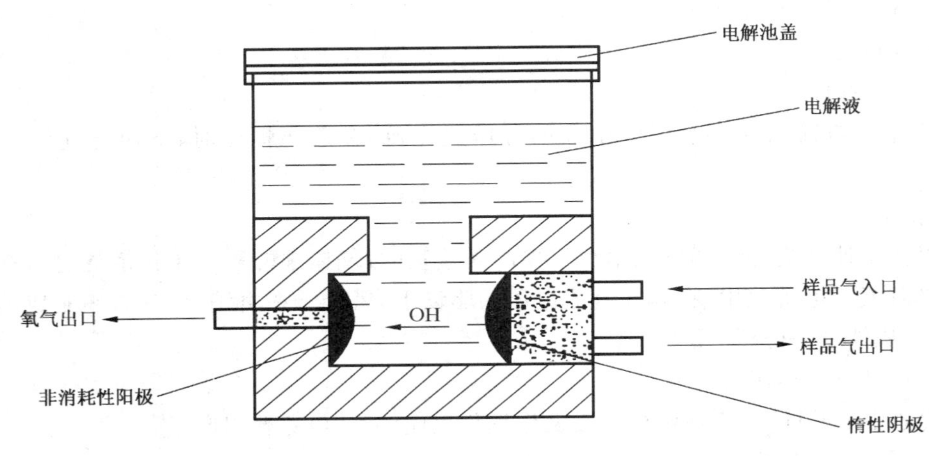

图 2 电解法测氧仪示意图

4.3 流量计:0.1 L/min～2 L/min;

4.4 螺旋不锈钢毛细管:内径 1 mm～2 mm,长 2 m～4 m;

4.5 增湿器:容器中装有塑料筒,其上绕有长 1 m、内径 1 mm、外径 2 mm 的硅胶管,见图 3;在组装增湿器前,先用氮气吹扫硅胶管和容器内部数分钟,然后装满蒸馏水,拧紧隔垫螺帽;

4.6 水浴:控制温度 30℃～50℃;

4.7 蒸馏水:符合 GB/T 6682 三级水的要求,使用前通氮气脱氧;

4.8 高纯氮气:纯度的体积分数不低于 99.999%,氧含量小于 5 mL/m^3;

4.9 标准气体:含氧量已知的惰性气体(如氮气或氩气)。

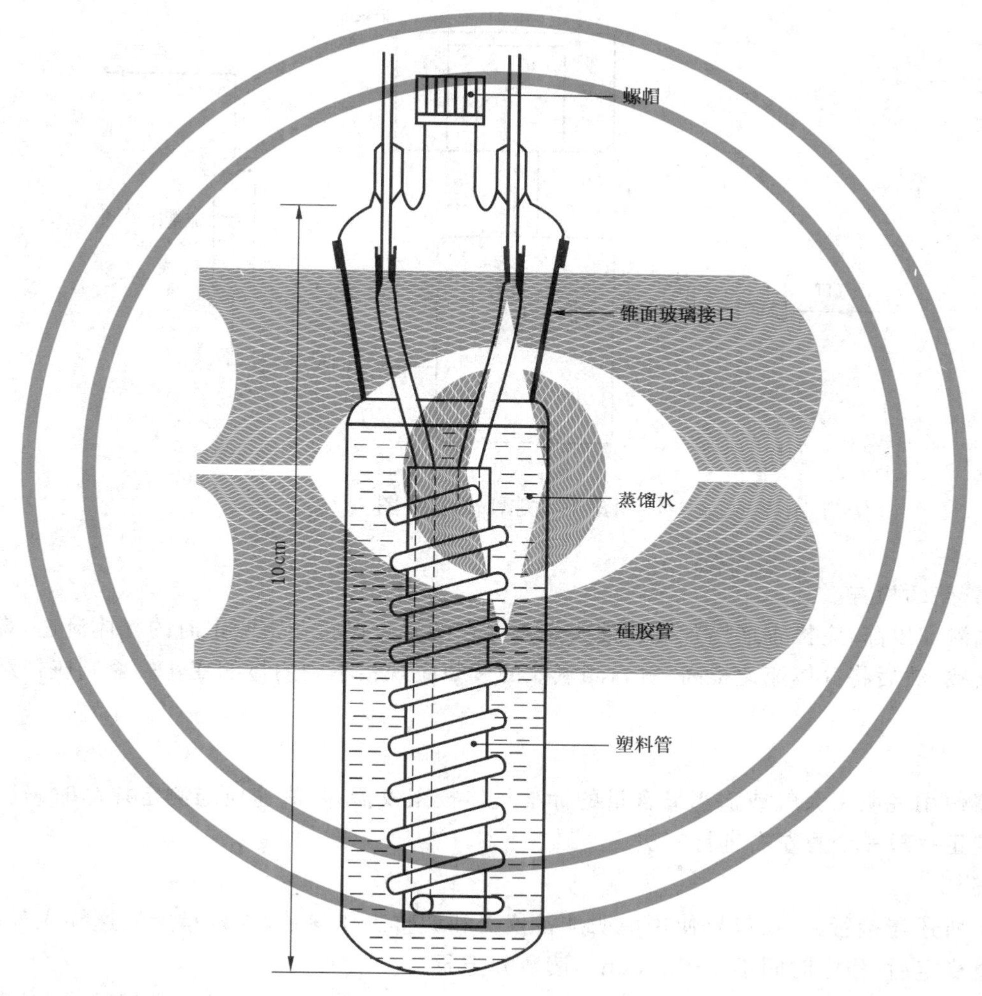

图 3 增湿器

5 采样

按 GB/T 13289 和 GB/T 13290 的技术要求采取样品。

6 测定步骤

6.1 仪器连接(见图 4)

6.1.1 测量装置的管线连接

为防止大气中的氧渗透到气路中,所有的连接管线都应为不锈钢材质。在测量装置的出口处,需连接一根长为 50 cm、内径 1 mm～2 mm 的不锈钢毛细管，以防止大气中的氧反向扩散而导入痕量的氧。

6.1.2 气态样品的压力调节

用不锈钢管连接测氧仪和样品钢瓶或采样管线。必要时可采用金属膜式减压阀调节样品气的压力。

6.1.3 液态样品的蒸发气化

测定液态样品时应首先采取措施使样品完全气化成为连续的气态样品气流。可将样品导入置于 30℃～50℃水浴中的螺旋不锈钢毛细管(4.4)中，以保证液态样品充分蒸发气化。

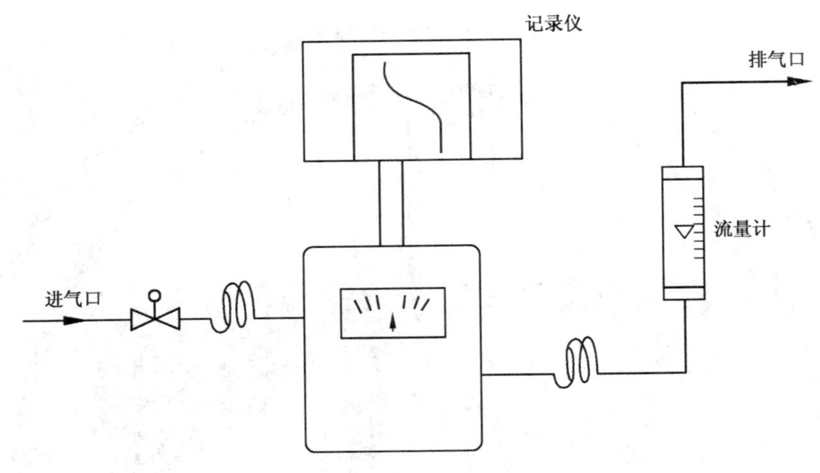

图 4 测氧仪组装图

6.2 连接管路的检查

在正式测定以前，应检查连接管线和接头是否存在渗漏。保持正常测定时的气体流速，观测测氧仪稳定后的读数，然后将气体流速提高一倍，测氧仪的读数应观察不到明显的变化。否则应怀疑装置连接存在渗漏。

6.3 校正

按仪器使用说明用大气或适当氧含量的标准气体校正仪器，其流速应与测定样品时采用的气体一致。仪器校正一般一个月左右进行一次。

6.4 样品测定

按 6.1 所述连接管路，按仪器使用说明准备仪器和调整工作参数，并以指定流速导入气态样品，待测氧仪示值稳定后(稳定时间不小于 2 min)，读数并记录。

为保持仪器良好的工作状态，可以在测定前后用高纯氮气以较低的流速冲洗测量室，对于膜覆盖原电池法，也可以用经增湿器增湿的氮气流以 1 L/h～2 L/h 的流速流经测量池以保持原电池胶状电解质的水分。

7 结果的表示

7.1 读取测氧仪读数表指示的读数，样品中的氧含量以 mL/m^3 表示。

7.2 重复性

用同一仪器对同一样品所得到的两次测定结果之差应满足以下要求：

氧含量小于或等于 10 mL/m^3 时，不大于 1 mL/m^3；

氧含量大于 10 mL/m^3 时，不大于平均值的 10%。

8 报告

报告应包括以下内容：

a）有关样品的全部资料，例如样品名称、批号、采样地点、采样日期、采样时间等；

b）本标准的代号；

c）测定结果；

d）测定中观察到的任何异常现象的细节及说明；

e）分析人员的姓名和分析日期等。

ICS 71.080
G 16

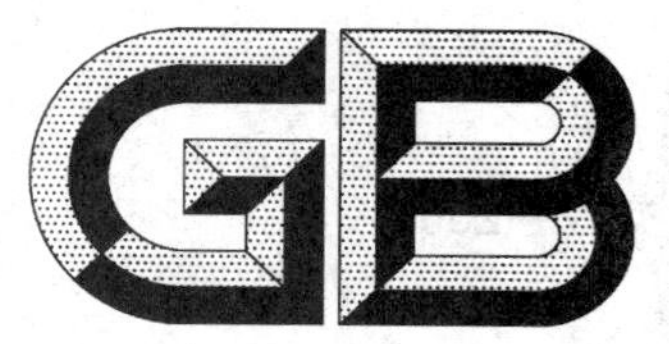

中华人民共和国国家标准

GB/T 3727—2003
代替 GB/T 3727—1983

工业用乙烯、丙烯中微量水的测定

Ethylene or propylene for industrial use—Determination of trace water

2003-06-09 发布　　　　2003-12-01 实施

中华人民共和国
国家质量监督检验检疫总局　发布

前　言

本标准非等效采用 ГОСТ 24975.5:1991《测定乙烯和丙烯中微量水的方法》(俄文版)。

本标准与 ГОСТ 24975.5:1991 的主要差异如下:

a) 在湿度计法中明确电解式湿度计不适用于丙烯中微量水的测定,增加了方法提要,并删除了"工业用湿度计"附录;

b) 以卡尔·费休库仑法代替卡尔·费休容量法;

c) 以毛细管代替进样管线和流量调节阀,并相应修订"分析准备"和"分析过程"的内容;

d) 卡尔·费休法的测定范围由"不小于 0.001%"调整为"不小于 1 mg/kg"。

本标准代替 GB/T 3727—1983《聚合级乙烯、丙烯中微量水的测定　卡尔·费休法》。

本标准与 GB/T 3727—1983 相比主要变化如下:

a) 标准名称改为《工业用乙烯、丙烯中微量水的测定》;

b) 增加了湿度计法测定乙烯、丙烯中微量水的内容;

c) 以卡尔·费休库仑法代替原标准的卡尔·费休容量法;

d) 以毛细管代替原标准的进样管线和流量调节阀,并相应修订"操作步骤"的内容;

e) 卡尔·费休法的测定范围由"5 mL/m^3～150 mL/m^3"调整为"不小于 1 mg/kg"。

本标准由中国石油化工股份有限公司提出。

本标准由全国化学标准化委员会石油化学分技术委员会(SAC/TC63/SC4)归口。

本标准由中国石油化工股份有限公司上海石油化工研究院起草。

本标准主要起草人:王川、张伟、叶志良。

本标准所代替标准的历次版本发布情况为:

——GB/T 3727—1983。

工业用乙烯、丙烯中微量水的测定

1 范围

1.1 本标准规定了测定乙烯和丙烯中微量水的卡尔·费休库仑法和湿度计法。本标准卡尔·费休库仑法适用于测定含量不小于 1 mg/kg 的微量水，湿度计法适用于测定含量不小于 1 mL/m^3 的微量水。

1.2 本标准并不是旨在说明与其使用有关的所有安全问题。因此，本标准的使用者应有责任事先建立适当的安全与防护措施，并确定适当的规章制度。

2 规范性引用文件

下列文件中的条款通过本标准的引用而成为本标准的条款。凡是注日期的引用文件，其随后所有的修改单(不包括勘误的内容)或修订版均不适用于本标准，然而，鼓励根据本标准达成协议的各方研究是否可使用这些文件的最新版本。凡是不注日期的引用文件，其最新版本适用于本标准。

GB/T 2366—1986 化工产品中水分含量的测定 气相色谱法

GB/T 8170—1987 数值修约规则

GB/T 13289—1991 工业用乙烯液态和气态采样法

GB/T 13290—1991 工业用丙烯和丁二烯液态采样法

3 卡尔·费休库仑法

3.1 方法提要

被测气体通过卡尔·费休库仑分析仪的电解池时，气体中的水与卡尔·费休试剂中的碘、二氧化硫在有机碱(如吡啶)和甲醇存在下，发生下列反应：

$$H_2O+I_2+SO_2+CH_3OH+3RN \longrightarrow (RNH)SO_4CH_3+2(RNH)I$$

消耗的碘由含有碘离子的阳极电解液电解补充：

$$2I^- \longrightarrow I_2+2e$$

反应所需碘的量与通过电解池的电量成正比，因此，记录电解所消耗的电量，根据法拉第电解定律，即可求出试样中的水含量。

3.2 仪器和设备

3.2.1 卡尔·费休库仑仪：检测限应不高于 10 μg；

3.2.2 电子天平：

a) 感量 0.1 g 或 0.01 g，称量范围应满足 3.2.5、3.2.6 钢瓶称重的要求；

b) 感量 0.1 mg，称量范围(0～160)g；

3.2.3 鼓风干燥箱；

3.2.4 水浴；

3.2.5 乙烯进样钢瓶：1 000 mL，符合 GB/T 13289 规定，内壁应予抛光，出口端配置量程(0～16)MPa 压力表；

3.2.6 丙烯进样钢瓶：1 000 mL，符合 GB/T 13290 规定，内壁应予抛光。

3.3 试剂和材料

3.3.1 弹性石英毛细管：

a) 内径(0.25±0.01) mm，长(2.0±0.1)m，用于丙烯分析；

b) 内径(0.15±0.01) mm，长(3.0±0.1)m，用于乙烯分析；

3.3.2 微量注射器：100 μL；

3.3.3 医用注射针：9 号；

3.3.4 压紧螺帽；

3.3.5 不锈钢卡套：中间开孔，孔径 1.5 mm；

3.3.6 密封垫：硅橡胶；

3.3.7 塑料隔垫：聚四氟乙烯，中间开孔，孔径 1.5 mm；

3.3.8 苯-水平衡溶液：按照 GB/T 2366—1986 中 5.2.1 配制；

3.3.9 卡尔·费休库仑法电解液(阴极液、阳极液)；

3.3.10 乙二醇：水的质量分数不大于 0.05%；

3.3.11 氮气：体积分数不低于 99.999%，水含量不高于 3 mL/m^3。

3.4 采样

采样前钢瓶(3.2.5、3.2.6)应保持清洁和干燥。按 GB/T 13289—1991 和 GB/T 13290—1991 的技术要求采取液态样品。

注：已清洁和干燥的钢瓶可置于温度为 110℃ 的鼓风干燥箱中，并通氮气(3.3.11)30 min 以获得更佳的干燥效果。

3.5 样品测定

3.5.1 分析准备

3.5.1.1 按仪器使用说明书准备仪器，在电解池中装入卡尔·费休阴极液和阳极液(3.3.9)，液面略低于电解池进样口。

注：阳极液中含有适量的乙二醇(如总体积的 10%)有助于样品中微量水的吸收。

3.5.1.2 开启仪器并进行空白滴定，使之处于准备进样状态。

3.5.1.3 卡尔·费休库仑仪性能检查：用微量注射器(3.3.2)吸取(50～60) μL 苯-水平衡溶液(3.3.8)注入电解池中进行滴定。用电子天平(3.2.2b)以差减法准确称量所加入的苯-水平衡溶液。重复测定两次，计算其平均含水量(两次测定结果之差应不超过其平均值的 5%)，该值与苯-水平衡溶液理论含水量(见 GB/T 2366—1986 中表 1)的相对误差应不超过±10%。

3.5.1.4 进样钢瓶取样后，静置至室温，擦干表面的冷凝水，并确保与毛细管连接的出气口的腔体充分干燥。

3.5.1.5 检查乙烯进样钢瓶压力，应不大于 8 MPa，否则按照 GB/T 13289—1991 要求排出多余样品。

3.5.2 测定步骤

3.5.2.1 按图 1 所示组装进样钢瓶(3.2.5、3.2.6)、钢瓶支架、电子天平(3.2.2a)、石英毛细管(3.3.1)、卡尔·费休库仑仪(3.2.1)、水浴。将毛细管(3.3.1)盘成圆环状，浸入 30℃～40℃ 的水浴中。毛细管一端插入医用注射针(3.3.3)内，并依次插入压紧螺帽(3.3.4)、不锈钢卡套(3.3.5)、密封垫(3.3.6)和塑料隔垫(3.3.7)，然后与进样钢瓶出气口连接(见图 1)，连好后拔出注射针，使毛细管留在密封垫内。将毛细管另一端插入医用注射针(3.3.3)内，一同插入卡尔·费休库仑仪电解池进样口的橡胶隔垫，毛细管口保持在阳极液面以上，拔出注射针，使毛细管留在进样口的橡胶隔垫内。

注 1：能达到本标准技术要求的其他毛细管气化装置和连接方式也可使用。

注 2：测定乙烯时应将钢瓶不带压力表的一端做为出气口与毛细管连接。

3.5.2.2 打开进样钢瓶出气口阀门，使样品流出气化，吹扫进样系统(吹扫时间乙烯至少 40 min，丙烯至少 30 min)，将电解池一端的毛细管口插入到电解池底部，继续吹扫 5 min 后，关闭钢瓶阀门。

3.5.2.3 仪器进入测定状态后，用电子天平(3.2.2a)准确称量进样钢瓶重量。开启钢瓶阀门进样，进样量按下表进行控制，进样后关闭钢瓶阀门，启动滴定开关进行滴定。进样完成后，将进样钢瓶再次准确称量，二次称量之差即为试样质量。滴定完毕，记录所测得的水分含量。

样品含水量/(mg/kg)	进样量/g
1～5	>10
5～20	5～10
>20	2～5

注：丙烯测定过程中可不开关钢瓶阀门，而是通过控制毛细管口进出密封垫来控制进样，进样时将毛细管缓慢插入钢瓶连接口，进样结束后小心拔出钢瓶出口端的毛细管，使毛细管口留存于密封垫内。

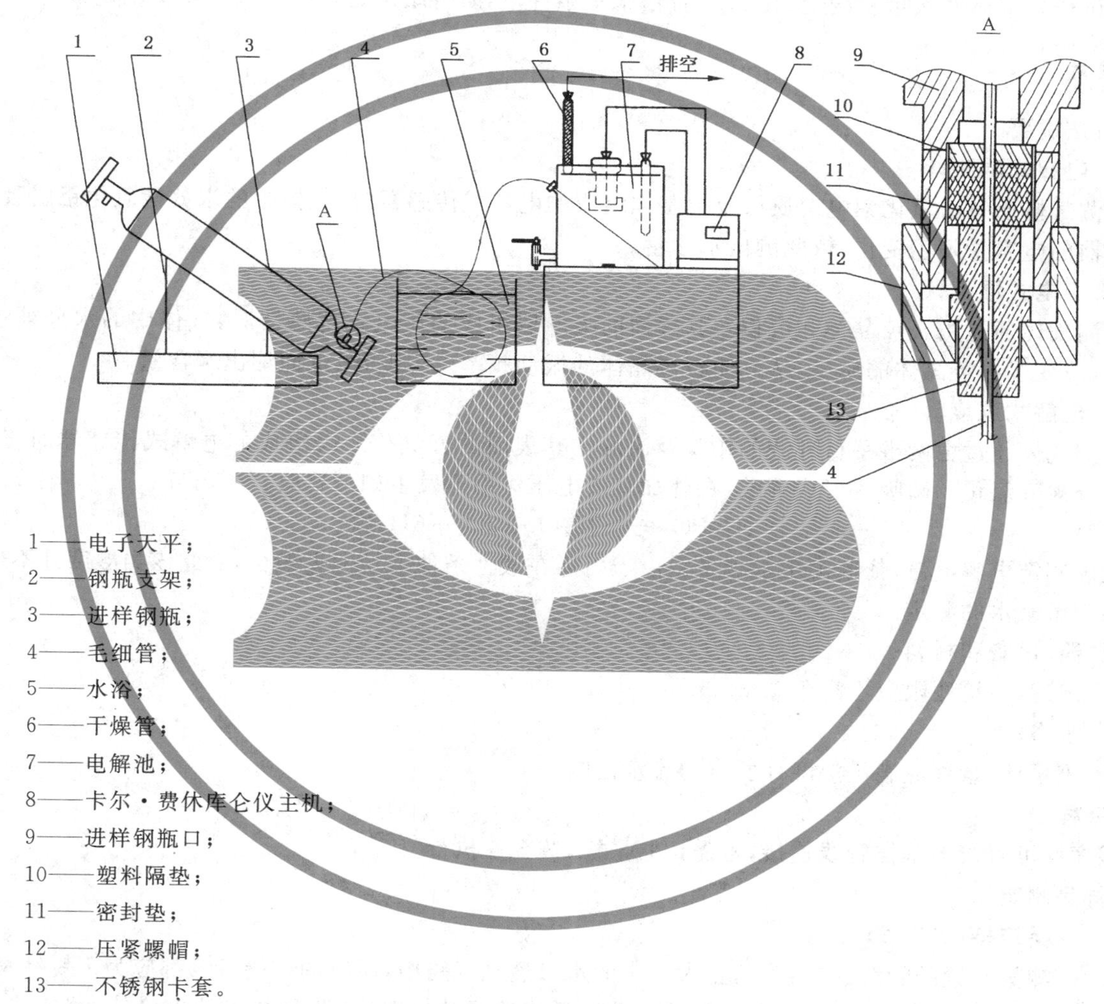

1——电子天平；
2——钢瓶支架；
3——进样钢瓶；
4——毛细管；
5——水浴；
6——干燥管；
7——电解池；
8——卡尔·费休库仑仪主机；
9——进样钢瓶口；
10——塑料隔垫；
11——密封垫；
12——压紧螺帽；
13——不锈钢卡套。

图1 卡尔·费休库仑法仪器组装及钢瓶毛细管连接口示意图

3.6 结果的表述

3.6.1 以质量浓度(mg/kg)表示样品中的水分含量(c_1)，并按式(1)进行计算：

$$c_1 = \frac{m_1}{m} \qquad \cdots\cdots(1)$$

式中：

m_1——仪器显示的水分绝对值，μg；

m——试样质量，g。

3.6.2 以体积浓度(mL/m^3)表示样品中的水分含量(c_2)，并按式(2)进行计算：

$$c_2 = \frac{m_1}{m} \times \frac{M}{18.01} \qquad \cdots\cdots (2)$$

式中：

M——乙烯或丙烯相对分子质量(乙烯为28.05,丙烯为42.08)；

18.01——水相对分子质量。

3.6.3 取两次重复测定结果的算术平均值作为分析结果,并按GB/T 8170—1987的规定修约至0.1 mg/kg。

3.7 重复性

在同一实验室，由同一操作员，采用同一仪器和设备，对水分含量在1 mg/kg～50 mg/kg范围内的同一试样相继做两次重复测定，在95%置信水平条件下，所得结果之差应不大于3 mg/kg。

4 湿度计法

4.1 方法提要

4.1.1 电容式湿度计

被测气体通过由氧化铝电解质层及铝基体组成的电容式传感器时，气体中的水分被氧化铝层吸收，使传感器的电容量发生变化，依此测出水含量。

4.1.2 压电式湿度计

被测气体通过由石英晶体和沉积在其表面的吸湿层组成的压电式传感器时，气体中的水分被吸湿层吸收，改变了石英晶体的质量，从而使石英晶体的振动频率发生变化，依此测出水含量。

4.1.3 电解式湿度计

被测气体通过由两根平行环绕的铂丝及涂敷在其表面的五氧化二磷组成的电解式传感器时，气体中的水分被五氧化二磷吸收形成磷酸，在外加直流电压作用下发生如下反应：

$$4H_3PO_4 \longrightarrow 2P_2O_5 + 3O_2 + 6H_2$$

准确测定电解电流，依此测出水含量。由于丙烯在酸性条件下易发生聚合，因此该类湿度计不适用于丙烯中微量水的测定。

4.2 仪器、设备和材料

4.2.1 湿度计：检测限应不高于1 mL/m³；

4.2.2 水浴；

4.2.3 流量计：量程应满足湿度计所需的流量范围。

4.3 采样

湿度计可直接与采样管线连接，若需钢瓶采样，按3.4执行。

4.4 样品测定

4.4.1 仪器连接(见图2)

4.4.1.1 测量装置的管线连接：为防止大气中的水渗透到气路中，所有的连接管线都应为不锈钢材质，也可采用紫铜管、聚四氟乙烯管和聚乙烯管。若样品气体需放空时，在测量装置的出口处，需连接一根不短于2 m的放空管，以防止大气中的水反向扩散而导致分析结果偏高。

4.4.1.2 气态样品的压力调节：用不锈钢管连接湿度计和样品钢瓶或采样管线。必要时可采用金属膜式减压阀调节样品气的压力。

4.4.1.3 液态样品的蒸发气化：将液态试样转变到气态时，必须先经减压，再进入用热水或蒸汽加热的蒸发器，以便使试样完全蒸发，并保证气态试样的温度不低于15℃。

4.4.1.4 进入测量室的气态试样不得含有尘埃颗粒或水滴，可用不锈钢烧结砂芯(孔径大小为5 μm～7 μm)过滤，以除去尘埃颗粒。

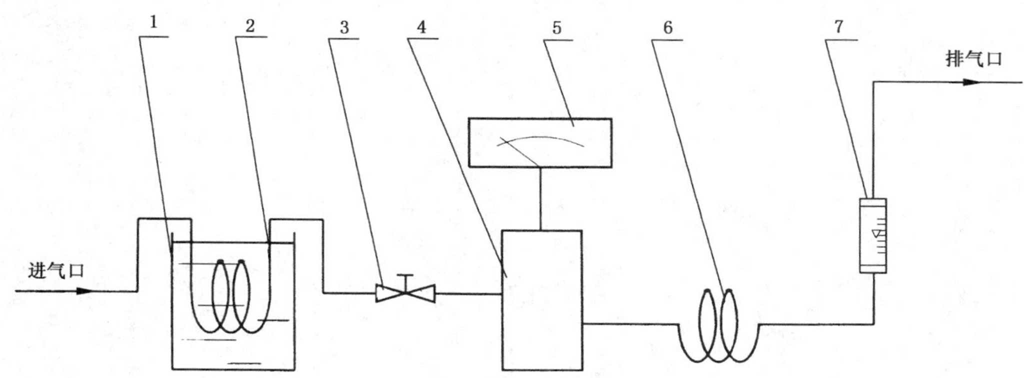

1——水浴；

2——螺旋不锈钢管；

3——流量调节阀；

4——采样单元；

5——湿度计；

6——放空管；

7——流量计。

图 2 湿度计法仪器组装示意图

4.4.2 连接管路的检查

在正式测定以前，应检查连接管线和接头是否存在渗漏。

4.4.3 样品测定

按 4.4.1 所述连接管路，按仪器使用说明准备仪器和调整工作参数，并以指定流速导入气态样品，待湿度计示值稳定后，读数并记录。

4.5 结果的表述

4.5.1 记录湿度计所指示的读数，并以体积浓度（mL/m^3）表示样品中的水含量。

4.5.2 测定结果按 GB/T 8170—1987 的规定修约至 0.1 mL/m^3。

4.6 校正

按仪器使用说明校正湿度计，校正方法可采用卡尔·费休法或能保证准确度的其他适宜方法。

5 报告

报告应包括以下内容：

a) 有关样品的全部资料，例如样品名称、批号、采样地点、采样日期、采样时间等；

b) 本标准的代号和测定方法；

c) 测定结果；

d) 测定中观察到的任何异常现象的细节及说明；

e) 分析人员的姓名和分析日期等。

ICS 71.080.15
G 16

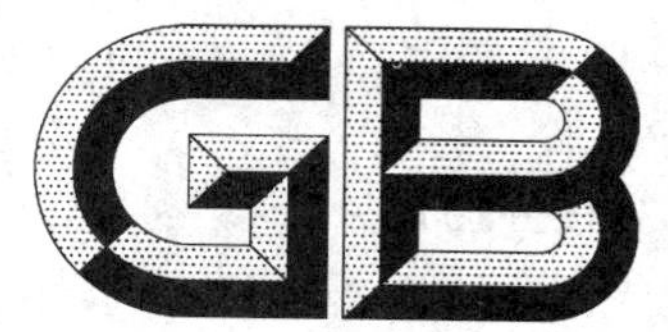

中华人民共和国国家标准

GB/T 3915—2011
代替 GB 3915—1998

工业用苯乙烯

Styrene for industrial use

2011-05-12 发布　　2011-11-01 实施

中华人民共和国国家质量监督检验检疫总局
中国国家标准化管理委员会　发布

前　言

本标准修改采用 ASTM D2827-08《苯乙烯单体标准规格》(英文版)，本标准与 ASTM D2827-08 的结构性差异见附录 A。

本标准与 ASTM D2827-08 相比，主要技术内容变化如下：

——增加了国家标准的前言；
——规范性引用文件中引用我国标准；
——总醛项目的计量单位由“%(m/m)”改为“mg/kg”；
——将工业用苯乙烯产品分为三个等级，而 ASTM D2827 未分等级；
——技术要求中未设置苯和水项目；
——技术要求中乙苯项目优等品指标为“≤0.08%(质量分数)”。

本标准代替 GB 3915—1998《工业用苯乙烯》，本标准与 GB 3915—1998 相比主要有以下变化：

——纯度项目，优等品指标由“≥99.7%”改为“≥99.8%”，一等品指标由“≥99.5%”改为“≥99.6%”；
——过氧化物项目，优等品指标由“≤100 mg/kg”改为“≤50 mg/kg”；
——增加了乙苯项目，优等品指标为“≤0.08%(质量分数)”，一等品为“报告”，合格品不要求；
——总醛项目的计量单位由“%(m/m)”改为“mg/kg”，一等品指标由“≤0.02%”改为“≤100 mg/kg”；
——阻聚剂项目，由“10～15”改为“10～15(或按需)”；
——增加了表 1 的脚注 b)；
——增加了 4.1 检验项目分类内容和型式检验条件；
——增加了 4.2；
——取消了纯度项目的 GB/T 12688.2(结晶点法)试验方法，同时删除了原标准 4.5 部分内容；
——删除了原标准的 4.2。
——增加了附录 A。

本标准的附录 A 是资料性附录。

本标准由中国石油化工集团公司提出。

本标准由全国化学标准化技术委员会石油化学分技术委员会(SAC/TC 63/SC 4)归口。

本标准起草单位：中国石油化工股份有限公司北京燕山分公司。

本标准主要起草人：崔广洪、苏晓燕。

本标准所代替标准的历次版本发布情况为：

——GB 3915—1983、GB 3915—1990、GB 3915—1998。

工业用苯乙烯

1 范围

本标准规定了工业用苯乙烯的技术要求、试验方法、检验规则以及包装、标志、贮存、运输和安全。

本标准适用于乙苯经脱氢、精馏等工艺过程而制得的工业用苯乙烯。

苯乙烯的分子式为 C_8H_8,相对分子质量为104.15(按2007年国际相对原子质量)。

本标准并不是旨在说明与其使用有关的安全问题,使用者有责任采取适当的安全和健康措施,并保证符合国家有关法规的规定。

2 规范性引用文件

下列文件中的条款通过本标准的引用而成为本标准的条款。凡是注日期的引用文件,其随后所有的修改单(不包括勘误的内容)或修订版均不适用于本标准,然而,鼓励根据本标准达成协议的各方研究是否可使用这些文件的最新版本。凡是不注日期的引用文件,其最新版本适用于本标准。

GB/T 605 化学试剂 色度测定通用方法(GB/T 605—2006,ISO 6353-1:1982,NEQ)

GB/T 3723 工业用化学产品采样安全通则(GB/T 3723—1999,ISO 3165:1976,idt)

GB/T 6283 化工产品中水分含量的测定 卡尔·费休法(通用方法)

GB/T 6678 化工产品采样总则

GB/T 6680 液体化工产品采样通则

GB/T 8170 数值修约规则与极限数值的表示和判定

GB/T 12688.1 工业用苯乙烯试验方法 第1部分:纯度和烃类杂质的测定 气相色谱法

GB/T 12688.3 工业用苯乙烯试验方法 第3部分:聚合物含量的测定

GB/T 12688.4 工业用苯乙烯试验方法 第4部分:过氧化物含量的测定 滴定法

GB/T 12688.5 工业用苯乙烯试验方法 第5部分:总醛含量的测定 滴定法

GB/T 12688.8 工业用苯乙烯试验方法 第8部分:阻聚剂(对-叔丁基邻苯二酚)含量的测定 分光光度法

GB/T 12688.9 工业用苯乙烯试验方法 第9部分:微量苯的测定 气相色谱法

GB 13690 常用危险化学品的分类及标志

3 技术要求和试验方法

工业用苯乙烯的技术要求和试验方法应符合表1的规定。

表1 工业用苯乙烯技术要求和试验方法

序号	项目	指标			试验方法
		优等品	一等品	合格品	
1	外观	清晰透明，无机械杂质和游离水			目测[a]
2	纯度(质量分数)/%	≥99.8	≥99.6	≥99.3	GB/T 12688.1[b]
3	聚合物/(mg/kg)	≤10	≤10	≤50	GB/T 12688.3
4	过氧化物(以过氧化氢计)/(mg/kg)	≤50	≤100	≤100	GB/T 12688.4
5	总醛(以苯甲醛计)/(mg/kg)	≤100	≤100	≤200	GB/T 12688.5
6	色度(铂-钴色号)/号	≤10	≤15	≤30	GB/T 605
7	乙苯(质量分数)/%	≤0.08	报告	—	GB/T 12688.1[b]
8	阻聚剂(TBC)/(mg/kg)	10～15(或按需)[c]			GB/T 12688.8

[a] 将试样置于100 mL比色管中，其液层高为(50～60)mm，在日光或日光灯透射下目测。

[b] 在有争议时，以内标法测定结果为准。

[c] 如遇特殊情况，可按供需双方协议执行。

4 检验规则

4.1 本标准表1中外观、纯度、聚合物、色度、乙苯、阻聚剂为出厂检验项目，每批产品均应按表1规定的试验方法对这些项目进行检验。

4.2 本标准表1中的所有项目均为型式检验项目，在下列情况下，应进行型式检验：

a) 在正常情况下，每月至少进行一次型式检验；

b) 关键生产工艺发生变化或主要设备更新时；

c) 主要原料有变化时；

d) 产品长期停产后，恢复生产时；

e) 出厂检验结果与上次型式检验结果有较大差异时。

4.3 如果需要，可按GB/T 6283测定水分含量，可按GB/T 12688.9测定苯含量。

4.4 同等质量的、均匀的产品为一批，可按生产周期、生产班次或产品储罐进行组批。

4.5 采样按GB/T 6680规定执行。样品数和样品量按GB/T 6678的相应规定执行。采样者还应熟悉和遵守GB/T 3723有关采样的安全要求。

4.6 工业用苯乙烯应由生产厂的质量检验部门进行检验，生产厂应保证所有出厂的苯乙烯都符合本标准的要求，每批出厂的苯乙烯都应附有质量证明书。质量证明书上应注明：生产企业名称、详细地址、产品名称、产品等级、批号或生产日期、净含量、阻聚剂名称、本标准的编号等。

4.7 检验结果的判定采用GB/T 8170中规定的修约值比较法。

4.8 如检验结果不符合本标准相应等级要求时，需重新加倍取样，复验。复验结果只要有一项指标不符合本标准相应等级要求时，则整批产品应作降级或不合格处理。

5 标志、包装、运输与贮存

5.1 标志

5.1.1 容器上应标明：

a) 生产企业名称；

b) 产品名称；

c) 商标；

d) 生产日期或批号；

e) 净含量；

f) 产品执行标准编号。

5.1.2 按 GB 13690 的要求标有明显“易燃”、“危险品”标志。罐车及贮存容器等同样要有明显标志。

5.2 包装

5.2.1 苯乙烯应装入干燥、清洁的专用罐车或镀锌钢桶内，并加适量的阻聚剂(对-叔丁基邻苯二酚)。

5.2.2 桶装苯乙烯每桶净含量 160 kg。

5.2.3 桶口应予密闭，防止苯乙烯渗出及水分渗入。

5.3 运输与贮存

5.3.1 运输过程中，应执行交通运输部门有关规定，并应防止雨淋和日光曝晒。

5.3.2 苯乙烯应贮藏在 25 ℃以下或冷藏仓库内，以防止聚合变质。

6 安全

6.1 苯乙烯单体为易燃物，在与过氧化物、无机酸和三氯化铝等接触时会发生放热聚合反应。苯乙烯闪点 30 ℃，凝固点 −30.6 ℃，沸点 145.2 ℃，空气中自燃温度 490 ℃，空气中爆炸极限范围(体积分数)1.1%～6.1%。

6.2 工作区空气中苯乙烯蒸气的最高允许浓度为 5 mg/m^3，生活用水中的最高允许浓度为0.1 mg/L。

6.3 苯乙烯的作业区应装有通风设备。在取样或操作时应穿戴专用的衣服、鞋子、手套和保护眼镜。在高浓度苯乙烯蒸气的区域操作时，应配用合适的防毒面具或氧气呼吸器。

6.4 流出的苯乙烯应用砂子撒盖，然后用防爆工具进行处置。苯乙烯燃烧时，可使用泡沫灭火机、干粉灭火机、二氧化碳灭火机、砂、喷雾水、水蒸气、惰性气体和石棉被等灭火工具。

6.5 输送苯乙烯的设备及管道应接地，以免产生静电。

附　录　A
（资料性附录）
本标准章条编号与ASTM D2827-08 章条编号对照表

表A.1中给出了本标准章条编号与ASTM D2827-08 章条编号对照一览表。

表A.1　本标准章条编号与ASTM D2827-08 章条编号对照表

本标准章条编号	对应的ASTM标准章条编号
1	1
2	2
3	3
4	4
4.1	—
4.2	—
4.3	4.1
4.4	—
4.5	1.2
4.6	—
4.7	—
4.8	—
5	—
6	—
—	5

ICS 71.080.60
G 16

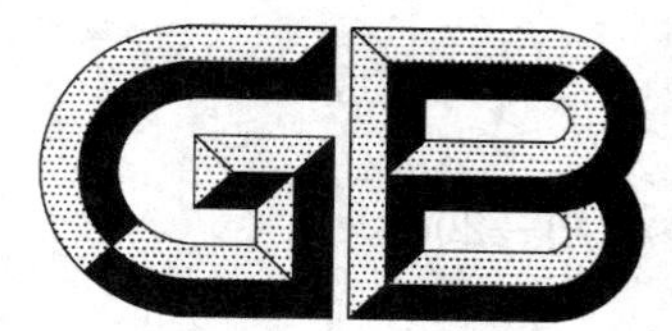

中华人民共和国国家标准

GB/T 4649—2008
代替 GB/T 4649—1993

工业用乙二醇

Ethylene glycol for industrial use—Specification

2008-02-26 发布

2008-08-01 实施

中华人民共和国国家质量监督检验检疫总局
中国国家标准化管理委员会 发布

前　言

本标准参考国外先进标准对 GB 4649—1993《工业用乙二醇》进行了修订。

本标准代替 GB/T 4649—1993。本标准与 GB/T 4649—1993 相比主要有以下变化：

a) 增加了“乙二醇含量”项目，指标值为“优等品≥99.8%，一等品≥99.0%”。

b) 色度项目中一等品的指标由“加热前≤15 号”，改为“加热前≤10 号”。

c) 酸度指标由“优级≤0.002%，一级≤0.005%”改为“优等品≤0.001%，一等品≤0.003%”。

d) “二乙二醇和三乙二醇”指标名称改为“二乙二醇”，指标为“优等品≤0.10%，一等品≤0.80%”。

e) 优等品的醛含量(以甲醛计)(质量分数)指标由≤0.001%改为≤0.000 8%。

f) 优等品的紫外透光率的指标由“220 nm 时≥70%，275 nm 时≥90%，350 nm 时≥98%”改为“220 nm 时≥75%，275 nm 时≥92%，350 nm 时≥99%”。并删除表注“紫外透光率仅对供出口的优级品测定”。

g) 删除 4.11 紫外透光率测定的内容，改按 GB/T 14571.4—2008《工业用乙二醇紫外透光率的测定　紫外分光光度法》测定。

本标准由中国石油化工集团公司提出。

本标准由全国化学标准化技术委员会石油化学分技术委员会(SAC/TC 63/SC 4)归口。

本标准由中国石化北京燕化石油化工股份有限公司化工一厂、中国石化扬子石油化工股份有限公司负责起草。

本标准主要起草人：崔广洪、苏晓燕、吴晨光。

本标准所代替标准的历次版本发布情况为：

——GB 4649—1993。

工业用乙二醇

1 范围

本标准规定了工业用乙二醇的技术要求、试验方法、检验规则、标志、包装、运输、贮存和安全要求。

本标准适用于乙烯直接氧化得到环氧乙烷再经水合制成的工业用乙二醇。

本产品主要作为生产聚酯、醇酸树脂的单体及电解电容器的电解液。此外还可用作抗冻剂、增塑剂、溶剂等。

分子式：$C_2H_6O_2$

相对分子质量：62.069（按2001年国际相对原子质量）

2 规范性引用文件

下列文件中的条款通过本标准的引用而成为本标准的条款。凡是注日期的引用文件，其随后所有的修改单（不包括勘误的内容）或修订版均不适用于本标准，然而，鼓励根据本标准达成协议的各方研究是否可使用这些文件的最新版本。凡是不注日期的引用文件，其最新版本适用于本标准。

GB/T 3049—2006　工业用化工产品　铁含量测定的通用方法　1,10-菲啰啉分光光度法

GB/T 3143—1982　液体化学产品颜色测定法（Hazen单位——铂-钴色号）

GB/T 3723—1999　工业用化学产品采样安全通则（idt ISO 3165:1976）

GB/T 4472—1984　化工产品密度、相对密度测定通则

GB/T 6283—1986　化工产品中水分含量的测定　卡尔·费休法（通用方法）（eqv ISO 760:1978）

GB/T 6678—2003　化工产品采样总则

GB/T 6680—2003　液体化工产品采样通则

GB/T 7531—1987　有机化工产品灰分的测定（neq ISO 6353-1:1982）

GB/T 7534—2004　工业用挥发性有机液体　沸程的测定（ISO 4626:1980,MOD）

GB 10479—1989　铝制铁道罐车技术条件

GB/T 14571.1—1993　工业用乙二醇酸度的测定　滴定法（neq ISO 2887:1973）

GB/T 14571.2—1993　工业用乙二醇中二乙二醇和三乙二醇含量测定　气相色谱法

GB/T 14571.3—2008　工业用乙二醇中醛含量的测定　分光光度法

GB/T 14571.4—2008　工业用乙二醇紫外透光率的测定　紫外分光光度法

SH/T 1053—1991(2000)　工业用二乙二醇沸程的测定

3 技术要求

工业用乙二醇的技术要求见表1。

表1　工业用乙二醇的技术要求

序号	项　目		指　标	
		优等品	一等品	合格品
1	外观	无色透明无机械杂质	无色透明无机械杂质	无色或微黄色无机械杂质
2	乙二醇质量分数/%　≥	99.8	99.0	
3	色度（铂-钴）/号 加热前　≤ 加盐酸加热后　≤	 5 20	 10 —	 40 —

表 1(续)

序号	项目		指标		
			优等品	一等品	合格品
4	密度(20℃)/(g/cm^3)		1.112 8～1.113 8	1.112 5～1.114 0	1.112 0～1.115 0
5	沸程(在 0℃,0.101 33 MPa) 初馏点/℃ 终馏点/℃	 ≥ ≤	 196 199	 195 200	 193 204
6	水分(质量分数)/%	≤	0.10	0.20	—
7	酸度(以乙酸计)/%	≤	0.001	0.003	0.01
8	铁(质量分数)/%	≤	0.000 01	0.000 5	—
9	灰分(质量分数)/%	≤	0.001	0.002	—
10	二乙二醇(质量分数)/%	≤	0.10	0.80	—
11	醛质量分数(以甲醛计)/%	≤	0.000 8	—	—
12	紫外透光率/% 220 nm 时 275 nm 时 350 nm 时	 ≥ ≥ ≥	 75 92 99	—	—

4 试验方法

4.1 外观的测定

取 50 mL～60 mL 工业用乙二醇试样,置于清洁、干燥的 100 mL 比色管中,在日光或日光灯透射下,直接目测。

如有争议时,取 100 g 试样,用已恒重的 4 号玻璃滤埚抽滤,抽滤速度应控制在使滤液呈滴状,再用蒸馏水洗涤 4～5 次,每次用量约 20 mL。然后,移入烘箱中,在 105℃～110℃ 下烘至恒重。其增量不大于 1 mg 时,认为无机械杂质。

4.2 乙二醇含量的测定

乙二醇质量分数按式(1)计算:

$$c_E = 100.00 - \sum c_i \qquad \cdots\cdots(1)$$

式中:c_E——乙二醇质量分数,%;

$\sum c_i$——杂质质量分数,%,(包括水分、二乙二醇、酸度和灰分及其他杂质);

报告乙二醇质量分数应精确至 0.01%。

4.3 色度的测定

4.3.1 加热前色度

按 GB/T 3143—1982 的规定执行,采用 100 mL 比色管。

4.3.2 加盐酸加热后色度测定

4.3.2.1 仪器、器皿与试剂

a) 可调电炉。

b) 移液管:1 mL。

c) 标准磨口锥形瓶:250 mL。

d) 玻璃毛细管:直径约 1 mm,长约 10 mm,用盐酸煮沸,然后用蒸馏水洗净,烘干。

e) 标准磨口空气冷却管,见图 1。

f) 盐酸:优级纯。

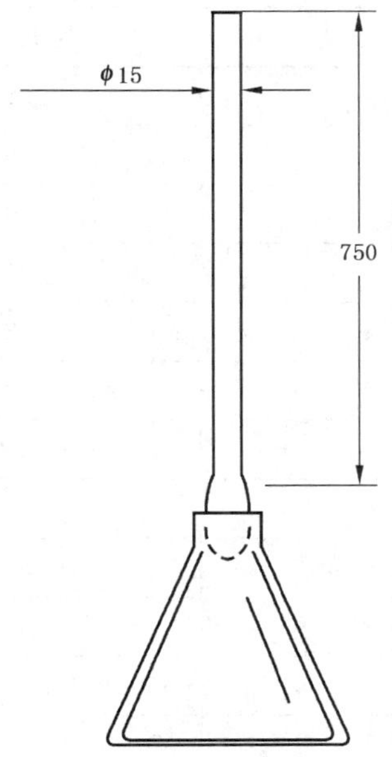

图 1 标准磨口空气冷却管

4.3.2.2 测定步骤

取 100 mL 试样置于锥形瓶中，用移液管加入盐酸 1 mL，放入 2～3 根玻璃毛细管，将锥形瓶与空气冷却管连接。预热电炉 5 min，然后把带有冷却管的锥形瓶置于电炉上，调整电压使试液在 5 min 达到沸腾，煮沸 30 s。取下锥形瓶（仍带空气冷却管），冷却 1 h。

色度测定同 4.3.1。

4.3.3 重复性

本方法测定下限为 5 个铂-钴色号，重复测定结果的差值应不大于 2 个铂-钴色号。

4.4 密度的测定

按 GB/T 4472—1984 中 2.3.1 规定进行，采用 50 cm^3 密度瓶。测定密度时可在室温 15℃～40℃ 范围内进行，并按式（2）校正到 20℃时的试样密度 ρ_{20}（g/cm^3）。

$$\rho_t = \frac{(m_2 - m_1) + A}{(m_3 - m_1) + A} \cdot \rho_{H_2O}$$

$$A = 0.0012(m_3 - m_1)$$

$$\rho_{20} = \rho_t + 0.00070(t - 20) \qquad \cdots\cdots(2)$$

式中：m_1——密度瓶质量，单位为克（g）；

m_2——密度瓶加试样质量，单位为克（g）；

m_3——密度瓶加水质量，单位为克（g）；

A——浮力校正值；

0.001 2——20℃时空气密度，单位为克每立方米（g/cm^3）；

ρ_t——室温为 t 时测定的试样密度值，单位为克每立方米（g/cm^3）；

ρ_{H_2O}——温度 t 时水的密度（见表 2），单位为克每立方米（g/cm^3）；

t——测定试样时的温度，℃；

0.000 70——15℃～40℃范围内每增减 1℃时乙二醇密度校正值。

分析结果取两次重复测定结果的算术平均值。重复性为：两次重复测定结果的差值应不大于

0.000 2 g/cm³(95%置信水平)。

表 2 不同温度下水的密度值

温度/℃	密度/(g/cm³)	温度/℃	密度/(g/cm³)
15	0.999 1	28	0.996 3
16	0.999 0	29	0.996 0
17	0.998 8	30	0.995 7
18	0.998 6	31	0.995 4
19	0.998 4	32	0.995 1
20	0.998 2	33	0.994 7
21	0.998 0	34	0.994 4
22	0.997 8	35	0.994 1
23	0.997 6	36	0.993 7
24	0.997 3	37	0.993 4
25	0.997 1	38	0.993 0
26	0.996 8	39	0.992 6
27	0.996 5	40	0.992 2

4.5 沸程的测定

按 GB/T 7534—2004 的规定进行。热源采用 500 W 电炉或煤气灯,主温度计采用标有 150℃～220℃刻度值,分度值为 0.1℃的棒状玻璃温度计,感温泡顶端距第一条刻度线的距离至少 100 mm。

重复性为:两次重复测定结果的差值,初馏点应不大于 0.5℃,终馏点应不大于 0.4℃(95%置信水平)。

也允许采用 SH/T 1053—1991(2000)所规定的装置进行测定。结果有争议时,以 GB/T 7534—2004 为仲裁方法。

4.6 水分的测定

按 GB/T 6283—1986 的规定进行。

分析结果取两次重复测定结果的算术平均值。重复性为:当水分质量分数在 0.02%～0.1%范围时,两次重复测定结果的差值应不大于其平均值的 15%;当水分质量分数大于 0.1%时,两次重复测定结果的差值应不大于其平均值的 10%(95%置信水平)。

4.7 酸度的测定

按 GB/T 14571.1—1993 的规定执行。

4.8 铁含量的测定

按 GB/T 3049—2006 的规定进行。但绘制标准曲线和样品测定时,均需采用 100 mL 容量瓶或 100 mL 比色管,并采用 3 cm(或 5 cm)比色皿。取样量为 80 g 左右。

分析结果取两次重复测定结果的算术平均值。重复性为:当铁质量分数≤0.000 05%时,两次重复测定结果的差值应不大于其平均值的 15%;当铁质量分数>0.000 05%时,两次重复测定结果的差值应不大于其平均值的 10%(95%置信水平)。

4.9 灰分的测定

按 GB/T 7531—1987 的规定进行。采用 100 mL 瓷坩埚,取样量 80 g 左右,灼烧温度为 800℃。

分析结果取两次重复测定结果的算术平均值。重复性为:两次重复测定结果的差值应不大于 0.000 5%(95%置信水平)。

4.10 二乙二醇含量的测定

按 GB/T 14571.2—1993 的规定进行测定。

4.11 醛含量的测定

按 GB/T 14571.3—2008 的规定进行测定。

4.12 紫外透光率的测定

按 GB/T 14571.4—2008 的规定进行测定。

5 检验规则

5.1 本标准表 1 中的所有指标项目均为型式检验项目，除密度、铁含量、灰分外均为出厂检验项目。在正常情况下，每月至少进行一次型式检验。

5.2 组批：同等质量的、均匀的产品为一批，可按生产周期、生产班次或产品储罐进行组批。

5.3 采样时应遵循 GB/T 3723—1999 的安全通则。

采样按 GB/T 6678—2003 和 GB/T 6680—2003 进行，所采试样总量不得少于 0.5 kg，将所采样品充分混匀后，分装于两个清洁、干燥的磨口玻璃瓶中，贴上标签，注明生产厂名称、产品名称、批号、取样日期和取样地点，一瓶作检验分析，另一瓶作留样备查。

5.4 工业用乙二醇应由生产厂的质量检验部门进行检验，生产厂应保证每批出厂产品都符合本标准的要求。每批出厂产品都应附有质量证明书，内容包括：生产厂名称、产品名称、等级、批号和本标准编号等。

5.5 接收部门有权按本标准的规定，对所收到的工业用乙二醇进行验收。验收期限由供需双方协商确定。

5.6 检验结果如有任何一项指标不符合本标准的要求，则应重新加倍采样进行检验。重新检验的结果即使只有一项指标不符合本标准规定的相应等级品要求，则该批产品作降等或不合格品处理。

5.7 当用户要求测定氯化物含量时，测试方法见附录 A，氯化物含量（以 Cl 计）应不大于 0.5 mg/kg。

6 包装、标志、运输、贮存

6.1 工业用乙二醇应装入铝制或不锈钢容器的铁路槽车（符合 GB 10479—1989 铝制铁道槽车技术条件）或船舱中，槽车或船舱应标明“乙二醇专用”。

6.2 在有残余液的铁路槽车或船舱中装入工业用乙二醇之前，必须按本标准要求对残余液进行检验。若残余液符合本标准，可往槽车或船舱中装入工业用乙二醇产品；若不符合本标准，则应将残余液排出，清洗槽车或船舱，再用蒸汽处理，并使其干燥后方可装入工业用乙二醇产品。

6.3 每批出厂产品应附有质量证明书，内容包括：产品名称、生产厂名、产品等级、批号、商标、检验日期、符合本标准要求的质量指标及本标准编号。

6.4 工业用乙二醇为吸水性物质，在贮存、运输过程中应保持包装容器的密闭性。

7 安全要求

7.1 工业用乙二醇具有一定毒性，在操作区域内，空气中最大允许质量浓度不超过 5 mg/m³。采样现场要求具有良好的通风条件，洒在地上或设备上的工业用乙二醇应用大量水冲洗。

7.2 消防器具：生产装置应按有关规程配备各种灭火设备。灭火时应采用细雾化水、泡沫或惰性气体。

附　录　A
（规范性附录）
氯化物含量的测定

A.1　方法原理

试样中氯离子与硝酸银反应，生成白色氯化银沉淀，然后与标准溶液进行比浊。

A.2　仪器与试剂

A.2.1　恒温水浴。

A.2.2　磨口比色管：25 mL。

A.2.3　氯化钠：基准试剂。

A.2.4　氨水。

A.2.5　硝酸。

A.2.6　硝酸银，质量分数5%的水溶液：称取5 g硝酸银，溶于水，稀释至100 mL。储存于棕色瓶中。

A.2.7　氯标准溶液：

A.2.7.1　氯标准溶液A：称取在500℃～600℃灼烧至恒重的氯化钠（A.2.3）0.164 9 g，溶于水中，移入1 000 mL容量瓶中，稀释至刻度，摇匀。此溶液每毫升含氯0.1 mg。

A.2.7.2　氯标准溶液B：用移液管吸取5 mL氯标准溶液A置于100 mL容量瓶中，加水稀释至刻度，摇匀。此溶液每毫升含氯0.005 mg。

A.3　测定步骤

A.3.1　取2支磨口比色管（A.2.2），其中一支加入4.5 mL乙二醇试样，另一支加入0.5 mL氯标准溶液B。

A.3.2　在上述比色管中分别加入氨水（A.2.4）1.5 mL。摇匀，在70℃～80℃恒温水浴中加热15 min，冷却后加硝酸（A.2.5）3 mL，硝酸银溶液（A.2.6）1 mL，用水稀释至刻度，摇匀后静置2 min，在黑色底板上观察，试样的浑浊度应不大于含氯标准溶液的浑浊度。

GB/T 4649—2008《工业用乙二醇》
国家标准第1号修改单

本修改单经国家标准化管理委员会于2009年3月24日批准，自2009年7月1日起实施。

GB/T 4649—2008《工业用乙二醇》国家标准中修改内容如下：

表1第5项中的“终馏点”修改为“干点”；

第4.5条款第三行中的“终馏点”修改为“干点”。

前　　言

本标准等效采用 ASTM D1025:1996《聚合级丁二烯中不挥发残留物测定的标准试验方法》，对 GB/T 6014—1985《工业用丁二烯中残留物质的测定》进行了复审和修订。

本标准与 ASTM D1025 的主要差异为：

1）由于生产实际中残留物质的含量较低，故将取样量从 25 mL 增加至 100 mL，精密度（重复性）数值相应修改为 15 mg/kg；

2）采用配平物称量方式，以提高称量精度；

本标准对原标准的主要修订内容为：

1）标准名称改为《工业用丁二烯中不挥发残留物质的测定》；

2）补充了允许采用直接称量方式的说明；

3）测定步骤中补充了二次恒重称量之间需在 105℃干燥 30 min 的规定。

本标准自实施之日起，代替 GB/T 6014—1985。

本标准由国家石油和化学工业局提出。

本标准由北京化工研究院归口。

本标准由兰州化学工业公司合成橡胶厂负责起草。

本标准主要起草人：漆满邦、黄友根、王雪燕。

本标准于 1985 年 5 月 24 日首次发布，于 1999 年 8 月由兰州化学工业公司合成橡胶厂黄友根、丁建新、侯燕茹进行了复审和修订。

中华人民共和国国家标准

工业用丁二烯中不挥发残留物质的测定

GB/T 6014—1999

代替 GB/T 6014—1985

Butadiene for industrial use—Determination of nonvolatile residues

1 范围

本标准规定了工业用丁二烯中不挥发残留物质的测定方法。

本标准适用于工业用丁二烯中含量大于 3 mg/kg 的不挥发残留物质的测定。

2 引用标准

下列标准所包含的条文，通过在本标准中引用而构成为本标准的条文。本标准出版时，所示版本均为有效。所有标准都会被修订，使用本标准的各方应探讨使用下列标准最新版本的可能性。

GB/T 3723—1983 工业用化学产品采样安全通则(eqv ISO 3165:1976)

GB/T 8170—1987 数值修约规则

GB/T 13290—1991 工业用丙烯和丁二烯液态采样法

3 方法提要

取一定量的丁二烯试样在室温下于已恒重的烧杯中挥发至干，然后在 105℃干燥至恒重，增量物即为不挥发残留物。

4 仪器与材料

4.1 烘箱：能在 105℃±5℃下保持恒温。

4.2 分析天平：双盘型，感量 0.1 mg。

4.3 烧杯：容积 150 mL。

4.4 刻度量筒：容积 100 mL。

4.5 干燥器：内径 150～180 mm。

4.6 温度计：－50℃～＋50℃，最小分度值 1℃。

4.7 不锈钢镊子。

4.8 搪瓷盘。

4.9 铝箔：厚约 0.2 mm，供调节配平物质量用。使用前应用清洁剂洗净。

4.10 冷剂：干冰加乙醇。

5 采样

按 GB/T 3723 和 GB/T 13290 的有关规定采取样品。

国家质量技术监督局 1999-08-10 批准　　2000-06-01 实施

6 测定步骤

6.1 测定前用铬酸洗液浸泡烧杯及配平物(用近似质量的烧杯),用镊子取出后,用水冲洗,再用蒸馏水洗涤干净。

注意:铬酸具有强酸性和强氧化性,易腐蚀和灼伤皮肤及眼睛,使用时需戴防护手套及眼镜。

6.2 将洗净的烧杯及配平物放入烘箱中,于105℃±5℃干燥1 h。取出置于干燥器内,放置0.5 h以上(干燥器需存放在天平室内。使烧杯及配平物的温度尽量与天平室内温度一致);然后取出称量。称量时将配平物置于天平之右盘上,以配平烧杯。重复操作至恒重(两次称量之差不大于0.3 mg)。

6.3 将已恒重的烧杯,于冷空气浴中冷却至0℃,取出并置于通风橱内的洁净搪瓷盘上。丁二烯试样和量筒冷却至-20℃,用量筒量取液态丁二烯100 mL,测量试样温度(精确至1℃)并倾入烧杯中。然后置于通风橱中在室温下蒸发至干。

注意:丁二烯是易燃易爆物质,蒸发时周围严禁一切明火及火源,且通风良好。

6.4 将配平物和蒸发至干的烧杯置于105℃±5℃的烘箱中干燥1 h。然后在干燥器内冷却0.5 h以上,取出称量,直至恒重。二次恒重称量之间需于105℃±5℃干燥0.5 h以上,并在干燥器中至少冷却0.5 h。

注:本测定步骤按采用配平物称量方式叙述,但不采用配平物的直接称量法也可使用。

7 分析结果的表示

7.1 计算

以mg/kg表示的丁二烯中残留物的含量c,按式(1)计算:

$$c=\frac{m_2-m_1}{V\cdot\rho}\times10^6 \qquad\cdots\cdots(1)$$

式中:m_1——烧杯质量,g;

m_2——烧杯与残留物的质量,g;

V——试样体积,mL;

ρ——试样在取样温度(t,℃)下的密度,g/mL,可按:$\rho=0.64548-0.001123\,t$ 计算。

7.2 结果的表示

取两次重复测定结果的算术平均值作为分析结果,GB/T 8170的规定进行修约,精确至0.1 mg/kg。

8 精密度

8.1 重复性

在同一实验室由同一操作员、用同一台仪器,在相同的条件下,对同一试样相继做两次重复测定,其测定值之差应不大于15 mg/kg(95%置信水平)。

8.2 再现性

待确定。

9 报告

试验报告应包括以下内容:

a) 有关试样的全部资料(名称、批号、采样日期、采样地点、采样时间等);

b) 本标准代号;

c）分析结果；

d）测定过程中所观察到的任何异常现象的说明；

e）采样及分析人员姓名、分析日期等。

前　　言

本标准等效采用 ASTM D2426:1993《气相色谱法测定丁二烯浓缩物中丁二烯二聚物和苯乙烯的标准试验方法》,对 GB/T 6015—1985《工业用丁二烯中微量乙腈和二聚物的测定　气相色谱法》进行了修订。

本标准与 ASTM D2426 的主要差异为:

1) 苯乙烯不列为定量测定组分,故标准名称也作相应修改。

2) ASTM D2426 推荐七种分析柱,本标准选用其中的两种。

ASTM D2426 推荐 TCD 和 FID 两种检测器,本标准推荐 FID 一种。

3) ASTM D2426 重复性:当二聚物浓度为 0.15%(m/m)时,重复性为 0.005%(m/m)。

本标准重复性:在二聚物含量不大于 1 000 mg/kg 的范围内,重复性为 50 mg/kg。

本标准对原标准的主要修订内容为:

1) 乙腈不列为定量测定组分,故标准名称也作相应修改。

2) 采用钢瓶采样,免除了使用稀释剂的繁琐操作和计算。

3) 补充推荐了 SE-30 毛细管柱,并确定了 95%置信水平条件下的精密度(重复性)数值。

本标准自实施之日起,代替 GB/T 6015—1985。

本标准由中国石油化工集团公司提出。

本标准由全国化学标准化技术委员会石油化学分技术委员会归口。

本标准由上海石油化工股份有限公司炼油化工部负责起草。

本标准主要起草人:朱广权、沈凤姝、顾建国。

本标准于 1985 年 5 月 24 日首次发布。于 1999 年 8 月第一次修订。

中华人民共和国国家标准

工业用丁二烯中微量二聚物的测定 气相色谱法

GB/T 6015—1999

代替 GB/T 6015—1985

Butadiene for industrial use —Determination of trace dimer —Gas chromatographic method

1 范围

本标准规定了用气相色谱法测定工业用丁二烯中二聚物(4-乙烯基环己烯)的含量。

本标准适用于工业用丁二烯中含量不小于 5 mg/kg 丁二烯二聚物的测定。

2 引用标准

下列标准所包含的条文,通过在本标准中引用而构成为本标准的条文。本标准出版时,所示版本均为有效。所有标准都会被修订,使用本标准的各方应探讨使用下列标准最新版本的可能性。

GB/T 3723—1983 工业用化学产品采样安全通则(eqv ISO 3165:1976)

GB/T 8170—1987 数值修约规则

GB/T 9722—1988 化学试剂 气相色谱法通则

GB/T 13290—1991 工业用丙烯和丁二烯液态采样法

SH/T 0221—1992 液化石油气密度或相对密度测定法(压力密度计法)

3 方法提要

将液态丁二烯试样注入色谱柱,试样中的丁二烯二聚物等组分,在色谱柱中被有效分离后,用氢火焰离子化检测器检测,外标法定量。

4 材料与试剂

4.1 载气

氮气:纯度大于 99.9%(*V*/*V*),经硅胶及 5A 分子筛干燥、净化。

4.2 辅助气

4.2.1 氢气:纯度大于 99.9%(*V*/*V*),经 5A 分子筛干燥、净化。

4.2.2 空气:经硅胶及 5A 分子筛干燥、净化的压缩空气。

4.3 载体

Chromosorb P AW 或其他同类型的载体。

4.4 固定液

聚乙二醇 1 500(PEG 1 500),色谱固定液。

4.5 配制标准样品的试剂

4.5.1 4-乙烯基环己烯-1,纯度大于 99.5%(*m*/*m*)。

国家质量技术监督局 1999-08-10 批准　　2000-06-01 实施

4.5.2 正己烷或正庚烷，使用前需在本标准规定条件下进行本底检查，应在待测组分处无其他杂质峰流出。

4.6 进样钢瓶

材质为不锈钢，容积 100 mL，工作压力为 4 MPa。也可采用其他能满足要求并安全的进样装置。

4.7 液相进样阀

凡能满足以下要求的液相进样阀均可使用：在不低于使用温度时的丁二烯蒸气压下，能将丁二烯以液体状态重复地进样，并满足色谱分离要求。进样阀应配有容积为 1 μL 的定量管。

5 仪器

配有氢火焰离子化检测器(FID)并能满足表 1 操作条件的气相色谱仪，该色谱仪对二聚物在本标准规定的最低测定浓度下所产生的峰高应至少大于噪音的两倍。

5.1 色谱柱

推荐的色谱柱及典型操作条件见表 1，典型色谱图见图 1 和图 2。其他能达到同等分离程度的色谱柱也可使用。填充色谱柱的制备按 GB/T 9722—1988 中 7.1 条进行。

表 1 色谱柱和典型操作条件

固定液	聚乙二醇 1 500(填充柱)	交联 SE30(毛细管柱)
载体	Chromosorb P AW	—
载体粒径，mm	0.177～0.250(60～80 目)	—
固定液含量，%(m/m)	15	—
液膜厚度，μm	—	0.5
柱长，m	5	15
柱内径，mm	3	0.5
载气	氮气	氮气
载气流速，mL/min	37	—
载气线速，cm/s	—	30
分流比	—	10∶1
气化室温度，℃	180	180
柱温，℃	100[1)]	80
检测器温度，℃	180	180
进样量，μL	1	1
1) 如需测定乙腈含量可将柱温降到 70℃，以获得更好的分离		

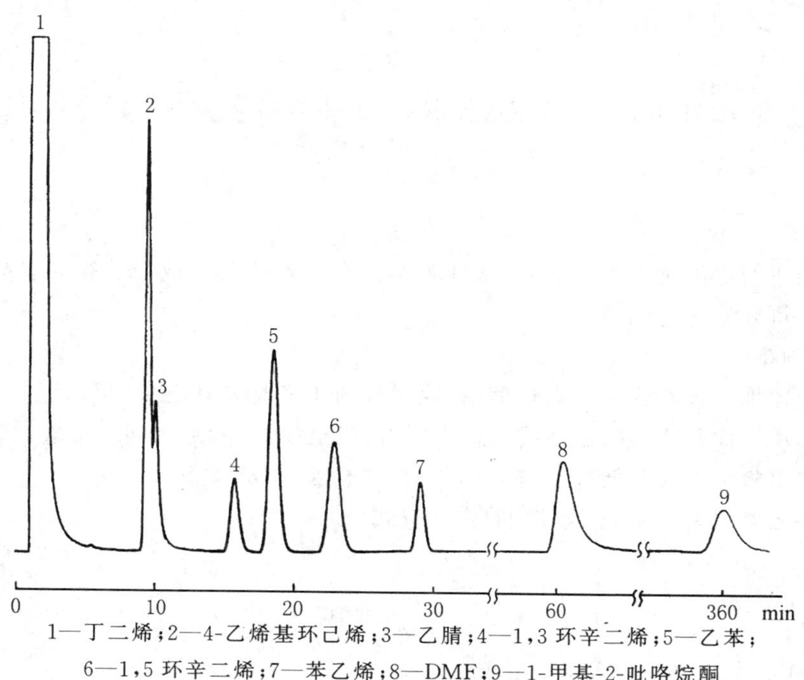

1—丁二烯；2—4-乙烯基环己烯；3—乙腈；4—1，3 环辛二烯；5—乙苯；
6—1，5 环辛二烯；7—苯乙烯；8—DMF；9—1-甲基-2-吡咯烷酮

图 1 在 PEG1500 柱上的典型色谱图

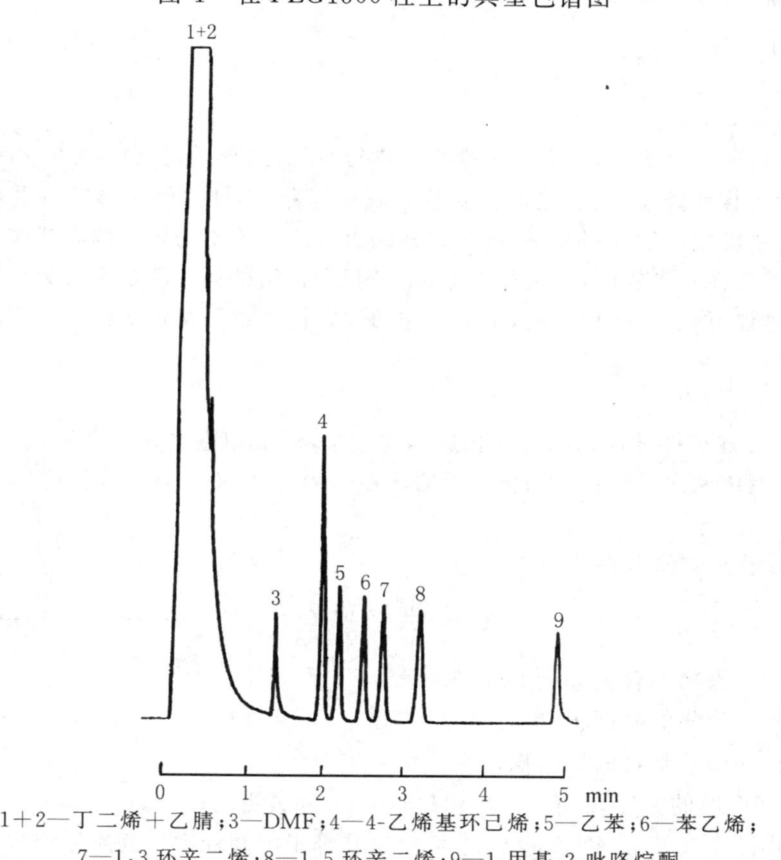

1＋2—丁二烯＋乙腈；3—DMF；4—4-乙烯基环己烯；5—乙苯；6—苯乙烯；
7—1，3 环辛二烯；8—1，5 环辛二烯；9—1-甲基-2-吡咯烷酮

图 2 在 SE30 柱上的典型色谱图

5.2 记录装置

电子积分仪或色谱数据处理机。

6 采样

按 GB/T 3723 和 GB/T 13290 所规定的技术要求采取样品，样品采回后应立即进行分析。

7 测定步骤

7.1 设定操作条件

色谱仪启动后进行必要的调节，以达到表 1 所列的典型操作条件或能获得同等分离的其他适宜条件。仪器稳定后即可开始进行测定。

7.2 标准样品的制备

按待测试样中预期二聚物含量的近似值，称取适量的 4-乙烯基环己烯，精确至 0.1 mg，置于适当大小的具塞玻璃容器中。称取适量的正己烷或正庚烷，精确至 0.01 g，加入同一个玻璃容器中，盖紧塞子，摇匀。最后用注射器将标准样品转移至进样钢瓶中，并充入氮气，备用。

标准样品中 4-乙烯基环己烯(二聚物)的含量按式(1)计算：

$$C_s = \frac{m_s}{m} \times 10^6 \quad \cdots\cdots(1)$$

式中：C_s——标准样品中二聚物的含量，mg/kg；

m_s——二聚物的量，g；

m——标准样品总量，g。

7.3 测定

7.3.1 校正

在每次试样分析前或分析后，均需用标准样品进行校正。进样前用细内径不锈钢管将盛有标准样品的进样钢瓶与液相进样阀连接，两者之间应安装金属过滤器，不锈钢烧结砂芯的孔径为 2～4 μm，以滤除试样中可能存在的机械杂质，保护进样阀。进样阀出口应安装不锈钢毛细管或减压阀，以避免样品汽化，造成失真影响重复性。进样时，将进样钢瓶出口阀开启，用试样冲洗定量管数秒钟后，即可操作进样阀，将试样注入色谱仪，然后关闭出口阀，重复测定两次。待各组分从色谱柱中流出后，记录二聚物的峰面积，供定量计算用。

7.3.2 试样测定

按 7.3.1 同样的方式将试样钢瓶与液相进样阀连接，用液相进样阀向色谱仪注入与标准样品相同体积的试样。重复测定两次，测得二聚物(4-乙烯基环己烯)的峰面积，并与外标进行比较。

7.3.3 计算

按式(2)计算试样中二聚物的含量：

$$X_i = \frac{A_i}{A_s} \times \frac{\rho_s}{\rho_i} \times C_s \quad \cdots\cdots(2)$$

式中：X_i——试样中二聚物的含量，mg/kg；

A_i——试样中二聚物的峰面积；

A_s——标准样品中二聚物的峰面积；

ρ_i——试样 20℃时的密度，g/mL。按 SH/T 0221 方法测定；

ρ_s——标准样品 20℃时的密度，g/mL。可假定其等于配制标准样品所用溶剂的密度，具体数据可查阅有关物理常数手册；

C_s——标准样品中二聚物的含量，mg/kg。

8 结果的表示

对于任一试样，均要以两次或两次以上重复测定结果的算术平均值表示其分析结果，并按GB/T 8170规定修约至1 mg/kg。

9 精密度

9.1 重复性

在同一实验室，由同一操作人员，使用同一台仪器，对同一试样相继做两次重复测定，当二聚物含量在不大于1 000 mg/kg的范围内，在95%置信水平条件下，所得结果之差应不大于50 mg/kg。

10 试验报告

报告应包括以下内容：

a）有关样品的全部资料：例如样品名称、批号、采样地点、采样日期、采样时间等；

b）本标准代号；

c）测定结果；

d）在试验中观察到的任何异常现象的细节及其说明；

e）分析人员的姓名及分析日期等。

ICS 71.080.10
G 15

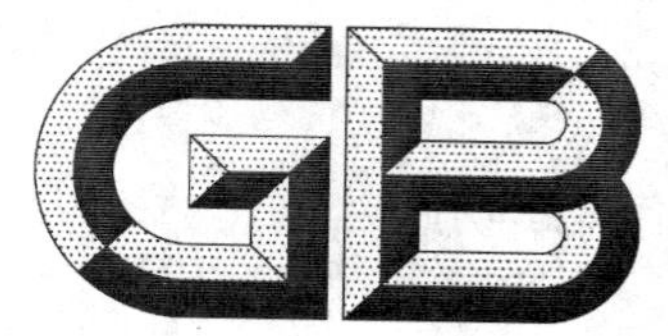

中华人民共和国国家标准

GB/T 6017—2008
代替 GB/T 6017—1999

工业用丁二烯纯度及烃类杂质的测定 气相色谱法

**Butadiene for industrial use—
Determination of purity and hydrocarbon impurities—
Gas chromatographic method**

2008-06-19 发布　　2009-02-01 实施

中华人民共和国国家质量监督检验检疫总局
中国国家标准化管理委员会　发布

前　言

本标准与 ASTM D2593:1993(2004)《气相色谱法分析丁二烯纯度及烃类杂质的标准试验方法》(英文版)的一致性程度为非等效。

本标准与 ASTM D2593:1993(2004)的主要差异为:

——色谱柱不同,本标准推荐 Al_2O_3/KCl (PLOT)毛细管柱和癸二腈填充柱;

——本标准对进样装置包括液体进样阀和汽化装置的技术要求做了明确的规定;

——本标准只推荐氢火焰离子化检测器(FID);

——本标准增加了外标法定量的有关内容;

——规范性引用文件中采用现行国家标准;

——采用了自行确定的重复性限(r)。

本标准代替 GB/T 6017—1999《工业用丁二烯纯度及烃类杂质的测定　气相色谱法》。

本标准与 GB/T 6017—1999 相比主要变化如下:

——增加了 Al_2O_3/KCl(PLOT)毛细管柱;保留原标准的填充柱,作为供选择的方法列于附录 A 中;

——进样方式增加了小量液态样品完全汽化的技术要求;

——取消了原标准中 7.1.2 关于校正因子测定的注释;

——重新确定了重复性限(r)。

本标准的附录 A 为规范性附录。

本标准自实施之日起,代替 GB/T 6017—1999。

本标准由中国石油化工集团公司提出。

本标准由全国化学标准化技术委员会石油化学分会(SAC/TC 63/SC 4)归口。

本标准起草单位:中国石油化工股份有限公司上海石油化工研究院。

本标准主要起草人:李继文、唐琦民。

本标准所代替标准的历次版本发布情况为:

——GB/T 6017—1985、GB/T 6017—1999。

工业用丁二烯纯度及烃类杂质的测定 气相色谱法

1 范围

1.1 本标准规定了用气相色谱法测定工业用丁二烯纯度及烃类杂质：丙烷、丙烯、异丁烷、正丁烷、丙二烯、乙炔、反-2-丁烯、异丁烯、1-丁烯、顺-2-丁烯、异戊烷、正戊烷、1，2-丁二烯、丙炔、1-丁炔和乙烯基乙炔的含量。

本标准适用于工业用丁二烯中烃类杂质含量不小于0.000 3%（质量分数），以及纯度大于98%（质量分数）试样的测定。

1.2 本标准并不是旨在说明与其使用有关的所有安全问题。使用者有责任采取适当的安全与健康措施，保证符合国家有关法规的规定。

2 规范性引用文件

下列文件中的条款通过本标准的引用而成为本标准的条款。凡是注明日期的引用文件，其随后所有的修改单（不包括勘误的内容）或修订版均不适用于本标准，然而，鼓励根据本标准达成协议的各方研究是否可使用这些文件的最新版本。凡是不注明日期的引用文件，其最新版本适用于本标准。

GB/T 3723 工业用化学产品采样安全通则（GB/T 3723—1999，idt ISO 3165：1976）

GB/T 8170 数值修约规则

GB/T 9722—2006 化学试剂 气相色谱法通则

GB/T 13290 工业用丙烯和丁二烯液态采样法

3 方法提要

3.1 校正面积归一化法：在本标准规定条件下，将适量试样注入色谱仪进行分析。测量每个杂质和主组分的峰面积，以校正面积归一化法计算各组分的质量分数。丁二烯二聚物、羰基化合物、阻聚剂和残留物等杂质用相应的标准方法进行测定，并将所得结果对本标准测定结果进行归一化处理。

3.2 外标法：在本标准规定的条件下，将定量试样和外标物分别注入色谱仪进行分析。测定试样中每个杂质和外标物的峰面积，由试样中杂质峰面积和外标物峰面积的比例计算每个杂质的含量。再用100.00减去烃类杂质总量和用其他标准方法测定的丁二烯二聚物、羰基化合物、阻聚剂和残留物等杂质的总量计算丁二烯纯度。测定结果以质量分数表示。

4 试剂与材料

4.1 载气：氮气、氦气或氢气，纯度≥99.99%（体积分数）。

4.2 标准试剂：如1.1所示物质的标准试剂，供测定校正因子和配制外标样用，其纯度应不低于99%（质量分数）。

5 仪器

5.1 气相色谱仪

配置氢火焰离子化检测器（FID）的气相色谱仪。该仪器对本标准所规定的最低测定浓度的杂质所产生的峰高应至少大于噪声的两倍。而且，当采用归一化法分析样品时，仪器的动态线性范围必须满足定量要求。

5.2 色谱柱

推荐的色谱柱及典型操作条件见表1，典型色谱图见图1。附录A的填充柱或能给出同等分离效果的其他色谱柱也可使用。杂质的出峰顺序及相对保留时间取决于 Al_2O_3(PLOT)柱的去活方法,必须用标准样品进行测定。

表 1 推荐的色谱柱及典型操作条件

色谱柱		Al_2O_3/KCl(PLOT)
柱长/m		50
柱内径/mm		0.53
膜厚/μm		10
载气平均流速/(mL/min)		2.5(N_2)或 4.0(He)
柱温	初温/℃	80
	初温保持时间/min	10
	升温速率/(℃/min)	5
	终温/℃	180
	终温保持时间/min	5
进样器温度/℃		150
检测器温度/℃		250
分流比		30∶1
进样量		液态 0.5 μL;气态 0.25 mL
注:每次分析结束,须执行后运行程序,在 180 ℃条件下待丁二烯二聚物流出才能进行下一次分析,后运行时间约为 30 min,可提高载气流量以缩短后运行时间。Al_2O_3(PLOT)柱加热不能超过200 ℃,以防止柱活性发生变化。		

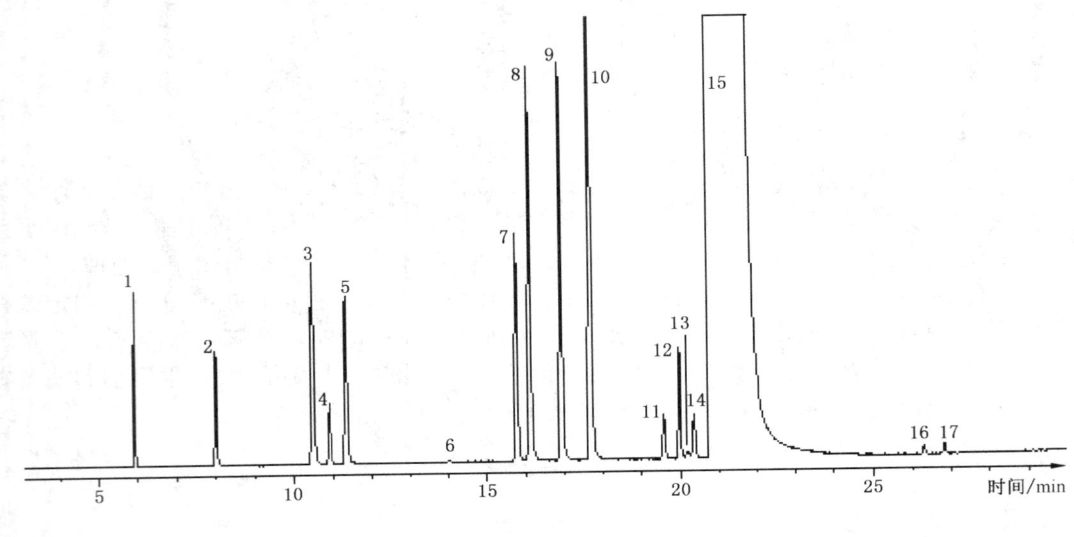

1——丙烷;
2——丙烯;
3——异丁烷;
4——丙二烯;
5——正丁烷;
6——乙炔;
7——反-2-丁烯;
8——1-丁烯;
9——异丁烯;
10——顺-2-丁烯;
11——异戊烷;
12——1,2-丁二烯;
13——丙炔;
14——正戊烷;
15——1,3-丁二烯;
16——乙烯基乙炔;
17——1-丁炔。

图 1 典型色谱图

5.3 进样装置

5.3.1 液体进样阀或合适的其他液体进样装置

凡能满足以下要求的液体进样阀均可使用：在不低于使用温度时的丁二烯蒸气压下，能将丁二烯以液体状态重复进样，并满足色谱分离要求。

液体进样装置的流程示意图见图2。金属过滤器中的不锈钢烧结砂芯孔径为(2～4)μm，以滤除样品中可能存在的机械杂质，保护进样阀。进样阀出口安装适当长度的不锈钢毛细管或减压阀，以避免样品气化，造成失真，影响重复性。进样时，将采样钢瓶出口阀开启，用液态样品冲洗定量管数秒钟后，即可操作进样阀，将试样注入色谱仪，然后关闭钢瓶出口阀。

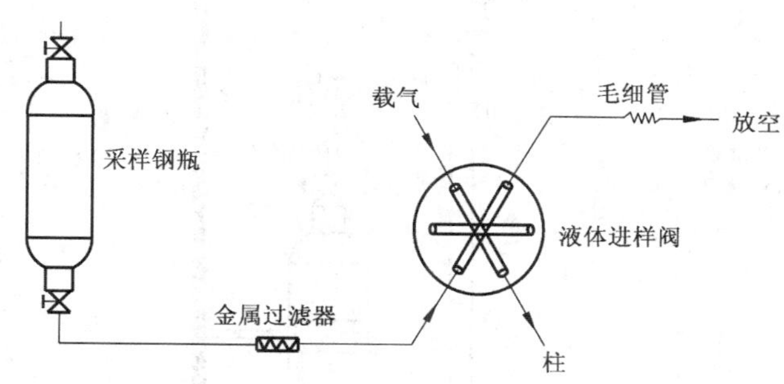

图2 液体进样装置的流程示意图

5.3.2 气体进样阀

5.3.2.1 气体进样可采用图3所示的小量液态样品气化装置，以完全地气化样品，保证样品的代表性。首先在E处卸下容积约为1 700 mL的进样钢瓶，并抽真空(＜0.3 kPa)。然后关闭阀B，开启阀C和D，再缓慢开启阀B，控制液态样品流入管道钢瓶，并于阀B处有稳定的液态样品溢出，此时立即依次关闭阀B、C和D，管道钢瓶中即取得了小量液态样品。

将已抽真空的进样钢瓶再连接于E处，先开启阀A，再开启阀B，让液态样品完全气化于进样钢瓶中，连接于进样钢瓶上的真空压力表应指示在(50～100)kPa范围内。最后关闭阀A，卸下进样钢瓶连接于色谱仪的气体进样阀上即可进行分析。

注：盛有液态样品的采样钢瓶应在实验室里放置足够时间，让液态样品的温度与室温达到平衡后再进行上述操作，并且当管道钢瓶中取得小量液态样品后，应尽快完成气化操作，避免充满液态样品的管道钢瓶随停留时间增加爆裂的可能性。

5.3.2.2 气体进样也可采用图4所示的水浴气化装置。不锈钢毛细管的内径为0.2 mm，长(2～4)m，置于(50～70)℃的恒温水浴内。进样时，将采样钢瓶出口阀缓慢开启，控制液态样品的气化速度，以(5～10)mL/min为宜。待约10倍定量管体积的试样冲洗定量管后，关闭钢瓶出口阀，让试样完全气化，并达到压力平衡。此时，操作进样阀将试样注入色谱柱。

5.4 记录装置

积分仪或色谱工作站。

6 采样

按GB /T 3723和GB/T 13290规定的安全与技术要求采取样品。

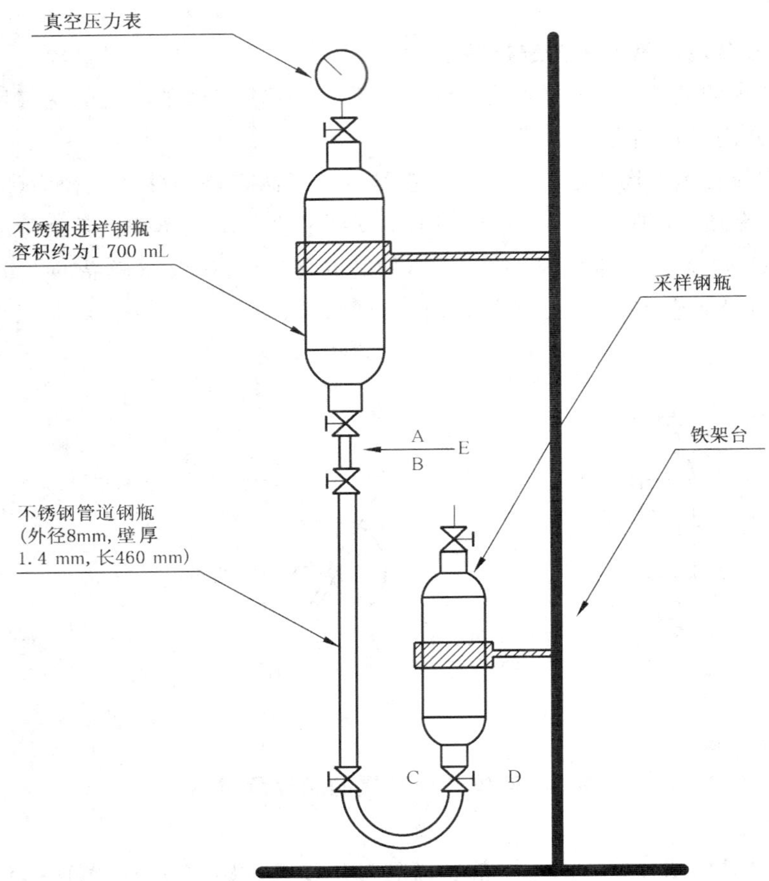

图 3　小量液态样品的气化装置示意图

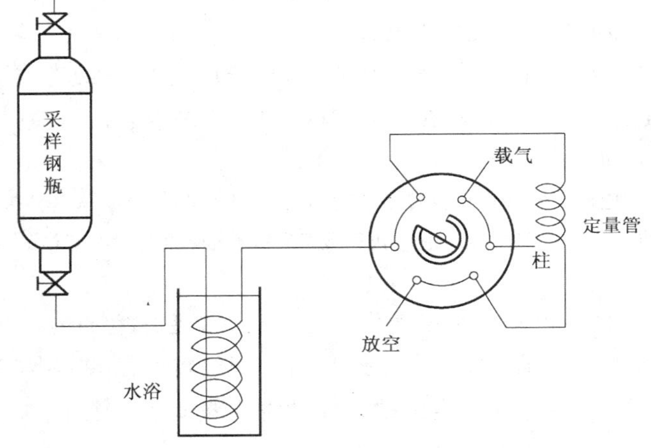

图 4　液体样品的水浴气化装置示意图

7　测定步骤

7.1　校正面积归一化法

7.1.1　设定操作条件

根据仪器操作说明书,在色谱仪中安装并老化色谱柱。然后调节仪器至表 1 所示的操作条件,待仪器稳定后即可开始测定。

7.1.2 校正因子的测定

a) 标准样品的制备

已知烃类杂质含量的液态标样可由市场购买有证标样或用重量法自行制备。标样中烃类杂质的含量应与待测试样相近。盛放标样的钢瓶应符合 GB/T 13290 的技术要求。制备时使用的丁二烯本底样品事先在本标准规定条件下进行检查,应在待测组分处无其他杂质峰流出,否则应予以修正。

b) 按 GB/T 9722—2006 中 9.1 规定的要求,用上述标样,在本标准推荐的恒定条件下进行测定,并计算出质量校正因子。

7.1.3 试样测定

用符合 5.3 要求的进样装置,将适量试样注入色谱仪,并测量所有杂质和丁二烯的色谱峰面积。

7.1.4 计算

按校正面积归一化法计算每个杂质的含量和丁二烯的纯度,并将用其他标准方法测得的丁二烯二聚物、羰基化合物、阻聚剂和残留物等杂质的总量对此结果再进行归一化处理。计算式如式(1)所示,测定结果以质量分数表示:

$$w = \frac{A_i R_i}{\sum A_i R_i} \times (100.00 - w'_i) \qquad (1)$$

式中:

w——试样中杂质 i 的含量或丁二烯的质量分数,用%表示;

R_i——杂质 i 或丁二烯的质量校正因子;

A_i——试样中杂质 i 或丁二烯的峰面积;

w'_i——其他方法测定的杂质总量的质量分数,用%表示。

7.2 外标法

7.2.1 按 7.1.1 待仪器稳定后,用符合 5.3 要求的进样装置,将同等体积的待测样品和外标样分别注入色谱仪,并测量除丁二烯外所有杂质和外标物的峰面积。

外标样两次重复测定的峰面积之差应不大于其平均值的 5%,取其平均值供定量计算用。

7.2.2 计算

计算每个样品杂质的含量,计算式如式(2)所示。

$$w_i = \frac{w_{is} A_i R_i}{A_s R_s} \qquad (2)$$

式中:

w_i——试样中杂质组分 i 的质量分数,用%表示;

w_{is}——外标样中组分 i 的质量分数,用%表示;

A_s——外标样中组分 i 的峰面积;

R_s——外标样中组分 i 的质量校正因子;

A_i——试样中杂质组分 i 的峰面积;

R_i——杂质 i 的质量校正因子。

以差减法计算丁二烯的纯度,计算式如式(3)所示。

$$w_p = 100.00 - \sum w_i - w'_i \qquad (3)$$

式中:

w_p——丁二烯的质量分数,用%表示;

w_i——试样中烃类杂质组分 i 的质量分数,用%表示;

w'_i——其他方法测定的杂质质量分数,用%表示。

8 分析结果的表述

8.1 对于任一试样,分析结果的数值修约按GB/T 8170规定进行,并以两次重复测定结果的算术平均值表示其分析结果。

8.2 报告每个杂质的质量分数,应精确至0.000 1%。

8.3 报告丁二烯的质量分数,应精确至0.01%。

9 重复性

在同一实验室,由同一操作者使用相同设备,按照相同的测试方法,并在短时间内对同一被测对象相互独立进行测试获得的两次独立测试结果的绝对差值不大于下列重复性限(r),超过重复性限(r)的情况不超过5%。

杂质组分	≤0.001 0%(质量分数)	为其平均值的30%
	>0.001 0%(质量分数)~≤0.010%(质量分数)	为其平均值的20%
	>0.010%(质量分数)	为其平均值的10%
丁二烯纯度	≥98.0%(质量分数)	为0.04%(质量分数)

10 报告

报告应包括下列内容:

a) 有关样品的全部资料,例如样品名称、批号、采样地点、采样日期、采样时间等;
b) 本标准编号;
c) 分析结果;
d) 测定中观察到的任何异常现象的细节及其说明;
e) 分析人员的姓名及分析日期等。

附 录 A
（规范性附录）
癸二腈色谱柱条件和色谱图

工业丁二烯纯度及烃类杂质的测定可使用癸二腈填充柱，色谱柱及典型的操作条件列于表 A.1，典型色谱图见图 A.1。

表 A.1 色谱柱及典型操作条件

固定液	癸二腈
固定液（质量分数）/%	20
载体	Chromosorb P NAW
粒径/mm	0.177～0.250（60 目～80 目）
柱质管材	不锈钢或紫铜
柱长/m	9
内径/mm	3
流速/（mL/min）	30（H_2）
柱温/℃	50
检测器类型	FID
进样器温度/℃	150
检测器温度/℃	200
进样量	1 μL（液态）或 1 mL（气态）
注意：当使用氢气作载气时，必须特别注意安全，保证系统无泄漏。	

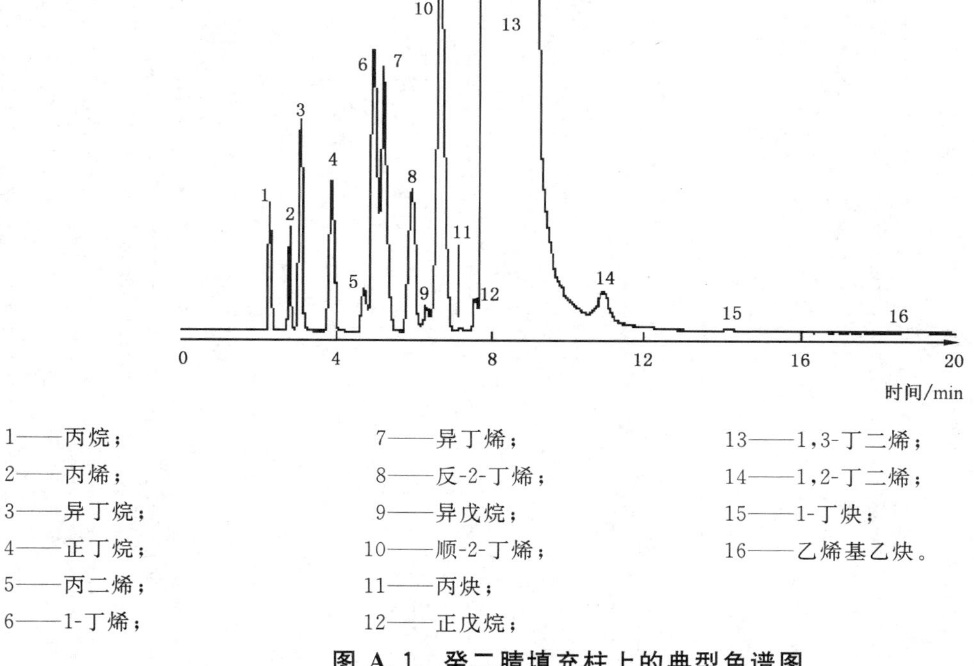

1——丙烷；
2——丙烯；
3——异丁烷；
4——正丁烷；
5——丙二烯；
6——1-丁烯；
7——异丁烯；
8——反-2-丁烯；
9——异戊烷；
10——顺-2-丁烯；
11——丙炔；
12——正戊烷；
13——1,3-丁二烯；
14——1,2-丁二烯；
15——1-丁炔；
16——乙烯基乙炔。

图 A.1 癸二腈填充柱上的典型色谱图

ICS 71.080.10
G 15

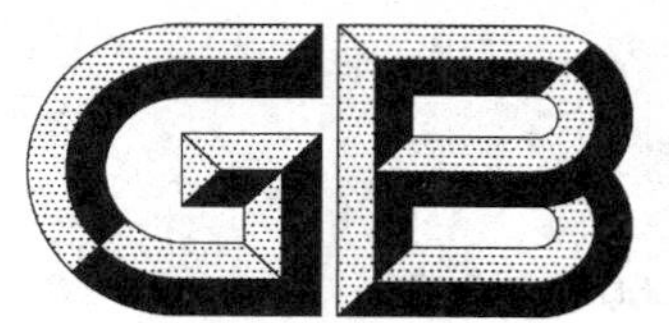

中华人民共和国国家标准

GB/T 6020—2008
代替 GB/T 6020—1999，GB/T 12702—1999

工业用丁二烯中特丁基邻苯二酚（TBC）的测定

Butadiene for industrial use—Determination of tert-butyl-catechol (TBC)

2008-06-19 发布　　2009-02-01 实施

中华人民共和国国家质量监督检验检疫总局
中国国家标准化管理委员会　发布

前　言

本标准修改采用 ASTM D1157:1991(2004)《分光光度法测定轻烃中特丁基邻苯二酚(TBC)的标准试验方法》(英文版),本标准与 ASTM D1157 的结构性差异参见附录 A。

本标准与 ASTM D1157:1991(2004) 的主要差异为:

——增加了液相色谱法;

——测定范围由 ASTM D1157 规定的 50 mg/kg～500 mg/kg 改为 1 mg/kg～300 mg/kg;

——校准曲线直接采用以 TBC 质量为横坐标;

——在结果计算中引入密度。

本标准代替 GB/T 6020—1999《工业用丁二烯中特丁基邻苯二酚(TBC)的测定 分光光度法》和 GB/T 12702—1999《工业用丁二烯中特丁基邻苯二酚(TBC)的测定　高效液相色谱法》。

本标准分光光度法与 GB/T 6020—1999 的主要差异为:

——名称修改为《工业用丁二烯中特丁基邻苯二酚(TBC)的测定》;

——把测量过程中的参比液统一为蒸馏水。

本标准高效液相色谱法与 GB/T 12702—1999 的主要差异为:

——名称修改为《工业用丁二烯中特丁基邻苯二酚(TBC)的测定》;

——对原来色谱条件中的色谱柱规格及填料粒径作了修改。

本标准的附录 A 为资料性附录。

本标准由中国石油化工集团公司提出。

本标准由全国化学标准化技术委员会石油化学分会(SAC/TC 63/SC 4)归口。

本标准起草单位:中国石油化工股份有限公司上海石油化工研究院。

本标准主要起草人:庄海青。

本标准所代替标准的历次版本发布情况为:

——GB/T 6020—1985 ,GB/T 6020—1999;

——GB/T 12702—1990,GB/T 12702—1999。

工业用丁二烯中特丁基邻苯二酚（TBC）的测定

1 范围

1.1 本标准规定了工业用丁二烯中特丁基邻苯二酚[即 4-(1,1 二甲基乙基)-1,2-苯二酚]测定的分光光度法和高效液相色谱法。本标准分光光度法适用的测定范围为 1 mg/kg～300 mg/kg，高效液相色谱法适用的测定范围为 1 mg/kg～250 mg/kg。

1.2 本标准并不是旨在说明与其使用有关的所有安全问题。因此，使用者有责任采取适当的安全与防护措施，保证符合国家有关法规的规定。

2 规范性引用文件

下列文件中的条款通过本标准的引用而成为本标准的条款。凡是注明日期的引用文件，其随后所有的修改单(不包括勘误的内容)或修订版均不适用于本标准，然而，鼓励根据本标准达成协议的各方研究是否可使用这些文件的最新版本。凡是不注明日期的引用文件，其最新版本适用于本标准。

GB/T 8170 数值修约规则

GB/T 6682 分析实验室用水规格和试验方法(GB/T 6682—2008，ISO 3639:1987，MOD)

GB/T 13290 工业用丙烯和丁二烯液体采样法

3 分光光度法

3.1 方法提要

丁二烯经蒸发后，将剩余残渣用水溶解，并加入过量的三氯化铁。在 425 nm 波长处，用分光光度计测定黄色络合物的吸光度，并以校准曲线法测定 TBC 的含量。

3.2 试剂与材料

本方法所用试剂均为分析纯试剂，水为符合 GB/T 6682 规定的三级水要求。

3.2.1 乙醇：95%(体积分数)。

3.2.2 盐酸(密度 1.19 g/mL)。

3.2.3 三氯化铁溶液：称取 20.0 g 三氯化铁($FeCl_3 \cdot 6H_2O$)，用 95% 乙醇(3.2.1)溶解后移入 1 000 mL容量瓶中，加入 9.2 mL 盐酸(3.2.2)，用 95% 乙醇稀释至刻度。

3.2.4 特丁基邻苯二酚(TBC)标准溶液：

3.2.4.1 6.7 mg/mL 的 TBC 标准溶液：称取 0.67 g TBC(精确至 0.000 1 g)，溶于 10 mL 95% 乙醇中，移入 100 mL 容量瓶中，加水稀释到刻度。此溶液不稳定，须临用前配制。

3.2.4.2 0.67 mg/mL 的 TBC 标准溶液：将 6.7 mg/mL 的 TBC 标准溶液以水稀释 10 倍，混匀。此溶液不稳定，须临用前配制。

注意：TBC 具有潜在危害，可引起皮肤不适或灼伤，可通过皮肤吸收，可能对呼吸系统产生危害，吞咽后可能造成致命危害。应避免碰到眼睛，否则将灼伤眼组织、损伤视力。使用时应注意通风，应贮存于易燃液体存放的区域。

3.3 仪器

3.3.1 分光光度计：备有 1 cm 吸收池。

3.3.2 水银温度计:棒状,温度范围(－30～80)℃,最小分度值1℃。

3.3.3 一般实验室仪器和设备。

3.4 采样

按GB/T 13290规定的技术要求采取样品。

3.5 分析步骤

3.5.1 校准曲线的绘制

按照表1给定体积用5 mL吸量管吸取TBC标准溶液(3.2.4.1)或者TBC标准溶液(3.2.4.2),分别注入7个100 mL或50 mL容量瓶中。加水至约90 mL或40 mL,加三氯化铁溶液(3.2.3)5.0 mL或1.0 mL,并用水稀释至刻度,混匀。静置5 min后,以水为参比,在425 nm波长处,用分光光度计测定溶液的吸光度。

将上述各标准溶液的吸光度减去试剂空白的吸光度,以标准溶液中的TBC质量为横坐标,以对应的净吸光度为纵坐标,绘制校准曲线。

表1 分光光度法校准曲线体积与浓度对应表

试样中TBC质量范围/mg	0～20.10		0～3.350[a]	
	TBC标准溶液(3.2.4.1)体积/mL	对应的TBC质量/mg	TBC标准溶液(3.2.4.2)体积/mL	对应的TBC质量/mg
TBC用量	0	0	0	0
	0.50	3.35	0.50	0.335
	1.00	6.70	1.00	0.670
	1.50	10.05	2.00	1.340
	2.00	13.40	3.00	2.010
	2.50	16.75	4.00	2.680
	3.00	20.10	5.00	3.350
稀释体积/mL	100		50	
加入三氯化铁溶液体积/mL	5.0		1.0	

[a] 当试液中的TBC质量在0～3.350 mg范围时,应采用该系列的校准曲线。

3.5.2 试样测定

3.5.2.1 样品的制备

用冷至－20 ℃的量筒取100 mL±1 mL丁二烯样品,用温度计测定液态试样的温度,精确至1℃。将样品倒入250 mL的锥形瓶中,放入通风柜中,在室温下蒸发,然后在水浴上蒸发至完全。

在锥形瓶中加入30 mL水,加盖摇匀。用预先湿润的低灰、快速滤纸过滤此溶液,重复洗涤两次以上,每次都用30 mL的水,将洗涤液并入100 mL容量瓶中,加5.0 mL三氯化铁溶液,并用水稀释至刻度,混匀。

注意:丁二烯为易燃气体,暴露于空气中时可形成易爆的过氧化物,若吸入对身体有害,对眼睛、皮肤和呼吸道黏膜均有刺激性损害。

3.5.2.2 样品的测定

在加入三氯化铁溶液后静置5 min,以水为参比,用分光光度计测定样品溶液的吸光度值。

同时做试剂空白,样品吸光度减去试剂空白的吸光度,其差值即为净吸光度。

3.6 结果计算

3.6.1 计算

在校准曲线上，根据3.5.2.2测得的净吸光度计算TBC的含量(mg)，然后按式(1)计算试样中TBC的含量：

$$w=\frac{m\times 1\ 000}{V\times\rho} \qquad\cdots\cdots(1)$$

式中：

w——丁二烯中TBC的含量，单位为毫克每千克(mg/kg)；

m——校准曲线上查得的TBC质量，单位为毫克(mg)；

V——试样体积，单位为毫升(mL)；

ρ——试样在某温度下的密度(见表2)，单位为克每毫升(g/mL)。

表2 丁二烯温度与密度对照表

温度/℃	密度/(g/mL)	温度/℃	密度/(g/mL)
−45	0.698 5	−20	0.6681
−40	0.690 3	−15	0.6625
−35	0.684 8	−10	0.6568
−30	0.679 3	−5	0.6510
−25	0.673 7	0	0.6452

3.6.2 分析结果的表述

取两次重复测定结果的算术平均值作为分析结果。测定结果按GB/T 8170的规定进行修约，精确至0.1 mg/kg。

3.7 精密度

3.7.1 重复性

在同一实验室，由同一操作者使用同一仪器，按相同的测试方法，并在短时间内对同一被测对象相互独立进行测试获得的两次独立测试结果的绝对值，不应超过表3重复性限(r)，超过重复性限(r)的情况不超过5%。

表3 分光光度法的重复性

TBC含量范围/(mg/kg)	重复性限 r/(mg/kg)
50～300	12
<50	8

4 高效液相色谱法

4.1 方法提要

将试样与间硝基酚溶液(内标)混合，在室温下待丁二烯蒸发后，残余溶液经反相高效液相色谱分离和紫外检测器(波长280 nm)检测，测量物质的色谱峰面积或峰高，以内标法测定TBC的含量。

4.2 试剂与材料

除非另有说明，本方法所用试剂均为分析纯试剂，水为符合GB/T 6682规定的二级水要求。

4.2.1 甲醇，HPLC级。

4.2.2 氯仿。

4.2.3 TBC[即4-(1,1二甲基乙基)-1,2-苯二酚]，25 g/L氯仿溶液。

4.2.4 间硝基酚,25 mg/L 水溶液。

4.2.5 乙酸。

4.3 仪器

4.3.1 微量注射器:容积为 10μL,25μL,50μL 和 100μL。

4.3.2 高效液相色谱仪:所用的高效液相色谱仪应符合下列要求,且在检测波长处对浓度为 10 mg/L TBC 所产生的峰高应至少为噪声水平的两倍。

4.3.2.1 输液泵:高压平流泵,其流量范围一般为 0.1 mL/ min ~9.9 mL/ min,工作压力一般为 0 MPa ~40 MPa,压力脉动应小于±1%。

4.3.2.2 进样装置:配有 20μL 定量管的高效液相色谱手动进样阀或自动进样装置。

4.3.2.3 检测器:紫外(UV)检测器,检测波长为 280 nm

4.3.3 色谱柱:不锈钢材质,长 150 mm,内径 4.6 mm。固定相为十八烷基化学键合相型硅胶,粒度为 5μm。或者能满足分离和定量的其他规格色谱柱。

4.3.4 流动相:V(甲醇):V(水):V(乙酸)=67 :32 :1(体积比),流量为 1.0 mL/ min ~1.5 mL/ min。

4.3.5 一般实验室仪器和设备。

4.4 分析步骤

4.4.1 校准曲线的绘制

4.4.1.1 配制标准溶液

在 6 个 50 mL 具塞锥形烧瓶中分别加入 25.0 mL 间硝基酚溶液(4.2.4),然后用注射器按表 4 所示体积逐个加入相应量的 TBC 标准溶液(4.2.3),摇匀。

表 4 TBC 标准溶液体积与浓度对应表

TBC 标准溶液(4.2.4)体积/μL	标准溶液中 TBC 浓度/(mg/L)
0	0
10	10
25	25
50	50
100	100
150	150

4.4.1.2 校准

用注射器将上述配制的标准溶液逐一充满进样阀的样品定量管,并注入色谱仪,记录所得到的 TBC 和间硝基酚的色谱峰面积(或峰高)。

4.4.1.3 绘制校准曲线

以 TBC 浓度(mg/L)为横坐标,以 TBC-间硝基酚的峰面积(或峰高)比值为纵坐标,绘制校准曲线。

4.4.2 试验溶液的准备

将长 1 m,内径 3 mm 的不锈钢盘管和容量为 25 mL 的玻璃量筒冷却至−20℃左右。将盘管与试样钢瓶相连,通过盘管使液态丁二烯流入量筒约 25 mL 左右,准确读取试样体积。测量试样温度,精确至 1℃。然后将此试样倒入已盛有 25 mL 间硝基酚的 50 mL 具塞锥形瓶中,室温下使丁二烯自然挥发。塞上瓶塞,摇匀 1 min。

上述操作应在通风橱中进行,应远离明火,并将钢瓶接地,以防止因静电可能产生的爆炸危险。

4.4.3 测定

用注射器将试验溶液(4.4.2)充满进样阀的样品定量管,并注入色谱仪。记录所得到的 TBC 和间硝基酚的峰面积(或峰高),并计算 TBC-间硝基酚的峰面积(或峰高)的比值。

典型色谱图见图 1。

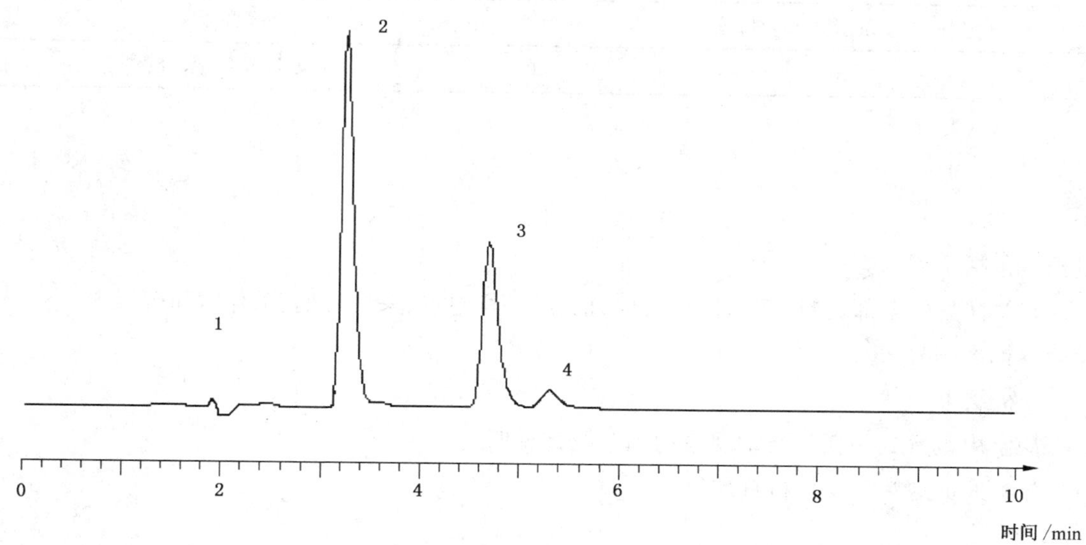

1——溶剂峰;

2——间硝基酚;

3——TBC;

4——TBC 氧化物。

图 1 工业用丁二烯中 TBC 含量测定的典型色谱图

4.5 结果计算

4.5.1 计算

在校准曲线上,根据测定结果(4.4.3),计算试验溶液中的 TBC 含量(mg/L)。然后按式(2)计算试样中 TBC 的含量:

$$w = \frac{\rho_T \times 25}{V \times \rho} \quad \cdots\cdots(2)$$

式中:

w——试样中 TBC 的含量,单位为毫克每千克(mg/kg);

ρ_T——试验溶液中 TBC 含量,单位为毫克每升(mg/L);

ρ——试样在 4.4.2 所测得温度时的密度(见表 2),单位为克每毫升(g/mL);

V——实际取样量,单位为毫升(mL)。

4.5.2 分析结果的表述

取二次重复测定结果的算术平均值作为分析结果。其数值按 GB/T 8170 的规定进行修约,精确至 0.1 mg/kg。

4.6 重复性

在同一实验室,由同一操作者使用相同设备,按相同的测试方法,并在短时间内对同一被测对象相互独立进行测试获得的两次独立测试结果的绝对值,不应超过表 5 重复性限(r),超过重复性限(r)的情况不超过 5%。

表 5　液相色谱法的重复性

TBC 含量范围/(mg/kg)	重复性限 r
≤250	为其平均值的 3.8%

5　报告

报告应包括下列内容：

a）有关样品的全部资料，例如样品名称、批号、采样地点、采样日期、采样时间等。

b）本标准编号。

c）分析结果。

d）测定中观察到的任何异常现象的细节及其说明。

e）分析人员的姓名及分析日期等。

附 录 A
（资料性附录）
本标准章条编号与 ASTM D1157：1991(2004)章条编号对照

表 A.1 给出了本标准章条编号与 ASTM D1157：1991(2004)章条编号对照一览表。

表 A.1 本标准章条编号与 ASTM D1157：1991(2004)章条编号对照

本标准章条编号	ASTM D1157：1991(2004)章条编号
1	1.1、1.3
2	2
3.1	3
—	4
3.2	6
3.3	5
3.4	7
3.5.1	8
3.5.2	9.1
3.6	10
3.7	11
4	—
5	—
—	12

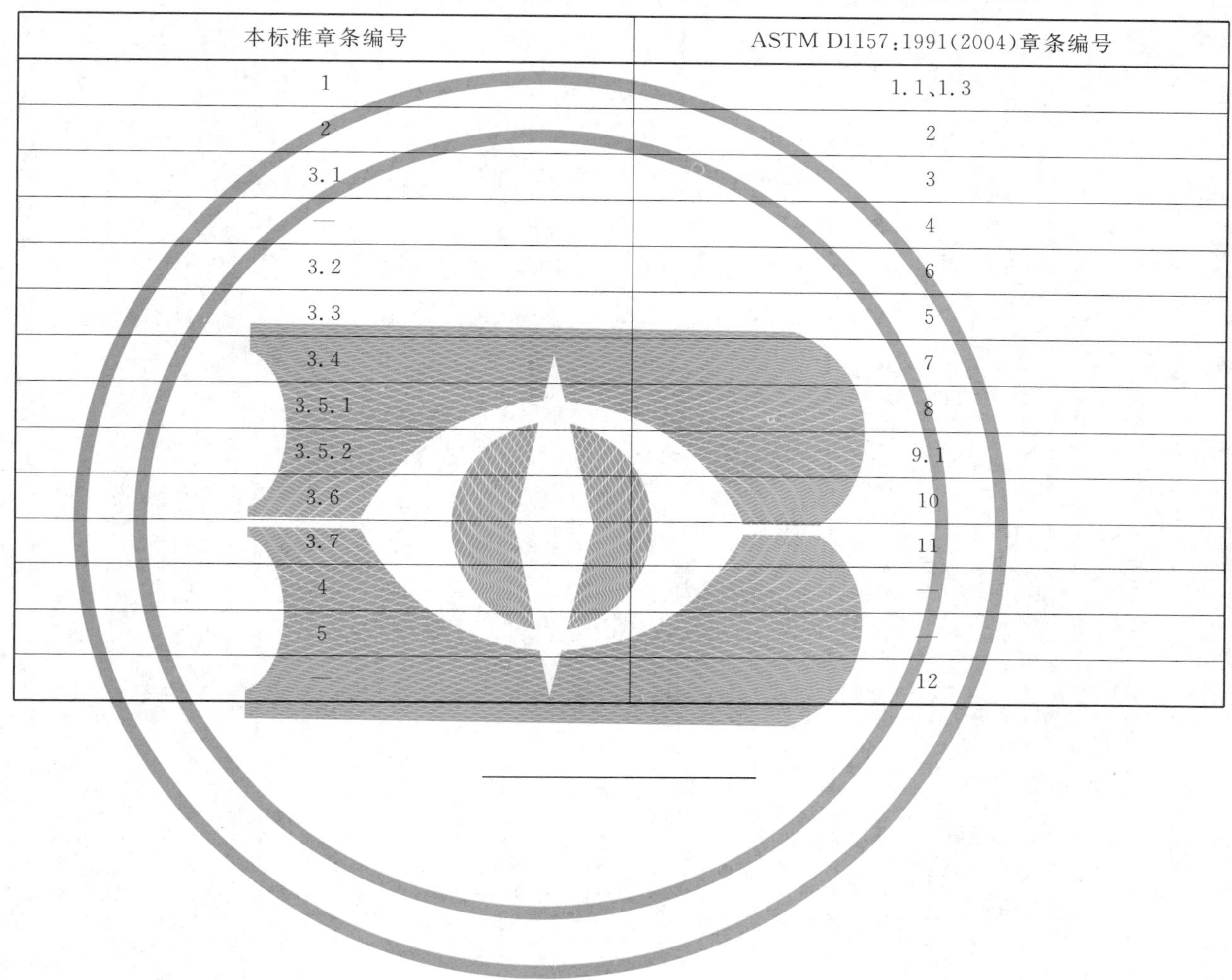

ICS 71.080.10
G 15

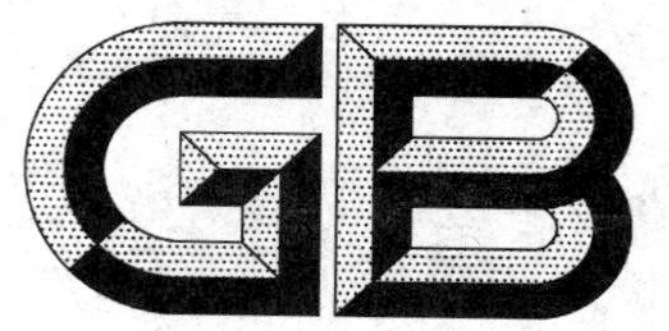

中华人民共和国国家标准

GB/T 6022—2008
代替 GB/T 6022—1999

工业用丁二烯液上气相中氧的测定

Butadiene for industrial use—Determination of oxygen in gaseous phase above liquid butadiene

2008-06-19 发布　　2009-02-01 实施

中华人民共和国国家质量监督检验检疫总局
中国国家标准化管理委员会　发布

前　　言

本标准代替 GB/T 6022—1999《工业用液态丁二烯液上气相中氧的测定　气相色谱法》。

本标准与 GB/T 6022—1999 相比主要变化如下：

——名称修改为《工业用丁二烯液上气相中氧的测定》；

——增加了薄膜覆盖电池电化学法测定丁二烯液上气相中的氧含量；

——增加了 3.5.2 气相色谱法测定流程图；

——3.5.3 中柱温由原来的 15 ℃～25 ℃改为了 25 ℃～50 ℃；

——标准气中的底气由原来的氩气改为氮气或氩气；

——丁二烯液上气相氧的采样方法修改为 GB/T 6681 中规定的方法。

本标准由中国石油化工集团公司提出。

本标准由全国化学标准化技术委员会石油化学分技术委员会(SAC/TC 63/SC 4)归口。

本标准主要起草单位：中国石化扬子石油化工有限公司。

本标准主要起草人：史春保、陆海萍。

本标准所代替标准的历次版本发布情况为：GB/T 6022—1999。

工业用丁二烯液上气相中氧的测定

1 范围

1.1 本标准规定了测定工业用丁二烯液上气相中氧含量的气相色谱法和薄膜覆盖电池电化学法，气相色谱法测定范围为 100 mL/m³～5 000 mL/m³，薄膜覆盖电池电化学法测定范围为 1 mL/m³～5 000 mL/m³。

1.2 本标准并没有说明与使用有关的所有安全问题。因此，使用者有责任采取适当的安全与健康措施，保证符合国家有关法规的规定。

2 规范性引用文件

下列文件中的条款通过本标准的引用而成为本标准的条款。凡是注日期的引用文件，其随后所有的修改单（不包括勘误的内容）或修订版均不适用于本标准，然而，鼓励根据本标准达成协议的各方研究可使用这些文件的最新版本。凡是不注日期的引用文件，其最新版本适用于本标准。

GB/T 3723 工业用化学产品采样安全通则（GB/T 3723—1999，idt ISO 3165:1976）

GB/T 6681 气体化工产品采样通则

GB/T 8170 数值修约规则

3 气相色谱法

3.1 方法概要

气体试样通过进样装置注入色谱仪，并被载气带入预分离柱，烃类组分被预分离柱吸附后，反吹预分离柱，将烃类组分放空。其余组分进入分离柱分离，用热导检测器检测。由于在环境温度下氧与氩在分离柱上不被分离，因此采用氩气作载气，使样品中的氩在热导池上不产生响应。将得到的氧色谱峰面积与从标准样品得到的氧色谱峰面积相比较，从而测定试样中的氧含量。

3.2 试剂和材料

3.2.1 载气

氩气：纯度不小于 99.99%（体积分数），氧含量不大于 0.002%（体积分数），不含有机杂质、水及二氧化碳。

3.2.2 制备标准样品用气体

氮气或氩气：纯度不小于 99.999%（体积分数），氧含量不大于 2 mL/m³。

氧气：纯度不小于 99.99%（体积分数）。

3.2.3 系列氧标准气：氧含量为 50 mL/m³～5 000 mL/m³，底气为氮气或氩气（3.2.2）。

3.2.4 色谱柱固定相

活性炭（色谱用）：粒径 0.17 mm～0.25 mm（60 目～80 目）；

5A 分子筛（色谱用）：粒径 0.17 mm～0.25 mm（60 目～80 目）。

3.3 仪器和设备

3.3.1 气相色谱仪：具有气体定量进样装置、反吹装置及热导检测器的气相色谱仪，该仪器在本标准给定的操作条件下产生的峰高，至少要大于仪器噪声的两倍。

3.3.2 定量管：1 mL 或 5 mL。

3.3.3 预分离柱

固定相：活性炭（3.2.4）；

柱管：不锈钢，长 1 m，内径 4 mm。

3.3.4 分离柱

固定相：5A 分子筛(3.2.4)；

柱管：不锈钢，长 2 m，内径 4 mm；

5A 分子筛的活化：将 5A 分子筛用蒸馏水洗涤去尘，置入烘箱加热至 120 ℃，恒温 4 h，装柱。在氩气流下(约 100 mL/min)将分离柱升温至 310 ℃～320 ℃，恒温 1 h～4 h，以除去水、二氧化碳及痕量有机物。活化时间取决于分子筛吸湿量。

3.3.5 记录装置：电子积分仪或色谱工作站。

3.3.6 气体进样阀。

3.3.7 反吹装置：六通阀。

3.4 采样

按照 GB/T 3723 和 GB/T 6681 规定的方法采取丁二烯液上气相样品。

3.5 测定步骤

3.5.1 仪器准备

用不锈钢毛细管将下列部件按顺序相连：色谱仪汽化室出口、预分离柱、反吹装置、分离柱、色谱仪热导池入口。连接处不得漏气，连接用不锈钢毛细管应尽可能短，其外部应用保温材质保温。

3.5.2 仪器流程图(见图 1)

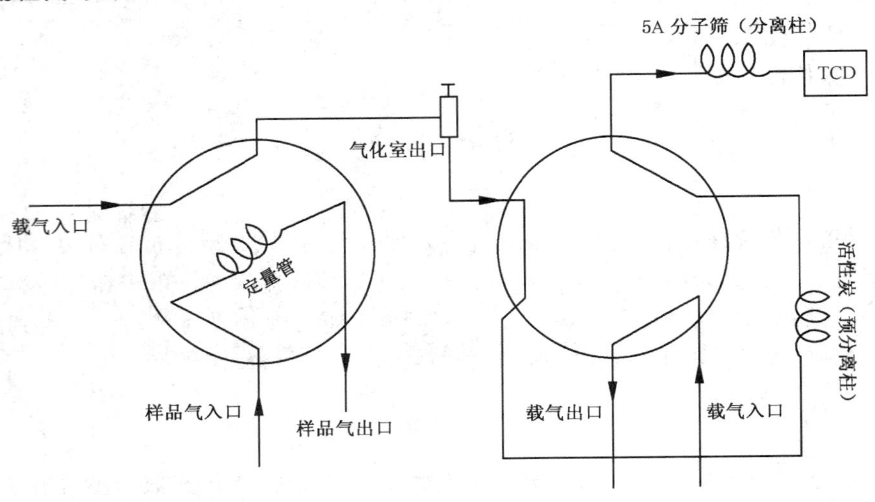

图 1 气相色谱法仪器流程图

3.5.3 设定操作条件

根据仪器操作说明书，在色谱仪中老化色谱柱。然后调节仪器至表 1 所示的操作条件，待仪器稳定后即可开始测定。其他能达到同等分离程度的操作条件也可使用。

表 1 推荐的典型操作条件

柱温/℃		25～50(恒定在±1 ℃)
流速/(mL/min)		30
气化室温度/℃		50
检测器温度/℃		200
定量管	氧含量高于 2 000 mL/m^3	1 mL
	氧含量低于 2 000 mL/m^3	5 mL

3.5.4 校正

在推荐的操作条件下，用气体进样阀注入与待测试样中氧含量相近的标准样品(3.2.3)，得到相应的氧的峰面积。

3.5.5 测定

取与标准样品相同体积的试样，用气体进样阀注入色谱仪，测定并记录试样中氧的峰面积，并与标准样品比较。

3.5.6 计算

样品中氧含量按式(1)计算：

$$\rho_i = \rho_E \times \frac{A_i}{A_E} \qquad (1)$$

式中：

ρ_i——样品中氧含量，单位为毫升每立方米(mL/m³)；

ρ_E——标准样品氧含量，单位为毫升每立方米(mL/m³)；

A_i——样品中氧相应峰面积；

A_E——标准样品中氧相应峰面积。

3.5.7 典型色谱图(见图2)

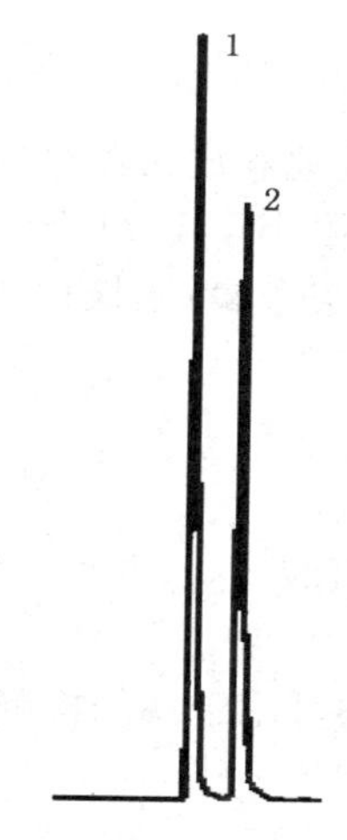

1——氧气；

2——氮气。

图2 典型色谱图

3.6 结果的表示

样品中的氧含量，用两次重复测定值的算术平均值表示，按 GB/T 8170 修约，精确至 1 mL/m³。

3.7 重复性限

在同一实验室，由同一操作者使用相同设备，按相同的测试方法，并在短时间内对同一被测对象相互独立进行测试获得的两次独立测试结果的差值，不应超过表2重复性限(r)，以超过重复性限(r)的情况不超过5%为前提。

表2 气相色谱法分析样品中氧含量的重复性

样品含氧量/(mL/m³)	重复性/(mL/m³)
<200	10
200～<1 000	25
1 000～<2 000	40
2 000～<5 000	50

4 薄膜覆盖电池电化学法

4.1 方法概要

当气体以恒定速率流经装有原电池(燃料电池)的测量室时,气体中的氧分子扩散透过原电池表面覆盖的聚合物薄膜,在不活泼金属制成的阴极发生还原反应,氧分子从外电路得到电子:

$O_2+2H_2O+4e=4OH^-$

同时铅阳极被含水胶状电解质中的 KOH 腐蚀发生氧化反应,向外电路输出电子:

$2OH^-+Pb=PbO+H_2O+2e$

原电池总反应为:

$2Pb+O_2=2PbO$

外电路电流的大小与气体中氧的分压成比例,即在总压恒定下,电流与气体中氧的浓度成比例。

4.2 试剂与材料

4.2.1 制备标准样品用气体

氮气或氩气:纯度不小于 99.999%(体积分数),氧含量不大于 2 mL/m³。

氧气:纯度不小于 99.99%(体积分数)。

4.2.2 系列氧标准气:氧含量为 50 mL/m³～5 000 mL/m³,底气为氮气或氩气。

4.2.3 压缩空气:无油、干燥。

4.3 仪器

4.3.1 测氧仪:用于测定气体样品,由检测电池和放大器组成。检测电池的外部无极性;放大器用于温度补偿和指示电池的电流变化。仪器的检测限小于 1 mL/m³。

4.3.2 原电池:阴极构造为银、金、铂等不活泼金属;阳极构造为铅或锌。保证电池中含有的胶状电解液处于湿润状态。

4.3.3 流量计:100 mL/min～1 L/min;

4.3.4 螺旋不锈钢管:内径 3 mm,长 5 m;

4.3.5 增湿器:容器中装有塑料筒,其上绕有长 1 m、内径 1 mm 的硅胶管;

4.4 采样

采样步骤同 3.4,薄膜覆盖电池电化学法可用于现场检测。

4.5 测定步骤

4.5.1 仪器组装

依次连接样品或标准气源、流量调节阀、测氧仪,连接管线均为不锈钢管,测氧仪出口接一根 50 cm 长、3 mm 内径不锈钢管,然后再以适当方式连接至流量计。

4.5.2 仪器流程图(见图 3)

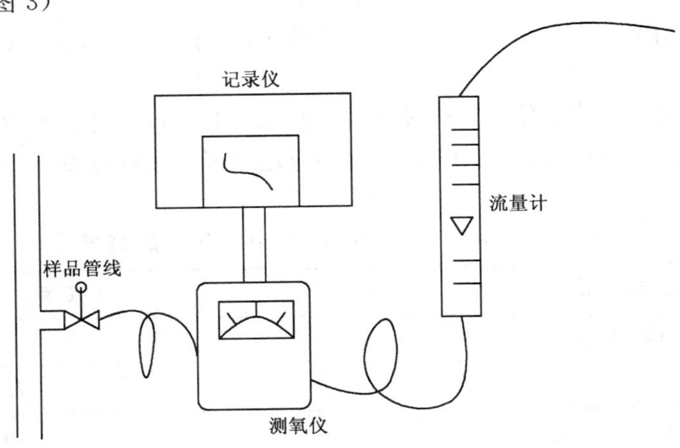

图 3 测氧仪仪器流程图

4.5.3 测量装置的检查

在正式测定以前，应检查连接管线和接头是否存在渗漏。将气体流速提高到正式测定所采用的气体流速的两倍，测氧仪的读数应观察不到明显的变化，否则说明测量装置存在渗漏。

4.5.4 校正

按仪器使用说明书用大气或适当氧含量的标准气体校正仪器，大气或标准气体的流速应与测定样品时采用的气体流速一致。

4.5.5 样品测定

按4.5.1所述组装仪器，并按仪器使用说明准备仪器和调整工作参数。以给定的流速导入气态样品，样品气的流速以测氧仪能获得稳定的读数为宜，读数稳定时间不小于2 min。

为保持仪器良好的工作状态，定期用经增湿器增湿的氮气流以1 L/h～2 L/h的流速流经测量池以保持原电池胶状电解质的水分。在测定前后，用高纯氮气以较低的流速冲洗测量室。

4.6 结果的表示

样品中的氧含量，用两次重复测定值的算术平均值表示，按GB/T 8170修约，精确至1 mL/m^3。

4.7 重复性限

在同一实验室，由同一操作者使用相同设备，按相同的测试方法，并在短时间内对同一被测对象相互独立进行测试获得的两次独立测试结果的差值，不应超过表3重复性限(r)，超过重复性限(r)的情况不超过5%。

表3 薄膜覆盖电池电化学法测定样品氧含量的重复性

样品含氧量/(mL/m^3)	重复性/(mL/m^3)
<200	10
200～<1 000	20
1 000～<5 000	50

5 报告

报告应包括如下内容：

a) 有关样品所需的所有资料，例如样品名称、批号、采样地点、采样日期、采样时间等；

b) 本标准的编号；

c) 标准样品中的氧含量；

d) 测定结果；

e) 分析人员的姓名和分析日期等；

f) 在测定期间观察到的任何异常情况的详细记录。

ICS 71.080.10
G 15

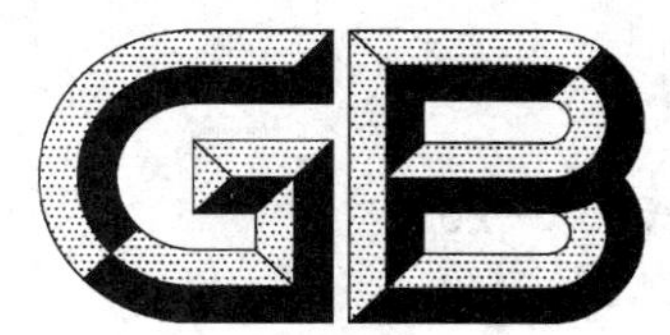

中华人民共和国国家标准

GB/T 6023—2008
代替 GB/T 6023—1999

工业用丁二烯中微量水的测定 卡尔·费休库仑法

**Butadiene for industrial use—
Determination of trace water—
Coulometric Karl Fischer method**

2008-06-19 发布 2009-02-01 实施

中华人民共和国国家质量监督检验检疫总局
中国国家标准化管理委员会 发布

前　　言

本标准代替 GB/T 6023—1999《工业用丁二烯中微量水的测定 卡尔·费休库仑法》。

本标准与 GB/T 6023—1999 相比主要变化如下：

——检测范围由“(10～500)mg/kg”改为“(5～500)mg/kg”；

——增加了采用闪蒸仪气化样品的内容；

——取消了进样钢瓶，改用采样钢瓶直接进样。

本标准由中国石油化工集团公司提出。

本标准由全国化学标准化技术委员会石油化学分会(SAC/TC 63/SC 4)归口。

本标准由中国石油化工股份有限公司上海石油化工研究院起草。

本标准主要起草人：王川、李唯佳。

本标准所代替标准的历次版本发布情况为：

——GB 6023—1985、GB/T 6023—1999。

工业用丁二烯中微量水的测定 卡尔·费休库仑法

1 范围

1.1 本标准规定了用卡尔·费休库仑法测定工业用丁二烯中微量水的含量。

本标准适用于工业用丁二烯及其他碳四烯烃中微量水的测定，测定范围为(5～500)mg/kg。

1.2 本标准并不是旨在说明与其使用有关的所有安全问题。因此，本标准的使用者应有责任事先建立适当的安全与防护措施，并确定适当的规章制度。

2 规范性引用文件

下列文件中的条款通过本标准的引用而成为本标准的条款。凡是注日期的引用文件，其随后所有的修改单(不包括勘误的内容)或修订版均不适用于本标准，然而，鼓励根据本标准达成协议的各方研究是否可使用这些文件的最新版本。凡是不注日期的引用文件，其最新版本适用于本标准。

GB/T 2366—1986 化工产品中水分含量的测定 气相色谱法

GB/T 8170 数值修约规则

GB/T 13290 工业用丙烯和丁二烯液态采样法

3 方法提要

被测样品流经专用气化装置完全气化，在通过卡尔·费休库仑分析仪的电解池时，气化样品中的水与卡尔·费休试剂中的碘、二氧化硫在有机碱(如吡啶)和甲醇存在下，发生下列反应：

$$H_2O + I_2 + SO_2 + CH_3OH + 3RN \longrightarrow (RNH)SO_4CH_3 + 2(RNH)I$$

消耗的碘由含有碘离子的阳极电解液电解补充：

$$2I^- \longrightarrow I_2 + 2e$$

反应所需碘的量与通过电解池的电量成正比，因此，记录电解所消耗的电量，根据法拉第电解定律，即可求出试样中的水含量。

4 试剂和材料

4.1 弹性石英毛细管：内径(0.20±0.01)mm，长(1.5±0.1)m；

4.2 微量注射器：100 μL；

4.3 医用注射针：9 号；

4.4 压紧螺帽；

4.5 不锈钢卡套：中间开孔，孔径 1.5 mm；

4.6 密封垫：硅橡胶；

4.7 塑料隔垫：聚四氟乙烯，中间开孔，孔径 1.5 mm；

4.8 苯-水平衡溶液：按照 GB/T 2366—1986 中 5.2.1 配制；

4.9 卡尔·费休库仑法电解液(阴极液、阳极液)；

4.10 乙二醇：水的质量分数不大于 0.05%；

4.11 氮气：纯度(体积分数)不低于 99.995%。

5 仪器和设备

5.1 卡尔·费休库仑仪：检测限应不高于 10 μg；

5.2 电子天平：a) 感量 0.1 g 或 0.01 g，称量范围应满足 5.5 钢瓶称重的要求；

b) 感量 0.1 mg，称量范围(0～160)g；

5.3 鼓风干燥箱；

5.4 水浴；

5.5 进样钢瓶：容积不低于 500 mL，符合 GB/T 13290 规定，内壁应予抛光；

5.6 闪蒸仪：带有质量流量计。

6 采样

采样前钢瓶(5.5)应保持清洁和干燥。按 GB/T 13290 的技术要求采取液态样品。

注：已清洁的钢瓶可置于温度为 110 ℃的鼓风干燥箱中，并通氮气(4.11)30 min 以获得更佳的干燥效果。

7 分析准备

7.1 按仪器使用说明书准备仪器，在电解池中装入卡尔·费休阴极液和阳极液(4.9)，液面略低于电解池进样口。

注：可在阳极液中加入适量的乙二醇(如总体积的 10%)，以促进样品中微量水的吸收。

7.2 开启仪器并进行空白滴定，使之处于准备进样状态。

7.3 卡尔·费休库仑仪性能检查：用微量注射器(4.2)吸取(50～60)μL 苯-水平衡溶液(4.8)注入电解池中进行滴定。用电子天平(5.2b)以差减法准确称量所加入的苯-水平衡溶液。重复测定两次，计算其平均含水量(两次测定结果之差应不超过其平均值的 5%)，该值与苯-水平衡溶液理论含水量(见 GB/T 2366—1986中表 1)的相对误差应不超过±10%。

7.4 进样钢瓶取样后，静置至室温，擦干表面的冷凝水，并确保与毛细管连接的出气口的腔体充分干燥。

8 测定步骤

8.1 毛细管气化法

8.1.1 按图 1 所示组装进样钢瓶(5.5)、钢瓶支架、电子天平(5.2a)、石英毛细管(4.1)、卡尔·费休库仑仪(5.1)。将毛细管(4.1)盘成圆环状，毛细管一端插入医用注射针(4.3)内，并依次插入压紧螺帽(4.4)、不锈钢卡套(4.5)、密封垫(4.6)和塑料隔垫(4.7)，然后与进样钢瓶出气口连接(见图 1)，连好后拔出注射针，使毛细管留在密封垫内。将毛细管另一端插入医用注射针(4.3)内，一同插入卡尔·费休库仑仪电解池进样口的橡胶隔垫，毛细管口保持在阳极液面以上，拔出注射针，使毛细管留在进样口的橡胶隔垫内。

注：若环境温度低于 25 ℃会影响样品的气化效果，此时可将毛细管盘管浸入(25～35) ℃水浴中。

8.1.2 打开进样钢瓶出气口阀门，使样品流出气化，吹扫进样系统至少 30 min，将电解池一端的毛细管口插入到电解池底部，继续吹扫 5 min 后，关闭钢瓶阀门。

8.1.3 根据进样时间设置水分仪的延时时间，水分仪进入测定状态后，用电子天平(5.2a)准确称量进样钢瓶重量。开启钢瓶阀门进样，进样量按表 1 进行控制，进样后关闭钢瓶阀门，启动水分仪进行滴定。进样完成后，将进样钢瓶再次准确称量，二次称量之差即为试样质量。滴定完毕，记录所测得的水分含量。

表 1　毛细管气化法进样控制要求

样品含水量/(mg/kg)	进样量/g
5～20	5～10
>20	3～5

8.2　闪蒸仪气化法

8.2.1　按仪器说明书要求组装进样钢瓶(5.5)和闪蒸仪(5.6),用洁净的聚乙烯管连接闪蒸仪气体出口和卡尔·费休库仑仪(5.1)的滴定池,将聚乙烯管插入滴定池底部。设置闪蒸仪气化温度为 100 ℃,进样速度为 2 L/min。

注:闪蒸仪附带的质量流量计均以氮气为基础进行校准和显示,本节中所涉及的体积设定也均指以氮气为基础的表观数值。

8.2.2　打开进样钢瓶出气口阀门,使样品流经闪蒸仪,采用至少 30 L 样品气吹扫进样系统。

8.2.3　根据表 2 设置闪蒸仪进样体积,并设置水分仪的延时时间。水分仪进入测定状态后,开启闪蒸仪进样,进样结束后启动水分仪进行滴定。滴定完毕,记录所测得的水分含量。

表 2　闪蒸仪气化法进样控制要求

样品含水量/(mg/kg)	进样量(以氮气为基准)/L
5～20	5～10
>20	5

9　结果计算

9.1　毛细管气化法

以质量分数(mg/kg)表示样品中的水分含量(w_1),并按式(1)进行计算:

$$w_1 = \frac{m_1}{m} \qquad \cdots\cdots(1)$$

式中:

m_1——仪器显示的水分绝对值,单位为微克(μg);

m——样品质量,单位为克(g)。

9.2　闪蒸仪气化法

以质量分数(mg/kg)表示样品中的水分含量(w_2),并按式(2)进行计算:

$$w_2 = \frac{m_1}{V\rho n} = \frac{22.4 \times m_1}{VMn} \qquad \cdots\cdots(2)$$

式中:

m_1——仪器显示的水分绝对值,单位为微克(μg);

V——进样表观体积,单位为升(L);

ρ——样品在 0 ℃、101 325 Pa 条件下的密度，单位为克每升(g/L)；

M——样品的相对分子质量；

n——样品以氮气为基础的质量流量计转换系数(由闪蒸仪仪器制造商提供)。

9.3 取两次重复测定结果的算术平均值作为分析结果，并按 GB/T 8170 的规定修约至 0.1 mg/kg。

10 重复性

在同一实验室，由同一操作者使用相同设备，按相同的测试方法，并在短时间内对同一被测对象相互独立进行测试获得的两次独立测试结果的绝对差值不应超过表 3 列出的重复性限(r)，以超过重复性限(r)的情况不超过 5%为前提。

表 3 重复性

含量/(mg/kg)	重复性/(mg/kg)
≤20	3
>20～≤50	5
>50～≤200	10
>200～≤500	20

11 报告

报告应包括以下内容：

a) 有关样品的全部资料，例如样品名称、批号、采样地点、采样日期、采样时间等；

b) 本标准的编号和测定方法；

c) 测定结果；

d) 测定中观察到的任何异常现象的细节及说明；

e) 分析人员的姓名和分析日期等。

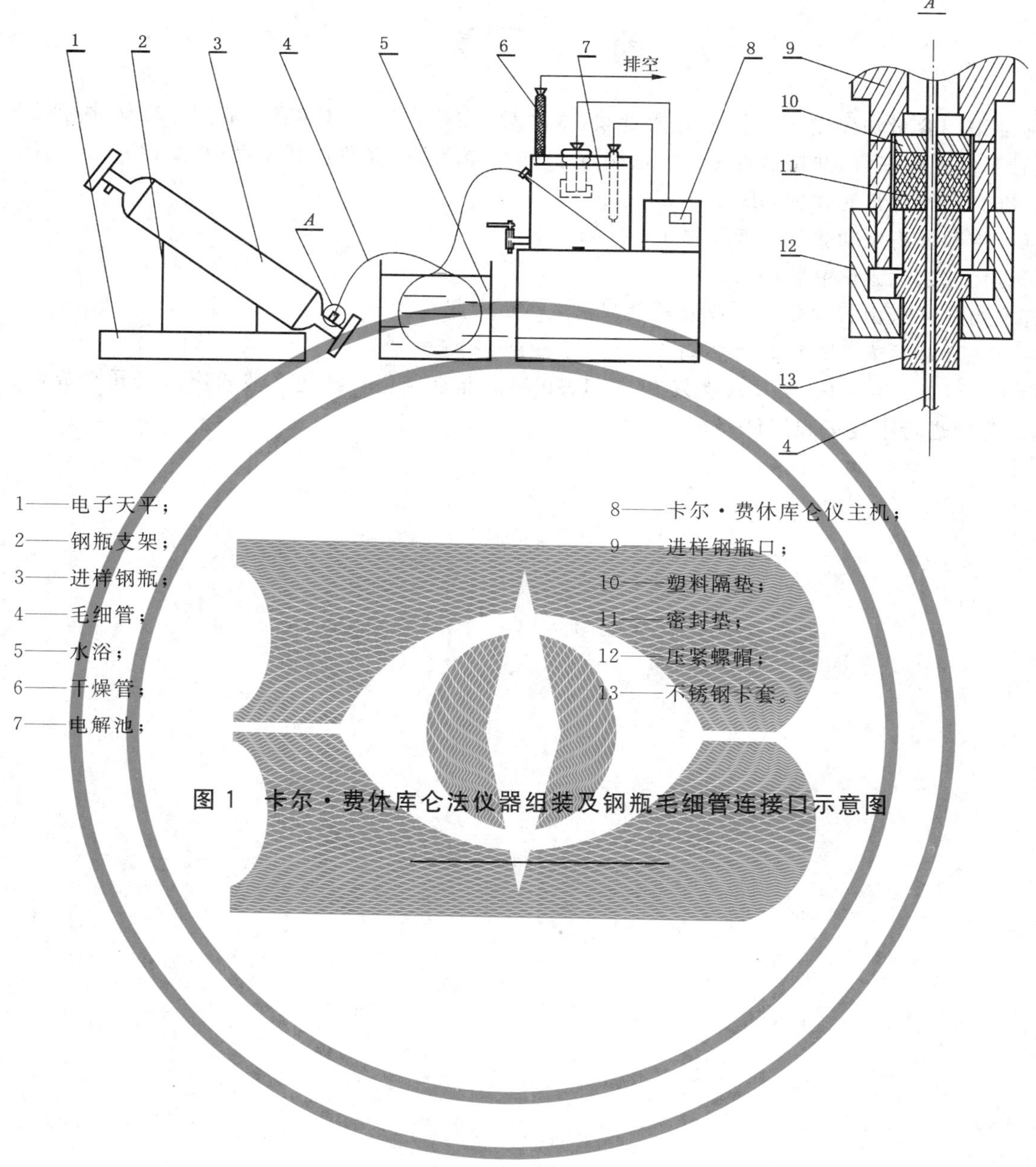

1——电子天平；

2——钢瓶支架；

3——进样钢瓶；

4——毛细管；

5——水浴；

6——干燥管；

7——电解池；

8——卡尔·费休库仑仪主机；

9——进样钢瓶口；

10——塑料隔垫；

11——密封垫；

12——压紧螺帽；

13——不锈钢卡套。

图1 卡尔·费休库仑法仪器组装及钢瓶毛细管连接口示意图

前　　言

本标准采用容量法测定丁二烯中的微量胺，本次对GB/T 6025—1985《工业用丁二烯中微量胺的测定》进行了复审和修订，并按数理统计方法确定了95%置信水平条件的精密度（重复性）。

本标准自实施之日起代替GB/T 6025—1985。

本标准由国家石油和化学工业局提出。

本标准由北京化工研究院归口。

本标准由北京燕山石油化学工业公司胜利化工厂负责起草。

本标准主要起草人：张惠峰、曾兰筠。

本标准于1985年5月24日首次发布，于1999年由北京燕化石油化工股份有限公司合成橡胶厂俞培富，赵晓钟进行了复审和修订。

中华人民共和国国家标准

GB/T 6025—1999

工业用丁二烯中微量胺的测定

代替 GB/T 6025—1985

Butadiene for industrial use—Determination of trace amine

1 适用范围

本标准规定用容量法测定工业用丁二烯中胺的含量。

本标准适用于二甲基甲酰胺(DMF)抽提法生产的丁二烯中微量胺的测定。测定范围为 0.2～5.0 mg/kg。

2 引用标准

下列标准所包含的条文,通过在本标准中的引用而构成为本标准的条文。本标准出版时,所示版本均为有效。所有标准都会被修订,使用本标准的各方应探讨使用下列标准最新版本的可能性。

GB/T 601—1988 化学试剂 滴定分析(容量分析)用标准溶液的制备

GB/T 3723—1983 工业用化学产品采样安全通则(eqv ISO 3165:1976)

GB/T 8170—1987 数值修约规则

3 方法提要

在耐压瓶中用蒸馏水萃取丁二烯中的胺,取其萃取液,以中性红-溴百里酚蓝为指示剂,用盐酸标准溶液滴定,测定以氨计的胺含量。

4 试剂

4.1 盐酸标准溶液(0.01 mol/L):按 GB/T 601 配制和标定 0.1 mol/L 标准溶液,临用前稀释使用。

4.2 混合指示剂:1 份 0.1%中性红乙醇溶液和 1 份 0.1%溴百里酚蓝乙醇溶液混合。

5 仪器设备

5.1 耐压玻璃瓶(见图 1):材质为 1～1.5 mm 的硬质玻璃,容积为 250 mL,耐压不小于 1 MPa,外缠尼龙带以保安全。外螺纹接头与瓶口用环氧树脂粘结,瓶上标有刻度。

5.2 天平:称量 500 g,感量 50 mg。

5.3 两通针:6～9 号麻醉长针头制成。

5.4 锥形瓶:250 mL。

5.5 玻璃注射器:50 mL。

5.6 微量滴定管:容量 2 mL,分度值 0.02 mL。

国家质量技术监督局 1999-08-10 批准　　2000-06-01 实施

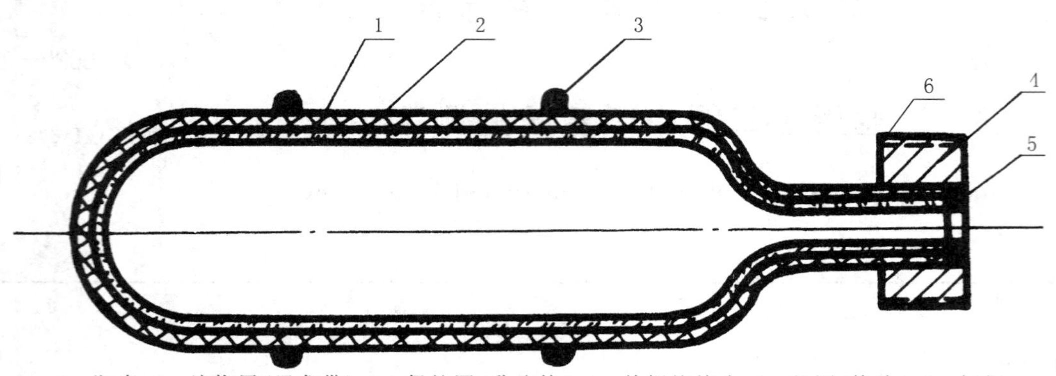

1—瓶壳；2—缠绕层(尼龙带)；3—保护圈(乳胶管)；4—外螺纹接头；5—垫圈(橡胶)；6—螺帽

图 1　耐压玻璃瓶

6　操作步骤

用玻璃注射器往耐压瓶中注入 50 mL 蒸馏水(使用前煮沸冷却或调至中性)，在天平上称量。用两通针从密闭取样口取至预先标号的刻度(丁二烯为 50 g±2 g)，再称量，计算出样品量。剧烈振荡瓶内物 4 min，将耐压瓶倒放在管架上，让瓶内物静止分层，然后插入两通针将下层水相放入 250 mL 锥形瓶中，加 2 滴混合指示剂，用盐酸标准溶液(4.1)滴定至玫瑰红色，30 s 不褪为终点。记下消耗盐酸标准溶液的体积(mL)。

注：在压力下，丁二烯是易燃气体，应按 GB/T 3723 的有关安全要求采取样品。

7　计算

丁二烯中胺含量按式(1)计算(以 NH_3 计)：

$$x = \frac{c \cdot V \times 0.0170}{m \times 0.90} \times 10^6 \qquad \cdots\cdots(1)$$

式中：x——丁二烯中胺的含量，mg/kg；

c——盐酸标准溶液的实际浓度，mol/L；

V——盐酸标准溶液的消耗量，mL；

m——样品量，g；

0.90——萃取率；

0.017 0——与 1.00 mL 盐酸标准溶液[c(HCl)=1.000 mol/L]相当的以克表示的氨的质量。

8　结果的表示

取两次重复测定结果的算术平均值作为分析结果，并按 GB/T 8170 的规定修约至 0.1 mg/kg。

9　精密度

9.1　重复性

在同一实验室，由同一人员操作，用相同的仪器设备对同一样品相继做两次重复测定，其结果之差不应大于 0.8 mg/kg(95%置信水平)。

9.2　再现性

待确定。

10　试验报告

报告包括以下内容：

a） 有关样品的全部资料：例如样品名称、取样日期、取样时间、取样地点等；

b） 测定结果；

c） 在试验中观察到的异常现象；

d） 分析人员姓名及分析日期等；

e） 本标准代号。

ICS 71.080.10
G 16

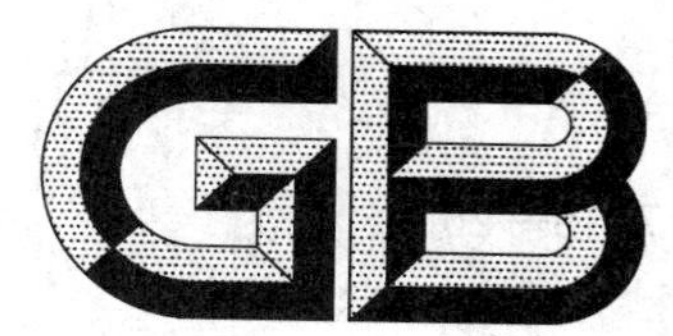

中华人民共和国国家标准

GB/T 7715—2014
代替 GB/T 7715—2003

工业用乙烯

Ethylene for industrial use—Specification

2014-07-08 发布

2014-12-01 实施

中华人民共和国国家质量监督检验检疫总局
中国国家标准化管理委员会 发布

前　言

本标准按照 GB/T 1.1—2009 给出的规则起草。

本标准代替 GB/T 7715—2003《工业用乙烯》。

本标准与 GB/T 7715—2003 相比主要变化如下：

——修改了范围(见第 1 章,2003 年版的第 1 章)；

——修改规范性引用文件,取消了引用文件的年代号,增加部分引用文件(见第 2 章,2003 年版的第 2 章)；

——C_3 和 C_3 以上的优等品指标由"≤20 mL/m^3"改为"≤10 mL/m^3"(见第 3 章表 1,2003 年版的第 3 章表 1)；

——一氧化碳含量的优等品指标由"≤2 mL/m^3"改为"≤1 mL/m^3",一等品指标由"≤5 mL/m^3"改为"≤3 mL/m^3"(见第 3 章表 1,2003 年版的第 3 章表 1)；

——乙炔含量的优等品指标由"≤5 mL/m^3"改为"≤3 mL/m^3",一等品指标由"≤10 mL/m^3"改为"≤6 mL/m^3"(见第 3 章表 1,2003 年版的第 3 章表 1)；

——硫含量的一等品指标由"≤2 mg/kg"改为"≤1 mg/kg"(见第 3 章表 1,2003 年版的第 3 章表 1)；

——甲醇含量的优等品和一等品指标由"≤10 mg/kg"改为"≤5 mg/kg"(见第 3 章表 1,2003 年版的第 3 章表 1)；

——增加了二甲醚的控制指标,"优等品≤1 mg/kg","一等品≤2 mg/kg"(见第 3 章表 1)；

——删除了采样,将相关内容移入检验规则(见第 4 章,2003 年版的第 4 章)；

——修改了标志、包装、运输和贮存(见第 5 章,2003 年版的第 6 章)；

——修改了安全(见第 6 章,2003 年版的第 7 章)。

本标准由中国石油化工集团公司提出。

本标准由全国化学标准化技术委员会石油化学分技术委员会(SAC/TC 63/SC 4)归口。

本标准起草单位:中国石油化工股份有限公司茂名分公司、中国石油天然气股份有限公司独山子石化分公司。

本标准主要起草人:梁华、安晓春、师伟、冯肖荣、钟东标、邵世钦、邵卫国、曲国兴。

本标准所代替标准的历次版本发布情况为：

——GB/T 7715—1987、GB/T 7715—2003。

工业用乙烯

1 范围

本标准规定了工业用乙烯的要求、检验规则、标志、包装、运输和贮存以及安全。

本标准适用于经蒸汽裂解、甲醇制烯烃等工艺加工、分离得到的乙烯，其主要用途为生产聚乙烯、乙烯氧化物等有机物。

分子式：C_2H_4

相对分子质量：28.054(按 2007 年国际相对原子质量)

本标准并不是旨在说明与其使用有关的所有安全问题，使用者有责任采取适当的安全和健康措施，并保证符合国家有关法规的规定。

2 规范性引用文件

下列文件对于本文件的应用是必不可少的。凡是注日期的引用文件，仅注日期的版本适用于本文件。凡是不注日期的引用文件，其最新版本(包括所有的修改单)适用于本文件。

GB 190 危险货物包装标志

GB/T 3391 工业用乙烯中烃类杂质的测定 气相色谱法

GB/T 3393 工业用乙烯、丙烯中微量氢的测定 气相色谱法

GB/T 3394 工业用乙烯、丙烯中微量一氧化碳、二氧化碳和乙炔的测定 气相色谱法

GB/T 3396 工业用乙烯、丙烯中微量氧的测定 电化学法

GB/T 3723 工业用化学产品采样安全通则(GB/T 3723—1999,idt ISO 3165:1976)

GB/T 3727 工业用乙烯、丙烯中微量水的测定

GB/T 11141—2014 工业用轻质烯烃中微量硫的测定

GB 12268 危险货物品名表

GB/T 12701 工业用乙烯、丙烯中微量含氧化合物的测定 气相色谱法

GB/T 13289 工业用乙烯液态和气态采样法(GB/T 13289—2014,ISO 7382:1986 NEQ)

GB 20577 化学品分类、警示标签和警示性说明安全规范 易燃气体

《特种设备安全监察条例》(国务院令第 549 号)

《危险货物运输规则》(交铁运字 1218 号)

《危险化学品安全管理条例》(国务院令第 591 号)

3 要求

工业用乙烯的技术要求和试验方法见表 1。

表 1 工业用乙烯的技术要求和试验方法

序号	项 目		指 标		试验方法
			优等品	一等品	
1	乙烯含量 φ/ %	≥	99.95	99.90	GB/T 3391
2	甲烷和乙烷含量/(mL/m^3)	≤	500	1 000	GB/T 3391
3	C_3 和 C_3 以上含量/(mL/m^3)	≤	10	50	GB/T 3391
4	一氧化碳含量/(mL/m^3)	≤	1	3	GB/T 3394
5	二氧化碳含量/(mL/m^3)	≤	5	10	GB/T 3394
6	氢含量/(mL/m^3)	≤	5	10	GB/T 3393
7	氧含量/(mL/m^3)	≤	2	5	GB/T 3396
8	乙炔含量/(mL/m^3)	≤	3	6	GB/T 3391[a] GB/T 3394[a]
9	硫含量/(mg/kg)	≤	1	1	GB/T 11141[b]
10	水含量/(mL/m^3)	≤	5	10	GB/T 3727
11	甲醇含量/(mg/kg)	≤	5	5	GB/T 12701
12	二甲醚含量[c]/(mg/kg)	≤	1	2	GB/T 12701

[a] 在有异议时，以 GB/T 3394 测定结果为准。

[b] 在有异议时，以 GB/T 11141—2014 中的紫外荧光法测定结果为准。

[c] 蒸汽裂解工艺对该项目不做要求。

4 检验规则

4.1 检验分类与检验项目

4.1.1 检验分为型式检验和出厂检验表 1 中规定的所有项目均为型式检验项目。除氢含量和甲醇含量项目外，其他项目均为出厂检验项目。

4.1.2 当有下列情况之一时应进行型式检验：

a) 在正常情况下，每月至少进行一次型式检验；

b) 关键生产工艺发生变化或主要设备更新时；

c) 主要原料有变化时；

d) 产品长期停产后，恢复生产时；

e) 出厂检验结果与上次型式检验结果有较大差异时；

f) 上级质量监督机构提出进行型式检验要求时。

4.2 组批

在原材料、工艺不变的条件下，产品每生产一罐为一批。也可根据一定时间(8 h 或 24 h)或同时发往某地的、同等质量的、均匀的产品为一批。

4.3 取样

取样按 GB/T 3723、GB/T 13289 进行，取样量应满足检验项目所需数量。

4.4 判定规则

产品由生产厂的质量检验部门进行检验。出厂检验结果符合表1规定时,则判定为合格。生产厂应保证所有出厂的产品都符合本标准的要求。

4.5 复验规则

如果出厂检验结果中有不符合表1的规定时,重新取样复验。复验结果如仍不符合表1规定,则该批产品应作降等或不合格品处理。

4.6 质量证明

每批出厂产品都应附有质量证明书,其内容包括:生产厂名称、产品名称、等级、批号或生产日期和本标准编号等。

5 标志、包装、运输和贮存

5.1 依据GB 12268规定的分类原则,工业用乙烯属于危险化学品第2类第2.1项易燃气体,其警示标签和警示性说明见GB 20577,其危险性标志按GB 190执行。

5.2 气态乙烯可采用管道、钢瓶和储槽输送。液态乙烯可采用管道和低温储槽运输。除了执行《特种设备安全监察条例》外,公路和船运应符合《危险货物运输规则》。

6 安全

6.1 工业用乙烯属易燃气体和低毒类物质,其涉及的安全问题应符合相关法律、法规和标准的规定。

6.2 应查阅《危险化学品安全管理条例》和由供应商提供的化学品安全技术说明书。

6.3 乙烯为易燃介质,在压力过大和明火的场合下易导致爆炸性分解,与氟、氯等接触会发生反应。在空气中爆炸极限为2.7%～36.0%(体积分数),自燃点为450 ℃。应密闭操作,全面通风。

6.4 在作业区域内最大允许浓度为300 mg/m^3,当浓度超过此范围时,吸入会引起头晕、呼吸减弱和血液循环发生故障,并产生麻醉作用。如吸入,迅速脱离现场至空气新鲜处,保持呼吸道通畅。如呼吸困难、心脏停止跳动,立即进行人工呼吸和输氧,直到送医院抢救治疗。液化乙烯可致皮肤冻伤,在整个采样过程中操作者应戴护目镜和防护手套。

6.5 灭火方法:切断气源。若不能立即切断气源,则不允许熄灭泄漏处的火焰,应喷水冷却容器,若可行将容器从火场移至空旷处。在火源不大的情况下,可使用雾状水、泡沫、二氧化碳和干粉灭火器等灭火器材。

6.6 电器装置和照明应有防爆结构,其他设备和管线应接地。

ICS 71.080.10
G 16

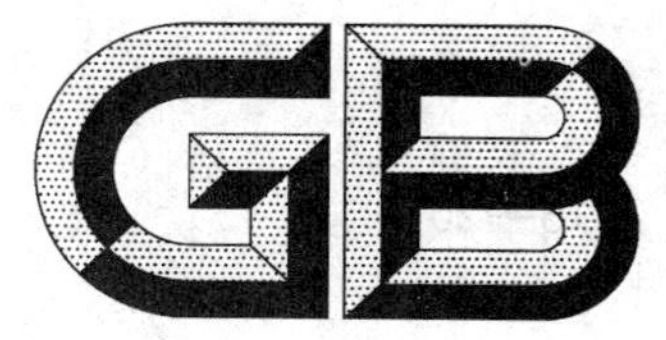

中华人民共和国国家标准

GB/T 7716—2014
代替 GB/T 7716—2002

聚合级丙烯

Propylene for polymerization—Specification

2014-07-08 发布　　2014-12-01 实施

中华人民共和国国家质量监督检验检疫总局
中国国家标准化管理委员会　发布

前　言

本标准按照 GB/T 1.1—2009 给出的规则起草。

本标准代替 GB/T 7716—2002《工业用丙烯》。

本标准与 GB/T 7716—2002 相比，主要差异如下：

——标准名称由《工业用丙烯》改为《聚合级丙烯》；

——取消规范性引用文件的年代号(见第 2 章，2002 年版的第 2 章)；

——增加了合格品指标(见第 3 章表 1)；

——乙烯含量优等品指标由"≤50 mL/m^3"修改为"≤20 mL/m^3"，一等品指标由"≤100 mL/m^3"修改为"≤50 mL/m^3"(见第 3 章表 1，2002 年版的第 3 章表 1)；

——甲基乙炔+丙二烯含量一等品指标由"≤20 mL/m^3"修改为"≤10 mL/m^3"(见第 3 章表 1，2002 年版的第 3 章表 1)；

——在水含量优等品指标"≤10 mg/kg"上增加表注 b"该指标也可以由供需双方协商确定"(见第 3 章表 1)；

——增加了二甲醚的控制指标(见第 3 章表 1)；

——删除了采样，将相关内容移入检验规则(2002 年版的第 4 章)。

——删除了附录 A。

本标准由中国石油化工集团公司提出。

本标准由全国化学标准化技术委员会石油化学分技术委员会(TC 63/SC 4)归口。

本标准由中国石油化工股份有限公司北京燕山分公司起草。

本标准主要起草人：彭金瑞、崔广洪、于洪洸、梁妃沈。

本标准所代替标准的历次版本发布情况为：

——GB/T 7716—1987、GB/T 7716—2002。

聚合级丙烯

1 范围

本标准规定了聚合级丙烯的要求、检验规则、标志、包装、运输和贮存及安全。

本标准适用于聚合用丙烯。

分子式：C_3H_6

相对分子质量：42.081（按2007年国际相对原子质量）

本标准并不是旨在说明与其使用有关的所有安全问题，使用者有责任采取适当的安全和健康措施，并保证符合国家有关法规的规定。

2 规范性引用文件

下列文件对于本文件的应用是必不可少的。凡是注日期的引用文件，仅注日期的版本适用于本文件。凡是不注日期的引用文件，其最新版本（包括所有的修改单）适用于本文件。

GB 150（所有部分） 压力容器

GB 190 危险货物包装标志

GB/T 3392 工业用丙烯中烃类杂质的测定 气相色谱法

GB/T 3394 工业用乙烯、丙烯中微量一氧化碳、二氧化碳和乙炔的测定 气相色谱法

GB/T 3396 工业用乙烯、丙烯中微量氧的测定 电化学法

GB/T 3723 工业用化学产品采样安全通则（GB/T 3723—1999，idt，ISO 3165：1976）

GB/T 3727 工业用乙烯、丙烯中微量水的测定

GB/T 11141—2014 工业用轻质烯烃中微量硫的测定

GB 12268 危险货物品名表

GB/T 12701 工业用乙烯、丙烯中微量含氧化合物的测定 气相色谱法

GB/T 13290 工业用丙烯和丁二烯液态采样法（GB/T 13290—2014，ISO 8563：1987，NEQ）

GB 18180 液化气体船舶安全作业要求

GB 20577 化学品分类、警示标签和警示性说明安全规范 易燃气体

《特种设备安全监察条例》（国务院令第549号）

《危险化学品安全管理条例》（国务院令第591号）

《压力容器安全技术监察规程》（质技监局锅发〔1999〕154号）

《液化气体铁路罐车安全监察规程》［（87）化生字第1174号］

《液化气体汽车罐车安全监察规程》（劳部发〔1994〕262号）

3 要求

聚合级丙烯的技术要求和试验方法见表1。

表 1　聚合级丙烯的技术要求和试验方法

序号	项目		指标			试验方法
			优等品	一等品	合格品	
1	丙烯含量 φ/%	≥	99.6	99.2	98.6	GB/T 3392
2	烷烃含量 φ/%		报告	报告	报告	GB/T 3392
3	乙烯含量/(mL/m^3)	≤	20	50	100	GB/T 3392
4	乙炔含量/(mL/m^3)	≤	2	5	5	GB/T 3394
5	甲基乙炔+丙二烯含量/(mL/m^3)	≤	5	10	20	GB/T 3392
6	氧含量/(mL/m^3)	≤	5	10	10	GB/T 3396
7	一氧化碳含量/(mL/m^3)	≤	2	5	5	GB/T 3394
8	二氧化碳含量/(mL/m^3)	≤	5	10	10	GB/T 3394
9	丁烯+丁二烯含量/(mL/m^3)	≤	5	20	20	GB/T 3392
10	硫含量/(mg/kg)	≤	1	5	8	GB/T 11141[a]
11	水含量/(mg/kg)	≤	10[b]		双方商定	GB/T 3727
12	甲醇含量/(mg/kg)	≤	10		10	GB/T 12701
13	二甲醚含量/(mg/kg)[c]	≤	2	5	报告	GB/T 12701

[a] 在有异议时,以 GB/T 11141—2014 中的紫外荧光法测定结果为准。
[b] 该指标也可以由供需双方协商确定。
[c] 该项目仅适用于甲醇制烯烃、甲醇制丙烯工艺。

4　检验规则

4.1　检验分类与检验项目

表 1 中规定的所有项目均为出厂检验项目。

4.2　组批

在原材料、工艺不变的条件下,产品每生产一罐为一批。也可根据一定时间(8 h 或 24 h)或同时发往某地的、同等质量的、均匀的产品为一批。

4.3　取样

取样按 GB/T 3723、GB/T 13290 进行,取样量应满足检验项目所需数量。

4.4　判定规则

产品由生产厂的质量检验部门进行检验。出厂检验结果符合表 1 规定时,则判定为合格。生产厂应保证所有出厂的产品都符合本标准的要求。

4.5　复验规则

如果检验结果中有不符合表 1 的规定时,重新取样复验。复验结果如仍不符合表 1 规定,则该批产品应作降等或不合格处理。

4.6 质量证明

每批出厂产品都应附有质量证明书，其内容包括：生产厂名称、产品名称、等级、批号或生产日期和本标准编号等。

5 标志、包装、运输和贮存

5.1 依据 GB 12268 规定的分类原则，聚合级丙烯属于危险化学品第 2 类第 2.1 项易燃气体，其警示标签和警示性说明见 GB 20577。其危险性标志按 GB 190 执行。

5.2 聚合级丙烯储罐的设计、制造、使用及维修应符合 GB 150 的规定并遵守《压力容器安全技术监察规程》的要求。

5.3 用铁路罐车、汽车罐或专用轮船运输聚合级丙烯时，除了执行《特种设备安全监察条例》外，铁路罐车运输应遵守《液化气体铁路罐车安全监察规程》的要求；汽车罐车应遵守《液化气体汽车罐车安全监察规程》的要求；轮船运输应遵守 GB 18180 的规定。

6 安全

6.1 根据对人体损害程度，丙烯属于低毒的物质。其涉及的安全问题应符合相关法律、法规和标准的规定。

6.2 应查阅《危险化学品安全管理条例》和由供应商提供的化学品安全技术说明书。

6.3 在作业区域内最大允许浓度为 300 mg/m^3。当浓度超过此范围时，吸入丙烯气体会引起头昏、头痛和产生麻醉作用。

液态丙烯溅到皮肤上，会引起皮肤冻伤。因此在整个采样过程中操作者应戴护目镜和良好绝热的塑料或者有橡胶涂层的手套。

中毒时的紧急救护办法：给予新鲜空气或输给氧气，进行人工呼吸。

6.4 丙烯为易燃介质，在大气中的爆炸极限为 2.0%～11.1%（体积分数），自燃点为 455 ℃。因此，一切预防措施应考虑如何避免形成爆炸气氛。采样现场要求具有良好的通风条件，尤其在冲洗操作时更应注意。

6.5 消防器材：在火源不大的情况下，可使用二氧化碳和泡沫灭火器、氮气等灭火器材。

6.6 电气装置和照明应有防爆结构，其他设备和管线应良好接地。

ICS 71.080.30
G 17

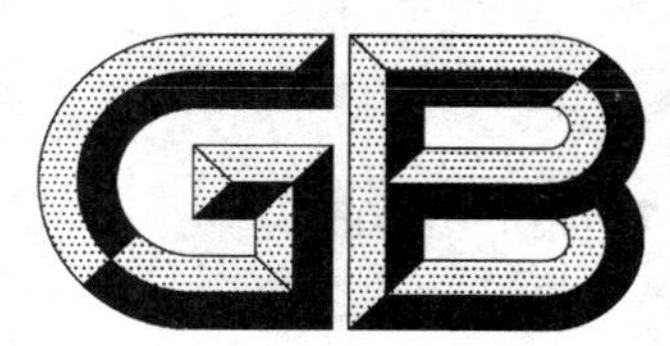

中华人民共和国国家标准

GB/T 7717.1—2008
代替 GB 7717.1—1994、GB/T 7717.2—1994

工业用丙烯腈
第1部分：规格

Acrylonitrile for industrial use—
Part 1：Specification

2008-06-19 发布　　　　2009-02-01 实施

中华人民共和国国家质量监督检验检疫总局
中国国家标准化管理委员会　发布

前　言

GB/T 7717《工业用丙烯腈》预计分为如下几部分：

——第1部分：规格；

——第5部分：酸度、pH值和滴定值的测定；

——第8部分：总醛含量的测定　分光光度法；

——第9部分：总氰含量的测定　滴定法；

——第10部分：过氧化物含量的测定　分光光度法；

——第11部分：铁、铜含量的测定　分光光度法；

——第12部分：纯度及杂质含量的测定　气相色谱法；

——第15部分：对羟基苯甲醚含量的测定　分光光度法。

本部分为GB/T 7717的第1部分。

本部分代替GB 7717.1—1994《工业用丙烯腈》和GB/T 7717.2—1994《工业用丙烯腈外观的测定》。

本部分与GB 7717.1—1994的主要差异如下：

——增加丙烯腈含量、丙腈、噁唑、甲基丙烯腈四个指标项目，丙烯腈优等品的这四个项目指标分别设为丙烯腈含量≥99.5%（质量分数），丙腈含量≤100 mg/kg、噁唑含量≤200 mg/kg、甲基丙烯腈含量≤300 mg/kg；

——删除了阻聚剂氨含量指标及试验方法；

——提高了酸度、pH值、总醛、丙酮和水分质量分数五个项目的指标水平，修改如下：

- 一等品中酸度指标由≤35 mg/kg改为≤30 mg/kg；
- pH值上限值由9.0改为8.0；
- 总醛优等品指标由≤50 mg/kg改为≤30 mg/kg；
- 丙酮优等品指标由≤100 mg/kg改为≤80 mg/kg、一等品指标由≤200 mg/kg改为≤150 mg/kg、合格品指标由≤300 mg/kg改为≤200 mg/kg；
- 水分增加下限值的控制，优等品、一等品和合格品的水分含量的下限为不小于0.2%（质量分数）。

本部分由中国石油化工集团公司提出。

本部分由全国化学标准化技术委员会石油化学分技术委员会（SAC/TC 63/SC 4）归口。

本部分起草单位：中国石化上海石油化工股份有限公司。

本部分主要起草人：陈慧丽、陈洪德、屈玲娣、唐建忠、卫咏梅。

本部分所代替标准的历次版本发布情况为：

——GB 7717.1—1987、GB 7717.1—1994；

——GB 7717.2—1987、GB/T 7717.2—1994。

工业用丙烯腈
第1部分：规格

警告——本部分未指出所有可能的安全问题。生产者必须向用户说明产品的危险性，使用中的安全和防护措施，本部分的使用者有责任采取适当的安全和健康措施，并保证符合国家有关法规规定的条件。

1 范围

本部分规定了工业用丙烯腈的要求、试验方法、检验规则、包装、标志、贮存、运输及安全要求。

本部分适用于丙烯氨氧化法生产的丙烯腈。该产品主要用作合成纤维、塑料、含氰橡胶、丙烯酸树脂、涂料、粘合剂及制药等原料。

分子式：C_3H_3N

结构式：$CH_2=CH\text{-}CN$

相对分子质量：53.063（按2005年国际相对原子质量）

2 规范性引用文件

下列文件中的条款通过GB/T 7717本部分的引用而成为本部分的条款。凡是注日期的引用文件，其随后所有的修改单（不包括勘误的内容）或修订版均不适用于本部分，然而，鼓励根据本部分达成协议的各方研究是否可使用这些文件的最新版本。凡是不注日期的引用文件，其最新版本适用于本部分。

GB 190—1990　危险货物包装标志

GB/T 1250　极限数值的表示方法和判定方法

GB/T 3143　液体化学产品颜色测定法（Hazen单位——铂-钴色号）

GB/T 3723　工业用化学产品采样安全通则

GB/T 4472　化工产品密度、相对密度测定通则

GB/T 6283　化工产品中水分含量的测定　卡尔·费休法（通用方法）

GB/T 6678　化工产品采样总则

GB/T 6680　液体化工产品采样通则

GB/T 7534　工业用挥发性有机液体　沸程的测定

GB/T 7717.5　工业用丙烯腈　第5部分：酸度、pH值和滴定值的测定

GB/T 7717.8　工业用丙烯腈中总醛含量的测定　分光光度法

GB/T 7717.9　工业用丙烯腈中总氰含量的测定　滴定法

GB/T 7717.10　工业用丙烯腈　第10部分：过氧化物含量的测定　分光光度法

GB/T 7717.11　工业用丙烯腈　第11部分：铁、铜含量的测定　分光光度法

GB/T 7717.12　工业用丙烯腈　第12部分：纯度及杂质含量的测定　气相色谱法

GB/T 7717.15　工业用丙烯腈中对羟基苯甲醚含量的测定　分光光度法

GB 15603　常用危险化学品贮存通则

3 要求和试验方法

工业用丙烯腈应符合表1的要求，并按表1中规定的试验方法进行检验。

表 1 工业用丙烯腈质量指标和试验方法

项目		质量指标			试验方法
		优等品	一等品	合格品	
外观[a]		透明液体，无悬浮物			
色度(Pt-Co)/号	≤	5	5	10	GB/T 3143
密度(20 ℃)/(g/cm³)		0.800～0.807			GB/T 4472
酸度(以乙酸计)/(mg/kg)	≤	20	30	—	GB/T 7717.5
pH 值(5%的水溶液)		6.0～9.0			
滴定值(5%的水溶液)/mL	≤	2.0	2.0	3.0	
水分的质量分数/%		0.20～0.45	0.20～0.45	0.20～0.60	GB/T 6283
总醛(以乙醛计)的质量分数/(mg/kg)	≤	30	50	100	GB/T 7717.8
总氰(以氢氰酸计)的质量分数/(mg/kg)	≤	5	10	20	GB/T 7717.9
过氧化物(以过氧化氢计)的质量分数/(mg/kg)	≤	0.20	0.20	0.40	GB/T 7717.10
铁的质量分数/(mg/kg)	≤	0.10	0.10	0.20	GB/T 7717.11
铜的质量分数/(mg/kg)	≤	0.10	0.10	—	
丙烯醛的质量分数/(mg/kg)	≤	10	20	40	GB/T 7717.12
丙酮的质量分数/(mg/kg)	≤	80	150	200	
乙腈的质量分数/(mg/kg)	≤	150	200	300	
丙腈的质量分数/(mg/kg)	≤	100	—	—	
噁唑的质量分数/(mg/kg)	≤	200	—	—	
甲基丙烯腈的质量分数/(mg/kg)	≤	300	—	—	
丙烯腈的质量分数/%	≥	99.5	—	—	
沸程(在 0.101 33 MPa 下)/℃		74.5～79.0			GB/T 7534
阻聚剂，对羟基苯甲醚的质量分数/(mg/kg)		35～45			GB/T 7717.15

[a] 取 50 mL～60 mL 试样，置于清洁、干燥的 100 mL 具塞比色管中，在日光或日光灯透射下，用目视法观察。

4 检验规则

4.1 检验分类

检验分为型式检验和出厂检验，型式检验项目为表 1 技术要求中规定的所有项目，正常情况下每月至少进行一次型式检验。出厂检验项目为表 1 中的外观、色度、pH 值、滴定值、水分、总氰、丙烯醛、丙酮、乙腈、阻聚剂 10 个项目。

4.2 组批

本产品若装在贮罐内，以每一贮罐为一批，若为桶装产品，以每一包装批为一批，若为槽车装运产品，以每一槽车为一批。

4.3 取样

取样按 GB/T 3723、GB/T 6678 和 GB/T 6680 的规定进行。

采样单元数按照 GB/T 6678 的规定确定，采样总量不少于 1 000 mL，样品装于干燥、洁净的塑料采样瓶中，贴上标签，注明：生产厂名称、产品名称、批号、采样日期和采样者姓名等内容。

4.4 判定和复验

检验结果有一项指标不符合本部分规定的要求时，则应重新加倍采样进行检验，检验结果即使只有一项指标不符合本部分要求，则整批产品为不合格。极限数值的判定按 GB/T 1250 中全数值比较法进行。

4.5 交货验收

工业用丙烯腈出厂检验由生产厂负责，生产厂应保证所有出厂的产品符合本部分的要求。每批出厂的产品应附有质量检验合格证或一定格式的质量证明书。用户在收到产品后，应及时按照本部分的规定进行验收。

5 标志、包装、运输和贮存

5.1 标志

5.1.1 包装容器上应用牢固清晰的标志注明：生产厂名称、生产地址、产品名称、商标、生产日期或批号、等级、净质量和本部分编号等内容。

5.1.2 包装容器、贮槽上应有符合 GB 190—1990 规定的“易燃物品”、“剧毒品”、“怕受热”的明显标志。

5.1.3 每批出厂的产品都应有质量检验合格证，其内容包括：产品名称、生产厂名称、厂址、批号或生产日期、等级、本部分编号等。每批出厂的产品都应附有安全技术说明书，容器上应贴有安全标签。

5.2 包装

5.2.1 工业用丙烯腈桶装产品的包装应采用干净、清洁的专用铁桶，铁桶经气密性试验合格后才能进行包装。包装后桶口密封，防止渗漏。每桶净含量为 150 kg。

5.2.2 工业用丙烯腈产品也可以用专用槽车或专用管道输送，注意防止泄漏。

5.3 运输

工业用丙烯腈为易燃、剧毒危险品，运输时应遵守国家有关规定。

5.4 贮存

5.4.1 工业用丙烯腈应符合 GB 15603 的规定，贮存于专用贮槽内，桶装丙烯腈则应贮存于符合有毒、易燃液体存放安全、防火规定的专用有顶仓库。

5.4.2 工业用丙烯腈贮存时应注意通风，隔绝火种，温度不应超过 30 ℃，并应配备相应的安全防护、消防设施。

5.4.3 不得与氧化剂、酸类、碱类、胺类、溴等接触或一起存放，不得与防护、灭火方法相互抵触的危险品一起存放。

5.4.4 在遵守运输和贮存条件下，含阻聚剂的工业用丙烯腈贮存保证期为自生产之日起 3 个月。

6 安全要求

6.1 工业用丙烯腈属高度危险品，具有易燃、爆炸性质，闪点 −5 ℃，自燃点 481 ℃，蒸气密度 1.83（相对于空气），与空气混合物的爆炸极限为 3.05 %～17.5 %（体积分数），遇明火、高热能引起燃烧爆炸，因此，一切预防措施应考虑如何避免形成燃烧、爆炸气氛。

6.2 工业用丙烯腈剧毒而且易挥发，能通过皮肤及呼吸道为人体吸收，应为接触工业用丙烯腈的人员提供保护皮肤和呼吸器官的劳保措施。工业用丙烯腈的分析应在通风橱中进行。

6.3 工作区域空气中工业用丙烯腈最大允许浓度不超过 2 mg/m^3。

6.4 工业用丙烯腈遇水能分解产生有毒气体，与强酸、强碱、胺类、溴能发生激烈反应，因此，应避免与上述物质接触。

6.5 消防器材应用泡沫、二氧化碳、干粉灭火器、砂土等。

6.6 溢出的工业用丙烯腈可在碱性介质中(pH>8.5)(用 pH 试纸检验),加入适量漂白粉(次氯酸盐)覆盖、收集,放置 12 h 后清除,所有处理和清除步骤应在通风条件下戴上防毒面具进行。

编者注:规范性引用文件中 GB/T 1250 已被 GB/T 8170—2008《数值修约规则与极限数值的表示和判定》代替。

ICS 71.080.30
G 17

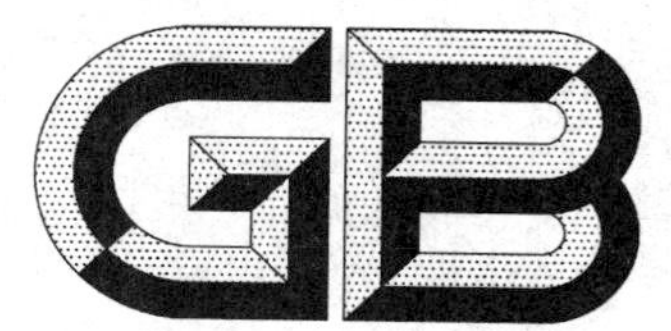

中华人民共和国国家标准

GB/T 7717.5—2008
代替 GB/T 7717.5—1994、GB/T 7717.6—1994、GB/T 7717.13—1994

工业用丙烯腈 第5部分：酸度、pH值和滴定值的测定

Acrylonitrile for industrial use—
Part 5: Determination of acidity and pH value and titration value

2008-06-19 发布

2009-02-01 实施

中华人民共和国国家质量监督检验检疫总局
中国国家标准化管理委员会
发布

前 言

GB/T 7717《工业用丙烯腈》预计分为如下几部分：

——第1部分：规格；

——第5部分：酸度、pH值和滴定值的测定；

——第8部分：总醛含量的测定 分光光度法；

——第9部分：总氰含量的测定 滴定法；

——第10部分：过氧化物含量的测定 分光光度法；

——第11部分：铁、铜含量的测定 分光光度法；

——第12部分：纯度及杂质含量的测定 气相色谱法；

——第15部分：对羟基苯甲醚含量的测定 分光光度法。

本部分为GB/T 7717的第5部分。

本部分代替GB/T 7717.5—1994《工业用丙烯腈(5%水溶液) pH值的测定》、GB/T 7717.6—1994《工业用丙烯腈(5%水溶液)滴定值的测定》和GB/T 7717.13—1994《工业用丙烯腈酸度的测定 滴定法》。

本部分与上述三个标准相比主要变化如下：

——将三个标准整合成一个标准，技术内容基本不变；

——名称修改为《工业用丙烯腈 第5部分：酸度、pH值和滴定值的测定》；

——增加了第3章"安全"。

本部分由中国石油化工集团公司提出。

本部分由全国化学标准化技术委员会石油化学分会(SAC/TC 63/SC 4)归口。

本部分起草单位：中国石化上海石油化工股份有限公司。

本部分主要起草人：屈玲娣、唐建忠、陈洪德、周华强、朱青。

本部分所代替标准的历次版本发布情况为：

——GB 7717.5—1987、GB/T 7717.5—1994；

——GB 7717.6—1987、GB/T 7717.6—1994；

——GB 7717.13—1987、GB/T 7717.13—1994。

工业用丙烯腈
第5部分：酸度、pH值和滴定值的测定

1 范围

本部分规定了工业用丙烯腈酸度、pH值和滴定值的测定方法。

本部分适用于工业用丙烯腈酸度、pH值和滴定值的测定，酸度的最低检测浓度为1 mg/kg(以乙酸计)。

2 规范性引用文件

下列文件中的条款通过GB/T 7717本部分的引用而成为本部分的条款。凡是注日期的引用文件，其随后所有的修改单(不包括勘误的内容)或修订版均不适用于本部分，然而，鼓励根据本部分达成协议的各方研究是否可使用这些文件的最新版本。凡是不注日期的引用文件，其最新版本适用于本部分。

GB/T 601 化学试剂 标准滴定溶液的制备

GB/T 603 化学试剂 试验方法中所用制剂及制品的制备

GB/T 3723 工业用化学产品采样安全通则(GB/T 3723—1999,idt ISO 3165:1976)

GB/T 6678 化工产品采样总则

GB/T 6680 液体化工产品采样通则

GB/T 6682 分析实验室用水规格和试验方法(GB/T 6682—2008,ISO 3696:1987,MOD)

GB/T 8170 数值修约规则

GB/T 9724 化学试剂 pH值测定通则

3 安全

3.1 工业用丙烯腈属高度危险品，剧毒且易挥发，能通过皮肤及呼吸道为人体吸收，分析应在通风橱中进行，并为接触丙烯腈人员提供保护皮肤和呼吸器官的劳保措施。

3.2 溢出的工业用丙烯腈可在碱性介质中(pH>8.5)(用pH试纸检验)，加入适量漂白粉(次氯酸盐)覆盖、收集，放置12 h后清除。所有处理和清除步骤应在通风条件下戴上防毒面具进行。

4 方法提要

4.1 酸度的测定：在不与二氧化碳接触的条件下，以百里酚蓝为指示剂，用碱的醇标准滴定溶液滴定酸的总量。

4.2 pH值测定：用pH计直接测定丙烯腈水溶液(5%质量分数)的pH值。

4.3 滴定值测定：在规定体积并已按4.2测定pH值的丙烯腈水溶液中，用0.1 mol/L硫酸标准滴定溶液进行电位滴定，滴定至pH值等于5.0时，记录所需硫酸标准滴定溶液的毫升数，作为试样的滴定值。

5 试剂与溶液

本部分所用试剂和水，在没有注明其他要求时，均指分析纯试剂和GB/T 6682中规定的三级水。

本部分所用标准滴定溶液、制剂和制品，在没有注明其他要求时，均按GB/T 601、GB/T 603规定制备。

5.1 氢氧化钠;

5.2 氮气:纯度大于99.9%(体积分数);

5.3 异丙醇:用经钠石灰除去二氧化碳的氮气吹洗(10~15)min;

5.4 硫酸标准滴定溶液:$c(\frac{1}{2}H_2SO_4)=0.1$ mol/L;

5.5 氢氧化钠异丙醇标准滴定溶液:c(NaOH-异丙醇)=0.01 mol/L,按下述方法制备:

配制氢氧化钠饱和异丙醇溶液,放置(3~4)d,以沉淀碳酸钠,然后吸取上层澄清溶液,其浓度以百里酚蓝为指示剂,用硫酸标准滴定溶液(5.4)标定。再用异丙醇(5.3)稀释至c(NaOH-异丙醇)=0.01 mol/L。该溶液贮存于用橡皮塞盖紧的玻璃瓶中,此液在出现浑浊或经多次使用后应重新配制、标定。

5.6 百里香酚蓝指示剂:1 g/L的异丙醇溶液。

5.7 不含二氧化碳的蒸馏水:将符合GB/T 6682的三级水煮沸10 min,冷却,密封保存待用(使用前制备)。

6 仪器和设备

6.1 带氮气吹管的具塞锥形瓶:250 mL,其结构如图1所示。

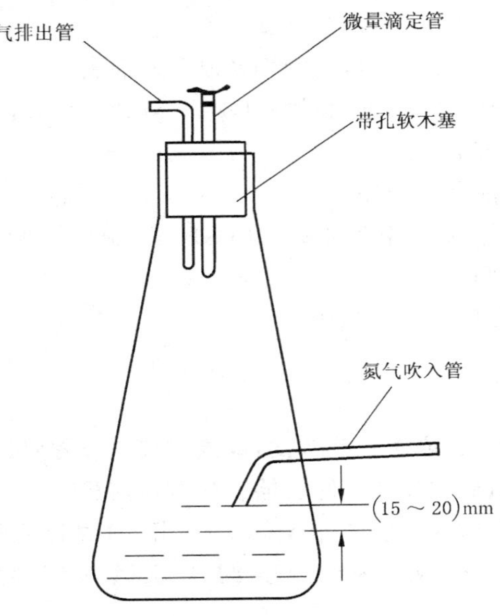

图1 带氮气吹管的具塞锥形瓶

6.2 秒表;

6.3 pH计:测量精度0.02 pH;

6.4 电磁搅拌器;

6.5 微量滴定管:5 mL,分度值0.02 mL;

6.6 移液管:2 mL;

6.7 量筒:50 mL、100 mL、1 000 mL;

6.8 烧杯:1 000 mL;

6.9 氮气流量计。

7 采样

按 GB/T 3723、GB/T 6678、GB/T 6680 的规定采取样品。

8 分析步骤

8.1 酸度的测定：准确量取 75 mL 试样置于预先用氮气置换过的锥形瓶(6.1)中，加入 5 滴百里香酚蓝指示剂(5.6)，摇匀，盖上塞子，再用氮气置换 5 min，然后在继续通氮条件下，用氢氧化钠异丙醇标准滴定溶液(5.5)滴定至出现蓝色并在 30 s 内不消失为终点。

注：氮气流量为(200～500)mL/min。

8.2 pH 值测定：准确量取不含二氧化碳的蒸馏水(5.7)760 mL，置于 1 000 mL 烧杯中，准确加入试样 50 mL，混匀。按 GB/T 9724 的规定步骤测定 pH 值。

8.3 滴定值测定：在 8.2 所配置的试样溶液中，边搅拌，边滴加硫酸标准滴定溶液(5.4)，直至试样溶液的 pH 值达到 5.0 为止。所消耗的硫酸标准滴定溶液的体积数(mL)即为滴定值。

9 分析结果的表示

9.1 酸度计算

酸度以乙酸的质量分数 w 计，数值以%表示，按式(1)计算：

$$w = \frac{V \times c \times 0.060\,05}{75 \times \rho} \times 100 \quad \cdots\cdots(1)$$

式中：

V——试样消耗氢氧化钠异丙醇标准滴定溶液体积的数值，单位为毫升(mL)；

c——氢氧化钠异丙醇标准滴定溶液浓度的准确数值，单位为摩尔每升(mol/L)；

ρ——试样密度的数值，单位为克每毫升(g/mL)；

0.060 05——与 1.00 mL 氢氧化钠异丙醇标准滴定溶液[c(NaOH)＝0.01 mol/L]相当的乙酸质量的数值，单位为克。

9.2 滴定值计算

滴定值 V_Y，以 mL 表示，按式(2)计算：

$$V_Y = c/c_0 \times V \quad \cdots\cdots(2)$$

式中：

c——硫酸标准滴定溶液的实际浓度，单位为摩尔每升(mol/L)；

c_0——硫酸标准滴定溶液的理论浓度，数值为 0.1 000，单位为摩尔每升(mol/L)；

V——试样消耗硫酸标准滴定溶液的体积数，单位为毫升(mL)。

9.3 结果的表示

取两次重复测定结果的算术平均值作为分析结果，其数值按 GB/T 8170 的规定进行修约，酸度精确至 0.1 mg/kg，pH 值精确至 0.01，滴定值精确至 0.01 mL。

10 重复性

在同一实验室，由同一操作者使用相同设备，按相同的测试方法，并在短时间内对同一被测对象相互独立进行测试获得的两次独立测试结果的绝对差值，不应超过下列重复性限(r)[以超过重复性限(r)的情况不超过 5%为前提]：

酸度：　　不大于其平均值的 2 %；

pH 值：　　不大于 0.05；

滴定值：　　不大于 0.05 mL。

11 报告

报告应包括如下内容：

a) 有关样品的全部资料，例如样品的名称、批号、采样点、采样日期、时间等；

b) 本部分编号；

c) 分析结果；

d) 测定时观察到的任何异常现象的细节及其说明；

e) 分析人员的姓名及分析日期等。

中华人民共和国国家标准

工业用丙烯腈中总醛含量的测定 分光光度法

GB/T 7717.8—94

代替 GB 7717.8—87

Acrylonitrile for industrial use—Determination of content of total aldehydes—Spectrophotometric method

1 主题内容与适用范围

本标准规定了测定丙烯腈中醛类化合物含量的分光光度法。

本标准适用于丙烯腈中总醛含量(以乙醛计)的测定,测定范围为 0.000 05～0.005%(*m*/*m*)。

2 引用标准

GB/T 3723 工业用化学产品采样的安全通则

GB/T 6678 化工产品采样总则

GB/T 6680 液体化工产品的采样通则

GB 6682 分析实验室用水规格和试验方法

GB/T 9721 化学试剂分子吸收分光光度法通则(紫外和可见光部分)

3 方法原理

样品中的醛与 3-甲基-2-苯并噻唑酮腙(MBTH)反应生成吖嗪,同时过量的 MBTH 被三氯化铁氧化成阳离子,该阳离子再与吖嗪反应生成有色的阳离子染料,于 628 nm 处测量其吸光度。

4 试剂与溶液

除另有注明外,所用试剂均为分析纯,所用的水均符合 GB 6682 规定的三级水规格。

4.1 0.008%3-甲基-2-苯并噻唑酮腙(MBTH)溶液:

称取 0.08 gMBTH 试剂,用适量水溶解,移入 1 000 mL 容量瓶中,然后用水稀释至刻度,贮存于棕色瓶中。该溶液使用期不超过一周。

注:MBTH 全名为 3-methyl-2-benzothiazolinone hydrazone;LR 级也可使用。

4.2 氧化剂溶液:

称取 8.0 g 三氯化铁和 8.0 g 氨基磺酸溶于适量水中,移入 1 000 mL 容量瓶中,然后用水稀释至刻度,贮存于棕色瓶中。

4.3 对-羟基苯甲醚(MEHQ)溶液:

为 0.004%(*m*/*m*)水溶液。

注:MEHQ 全名为:4-methoxyphenol(monomethyl ether of hydroquinone)。

4.4 乙醛:含量大于 99%。

4.5 0.1%(*m*/*m*)乙醛标准贮备溶液:

国家技术监督局 1994-07-04 批准　　　　1995-04-01 实施

于 50 mL 容量瓶中注入经冷却的无醛丙烯腈(4.11)至刻度并称重,用经冷却的 50μL 微量注射器吸取 50 μL 乙醛(4.4)注入该容量瓶中并再次称重,二次称量都精确至 0.000 1 g,根据称量计算标准贮备溶液的浓度。

4.6 氢氧化钠溶液:配制成 20%(m/m)水溶液。

4.7 无水硫酸钠:优级纯。

4.8 浓盐酸。

4.9 732 树脂。

4.10 2,4-二硝基苯肼。

4.11 无醛丙烯腈的制备:

推荐下列二种方法以供选用。处理后的丙烯腈需放入棕色瓶并冷藏,可保存一周。

方法 A:取 100 mL 丙烯腈置于分液漏斗中,加入 90 mL 水,10 mL 氢氧化钠溶液(4.6)并振荡 1 min,分层后放出下层溶液,再在分液漏斗中加入 10 g 无水硫酸钠(4.7),振荡后将丙烯腈层滤出并进行蒸馏,收集沸程为 75.5~79.5℃的中间馏分。

方法 B:取 100 mL 丙烯腈,加入 1 g2,4-二硝基苯肼(4.10),再加入经浓盐酸(4.8)浸泡过的 732 树脂(4.9)10 g,加热回流 4 h 后,蒸馏并收集 75.5~79.5℃的中间馏分。

5 仪器与设备

5.1 分光光度计:适宜于可见光区的测量。

5.2 吸收池:厚度为 10 mm。

5.3 制备无醛丙烯腈用的回流及蒸馏装置:为全玻璃系统,其中包括:

5.3.1 圆底烧瓶:500 mL;

5.3.2 冷凝器:球形和直形;

5.3.3 接受器;

5.3.4 刻度量筒:500 mL;

5.3.5 热源。

6 采样

按 GB/T 3723、GB/T 6678、GB/T 6680 的规定采取样品。

7 分析步骤

7.1 标准曲线的绘制

用移液管吸取 0.1%乙醛标准贮备溶液(4.5)0.5,1.0,1.5,2.0,2.5 mL,分别置于五个 50 mL 容量瓶中,用无醛丙烯腈(4.11)稀释至刻度。所得标准溶液的乙醛浓度相应为:0.0010,0.0020,0.0030,0.0040,0.0050%。

从上述五个容量瓶中各取 1.0 mL 标准溶液,分别置于五个 50 mL 容量瓶中,同时量取 1.0 mL 无醛丙烯腈(4.11)置于另一个 50 mL 容量瓶中,作为对照溶液。所有容量瓶中各加入 25 mLMBTH 溶液(4.1),混匀,静置 45 min。

再吸取 2 mL 氧化剂溶液(4.2)加入各容量瓶中,用水稀释至刻度,混匀,再静置 45±5 min,并在此时间范围内,于波长 628 nm 处,以水作参比,用 10 mm 吸收池测定各溶液的吸光度。

以乙醛浓度为横坐标,相应的吸光度(由每个乙醛标准溶液的吸光度扣除对照溶液的吸光度)为纵坐标,绘制标准曲线。

注:如待测样品中含有阻聚剂 MEHQ,则在加入 MBTH 溶液前,在每个容量瓶中各加入 1 mLMEHQ 溶液(4.3)。

7.2 试样测定

吸取 1 mL 试样置于 50 mL 容量瓶中，加入 25 mLMBTH 溶液(4.1)静置 45 min。同时另取一容量瓶作一试剂空白。

以后步骤同(7.1)所述。根据测得的吸光度(此处为将试样溶液的吸光度扣除试剂空白的吸光度)，在标准曲线上查得总醛含量(以乙醛计)。

注：① 如果试样中总醛含量大于 0.005 0%，则取样量减半。

② 如试样中含有阻聚剂 MEHQ，则在加入 MBTH 溶液前，在试剂空白中亦应加入 1 mLMEHQ 溶液(4.3)。

8 结果的表示

取两次重复测定结果的算术平均值作为分析结果。两次测定结果之差应符合第 9 章规定的精密度。测定结果应精确至 0.000 01%。

9 精密度

9.1 重复性

在同一实验室，同一操作员使用同一台仪器，在相同的操作条件下，用正常和正确的操作方法对同一试样进行两次重复测定，其测定值之差应不大于其平均值的 10%(95%置信水平)。

10 报告

报告应包括如下内容：

a. 有关样品的全部资料，例如样品的名称、批号、采样点、采样日期、时间等；

b. 本标准代号；

c. 分析结果；

d. 测定时观察到的任何异常现象的细节及其说明；

e. 分析人员的姓名及分析日期等。

附加说明：

本标准由中国石油化工总公司提出。

本标准由全国化学标准化技术委员会石油化学分技术委员会归口。

本标准由上海石油化工研究院负责起草。

本标准主要起草人徐卫宗、庄海青。

中华人民共和国国家标准

工业用丙烯腈中总氰含量的测定 滴定法

GB/T 7717.9—94

代替 GB 7717.9—87

Acrylonitrile for industrial use—Determination of content of total cyanides—Titrimetric method

1 主题内容与适用范围

本标准规定了测定工业用丙烯腈中总氰含量的沉淀滴定法。

本标准适用于总氰含量(以氢氰酸计)大于 0.000 05%(m/m)的工业用丙烯腈试样。

2 引用标准

GB 601 化学试剂 滴定分析(容量分析)用标准溶液的制备

GB/T 3723 工业用化学产品采样的安全通则

GB/T 6678 化工产品采样总则

GB/T 6680 液体化工产品采样通则

GB 6682 分析实验室用水规格和试验方法

3 方法提要

用碘化钾碱性溶液萃取试样中的氰根(CN^-),使之成为可溶性盐,然后以硝酸银标准滴定溶液滴定。

4 试剂与溶液

除另有注明外,所用试剂均为分析纯,所用的水均符合 GB 6682 规定的三级水规格。

4.1 硝酸银标准滴定溶液[$c(AgNO_3)$=0.01 mol/L]:按 GB 601 制备。

4.2 碘化钾碱性溶液:称取 44.1 g 氢氧化钠和 3.6 g 碘化钾,一并溶于 700 mL 水中,然后加入180 mL 氨水,用水稀释至 1 L。

5 仪器与设备

5.1 微量滴定管:1.0 mL,分度值 0.01 mL。

5.2 量筒:100 mL。

5.3 容量瓶:1 000 mL。

5.4 分液漏斗:250 mL。

5.5 锥形瓶:250 mL。

6 采样

按 GB/T 3723、GB/T 6678、GB/T 6680 的规定采取样品。

国家技术监督局1994-07-04批准 1995-04-01实施

7 分析步骤

7.1 用量筒量取 100 mL 试样置于分液漏斗中，加入 100 mL 碘化钾碱性溶液（4.2），振摇 3 min 后静置分层，将水层放入锥形瓶内，立即用硝酸银标准滴定溶液（4.1）滴定至出现微浑浊。

7.2 同时按 7.1 条同样的步骤进行试剂空白试验。

8 分析结果的表示

8.1 计算

以质量百分数表示的总氰含量 X（以氢氰酸计）按下式计算：

$$X = \frac{(V_2 - V_1) \cdot c \times 0.054}{V \cdot \rho} \times 100$$

式中：V_1——试剂空白所消耗的硝酸银标准滴定溶液的体积，mL；

V_2——滴定试样所消耗的硝酸银标准滴定溶液的体积，mL；

c——硝酸银标准滴定溶液之物质的量浓度，mol/L；

V——试样体积，mL；

ρ——试样密度，g/mL；

0.054——与1.00 mL 硝酸银标准滴定溶液〔$c(AgNO_3)$＝1.000 mol/L〕相当的，以克表示的氢氰酸质量。

8.2 结果的表示

取两次重复测定结果的算术平均值作为分析结果，两次重复测定结果之差应符合第 9 章精密度的规定。测定结果应精确至 0.000 01％。

9 精密度

9.1 重复性

在同一实验室，同一操作人员使用同一台仪器，在相同的操作条件下，用正常和正确的操作方法，对同一试样进行两次重复测定，其测定值之差应不大于平均值的 10％（95％置信水平）。

10 报告

报告应包括如下内容：

a. 有关样品的全部资料，例如样品的名称、批号、采样点、采样日期、时间等。

b. 本标准代号。

c. 分析结果。

d. 测定时观察到的任何异常现象的细节及其说明。

e. 分析人员的姓名及分析日期等。

附加说明：

本标准由中国石油化工总公司提出。

本标准由全国化学标准化技术委员会石油化学分技术委员会归口。

本标准由上海石油化工股份有限公司化工二厂负责起草。

本标准主要起草人梁成发、俞婉青、吕德香、顾晓敏。

ICS 71.080.30
G 17

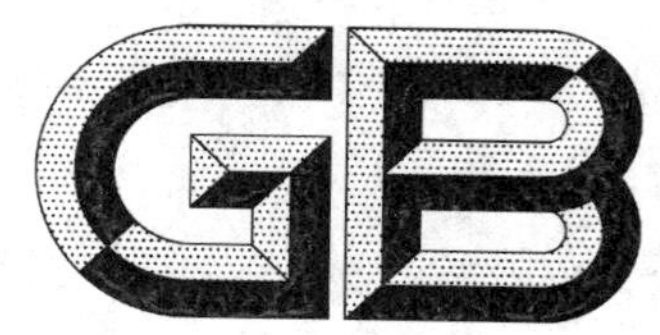

中华人民共和国国家标准

GB/T 7717.10—2008
代替 GB/T 7717.10—1994

工业用丙烯腈
第10部分:过氧化物含量的测定
分光光度法

Acrylonitrile for industrial use—
Part 10: Determination of content of peroxides—
Spectrophotometric method

2008-06-19 发布　　2009-02-01 实施

中华人民共和国国家质量监督检验检疫总局
中国国家标准化管理委员会　发布

前　言

GB/T 7717《工业用丙烯腈》预计分为如下几部分：

——第1部分：规格；

——第5部分：酸度、pH值和滴定值的测定；

——第8部分：总醛含量的测定　分光光度法；

——第9部分：总氰含量的测定　滴定法；

——第10部分：过氧化物含量的测定　分光光度法；

——第11部分：铁、铜含量的测定　分光光度法；

——第12部分：纯度及杂质含量的测定　气相色谱法；

——第15部分：对羟基苯甲醚含量的测定　分光光度法。

本部分为GB/T 7717的第10部分。

本部分修改采用ASTM E 1784：1997(2002)《丙烯腈中总过氧化物含量测定的标准试验方法》(英文版)，本部分与ASTM E 1784：1997(2002)的结构性差异参见附录A。

本部分与ASTM E 1784：1997(2002)的主要差异为：

——规范性引用文件中采用现行国家标准；

——适用的浓度范围修改为0.05 mg/kg～1.0 mg/kg；

——在无过氧化物丙烯腈的制备中，删除离子交换树脂法；将碱洗蒸馏法中的碱液浓度降低到7%(质量分数)，删除水洗、增加无水氯化钙脱水步骤；并明确了活性氧化铝吸附法的制备条件；

——调整了显色反应试剂的加入顺序；

——明确规定了加入碘化钾后的摇动时间为3 min，显色时间改为40 min；

——吸收池规格由1 cm调整为2 cm；

——改变了校准曲线中各浓度点的配制方法；

——增加了采用高锰酸钾标准滴定溶液标定过氧化氢储备液的方法；

——采用了自行确定的重复性限(r)。

本部分代替GB/T 7717.10—1994《工业用丙烯腈中过氧化物含量的测定　分光光度法》。

本部分与GB/T 7717.10—1994相比的主要变化如下：

——适用的浓度范围修改为0.05 mg/kg～1.0 mg/kg；

——将碱洗蒸馏法中的碱液浓度增加到7%(质量分数)，将无水氯化钙脱水时间减少为4 h；增加了用活性氧化铝制备无过氧化物丙烯腈的方法；

——加入碘化钾后的摇动时间改为3 min；

——吸收池规格由1 cm调整为2 cm；

——改变了标准溶液的制备方法和校准曲线中各浓度点的配制方式；

——增加了采用硫代硫酸钠标准滴定溶液标定过氧化氢储备液的方法；

——重新确定了重复性限(r)。

本部分的附录A为资料性附录。

本部分由中国石油化工集团公司提出。

本部分由全国化学标准化技术委员会石油化学分技术委员会(SAC/TC 63/SC 4)归口。

本部分起草单位：上海石油化工研究院。

本部分主要起草人：高琼、李唯佳、王川。

本部分所代替标准的历次版本发布情况为：

GB 7717.10—1987、GB/T 7717.10—1994。

工业用丙烯腈 第10部分:过氧化物含量的测定 分光光度法

1 范围

1.1 本部分规定了测定工业用丙烯腈中过氧化物含量的分光光度法。

本部分适用于过氧化物(以过氧化氢计)含量为0.05 mg/kg ~1.0 mg/kg的工业用丙烯腈试样。

1.2 本部分并不是旨在说明与其使用有关的所有安全问题。使用者有责任建立适当的安全与健康措施,保证符合国家有关法规的规定。

2 规范性引用文件

下列文件中的条款通过GB/T 7717本部分的引用而成为本部分的条款。凡是注明日期的引用文件,其随后所有的修改单(不包括勘误的内容)或修订版均不适用于本部分,然而,鼓励根据本部分达成协议的各方研究是否可使用这些文件的最新版本。凡是不注明日期的引用文件,其最新版本适用于本部分。

GB/T 601 化学试剂 标准滴定溶液的制备

GB/T 603 化学试剂 试验方法中所用制剂及制品的制备

GB/T 3723 工业用化学产品采样安全通则(GB/T 3723—1999,idt ISO 3165:1976)

GB/T 6680 液体化工产品采样通则

GB/T 6682 分析实验室用水规格和试验方法(GB/T 6682—2008,ISO 3696:1987,MOD)

GB/T 8170 数值修约规则

3 方法提要

在乙酸酐的作用下,试样中过氧化物与碘化钾反应,生成黄色的碘三离子(I_3^-)。用分光光度计于波长365 nm处测定溶液的吸光度,根据由过氧化氢标准溶液绘制的校准曲线查得试样中过氧化物(以H_2O_2计)的含量。

4 仪器

4.1 分光光度计:精度±0.001 A,配置2 cm的石英吸收池;

4.2 电子天平:感量0.1 mg;

4.3 定时器;

4.4 酸度计:精度0.1 pH;

4.5 具塞锥形瓶:100 mL;

4.6 碘量瓶:250 mL;

4.7 滴定管:25 mL,棕色;

4.8 容量瓶:50 mL、100 mL和500 mL棕色;

4.9 刻度移液管:1 mL;5mL;

4.10 单标线移液管:0.5 mL、2 mL、5 mL和25 mL;

4.11 分液漏斗:1 000 mL;

4.12 全玻璃蒸馏系统；

4.13 色层分析柱：溶液柱内径 40 mm，溶液柱长 400 mm，具有砂芯滤片和活塞，在距砂芯滤片 235 mm 处作一标记。

5 试剂

除另有注明外，所用试剂均为分析纯，水均符合 GB/T 6682 规定的三级水的规格，所用的标准滴定溶液、制剂及制品，均按 GB/T 601、GB/T 603 的规定制备，若使用其他级别试剂，则以其纯度不会降低测定准确度为准。

5.1 碘化钾：粉末状，若为块状结晶须碾细后使用；

5.2 乙酸酐；

5.3 过氧化氢，质量分数为 30%；

5.4 无水氯化钙：若为块状须碾碎后使用；

5.5 盐酸溶液[$c(HCl)=0.01$ mol/L]；

5.6 氢氧化钠溶液[$c(NaOH)=0.01$ mol/L]；

5.7 氢氧化钠溶液，质量分数为 7%；

5.8 硫酸溶液[$c(1/2\ H_2SO_4)=12$ mol/L]：量取 360 mL 浓硫酸（H_2SO_4 $\rho=1.84$），缓慢注入约 400 mL 水中，冷却，稀释至 1 000 mL；

5.9 钼酸铵溶液，30 g/L：溶解 1.5 g 钼酸铵[$(NH_4)_6Mo_7O_{24}\cdot 4H_2O$]于适量水中并稀释至 50 mL，用盐酸(5.5)或氢氧化钠(5.6)调节 pH 至 7.0；

5.10 硫代硫酸钠标准滴定溶液[$c(Na_2S_2O_3)=0.1$ mol/L]；

5.11 淀粉指示剂溶液；

5.12 高锰酸钾标准滴定溶液[$c(1/5KMnO_4)=0.1$ mol/L]；

5.13 硫酸溶液：1∶4(体积比)；

5.14 活性氧化铝：球形，直径(3～5)mm，氧化铝含量>92%，比表面积(300～420) m^2/g，孔容≥0.4，堆积密度≥0.7 g/mL。

5.15 无过氧化物丙烯腈：可按下述方法之一制备

5.15.1 碱洗蒸馏法：取 600 mL 丙烯腈和 300 mL 氢氧化钠溶液(5.7)置于同一分液漏斗中，振摇 5 min，静置 10 min，待溶液分层后放出水层，将上层的丙烯腈倒入已盛有 60 g 无水氯化钙(5.4)的棕色试剂瓶中，放置 4 h 后，在全玻璃系统中进行蒸馏，收集沸程为 75.5 ℃～79.0 ℃的中间馏分。所制备的无过氧化物丙烯腈应不少于 200 mL。

5.15.2 活性氧化铝柱吸附法：活性氧化铝预先在 175 ℃～315 ℃活化处理后备用。在色层分析柱中装入活性氧化铝至标记处（预先在烧杯中用丙烯腈试样漂洗至无粉末出现），称作 A 柱；以相同的方法填充另一根色层分析柱（柱内的活性氧化铝用通过 A 柱的无过氧化物丙烯腈漂洗），称作 B 柱。使丙烯腈试样以 6.0 mL/min～22.0 mL/min 的速度依次通过 A 柱和 B 柱，最后收集通过 B 柱的无过氧化物丙烯腈。所制备的无过氧化物丙烯腈应不少于 200 mL。

注：经上述步骤处理的无过氧化物丙烯腈按 8.1 步骤检测，吸光度应小于 0.170。

6 采样

按 GB/T 3723 和 GB/T 6680 规定的技术要求采取样品，放置至室温。

7 标准溶液的制备和校准曲线的绘制

7.1 过氧化氢标准储备溶液

按下述方法之一制备和标定。

7.1.1 硫代硫酸钠标准滴定溶液标定法

7.1.1.1 过氧化氢储备溶液的制备

用移液管移取2.5 mL过氧化氢(5.3),移入500 mL容量瓶中,用水稀释至刻度,充分混合。称作溶液A,该溶液含过氧化氢约1.5 mg/mL。

7.1.1.2 过氧化氢储备溶液的标定

7.1.1.2.1 在三只盛有100 mL水的250 mL碘量瓶中各溶解2 g碘化钾(5.1),加入25 mL硫酸(5.8)和3滴钼酸铵溶液(5.9)并摇匀。

注:钼酸铵溶液起催化作用。

7.1.1.2.2 移取25 mL溶液A于其中的两只碘量瓶中,移取25 mL水于另一碘量瓶中作空白,具塞并摇匀。

7.1.1.2.3 在暗处静置5 min,用硫代硫酸钠标准滴定溶液(5.10)滴定释放出的碘直至溶液变成浅黄色,再加1 mL ~2 mL淀粉溶液(5.11),继续滴定至蓝色刚消失为止。

7.1.1.2.4 溶液A的准确浓度按式(1)计算,取两次重复测定结果的算术平均值作为分析结果。

$$\rho_A = \frac{(V_1 - V_0) \times c \times 17.01}{V} \qquad \cdots\cdots(1)$$

式中:

ρ_A——过氧化氢储备溶液A的准确浓度,单位为毫克每毫升(mg/mL);

V_1——样品所消耗的硫代硫酸钠标准溶液的体积,单位为毫升(mL);

V_0——空白溶液所消耗的硫代硫酸钠标准溶液的体积,单位为毫升(mL);

c——硫代硫酸钠标准滴定溶液之物质的量的浓度,单位为摩尔每升(mol/L);

V——移取的过氧化氢储备溶液A的体积,单位为毫升(mL);

17.01——与1.00 mL硫代硫酸钠标准滴定溶液[$c(Na_2S_2O_3)=1.000$ mol/L]相当的,以毫克表示的过氧化氢的质量。

7.1.2 高锰酸钾标准滴定溶液标定法

7.1.2.1 过氧化氢储备溶液的制备

用移液管移取5 mL过氧化氢(5.3),移入100 mL容量瓶中,用水稀释至刻度,充分混合。称作溶液B,该溶液含过氧化氢约15 mg/mL。

7.1.2.2 过氧化氢储备溶液的标定

7.1.2.2.1 用移液管移取2 mL溶液B于2只100 mL锥形瓶中,加入10 mL硫酸溶液(5.13)。

7.1.2.2.2 用高锰酸钾标准滴定溶液(5.12)滴定至出现玫瑰红色,且保持1 min内不褪色。

7.1.2.2.3 溶液B的准确浓度按式(2)计算,取两次重复测定结果的算术平均值作为分析结果。

$$\rho_B = \frac{V_1 \times c \times 17.01}{V} \qquad \cdots\cdots(2)$$

式中:

ρ_B——过氧化氢储备溶液B的准确质量浓度,单位为毫克每毫升(mg/mL);

V_1——样品所消耗的高锰酸钾标准溶液的体积,单位为毫升(mL);

c——高锰酸钾标准滴定溶液之物质的量的浓度,单位为摩尔每升(mol/L);

V——移取的过氧化氢储备溶液B的体积;

17.01——与1.00 mL高锰酸钾标准滴定溶液[$c(\frac{1}{5}KMnO_4)=1.000$ mol/L]相当的,以毫克表示的过氧化氢的质量。

7.1.2.2.4 用移液管移取5 mL溶液B于50mL容量瓶中,用水稀释至刻度,充分混合,称作溶液C,该溶液含过氧化氢约1.5 mg/mL。溶液C的准确质量浓度按式(3)计算:

$$\rho_C = \frac{1}{10}\rho_B \qquad \cdots\cdots (3)$$

式中：

ρ_C——过氧化氢储备溶液 C 的准确质量浓度，单位为毫克每毫升(mg/mL)；

ρ_B——过氧化氢储备溶液 B 的准确质量浓度，单位为毫克每毫升(mg/mL)。

7.2 过氧化氢标准溶液的制备

用移液管移取 0.5 mL 溶液 A 或溶液 C 至已盛有 25 mL 乙酸酐(5.2)的 50 mL 棕色容量瓶中，并用乙酸酐(5.2)稀释至刻度，得到含过氧化氢约 15 μg/mL 的标准溶液，称作溶液 D。按式(4)计算溶液 D 的准确质量浓度：

$$\rho_D = \frac{\rho \times 0.50 \times 1\,000}{50.00} \qquad \cdots\cdots (4)$$

式中：

ρ_D——过氧化氢标准溶液 D 的准确浓度，单位为微克每毫升(μg/mL)；

ρ——过氧化氢储备溶液 A 或溶液 C 的准确浓度 ρ_A 或 ρ_C，单位为毫克每毫升(mg /mL)；

0.50——移取的过氧化氢储备溶液 A 或溶液 C 的体积，单位为毫升(mL)；

50.00——过氧化氢标准溶液 D 的体积，单位为毫升(mL)。

7.3 校准曲线的绘制

7.3.1 在 6 只已干燥的 100 mL 具塞锥形瓶中，分别移取按表 1 规定的乙酸酐(5.2)和过氧化氢标准溶液 D(7.2)，每只锥形瓶中所含的过氧化氢约为 0.00、0.75 μg、1.5 μg、3.75 μg、7.5 μg 和 11.25 μg。

表 1 制备校准曲线时乙酸酐和过氧化氢标准溶液的加入量

移取的溶液	1	2	3	4	5	6
乙酸酐/mL	5.00	4.95	4.90	4.75	4.50	4.25
溶液 D/mL	0.00	0.05	0.10	0.25	0.50	0.75

7.3.2 依次移取 25 mL 无过氧化物丙烯腈(5.15)于上述 6 只锥形瓶中，摇匀。每只锥形瓶中丙烯腈所含的过氧化氢质量分数约为 0.00、0.037 mg/kg、0.074 mg/kg、0.19 mg/kg、0.37 mg/kg 和 0.56 mg/kg，按式(5)计算各标准溶液的质量分数 w(mg/kg)：

$$w = \frac{\rho_D \times V_i \times 10^{-3}}{\rho \times 25.0 \times 10^{-3}} \qquad \cdots\cdots (5)$$

式中：

w——校准曲线中各点所含过氧化氢的质量分数，单位为毫克每千克(mg/kg)；

ρ_D——溶液 D 的准确浓度，单位为微克每毫升(μg/mL)；

V_i——所移取的溶液 D 的体积，单位为毫升(mL)；

ρ——取样时丙烯腈的密度，单位为克每毫升(g/mL)；

25.0——所移取的无过氧化物丙烯腈体积，单位为毫升(mL)。

7.3.3 加入 0.50 g±0.02 g 碘化钾(5.1)于锥形瓶中，具塞，摇动 3 min，避光反应 40 min。

注：在加入碘化钾之前，锥形瓶需用铝箔避光或使用有色锥形瓶以避光。计时从碘化钾加入锥形瓶开始，避光反应时间中包含摇动溶液的 3 min。

7.3.4 在 365 nm 处，用 2 cm 吸收池，以蒸馏水为参比测定各溶液的吸光度。

7.3.5 以每一个标准溶液净吸光度(标准溶液吸光度减去空白溶液的吸光度)对丙烯腈中过氧化氢质量分数 w(mg/kg)绘制校准曲线。

8 试样的测定

8.1 移取 5 mL 乙酸酐(5.2)和 25 mL 丙烯腈试样到 100 mL 已干燥的具塞锥形瓶中，以下按 7.3.3 、

7.3.4 步骤进行。

注 1：当试样中过氧化物含量超过 0.6 mg/kg 时取样量酌减。

注 2：乙酸酐可吸收丙烯腈中的水分并保持样品溶液呈酸性。

8.2 同时按 8.1 步骤，用无过氧化物丙烯腈(5.15)做一空白试验。

8.3 根据试样的净吸光度(实测试样的吸光度减去空白溶液的吸光度)，在校准曲线上查得丙烯腈试样中的过氧化物(以 H_2O_2 计)含量，单位为毫克每千克(mg/kg)。

9 分析结果的表述

取两次重复测定结果的算术平均值表示其结果，按 GB/T 8170 规定进行修约，精确至 0.01 mg/kg。

10 重复性

在同一实验室，由同一操作者使用相同设备，按相同的测试方法，并在短时间内对同一被测对象相互独立进行测试获得的两次独立测试结果的绝对差值不大于其平均值的 20%，以大于其平均值 20%的情况不超过 5%为前提。

11 报告

报告应包括下列内容：

a) 有关样品的全部资料，例如样品名称、批号、采样地点、采样日期、采样时间等。

b) 本部分编号。

c) 分析结果。

d) 测定中观察到的任何异常现象的细节及其说明。

e) 分析人员的姓名及分析日期等。

附　录　A
（资料性附录）
本部分章条编号与 ASTM E 1784:1997(2002)章条编号对照

表 A.1　本部分章条编号与 ASTM E 1784:1997(2002)章条编号对照

本部分章条编号	对应的 ASTM E 1784:1997(2002)章条编号
1	1
2	2
3	3
—	4
4	5、6.6
5	6
6	—
—	7
7	8
7.1	8.1～8.5
7.2	8.6
7.3	8.7～8.10
8	9
8.1	9.1、9.2、9.3
8.2	9.1、9.2、9.3
8.3	9.4
9	10
10	11
11	—
—	12

ICS 71.080.30
G 17

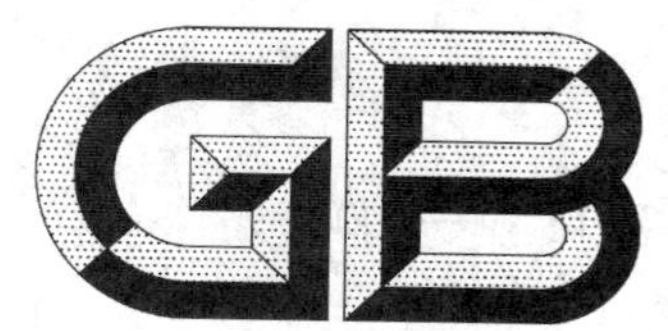

中华人民共和国国家标准

GB/T 7717.11—2008
代替 GB/T 7717.11—1994、GB/T 7717.14—1994

工业用丙烯腈
第 11 部分:铁、铜含量的测定
分光光度法

Acrylonitrile for industrial use—
Part 11: Determination of content of iron and copper—
Spectrophotometric method

2008-06-19 发布　　　　2009-02-01 实施

中华人民共和国国家质量监督检验检疫总局
中国国家标准化管理委员会　发布

前　言

GB/T 7717《工业用丙烯腈》预计分为如下几部分：

——第1部分：规格；

——第5部分：酸度、pH值和滴定值的测定；

——第8部分：总醛含量的测定　分光光度法；

——第9部分：总氰含量的测定　滴定法；

——第10部分：过氧化物含量的测定　分光光度法；

——第11部分：铁、铜含量的测定　分光光度法；

——第12部分：纯度及杂质含量的测定　气相色谱法；

——第15部分：对羟基苯甲醚含量的测定　分光光度法。

本部分为GB/T 7717的第11部分。

本部分代替GB/T 7717.11—1994《工业用丙烯腈中铁含量的测定　分光光度法》和GB/T 7717.14—1994《工业用丙烯腈中铜含量的测定　分光光度法》。

本部分与GB/T 7717.11—1994和GB/T 7717.14—1994标准相比主要变化如下：

——将1994版二个标准整合成一个标准。为方便操作，主要测定章节按铁、铜独立编写，技术内容基本不变；

——名称修改为《工业用丙烯腈　第11部分：铁、铜含量的测定　分光光度法》；

——铜含量测定的取样量由“100 g”改为100 mL；

——增加了第3章“安全”。

本部分由中国石油化工集团公司提出。

本部分由全国化学标准化技术委员会石油化学分会(SAC/TC 63/SC 4)归口。

本部分起草单位：中国石化上海石油化工股份有限公司。

本部分主要起草人：屈玲娣、唐建忠、陈慧丽、周奎良、陈欢。

本部分所代替标准的历次版本发布情况为：

——GB 7717.11—1987、GB/T 7717.11—1994；

——GB 7717.14—1987、GB/T 7717.14—1994。

工业用丙烯腈 第11部分：铁、铜含量的测定 分光光度法

1 范围

本部分规定了工业用丙烯腈中铁、铜含量测定的分光光度法。

本部分适用于铁含量大于0.05 mg/kg、铜含量范围在(0～1)mg/kg的工业用丙烯腈试样中铁、铜含量的测定。

当铁的含量超过铜含量的100倍时，对铜的测定会产生干扰。

2 规范性引用文件

下列文件中的条款通过GB/T 7717本部分的引用而成为本部分的条款。凡是注日期的引用文件，其随后所有的修改单(不包括勘误的内容)或修订版均不适用于本部分，然而，鼓励根据本部分达成协议的各方研究是否可使用这些文件的最新版本。凡是不注日期的引用文件，其最新版本适用于本部分。

GB/T 602 化学试剂 杂质测定用标准溶液的制备

GB/T 603 化学试剂试验方法中所用制剂及制品的制备

GB/T 3723 工业用化学产品采样安全通则(GB/T 3723—1999,idt ISO 3165:1976)

GB/T 6678 化工产品采样总则

GB/T 6680 液体化工产品采样通则

GB/T 6682 分析实验室用水规格和试验方法(GB/T 6682—2008,ISO 3696:1987,MOD)

GB/T 8170 数值修约规则

3 安全

3.1 工业用丙烯腈属高度危险品，剧毒且易挥发，能通过皮肤及呼吸道为人体吸收，分析应在通风橱中进行，并为接触丙烯腈人员提供保护皮肤和呼吸器官的劳保措施。

3.2 溢出的工业用丙烯腈可在碱性介质中(pH>8.5)(用pH试纸检验)，加入适量漂白粉(次氯酸盐)覆盖、收集，放置12 h后清除。所有处理和清除步骤应在通风条件下戴上防毒面具进行。

4 一般规定

除另有注明外，所有试剂均为分析纯，所用的水均符合GB/T 6682的三级水规格。

分析中所用标准溶液、制剂及制品，在没有注明其他要求时，均按GB/T 602和GB/T 603的规定制备。

5 采样

5.1 按GB/T 3723、GB/T 6678、GB/T 6680的规定采取样品。

5.2 若实验室样品存在雾状混浊或悬浮物，应进行过滤，所得清澈滤液作为试样。

6 铁含量测定

6.1 方法提要

将试样蒸干并用混合酸消化除去有机物，铁转化成水溶性盐，用盐酸羟胺将三价铁离子(Fe^{3+})还

原为二价铁离子(Fe^{2+}),后者与邻菲啰啉反应生成橙红色络合物,用分光光度计在 510 nm 处测定其吸光度。

6.2 试剂与溶液

6.2.1 硫酸铁铵[$NH_4Fe(SO_4)_2 \cdot 12H_2O$];

6.2.2 盐酸:1+1;

6.2.3 氨水;

6.2.4 混合酸:5 体积硫酸与 2 体积硝酸混合;

6.2.5 高氯酸。

警告:高氯酸是腐蚀性液体,对眼睛、皮肤和黏膜有剧烈的刺激性,吸入或进入消化系统具有高毒性。它的各种溶液与有机物接触,有可能形成强烈的爆炸混合物。震动、遇热或发生化学反应都可能促使发生爆炸。与高氯酸反应必须置于合适结构的通风柜中进行。在贮存时,应与可燃物、有机物、强脱水剂、氧化剂及还原剂隔离,并应保持冷却状态,但不应低于-20 ℃,以免冻裂玻璃容器。

6.2.6 盐酸羟胺溶液(100 g/L):将 25 g 盐酸羟胺溶解于 250 mL 水中;

6.2.7 邻菲啰啉溶液(1 g/L):将 0.5 g 邻菲啰啉溶解于 500 mL 水中。

6.3 仪器和设备

6.3.1 分光光度计:配备 3 cm 厚度的比色皿;

6.3.2 分析天平:感量 0.1 mg;

6.3.3 烧杯:50 mL、250 mL;

6.3.4 容量瓶:100 mL、1 000 mL;

6.3.5 移液管:5 mL、10 mL;

6.3.6 量筒:25 mL、100 mL、250 mL;

6.3.7 分度吸管:5 mL、10 mL;

6.3.8 玻璃表面皿:ϕ75 mm;

6.3.9 定量滤纸:中速;

6.3.10 加热板:防爆型;

6.3.11 pH 精密试纸。

6.4 分析步骤

6.4.1 铁标准曲线的绘制

6.4.1.1 按 GB/T 602 制备 0.1 mg/mL 铁离子标准溶液。准确吸取此溶液 10 mL,移入 100 mL 容量瓶,再用水稀释至刻度,即得到 10 μg/mL 的铁离子标准溶液。

6.4.1.2 取 5 个 100 mL 容量瓶,依次加入上述标准溶液 0.5 mL、1.0 mL、1.5 mL、2.0 mL、3.0 mL(含铁量分别为 5 μg、10 μg、15 μg、20 μg、30 μg),再各加入 2 mL 盐酸(6.2.2),2 mL 盐酸羟胺溶液(6.2.6)10 mL 邻菲啰啉溶液(6.2.7),用氨水(6.2.3)调节至 pH≈4,然后用水稀释至刻度,摇匀。同时,另取一个 100 mL 容量瓶,除不加入铁标准溶液外,按相同步骤准备标样空白溶液。

6.4.1.3 上述各溶液在室温下静置 15 min 后,分别注入 3 cm 洁净干燥的比色皿中,在波长 510 nm 处,以水为参比,测定吸光度。以每个铁标准溶液的吸光度减去空白溶液的吸光度为纵坐标,相应的铁含量(μg)为横坐标,绘制标准曲线。

6.4.2 试样中铁的测定

6.4.2.1 准确量取 100 mL 待测试样(5.2)置于 250 mL 烧杯中,用玻璃表面皿盖住,在水浴上蒸干,冷却。然后加入 3 mL 混合酸(6.2.4),在电热板上加热至沸,冷却后小心加入 0.2 mL 高氯酸(6.2.5),加热至几乎干燥。如果残留物有色，必须重复进行上述酸处理（上述过程都应在通风柜内进行）。符合要求后，使其冷却，用水溶解残留物并移入 100 mL 容量瓶中，加入 2 mL 盐酸羟胺溶液（6.2.6），充分摇匀，再加入 10 mL 邻菲啰啉溶液（6.2.7），用氨水调节至 pH≈4（用精密试纸判断），用水稀释至刻度，摇匀。同时，另取一烧杯，除不加入丙烯腈试样、蒸干、冷却之外，按与上述同样的步骤准备样品空白溶液。

6.4.2.2 上述待测溶液及空白溶液在室温下静置 15 min 后，注入 3 cm 洁净干燥的比色皿中，以水为参比，在波长 510 nm 处，测定吸光度，根据试样的净吸光度数值，在标准曲线上查得铁的含量（μg）。

7 铜含量测定

7.1 方法提要

将试样蒸干并用混合酸消化除去有机物，铜转化成水溶性的硫酸铜，加入柠檬酸铵进行掩蔽，并把溶液的 pH 值调节至约 9。加入的二乙基二硫代氨基甲酸钠（Sodium diethyldithiocarbamate trihydrate，$C_5H_{10}NS_2Na \cdot 3H_2O$，简称 DDTC）与铜离子反应后形成黄色的络合物。用分光光度计在448 nm 处测定其吸光度。

7.2 试剂与溶液

7.2.1 高氯酸（安全要求见 6.2.5）；

7.2.2 氨水；

7.2.3 硫酸铜；

7.2.4 混合酸：5 体积硫酸与 2 体积硝酸混合；

7.2.5 柠檬酸铵溶液（200 g/L）：将 100 g 柠檬酸铵用适量水溶解后稀释至 500 mL，若有混浊则应进行过滤；

7.2.6 二乙基二硫代氨基甲酸钠（$C_5H_{10}NS_2Na.3H_2O$）（DDTC）溶液（1 g/L）：将 0.5 g 二乙基二硫代氨基甲酸钠用适量水溶解后稀释至 500 mL；

7.2.7 硝酸溶液：将 250 mL 浓硝酸小心地加入于 580 mL 水中。

7.3 仪器和设备

7.3.1 分光光度计：配备 3 cm 光程的比色皿；

7.3.2 pH 测量仪：精度为 0.1 pH 单位；

7.3.3 分析天平：感量 0.1 mg；

7.3.4 过滤漏斗：玻璃材质；

7.3.5 烧杯：50 mL、250 mL；

7.3.6 容量瓶：25 mL 、100 mL、500 mL 、1 000 mL；

7.3.7 移液管：5 mL、10 mL；

7.3.8 量筒：250 mL；

7.3.9 分度吸管：5 mL；

7.3.10 玻璃表面皿：ϕ75 mm；

7.3.11 定量滤纸：中速；

7.3.12 加热板：防爆型。

7.4 分析步骤

7.4.1 铜标准曲线的绘制

在进行分析前，应用热的硝酸溶液（7.2.7）洗涤所有玻璃器皿，并用水淋洗，以除去沾污的痕迹量的铜。

7.4.1.1 按GB/T 602制备0.1mg/mL铜离子标准溶液。准确吸取此溶液5 mL，移入100 mL容量瓶，再用水稀释至刻度，即得到5 μg/mL的铜离子标准溶液。并贮存于聚乙烯材质的试剂瓶中，保存期一个月。

7.4.1.2 取5个50 mL烧杯，依次加入上述铜标准溶液1.0 mL，2.0 mL，3.0 mL，4.0 mL和5.0 mL（含铜量分别为5.0μg，10.0μg，15.0μg，20.0μg，25.0 μg），用水稀释至约为10 mL，然后各加入5 mL柠檬酸铵（7.2.5）溶液，分别用氨水调节各溶液至pH＝9.1±0.1。把这些溶液定量地转入对应的25 mL容量瓶中，再各加入1 mL DDTC（7.2.6）溶液，用水稀释至刻度，摇匀，在室温下静置5 min。同时，另取一个50 mL烧杯，除不加入铜标准溶液外，按相同步骤准备标准空白溶液。

7.4.1.3 用3 cm吸收池，在波长448 nm处，以水作参比，测量溶液的吸光度。以铜含量（μg）为横坐标，净吸光度（扣除空白溶液的吸光度）为纵坐标，绘制标准曲线。

7.4.2 试样中铜的测定

7.4.2.1 准确量取100 mL待测试样（5.2）置于250 mL烧杯中，用玻璃表面皿盖住，在水浴上蒸干，冷却。加入3 mL混合酸（7.2.4），在电热板上加热至沸，直至冒出白色烟雾，并浓缩至溶液体积约（1～2）mL，冷却。如果残留物有色，必须重复进行上述酸处理，或小心加入0.2 mL高氯酸进行氧化、加热、冒烟雾至尚存（1～2）mL溶液（上述过程都应在通风柜内进行）。冷却后，向烧杯缓缓加入5 mL水，以溶解残留物。将该溶液定量转移入50 mL烧杯中，使其总体积保持约为10 mL。然后加入5 mL柠檬酸铵（7.2.5）溶液，分别用氨水调节溶液至pH＝9±0.1。把这些溶液定量地转入对应的25 mL容量瓶中，再加入1 mL DDTC（7.2.6）溶液，用水稀释至刻度，摇匀，在室温下静置5 min。同时，另取一个50 mL烧杯，除不加入丙烯腈试样、蒸干、冷却之外，按与上述同样的步骤准备样品空白溶液。

7.4.2.2 用3 cm吸收池，在波长448 nm处，以水作参比，测量溶液的吸光度。根据试样的净吸光度数值，在标准曲线上查得铜的含量（μg）。

8 分析结果的表示

8.1 计算

铁或铜含量 w，数值以mg/kg表示，按式（1）计算：

$$w = \frac{m}{V \times \rho} \qquad (1)$$

式中：

m——由标准曲线上查得的铁或铜含量的数值，单位为微克（μg）；

V——试样的体积的数值，单位为毫升（mL）；

ρ——试样的密度的数值，单位为克每毫升（g/mL）。

8.2 结果的表示

取两次重复测定结果的算术平均值作为分析结果，其数值按GB/T 8170的规定进行修约，精确至0.01 mg/kg。

9 重复性

在同一实验室，由同一操作者使用相同设备，按相同的测试方法，并在短时间内对同一被测对象相互独立进行测试获得的两次独立测试结果的绝对值，不应超过下列重复性限（r）[以超过重复性限（r）的情况不超过5％为前提]：

铁　　不大于其平均值的40％；

铜　　不大于其平均值的30％。

10 报告

报告应包括如下内容：

a) 有关样品的全部资料，例如样品的名称、批号、采样点、采样日期、时间等；

b) 本部分编号；

c) 分析结果；

d) 测定时观察到的任何异常现象的细节及其说明；

e) 分析人员的姓名及分析日期等。

ICS 71.080.30
G 17

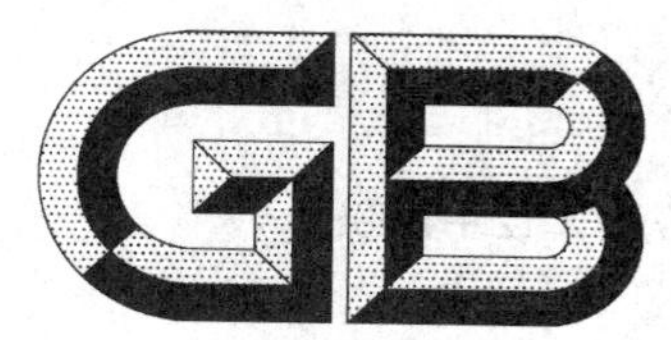

中华人民共和国国家标准

GB/T 7717.12—2008
代替 GB/T 7717.12—1994

工业用丙烯腈 第12部分:纯度及杂质含量的测定 气相色谱法

Acrylonitrile for industrial use—Part 12: Determination of purity and impurities—Gas chromatographic method

2008-06-19 发布　　2009-02-01 实施

中华人民共和国国家质量监督检验检疫总局
中国国家标准化管理委员会　发布

前　言

GB/T 7717《工业用丙烯腈》预计分为如下几部分：

——第1部分：规格；

——第5部分：酸度、pH值和滴定值的测定；

——第8部分：总醛含量的测定　分光光度法；

——第9部分：总氰含量的测定　滴定法；

——第10部分：过氧化物含量的测定　分光光度法；

——第11部分：铁、铜含量的测定　分光光度法；

——第12部分：纯度及杂质含量的测定　气相色谱法；

——第15部分：对羟基苯甲醚含量的测定　分光光度法。

本部分为GB/T 7717的第12部分。

本部分修改采用ASTM E1863：2007《气相色谱法分析丙烯腈的标准试验方法》(英文版)，本部分与ASTM E1863：2007的结构性差异参见附录A。

本部分与ASTM E1863：2007的主要差异为：

——增加了各杂质的测定范围，并取消了甲基丙烯酸甲酯杂质的测定；

——用FFAP毛细管色谱柱代替Supelcowax 10专利柱；

——将分流比调整为50：1，并将色谱柱初始温度由50 ℃调整为60 ℃；

——规范性引用文件中采用现行国家标准；

——采用了自行确定的重复性限(r)。

本部分代替GB/T 7717.12—1994《工业用丙烯腈中乙腈、丙酮和丙烯醛含量的测定　气相色谱法》。

本部分与GB/T 7717.12—1994相比的主要变化如下：

——将部分名称改为《工业用丙烯腈纯度和杂质含量的测定 气相色谱法》；

——以FFAP毛细管柱代替原标准的填充柱；

——修改了校准混合物的配制方法和校正因子的计算公式；

——重新确定了重复性限(r)。

本部分的附录A为资料性附录。

本部分由中国石油化工集团公司提出。

本部分由全国化学标准化技术委员会石油化学分会(SAC/TC 63/SC 4)归口。

本部分起草单位：中国石油化工股份有限公司上海石油化工研究院。

本部分主要起草人：唐琦民、王川。

本部分所代替标准的历次版本发布情况为：

——GB 7717.12—1987、GB/T 7717.12—1994。

工业用丙烯腈 第12部分:纯度及杂质含量的测定 气相色谱法

1 范围

1.1 本部分规定了测定工业用丙烯腈纯度和杂质含量的气相色谱法。这些杂质包括乙醛、丙酮、丙烯醛、苯、甲基丙烯腈、乙腈、噁唑、丙腈、顺-丁烯腈和反-丁烯腈等。

1.2 本部分适用于测定丙烯腈含量不低于99%(质量分数),丙烯醛含量不低于0.000 1%(质量分数),其他杂质不低于0.001%(质量分数)的丙烯腈试样。

1.3 本部分并不是旨在说明与其使用有关的所有安全问题。使用者有责任采取适当的安全与健康措施,保证符合国家有关法规的规定。

2 规范性引用文件

下列文件中的条款通过GB/T 7717本部分的引用而成为本部分的条款。凡是注明日期的引用文件,其随后所有的修改单(不包括勘误的内容)或修订版均不适用于本部分,然而,鼓励根据本部分达成协议的各方研究是否可使用这些文件的最新版本。凡是不注明日期的引用文件,其最新版本适用于本部分。

GB/T 3723 工业用化学产品采样安全通则(GB/T 3723—1999,idt ISO 3165:1976)

GB/T 6283 化工产品中水分含量的测定 卡尔·费休法(通用方法)

GB/T 6680 液体化工产品采样通则

GB/T 7717.15 工业用丙烯腈中对羟基苯甲醚含量的测定 分光光度法

GB/T 8170 数值修约规则

3 方法提要

液态试样气化后通过毛细管色谱柱,使待测定的各组分分离,用氢火焰离子化检测器(FID)检测,记录各杂质组分的色谱峰面积,采用内标法定量。丙烯腈纯度由100.00扣减本部分测定的杂质和用其他部分方法测定的其他杂质(如水分)总量求得。

4 试剂与材料

4.1 载气:高纯氮气,纯度≥99.995%(体积分数)。

4.2 甲苯,内标物,纯度≥99.0%(质量分数)。

4.3 丙烯腈:用作配制标样的基液,纯度应不低于99.5%(质量分数)。

4.4 标准试剂:供测定校正因子用,包括乙醛、丙酮、丙烯醛、乙腈、苯、甲基丙烯腈、噁唑、丙腈、顺-丁烯腈和反-丁烯腈等,其纯度应≥99%(质量分数)。

5 仪器

5.1 色谱仪:配置氢火焰离子化检测器(FID)和分流进样系统,并能按表1条件操作的任何气相色谱仪,该仪器对本部分所规定杂质的最低检测浓度所产生的峰高应至少大于噪声的两倍。

5.2 色谱柱,推荐的色谱柱及典型操作条件见表1,典型色谱图见图1。能给出同等分离的其他色谱柱和分析条件也可使用。

5.3 记录装置,电子积分仪或色谱工作站。

5.4 分析天平:感量 0.1 mg。

5.5 容量瓶:50 mL。

5.6 微量注射器:10 μL。

6 采样

按 GB /T 3723 和 GB/T 6680 规定的技术要求采取样品。

7 分析步骤

7.1 设定操作条件

根据仪器操作说明书,在色谱仪中安装并老化色谱柱。然后调节仪器至表 1 所示的操作条件,待仪器稳定后即可开始测定。

表 1 色谱柱及典型操作条件

色谱柱		FFAP
柱长/m		60
柱内径/mm		0.32
液膜厚度/μm		0.5
载气流速(高纯氮气)/(mL/min)		1.0
柱温	初温/℃	60
	初温保持时间/min	25
	升温速率/(℃/min)	10
	终温/℃	90
	终温保持时间/min	15
进样器温度/℃		230
检测器温度/℃		250
分流比		50:1
进样量/μL		2.0

7.2 校正因子的测定

7.2.1 准确吸取 2.0 μL 丙烯腈基液,注入色谱仪中,重复测定 3 次,计算出各杂质的平均峰面积 A_{i0}。

7.2.2 在 50 mL 容量瓶中,称取约 40 g 丙烯腈基液(4.3),精确至 0.000 1 g。然后再加入适量预期测定的杂质和 10 μL 甲苯,均称准至 0.000 1 g,充分混匀。所配制标样的丙烯腈纯度和杂质含量均应与待测试样相近(可采用分步稀释法配制)。

7.2.3 准确吸取 2.0 μL 上述标样注入色谱仪中,记录色谱图。

7.2.4 测量所有峰的面积(丙烯腈除外),包括内标峰。按式(1)计算每个杂质相对于内标的校正因子(f_i)。

$$f_i = \frac{A_s \times m_i}{(A_i - A_{i0}) \times m_s} \qquad \cdots\cdots(1)$$

式中:

A_s——内标物的峰面积;

m_i——被测组分的质量,单位为克(g);

A_i——被测组分的峰面积;

A_{i0}——丙烯腈基液中被测组分的平均峰面积；

m_s——内标物的质量，单位为克(g)。

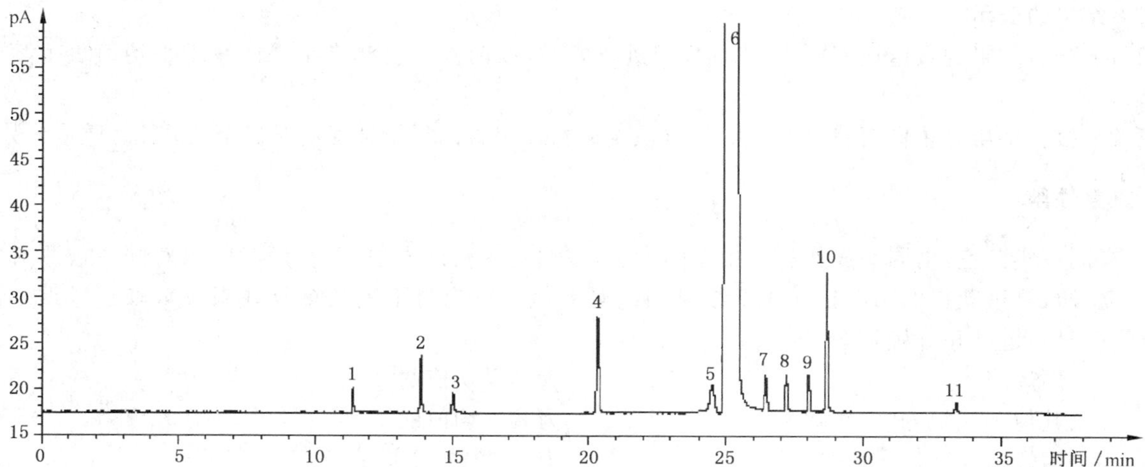

1——乙醛；

2——丙酮；

3——丙烯醛；

4——苯；

5——甲基丙烯腈；

6——丙烯腈；

7——乙腈；

8——噁唑；

9——丙腈；

10——甲苯(内标)；

11——顺-丁烯腈。

图1 丙烯腈标样在FFAP色谱柱上的典型色谱图

7.3 试样测定

在50 mL容量瓶中，称取约40 g丙烯腈试样，精确至0.000 1 g。然后再加入甲苯10 μL，称准至0.000 1 g，充分混匀。按7.2.3同样条件进行色谱分析。

8 分析结果的表述

8.1 计算

8.1.1 杂质含量(质量分数)w_i，以%表示，并按式(2)计算：

$$w_i = \frac{A_i \times f_i \times m_s}{A_s \times m} \times 100 \qquad (2)$$

式中：

A_i——被测组分的峰面积；

f_i——被测组分的相对校正因子；

m_s——样品中内标物的质量，单位为克(g)；

A_s——内标物的峰面积；

m——样品的质量，单位为克(g)。

8.1.2 丙烯腈纯度(质量分数)w，以%表示，按式(3)计算：

$$w = 100.00 - \sum w_i - w_s \qquad (3)$$

式中：

$\sum w_i$——由本方法测定的杂质总量的质量分数，用%表示；

w_s——由 GB/T 6283、GB/T 7717.15 及其他方法测定的杂质总量的质量分数，用%表示。

8.2 结果的表示

8.2.1 分析结果的数值按 GB/T 8170 规定进行修约，取两次重复测定结果的算术平均值表示其分析结果。

8.2.2 报告杂质含量应精确至 0.000 1%（质量分数），报告丙烯腈纯度应精确至 0.01%（质量分数）。

9 重复性限

在同一实验室，由同一操作者使用相同设备，按相同的测试方法，并在短时间内对同一被测对象相互独立进行测试获得的两次独立测试结果的绝对差值不应超过下列的重复性限（r），以超过重复性限（r）的情况不超过 5%为前提：

丙烯醛	为其平均值的 20%
其他杂质组分	为其平均值的 15%
丙烯腈纯度	为 0.03%（质量分数）

10 报告

报告应包括下列内容：

a） 有关样品的全部资料，例如样品名称、批号、采样地点、采样日期、采样时间等；

b） 本部分编号；

c） 分析结果；

d） 测定中观察到的任何异常现象的细节及其说明；

e） 分析人员的姓名及分析日期等。

附 录 A
（资料性附录）
本标准章条编号与 ASTM E1863:2007 章条编号对照

表 A.1 给出了本标准章条编号与 ASTM E1863:2007 章条编号对照一览表。

表 A.1 本标准章条编号与 ASTM E1863:2007 章条编号对照

本标准章条编号	ASTM E1863:2007 章条编号
1	1
2	2
3	4
—	3
4	6
5	5
6	—
—	7
7	9
7.1	9.1
7.2	8.1～8.4
7.3	9.2、9.3
8	10
8.1	10.2、10.3
8.2	11.1、11.2
9	12
10	—

中华人民共和国国家标准

工业用丙烯腈中对羟基苯甲醚含量的测定　分光光度法

GB/T 7717.15—94

Acrylonitrile for industrial use—Determination of content of *p*-hydroxylanisole—Spectrophotometric method

1　主题内容与适用范围

本标准规定了测定工业用丙烯腈中对羟基苯甲醚(MEHQ)含量的分光光度法。

本标准适用于对羟基苯甲醚含量大于0.000 5%(*m*/*m*)的工业用丙烯腈试样。

注：凡在295 nm处有吸收的杂质均干扰测定，经验表明，在超过贮存保证期的丙烯腈中可能产生在该波长有吸收的杂质，因此本标准只适用于色度规格符合指标规定的工业用丙烯腈。

2　引用标准

GB/T 3723　工业用化学产品采样的安全通则

GB/T 6678　化工产品采样总则

GB/T 6680　液体化工产品采样通则

GB 6682　分析实验室用水规格和试验方法

GB/T 9721　化学试剂　分子吸收分光光度法通则(紫外和可见光部分)

3　方法提要

用紫外分光光度计，在295 nm处直接测定试样中对羟基苯甲醚的吸光度，根据标准曲线求出对羟基苯甲醚的含量。

4　试剂与溶液

除另有注明外，所用试剂均为分析纯，所用的水均符合GB 6682规定的三级水规格。

4.1　对羟基苯甲醚(MEHQ)。

4.2　氢氧化钠溶液：4%(*m*/*m*)的水溶液。

4.3　不含MEHQ丙烯腈的制备：在500 mL分液漏斗中，注入100 mL丙烯腈和200 mL氢氧化钠溶液(4.2)进行振摇，放去水层，保留丙烯腈液层。另取丙烯腈，重复上述抽提过程，直至累积起来有500 mL经过处理的丙烯腈为止。然后将此经过处理的丙烯腈蒸馏，收集沸点为75.5～79.5℃的中间馏分。

5　仪器与设备

5.1　紫外分光光度计：配备1 cm厚度的石英吸收池。

5.2　容量瓶：50、100 mL。

5.3　分液漏斗：500 mL。

国家技术监督局1994-07-04批准　　　　1995-04-01实施

5.4 滴定管:25 mL,分度为 0.1 mL。

5.5 移液管:10 mL。

5.6 分析天平:感量 0.1 mg。

6 采样

按 GB/T 3723、GB/T 6678、GB/T 6680 的规定采取样品。

7 分析步骤

7.1 标准曲线的绘制

7.1.1 称取 0.160 g(精确至 0.001 g)MEHQ(4.1),定量转移至 100 mL 容量瓶中,加入 50 mL 无 MEHQ 的丙烯腈(4.3),摇动使其溶解,再用无 MEHQ 的丙烯腈稀释至刻度,混匀。此溶液 MEHQ 的浓度为 0.2%(m/m)。

7.1.2 用移液管吸取上述溶液 10 mL,置于 100 mL 容量瓶中,用无 MEHQ 的丙烯腈稀释至刻度,混匀,该溶液 MEHQ 的浓度为 0.02%(m/m)。

7.1.3 在四只 50 mL 容量瓶中,用滴定管分别加 5.0,7.5,10.0 和 12.5 mL0.02%(m/m)MEHQ 溶液(7.1.2),用无 MEHQ 的丙烯腈稀释至刻度,混匀。这些溶液分别含有 0.002%、0.003%、0.004%、0.005%(m/m)的 MEHQ,另取一个 50 mL 容量瓶,加入无 MEHQ 丙烯腈至刻度,作为对照溶液。用 1 cm的吸收池,以水作参比,测量上述各溶液在 295 nm 处的吸光度。

7.1.4 以 MEHQ 的质量百分含量为横坐标,相应的净吸光度(不同含量 MEHQ 溶液的吸光度减去对照溶液的吸光度)为纵坐标绘制标准曲线。

7.2 试样测定

以无 MEHQ 的丙烯腈(4.3)作对照溶液,在 295 nm 波长处,以水作参比,直接测定试样和对照溶液的吸光度。根据测得的净吸光度(试样的吸光度减去对照溶液的吸光度)在标准曲线上查得相对应的 MEHQ 质量百分含量。

8 分析结果的表示

8.1 计算

取两次重复测定结果的算术平均值作为分析结果。两次重复测定结果之差应符合第 9 章精密度的规定。测定结果应精确至 0.000 1%。

9 精密度

9.1 重复性

在同一实验室,由同一操作人员,用同一台仪器,在相同的操作条件下,用正常和正确的操作方法对同一试样进行两次重复测定,其测定值之差应不大于其平均值的 5%(95%置信水平)。

10 报告

报告应包括如下内容:

a. 有关样品的全部资料,例如样品的名称、批号、采样点、采样日期、时间等。

b. 本标准代号。

c. 分析结果。

d. 测定时观察到的任何异常现象的细节及其说明。

e. 分析人员的姓名及分析日期等。

附加说明：

本标准由中国石油化工总公司提出。

本标准由全国化学标准化技术委员会石油化学分技术委员会归口。

本标准由上海石油化工股份有限公司化工二厂负责起草。

本标准主要起草人梁成发、俞婉青、孙家萃、顾晓敏。

本标准参照采用美国试验与材料协会标准 ASTM E1 178—87《丙烯腈分析的标准试验方法》。

ICS 71.080.30
G 17

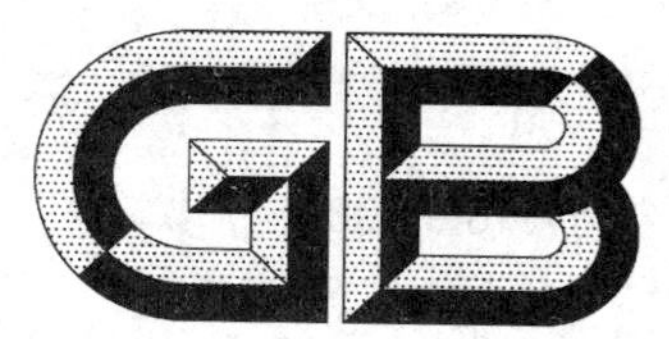

中华人民共和国国家标准

GB/T 7717.16—2009

工业用丙烯腈 第16部分：铁含量的测定 石墨炉原子吸收法

Acrylonitrile for industrial use—Part 16: Determination of content of iron—Graphite furnace atomic absorption spectrometer method

2009-10-30 发布　　2010-06-01 实施

中华人民共和国国家质量监督检验检疫总局
中国国家标准化管理委员会　发布

前　言

GB/T 7717《工业用丙烯腈》分为如下几部分：

——第1部分：规格；

——第5部分：酸度、pH值和滴定值的测定；

——第8部分：总醛含量的测定　分光光度法；

——第9部分：总氰含量的测定　滴定法；

——第10部分：过氧化物含量的测定　分光光度法；

——第11部分：铁、铜含量的测定　分光光度法；

——第12部分：纯度及杂质含量的测定　气相色谱法；

——第15部分：对羟基苯甲醚含量的测定　分光光度法；

——第16部分：铁含量的测定　石墨炉原子吸收法；

——第17部分：铜含量的测定　石墨炉原子吸收法。

本部分为GB/T 7717的第16部分。

本部分由中国石油化工集团公司提出。

本部分由全国化学标准化技术委员会石油化学分技术委员会(SAC/TC 63/SC 4)归口。

本部分起草单位：中国石化上海石油化工股份有限公司、中国石油化工股份有限公司上海石油化工研究院。

本部分主要起草人：屈玲娣、于伟浩、张正华、江彩英、王川、陈洪德、陈慧丽、陈欢。

工业用丙烯腈
第16部分：铁含量的测定
石墨炉原子吸收法

1 范围

本部分规定了测定工业用丙烯腈中铁含量的石墨炉原子吸收法。

本部分适用于丙烯腈中微量铁的测定，测定范围(0.010～1.000)mg/kg。

本部分并不是旨在说明与其使用有关的所有安全问题。使用者有责任采取适当的安全与健康措施，保证符合国家有关法规的规定。

2 规范性引用文件

下列文件中的条款通过GB/T 7717的本部分的引用而成为本部分的条款。凡是注日期的引用文件，其随后所有的修改单(不包括勘误的内容)或修订版均不适用于本部分，然而，鼓励根据本部分达成协议的各方研究是否可使用这些文件的最新版本。凡是不注日期的引用文件，其最新版本适用于本部分。

GB/T 602 化学试剂 杂质测定用标准溶液的制备

GB/T 3723 工业用化学产品采样安全通则(GB/T 3723—1999,idt ISO 3165:1976)

GB/T 6680 液体化工产品采样通则

GB/T 6682 分析实验室用水规格和试验方法(GB/T 6682—2008,ISO 3696:1987,MOD)

GB/T 8170 数值修约规则与极限数值的表示和判定

3 方法提要

将待测的丙烯腈试样和乙醇按照1∶4的体积比进行稀释后进样，试样中的铁元素在石墨管中原子化，在243.8 nm波长处测量吸光度。利用标准曲线定量。

4 试剂与材料

4.1 载气：高纯氩气，纯度(体积分数)不低于99.999%。

4.2 铁标准溶液：0.1 mg/mL，按GB/T 602配制。

4.3 乙醇：GR级，铁含量低于5 ng/mL。

4.4 蒸馏水：应符合GB/T 6682规定的二级水。

5 仪器

5.1 原子吸收光谱仪：配备石墨炉和自动进样器。

5.2 铁空心阴极灯。

5.3 记录装置：电子积分仪或光谱数据处理装置。

5.4 一般实验室仪器。

6 采样

按GB/T 3723和GB/T 6680规定的技术要求采取样品。

7 分析步骤

7.1 设定操作条件

根据仪器操作说明书，在原子吸收光谱仪中安装并老化石墨管。然后按表1推荐的测试条件进行设定，待仪器稳定后即可开始测定。

表1 原子吸收光谱仪推荐工作条件

	阶段	温度/℃	升温时间/s	保持时间/s	载气流量/(mL/min)
石墨炉温度控制程序	干燥	80	10	20	250
	干燥	130	17	10	250
	灰化	1 200	5	10	250
	原子化	2 100	—	5	0
	清理	2 500	8	2	250
测定波长	243.8 nm				

7.2 标准工作曲线的制备

7.2.1 1 μg/mL 铁标准溶液：准确吸取 0.1 mg/mL 铁标准溶液(4.2)1 mL，移入 100 mL 容量瓶，用乙醇(4.3)稀释至刻度，即得到 1 μg/mL 的铁标准溶液，并贮存于聚乙烯材质的试剂瓶中。

7.2.2 80 ng/mL 铁标准溶液：准确吸取 1 μg/mL 铁标准溶液(7.2.1)8 mL，移入 100 mL 容量瓶，用乙醇(4.3)稀释至刻度，即得到 80 ng/mL 的铁标准溶液。

7.2.3 标准工作曲线制备：将 80 ng/mL 的铁标准溶液置于自动进样盘中，在方法中设定 0 ng/mL、20 ng/mL、40 ng/mL、60 ng/mL、80 ng/mL 五点工作曲线，同时设定 20 μL 进样量，15 μL 乙醇稀释剂(4.3)。启动仪器在线稀释功能进行工作曲线制备和测定。以每一点标准溶液净吸光度(扣除空白溶液的吸光度)为纵坐标，以铁含量(ng/mL)为横坐标，绘制标准曲线。所得曲线相关系数应不低于 0.99。

注1：若仪器未配备在线稀释功能，也可采用手动方式自 1 μg/mL 铁标准溶液(7.2.1)配制标准曲线所需的系列标准溶液。

7.3 试样测定

7.3.1 试样溶液制备：将待测丙烯腈试样和乙醇(4.3)按照 1∶4 的体积比进行稀释(稀释 5 倍)，摇匀后将试样溶液放入进样盘中。

注2：若试样溶液中的铁含量超过 400 ng/mL，可提高试样的稀释比例。

7.3.2 空白检查：试样测定前测定和记录乙醇空白，以保证基线的稳定性，空白测定值应在±5 ng/mL 范围内。

7.3.3 试样测定：按照与标准曲线相同的测定条件测定试样溶液(7.3.1)的吸光度，根据试样溶液的净吸光度值，在标准曲线上查得试样溶液中铁的含量(ng/mL)。

8 分析结果的表述

8.1 计算

试样中铁含量 w 以毫克每千克(mg/kg)计，按式(1)计算：

$$w = \frac{\rho_{Fe} \times n}{\rho \times 1\,000} \qquad (1)$$

式中：

ρ_{Fe}——稀释后试样溶液实测的铁含量，单位为纳克每毫升(ng/mL)；

ρ——测定时丙烯腈试样的密度，单位为克每毫升(g/mL)；

n——用乙醇稀释丙烯腈试样的稀释倍数。

8.2 结果的表示

8.2.1 分析结果的数值按 GB/T 8170 规定进行修约，取两次重复测定结果的算术平均值表示其分析结果。

8.2.2 报告丙烯腈中铁含量应精确至 0.001 mg/kg。

9 重复性

在同一实验室，由同一操作者使用相同设备，按相同的测试方法，并在短时间内对同一被测对象相互独立进行测试，获得的两次独立测试结果的绝对差值不应超过下列的重复性限(r)，以超过重复性限(r)的情况不超过 5%为前提：

铁含量	重复性限
(0.010～0.050)mg/kg	算术平均值的 30%
(0.050～1.000)mg/kg	算术平均值的 10%

10 试验报告

试验报告应包括下列内容：

a) 有关样品的全部资料，例如样品名称、批号、采样地点、采样日期、采样时间等；

b) 本部分编号；

c) 分析结果；

d) 测定中观察到的任何异常现象的细节及其说明；

e) 分析人员的姓名及分析日期等。

ICS 71.080.30
G 17

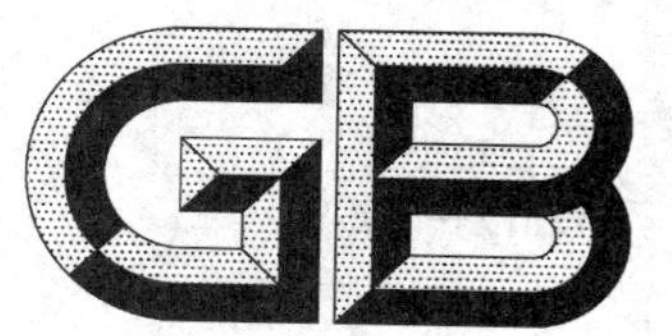

中华人民共和国国家标准

GB/T 7717.17—2009

工业用丙烯腈 第17部分:铜含量的测定 石墨炉原子吸收法

**Acrylonitrile for industrial use—
Part 17:Determination of content of copper—
Graphite furnace atomic absorption spectrometer method**

2009-10-30 发布

2010-06-01 实施

中华人民共和国国家质量监督检验检疫总局
中国国家标准化管理委员会 发布

前　言

GB/T 7717《工业用丙烯腈》分为如下几部分：

——第1部分：规格；

——第5部分：酸度、pH值和滴定值的测定；

——第8部分：总醛含量的测定　分光光度法；

——第9部分：总氰含量的测定　滴定法；

——第10部分：过氧化物含量的测定　分光光度法；

——第11部分：铁、铜含量的测定　分光光度法；

——第12部分：纯度及杂质含量的测定　气相色谱法；

——第15部分：对羟基苯甲醚含量的测定　分光光度法；

——第16部分：铁含量的测定　石墨炉原子吸收法；

——第17部分：铜含量的测定　石墨炉原子吸收法。

本部分为GB/T 7717的第17部分。

本部分由中国石油化工集团公司提出。

本部分由全国化学标准化技术委员会石油化学分技术委员会(SAC/TC 63/SC 4)归口。

本部分起草单位：中国石化上海石油化工股份有限公司、中国石油化工股份有限公司上海石油化工研究院。

本部分主要起草人：于伟浩、屈玲娣、江彩英、张正华、王川、陈洪德、陈慧丽、陈欢。

工业用丙烯腈 第17部分:铜含量的测定 石墨炉原子吸收法

1 范围

本部分规定了测定工业用丙烯腈中铜含量的石墨炉原子吸收法。

本部分适用于丙烯腈中微量铜的测定,测定范围(0.010~1.000)mg/kg。

本部分并不是旨在说明与其使用有关的所有安全问题。使用者有责任采取适当的安全与健康措施,保证符合国家有关法规的规定。

2 规范性引用文件

下列文件中的条款通过GB/T 7717的本部分的引用而成为本部分的条款。凡是注日期的引用文件,其随后所有的修改单(不包括勘误的内容)或修订版均不适用于本部分,然而,鼓励根据本部分达成协议的各方研究是否可使用这些文件的最新版本。凡是不注日期的引用文件,其最新版本适用于本部分。

GB/T 602 化学试剂 杂质测定用标准溶液的制备

GB/T 3723 工业用化学产品采样安全通则(GB/T 3723—1999,idt ISO 3165:1976)

GB/T 6680 液体化工产品采样通则

GB/T 6682 分析实验室用水规格和试验方法(GB/T 6682—2008,ISO 3696:1987,MOD)

GB/T 8170 数值修约规则与极限数值的表示和判定

3 方法提要

将待测的丙烯腈试样和乙醇按照1:4的体积比进行稀释后进样,试样中的铜元素在石墨管中原子化,在324.8 nm波长处测量吸光度。利用标准曲线定量。

4 试剂与材料

4.1 载气:高纯氩气,纯度(体积分数)不低于99.999%。

4.2 铜标准溶液:0.1 mg/mL,按GB/T 602配制。

4.3 乙醇:GR级,铜含量低于5 ng/mL。

4.4 蒸馏水:应符合GB/T 6682规定的二级水。

5 仪器

5.1 原子吸收光谱仪:配备石墨炉和自动进样器。

5.2 铜空心阴极灯。

5.3 记录装置,电子积分仪或光谱数据处理装置。

5.4 一般实验室仪器。

6 采样

按GB/T 3723和GB/T 6680规定的技术要求采取样品。

7 分析步骤

7.1 设定操作条件

根据仪器操作说明书，在原子吸收光谱仪中安装并老化石墨管。然后按表1推荐的测试条件进行设定，待仪器稳定后即可开始测定。

表1 原子吸收光谱仪推荐工作条件

	阶　段	温度/℃	升温时间/s	保持时间/s	载气流量/(mL/min)
石墨炉温度控制程序	干燥	100	10	30	250
	干燥	130	15	30	250
	灰化	900	20	20	250
	原子化	2 100	—	5	0
	清理	2 450	1	5	250
测定波长	324.8 nm				

7.2 标准工作曲线的制备

7.2.1 1 μg/mL 铜标准溶液：准确吸取 0.1 mg/mL 铜标准溶液(4.2)1 mL，移入 100 mL 容量瓶，用乙醇(4.3)稀释至刻度，即得到 1 μg/mL 的铜标准溶液，并贮存于聚乙烯材质的试剂瓶中。

7.2.2 80 ng/mL 铜标准溶液：准确吸取 1 μg/mL 铜标准溶液(7.2.1)8 mL，移入 100 mL 容量瓶，用乙醇(4.3)稀释至刻度，即得到 80 ng/mL 的铜标准溶液。

7.2.3 标准工作曲线制备：将 80 ng/mL 的铜标准溶液置于自动进样盘中，在方法中设定 0 ng/mL、20 ng/mL、40 ng/mL、60 ng/mL、80 ng/mL 五点工作曲线，同时设定 20 μL 进样量，15 μL 乙醇稀释剂(4.3)。启动仪器在线稀释功能进行工作曲线制备和测定。以每一点标准溶液净吸光度(扣除空白溶液的吸光度)为纵坐标，以铜含量(ng/mL)为横坐标，绘制标准曲线。所得曲线相关系数应不低于 0.99。

注1：若仪器未配备在线稀释功能，也可采用手动方式自 1 μg/mL 铜标准溶液(7.2.1)配制标准曲线所需的系列标准溶液。

7.3 试样测定

7.3.1 试样溶液制备：将待测丙烯腈试样和乙醇(4.3)按照 1∶4 的体积比进行稀释(稀释 5 倍)，摇匀后将试样溶液放入进样盘中。

注2：若试样溶液中的铜含量超过 400 ng/mL，可提高试样的稀释比例。

7.3.2 空白检查：试样测定前测定和记录乙醇空白，以保证基线的稳定性，空白测定值应在±5 ng/mL 范围内。

7.3.3 试样测定：按照与标准曲线相同的测定条件测定试样溶液(7.3.1)的吸光度，根据试样溶液的净吸光度值，在标准曲线上查得试样溶液中铜的含量(ng/mL)。

8 分析结果的表述

8.1 计算

试样中铜含量 w 以毫克每千克(mg/kg)计，按式(1)计算：

$$w = \frac{\rho_{Cu} \times n}{\rho \times 1\,000} \qquad \cdots\cdots(1)$$

式中：

ρ_{Cu}——稀释后试样溶液实测的铜含量，单位为纳克每毫升(ng/mL)；

ρ——测定时丙烯腈试样的密度，单位为克每毫升(g/mL)；

n——用乙醇稀释丙烯腈试样的稀释倍数。

8.2 结果的表示

8.2.1 分析结果的数值按 GB/T 8170 规定进行修约，取两次重复测定结果的算术平均值表示其分析结果。

8.2.2 报告丙烯腈中铜含量应精确至 0.001 mg/kg。

9 重复性

在同一实验室，由同一操作者使用相同设备，按相同的测试方法，并在短时间内对同一被测对象相互独立进行测试获得的两次独立测试结果的绝对差值不大于其平均值的 10%，以大于其平均值 10% 的情况不超过 5% 为前提。

10 试验报告

试验报告应包括下列内容：

a) 有关样品的全部资料，例如样品名称、批号、采样地点、采样日期、采样时间等；

b) 本部分编号；

c) 分析结果；

d) 测定中观察到的任何异常现象的细节及其说明；

e) 分析人员的姓名及分析日期等。

ICS 71.080.10
G 16

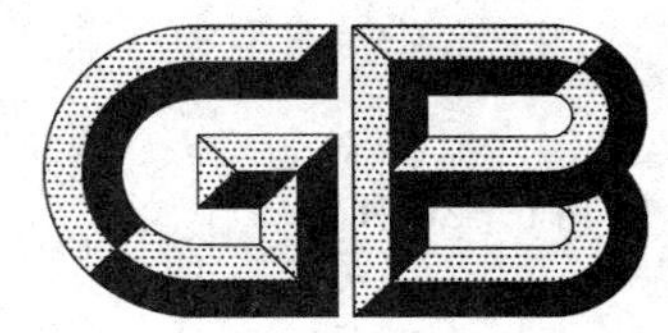

中华人民共和国国家标准

GB/T 11141—2014
代替 GB/T 11141—1989

工业用轻质烯烃中微量硫的测定

Light olefins for industrial use—Determination of trace sulfur

2014-07-08 发布　　2014-12-01 实施

中华人民共和国国家质量监督检验检疫总局
中国国家标准化管理委员会　发布

前　言

本标准按照 GB/T 1.1—2009 给出的规则起草。

本标准代替 GB/T 11141—1989《轻质烯烃中微量硫的测定　氧化微库仑法》。

本标准与 GB/T 11141—1989 相比的主要变化如下：

——修改了标准名称；

——增加了紫外荧光法(见第 3 章)；

——氧化微库仑法中电解液的配制方法改为按照仪器说明书的要求配制(见 4.2.6,1989 年版的 4.6)；

——氧化微库仑法中水浴温度改为 60 ℃～70 ℃,删除了水浴装置图(见 3.3.5.1,1989 版 6.3.2)；

——氧化微库仑法中增加了闪蒸汽化装置(见 4.3.4)。

本标准由中国石油化工集团公司提出。

本标准由全国化学标准化技术委员会石油化学分技术委员会(SAC/TC 63/SC 4)归口。

本标准起草单位:中国石油化工股份有限公司上海石油化工研究院。

本标准主要起草人:李诚炜、许竞早、张育红。

本标准所代替标准的历次版本发布情况为：

——GB/T 11141—1989。

工业用轻质烯烃中微量硫的测定

1 范围

本标准规定了轻质烯烃(C_2～C_4)中的微量硫测定的紫外荧光法和氧化微库仑法。

本标准中紫外荧光法适用于硫含量在 0.2 mg/kg～100 mg/kg 的轻质烯烃的测定，氧化微库仑法适用于硫含量在 0.5 mg/kg～100 mg/kg 的轻质烯烃的测定。

本标准并不是旨在说明与其使用有关的所有安全问题。使用者有责任采取适当的安全与健康措施，保证符合国家有关法规的规定。

2 规范性引用文件

下列文件对于本文件的应用是必不可少的。凡是注日期的引用文件，仅注日期的版本适用于本文件。凡是不注日期的引用文件，其最新版本(包括所有的修改单)适用于本文件。

GB/T 3723 工业用化学产品采样安全通则(GB/T 3723—1999,idt ISO 3165:1976)

GB/T 6682 分析实验室用水规格和试验方法(GB/T 6682—2008,ISO 3696:1987,MOD)

GB/T 8170 数值修约规则与极限数值的表示和判定

GB/T 13289 工业用乙烯液态和气态采样法(GB/T 13289—2014，ISO 7382:1986，NEQ)

GB/T 13290 工业用丙烯和丁二烯液态采样法(GB/T 13290—2014，ISO 8563:1987，NEQ)

SH/T 1142 工业用裂解碳四液态采样法

3 紫外荧光法

3.1 方法原理

将气态试样或液态试样汽化后由载气带入燃烧管与氧气混合并燃烧，其中微量硫大部分转化为二氧化硫(小部分生成三氧化硫)，试样燃烧生成的气体在除去水后被紫外光照射，二氧化硫吸收紫外光的能量转变为激发态的二氧化硫(SO_2^*)，当激发态的二氧化硫返回到稳定态的二氧化硫时发射荧光，并由光电倍增管检测，由所得信号值计算出试样的硫含量。

警告：接触过量的紫外光有害健康，试验者必须避免直接照射的紫外光以及次级或散射的辐射对身体各部位，尤其是眼睛的危害。

3.2 试剂与材料

3.2.1 噻吩或二丁基硫醚：纯度不低于 99%(质量分数)，用于配制硫标准储备溶液。

3.2.2 异辛烷或正庚烷：用于配制硫标准储备溶液的溶剂。硫含量应不高于 0.2 ng/μL，必要时应对所用溶剂的硫含量进行空白校正。

3.2.3 载气：氩气，纯度不低于 99.99%(体积分数)。

3.2.4 反应气：氧气，纯度不低于 99.99%(体积分数)。

3.2.5 硫标准储备溶液：1 000 ng/μL。称取约 0.46 g 二丁基硫醚(或 0.26 g 噻吩)，精确至 0.000 1 g，放入 100 mL 容量瓶中，用异辛烷或正庚烷稀释至刻线。溶液中的硫含量按式(1)计算。

$$c_1 = \frac{m_1 \times 32.07 \times 10^6 a}{V_1 \times M_1} \quad \cdots\cdots\cdots\cdots (1)$$

式中：

c_1 ——标准溶液中硫含量，单位为纳克每微升(ng/μL)；

m_1 ——噻吩或二丁基硫醚的质量，单位为克(g)；

a ——噻吩或二丁基硫醚的纯度(质量分数)；

V_1 ——异辛烷或正庚烷所稀释至的体积，单位为毫升(mL)；

M_1 ——噻吩或者二丁基硫醚相对分子质量；

32.07——硫的相对分子质量。

3.3 仪器与设备

3.3.1 紫外荧光仪

3.3.1.1 燃烧炉

电加热，温度能达到足以使试样受热裂解，并将其中的硫氧化成二氧化硫。

3.3.1.2 燃烧管

石英制成，可使试样直接进入高温氧化区。燃烧管应有引入氧气和载气的支管，氧化区应足够大。

3.3.1.3 流量控制

仪器应配备流量控制器，以确保氧气和载气的稳定供应。

3.3.1.4 干燥管

仪器应配备有除去水蒸气的设备，以除去进入检测器前反应产物中的水蒸气。

3.3.1.5 紫外荧光(UV)检测器

定性定量检测器，能测量由紫外光源照射二氧化硫激发所发射的荧光。

3.3.2 注射器

液体进样用 100 μL 或其他适宜体积的微量注射器。

3.3.3 气体进样装置

气体进样装置需配制六通气体进样阀，定量环体积为 10 mL 或其他适宜的体积。

3.3.4 采样器

3.3.4.1 乙烯采样钢瓶应符合 GB/T 13289 规定。

3.3.4.2 丙烯采样钢瓶应符合 GB/T 13290 规定。

3.3.4.3 碳四烯烃采样钢瓶应符合 SH/T 1142 或 GB/T 13290 规定。

3.3.5 汽化装置

3.3.5.1 恒温水浴温度控制在 60 ℃～70 ℃，配加热盘管，规格为内径 3 mm，长度 2 m 的不锈钢管。

3.3.5.2 闪蒸汽化装置应能确保液态样品完全汽化。

注：需要时，可对 3.3.4 及 3.3.5 中所用的采样钢瓶、控制阀、汽化装置和连接管线的内表面进行钝化处理，防止硫化

物被吸附。

3.4 仪器操作条件

仪器操作条件按照仪器说明书设置。

3.5 采样

按 GB/T 3723 和 GB/T 13289、GB/T 13290 或 SH/T 1142 规定的要求采取样品。

3.6 测定步骤

3.6.1 仪器操作

3.6.1.1 将石英燃烧管装入燃烧炉内,连接载气和反应气管线。

3.6.1.2 接通电源与气源,并将炉温、气体流量等参数调节至仪器说明书推荐的条件。待基线稳定后,即可进行样品测定。

3.6.2 标准曲线的绘制

3.6.2.1 取不同量硫标准储备溶液,用所选溶剂稀释,以配制一系列校准标准溶液。针对不同浓度范围的样品采用不同的标准曲线,推荐标准曲线的浓度范围见表 1。

注:也可采用市售的有证液体硫标样。

表 1 不同标准曲线的浓度范围

进样条件	曲线 1	曲线 2
硫的浓度/(ng/μL)	0.2	5.0
	0.5	10.0
	1.0	15.0
	3.0	50.0
	5.0	100.0
进样量	50 μL(或其他适宜的体积)	20 μL(或其他适宜的体积)

3.6.2.2 在分析前,用标准溶液充分润洗注射器。如果液柱中存有气泡,要再次润洗注射器并重新抽取标准溶液。

3.6.2.3 将一定体积的标准溶液注入燃烧管,记录硫化物的响应值,每个样品应重复测定三次,三次测定结果的相对标准偏差不超过 5%。用每个校准标准溶液的硫质量(ng)值与其三次测定的平均响应值建立曲线,此曲线应是线性的。每天需用校准标准溶液检查系统性能至少一次。

3.6.3 液态样品的汽化

液态样品需经汽化后方可进行硫含量的测定。汽化方式可采用水浴汽化和闪蒸汽化。

3.6.4 样品的测定

用气体进样器将样品导入燃烧管中。进样前,先用样品气冲洗定量环,时间约为 50 s,随后关闭进样阀门,等待 10 s,待压力平衡后进样。每个样品测定两次,计算平均响应值,选择合适浓度范围的标准曲线计算样品中硫的质量。

3.7 分析结果的表述

3.7.1 计算

试样的硫含量 w_1 由式(2)进行计算,以毫克每千克计:

$$w_1 = \frac{m_2 \times (273 + t_1) \times 101\ 325 \times 22\ 410}{V_2 \times 273 \times p_1 \times M_2 \times 10^3} = \frac{m_2 \times (273 + t_1) \times 8\ 317.6}{V_2 \times p_1 \times M_2} \quad \cdots\cdots(2)$$

式中:

m_2 ——由标准曲线计算出的硫的质量,单位为纳克(ng);

t_1 ——试样温度,单位为摄氏度(℃);

101 325——标准状态下气压,单位为帕斯卡(Pa);

22 410 ——标准状态下理想气体摩尔体积,单位为毫升每摩尔(mL/mol);

V_2 ——注入的气体试样体积,单位为毫升(mL);

273 ——标准状态下温度,单位为开尔文(K);

p_1 ——试验时的大气压值,单位为帕斯卡(Pa);

M_2 ——试样的摩尔质量,单位为克每摩尔(g/mol);

8 317.6——标准状态下理想气体换算系数,单位为帕斯卡毫升每摩尔开尔文[Pa·mL/(mol·K)]。

3.7.2 结果的表示

以两次重复测定结果的算术平均值报告其分析结果,按 GB/T 8170 的规定修约至 0.1 mg/kg。

4 氧化微库仑法

4.1 方法原理

将气态试样或液态试样汽化后由载气带入燃烧管与氧气混合并燃烧,其中微量硫大部分转化为二氧化硫(小部分生成三氧化硫),燃烧产物随后进入滴定池,与电解液中碘三离子(I_3^-)发生如下反应:

$$SO_2 + I_3^- + H_2O \rightarrow SO_3 + 3I^- + 2H^+$$

由于电解液中的碘三离子(I_3^-)被消耗,指示电极对间的电位差发生变化,随即电解电极对有相应的电流通过,在阳极表面发生如下反应:

$$3I^- \rightarrow I_3^- + 2e$$

当电解产生的碘三离子(I_3^-)使电解液中碘三离子(I_3^-)恢复到测定前的浓度时,电解电极停止工作。此时所消耗的总电量是试样中硫含量的一个测定值。根据法拉第电解定律及所测得的标样回收率即可计算出试样中的硫含量。

4.2 试剂与材料

4.2.1 噻吩或二丁基硫醚:纯度不低于 99%(质量分数),用于配制硫标准溶液。

4.2.2 异辛烷或正庚烷:用于配制硫标准溶液的溶剂,硫含量应不高于 0.2 ng/μL,必要时应对所用溶剂的硫含量进行空白校正。

4.2.3 水:符合 GB/T 6682 规定的二级水。

4.2.4 载气:氮气,纯度不低于 99.99%(体积分数)。

4.2.5 反应气:氧气,纯度不低于 99.99%(体积分数)。

4.2.6 电解液：按照仪器说明书的要求配制。

4.2.7 硫标准溶液：称取一定量的噻吩或二丁基硫醚，准确至 0.000 1 g，用异辛烷或正庚烷稀释至一定体积，摇匀备用。标准溶液硫含量应与待测试样中的硫含量相近。标准溶液的硫含量按 3.2.5 中式(1)计算。

注：也可采用市售的与被测试样硫含量相近的液体硫标样。

4.3 仪器与设备

4.3.1 微库仑仪

4.3.1.1 微库仑计

测量参比-测量电极对电位差，并将该电位差与偏压进行比较，放大此差值至电解电极对产生电流，微库仑计输出电压信号与电解电流成正比。

4.3.1.2 燃烧炉

燃烧炉由温度能调节控制的三个不同电加热区组成。预热区温度要保证试样完全汽化；燃烧区温度保证试样燃烧完全并尽可能有利于二氧化硫的生成；出口区温度保证试样燃烧生成的产物无变化地进入滴定池。

4.3.1.3 石英燃烧管

燃烧管装在燃烧炉内，试样注入口用硅橡胶垫密封，出口与滴定池进气口相连。

4.3.1.4 滴定池

由玻璃烧制而成，池中盛有电解液，并插入一对电解电极和一对指示电极。

4.3.1.5 数据处理装置

微库仑积分仪或仪器自带数据处理系统。

4.3.2 注射器

气体进样用 1 mL 或 5 mL 医用注射器，或气体进样装置。

液体进样用 10 μL 微量注射器，注射器针头长度应能达到预热区。

4.3.3 采样器

同 3.3.4。

4.3.4 汽化装置

同 3.3.5。

4.4 仪器的操作条件

仪器操作条件按照仪器说明书设置。

4.5 采样

同 3.5。

4.6 测定步骤

4.6.1 仪器操作

4.6.1.1 将洗净、烘干的石英燃烧管装入燃烧炉内，连接载气和反应气管线。

4.6.1.2 用电解液冲洗滴定池2次～3次，然后将电解液注入滴定池中，液面应高于电极5 mm～10 mm。放入搅拌子，并将滴定池置于电磁搅拌器上，再将滴定池进口与燃烧管出口相连接。最后将指示电极对和电解电极对的引线分别接至微库仑计的相应接线端子。

4.6.1.3 接通电源与气源，并将炉温、气体流量等参数调节至仪器说明书推荐的操作条件。

4.6.1.4 开启电磁搅拌器的电源，调节搅拌速度至形成轻微旋涡。待指示电极对间电位差恒定于工作电位后，即可进行如下测定。

4.6.2 校正

每次分析试样前需用与待测试样硫含量相近的硫标准溶液进行校正，以测定硫的回收率。

先用10 μL微量注射器吸取约8 μL的硫标准溶液，擦干针头，然后将针芯慢慢拉出，直至液体与空气交界的弯月面对准在1 μL刻度处，记下针芯端位置的读数。进样时针头一定要插至预热区，并匀速4 μL/min～5 μL/min进样，至针芯接近1 μL刻度时停止进样，拉出针芯，使液体和空气的弯月面再次对准在1 μL处，记下针芯端位置的读数，两个读数之差就是液体标样的体积。进样后，指示电极对间的电位差发生变化，滴定至原来的工作电位，记下库仑计读数。

硫的回收率F(%)按式(3)计算：

$$F = \frac{m_3}{c_1 \times V_3} \times 100 \quad \cdots\cdots\cdots\cdots(3)$$

式中：

m_3——微库仑计滴定出的硫的质量，单位为纳克(ng)；

c_1——标准溶液中硫含量，单位为纳克每微升(ng/μL)；

V_3——注入标准溶液的体积，单位为微升(μL)。

每个标准溶液重复测定三次，三次测定结果的相对标准偏差不超过5%，取其回收率的算术平均值作为校正因子。回收率应在75%～95%之间，如果回收率超出要求，则应检查仪器系统。

4.6.3 液态样品的汽化

液态样品需经汽化后方可进行硫含量的测定。汽化方式可采用水浴汽化和闪蒸汽化。

4.6.4 试样量

根据待测试样硫含量范围，应按表2所示采取适量试样。

表2 不同硫含量范围的待测试样的取样量

硫含量 mg/kg	取样量 mL
<1	5
1～10	3～5
10～100	1～3

4.6.5 样品的测定

选取 5 mL 医用注射器从样品容器中抽取气态试样。取样时，先用样品气置换 3 次～5 次后再取样，并以 2 mL/min～3 mL/min 匀速进样，每个样品测定两次，滴定并记下库仑计读数(ng)。

注：为避免对针筒的污染，对硫含量差别较大的试样或标准液，微量注射器和针筒要区别专用。

4.7 分析结果的表述

4.7.1 计算

试样的硫含量 w_2 由式(4)进行计算，以毫克每千克(mg/kg)计。

$$w_2 = \frac{m_4 \times (273 + t_2) \times 101\ 325 \times 22\ 410}{V_4 \times 273 \times p_2 \times M_3 \times 10^3 \times F} = \frac{m_4 \times (273 + t_2) \times 8\ 317.6}{V_4 \times p_2 \times M_3 \times F} \quad \cdots\cdots(4)$$

式中：

m_4 ——微库仑计显示的硫的质量，单位为纳克(ng)；

t_2 ——试样温度，单位为摄氏度(℃)；

101 325——标准状态下气压，单位为帕斯卡(Pa)；

22 410 ——标准状态下理想气体摩尔体积，单位为毫升每摩尔(mL/mol)；

V_4 ——注入的气体试样体积，单位为毫升(mL)；

273 ——标准状态下温度，单位为开尔文(K)；

p_2 ——试验时的大气压值，单位为帕斯卡(Pa)；

M_3 ——试样的摩尔质量，单位为克每摩尔(g/mol)；

F ——硫的回收率(质量分数)，%；

8 317.6——标准状态下理想气体换算系数，单位为帕斯卡毫升每摩尔开尔文[Pa·mL/(mol·K)]。

4.7.2 结果的表示

以两次重复测定结果的算术平均值报告其分析结果，按 GB/T 8170 的规定修约至 0.1 mg/kg。

5 重复性

在同一实验室，由同一操作者使用相同设备，按相同的测试方法，并在短时间内对同一被测对象相互独立进行测试获得的两次独立测试结果的绝对差值不大于表 3 中重复性限(r)，以超过重复性限(r)的情况不超过 5%为前提。

表 3 不同硫含量样品的重复性限(r)

硫含量 X mg/kg	重复性限(r) mg/kg	
	紫外荧光法	氧化微库仑法
$X \leqslant 1$	0.2	0.4
$1 < X \leqslant 10$	1	1
$10 < X \leqslant 100$	4	4

6 报告

报告应包括以下内容：

a） 有关试样的全部资料，例如名称、批号、采样地点、采样时间等；

b） 本标准代号；

c） 测定结果；

d） 测定中观察到的任何异常现象的细节及其说明；

e） 分析人员的姓名及分析日期等；

f） 未包括在本标准中的任何操作及自由选择的操作条件的说明。

ICS 71.080.15
G 16

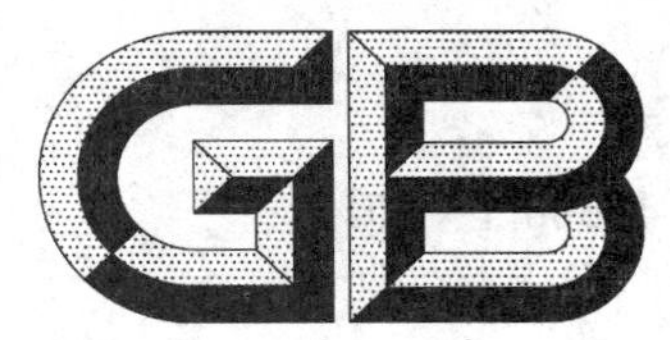

中华人民共和国国家标准

GB/T 12688.1—2011
代替 GB/T 12688.1—1998

工业用苯乙烯试验方法 第1部分:纯度和烃类杂质的测定 气相色谱法

Test method of styrene for industrial use—
Part 1: Determination of purity and hydrocarbon impurities—
Gas chromatography

2011-05-12 发布　　2011-11-01 实施

中华人民共和国国家质量监督检验检疫总局
中国国家标准化管理委员会　发布

前　言

GB/T 12688《工业用苯乙烯试验方法》分为以下部分：

——第1部分：纯度和烃类杂质的测定　气相色谱法；

——第3部分：聚合物含量的测定；

——第4部分：过氧化物含量的测定　滴定法；

——第5部分：总醛含量的测定　滴定法；

——第6部分：工业用苯乙烯中微量硫的测定　氧化微库仑法；

——第8部分：阻聚剂(对-叔丁基邻苯二酚)含量的测定　分光光度法；

——第9部分：微量苯的测定　气相色谱法。

本部分为GB/T 12688的第1部分。

本部分修改采用ASTM D5135-07《毛细管气相色谱法测定苯乙烯纯度及杂质的标准试验方法》(英文版)。本部分与ASTM D5135-07的结构性差异见附录A。

本部分与ASTM D5135-07相比主要技术内容变化如下：

——规范性引用文件中引用我国标准；

——增加FFAP柱及其典型色谱条件；

——增加了外标法和归一化法的定量方法；

——采用氮气为载气；

——重复性限采用我国的规定。

本部分代替GB/T 12688.1—1998《工业用苯乙烯纯度的测定　毛细管气相色谱法》。

本部分与GB/T 12688.1—1998相比主要差异为：

——修改了标准名称；

——增加了外标法和归一化法的定量方法；

——范围中增加了杂质种类及测定范围。

本部分的附录A为资料性附录。

本部分由中国石油化工集团公司提出。

本部分由全国化学标准化技术委员会石油化学分技术委员会(SAC/TC 63/SC 4)归口。

本部分起草单位：中国石油化工股份有限公司北京燕山分公司。

本部分主要起草人：杨伟、陆慧丽、姜连成、田江南、车金凤、胡秀卓。

本部分所代替标准的历次版本发布情况为：

——GB/T 12688.1—1990、GB/T 12688.1—1998。

工业用苯乙烯试验方法
第1部分:纯度和烃类杂质的测定
气相色谱法

1 范围

本部分规定了用气相色谱法测定工业用苯乙烯的纯度和烃类杂质。

本部分适用于纯度(质量分数)不低于99%、烃类杂质浓度(质量分数)范围为(0.001~1.000)%的苯乙烯的测定。典型的烃类杂质包括:乙苯、对二甲苯、间二甲苯、邻二甲苯、异丙苯、正丙苯、间甲乙苯、对甲乙苯、α-甲基苯乙烯、苯乙炔、间甲基苯乙烯、对甲基苯乙烯。

虽然本方法也可应用于更低纯度的苯乙烯试样,但对全部杂质的定性和合适内标物的选定可能较为困难。

本部分并不是旨在说明与其使用有关的安全问题,使用者有责任采取适当的安全和健康措施,并保证符合国家有关法规的规定。

注意:苯乙烯为易燃物。在与过氧化物、无机酸和三氯化铝等接触时会发生放热聚合反应。高浓度的液态苯乙烯及其蒸气对眼睛和呼吸系统都有刺激性。

2 规范性引用文件

下列文件中的条款通过GB/T 12688的本部分的引用而成为本部分的条款。凡是注日期的引用文件,其随后所有的修改单(不包括勘误的内容)或修订版均不适用于本部分,然而,鼓励根据本部分达成协议的各方研究是否可使用这些文件的最新版本。凡是不注日期的引用文件,其最新版本适用于本部分。

GB/T 3723 工业用化学产品采样安全通则(GB/T 3723—1999,ISO 3165:1976,idt)

GB/T 6680 液体化工产品采样通则

GB/T 8170 数值修约规则与极限数值的表示和判定

3 方法原理

在本部分规定的条件下,将适量试样注入配置氢火焰离子化检测器(FID)的色谱仪。苯乙烯与烃类杂质组分在色谱柱上被有效分离,测量所有峰的峰面积,可采用内标法或外标法计算各烃类杂质的含量。用100.00减去烃类杂质的总量,以计算苯乙烯的纯度。也可采用归一化法直接得到苯乙烯纯度及烃类杂质含量。

注:如果有气相色谱法不能测得的其他杂质,该方法测得的不是绝对纯度。

4 试剂和材料

4.1 内标物:正庚烷,甲苯或其他合适的化合物,纯度(质量分数)应大于99%。

4.2 标准试剂:乙苯、对二甲苯、间二甲苯、邻二甲苯、异丙苯、正丙苯、间甲乙苯、对甲乙苯、α-甲基苯乙烯、苯乙炔、间甲基苯乙烯、对甲基苯乙烯,各标准试剂纯度(质量分数)不低于99%。

4.3 苯乙烯:用作测定校正因子的基液,纯度(质量分数)应不低于99.8%。

4.4 氮气:纯度(体积分数)大于99.995%。

4.5 氢气:纯度(体积分数)大于99.995%。

4.6 空气：无油，经硅胶、分子筛充分干燥和净化。

5 仪器和设备

5.1 气相色谱仪：应配置氢火焰离子化检测器及进样分流装置。在进样量不超过色谱柱允许负荷量的条件下，对最后流出的含量为 10 mg/kg 的被测杂质，其峰高至少应大于仪器噪声的 2 倍。

当采用归一化法分析样品时，仪器的动态线性范围必须满足定量要求。当采用外标法时，推荐使用自动进样器。

5.2 记录系统：积分仪或色谱工作站。

5.3 微量注射器。

5.4 色谱柱：色谱柱及典型操作条件见表 1。满足本部分所规定的分离效果和定量要求的其他色谱柱和条件均可采用。

5.5 电子天平：感量为 0.1 mg。

5.6 容量瓶：100 mL。

表 1 推荐的色谱柱及典型操作条件

色谱柱	A	B
柱管材料	弹性石英毛细管	弹性石英毛细管
固定液	键合 PEG20M[a]	键合 FFAP[b]
柱长/m	60	50
柱内径/mm	0.32	0.32
液膜厚度/μm	0.50	0.50
柱温/℃	110	100
检测器	FID	
载气	氮气	
载气流量/(mL/min)	1.0～1.6	
补充气	氮气	
补充气流量/(mL/min)	30	
进样体积/μL	0.5～1.0	0.5～1.0
分流比	80∶1	100∶1
检测器温度/℃	240	240
进样口温度/℃	230	230
氢气流量/(mL/min)	30	30
空气流量/(mL/min)	275	275

[a] PEG20M 为聚乙二醇 20M。

[b] FFAP 为聚乙二醇 20M 与 2-硝基对苯二甲酸的反应产物。

6 取样

按 GB/T 3723 和 GB/T 6680 的规定采取样品。

7 内标法

7.1 分析步骤

7.1.1 校正因子的测定

7.1.1.1 用苯乙烯基液配制适当含量的典型烃类杂质的校准混合物溶液 A。称量所有烃类杂质组分，称准至 0.000 1 g。计算各自的含量(质量分数),精确至 0.000 1%。配制的苯乙烯纯度和烃类杂质含量应与待测试样相近(可适当分步稀释)。

7.1.1.2 按表 1 的色谱条件分析苯乙烯基液,检查是否存在干扰内标物的烃类杂质,如果该苯乙烯中的烃类杂质与所选的内标物同时出峰,须改用其他合适的内标物。

7.1.1.3 在事先装有约 75 mL 的校准混合物溶液 A 的 100 mL 容量瓶中,准确加入 50 μL(或适量)内标物,再用校准混合物溶液 A 稀释至刻度,得到校准混合物溶液 B。若用正庚烷作内标,正庚烷的密度为 0.684 g/cm^3,苯乙烯的密度为 0.906 g/cm^3,则该溶液中内标物的浓度(质量分数)为 0.037 7%。

7.1.1.4 另取苯乙烯基液,按 7.1.1.3 的方法加入内标物,配制成含内标物的苯乙烯基液,用于测定存在于该苯乙烯中的烃类杂质与内标物的色谱峰面积比率。

7.1.1.5 根据表 1 推荐的操作条件和各色谱仪的操作说明书调整色谱仪,并在仪器稳定运行后,把适量的校准混合物溶液 B 和配有内标物的苯乙烯基液(7.1.1.4)依次注入色谱仪,以获得 2 个色谱图。各重复测定 3 次,测量除苯乙烯以外的所有色谱峰的面积,包括内标峰。典型色谱图见图 1、图 2。

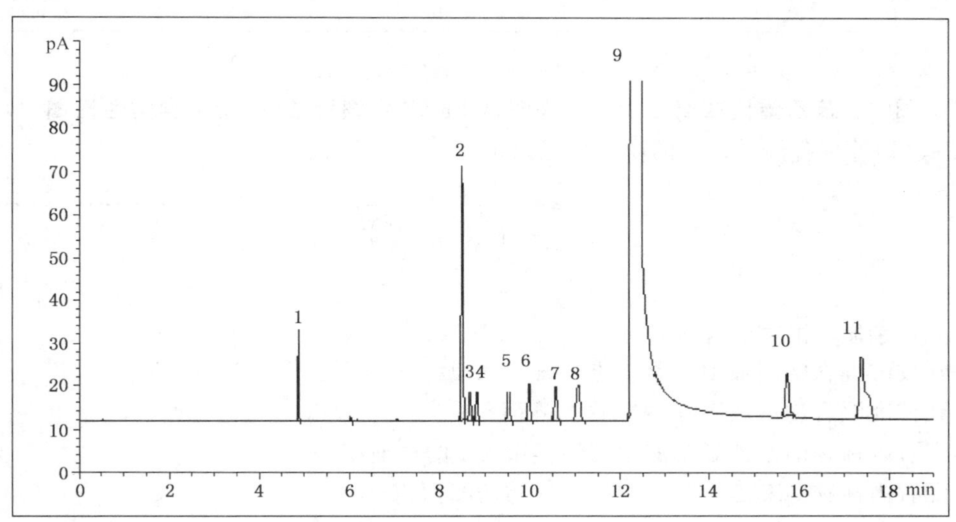

1——正庚烷;
2——乙苯;
3——对二甲苯;
4——间二甲苯;
5——异丙苯;
6——邻二甲苯;
7——正丙苯;
8——间甲乙苯、对甲乙苯;
9——苯乙烯;
10——α-甲基苯乙烯;
11——苯乙炔与间、对甲基苯乙烯。

图 1 苯乙烯校准混合物溶液在键合 PEG20M 毛细管柱(A)上的典型色谱图

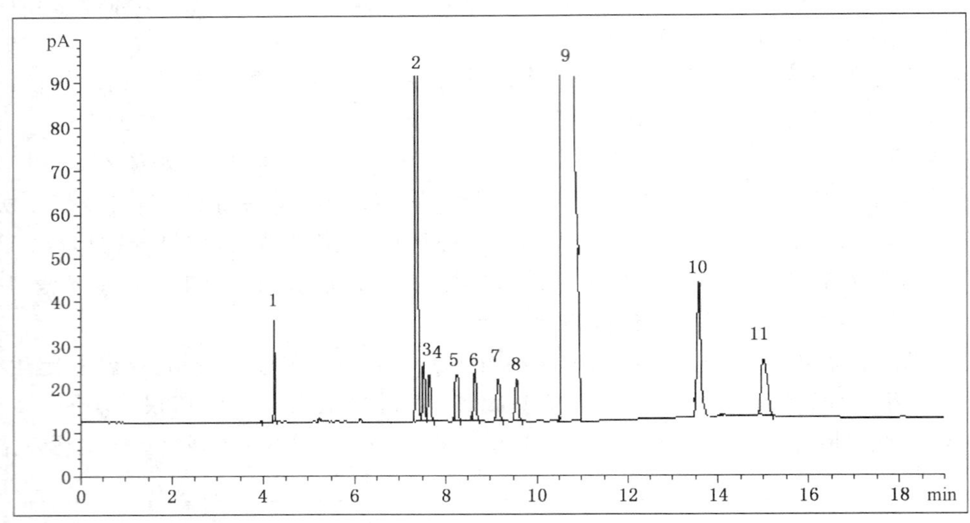

各色谱峰号所对应的物质名称同图 1

图 2 苯乙烯校准混合物溶液在键合 FFAP 毛细管柱(B)上的典型色谱图

7.1.1.6 按式(1)计算各烃类杂质的质量校正因子：

$$f_i' = \frac{w_{i1}}{w_s\left(\frac{A_{i1}}{A_s} - \frac{A_{ib}}{A_{sb}}\right)} \qquad \cdots\cdots(1)$$

式中：

f_i'——烃类杂质 i 相对于内标物的质量校正因子；

A_{i1}——在校准混合物溶液 B 中烃类杂质 i 的峰面积；

A_s——在校准混合物溶液 B 中内标物的峰面积；

A_{ib}——配有内标物的苯乙烯基液中的烃类杂质 i 的峰面积；

A_{sb}——配有内标物的苯乙烯基液中的内标物的峰面积；

w_{i1}——校准混合物溶液 B 中烃类杂质 i 的含量(质量分数)，%；

w_s——校准混合物溶液 B 中内标物的含量(质量分数)，%。

各组分 3 次相对质量校正因子(f_i')测定结果的相对偏差应不大于 5%，取其平均值作为该组分的质量校正因子$\overline{f_i}'$，应保留 3 位有效数字。

7.1.2 试样测定

7.1.2.1 按 7.1.1.3 的方法将内标物加入到苯乙烯试样中，计算内标物的含量(质量分数)，精确至 0.000 1%。

7.1.2.2 在与质量校正因子测定相同色谱条件下，将苯乙烯试样(7.1.2.1)注入色谱仪，测量除苯乙烯外所有的杂质峰面积。

7.2 结果计算

7.2.1 苯乙烯试样中各烃类杂质的含量按式(2)计算：

$$w_i = \frac{A_i' \cdot \overline{f_i}' \cdot w_s'}{A_s'} \qquad \cdots\cdots(2)$$

式中：

w_i——试样中烃类杂质 i 的含量(质量分数)，%；

A_i'——试样中烃类杂质 i 的峰面积；

A_s'——试样中内标物的峰面积；

w_s'——试样中内标物的含量(质量分数)，%。

对少数不能获得相对质量校正因子的烃类杂质组分，可将其质量校正因子$\overline{f_i}'$设为1.00。

7.2.2 按式(3)计算苯乙烯试样的纯度：

$$w_p = 100.00 - \sum w_i \qquad \cdots\cdots(3)$$

式中：

w_p——苯乙烯试样的纯度(质量分数)，%；

$\sum w_i$——本方法测得的试样中烃类杂质的总量(质量分数)，%。

8 外标法

8.1 分析步骤

8.1.1 校正因子的测定

8.1.1.1 按7.1.1.1配制校准混合物溶液A。

8.1.1.2 根据表1推荐的操作条件和色谱仪的操作说明书调整色谱仪，并在仪器稳定运行后，准确抽取相同体积的校准混合物溶液A和苯乙烯基液依次注入色谱仪，以获得2个色谱图。各重复测定3次，测量除苯乙烯以外的所有色谱峰的面积。

8.1.1.3 用式(4)计算各烃类杂质的质量校正因子：

$$f_i = \frac{w_{i2}}{A_{i2} - \overline{A}_{ib}} \qquad \cdots\cdots(4)$$

式中：

f_i——烃类杂质i的质量校正因子；

w_{i2}——校准混合物溶液A中烃类杂质i的含量(质量分数)，%；

A_{i2}——校准混合物溶液A中烃类杂质i的峰面积；

$\overline{A}_{ib}$——苯乙烯基液中烃类杂质i三次测定峰面积的平均值。

各组分3次质量校正因子(f_i)测定结果的相对偏差应不大于10%，取其平均值作为该组分的质量校正因子$\overline{f_i}$，应保留3位有效数字。

8.1.2 试样测定

在与质量校正因子测定相同色谱条件下，准确抽取与质量校正因子测定时相同进样体积的苯乙烯试样注入色谱仪，测量除苯乙烯外所有的杂质峰面积。

注：测定时，试样温度应与校准混合物溶液的温度保持一致。

8.2 结果计算

8.2.1 苯乙烯试样中各烃类杂质的含量按式(5)计算：

$$w_i = \overline{f_i} \times A_i' \qquad \cdots\cdots(5)$$

对少数不能获得相对质量校正因子的烃类杂质组分，计算时以相邻烃类杂质的校正因子代替。

8.2.2 按7.2.2计算苯乙烯试样的纯度。

9 归一化法

9.1 分析步骤

9.1.1 校正因子的测定

9.1.1.1 按7.1.1.1配制校准混合物溶液A。

9.1.1.2 按8.1.1.2进行测定，测量所有色谱峰的面积。按式(6)计算各组分相对于苯乙烯的相对质量校正因子。

$$f=\frac{Am_i}{(A_{i2}-\overline{A_{ib}})m} \quad \cdots\cdots(6)$$

式中：

f——苯乙烯或烃类杂质的相对质量校正因子(苯乙烯的相对质量校正因子为1.00)；

m_i——校准混合物溶液A中烃类杂质i的质量，单位为克(g)；

m——校准混合物溶液A中苯乙烯的质量，单位为克(g)；

A——校准混合物溶液A中苯乙烯的峰面积。

各组分3次相对质量校正因子(f)测定结果的相对偏差应不大于5%，取其平均值作为该组分的$\overline{f}$，应保留3位有效数字。

9.1.2 试样测定

在与质量校正因子测定相同色谱条件下，将适量苯乙烯试样注入色谱仪，测量所有烃类杂质和苯乙烯的色谱峰面积。

9.2 结果计算

按式(7)计算苯乙烯试样的纯度或烃类杂质的含量。

$$w_i'=\frac{A_i\overline{f}}{\sum A_i\overline{f}}\times 100.00 \quad \cdots\cdots(7)$$

式中：

w_i'——苯乙烯试样的纯度或烃类杂质的含量(质量分数)，%；

A_i——试样中组分i的峰面积。

对少数不能获得相对质量校正因子的烃类杂质组分，可将其校正因子$\overline{f}$设为1.00。

10 分析结果的表述

以两次重复测定结果的算术平均值报告其分析结果，按GB/T 8170的规定进行修约，苯乙烯纯度精确至0.01%(质量分数)，各烃类杂质含量精确至0.001%(质量分数)。

11 重复性

在同一实验室，由同一操作者使用相同设备，按相同的测试方法，并在短时间内对同一被测对象相互独立进行测试获得的两次独立测试结果的绝对差值不超过重复性限(r)，超过重复性限(r)的情况不超过5%，重复性限(r)如表2所列。

表2 重复性限(r)

项目		重复性限(r)		
		内标法	归一化法	外标法
烃类杂质含量(质量分数)/%	$0.001\leqslant w_i\leqslant 0.010$	两次测定结果平均值的15%		两次测定结果平均值的20%
	$w_i>0.010$	两次测定结果平均值的10%		两次测定结果平均值的15%
苯乙烯纯度(质量分数)/%		0.04		0.05

12 报告

报告应包括下列内容：

a) 有关样品的全部资料，例如样品的名称、批号、采样地点、采样日期、采样时间等；

b) 本部分的编号；

c) 分析结果；

d) 测定中观察到的任何异常现象的细节及其说明；

e) 分析人员的姓名及分析日期等。

附　录　A
（资料性附录）
本部分章条编号与 ASTM D5135-07 章条编号对照表

表 A.1 给出了本部分章条编号与 ASTM D5135-07 章条编号对照一览表。

表 A.1　本部分章条编号与 ASTM D5135-07 章条编号对照表

本部分章条编号	对应的 ASTM D5135-07 章条编号
1	1
2	2
—	3
3	4
—	5～6
4	8
5	7
6	10
7～9	11～14
10	15
11	16
12	—

ICS 71.080.15
G 16

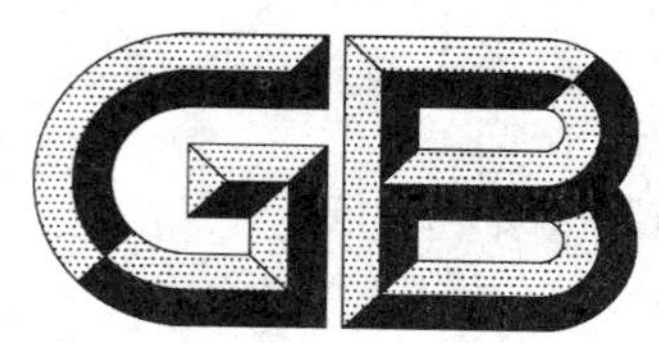

中华人民共和国国家标准

GB/T 12688.3—2011
代替 GB/T 12688.3—1990

工业用苯乙烯试验方法 第3部分:聚合物含量的测定

Test method of styrene for industrial use—
Part 3:Determination of content of polymer

2011-05-12 发布

2011-11-01 实施

中华人民共和国国家质量监督检验检疫总局
中国国家标准化管理委员会 发布

前　　言

GB/T 12688《工业用苯乙烯试验方法》分为以下部分：

——第1部分：纯度和烃类杂质的测定　气相色谱法；

——第3部分：聚合物含量的测定；

——第4部分：过氧化物含量的测定　滴定法；

——第5部分：总醛含量的测定　滴定法；

——第6部分：工业用苯乙烯中微量硫的测定　氧化微库仑法；

——第8部分：阻聚剂（对-叔丁基邻苯二酚）含量的测定　分光光度法；

——第9部分：微量苯的测定　气相色谱法。

本部分为GB/T 12688的第3部分。

本部分修改采用ASTM D2121-07《苯乙烯单体中聚合物含量的标准测定方法》（英文版）。本部分与ASTM D2121-07的结构性差异见附录A。

本部分与ASTM D2121-07相比主要技术内容变化如下：

——规范性引用文件中引用我国标准；

——对高纯聚苯乙烯粒子的验收进行了规定；

——删除了标准曲线绘制中25 ℃的温度要求。

本部分代替GB/T 12688.3—1990《工业用苯乙烯中聚合物含量的测定　光度法》。

本部分与GB/T 12688.3—1990的主要差异为：

——修改了标准的名称；

——将光度法的测定范围修改为1 mg/kg～15 mg/kg；

——增加了高纯聚苯乙烯粒子配制聚苯乙烯标准贮备溶液的方法；

——增加了目视法；

——删除了标准曲线绘制中25 ℃的温度要求。

本部分的附录A为资料性附录。

本部分由中国石油化工集团公司提出。

本部分由全国化学标准化技术委员会石油化学分技术委员会（SAC/TC 63/SC 4）归口。

本部分起草单位：中国石油化工股份有限公司北京燕山分公司。

本部分主要起草人：杨伟、陆慧丽、姜连成、田江南、李向阳。

本部分所代替标准的历次版本发布情况为：

——GB/T 12688.3—1990。

工业用苯乙烯试验方法 第3部分:聚合物含量的测定

1 范围

本部分规定了工业用苯乙烯中聚合物含量的测定方法。

本部分的光度法适用于聚合物含量范围为1 mg/kg～15 mg/kg的苯乙烯样品的测定。样品聚合物含量若大于15 mg/kg时,则应在测定前进行适当稀释。

本部分的目视法适用于聚合物含量(质量分数)不大于1.0%的苯乙烯样品的测定。样品聚合物含量(质量分数)大于1.0%时,应在测定前进行适当稀释。

本部分不适用于工业用苯乙烯中二聚体和三聚体的检测。

本部分并不是旨在说明与其使用有关的安全问题,使用者有责任采取适当的安全和健康措施,并保证符合国家有关法规的规定。

注意:苯乙烯为易燃物,在与过氧化物、无机酸和三氯化铝等接触时会发生放热聚合反应。高浓度的液态苯乙烯及其蒸气对眼睛和呼吸系统都有刺激性。

2 规范性引用文件

下列文件中的条款通过GB/T 12688的本部分的引用而成为本部分的条款。凡是注日期的引用文件,其随后所有的修改单(不包括勘误的内容)或修订版均不适用于本部分,然而,鼓励根据本部分达成协议的各方研究是否可使用这些文件的最新版本。凡是不注日期的引用文件,其最新版本适用于本部分。

GB/T 3723 工业用化学产品采样安全通则(GB/T 3723—1999,ISO 3165:1976,idt)

GB/T 6680 液体化工产品采样通则

GB/T 6682 分析实验室用水规格和试验方法(GB/T 6682—2008,ISO 3696:1987,MOD)

GB/T 8170 数值修约规则与极限数值的表示和判定

3 方法原理

3.1 分光光度法

利用苯乙烯单体中存在的苯乙烯聚合物不溶于甲醇的原理,在苯乙烯试样中加入无水甲醇,在420 nm处测定其吸光度,并与定量校准曲线进行比较,确定聚合物的含量。

3.2 目视法

在苯乙烯试样中加入无水甲醇,用目视法观测溶液的浊度,并与标准溶液进行比较,确定聚合物的含量。

4 试剂和材料

除另有注明,本部分使用的试剂应为分析纯。所用的水应符合GB/T 6682规定的三级水规格。

4.1 正已烷。

4.2 无水甲醇。

4.3 甲苯。

4.4 氢氧化钠溶液:40 g/L。

4.5 苯乙烯:纯度(质量分数)≥99.6%。

4.6 聚苯乙烯：用等体积氢氧化钠溶液洗涤 50 mL 苯乙烯(4.5)3 次，再用等体积水洗涤 2 次。在第二次水洗后，使苯乙烯通过二层折叠滤纸进行快速过滤。再将约 20 mL 滤得的苯乙烯倒入试管中，置于 100 ℃的烘箱中加热 24 h，促其聚合。结束时打碎试管，取出聚苯乙烯，弃去所有玻璃，在玛瑙研钵中将聚苯乙烯磨成细粉。

4.7 商品高纯聚苯乙烯：需使用高分子量的聚苯乙烯。

注：商品聚苯乙烯粒子中含有的添加剂可能会影响标准溶液的吸光度，选择时应注意。

5 仪器和设备

5.1 分光光度计：能在波长 420 nm 处测定吸光度，且灵敏度能满足含量为 1 mg/kg 的苯乙烯聚合物的测定。

5.2 光度计吸收池：光径长度 50 mm～150 mm。

5.3 吸量管：1 mL、10 mL、15 mL。

5.4 移液管：10 mL、15 mL。

5.5 具塞锥形瓶：100 mL。

5.6 容量瓶：100 mL、1 000 mL。

5.7 试管：(25×150)mm。

5.8 日光灯管。

5.9 电子天平：精度为 0.1 mg。

6 采样

按 GB/T 3723 和 GB/T 6680 的规定采取样品。

7 分光光度法

7.1 分析步骤

7.1.1 校准曲线绘制

7.1.1.1 将 0.090 5 g 聚苯乙烯(4.6 或 4.7)溶解于 1.0 L 甲苯中。该标准贮备溶液相当于在苯乙烯中含有 100 mg/kg 的聚苯乙烯。

7.1.1.2 分别吸取聚苯乙烯标准贮备溶液 1 mL、3 mL、6 mL、9 mL、12 mL 和 15 mL，置于 6 个 100 mL容量瓶中，用甲苯稀释至刻度，配成分别含 1 mg/kg、3 mg/kg、6 mg/kg、9 mg/kg、12 mg/kg 和 15 mg/kg 的聚苯乙烯标准溶液。

7.1.1.3 分别移取 10 mL 上述聚苯乙烯标准溶液和 15 mL 无水甲醇至一组具塞锥形瓶中，充分混合。在另一组对应的锥形瓶中，分别加入 10 mL 聚苯乙烯标准溶液和 15 mL 正己烷，充分混合。只要保持聚苯乙烯标准溶液与甲醇(或正己烷)的体积比为 2∶3，也可根据光度计吸收池的容量，调整聚苯乙烯标准溶液与甲醇(或正己烷)的加入量。

7.1.1.4 使混合溶液在具塞锥形瓶中静置(15±1)min，立即将混合溶液倒入光度计吸收池中测定其吸光度，波长为 420 nm。用相应的聚苯乙烯/正己烷的混合溶液作空白。

7.1.1.5 根据聚苯乙烯的含量(mg/kg)与对应的吸光度绘制校准曲线。

7.1.2 测定

在两只具塞锥形瓶中，分别移入 10 mL 苯乙烯试样。在一只锥形瓶中再移入 15 mL 无水甲醇，另一只移入 15 mL 正己烷，均充分混匀。按 7.1.1.3 和 7.1.1.4 步骤操作，用苯乙烯试样和正己烷的混合液作空白，对试样进行测定，并从事先绘制的校准曲线上查得聚苯乙烯的含量(mg/kg)。

7.2 分析结果的表述

以两次重复测定结果的算术平均值报告其分析结果，按 GB/T 8170 的规定进行修约，精确至1 mg/kg。

7.3 精密度

7.3.1 重复性

在同一实验室，由同一操作者使用相同设备，按相同的测试方法，并在短时间内对同一被测对象相互独立进行测试获得的两次独立测试结果，对聚合物含量为 1 mg/kg～15 mg/kg 的试样，其绝对差值不大于 0.5 mg/kg，以大于 0.5 mg/kg 的情况不超过 5%为前提。

7.3.2 再现性

在两个不同实验室，由不同操作员，用不同仪器和设备，按相同的测试方法，对同一被测对象相互独立进行测试获得的两个测试结果，对聚合物含量为 1 mg/kg～15 mg/kg 的试样，其绝对差值不大于 1.0 mg/kg，以大于 1.0 mg/kg 的情况不超过 5%为前提。

8 目视法

8.1 分析步骤

8.1.1 表 1 给出了不同苯乙烯聚合物含量与苯乙烯和甲醇混合液浊度之间的定性描述，也可采用聚苯乙烯和甲苯制备符合表 1 规定的或其他已知浓度的标准样品。

表 1 苯乙烯聚合物含量与苯乙烯和甲醇混合液浊度之间的关系

苯乙烯中聚合物含量(质量分数)/%	苯乙烯-甲醇混合液的浊度描述
1.0 或大于 1.0	乳白色不透明液体，有大量白色沉淀析出
0.1	乳白色不透明液体，无明显沉淀
0.01	容易看见浑浊物，混合液仍为透明状态
0.001	极微量的浑浊物，只有通过与纯净的无水甲醇进行比较才能观测到
无	通过与纯净的无水甲醇进行比较也观测不到混浊物

8.1.2 吸取 2 mL 试样置于干燥洁净的试管(5.7)，并用移液管吸取 10 mL 无水甲醇加入其中，用铝箔覆盖的软木塞塞住试管并用力振荡几秒钟。

8.1.3 对试管进行振荡后，透过日光灯管(5.8)检查该试管中的混合溶液。将观察到的试样混合溶液的混浊度，与表 1 中所给出的混浊度的描述，或与其他已知聚合物含量的标准样品的混浊度进行对比。

8.2 分析结果的表述

从表 1 选择最接近样品的浊度描述，或根据其他已知聚合物含量的标准样品的浊度，报告试样的聚合物含量。

9 报告

报告应包括下列内容：

a) 有关样品的全部资料，例如样品的名称、批号、采样地点、采样日期、采样时间等；

b) 本部分的编号；

c) 分析结果；

d) 测定中观察到的任何异常现象的细节及其说明；

e) 分析人员的姓名及分析日期等。

附 录 A
(资料性附录)
本部分章条编号与 ASTM D 2121-07 章条编号对照表

表 A.1 给出了本部分章条编号与 ASTM D 2121-07 章条编号对照一览表。

表 A.1 本部分章条编号与 ASTM D 2121-07 章条编号对照表

本部分章条编号	对应的 ASTM D 2121-07 章条编号
1	1
2	2
3	3
—	4,5
4	7
5	6
6	9
7	10～14
8	16～20
9	—

ICS 71.080.15
G 16

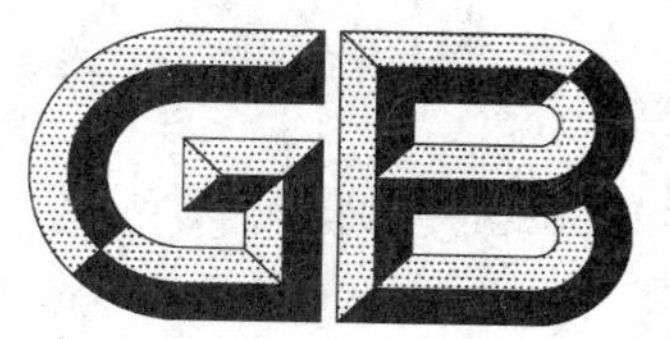

中华人民共和国国家标准

GB/T 12688.4—2011
代替 GB/T 12688.4—1990

工业用苯乙烯试验方法 第4部分:过氧化物含量的测定 滴定法

**Test method of styrene for industrial use—
Part 4:Determination of content of peroxides—
Titrimetric method**

2011-05-12 发布

2011-11-01 实施

中华人民共和国国家质量监督检验检疫总局
中国国家标准化管理委员会 发布

前言

GB/T 12688《工业用苯乙烯试验方法》分为以下部分：

——第1部分：纯度和烃类杂质的测定　气相色谱法；

——第3部分：聚合物含量的测定；

——第4部分：过氧化物含量的测定　滴定法；

——第5部分：总醛含量的测定　滴定法；

——第6部分：工业用苯乙烯中微量硫的测定　氧化微库仑法；

——第8部分：阻聚剂(对-叔丁基邻苯二酚)含量的测定　分光光度法；

——第9部分：微量苯的测定　气相色谱法。

本部分为GB/T 12688的第4部分。

本部分修改采用ASTM D 2340-09《苯乙烯单体中过氧化物含量的标准测定方法》(英文版)。本部分与ASTM D 2340-09的结构性差异参见附录A。

本部分与ASTM D 2340-09相比主要技术内容变化如下：

——删除了过氧化物测定范围的限制；

——规范性引用文件中引用我国标准。

本部分代替GB/T 12688.4—1990《工业用苯乙烯中过氧化物含量的测定　滴定法》。

本部分与GB/T 12688.4—1990的主要差异为：

——修改了标准名称；

——增加了附录A。

本部分的附录A为资料性附录。

本部分由中国石油化工集团公司提出。

本部分由全国化学标准化技术委员会石油化学分技术委员会(SAC/TC 63/SC 4)归口。

本部分起草单位：中国石油化工股份有限公司北京燕山分公司。

本部分主要起草人：杨伟、陆慧丽、姜连成、田江南、李向阳。

本部分所代替标准的历次版本发布情况为：

——GB/T 12688.4—1990。

工业用苯乙烯试验方法 第4部分:过氧化物含量的测定 滴定法

1 范围

本部分规定了工业用苯乙烯中过氧化物含量的测定方法。

本部分并不是旨在说明与其使用有关的所有安全问题。使用者有责任建立适当的安全与健康措施,保证符合国家有关法规的规定。

注意:苯乙烯为易燃物,在与过氧化物、无机酸和三氯化铝等接触时会发生放热聚合反应。高浓度的液态苯乙烯及其蒸气对眼睛和呼吸系统都有刺激性。

2 规范性引用文件

下列文件中的条款通过 GB/T 12688 的本部分的引用而成为本部分的条款。凡是注日期的引用文件,其随后所有的修改单(不包括勘误的内容)或修订版均不适用于本部分,然而,鼓励根据本部分达成协议的各方研究是否可使用这些文件的最新版本。凡是不注日期的引用文件,其最新版本适用于本部分。

GB/T 601 化学试剂 滴定分析(容量分析)用标准溶液的制备

GB/T 3723 工业用化学产品采样安全通则(GB/T 3723—1999,ISO 3165:1976,idt)

GB/T 6680 液体化工产品采样通则

GB/T 6682 分析实验室用水规格和试验方法(GB/T 6682—2008,ISO 3696:1987,MOD)

GB/T 8170 数值修约规则与极限数值的表示和判定

3 方法原理

将苯乙烯试样加到异丙醇和乙酸溶液中,再加入碘化钠异丙醇饱和溶液,加热回流。试样中的过氧化物与碘化钠反应定量地释放出碘,用硫代硫酸钠标准滴定溶液滴定至无色为终点,根据硫代硫酸钠标准滴定溶液的消耗体积计算得到过氧化物的含量。

4 试剂和材料

除另有注明,本部分使用的试剂应为分析纯。所用的水应符合 GB/T 6682 规定的三级水规格。

4.1 冰乙酸。

4.2 异丙醇。

注意:异丙醇为易燃物,应远离明火。在本试验中应使用全密封的加热器。

4.3 硫代硫酸钠标准滴定溶液[$c(Na_2S_2O_3)=0.01$ mol/L]:按 GB/T 601 的规定进行配制和标定,使用前稀释。

4.4 碘化钠异丙醇饱和溶液:约 200 g/L。

5 仪器和设备

5.1 电加热器(全密封式)。

5.2 具塞碘量瓶:500 mL,配有 300 mm 球形冷凝管,标准磨口连接。

5.3 移液管:50 mL。

5.4 量筒:10 mL、50 mL。

5.5 滴定管:容量为 10 mL。

5.6 沸石。

6 采样

按 GB/T 3723 和 GB/T 6680 的规定采取样品。

7 分析步骤

7.1 在两个 500 mL 具塞碘量瓶中,先各加入 200 mL 异丙醇及数粒沸石,再各加入 10 mL 冰乙酸。用移液管吸 50 mL 苯乙烯试样加入到其中一个碘量瓶中,而另一个作为空白。然后装上球形冷凝器并开启冷却水。加热碘量瓶中液体至沸腾,再从球形冷凝器顶部向两个碘量瓶中各加入 50 mL 碘化钠异丙醇饱和溶液。

7.2 继续缓和地加热,煮沸 10 min 后,移去电加热器。分别用 10 mL 水冲洗两个冷凝器,并将冲洗液收集在各自的碘量瓶中。将碘量瓶冷却至室温。析出的碘用硫代硫酸钠标准滴定溶液先滴定至淡黄色,再继续缓慢地滴定至淡黄色刚好消失,即为终点。

8 结果计算

过氧化物(以 H_2O_2 计)的含量 w(mg/kg)按式(1)计算:

$$w=\frac{(V_1-V_2)cM}{\rho\times 2\times 50\times 1\,000}\times 10^6 \qquad \cdots\cdots(1)$$

式中:

V_1——滴定试样所消耗的硫代硫酸钠标准滴定溶液的体积的数值,单位为毫升(mL);

V_2——滴定空白所消耗硫代硫酸钠标准滴定溶液的体积的数值,单位为毫升(mL);

c——硫代硫酸钠标准滴定溶液浓度的数值,单位为摩尔每升(mol/L);

M——过氧化氢的摩尔质量的数值,单位为克每摩尔(g/mol)(M=34.02);

ρ——苯乙烯的密度的数值,单位为克每立方厘米(g/cm^3)。

9 分析结果的表述

以两次重复测定结果的算术平均值报告其分析结果,按 GB/T 8170 的规定进行修约,精确至 1 mg/kg。

10 精密度

10.1 重复性

在同一实验室,由同一操作者使用相同设备,按相同的测试方法,并在短时间内对同一被测对象相互独立进行测试获得的两次独立测试结果,对过氧化物含量为 1 mg/kg~60 mg/kg 的试样,其绝对差值不大于 6 mg/kg,以大于 6 mg/kg 的情况不超过 5%为前提。

10.2 再现性

在两个不同实验室,由不同操作员,用不同仪器和设备,按相同的测试方法,对同一被测对象相互独立进行测试获得的两个测试结果,对过氧化物含量为 1 mg/kg~60 mg/kg 的试样,其差值不大于 13 mg/kg,以大于 13 mg/kg 的情况不超过 5%为前提。

11 报告

报告应包括下列内容:

a） 有关样品的全部资料，例如样品的名称、批号、采样地点、采样日期、采样时间等；

b） 本部分的编号；

c） 分析结果；

d） 测定中观察到的任何异常现象的细节及其说明；

e） 分析人员的姓名及分析日期等。

附 录 A
（资料性附录）
本部分章条编号与 ASTM D 2340-09 章条编号对照表

表 A.1 给出了本部分章条编号与 ASTM D 2340-09 章条编号对照一览表。

表 A.1 本部分章条编号与 ASTM D 2340-09 章条编号对照表

本部分章条编号	对应的 ASTM D 2340-09 章条编号
1	1
2	2
3	3
—	4
4	6
5	5
6	8
7	9
8,9	10,11
10	12
11	—
—	13

ICS 71.080.15
G 16

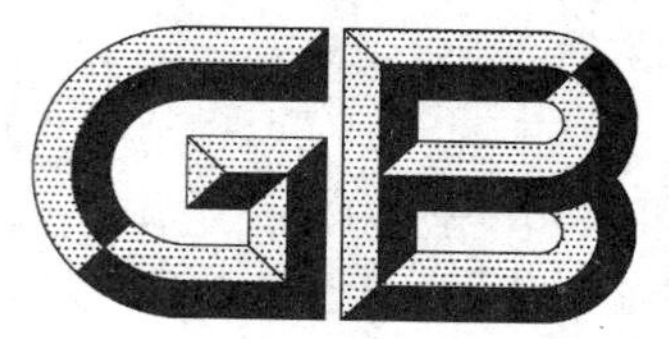

中华人民共和国国家标准

GB/T 12688.5—2011
代替 GB/T 12688.5—1990

工业用苯乙烯试验方法 第5部分:总醛含量的测定 滴定法

Test method of styrene for industrial use—
Part 5:Determination of content of total aldehydes—
Titrimetric method

2011-05-12 发布 2011-11-01 实施

中华人民共和国国家质量监督检验检疫总局
中国国家标准化管理委员会 发布

前言

GB/T 12688《工业用苯乙烯试验方法》分为以下部分：

——第1部分：纯度和烃类杂质的测定 气相色谱法；

——第3部分：聚合物含量的测定；

——第4部分：过氧化物含量的测定 滴定法；

——第5部分：总醛含量的测定 滴定法；

——第6部分：工业用苯乙烯中微量硫的测定 氧化微库仑法；

——第8部分：阻聚剂(对-叔丁基邻苯二酚)含量的测定 分光光度法；

——第9部分：微量苯的测定 气相色谱法。

本部分为GB/T 12688的第5部分。

本部分修改采用ASTM D2119-09《苯乙烯单体中总醛含量的标准测定方法》(英文版)。本部分与ASTM D2119-09的结构性差异参见附录A。

本部分与ASTM D2119-09主要技术差异如下：

——修改了用于调节溶液酸度的盐酸和氢氧化钠溶液的浓度；

——修改了反应时间；

——修改了百里酚蓝的配制方法；

——修改了百里酚蓝指示剂的加入量；

——规范性引用文件中引用我国标准。

本部分代替GB/T 12688.5—1990《工业用苯乙烯总醛含量的测定 滴定法》。

本部分与GB/T 12688.5—1990相比主要差异为：

——修改了标准名称；

——修改了用于调节溶液酸度的盐酸和氢氧化钠溶液的浓度；

——修改了反应时间；

——修改了总醛测定结果的报告方式。

本部分的附录A为资料性附录。

本部分由中国石油化工集团公司提出。

本部分由全国化学标准化技术委员会石油化学分技术委员会(SAC/TC 63/SC 4)归口。

本部分起草单位：中国石油化工股份有限公司北京燕山分公司。

本部分主要起草人：杨伟、陆慧丽、姜连成、田江南、成红。

本部分所代替标准的历次版本发布情况为：

——GB/T 12688.5—1990。

工业用苯乙烯试验方法
第5部分:总醛含量的测定 滴定法

1 范围

本部分规定了工业用苯乙烯中总醛含量的测定方法。

本部分适用于总醛含量为10 mg/kg～300 mg/kg的苯乙烯样品的测定。

总醛的含量以苯甲醛形式进行计算和报告。样品中如存在酮类会干扰测定。

本部分并不是旨在说明与其使用有关的所有安全问题。使用者有责任建立适当的安全与健康措施,保证符合国家有关法规的规定。

注意:苯乙烯为易燃物,在与过氧化物、无机酸和三氯化铝等接触时会发生放热聚合反应。高浓度的液态苯乙烯及其蒸气对眼睛和呼吸系统都有刺激性。

2 规范性引用文件

下列文件中的条款通过GB/T 12688的本部分的引用而成为本部分的条款。凡是注日期的引用文件,其随后所有的修改单(不包括勘误的内容)或修订版均不适用于本部分,然而,鼓励根据本部分达成协议的各方研究是否可使用这些文件的最新版本。凡是不注日期的引用文件,其最新版本适用于本部分。

GB/T 601 化学试剂 滴定分析(容量分析)用标准溶液的制备

GB/T 3723 工业用化学产品采样安全通则(GB/T 3723—1999,ISO 3165:1976,idt)

GB/T 6680 液体化工产品采样通则

GB/T 6682 分析实验室用水规格和试验方法(GB/T 6682—2008,ISO 3696:1987,MOD)

GB/T 8170 数值修约规则与极限数值的表示和判定

3 方法原理

将盐酸羟胺的甲醇溶液加到苯乙烯试样中。试样中的活泼醛与盐酸羟胺发生如下反应,生成的盐酸的量和试样中醛类的量相当。

$$RCHO + NH_2OH \cdot HCl \longrightarrow RCHNOH + H_2O + HCl$$

用氢氧化钠标准滴定溶液滴定反应生成的盐酸,测得苯乙烯中总醛含量。

4 试剂材料

除另有注明,本部分使用的试剂应为分析纯。所用的水应符合GB/T 6682规定的三级水规格。

4.1 甲醇。

4.2 盐酸羟胺溶液:将20 g盐酸羟胺($NH_2OH \cdot HCl$)溶解于1 L的甲醇中。以百里酚蓝为指示剂,用酸或碱中和该溶液至刚呈橙色为止。

4.3 盐酸溶液[c(HCl)=0.025 mol/L]:移取2.08 mL浓盐酸(密度1.19 g/mL)用水稀释至1 L。

4.4 氢氧化钠标准滴定溶液[c(NaOH)=0.05 mol/L]:按GB/T 601方法规定进行配制和标定。

4.5 氢氧化钠溶液[c(NaOH)=0.025 mol/L]:移取10 mL氢氧化钠标准滴定溶液(4.4),用水稀释至20 mL。

4.6 百里酚蓝指示剂溶液:将0.1 g百里酚蓝溶解在10 mL氢氧化钠标准滴定溶液(4.4)中,用水稀释至250 mL。

5 仪器和设备

5.1 具塞锥形瓶:容积 250 mL。

5.2 移液管:25 mL。

5.3 吸量管:15 mL。

5.4 容量瓶:250 mL、500 mL。

5.5 滴定管:2 mL,分度值 0.01 mL。

6 采样

按照 GB/T 3723 和 GB/T 6680 的规定采取样品。

7 分析步骤

用移液管吸取 25 mL 苯乙烯试样,加入预先置有 25 mL 甲醇的具塞锥形瓶中。加 5 滴百里酚蓝指示剂溶液,用氢氧化钠溶液(4.5)或盐酸溶液中和至刚呈橙色为止(不需要记录刻度)。加 25 mL 盐酸羟胺溶液摇匀,放置 1 h,其间偶尔摇动具塞锥形瓶。用氢氧化钠标准滴定溶液(4.4)滴定至原先的橙色为终点,记录消耗的体积。

用 25 mL 甲醇作一空白试验。

注:甲醇毒性较大,在确保测定准确度和精密度的条件下,也可用乙醇。

8 结果计算

总醛(以苯甲醛计)的含量 w(mg/kg)按式(1)计算:

$$w=\frac{(V_1-V_2)cM}{\rho\times 25\times 1\ 000}\times 10^6 \qquad \cdots\cdots(1)$$

式中:

V_1——测定试样所消耗的氢氧化钠标准滴定溶液的体积的数值,单位为毫升(mL);

V_2——测定甲醇空白所消耗的氢氧化钠标准滴定溶液的体积的数值,单位为毫升(mL);

c——氢氧化钠标准滴定溶液浓度的数值,单位为摩尔每升(mol/L);

ρ——苯乙烯的密度的数值,单位为克每立方厘米(g/cm^3);

M——苯甲醛的摩尔质量的数值,单位为克每摩尔(g/mol)(M=106.12)。

9 分析结果的表述

以两次重复测定结果的算术平均值报告其分析结果,按 GB/T 8170 的规定进行修约,精确至 1 mg/kg。

10 精密度

10.1 重复性

在同一实验室,由同一操作员,采用同一仪器和设备,对同一试样相继做两次重复试验,所得试验结果,对总醛含量为 40 mg/kg 的试样,其差值不大于 6 mg/kg,以大于 6mg/kg 的情况不超过 5%为前提。

10.2 再现性

在任意两个不同实验室,由不同操作员,采用不同仪器和设备,在不同时间或相同时间内,对同一样品所测得的两个单次测定结果,对总醛含量为 40 mg/kg 的试样,其差值不大于 16 mg/kg,以大于 16 mg/kg 的情况不超过 5%为前提。

11 报告

报告应包括下列内容：

a) 有关样品的全部资料，例如样品的名称、批号、采样地点、采样日期、采样时间等；

b) 本部分的编号；

c) 分析结果；

d) 测定中观察到的任何异常现象的细节及其说明；

e) 分析人员的姓名及分析日期等。

附 录 A
（资料性附录）
本部分章条编号与 ASTM D2119-09 章条编号对照表

表 A.1 给出了本部分章条编号与 ASTM D2119-09 章条编号对照一览表。

表 A.1 本部分章条编号与 ASTM D2119-09 章条编号对照表

本部分章条编号	对应的 ASTM D2119-09 章条编号
1	1
2	2
3	3
—	4,5
4	7
5	6
6	9
7	10
8,9	11,12
10	13
11	—

中华人民共和国国家标准

工业用苯乙烯中微量硫的测定　氧化微库仑法

GB/T 12688.6—90

Styrene for industrial use—

Determination of trace sulfur—

Oxidative micro-coulometric method

1　主题内容和适用范围

本标准规定了工业用苯乙烯中微量硫的测定方法。

本标准适用于工业用苯乙烯中微量硫的测定。测定范围为 0.5～100 mg/kg。稀释后，本方法也可用于较高硫含量的测定。

当试样中总卤化物含量低于硫含量的 10 倍及总氮含量低于硫含量的 1 000 倍时，仍可用本方法测定苯乙烯中的微量硫。

但试样中总重金属含量（例如：镍、钒、铅等）超过 500 mg/kg 时，就会干扰硫的测定。

注意：苯乙烯为易燃物，在与过氧化物、无机酸、三氯化铝等接触时会发生放热聚合反应。高浓度的液态苯乙烯及其蒸气对眼睛和呼吸系统都有刺激作用。

2　引用标准

GB 6678　化工产品采样总则

GB 6680　液体化工产品采样通则

3　方法原理

3.1　试样注入燃烧管的预热区汽化后，由载气带入燃烧区与氧气混合、并燃烧。燃烧管的温度维持在 850℃左右。并注入一股约含 80%（V/V）的氧气和 20%（V/V）的惰性气体（如氮、氩等）的混合气。试样被裂解、燃烧，而微量硫的大部分被氧化成二氧化硫，小部分生成三氧化硫。产物随载气流导入滴定池，其中二氧化硫和滴定池中的三碘离子反应。反应中消耗的三碘离子由微库仑计电解再生，再生三碘离子所需要的总电量就是注入试样中硫的量度。

3.2　进入滴定池中的二氧化硫所发生的反应是：

$$I_3^- + SO_2 + H_2O \longrightarrow 3I^- + 2H^+ + SO_3$$

上述反应中所消耗的三碘离子由库仑计电解再生：

$$3I^- \longrightarrow I_3^- + 2e^-$$

3.3　控制指示电极的电极电位，使再生的三碘离子的量（μmol）等于被二氧化硫消耗的三碘离子的量（μmol）。对未知试样和标准样进行对照测定，并进行适当的计算后，可求得未知试样中硫的含量。

4　试剂与材料

4.1　碘化钾；

4.2　冰乙酸；

4.3　叠氮化钠；

国家技术监督局 1990-12-30 批准　　1991-12-01 实施

4.4 异辛烷(或正庚烷):无硫,如有需要应对所用的溶剂进行有效的脱硫处理;

4.5 硫的标准物:二丁二硫$(CH_3CH_2CH_2CH_2S)_2$、正二丁硫$(CH_3CH_2CH_2CH_2)_2S$或元素硫(S);

4.6 水:用于配制电解液的水应是脱离子水、蒸馏水,或是经脱离子、又经蒸馏的水。使用高纯度的水是至关重要的;

4.7 氮气:纯度≥99.99%;

4.8 氧气:纯度≥99.99%;

4.9 电解质溶液:将 0.5 g 碘化钾和 0.6 g 叠氮化钠溶解于约 500 mL 水中,再加入 5 mL 冰乙酸,然后用水稀释到 1 000 mL;

4.10 硫标准贮备溶液(含硫约 300 mg/kg):用已知质量的 100 mL 容量瓶,准确称入适量的异辛烷,然后称入 0.060 0 g 二丁二硫。用异辛烷稀释至刻度,再次称量。该溶液中硫含量 S(mg/kg 或 ng/μL)分别以式(1)或式(2)计算:

$$S(\mathrm{mg/kg}) = \frac{m_1 \times 0.359\,5 \times 10^6}{m_1 + m_2} \quad \cdots\cdots(1)$$

$$S(\mathrm{ng/\mu L}) = \frac{m_1 \times 0.359\,5 \times 10^6}{V} \quad \cdots\cdots(2)$$

式(1)、(2)中:m_1 —— 称入二丁二硫的质量,g;

m_2 —— 称入异辛烷的质量,g;

V —— 配制硫标准贮备溶液的体积,mL;

0.359 5—— 二丁二硫中的含硫率。

如硫的标准物的纯度较低,可在上述公式中乘入纯度因子。

4.11 硫标准溶液:用硫标准贮备溶液(4.10),以无硫异辛烷(或正庚烷)作稀释剂,制备一系列硫标准溶液。其含量范围应在试样硫含量的二倍之内。

注:有必要时,可选用元素硫配制的硫标准溶液,以改善测定误差。

5 仪器和设备

5.1 微库仑仪:能满足测定硫含量≤0.5 mg/kg 的微库仑仪均可使用。

其仪器结构示意图如下:

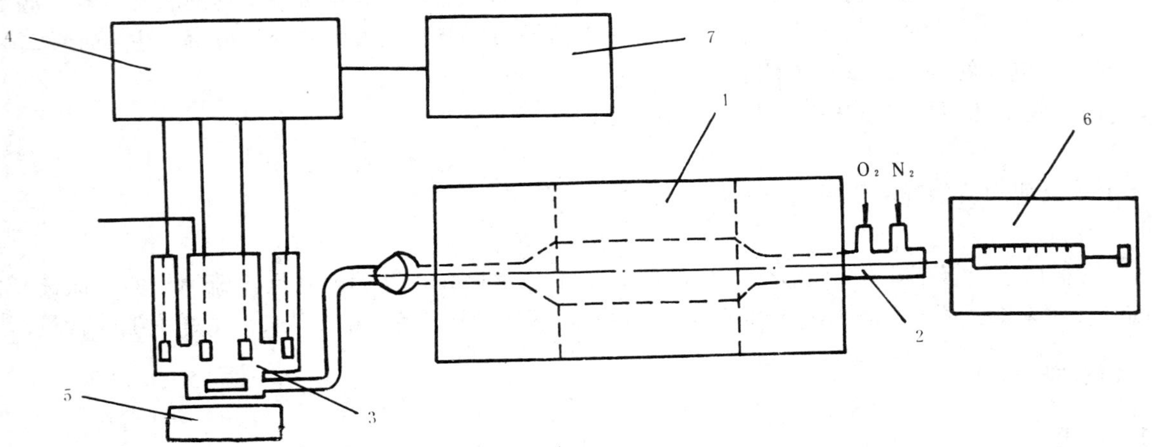

1—燃烧炉;2—石英燃烧管;3—滴定池;4—微库仑计;5—电磁搅拌器;
6—自动进样器;7—记录装置

5.1.1 燃烧炉:配有三个能独立控制的温度区(预热区,燃烧区和出口区);

5.1.2 石英燃烧管:进口端用硅胶垫封闭,供注射器注入样品。出口端与滴定池进气口连接,配有氧气,惰性气进入支口。燃烧管应有足够的体积,以确保样品完全裂解、燃烧;

5.1.3 滴定池:玻璃材质,由一个柱形管状主池和两侧相连的支管所构成。还有一个来自燃烧管的气体样品入口,池内安装有一对指示-参考电极对和一对电解(阳极-阴极)电极;

5.1.4 微库仑计;

5.1.5 电磁搅拌器;

5.1.6 自动进样器:进样速度约为 0.05～0.10 μL/s。

5.2 微量注射器:10 μL。

6 取样

6.1 按照 GB 6678、GB 6680 的规定进行采样。

7 分析步骤

按仪器使用说明书装配和准备所用的仪器,原则上应仔细进行下述步骤。

7.1 仪器的准备

7.1.1 小心地将洗净的石英燃烧管插入燃烧炉并连接好反应气和载气管路。

7.1.2 将电解质溶液(4.9)注入滴定池(5.1.3)中,并用电解液冲洗滴定池 2～3 次。再加入电解液,液面应高于铂片电极约 4 mm。把滴定池安放在磁力搅拌器上,再将滴定池入口和燃烧管出口连接起来。

7.1.3 将指示-参考电极对及电解电极对的引线分别接到库仑计的相应接线柱上。接通微库仑计、搅拌器和进样器的电源。调节搅拌速度,使电解液形成轻微旋涡。调节炉温、气体流量及微库仑计的各参数达到所需的操作条件。其典型的操作参数见表 1。

表 1 典型的操作参数

项　　目	参　　数
氧气流速,mL/min	160
氮气流速,mL/min	40
燃烧炉温度,℃	
预热区	400
燃烧区	850
出口区	700
工作电极电位(对饱和甘汞电极),mV	270～290

注:根据所用的仪器在保证测定的准确度和精密度的条件下可合理采用不同的操作参数,以达到能测定 0.5 mg/kg 的硫含量。

7.2 校准

7.2.1 每次分析试样前需用硫标准溶液(4.11)进行校准。但重要的是硫标准溶液的含量应选择在未知试样硫含量的 2 倍之内。

7.2.2 用 10 μL 注射器吸取硫标准溶液约 8 μL,仔细地消除注射器中的气泡,擦干针尖将针芯慢慢拉出,直至液体与空气交界的弯月面对准在 1 μL 刻度处,记下针芯端所在位置的读数 V_1。

进样时,针尖要插至预热区,并以 0.05～0.1 μL/s 的速度匀速进样。至针芯接近 1 μL 刻度处时,停止进样。取下注射器,再次拉出针芯,使液体与空气交界的弯月面再对准在 1 μL 刻度处,记下针芯端位置的读数 V_2。

7.2.3 在进样过程中,指示-参考电极对的电位差随之发生偏移。适时,可启动"滴定"开关进行电解,补充被消耗的三碘离子。进样完成后可继续电解,直至指示-参考电极的电位差回复到原来的数值,记下库仑计上显示的硫质量(ng)。

7.2.4 每个标准试样至少重复测定3次，取其算术平均值。若标准溶液中硫的转化率低于75%，应检查仪器操作参数及仪器系统是否正常，以及硫标准溶液的含量是否发生变化，并作相应合理的处理。

硫的转化率 F 按式(3)计算：

$$F = \frac{m_1}{(V_1 - V_2) \cdot A} \quad \cdots\cdots (3)$$

式中：m_1 —— 微库仑计测得的所注入硫标准溶液中的硫的质量，ng；

$V_1 - V_2$ —— 所注入硫标准溶液的体积，μL；

A —— 硫标准溶液的硫含量，ng/μL。

7.3 测定

7.3.1 用待测试样清洗注射器3～5次。按7.2.2～7.2.3所述的步骤测定试料的硫含量。至少重复测定3次，取其算术平均值作测定结果。

7.3.2 根据试样中硫的含量可合理调整仪器的灵敏度或进样量。对硫含量低于5 mg/kg的试样，应特别注意各操作步骤所引起的空白误差。如有必要应及时合理地予以校准。

在测定或校准过程中，如仪器出现读数不稳，转化率与灵敏度降低等影响测定的现象。可按仪器说明书中所介绍的相应步骤、并结合熟练操作者的经验进行处理。

在第四个样品测定之前，应重新用硫的标准溶液进行校核。

8 分析结果的表述

8.1 计算

试样中硫(以S计)含量 X (mg/kg)按式(4)计算：

$$X = \frac{m_2}{(V'_1 - V'_2)F \cdot \rho} \quad \cdots\cdots (4)$$

式中：m_2 —— 微库仑计测得的所注入试料中硫的质量，ng；

$V'_1 - V'_2$ —— 注入的试料体积，μL；

ρ —— 试样的密度，g/cm^3。

8.2 报告

用mg/kg值报告试样中总硫含量，精确至0.1 mg/kg。

9 精密度

9.1 重复性

在同一实验室由同一操作员，采用同一仪器和设备，对同一试样相继做两次重复试验，所得试验结果，其差值应不大于表2的值(95%置信水平)。

9.2 再现性

在任意两个不同实验室，由不同操作员，用不同仪器和设备，在不同或相同时间内，对同一样品所测得的两个单次测定结果，其差值应不大于表2的值(95%置信水平)。

表2 精密度数据 mg/kg

水平	平均值	重复性	再现性
1	2.42	0.87	2.20
2	28.85	3.01	7.33

附加说明：

本标准由中国石油化工总公司提出。

本标准由全国化学标准化技术委员会石油化学分技术委员会归口。

本标准由上海高桥石化公司化工厂负责起草。

本标准主要起草人王均甫、胡新奋。

本标准参照采用美国试验与材料协会标准 ASTM D3961—80(85)《液态芳烃中微量硫的标准试验法——氧化微库仑法》。

ICS 71.080.15
G 16

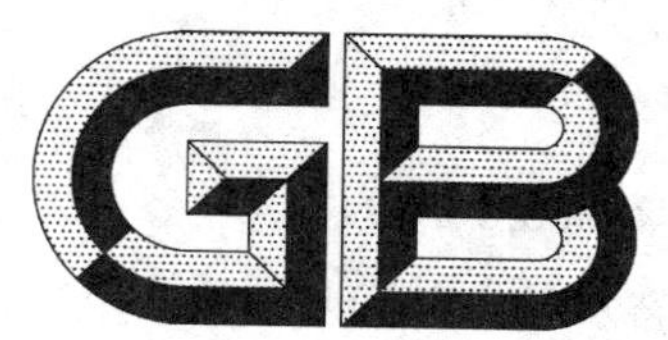

中华人民共和国国家标准

GB/T 12688.8—2011
代替 GB/T 12688.8—1998

工业用苯乙烯试验方法 第8部分:阻聚剂(对-叔丁基邻苯二酚)含量的测定 分光光度法

Test method of styrene for industrial use—
Part 8: Determination of content of inhibitor (p-tert-butylcatechol)—
Spectrophotometric method

2011-05-12 发布 2011-11-01 实施

中华人民共和国国家质量监督检验检疫总局
中国国家标准化管理委员会 发布

前　言

GB/T 12688《工业用苯乙烯试验方法》分为以下部分：

——第1部分：纯度和烃类杂质的测定　气相色谱法；

——第3部分：聚合物含量的测定；

——第4部分：过氧化物含量的测定　滴定法；

——第5部分：总醛含量的测定　滴定法；

——第6部分：工业用苯乙烯中微量硫的测定　氧化微库仑法；

——第8部分：阻聚剂(对-叔丁基邻苯二酚)含量的测定　分光光度法；

——第9部分：微量苯的测定　气相色谱法。

本部分为GB/T 12688的第8部分。

本部分修改采用ASTM D4590-09《分光光度计测定苯乙烯单体或α-甲基苯乙烯中对-叔丁基邻苯二酚含量的标准试验方法》(英文版)，本部分与ASTM D4590-09的结构性差异参见附录A。

本部分与ASTM D4590-09相比主要技术内容变化如下：

——规范性引用文件中引用我国标准；

——重复性限采用我国的规定。

本部分代替GB/T 12688.8—1998《工业用苯乙烯阻聚剂(对-特丁基邻苯二酚)含量的测定　分光光度法》。

本部分与GB/T 12688.8—1998主要差异如下：

——修改了标准的名称；

——修改了对-叔丁基邻苯二酚的测定范围；

——修改了氢氧化钠醇溶液的配制方法和储存期限；

——修改了样品和试剂用量；

——修改了标准曲线绘制和试样测定中的参比溶液；

——修改了7.1.2的注；

——增加了测定结果计算公式的密度修正。

本部分的附录A为资料性附录。

本部分由中国石油化工集团公司提出。

本部分由全国化学标准化技术委员会石油化学分技术委员会(SAC/TC 63/SC 4)归口。

本部分起草单位：中国石油化工股份有限公司北京燕山分公司。

本部分主要起草人：杨伟、陆慧丽、李向阳、李晓艳、张坤。

本部分所代替标准的历次版本发布情况为：

——GB/T 12688.8—1998。

工业用苯乙烯试验方法
第8部分:阻聚剂(对-叔丁基邻苯二酚)
含量的测定　分光光度法

1 范围

本部分规定了工业用苯乙烯中的对-叔丁基邻苯二酚(TBC)含量的测定方法。

本部分适用于工业用苯乙烯中TBC含量的测定,其适用范围为1 mg/kg～100 mg/kg。

苯乙烯中含有的任何能与氢氧化钠醇溶液生成颜色的其他化合物,对测定均有干扰。但如果已知该化合物及其在样品中的浓度,也许可在配制标准溶液时加入这一化合物而予以补偿。

本部分并不是旨在说明与其使用有关的所有安全问题。使用者有责任建立适当的安全与健康措施,保证符合国家有关法规的规定。

注意:苯乙烯为易燃物。在与过氧化物、无机酸和三氯化铝等接触时会发生放热聚合反应。高浓度的液态苯乙烯及其蒸气对眼睛和呼吸系统都有刺激性。

2 规范性引用文件

下列文件中的条款通过GB/T 12688的本部分的引用而成为本部分的条款。凡是注日期的引用文件,其随后所有的修改单(不包括勘误的内容)或修订版均不适用于本部分,然而,鼓励根据本部分达成协议的各方研究是否可使用这些文件的最新版本。凡是不注日期的引用文件,其最新版本适用于本部分。

GB/T 3723　工业用化学产品采样安全通则(GB/T 3723—1999,ISO 3165:1976,idt)

GB/T 6680　液体化工产品采样通则

GB/T 6682　分析实验室用水规格和试验方法(GB/T 6682—2008,ISO 3696:1987,MOD)

GB/T 8170　数值修约规则与极限数值的表示和判定

3 方法原理

将氢氧化钠醇溶液加入到苯乙烯试样中,产生粉红色。用分光光度计在490 nm处测量其吸光度,并与校准曲线进行比较,确定阻聚剂含量。

4 试剂和材料

除另有注明,本部分使用的试剂应为分析纯。所用的水应符合GB/T 6682规定的三级水规格。

4.1 对-叔丁基邻苯二酚(TBC):含量大于99%,熔点52 ℃～55 ℃。

4.2 甲苯。

4.3 甲醇。

4.4 氢氧化钠溶液:约为10 mol/L,溶解4 g氢氧化钠于10 mL水中。

4.5 正辛醇。

4.6 氢氧化钠醇溶液:约0.15 mol/L。量取0.75 mL氢氧化钠溶液置于25 mL甲醇中,保持搅拌并加入25 mL正辛醇和0.75 mL水。溶液贮存在棕色瓶中,此溶液可立即使用,储存期2个月。为减少此溶液与空气接触,将溶液分装在几个小清洁瓶中。

4.7 TBC贮备液:称取0.500 g TBC溶解于499.5 g甲苯中。该溶液含有1 000 mg/kg的TBC。贮

备液应贮存在棕色瓶中，并放入冰箱中保存。贮存期一年。

注意：TBC 对皮肤有严重的腐蚀性，特别是熔化或浓溶液状态时其腐蚀性更强，如果由口或皮肤直接吸收一定的量，也是一种对全身有害的毒物。

5 仪器与设备

5.1 分光光度计：能在波长为 490 nm 处测量吸光度，配有厚度(1～5)cm 吸收池。

5.2 吸量管：0.5 mL、1.0 mL、5 mL、10 mL。

5.3 单标线移液管：15 mL。

5.4 锥形瓶：50 mL。

6 取样

按 GB/T 3723 和 GB/T 6680 的规定采取样品。

7 分析步骤

7.1 校准曲线的绘制

7.1.1 将 0 mL、0.5 mL、1 mL、2 mL、3 mL、4 mL、5 mL、7 mL、10 mL 的 TBC 贮备液分别移入一组 100 mL 容量瓶中，用甲苯稀释至刻度。此组标准溶液含有 0 mg/kg(空白)、5 mg/kg、10 mg/kg、20 mg/kg、30 mg/kg、40 mg/kg、50 mg/kg、70 mg/kg、100 mg/kg 的 TBC。

7.1.2 分别移取 15 mL 上述标准溶液至锥形瓶中，分别移入经剧烈摇匀的 0.3 mL 氢氧化钠醇溶液，剧烈混合 30 s。将 0.6 mL 甲醇分别移入各容器中，振摇 15 s。

注：用纯净的丙酮或甲醇清洗玻璃器皿，若有劣质的甲醇存在，会造成结果偏低。

7.1.3 在 5 min 之内，以未加入 TBC 的空白标准溶液作参比，于 490 nm 处测量吸光度。

7.1.4 按 7.1.3 测得的各标准溶液的吸光度值，对相应的 TBC 含量(mg/kg)绘制校准曲线。

7.2 试样的测定

移取 15 mL 苯乙烯试样至锥形瓶中。按 7.1.2 规定的步骤进行，在 5 min 之内以苯乙烯试样作参比，于 490 nm 处测量吸光度。从 7.1.4 所绘制的标准曲线上查得 TBC 浓度，并按式(1)计算阻聚剂含量：

$$w = w_1 \times 0.96 \qquad \cdots\cdots(1)$$

式中：

w——样品中阻聚剂的含量的数值，单位为毫克每千克(mg/kg)；

w_1——标准曲线上查得的阻聚剂含量的数值，单位为毫克每千克(mg/kg)；

0.96——甲苯的密度与苯乙烯的密度的比值。

8 分析结果的表述

以两次重复测定结果的算术平均值报告其分析结果，按 GB/T 8170 的规定进行修约，精确至 0.1 mg/kg。

9 精密度

在同一实验室，由同一操作者使用相同设备，按相同的测试方法，并在短时间内对同一被测对象相互独立进行测试获得的两次独立测试结果的绝对差值不超过下列的重复性限(r)，以超过重复性限(r)的情况不超过 5 %为前提：

TBC 含量	重复性限
1 mg/kg≤X≤15 mg/kg	为其平均值的 20%

15 mg/kg＜X≤100 mg/kg　　　　为其平均值的10%

10 报告

报告应包括下列内容：

a) 有关样品的全部资料，例如样品的名称、批号、采样地点、采样日期、采样时间等；

b) 本部分的编号；

c) 分析结果；

d) 测定中观察到的任何异常现象的细节及其说明；

e) 分析人员的姓名及分析日期等。

附　录　A
（资料性附录）
本部分章条编号与 ASTM D4590-09 章条编号对照表

表 A.1 给出了本部分章条编号与 ASTM D4590-09 章条编号对照一览表。

表 A.1　本部分章条编号与 ASTM D4590-09 章条编号对照表

本部分章条编号	对应的 ASTM D4590-09 章条编号
1	1
2	2
3	4
4	7
5	6
6	9
7	10～11
8	12
9	13
10	—

ICS 71.080.15
G 16

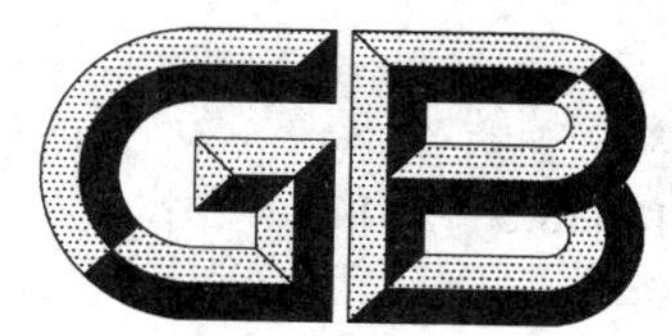

中华人民共和国国家标准

GB/T 12688.9—2011

工业用苯乙烯试验方法 第9部分:微量苯的测定 气相色谱法

**Test method of styrene for industrial use—
Part 9:Determination of trace benzene—
Gas chromatographic method**

2011-05-12 发布 2011-11-01 实施

中华人民共和国国家质量监督检验检疫总局
中国国家标准化管理委员会 发布

前　言

GB/T 12688《工业用苯乙烯试验方法》分为以下部分：

——第1部分：纯度和烃类杂质的测定　气相色谱法；

——第3部分：聚合物含量的测定；

——第4部分：过氧化物含量的测定　滴定法；

——第5部分：总醛含量的测定　滴定法；

——第6部分：工业用苯乙烯中微量硫的测定　氧化微库仑法；

——第8部分：阻聚剂(对-叔丁基邻苯二酚)含量的测定　分光光度法；

——第9部分：微量苯的测定　气相色谱法。

本部分为GB/T 12688的第9部分。

本部分修改采用ASTM D6229-06《气相色谱法测定烃类溶剂中微量苯的试验方法》(英文版)，本部分与ASTM D6229-06的结构性差异参见附录A。

本部分与ASTM D6229-06相比主要技术内容变化如下：

——检测范围调整为0.2 mg/kg～100 mg/kg；

——增加了微板流路控制系统；

——重复性限采用我国的规定；

——规范性引用文件中引用我国标准。

本部分的附录A为资料性附录。

本部分由中国石油化工集团公司提出。

本部分由全国化学标准化技术委员会石油化学分技术委员会(SAC/TC 63/SC 4)归口。

本部分起草单位：中国石油化工股份有限公司上海石油化工研究院。

本部分主要起草人：李薇、彭振磊、李继文。

工业用苯乙烯试验方法
第9部分：微量苯的测定
气相色谱法

1 范围

本部分规定了用气相色谱法测定工业用苯乙烯中微量苯的含量。

本部分适用于工业用苯乙烯中含量范围为0.2 mg/kg～100 mg/kg的苯的测定。

本部分并不是旨在说明与其使用有关的安全问题，使用者有责任采取适当的安全和健康措施，并保证符合国家有关法规的规定。

注意：苯乙烯单体为易燃物。在与过氧化物、无机酸和三氯化铝等接触时会发生放热聚合反应。高浓度的液态苯乙烯及其蒸气对眼睛和呼吸系统都有刺激性。

2 规范性引用文件

下列文件中的条款通过GB/T 12688的本部分的引用而成为本部分的条款。凡是注日期的引用文件，其随后所有的修改单(不包括勘误的内容)或修订版均不适用于本部分，然而，鼓励根据本部分达成协议的各方研究是否可使用这些文件的最新版本。凡是不注日期的引用文件，其最新版本适用于本部分。

GB/T 3723　工业用化学产品采样安全通则(GB/T 3723—1999，ISO 3165:1976，idt)

GB/T 6680　液体化工产品采样通则

GB/T 8170　数值修约规则与极限数值的表示和判定

3 方法原理

3.1 双柱串联阀系统

将适量试样注入配有两根毛细管柱和切换阀的气相色谱仪中，试样先通过非极性柱，各组分按沸点分离，当辛烷流出后进行柱阀切换，将重组分反吹放空和将苯及轻组分切入极性毛细管柱，使苯和非芳烃有效分离，用氢火焰离子化检测器(FID)测量苯的峰面积，以外标法计算苯的浓度，以mg/kg表示。

3.2 微板流路控制系统

将适量试样注入配有中心切割技术和双FID检测器的气相色谱仪中，试样先通过非极性柱，各组分按沸点分离，根据苯出峰时间确定中心切割的时间段，并将其切至极性毛细管柱，使苯和非芳烃有效分离，之后将重组分反吹放空，用氢火焰离子化检测器(FID)测量苯的峰面积，以外标法计算苯的浓度，以mg/kg表示。

4 试剂与材料

4.1 载气：氮气，纯度(体积分数)≥99.995%，经硅胶及5 A分子筛干燥，净化。

4.2 燃烧气(FID)：氢气，纯度(体积分数)≥99.99%。

4.3 助燃气：空气，无油，经硅胶及5 A分子筛干燥、净化。

4.4 苯：纯度(质量分数)不低于99.5%。

4.5 苯乙烯：纯度(质量分数)不低于99.7%，不含苯。

4.6 正庚烷：纯度(质量分数)不低于99%。

4.7 正辛烷:纯度(质量分数)不低于 99%。

4.8 正壬烷:纯度(质量分数)不低于 99%。

5 仪器

5.1 气相色谱仪

5.1.1 双柱串联阀系统:配置带有温度控制的六通阀(阀箱的最高使用温度不低于 175 ℃)、反吹系统和氢火焰离子化检测器(FID)的气相色谱仪。该仪器对本部分所规定的最低测定浓度下的苯所产生的峰高应至少大于噪声的两倍。进样反吹系统如图 1 所示。满足本部分分离和定量效果的其他进样和反吹装置也可使用。

5.1.2 微板流路控制系统:备有中心切割技术、双氢火焰离子化检测器(FID)的气相色谱仪,该仪器对本部分所规定的最低测定浓度下的苯所产生的峰高应至少大于噪声的两倍。气路连接系统如图 2 所示。满足本部分分离和定量效果的其他流路控制系统也可使用。

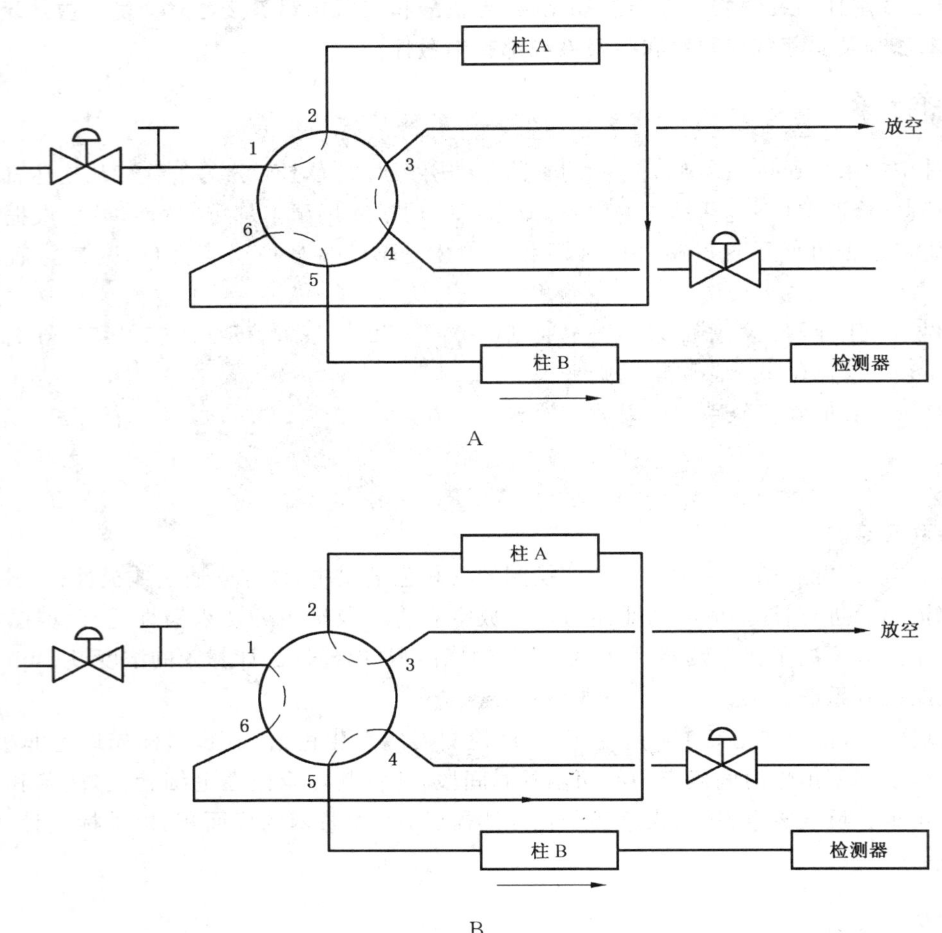

A——预分离状态(a 位);

B——反吹状态(b 位)。

图 1 双柱串联阀系统的六通阀连接示意图

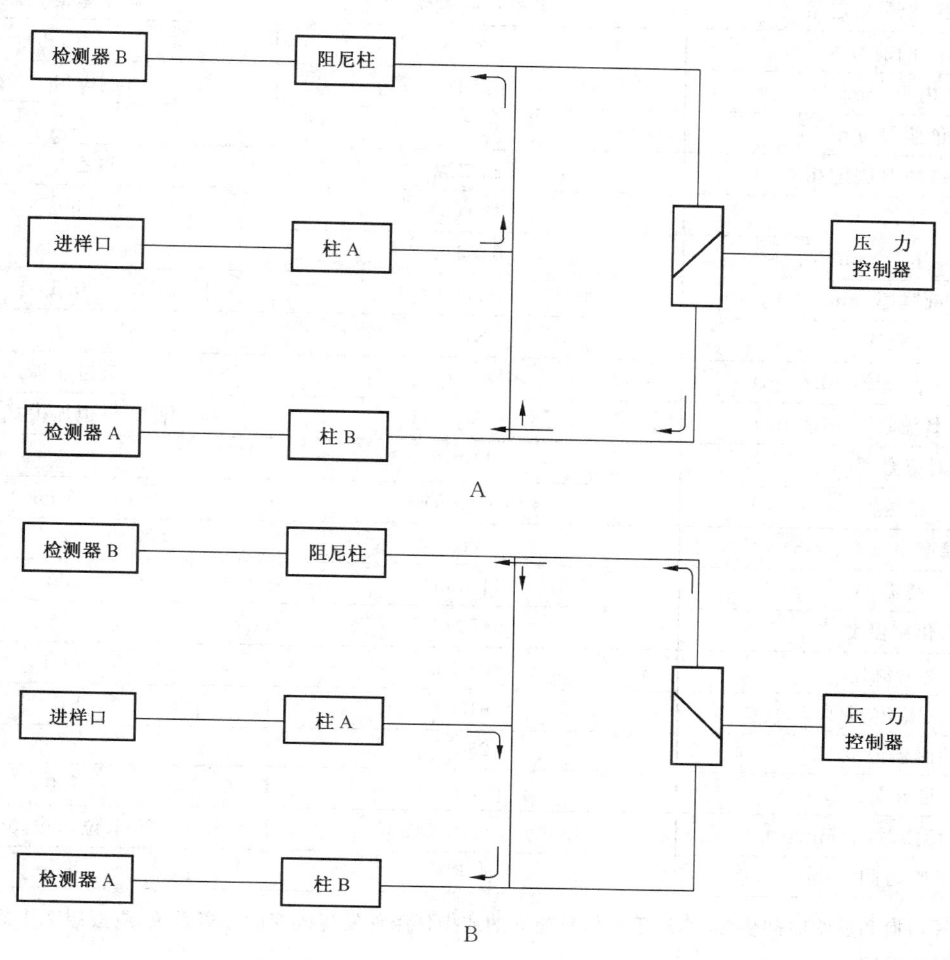

A——预分离状态(a 位);

B——中心切割状态(b 位)。

图 2 微板流路控制系统气路连接示意图

5.2 色谱柱

推荐的色谱柱及典型操作条件见表 1,典型色谱图见图 3、图 4,能给出同等分离和定量效果的其他色谱柱和分析条件也可使用。

表 1 推荐的色谱柱及典型操作条件

	双柱串联阀系统	微板流路控制系统
色谱柱 A 固定相	聚甲基硅氧烷	聚甲基硅氧烷
柱长/m	2	15
内径/mm	0.53	0.53
液膜厚/μm	0.5	1.5
色谱柱 B 固定相	聚乙二醇	聚乙二醇
柱长/m	30	30
内径/mm	0.53	0.53
液膜厚/μm	0.5	0.5
载气	N_2	N_2
色谱柱 A 流量/(mL/min)	3	3.5(恒压模式)
色谱柱 B 流量/(mL/min)	3	5.5(恒压模式)
阀箱温度/℃	150	/
柱温/℃	35(8 min)	50(16 min)
升温速率/(℃/min)	20	/
终温/℃	70(1 min)	/
汽化室温度/℃	150	150
分流比	5∶1	5∶1
检测器	FID	FID
检测器温度/℃	250	250
进样量/μL	1.0	1.0
阀切换时间/min[a]	4.5(b 位),10.0(a 位)	3.65(b 位),3.95(a 位)
反吹时间/min	4.5	8.0

[a] 表中阀切换和反吹时间供参考,对于任何新建立的或操作条件发生改变的分离系统,应按照 7.1 规定确定阀切换及反吹时间。

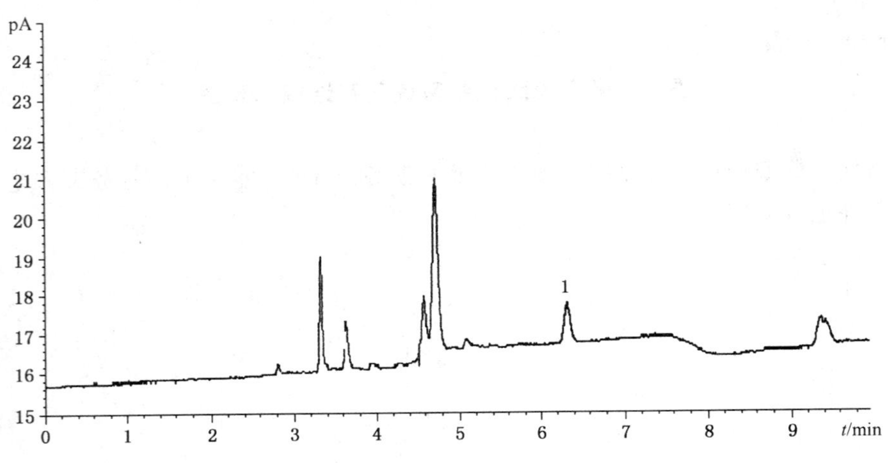

1——苯。

图 3 双柱串联阀系统的典型色谱图

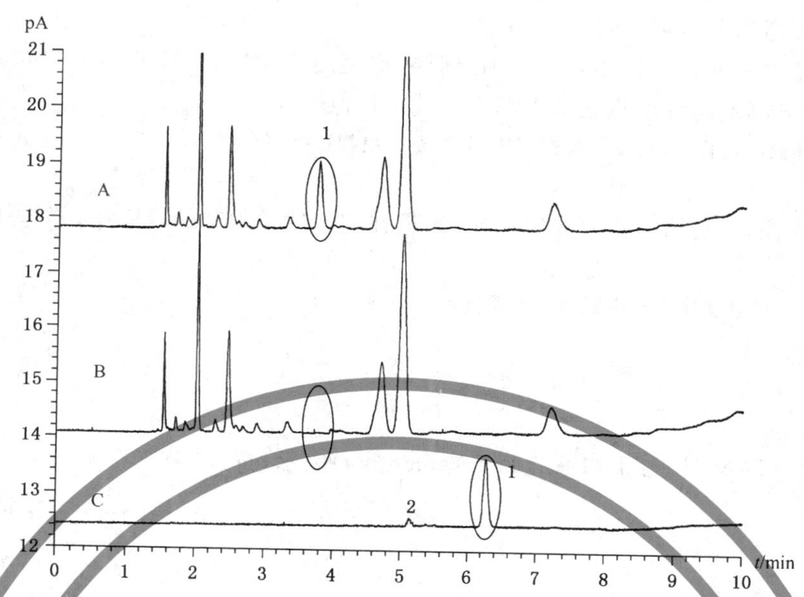

1——苯；

2——非芳组分。

A：切割前，柱 A 上的分离色谱图(FID B)；

B：切割后，柱 A 上的分离色谱图(FID B)；

C：切割后，柱 B 上的分离色谱图(FID A)。

图 4　微板流路控制系统上切割前后的典型色谱图

5.3　记录装置

积分仪或色谱工作站。

6　采样

按 GB/T 6680 和 GB/T 3723 的规定采取样品。

7　测定步骤

7.1　设定操作条件

根据仪器操作说明书，在色谱仪中按 5.1 安装色谱柱并连接气路系统，老化色谱柱。然后调节仪器至表 1 所示的操作条件，待仪器稳定后即可开始测定。应在双柱串联阀系统连接六通阀的放空端连接一阻尼阀，并调节阻尼阀使之与柱 B 的阻力相等，以保证六通阀切换过程中的气体流量稳定。

7.1.1　双柱串联阀切换系统中阀切换时间的确定

配制含有正辛烷和正壬烷的正庚烷溶液，在阀路处于图 1 预分离状态下(a 位)进样，记录从进样到正辛烷完全出峰，而正壬烷还没有流出时的时间。该时间的一半即为阀自预分离状态(a 位)切换至反吹状态(b 位)的阀切换时间。微调阀切换时间，恰好使得苯没有损失且分析时间满足实际需求。

7.1.2　微板流路控制系统中阀切换时间的确定

配制苯含量约为 100 mg/kg 的苯乙烯溶液，在电磁切换阀处于图 2 预分离状态下(a 位)进样，被测组分经柱 A 预分离后，经过阻尼柱，进入检测器 B，确定苯出峰的起止时间，因样品组分在阻尼柱没有保留，停留时间小于 0.01 min，因此苯在检测器 B 上的出峰起止时间即为电磁切换阀自预分离状态切换至中心切割状态(自 a 位切至 b 位)和切回预分离状态(自 b 位切回 a 位)的阀切换时间。微调阀切换时间，确保苯完全切入柱 B。

7.2　校正因子测定

7.2.1　以苯乙烯为溶剂，用称量法配制含有苯的标样，精确至 0.000 1 g。配制的苯浓度应与待测试样中苯的浓度相近(可适当分步稀释)。

7.2.2 在规定的条件下向色谱仪注入1.0 μL标样,重复测定两次,计算苯的平均峰面积,作为定量计算的依据。两次重复测定的峰面积之差应不大于其平均值的5%。

注1:苯乙烯标样储存过程中,会发生自聚现象,需要及时更换校准混合物。

7.3 试样测定

取1.0 μL试样注入色谱仪,重复测定两次,测量并记录试样中苯的峰面积,并与外标样的测定结果进行比较。

注:测定试样时,试样温度应与校准混合物的温度保持一致。

8 分析结果的表述

8.1 计算

苯乙烯中苯含量以 w 计,数值以毫克每千克(mg/kg)表示,按式(1)计算:

$$w = w_s \times \frac{A}{A_s} \qquad \cdots\cdots(1)$$

式中:

w_s——标样中苯含量的数值,单位为毫克每千克(mg/kg);

A_s——标样中苯的峰面积的数值;

A——试样中苯的峰面积的数值。

8.2 结果的表示

8.2.1 以两次重复测定结果的算术平均值表示其分析结果,数值修约按GB/T 8170规定进行。

8.2.2 报告苯的含量,应精确至0.1 mg/kg。

9 重复性

在同一实验室,由同一操作者使用相同设备,按相同的测试方法,并在短时间内对同一被测对象相互独立进行测试获得的两次独立测试结果的绝对差值不超过下列的重复性限(r),以超过重复性限(r)的情况不超过5%为前提:

0.2 mg/kg≤w<1 mg/kg　　为其平均值的30%

1 mg/kg≤w<100 mg/kg　　为其平均值的20%

10 报告

报告应包括下列内容:

a) 有关样品的全部资料,例如,样品名称、批号、采样地点、采样日期、采样时间等。

b) 本部分编号。

c) 分析结果。

d) 测定中观察到的任何异常现象的细节及其说明。

e) 分析人员的姓名及分析日期等。

附 录 A
（资料性附录）
本部分章条编号与 ASTM D6229-06 章条编号对照表

表 A.1 给出了本部分章条编号与 ASTM D6229-06 章条编号对照一览表。

表 A.1 本部分章条编号与 ASTM D6229-06 章条编号对照表

本部分章条编号	ASTM D6229-06 章条编号
1	1
2	2
3	3
—	4
4	6
5	5
6	7
7.1	9
7.2	10
—	11
8.1	12
8.2	13
9	14
10	—
—	15

中华人民共和国国家标准

石油产品和烃类化合物
硫含量的测定 Wickbold 燃烧法

GB/T 12700—90

Petroleum products and hydrocarbons —Determination of sulfur content—Wickbold combustion method

本标准参照采用国际标准 ISO 4260—87《石油产品和烃类化合物——硫含量的测定——Wickbold 燃烧法》。

1 主题内容与适用范围

本标准规定了石油产品、天然气和烯烃中硫含量测定的 Wickbold 燃烧法。

本标准适用于试样中硫含量范围为 1～10 000 mg/kg 的产品，并且特别适用于总硫量低于 300 mg/kg的试样。对于粘性的重芳烃或硫含量高的试样，可先用无硫溶剂稀释。本法也可用于天然气和炼厂气的总硫含量测定。对于轻质烯烃中硫的测定见 8.6.4 条。

本标准不适用于重质发动机油中硫含量的测定。

注：① 如果需要测定石油产品中的总氯含量，可用一般的容量法、重量法或电位滴定法对本法燃烧后的吸收液中所存在的氯离子进行测定。无机氯必须在燃烧前用水萃取除去。否则将产生干扰。

② 当粘性的或固体试样，如沥青或重质燃料油被放置在燃烧舟中燃烧时，可能有部分硫残留在舟中的灰里，此时必须对灰中的硫含量也进行测定。

注意：本标准内容涉及玻璃仪器或不锈钢燃烧器中的氢气燃烧，因此必须严格遵守有关安全规则。

2 引用标准

GB 7715 工业用乙烯

GB 7716 工业用丙烯

GB 6601 工业用裂解碳四 液态采样法

GB 4756 石油和液体石油产品取样法(手工法)。

3 方法原理

气体或液体试样被抽送至吸入式燃烧器的氢氧焰中，并在氧气相当过量的条件下燃烧。粘性或固体试样最好先溶解在轻质石油-甲苯混合物中处理为液相试样后再进行燃烧，或直接置于燃烧舟内在氧气流中燃烧。

燃烧生成的二氧化硫用过氧化氢溶液吸收并被转化为硫酸。根据试样中的硫含量，按表 1 选用第 9 章中所述的适宜方法测定吸收液中的硫酸根离子。

国家技术监督局1990-12-30批准 1991-12-01实施

表 1　试样中硫含量和取样量之间的关系及所推荐的分析方法

试样中硫含量 mg/kg	取样量 g	吸收液中含有的硫,μg	吸收液取用比例	所取用吸收液中含有的硫,μg	推荐的分析方法	
—	100	100	1/2	50		
—	50	50	1/1	50		
1	20	20	1/1	20		
5	20	100	1/2	50	电导滴定法 (9.3)	浊度比色法 (9.2)
—	50	250	1/5	50		
—	50	250	1/1	250		
10	5	50	1/1	50		
—	10	100	1/2	50		
—	20	200	1/2	100		
—	50	500	1/2	250		
30	5	150	1/2	75		
—	10	300	1/2	150		
—	20	600	1/2	300		
—	50	1 500	1/5	300		
50	5	250	1/2	125	目视滴定法 (9.1)	
—	10	500	1/2	250		
—	30	1 500	1/5	300		
100	2	200	1/2	100		
—	5	500	1/2	250		
—	10	1 000	1/5	200		
1 000	1	1 000	1/5	200		
—	2	2 000	1/5	400		
10 000	1	10 000	1/10	1 000		

4　试剂和材料

本方法所用试剂除特殊规定外,均为分析纯试剂、蒸馏水或同等纯度的水。

各个分析方法所用试剂和材料见第 9 章以及:

4.1　3%(m/m)过氧化氢溶液。

4.2　95%(V/V)无硫乙醇。

4.3　无硫稀释剂:4 体积无硫轻质石油(沸点范围 60～80℃)和 1 体积无硫甲苯混合而成。

4.4　氧:压缩气体,工业级,无硫。

4.5　氢:压缩气体,工业级,无硫。

4.6　浓盐酸: ρ_{20} 1.19 g/cm³。

4.7　十二烷二硫化物或硫芴标准溶液:将已知量(称准至 0.1 mg)的十二烷二硫化物或硫芴溶解于无硫稀释剂(4.3)中。该标准溶液的浓度应根据所选用的分析方法,按表 1 中第一列试样中硫含量的范围进行选择。

4.8 汞。

5 仪器和设备

各个分析方法所用的仪器见第9章。

5.1 氢氧焰燃烧装置：

气体或液体试样燃烧装置见图1，粘稠性或固体试样燃烧装置见图2。

这些燃烧装置务必按厂商说明书中的说明进行操作，并通过燃烧标样进行检验。见第10章。

由于氢氧焰燃烧时能激发出对人眼有害的射线，所以操作者应佩戴防护玻璃滤色护目镜（如氧-乙炔焊接护目镜）。

轻质烯烃应使用不锈钢燃烧器。见图3，8.6.4条。

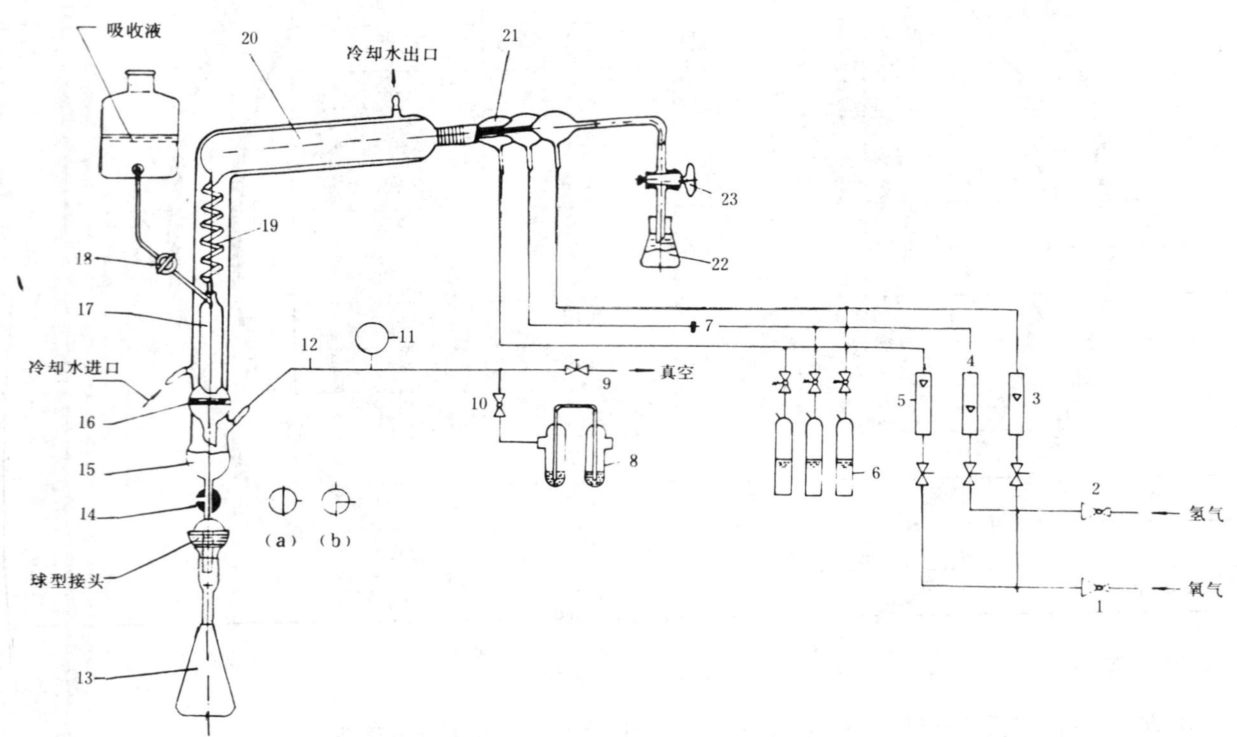

图1 气体或液体试样燃烧装置

1—氧气减压阀；2—氢气减压阀；3—第二氧气管线的流量计；4—氢气管线的流量计；5—第一氧气管线的流量计；6—超压容器；7—阻火器；8—压力平衡指示器；9—真空阀；10—考克；11—真空表；12—真空管线；13—细颈容量瓶；14—a、b二位三通考克；15—滴液收集室；16—玻璃砂芯；17—吸收塔；18—考克；19—冷却器；20—燃烧室（透明熔融石英）；21—吸入式燃烧室（不锈钢或透明熔融石英）；22—试样容器；23—考克

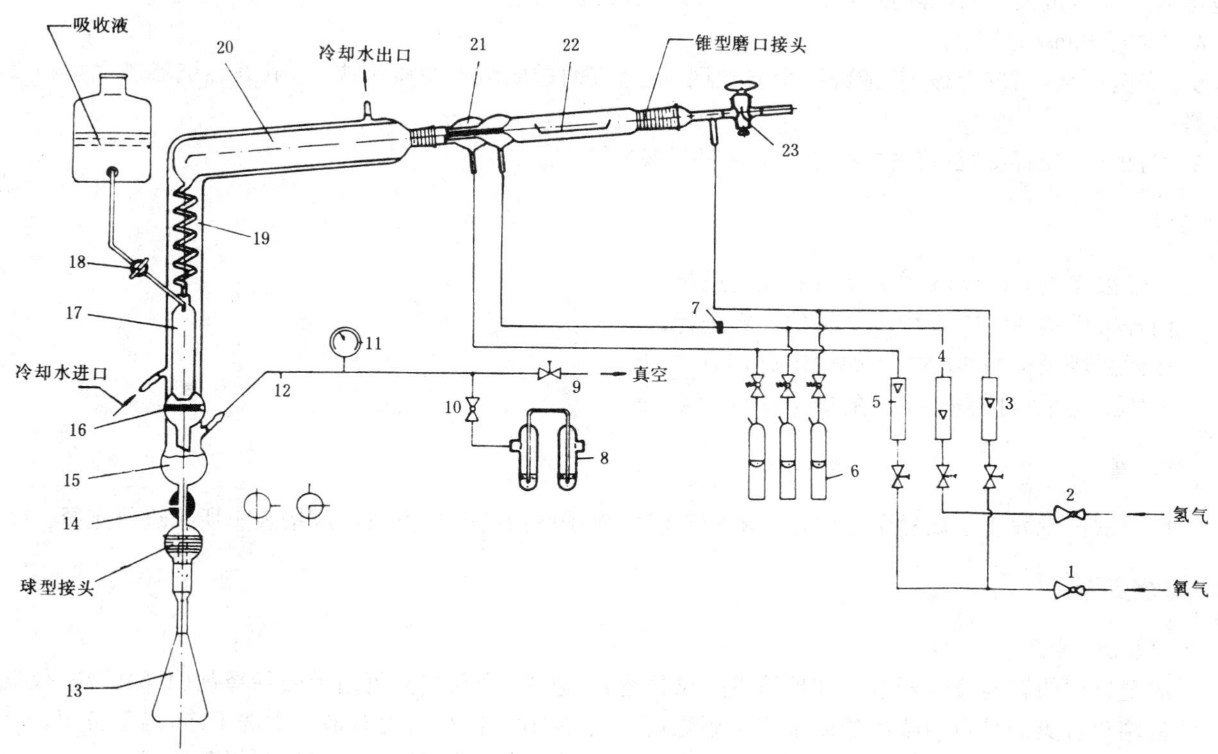

图 2 粘稠性或固体试样燃烧装置

1—氧气减压阀；2—氢气减压阀；3—第二氧气管线的流量计；4—氢气管线的流量计；5—第一氧气管线的流量计；6—超压容器；7—阻火器；8—压力平衡指示器；9—真空阀；10—考克；11—真空表；12—真空管线；13—细颈容量瓶；14—a、b 二位三通考克；15—滴液收集室；16—玻璃砂芯；17—吸收塔；18—考克；19—冷却器；20—燃烧室（透明熔融石英）；21—固体试样燃烧室（不透钢或透明熔融石英）；22—试样容器；23—考克

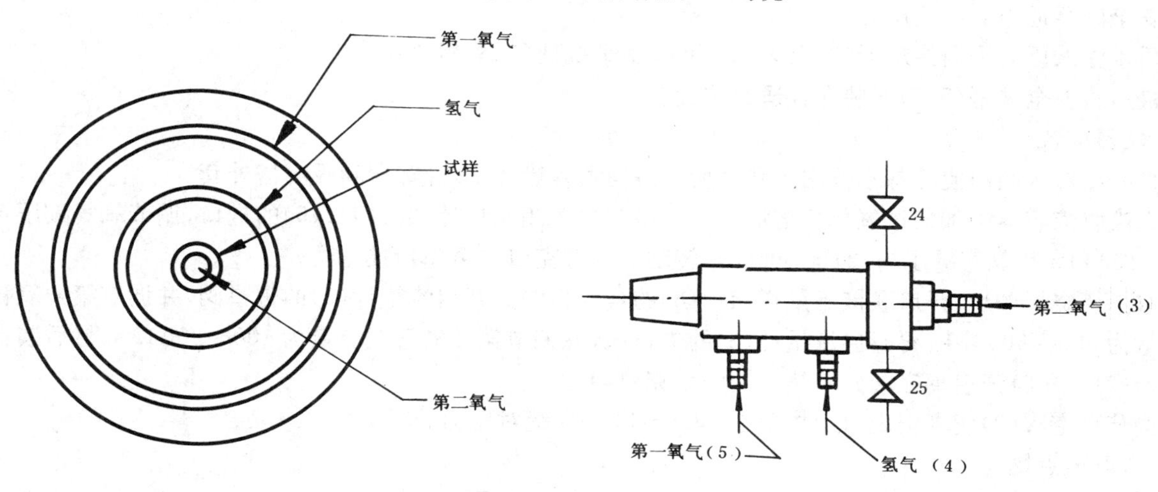

图 3 烯烃用不锈钢燃烧器

5.2 分析天平。

5.3 气体试样流量计：为干式气体流量计，用精密调节阀控制流量，以测量气体试样的取样量。流量计范围应与取样量大小相匹配，并在近期内进行过校正。

5.4 本生(Bunsen)灯。

5.5 安全屏幕：用安全玻璃，或细孔金属丝网，或适宜的透明塑料物质制成，以阻隔燃烧器燃烧室和吸收塔。

5.6 防护玻璃滤色护目镜(如氧-乙炔焊接护目镜)。

6 采样

乙烯采样按 GB 7715 中 2.2 条的规定进行。

丙烯采样按 GB 7716 中 2.2 条的规定进行。

碳四烯烃采样按 GB 6601 的规定进行。

液体试样采样按 GB 4756 的规定进行。

7 试样量

所需试样量取决于试样中硫含量及测定硫酸根离子所用的分析方法。应按表 1 所示进行选择。

8 燃烧步骤

8.1 仪器的清洗

放置试样的容器及仪器需仔细地清洗。试样容器、管线、阀和接头可用无硫稀释剂(4.3)清洗，仪器上的玻璃和石英器具可用浓硝酸或重铬酸硝酸清洗剂仔细清洗，最后用蒸馏水淋洗干净，烘干备用。

对于高、低硫含量试样测定用仪器，最好分开。否则燃烧高浓度试样后仪器应用硝酸清洗。

注意：每一次或一批试样燃烧后，燃烧室应小心地用按(1＋1)稀释的盐酸(4.6)清洗后，再用水清洗。

8.2 仪器的安装

气体或液体试样按图 1 所示或根据仪器说明书细心地组装已清洗过的仪器。而对于粘性或固体试样则按图 2 所示进行安装。

将汞(4.8)注入三只超压容器(6)至大约 300 mm 水平线处，并在汞面上加入 20 mm 左右的白油或调节安全阀至适当的释放压力。

用水注入压力平衡指示器(8)至大约 30mm 水平线处(二室相同)。

最后将安全屏幕(5.5)安装在合适的位置上。

8.3 仪器准备

打开冷却水阀门使冷却水按图 1 和 2 所示方向通入燃烧室，冷却器和吸收塔外套。

在吸收液容器中加入过氧化氢溶液(4.1)。检查并关闭流量计(3)、(4)、(5)的进口，调节氧气减压阀(1)至 100 kPa 和氢气减压阀(2)至 50kPa。转动三通考克(14)至(a)的位置。

取下燃烧器(21)，开启联接流量指示计(8)的考克(10)。开启流量计(5)的进口阀，并调节第一氧管线流量为 600～800 L/h，再开启流量计(3)的进口阀，并调节第二氧管线流量为 100～200 L/h，然后装上燃烧器(21)，同时开启真空阀(9)，然后关闭考克(10)。

调节真空阀(9)使真空表(11)指示在 13.5～35 kPa 绝对压力。

8.4 氢氧焰点燃

8.4.1 吸入式燃烧器(见图 1)

从燃烧室(20)上取下吸入式燃烧器(21)，开启流量计(4)的进口阀，调节氢气流量至 200 l/h，让氢气冲洗 30 s 后，用电子点火器或蜡烛点燃氢氧焰，不能使用火柴。

注：当用氢气冲洗燃烧器时，应小心使燃烧器嘴出来的氢气不要进入燃烧室，否则点燃燃烧器时会损坏燃烧室。

将燃烧器(21)装回到装置上，应避免氢氧焰接触燃烧室的磨口接头。小心地调节流量计(4)的进口阀使氢氧焰长度为10～20 mm。此时在真空表(11)上将会产生一个压力降，需再调节真空阀(9)使真空度仍稳定在13.5～35 kPa。

如需进行气体的空白燃烧试验时，应记录燃烧周期。

8.4.2 固体产品燃烧器(见图2)操作步骤同8.4.1条。

8.5 吸收液供给速率控制

转动考克(18)，调节吸收液供给速率为每秒1～5滴。

8.6 试样燃烧

8.6.1 气体试样(一般)

8.6.1.1 在正常步骤中试样是在氢氧焰中被燃烧，但天然气试样常会因含硫量较低(约1 mg/kg)，而需燃烧大量试样，对于此类样品，不需要氢氧焰作为燃烧试样的辅助性火焰，而按8.6.2条所述在氧气流中直接燃烧。

8.6.1.2 让样品容器中的气体试样经精密调节阀和干式气体流量计后，进入燃烧器(21)的试样供给管线。在气体流量计前也可以安装一只安全压力排泄阀。

调节真空阀(9)和考克(23)，使火焰长度约为燃烧室长度的四分之三。应小心操作，不使火焰伸长至接触冷凝盘管。

在燃烧过程中应注意保持真空表(11)指示于一稳定的真空度，以达到稳定燃烧。

8.6.1.3 当足够试样量(见表1)已被燃烧时，关闭气体流量计阀，夹断气体流量计和试样供给管线之间的连接，让试样供给管线中剩余气体被抽至燃烧器中烧去。关闭考克(18)，停止供给吸收液。

注：如果该试样是盛放在气体样品钢瓶中，则当试样完全燃烧后，应取二份无硫稀释剂(4.3)(每份体积为钢瓶体积的2%)，注入钢瓶以溶解剩余部分试样，然后亦导入氢氧焰中燃烧。

8.6.1.4 关闭流量计(4)的进口阀以切断氢气流。

观察燃烧器喷嘴如无明亮的颗粒时，关闭流量计(3)和(5)的进口阀以切断氧气流，并立即从燃烧室上取下燃烧器。

8.6.1.5 用洗瓶向燃烧室内壁四周喷射蒸馏水，用以冲洗残留的燃烧产物，洗涤液经冷却器和吸收塔被收集在细颈容量瓶(13)中。

8.6.1.6 转动三通考克(14)至(b)的位置，以释放细颈容量瓶(13)中的真空，然后取下容量瓶，关闭真空阀(9)，同时开启考克(10)。

注：如果有一批试样需燃烧，每次可不必关闭氢氧焰和真空，只要在前一试样燃烧完后，先停止供给吸收液，并取下点燃着的燃烧器，然后用蒸馏水冲洗燃烧室后，调换细颈容量瓶(13)。此时，即可再将燃烧器插入燃烧室，继续下一个试样的燃烧。

8.6.2 气体试样(低硫含量)

8.6.2.1 拆除接至吸入式燃烧器(21)的氢气管线，在此处连上试样供给管线(该管线应包括精密调节阀和干式流量计(5.3)，也可在流量计前再接入一只安全压力泄放阀)。然后按8.1到8.3的规定准备仪器，但燃烧器的点燃步骤与8.4不相同。

8.6.2.2 从燃烧室(20)上取下吸入式燃烧器(21)，让气体试样经精密调节阀和干式气体流量计通入燃烧器，而考克(23)处于关闭位置。让试样冲洗30 s后，用电子点火器或蜡烛点燃火焰(不能使用火柴)。随即将燃烧器插入燃烧室，应避免氢氧焰接触燃烧室磨口接头。调节真空阀(9)和气体试样供给管线上精密调节阀，使火焰长度约为燃烧室长度的四分之三，应小心操作，不要使火焰伸长至接触冷凝盘管。

同样在燃烧过程中应注意保持真空表(11)指示于一稳定的真空度。

8.6.2.3 燃烧了一定的试样量后(见表1)，关闭精密调节阀，夹断气体流量计和供给管线之间的连接。关闭考克(18)，停止供给吸收液。

注：如果试样是盛放在气体样品钢瓶中，其以后步骤与 8.6.1.3 的注所述相同。

8.6.2.4 当观察燃烧器喷嘴无明亮的颗粒时，关闭流量计进口阀(3)和(5)，切断氧气流，并立即从燃烧室上取下燃烧器，以后步骤同 8.6.1.5 和 8.6.1.6(其注不适用)。

8.6.3 液化石油气试样

将钢瓶中试样通过 60～80℃的蒸发盘管气化，所得气体通过试样供给管线送入燃烧器(21)。按 8.6.1.2所述调节火焰大小(在本条情况下 8.6.1.2 首段不适用)，如果燃烧状况不够理想可再次调节氧气流量以达到完全燃烧(见 8.6.5.2 条的注)。以后步骤同 8.6.1.3 至 8.6.1.6。

从试样燃烧前后试样钢瓶的质量差，求得已燃烧的试样量(通常为 30～50 g)。

8.6.4 轻质烯烃试样

对于被压缩或被液化的轻质烯烃(乙烯、丙烯、丁烯、丁二烯、异丁烯和它们的混合物)必须按下列步骤进行。

8.6.4.1 仪器

燃烧器(21)，由不锈钢制成(见图 3)，其末端为一颈部安装有 O 型环垫圈的圆锥形接头，该燃烧器配有阀(24)，以通入气体试样，另配有阀(25)以导入液体试样。

8.6.4.2 燃烧步骤

在按 8.4 和 8.6 操作之前应注意不要将氢(或烃)和氧所组成的易爆混合物引入燃烧室中。

a. 点火

从燃烧室(20)上取下不锈钢燃烧器(21)时应安放于装配所允许的尽可能远的位置，且不要让燃烧器(21)位于燃烧室的轴线上，但需将它偏折向操作者，当氢气一进入燃烧器时立即点火。

b. 燃烧

保证火焰末端不超过燃烧室(20)水平部分长度的三分之二，保证流量计(3、4、5 和 8)的流量读数及真空计(11)的真空读数基本稳定。

c. 操作者的保护措施

当氢气一进入燃烧器时，就应立即设置安全屏幕(5.5)。在全部燃烧过程中，操作者均应停留在屏幕后面。

d. 发生事故时采取的措施

万一发生未估计到的火焰熄灭和吸收液速率减少或中断，以及通过流量计(3～5)的指示表明氧和氢的流量有所减少，则应关闭试样入口阀(24)或阀(25)，并且随即关闭氢气阀(2)。

8.6.5 液体试样

液态石油烃馏分(轻质燃料油及其以下馏分)，可以直接送入氢氧焰中燃烧，含有无灰添加剂的润滑油和比轻质燃料油粘性高的石油烃，可用所规定的无硫稀释剂(4.3)稀释后在图 1 装置中进行燃烧。

注意：与异戊烷相类似的挥发性液体可能引起爆炸，这类试样在燃烧前应和高沸点溶剂(如异辛烷)进行混合。

8.6.5.1 按表 1 称取试样，称准至 0.05 g，加入预先已称量过的容器(22)中，再将此盛有试样的容器安放在可调节的支架上。调节支架高度，使试样供给管线插至容器底部。

8.6.5.2 调节真空阀(9)小心地增加真空度，使试样被缓缓抽入氢氧焰中，再调节真空阀(9)直至燃烧火焰长度约为燃烧室长度的四分之三。其相应的燃烧速率约为 3～5 mL/min，保证火焰完全无烟，且不伸长到冷凝盘管。

注：如果试样不易燃烧，一边注意真空表(11)读数，一边增加第二氧管线流量以改善燃烧。然后再次调节真空表压力至合适的真空度。或者调节考克(23)，减少试样燃烧速率，也可改善燃烧。

8.6.5.3 当足够数量的试样被燃烧后，取下试样容器(22)并称重，准至 0.05 g。用差减法记下试样消耗量，然后将盛有正庚烷或无硫稀释剂(4.3)或乙醇的容器，置于原试样容器位置上，继续燃烧以冲洗试样供给管线中的剩余试样。

8.6.5.4 按 8.6.1.4 的步骤关闭氢气和氧气，取下容量瓶(13)，关闭真空阀(9)，开启考克(10)，以后步骤同 8.6.1.5 和 8.6.1.6。

注：如需燃烧一批试样见 8.6.1.6 中的注。

8.6.6 含铅汽油样品(见 11.2 中的注)

8.6.6.1 测定步骤的选择

如果已正确地知道试样的铅含量，可选用 8.6.6.3 中所规定的直接燃烧法。

但是如果试样中的铅含量未知，或者如果已知，但修正式：铅含量×32/207，对于所测得的硫浓度有重大影响，则宁可选用 8.6.6.2 所述的萃取方法。

注：如果使用 8.6.6.3 中的步骤，在燃烧过程中生成的氧化铅可凝结在燃烧器上而引起不正常的燃烧。另外，微量氧化铅可被保留在系统中，而干扰其后的 Thorin 方法(9.1)的无铅试样测定。

8.6.6.2 未知铅含量汽油

将约 100 mL 试样及 50 mL HCl 溶液(4.6)导入萃取仪器(见图 4)，为了避免任何挥发性组分的损失，将冰水通过回流冷凝器，从开始沸腾起大约萃取 5 min，冷却后让其分层，放去盐酸层并弃除之，用水洗涤油层直至洗涤液对甲基橙呈中性。然后将油层的液态试样进行燃烧。

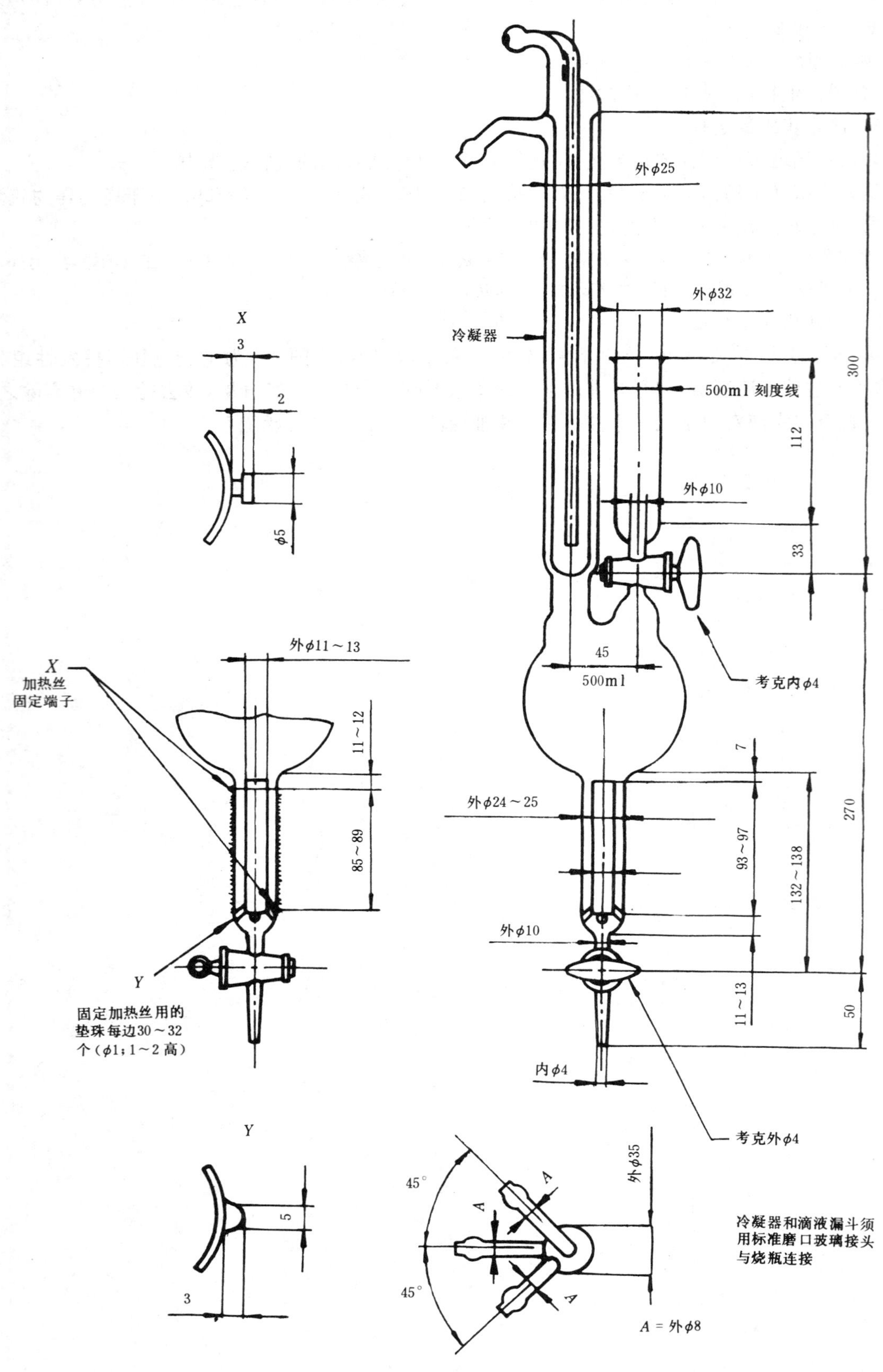
X
3
2
ϕ5
外ϕ25
外ϕ32
冷凝器
500ml 刻度线
112
300
外ϕ10
33
45
500ml
考克内ϕ4
外ϕ11～13
X
加热丝
固定端子
11～12
85～89
Y
固定加热丝用的
垫珠每边30～32
个（ϕ1；1～2高）
7
外ϕ24～25
93～97
132～138
270
外ϕ10
11～13
50
内ϕ4
考克外ϕ4
Y
5
3
45°
45°
A
A
A
外ϕ35
A＝外ϕ8
冷凝器和滴液漏斗须
用标准磨口玻璃接头
与烧瓶连接

图 4 萃取装置

8.6.6.3 已知铅含量的汽油

试样可不经萃取而直接燃烧，并采用 Thorin 方法(9.1)进行测定。但其按 9.1.7.1 条计算所得的结果，需再按 9.1.7.2 条所述进行铅含量的修正。

8.6.7 粘性的或固态的试样

在图 2 所示的装置中用燃烧小舟和直接氧气流燃烧粘性的或固态的试样，或用无硫稀释剂(4.3)稀释试样后，作为液体试样(见 8.6.5)进行燃烧。轻质沥青及含有溶剂的类似物质也先经稀释后作为液体试样进行燃烧。

称取适量试样(见表 1)置于燃烧小舟中。然后如 8.4.2 所述点燃氢氧焰。开启考克(23)，并从固体物质燃烧器上取下第二氧气供给管线的玻璃磨口接头，借助于推进器将燃烧小舟放入固体物质燃烧器中，并将舟推至燃烧器的中央。再将第二氧气供给管线接至固体产品燃烧器上。关闭考克(23)并将点燃的本生灯(5.4)放在固体物质燃烧器管下面加热，本生灯的火焰应在燃烧舟前部约 20 mm 处，几秒钟后，舟中试样即受热蒸发，并被点燃而在氧气流中燃烧。

为了防止未完全燃烧的固体物质携带至燃烧器毛细管中，可在燃烧器毛细管前的锥体部分塞入石英毛。

依据试样的挥发性及着火温度，调节本生灯火焰和燃烧器管之间的距离以便使试样开始燃烧。燃烧舟中试样燃烧完成以后，沿着固体物质燃烧器管移动本生灯，以便烧去任何残留的硫。

为了加快加热固体物质燃烧器管的速度，可使用二只本生灯或其他类似的加热器。

8.6.7.1 当试样燃烧完成后，关闭考克(18)，停止供给吸收液，然后开启考克(23)以使燃烧室放空。脱开玻璃磨口接头，从固体产品燃烧器中取出燃烧舟。

用洗瓶向固体物质燃烧器内壁喷射蒸馏水以将任何粘附在燃烧器毛细管上的残留物也冲洗入氢氧焰中进行燃烧。

8.6.7.2 按 8.6.1.4 步骤切断氧和氢气流，其后步骤与 8.6.1.5 和 8.6.1.6 相同。

9 被吸收的硫的测定

吸收液中硫酸根离子的测定采用目视滴定法(9.1)，比浊比色法(9.2)或电导滴定法(9.3)。使用何种方法视试样中硫含量和干扰离子存在的情况而定。

9.1 目视滴定法

9.1.1 适用范围

见表 1。

9.1.2 干扰

在使用钍试剂(Thorin)法时，试样中氯和氮的含量可超过硫含量几倍而不致干扰。如果存在的氟含量大于硫含量的 30%则产生干扰。磷和阳离子有干扰。钠、钾、锌、镁和铵离子由于共沉淀而使结果偏低 2%～3%。阳离子能生成不溶性硫酸盐而产生定量干扰，许多其他金属离子能与醇溶液中的钍试剂生成有色的络合物而产生干扰。总之对大多数产品而言，干扰并不显著，但这些干扰限制了在大多数含添加剂的润滑油中的应用。

9.1.3 试剂

分析时，仅使用分析纯试剂和蒸馏水或同等纯度的水。

9.1.3.1 异丙醇。

9.1.3.2 $c(H_2SO_4)=0.005$ mol/L 硫酸标准溶液。

9.1.3.3 高氯酸钡标准滴定溶液：

a. 标准溶液 A：

称取 10.6 g 高氯酸钡〔$Ba(ClO_4)_2$〕或 12.2 g 含三个结晶水的高氯酸钡〔$Ba(ClO_4)_2\cdot 3H_2O$〕，溶解于 200 mL水中，用异丙醇稀释至 1 000 mL，并用高氯酸调节 pH 至 3.5。用硫酸标准溶液(9.1.3.2)标定。

1 mL 该标准溶液相当于约 1 mg 硫。

b. 标准溶液 B：

按(1+19)准确稀释标准溶液 A。

1 mL 该标准溶液相当于约 50 μg 硫。

9.1.3.4 钍试剂(Thorin)：为 0.2%(m/m)2-(2-羟基-3,6-二磺基-1-萘)偶氮·苯砷酸二钠盐水溶液。

注意：吸入或皮肤接触钍试剂均有毒害。

9.1.3.5 亚甲蓝 0.01%(m/m)水溶液。

注：除 9.1.3.4 和 9.1.3.5 以外，还可使用二甲基磺偶氮 Ⅲ〔2,7-双(4-甲基-乙磺酰偶氮)铬变酸〕指示剂。指示剂应贮存于石英或聚乙烯瓶中。

9.1.4 仪器

9.1.4.1 滴定管：25mL，分度值 0.05 mL。

9.1.4.2 移液管。

9.1.5 操作步骤

将细颈容量瓶(13)中的吸收液，用水加至刻度并混合均匀，用移液管吸取适量吸收液(见表 1)注入锥形烧瓶中，并加 4 倍于此体积的异丙醇，再加 4 滴钍试剂(9.1.3.4)，也可再加入亚甲蓝溶液(9.1.3.5)，加入量为每 50 mL 吸收液可至多加 5 滴。

钍试剂和亚甲蓝溶液的比例可由操作者作适当调整。

根据吸收液中硫酸根含量的高低用高氯酸钡标准滴定溶液(9.1.3.3)a 或 b 滴定至溶液颜色从黄到粉红色不退或在亚甲蓝存在下从绿到紫灰色。

钍试剂的终点在荧光灯和直接阳光下较难观察。而在日光灯前滴定能获得良好结果。

利用分光光度计在 520 nm 波长下能容易地检测出上述颜色变化。

9.1.6 试剂空白测定

通过与试样燃烧时间相同的氧和氢的燃烧进行空白测定，步骤按 9.1.5 中规定进行。

9.1.7 计算

9.1.7.1 无铅试样

硫含量 S 计算：

$$S = \frac{(V_1 - V_0)T}{m_0} \times \frac{V_3}{V_2}(\text{以 mg/kg 表示}) \quad \cdots\cdots(1)$$

$$S = \frac{(V_1 - V_0)T}{V_4} \times \frac{V_3}{V_2}(\text{以 mg/m}^3\text{ 表示}) \quad \cdots\cdots(2)$$

$$S = \frac{(V_1 - V_0)T}{m_0 \times 10^4} \times \frac{V_3}{V_2}〔\text{以 \%}(m/m)\text{ 表示}〕 \quad \cdots\cdots(3)$$

式中：V_0 —— 空白试验所消耗的高氯酸钡标准滴定溶液体积，mL；

V_1 —— 吸收液所消耗的高氯酸钡标准滴定溶液体积，mL；

V_2 —— 取用的吸收液体积，mL；

V_3 —— 吸收液的总体积，mL；

V_4 —— 在0℃及 101.3 kPa 压力下，试样体积，L；

T —— 与1 mL 高氯酸钡标准滴定溶液相当的，以微克表示的硫的质量；

m_0 —— 试样的质量，g。

9.1.7.2 含铅试样

如果存在的铅含量已知，其结果应用式(4)计算：

$$S = S(\text{表观}) + (172.7 \times Pb) \quad \cdots\cdots(4)$$

式中：S(表观)—— 按式(1)所计算的硫含量，mg/kg；

Pb—— 铅含量,g/L。

本校正方法不适用于硫含量小于 50 mg/kg 的含铅试样。

9.2 **浊度比色法**

9.2.1 适用范围

见表 1。

9.2.2 试剂

分析时仅使用分析纯试剂和蒸馏水或同等纯度的水。

9.2.2.1 氯化钡:小心筛取 500～840 μm(20～32 目)的氯化钡结晶($BaCl \cdot 2H_2O$),或 150～300 μm(50～100 目)的硝酸钡结晶〔($BaNO_3$)〕。

9.2.2.2 盐酸溶液:77 mL 盐酸(ρ_{20}=1.19 g/cm^3)用水稀释至 1 000 mL。

9.2.2.3 乙醇-丙三醇混合液:将 2 体积的乙醇和 1 体积的丙三醇混合。

9.2.2.4 硫标准溶液

a. 溶液 c:移取 0.050 mol/L 硫酸标准溶液 62.4 mL 至 1 000 mL 容量瓶中,用水稀释至刻度。1 mL该标准溶液相当于含硫约 100 μg。

b. 溶液 d:移取 10.00 mL 溶液 c 到 100 mL 容量瓶中,用水稀释至刻度。1mL 该标准溶液相当于含硫约 10 μg。

9.2.3 仪器

9.2.3.1 分光光度计。

9.2.3.2 恒温水浴:水浴温度能保持在 25±0.1℃。

9.2.3.3 电磁搅拌器:可调速的。

9.2.4 标准曲线制作

9.2.4.1 移取溶液 d(9.2.2.4)1.0、3.0、5.0、7.0、10.0 mL,分别注入 5 只 50 mL 容量瓶中。

9.2.4.2 在每一容量瓶中加入 3.0 mL 盐酸(9.2.2.2),加水至刻度,并充分混合。然后将它们逐个全量移入 100 mL 烧杯中,再用移液管分别移取 10.0±0.1 mL 乙醇-丙三醇混合液(9.2.2.3)注入每一烧杯中。然后将它们置于 25±0.1℃恒温槽中恒温后,取出,用电磁搅拌器搅拌 3 min,再放回恒温槽恒温 4 min,用 50 mm 比色皿在 450 nm 处以水为参比液测其吸光度 A。比色皿中测试后的溶液应全量倒回原烧杯中,再在 25±0.1℃的恒温槽中恒温 10 min,加入 0.30±0.01 g 氯化钡(9.2.2.1),再用电磁搅拌器搅拌 6 min,恒温 4 min,再用 50 mm 比色皿,以水为参比液测其吸光度 B,并计算出(B-A)值。

9.2.4.3 用吸光度(B-A)值与硫含量(μg)作图即得标准曲线。在日常分析中,每日应用浓度水平接近校正曲线中间范围的标样作单点测试,以检验和修正标准曲线可能产生的偏移。

9.2.5 操作步骤

9.2.5.1 将细颈容量瓶(13)中的吸收液全量移至 300 mL 的锥形三角烧瓶中,瓶口盖以表面皿,在没有硫化物烟雾逸出的条件下,在加热板上(不能用明火)蒸发并浓缩至约 30 mL,再将其定量移至 50 mL 容量瓶中,然后再按 9.2.4.2 操作步骤进行操作。计算出吸光度(B-A)值后,从标准曲线上查得硫的含量(μg)。

同时进行空白试验,如果试剂空白读数的硫含量超过 4 μg,则需清洗仪器,并重复试验。

9.2.5.2 计算

硫含量的计算,以 mg/kg 表示时,用式(5);以 mg/m^3 表示(在 0℃和 101.3 kPa 压力下)时,用式(6);以%(m/m)表示时,用式(7)。

$$S=\frac{m_1}{m_0}\times\frac{V_3}{V_2} \qquad (5)$$

$$S=\frac{m_1}{V_4}\times\frac{V_3}{V_2} \qquad (6)$$

$$S=\frac{m_1}{m_0}\times\frac{1}{10^4}\times\frac{V_3}{V_2} \qquad \cdots\cdots(7)$$

式中：m_0——试样质量，g；

m_1——从标准曲线查得的硫的质量，μg；

V_2——取用的吸收液体积，mL；

V_3——吸收液总体积，mL；

V_4——在0℃，101.3 kPa 压力下的试样体积，L。

9.3 电导滴定法

9.3.1 适用范围

见表 1。

9.3.2 试剂

分析时仅使用分析纯试剂。

9.3.2.1 水：三次去离子水，电导率低于 0.5 μs/cm。

9.3.2.2 丙酮。

9.3.2.3 氨水：0.1 mol/L 溶液。

9.3.2.4 0.1%（*m/m*）溴甲酚蓝指示剂。

9.3.2.5 氯化钡标准滴定溶液：

a. 用水溶解 0.38 g 二水合氯化钡（$BaCl\cdot2H_2O$）并转移至 1 000 mL 容量瓶中，再用水（9.3.2.1）稀释至刻度。

1 mL 该标准溶液相当于约 50 μg 硫。

b. 用水按（1+4）之比稀释溶液 a，该溶液应每日制备。

1 mL 该标准溶液相当于约 10 μg 硫。

用重量法标定氯化钡标准滴定溶液 a，再用此标定过的溶液按 9.3.4 所规定的步骤标定硫标准溶液（9.3.2.6）。该硫标准溶液，当需要时也可按 9.4.4 所规定的步骤去检验氯化钡溶液 b。

9.3.2.6 硫标准溶液：

取 31.2 mL 硫酸标准溶液 $c(H_2SO_4)=0.050$ mol/L，注入 1 000 mL 容量瓶中，并用水稀释至刻度。

1 mL 该标准溶液相当于约 50 μg 硫。

9.3.3 仪器

9.3.3.1 电导测定电桥：

需具有足够的灵敏度，且能直接读数，并可对初始的电导率进行校正。

9.3.3.2 记录仪接至电导仪上。

9.3.3.3 自动滴定管：接至记录仪上，其记录纸速度应为 60 mm/mL 滴定剂。

9.3.3.4 电极装配：电极常数约 1.0 cm^{-1}，由二个电极组成，每一电极为 10 mm×10 mm，其间隔为 10 mm较合适。

9.3.3.5 滴定容器：容量约 300 mL，附恒温控制夹套。

9.3.3.6 恒温控制器：附循环泵，温度能保持在 25±0.1℃。

9.3.3.7 电磁搅拌器。

9.3.3.8 刻度移液管。

分析仪器的性能应用硫标准溶液（9.3.2.6）进行检验。

9.3.4 测定步骤

将细颈容量瓶（13）中的吸收液用移液管按表 1 吸取一定数量移至滴定容器中，若此体积超过 50 mL，则将其先转移至 250 mL 烧杯中，并在电热板上蒸发（不能用明火）浓缩至约 25 mL，然后再定量转移至滴定容器中。

加入数滴指示剂(9.3.2.4)至滴定容器中，用氨水(9.3.2.3)调节 pH 至 7.6，使颜色由黄变到蓝，所需氨水的量一般应不超过一滴。

加入 200 mL 丙酮(9.3.2.2)至滴定容器中，并让溶液在 25±1℃达到温度平衡(用电磁搅器进行搅拌)。

将电导测定电桥(9.3.3.1)设置于适当范围，并对溶液的初始电导进行校正。同时开启自动滴定管(9.3.3.3)和记录仪(9.3.3.2)。依据试样中硫酸根离子浓度选用氯化钡标准滴定溶液(9.3.2.5)a 或 b 进行滴定。以记录仪走纸速度(格数)对滴定剂消耗体积作图，所得曲线两部分的交点即为滴定终点。依据预先用硫标准溶液(9.3.2.6)制作的，以记录纸走纸速度(格数)对滴定剂消耗体积所作的曲线，将记录纸走纸读数(格数)转换为滴定剂的体积(毫升)。

9.3.5 试剂空白的测定

通过与试样燃烧时间相同的氧和氢的燃烧进行空白试验，并按 9.3.4 所规定步骤测定吸收液中的硫。如果燃烧试样时曾采用稀释剂，则在空白测定中，亦需使用相同量的稀释剂。

如果两次连续测定所得结果小于 4 μg 硫，认为空白值合格，如果空白值大于该值则需清洗仪器，并重复试验。

9.3.6 仪器的检验

对用于电导滴定的仪器性能，应经常按 9.3.4 中所规定的步骤用硫标准溶液(9.3.2.6)进行检验。

9.3.7 计算

硫含量的计算，以 mg/kg 表示时，用式(8)；以 mg/m³ 表示(在 0℃和 101.3 kPa 压力下)时，用式(9)；以%(m/m)表示时，用式(10)。

$$S = \frac{(V_1 - V_0) \times m_1}{m_0} \quad \cdots\cdots (8)$$

$$S = \frac{(V_1 - V_0) \times m_1}{V_4} \quad \cdots\cdots (9)$$

$$S = \frac{(V_1 - V_0) \times m_1}{m_0 \times 10^4} \quad \cdots\cdots (10)$$

式中：V_0——空白所消耗的氯化钡标准滴定溶液体积，mL；

V_1——试样所消耗的氯化钡标准滴定溶液体积，mL；

V_4——在 0℃和 101.3 kPa 压力下试样的体积，L；

m_0——试样质量，g；

m_1——1 mL 氯化钡标准滴定溶液相当于硫的以微克表示的质量。

10 检验试验

为了检验操作者的操作和仪器的性能是否符合要求，推荐以十二烷基二硫化物或硫芴与无硫稀释剂(4.3)配制而成的硫标准试样进行测定。

11 精密度

11.1 重复性：同一操作者，在同一实验室内，使用同一仪器对同一样品在正常和正确的操作情况下，所得试验结果之差，应不超过表 2 中所示数值(置信水平 95%)。

11.2 再现性：不同操作者在不同试验室内，对同一样品在正常和正确的操作情况下，所得试验结果之差，应不超过表 2 中所示数值(置信水平 95%)。

注：在表 2 中列出的重复性和再现性数值不适用于 8.6.6.2 和 8.6.6.3 中所规定的含铅汽油硫含量的测定，因为未对此进行精密度确定试验。

表 2 精密度

硫含量,mg/kg	重复性,mg/kg	再现性,mg/kg
1～1 000	见图 5	见图 5
1 000	3.5	130
5 000	180	700
10 000	200	1 500

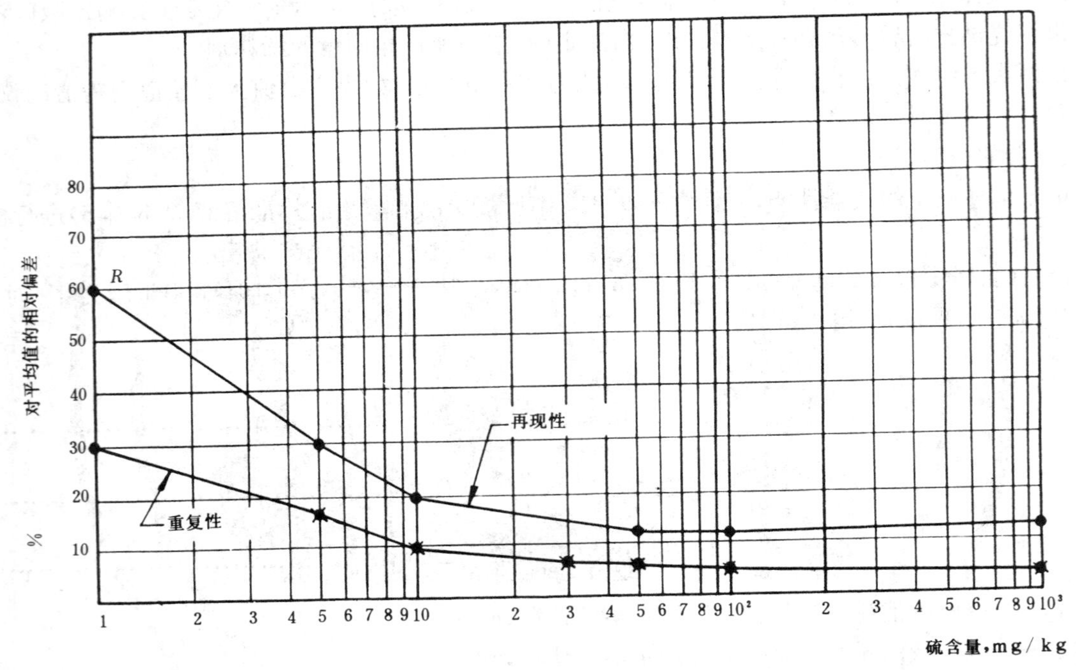

图 5 精密度

12 试验报告

报告应包括如下内容：

a. 有关样品的全部资料、批号、日期、时间、采样地点等；

b. 测定结果；

c. 在试验中观察到的异常现象；

d. 不包括本标准中的任何操作及自由选择的操作条件的说明。

附加说明：

本标准由中国石油化工总公司提出，由全国石油化学标准化分技术委员会归口。

本标准由上海石油化工总厂化工一厂、辽阳石油化纤公司化工一厂共同起草。

本标准主要起草人葛振祥、王国香、沈红、王学玲。

编者注：规范性引用文件中 GB/T 6601 已被调整为 SH/T 1142《工业用裂解碳四液态采样法》。

ICS 71.080.10
G 16

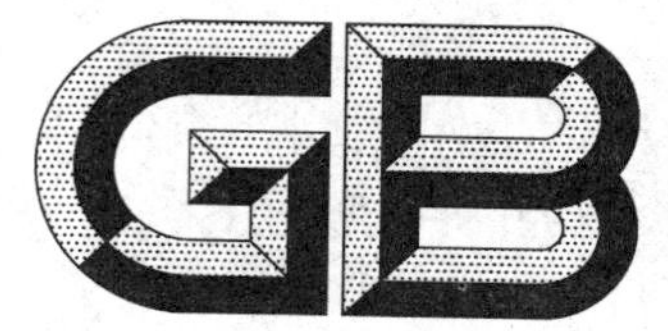

中华人民共和国国家标准

GB/T 12701—2014
代替 GB/T 12701—1990

工业用乙烯、丙烯中微量含氧化合物的测定 气相色谱法

Ethylene and propylene for industrial use—Determination of trace oxygenates—Gas chromatographic method

2014-07-08 发布

2014-12-01 实施

中华人民共和国国家质量监督检验检疫总局
中国国家标准化管理委员会 发布

前　言

本标准按照 GB/T 1.1—2009 给出的规则起草。

本标准代替 GB/T 12701—1990《工业用乙烯、丙烯中微量甲醇的测定　气相色谱法》。

本标准与 GB/T 12701—1990 相比主要变化如下：

——标准名称修改为《工业用乙烯、丙烯中微量含氧化合物的测定　气相色谱法》；

——标准的范围由"适用于甲醇含量大于 1 mg/kg 的试样"修改为"适用于甲醇、二甲醚、甲基叔丁基醚、乙醛、乙醇、异丙醇、丙酮和丁酮浓度不低于 0.5 mg/m³ 的乙烯、丙烯"（见第 1 章，1990 年版的第 1 章）；

——色谱柱由填充柱修改为毛细管柱（见第 5 章表 1，1990 年版的第 5 章）；

——修改了标样配制的相关内容（见第 4 章，1990 年版的第 4 章）；

——修改了汽化装置和进样装置相关内容（见第 5 章，1990 年版的第 5 章）；

——取消了原标准中吸收装置及试样的富集操作相关内容（见 1990 年版的第 5 章、第 6 章）；

——修改了计算和结果的表示相关内容（见第 8 章，1990 年版的第 7 章、第 8 章）。

本标准由中国石油化工集团公司提出。

本标准由全国化学标准化技术委员会石油化学分技术委员会（SAC/TC 63/SC 4）归口。

本标准起草单位：中国石油化工股份有限公司上海石油化工研究院。

本标准主要起草人：李薇、唐琦民。

本标准所代替标准的历次版本发布情况为：

——GB/T 12701—1990。

工业用乙烯、丙烯中微量含氧化合物的测定 气相色谱法

1 范围

1.1 本标准规定了用气相色谱法测定工业用乙烯、丙烯中微量含氧化合物的含量。

1.2 本标准适用于甲醇、二甲醚、甲基叔丁基醚、乙醛、乙醇、异丙醇、丙酮和丁酮浓度不低于 0.5 mL/m³ 的乙烯、丙烯的测定。

注：传统石油路线生产的乙烯、丙烯产品中通常只含有甲醇一种含氧化合物杂质；煤制烯烃技术生产的乙烯、丙烯产品可能含有甲醇及 1.2 中的其他含氧化合物杂质。

1.3 本标准并不是旨在说明与其使用有关的所有安全问题。使用者有责任采取适当的安全与健康措施，保证符合国家有关法规的规定。

2 规范性引用文件

下列文件对于本文件的应用是必不可少的。凡是注日期的引用文件，仅注日期的版本适用于本文件。凡是不注日期的引用文件，其最新版本(包括所有的修改单)适用于本文件。

GB/T 3723 工业用化学产品采样安全通则(GB/T 3723—1999，idt ISO 3165:1976)

GB/T 8170 数值修约规则与极限数值的表示和判定

GB/T 13289 工业用乙烯液态和气态采样法(GB/T 13289—2014，ISO 7382:1986，NEQ)

GB/T 13290 工业用丙烯和丁二烯液态采样法(GB/T 13290—2014，ISO 8563:1987，NEQ)

3 方法原理

在本标准规定的条件下，气体(或液体汽化后)试样通过气体进样装置被载气带入色谱柱。使各含氧化合物组分分离，用氢火焰离子化检测器(FID)检测。记录各含氧化合物组分的峰面积，采用外标法定量。

4 试剂与材料

4.1 载气

氦气或氮气：纯度≥99.99%(体积分数)，经硅胶及 5 A 分子筛干燥，净化。

4.2 辅助气

4.2.1 氢气：纯度≥99.99%(体积分数)，经硅胶及 5 A 分子筛干燥，净化。

4.2.2 空气：经硅胶及 5 A 分子筛干燥，净化。

4.3 含氧化合物

甲醇、二甲醚、甲基叔丁基醚、乙醛、乙醇、异丙醇、丙酮和丁酮等，供配制标样用。纯度应不低于 99.0%(质量分数)。

4.4 正戊烷

用作配制液体标样的溶剂，纯度不小于99.5%(质量分数)，应不含有4.3所述含氧化合物杂质，其他满足要求的溶剂也可使用。

4.5 标样

4.5.1 气体标样：包含乙烯和丙烯产品中常见的含氧化合物组分，以4.3标准试剂甲醇、二甲醚及丙酮等配制而成。各组分的含量为10 mL/m^3，底气为氦气或氮气。可采用市售的有证标样。

4.5.2 液体标样：含氧化合物组分(如甲基叔丁基醚、乙醛、乙醇、异丙醇和丁酮)的饱和蒸汽压低，不易配制气体标样，因此可配制液体标样。方法如下：按重量法将丙酮和上述含氧化合物组分配制于正戊烷或其他合适的溶剂中，配制各组分含量为200 mg/kg左右的液体标样，用于测定这些组分相对于丙酮的相对校正因子。

注：标样根据工艺和样品分析的需要配制。液体标样作为气体标样的补充，仅在实际样品中待测的含氧化合物杂质组分未配入气体标样时需要。

5 仪器

5.1 气相色谱仪

配置六通气体进样阀(定量管容积1.0 mL)和氢火焰离子化检测器(FID)的气相色谱仪。该仪器对本标准所规定的最低测定浓度下的含氧化合物所产生的峰高应至少大于噪声的两倍。

5.2 色谱柱

推荐的色谱柱及典型操作条件见表1，典型色谱图见图1和图2。能满足分离要求的其他色谱柱和色谱条件也可使用。

表1 推荐的色谱柱及典型操作条件

色谱条件	色谱条件1	色谱条件2[a]
色谱柱	CP-Lowox	键合(交联)聚乙二醇
柱长/m	10	15
柱内径/mm	0.53	0.53
液膜厚度/μm	—	1.2
载气流量/(mL/min)	15 (He) /8 (N_2)	8(N_2)
柱温		
初始温度/℃	110	40
保持时间/min	1	4
升温速率/(℃/min)	8	—
到达温度/℃	170	—
保持时间/min	0	—
二次升温速率/(℃/min)	15	—
终止温度/℃	200	—

表 1（续）

色谱条件	色谱条件 1	色谱条件 2[a]
终温保持时间/min	3	—
汽化室温度/℃	150	150
检测器温度/℃	250	250
阀箱温度/℃	100	100
气体样品进样量/mL	1.0	1.0
液体标样进样量/μL	1.0	1.0
分流比	2∶1	2∶1

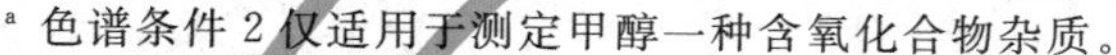

[a] 色谱条件 2 仅适用于测定甲醇一种含氧化合物杂质。

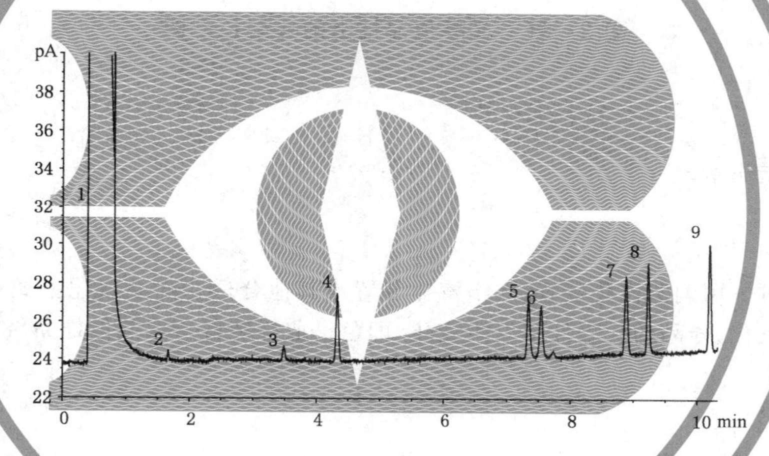

说明：

1——乙烯或丙烯；

2——二甲醚；

3——乙醛；

4——甲基叔丁基醚；

5——甲醇；

6——丙酮；

7——丁酮；

8——乙醇；

9——异丙醇。

图 1　**CP-Lowox 色谱柱上的典型色谱图**

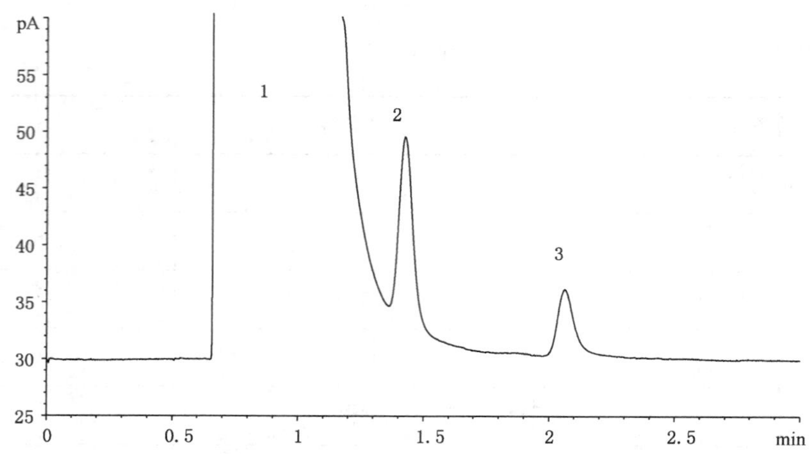

说明：
1——乙烯或丙烯；
2——丙酮；
3——甲醇。

图 2 聚乙二醇色谱柱上的典型色谱图

5.3 记录装置

积分仪或色谱工作站。

5.4 汽化装置

液态丙烯试样可采用闪蒸汽化装置、水浴汽化装置或其他合适的样品汽化方式汽化。汽化装置应保证液体样品完全汽化，样品的代表性不发生变化，即色谱取样装置所取气体样品与被汽化的液体样品组成的一致性。

5.5 进样装置

气体标样和样品采用六通气体进样阀进样，进样体积为 1.0 mL。

液体标样(4.5.2)采用 10 μL 微量注射器进样，进样体积为 1.0 μL。

注：需要时可对 5.4 及 5.5 中所用的采样钢瓶、汽化装置、气体进样阀、进样口及连接管线进行钝化处理，防止微量的含氧化合物被吸附。

6 采样

按 GB/T 13289、GB/T 13290 和 GB/T 3723 的规定采取样品。

7 测定步骤

7.1 设定操作条件

根据仪器操作说明书，在色谱仪中安装并老化色谱柱。然后调节仪器至表 1 所示的操作条件，待仪器稳定后即可开始测定。

7.2 校正

7.2.1 用六通气体进样阀，在规定的条件下向色谱仪注入 1.0 mL 气体标样，重复测定两次，测量各含氧化合物组分的平均峰面积，作为定量计算的依据。两次重复测定的峰面积之差应不大于其平均值的 5%。

7.2.2 如果样品中含有气体标样中未配制的含氧化合物杂质组分，则需要配制 4.5.2 的液体标样，并按以下方法测定该杂质组分对丙酮的相对摩尔校正因子。

采用微量注射器(5.5)，在规定的条件下向色谱仪注入 1.0 μL 液体标样，重复测定两次，测量各含氧化合物组分的平均峰面积。两次重复测定的峰面积之差应不大于其平均值的 5%。

计算这些组分对丙酮的相对摩尔校正因子，作为定量计算的依据。相对摩尔校正因子按式(1)计算。部分含氧化合物组分的相对分子质量见表 2。

$$R_i = \frac{m_i}{m_f} \times \frac{A_f}{A_i} \times \frac{M_f}{M_i} \qquad \cdots\cdots\cdots\cdots (1)$$

式中：

R_i——组分 i 对丙酮的相对摩尔校正因子；

m_i——标样中含氧化合物组分 i 的质量，单位为毫克(mg)；

m_f——标样中丙酮的质量，单位为毫克(mg)；

M_i——含氧化合物组分 i 的相对分子质量；

A_i——标样中含氧化合物组分 i 的峰面积；

A_f——标样中丙酮的峰面积；

M_f——丙酮的相对分子质量。

表 2 部分含氧化合物组分的相对分子质量

组分名称	相对分子质量
二甲醚	46.07
甲醇	32.04
乙醛	44.05
甲基叔丁基醚	88.15
乙醇	46.07
异丙醇	60.10
丙酮	58.08
丁酮	72.11

7.3 试样汽化

用采样钢瓶所取得的液态丙烯试样，需先经充分汽化后才能导入进样装置。将 5.4 中汽化装置加热至所需温度，并将加热系统的一端与试样钢瓶的出口阀相连接，而另一端接至进样装置，此时开启钢瓶的出口阀，试样即进入汽化装置并获得充分汽化。当用气体进样阀进样时，需用试样对进样装置进行足够的冲洗。

7.4 试样测定

用六通气体进样阀准确注入 1.0 mL 气态样品，重复测定两次，记录并测得各含氧化合物组分的峰面积。

8 分析结果的表述

8.1 计算

8.1.1 样品中待测的含氧化合物杂质组分已在气体标样中配制时，这些待测组分的含量 φ_i 按式(2)计算，以毫升每立方米(mL/m³)计：

$$\varphi_i = \varphi_s \times \frac{A_i}{A_s} \qquad \cdots\cdots(2)$$

式中：

φ_s ——标样中含氧化合物组分 i 的含量，单位为毫升每立方米（mL/m³）；

A_i ——试样中含氧化合物组分 i 的峰面积；

A_s ——标样中含氧化合物组分 i 的峰面积。

8.1.2 样品中待测的含氧化合物杂质组分未在气体标样中配制时，需结合气体标样中丙酮的含量、测得的峰面积和 7.2.2 液体标样测定的相对摩尔校正因子计算这些组分的含量。这些待测组分的含量 φ_i 按式(3)计算，以毫升每立方米(mL/m³)计：

$$\varphi_i = \varphi_f \times \frac{A_i}{A_f} \times R_i \qquad \cdots\cdots(3)$$

式中：

φ_f ——气体标样中丙酮的含量，单位为毫升每立方米（mL/m³）；

A_i ——试样中组分 i 的峰面积；

A_f ——气体标样中丙酮的峰面积；

R_i ——组分 i 对丙酮的相对摩尔校正因子。

8.1.3 以毫克每千克(mg/kg)表示的含氧化合物的含量由式(4)给出：

$$w_i = \varphi_i \times \frac{M_i}{M} \qquad \cdots\cdots(4)$$

式中：

w_i ——试样中含氧化合物的含量，单位为毫克每千克(mg/kg)；

M_i ——试样中含氧化合物的相对分子质量；

M ——试样的相对分子质量，乙烯为 28.05，丙烯为 42.08。

8.2 结果的表示

对于任一试样，以两次重复测定结果的算术平均值报告其分析结果，按 GB/T 8170 的规定修约至 0.1 mg/kg 或 0.1 mL/m³。

9 重复性

在同一实验室，由同一操作者使用相同设备，按相同的测试方法，并在短时间内对同一被测对象相互独立进行测试获得的两次独立测试结果的绝对差值不应超过下列的重复性限(r)，以超过重复性限(r)的情况不超过 5%为前提：

$X \leqslant 10$ mL/m³ 时，r 为其平均值的 20%。

$X > 10$ mL/m³ 时，r 为其平均值的 15%。

10 报告

报告应包括下列内容：

a） 有关试样的全部资料，例如名称、批号、采样地点、采样时间等；

b） 本标准编号；

c） 测定结果；

d） 测定中观察到的任何异常现象的细节及其说明；

e） 分析人员的姓名及分析日期等；

f） 未包括在本标准中的任何操作及自由选择的操作条件的说明。

ICS 71.080.10
G 16

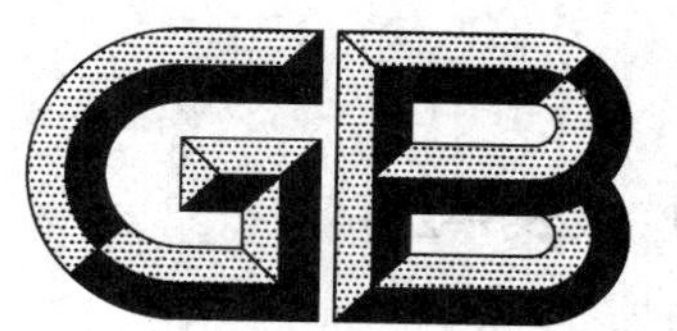

中华人民共和国国家标准

GB/T 13289—2014
代替 GB/T 13289—1991

工业用乙烯液态和气态采样法

Ethylene for industrial use—Sampling in the liquid and the gaseous phase

(ISO 7382:1986,NEQ)

2014-07-08 发布

2014-12-01 实施

中华人民共和国国家质量监督检验检疫总局
中国国家标准化管理委员会 发布

前　言

本标准按照 GB/T 1.1—2009 给出的规则起草。

本标准代替 GB/T 13289—1991《工业用乙烯液态和气态采样法》。

本标准与 GB/T 13289—1991 的主要差异为：

——修改了“规范性引用文件”(见第 2 章)；

——调整了标准的结构(见第 3 章、第 4 章、第 5 章，1991 年版的第 4 章、第 5 章)；

——增加了“采样中的安全要求应符合 GB/T 3723”的规定；

——增加了微量极性化合物分析时采样器及其连接管线内部特殊处理的相关要求(见 4.1.3)；

——将原标准中的采样管线改名为“非密闭采样管线”，修改了示意图(见 4.2.1 和图 2，1991 年版的 3.2 和图 2)，增加了密闭采样管线和示意图(见 4.2.2 和图 3、图 4)；

——修改了非密闭采样采样器置换方式(见 5.1，1991 年版的第 4 章)；

——增加了密闭采样要求(见 5.2)。

本标准使用重新起草法参考 ISO 7382:1986《工业用乙烯　液态和气态采样法》(英文版)，与 ISO 7382:1986 的一致性程度为非等效；

本标准与 ISO 7382:1986 的主要差异为：

——增加了“规范性引用文件”；

——增加了微量极性化合物分析时采样器及其连接管线内部特殊处理的相关要求；

——修改了采样器置换方式；

——增加了密闭采样要求。

本标准由中国石油化工集团公司提出。

本标准由全国化学标准化技术委员会石油化学分技术委员会(SAC/TC 63/SC 4)归口。

本标准起草单位：中国石油化工股份有限公司上海石油化工研究院、中国石油化工股份有限公司北京燕山分公司。

本标准主要起草人：庄海青、叶志良、崔广洪、王川。

本标准所代替标准的历次版本发布情况为：

——GB/T 13289—1991。

工业用乙烯液态和气态采样法

1 范围

本标准适用于工业用乙烯液态和气态采样。本标准规定了采取液态乙烯以及气态乙烯样品的方法和有关注意事项，所采取的样品用于乙烯的各项分析。

本标准并不是旨在说明与其使用有关的所有安全问题。使用者有责任采取适当的安全与健康措施，保证符合国家有关法律法规的规定。

2 规范性引用文件

下列文件对于本文件的应用是必不可少的。凡是注日期的引用文件，仅注日期的版本适用于本文件。凡是不注日期的引用文件，其最新版本(包括所有的修改单)适用于本文件。

GB/T 3723 工业用化学产品采样安全通则(GB/T 3723—1999，idt ISO 3165:1976)

3 安全注意事项

3.1 工业用乙烯为易燃易爆挥发物，采样中的安全要求应符合 GB/T 3723。

3.2 当液态乙烯从金属表面蒸发时，会引起剧冷，如果接触钢瓶表面则会引起冻伤，因此采样器可配置手柄，操作者应佩戴护目镜和防护手套。

3.3 乙烯极易燃烧，能与空气混合形成爆炸气氛。因此，采样现场应保证良好的通风条件。

3.4 由于液态乙烯的沸点为－103.9 ℃，故试样放空时所产生的大量蒸气会立即蔓延至周围大气中。因此处理液态试样时，应遵守以下规则：

a) 为了消除静电，在样品排空时，采样器应予接地；

b) 如果操作不在露天进行，应使用高风速通风橱；

c) 所用电源、通风橱、风扇、马达电器等设备，均应为防爆型结构，并符合国家的有关规定。

3.5 在清洗采样器、排出采样器内样品、处理废液及蒸气时要注意安全，排放点应有安全设施并符合安全和环境要求。在附录 A 中给出了剩余样品的排放系统的图示说明。

3.6 如果需要运输盛有样品的高压采样器，应遵守危险品运输相关的法律法规。

4 采样装置

4.1 采样器

4.1.1 选用双阀带调整管型专用采样钢瓶(见图 1)。容积为 0.1 L～1 L，工作压力 19.6 MPa (200 kg/cm^2)。为保证采样量不超过容积的 30%，调整管末端的位置应确保采样器内有 70% 的预留空间。采样器出口端应设置防爆片。采样器每两年进行一次耐压检验，水压试验压力为 29.4 MPa (300 kg/cm^2)。

注：当采取气态乙烯时，也可采用不带调整管的采样钢瓶。

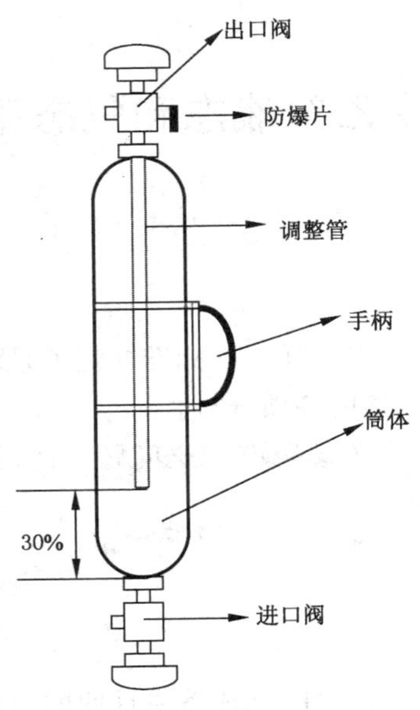

图1 采样器

4.1.2 乙烯的临界温度是9.5 ℃，临界压力为10.5 MPa，在大气压下的沸点为－103.9 ℃，因此所采取的液态乙烯，在室温下不能保持其液体状态，采样器应能承受其完全汽化后的压力。在采样过程中，由于乙烯的上述物性，温度可在1 min～2 min内从－100 ℃升至20 ℃，因此采样设备的结构和材质应能承受温度的急剧变化，应优先选用经钝化处理的不锈钢材质。

4.1.3 为保证样品中微量甲醇和硫化物等极性化合物的有效采集和分析，避免可能引起的测定误差，应使用带有不锈钢阀的惰性采样器，采样器内部、采样管线和固定件可以进行内部涂覆或者钝化处理，以减少裸露的金属表面与微量活泼元素的反应以及对极性化合物的吸附。

4.1.4 采样器的维护保养：采样器在使用了一段时间后可能被油、水或溶剂污染，从而造成分析结果的差异。此时可用过热蒸汽冲洗，并在钢瓶冷却之前立即再用干燥氮气冲洗。对新钢瓶可用氮气等惰性气体冲洗，以驱除空气和水分。

4.2 液态采样系统

4.2.1 非密闭采样系统

由不锈钢管、金属软管和排放阀B组成。金属软管一端有螺纹接口以便与采样器进口阀C相连接（如图2所示）。

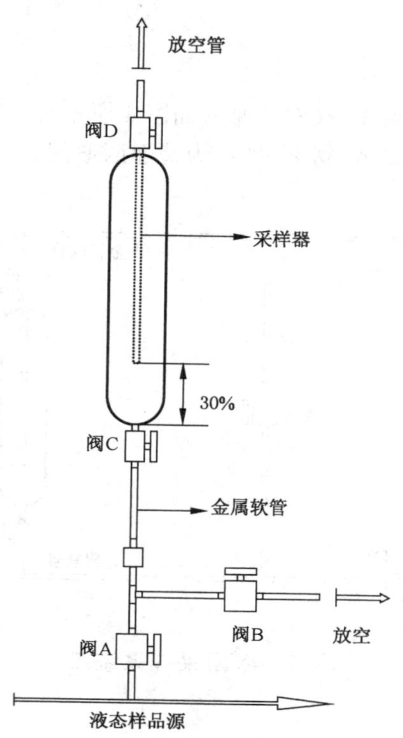

图 2 非密闭采样系统示意图

4.2.2 密闭采样系统

4.2.2.1 密闭采样系统一

由不锈钢管和阀 A、阀 D 组成，并附带压力表(如图 3 所示)。阀 A 为三通阀，阀 D 为普通两通阀。

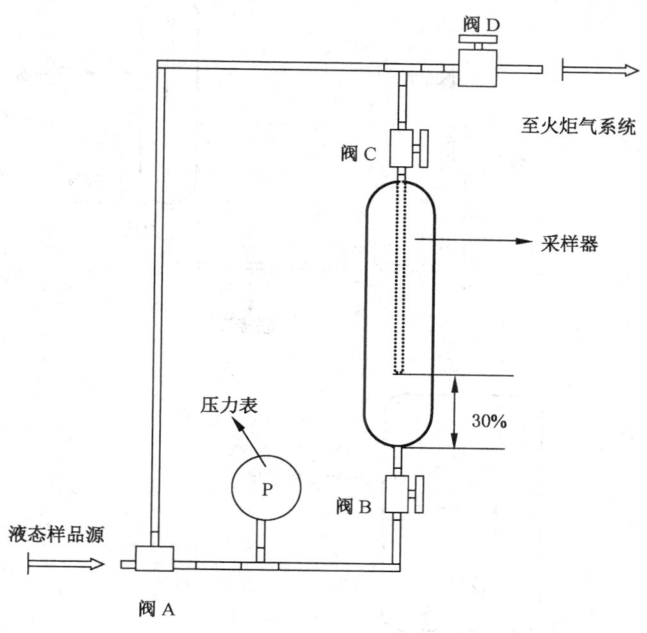

图 3 密闭采样系统一

4.2.2.2 密闭采样系统二

由不锈钢管、金属软管和阀A、阀B、阀C组成（如图4所示）。金属软管一端有螺纹接口以便与采样器进口阀D和出口阀E相连接，阀A、阀B、阀C为普通两通阀。

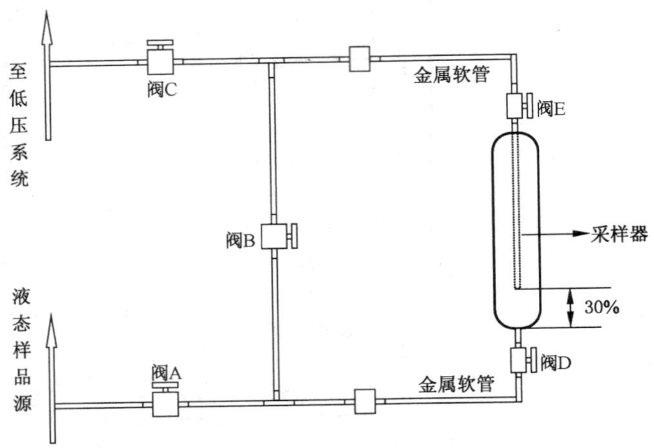

图4 密闭采样系统二

4.3 气态采样系统

由内径4 mm、长度不超过2 m的不锈钢管和调节阀B、排放阀E组成(如图5所示)。不锈钢管一端有螺纹接口与采样器进口阀C相连接，不锈钢管另一端与阀B相连接。

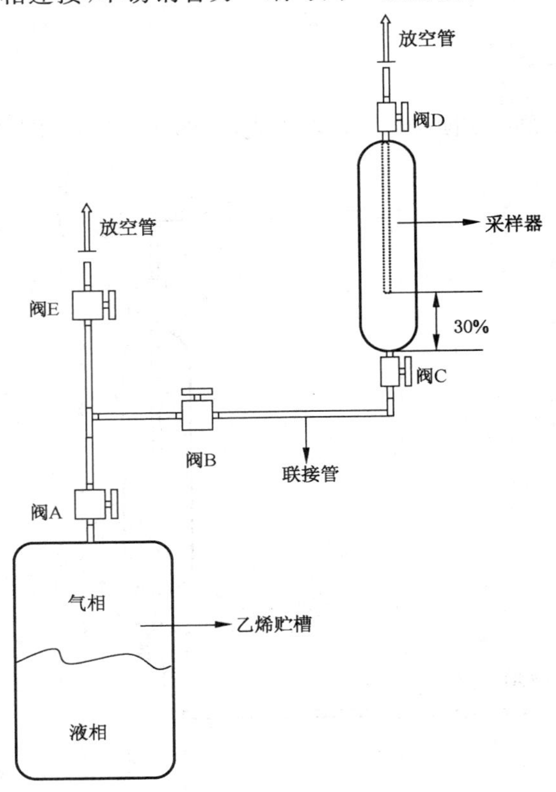

图5 气态乙烯采样系统示意图

注：4.2、4.3均可采用快速接头连接采样器和采样系统。

5 采样

将采样器(4.1.1,采样器内如有残留样品应全部放清)用氮气吹扫并干燥。采样器尽可能专样专用。

5.1 液态采样

5.1.1 非密闭采样系统

5.1.1.1 安装

按图 2 所示,用采样管线将采样器与样品源连接。并确认采样器进口阀 C 和出口阀 D 处于关闭位置。

5.1.1.2 置换

5.1.1.2.1 管线置换

打开采样阀 A,然后打开排放阀 B,以冲洗采样管线。当液态试样在阀 B 的放空管末端出现时,立即关闭排放阀 B。

5.1.1.2.2 采样器置换

打开采样器进口阀 C 和出口阀 D,待适量液态样品进入采样器后,关闭阀 D、阀 C 和阀 A,并轻轻摇动采样器,然后开启阀 C 和阀 B,将样品全部排出。重复此操作不应少于三次。

采样器冲洗完毕后,关闭阀 C 和阀 B,准备采样。

5.1.1.3 采样

依次打开阀 A、阀 C 和阀 D,当有液态样品在阀 D 的放空管末端出现时,依次关闭采样器进口阀 C 和出口阀 D,随即关闭阀 A。

开启排放阀 B 排出采样管线内残留的样品。待采样管线完全泄压后,取下采样器。

检查采样器有无泄漏,如发现有泄漏,则弃去该试样,重新取样。

5.1.2 密闭采样系统

5.1.2.1 密闭系统采样一

5.1.2.1.1 安装

按图 3 所示连接采样器。采样前确认阀 A 处于旁通位置(通往阀 D 方向),确认采样器进口阀 B 和出口阀 C 处于关闭位置。

5.1.2.1.2 置换

依次打开物料主管线上的采样阀和阀 D,使样品经过旁通管线冲洗、置换采样管线。

5.1.2.1.3 采样

打开采样器出口阀 C 和进口阀 B,并将阀 A 由旁通位置切换到采样位置,使样品流经采样器,冲洗采样器至少 5 min。将阀 C 开度关小,在采样器中采取适量的样品。

关闭阀 C、阀 B,将阀 A 由采样位置切换到旁通位置。关闭主管线上的采样阀,待采样管线完全泄压后,取下采样器,关闭阀 D,采样结束。

检查采样器有无泄漏,如发现有泄漏,则弃去该试样,重新取样。

5.1.2.2 密闭系统采样二

5.1.2.2.1 安装

按图 4 所示连接采样器。采样前确认采样管线阀 A、阀 B、阀 C 和采样器进口阀 D、采样器出口阀 E 处于关闭位置。

5.1.2.2.2 置换

依次打开阀 A、阀 B、阀 C，使样品经过旁通管线冲洗、置换采样管线。

5.1.2.2.3 采样

打开采样器进口阀 D，出口阀 E，关闭阀 B，对采样器进行冲洗、置换。冲洗采样器至少 5 min 后，将阀 E 开度关小，在采样器中采取适量样品。

依次关闭采样器阀 E、阀 D、阀 A，再打开阀 B，待采样管线完全泄压后，关闭阀 B、阀 C，取下采样器，采样结束。

检查采样器有无泄漏，如发现有泄漏，则弃去该试样，重新取样。

5.1.3 采样器试样量调整

采取液态试样后，应立即将高压采样器直立放置，使带有调整管一端处于顶部。轻轻打开出口阀，放掉过量的液体，当开始出现气态样品时，立即关闭出口阀。

5.2 气态采样

5.2.1 安装

如图 5 所示连接采样装置。采样前确认阀 A、阀 B 和阀 E 处于关闭位置。

5.2.2 置换

5.2.2.1 管线置换

连接管线后，开启样品源采样阀 A 和排放阀 E，充分吹扫、置换采样管线，然后关闭阀 E。

5.2.2.2 采样器置换

打开调节阀 B，然后开启采样器进口阀 C，待适量气态乙烯样品进入采样器后，关闭阀 B，再开启采样器出口阀 D，将样品全部排出，关闭阀 D。重复此操作应不少于 10 次。

5.2.3 采样

打开调节阀 B，再开启采样器出口阀 D 采取样品。采样结束后，依次关闭采样器出口阀 D、采样器进口阀 C、阀 A，打开阀 E，待采样管线完全泄压后，关闭阀 B、阀 E，卸下采样器。

检查采样器有无泄漏，如发现有泄漏，则弃去该试样，重新取样。

6 采样报告

采样报告应写明有关样品的全部资料，至少应包含如下内容：

a) 样品鉴别标记，如：名称和采样器编号等；

b) 采样日期、采样地点和部位；

c) 样品量；

d) 采样者；

e) 异常现象的说明。

附 录 A
（资料性附录）
液态或气态轻质烯烃样品的排放系统

A.1 液态或气态烯烃样品的排放系统如图 A.1 所示。

A.2 根据所使用的采样器，选择合适的软管与排放系统连接。排放之前，应采用合适措施将采样器接地。

A.3 空气喷射器应选择适当型号。

A.4 图 A.1 所示空气和水蒸气压力仅供参考。

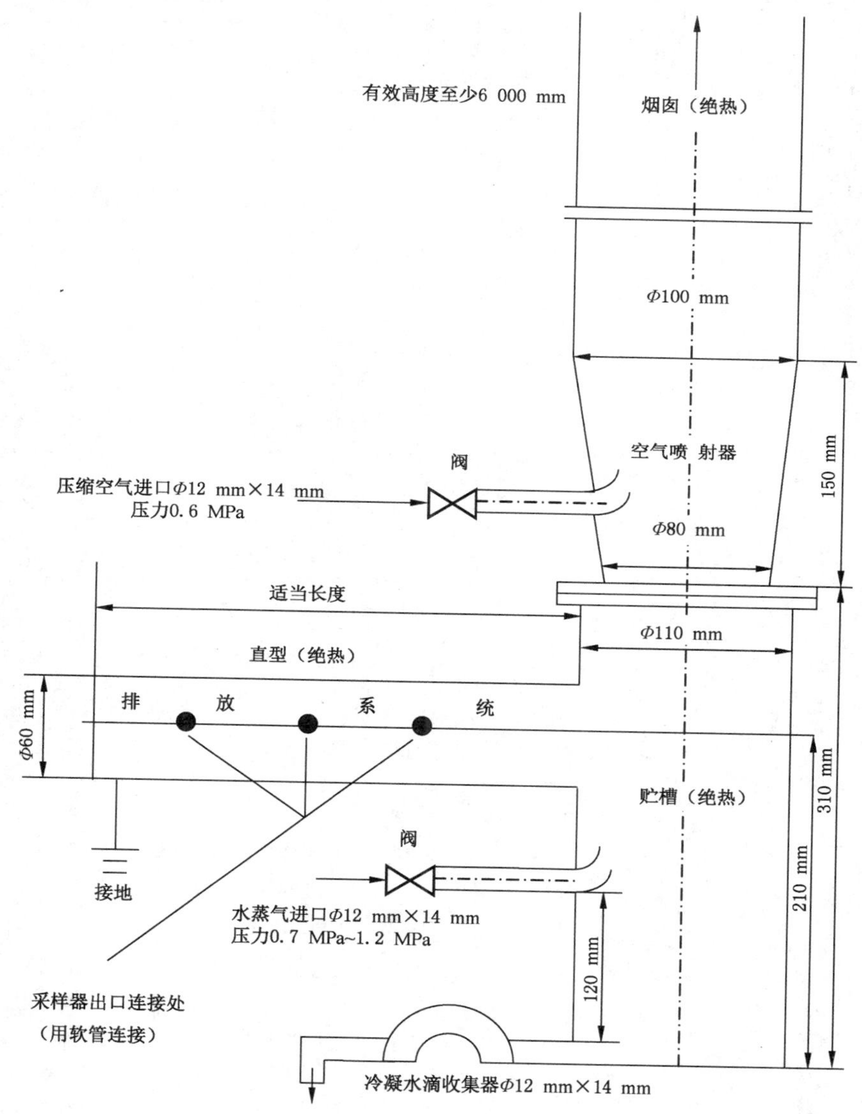

图 A.1 液态或气态烯烃样品的排放系统

ICS 71.080.10
G 16

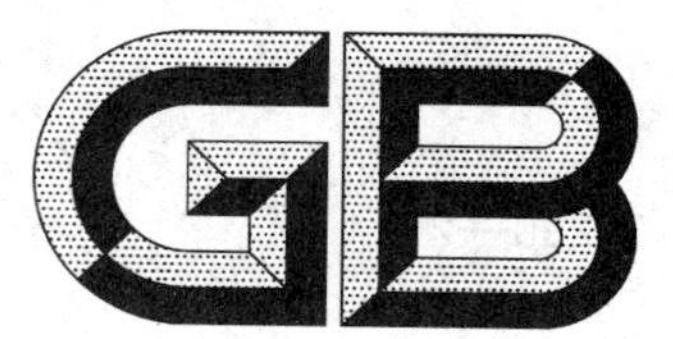

中华人民共和国国家标准

GB/T 13290—2014
代替 GB/T 13290—1991

工业用丙烯和丁二烯液态采样法

Propylene and butadiene for industrial use—Sampling in the liquid phase

(ISO 8563:1987,NEQ)

2014-07-08 发布　　2014-12-01 实施

中华人民共和国国家质量监督检验检疫总局
中国国家标准化管理委员会　发布

前　言

本标准按照GB/T 1.1—2009给出的规则起草。

本标准代替GB/T 13290—1991《工业用丙烯和丁二烯液态采样法》。

本标准与GB/T 13290—1991的主要差异为：

——增加了“规范性引用文件”(见第2章)；

——增加了“采样中的安全要求应符合GB/T 3723”(见3.1)；

——增加了微量极性化合物分析时采样器及其连接管线内部特殊处理的相关要求(见4.1.2)；

——将原标准中的采样管线改名为“非密闭采样管线”，修改了示意图(见4.2.1和图2，1991年版的3.2和图2)，增加了密闭采样管线和示意图(见4.2.2和图3、图4)；

——修改了非密闭采样采样器置换方式(见5.1，1991年版的第4章)；

——增加了密闭采样要求(见5.2)。

本标准使用重新起草法参考ISO 8563:1987《工业用丙烯和丁二烯—液态采样法》(英文版)，与ISO 8563:1987的一致性程度为非等效。

本标准与ISO 8563:1987的主要差异为：

——增加了“规范性引用文件”；

——增加了微量极性化合物分析时采样器及其连接管线内部特殊处理的相关要求；

——修改了采样器置换方式；

——增加了密闭采样要求。

本标准由中国石油化工集团公司提出。

本标准由全国化学标准化技术委员会石油化学分技术委员会(SAC/TC 63/SC 4)归口。

本标准起草单位：中国石油化工股份有限公司上海石油化工研究院、中国石油化工股份有限公司北京燕山分公司。

本标准主要起草人：庄海青、叶志良、崔广洪、王川。

本标准所代替标准的历次版本发布情况为：

——GB/T 13290—1991。

工业用丙烯和丁二烯液态采样法

1 范围

本标准规定了采取液态丙烯和丁二烯样品的方法和有关注意事项。所采取的样品适用于丙烯或丁二烯的各项分析。

本标准也适用于液态1-丁烯或异丁烯的采样。

本标准并不是旨在说明与其使用有关的所有安全问题。使用者有责任采取适当的安全与健康措施,保证符合国家有关法律法规的规定。

2 规范性引用文件

下列文件对于本文件的应用是必不可少的。凡是注日期的引用文件,仅注日期的版本适用于本文件。凡是不注日期的引用文件,其最新版本(包括所有的修改单)适用于本文件。

GB/T 3723 工业用化学产品采样安全通则(GB/T 3723—1999,idt ISO 3165:1976)

3 安全注意事项

3.1 工业用丙烯和丁二烯均为易燃易爆挥发物,采样中的安全要求应符合GB/T 3723。

3.2 当液态丙烯或丁二烯从金属表面蒸发时,将会引起剧冷,如果接触钢瓶表面则会引起冻伤,因此采样器可配置手柄,操作者应佩戴护目镜和防护手套。

3.3 丙烯属窒息性物质,丁二烯作为有害物质,在空气中的最高允许浓度为100 mg/m^3,而且两者均能与空气混合形成爆炸气氛。因此,采样现场必须保证良好的通风条件。

3.4 由于液态丙烯或丁二烯的蒸气密度比空气大,故试样放空时所产生的大量蒸气会立即蔓延至周围大气中,并聚积在低处。因此处理液态试样时,应遵守以下规则:

a) 为了消除静电,在样品排空时,采样器应予接地。

b) 如果操作不在露天进行,应使用高风速通风橱。

c) 所用电源、通风橱、风扇、马达等电器设备,均应为防爆型结构,并符合国家的有关规定。

3.5 在清洗采样器、排出采样器内样品、处理废液及蒸气时要注意安全,排放点应有安全设施并符合安全和环境要求。在附录A中给出了剩余样品的排放系统的图示说明。

3.6 如果需要运输盛有样品的高压采样器,应遵守危险品运输相关的法律法规。

注:如采取液态1-丁烯或异丁烯样品时,均应遵守以上安全事项。

4 采样装置

4.1 采样器

4.1.1 选用双阀带调整管形采样器(如图1所示)。材质为不锈钢(1Cr18Ni9Ti)或优质碳素钢,容积0.15 L~2.0 L,一般情况下选用0.25 L和1.5 L。用于液态丙烯的采样器,工作压力为4 MPa;用于液态丁二烯的采样器,工作压力为3 MPa。调整管末端的位置应确保采样器内有20%的预留空间。采样器每两年进行一次耐压检验,水压试验分别为5.9 MPa (60 kg/cm^2)和4.5 MPa(46 kg/cm^2)。

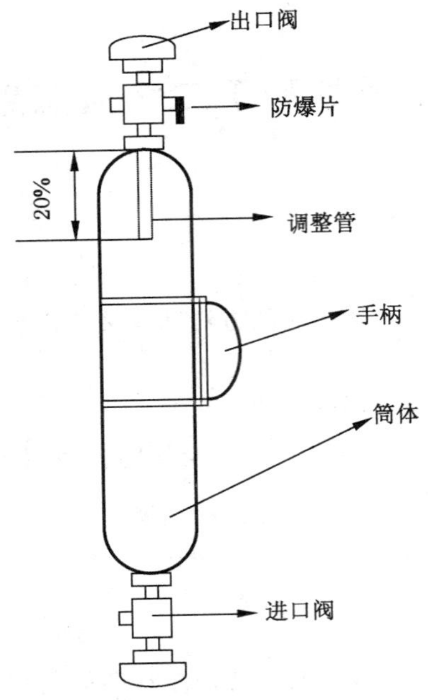

图1 采样器

4.1.2 为保证样品中微量甲醇和硫化物等极性化合物的有效采集和分析，避免可能引起的测定误差，应使用带有不锈钢阀的惰性采样器，采样器内部、采样管线和固定件可以进行内部涂覆或者钝化处理，以减少裸露的金属表面与微量活泼元素的反应以及对极性化合物的吸附。

4.1.3 采样器的维护保养：采样器在使用了一段时间后可被油、水或溶剂污染，从而造成分析结果的差异。此时可用过热蒸汽冲洗，并在钢瓶冷却之前立即再用干燥氮气冲洗。对新钢瓶可用氮气等惰性气体冲洗，以驱除空气和水分。

4.2 液态采样系统

4.2.1 非密闭采样系统

由不锈钢管、金属软管和排放阀B组成。金属软管一端有螺纹接口以便与采样器进口阀C相连接（如图2所示）。

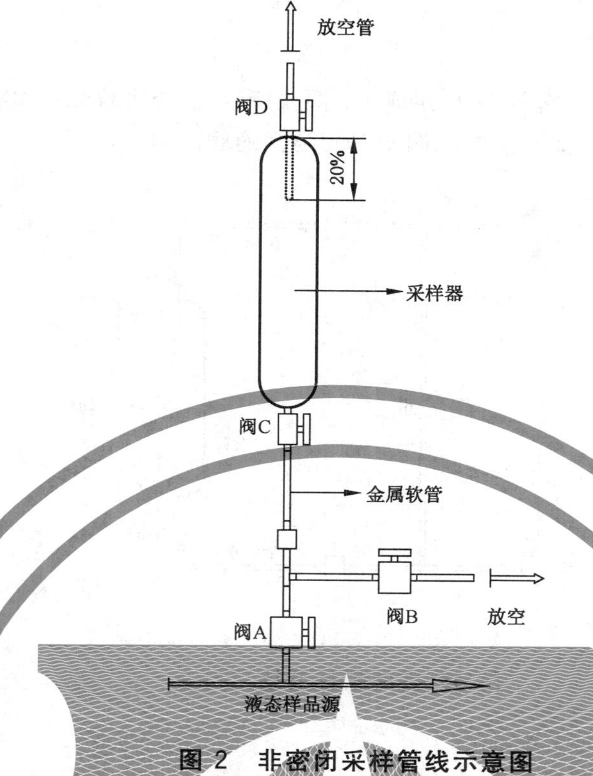

图 2 非密闭采样管线示意图

4.2.2 密闭采样系统

4.2.2.1 密闭采样系统一

由不锈钢管和阀 A、阀 D 组成，并附带压力表（如图 3 所示）。阀 A 为三通阀，阀 D 为普通两通阀。

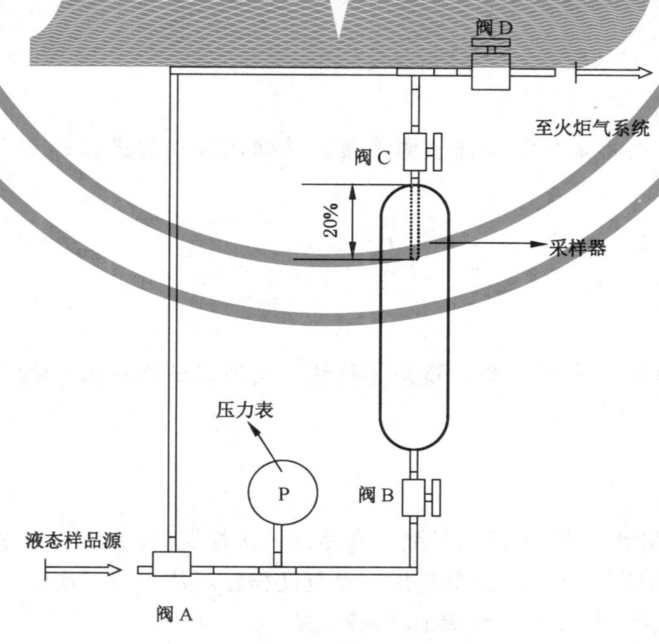

图 3 密闭采样系统一

4.2.2.2 密闭采样系统二

由不锈钢管、金属软管和阀 A、阀 B、阀 C 组成（如图 4 所示）。金属软管一端有螺纹接口以便与采样器进口阀 D 和出口阀 E 相连接，阀 A、阀 B、阀 C 为普通两通阀。

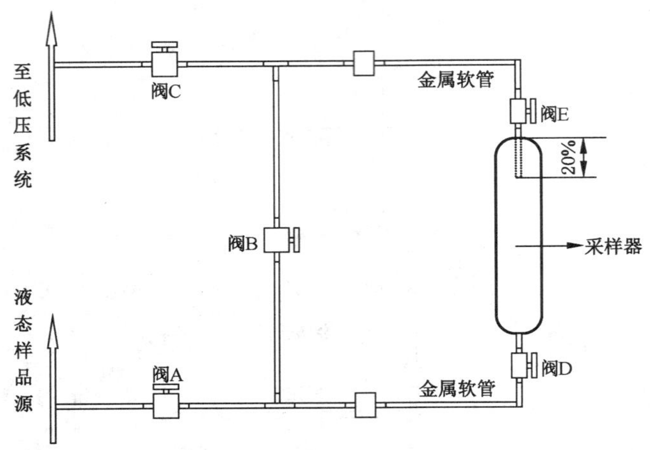

图 4 密闭采样系统二

注：可采用快速接头连接采样器和采样系统。

5 采样

将采样器(4.1.1，采样器内如有残留样品应全部放清)用氮气吹扫并干燥。采样器尽可能专样专用。

5.1 非密闭采样系统

5.1.1 安装

按图 2 所示，用采样管线将采样器与样品源连接。并确认采样器进口阀 C 和出口阀 D 处于关闭位置。

5.1.2 置换

5.1.2.1 管线置换

打开采样阀 A，然后打开排放阀 B，以冲洗采样管线。当液态试样在阀 B 的放空管末端出现时，立即关闭排放阀 B。

5.1.2.2 采样器置换

打开采样器进口阀 C 和出口阀 D，待适量液态样品进入采样器后，关闭阀 D、阀 C 和阀 A，并轻轻摇动采样器，然后开启阀 C 和阀 B，将样品全部排出。重复此操作不应少于三次。

采样器冲洗完毕后，关闭阀 C、阀 D 和阀 B，准备采样。

5.1.3 采样

依次打开阀 A、阀 C 和阀 D，当有液态样品在阀 D 的放空管末端出现时，依次关闭采样器进口阀 C

和出口阀D,随即关闭阀A。

开启排放阀B排出采样管线内残留的样品。待采样管线完全泄压后,取下采样器。

检查采样器有无泄漏,如发现有泄漏,则弃去该试样,重新取样。

5.2 密闭系统采样

5.2.1 密闭系统采样一

5.2.1.1 安装

按图3所示连接采样器。采样前确认阀A处于旁通位置(通往阀D方向),确认采样器进口阀B和出口阀C处于关闭位置。

5.2.1.2 置换

依次打开物料主管线上的采样阀和阀D,使样品经过旁通管线冲洗、置换采样管线。

5.2.1.3 采样

打开采样器出口阀C和进口阀B,并将阀A由旁通位置切换到采样位置,使样品流经采样器,冲洗采样器至少5 min。将阀C开度关小,在采样器中采取适量的样品。

关闭阀C、阀B,将阀A由采样位置切换到旁通位置。关闭主管线上的采样阀,待采样管线完全泄压后,取下采样器,关闭阀D,采样结束。

检查采样器有无泄漏,如发现有泄漏,则弃去该试样,重新取样。

5.2.2 密闭系统采样二

5.2.2.1 安装

按图4所示连接采样器。采样前确认采样管线阀A、阀B、阀C和采样器进口阀D、采样器出口阀E处于关闭位置。

5.2.2.2 置换

依次打开阀A、阀B、阀C,使样品经过旁通管线冲洗、置换采样管线。

5.2.2.3 采样

然后打开采样器进口阀D、出口阀E,关闭阀B,对采样器进行冲洗、置换。冲洗采样器至少5 min后,将阀E开度关小,在采样器中采取适量样品。

依次关闭采样器阀E、阀D、阀A,再打开阀B,待采样管线完全泄压后。关闭阀B、阀C,取下采样器,采样结束。

检查采样器有无泄漏,如发现有泄漏,则弃去该试样,重新取样。

5.3 采样器试样量调整

采取试样后,应立即将高压采样器直立放置,使带有调整管一端处于顶部。轻轻打开出口阀,放掉过量的液体,当开始出现气态样品时,立即关闭出口阀。

6 采样报告

采样报告应写明有关样品的全部资料,至少应包含如下内容:

a） 样品鉴别标记，如名称和采样器编号等；

b） 采样日期、采样地点和部位；

c） 样品量；

d） 采样者；

e） 异常现象的说明。

附 录 A
(资料性附录)
液态或气态轻质烯烃样品的排放系统

A.1 液态或气态烯烃样品的排放系统如图 A.1 所示。

A.2 根据所使用的采样器,选择合适的软管与排放系统连接。排放之前,应采用合适措施将采样器接地。

A.3 空气喷射器,应选择适当型号。

A.4 图 A.1 所示空气和水蒸气压力仅供参考。

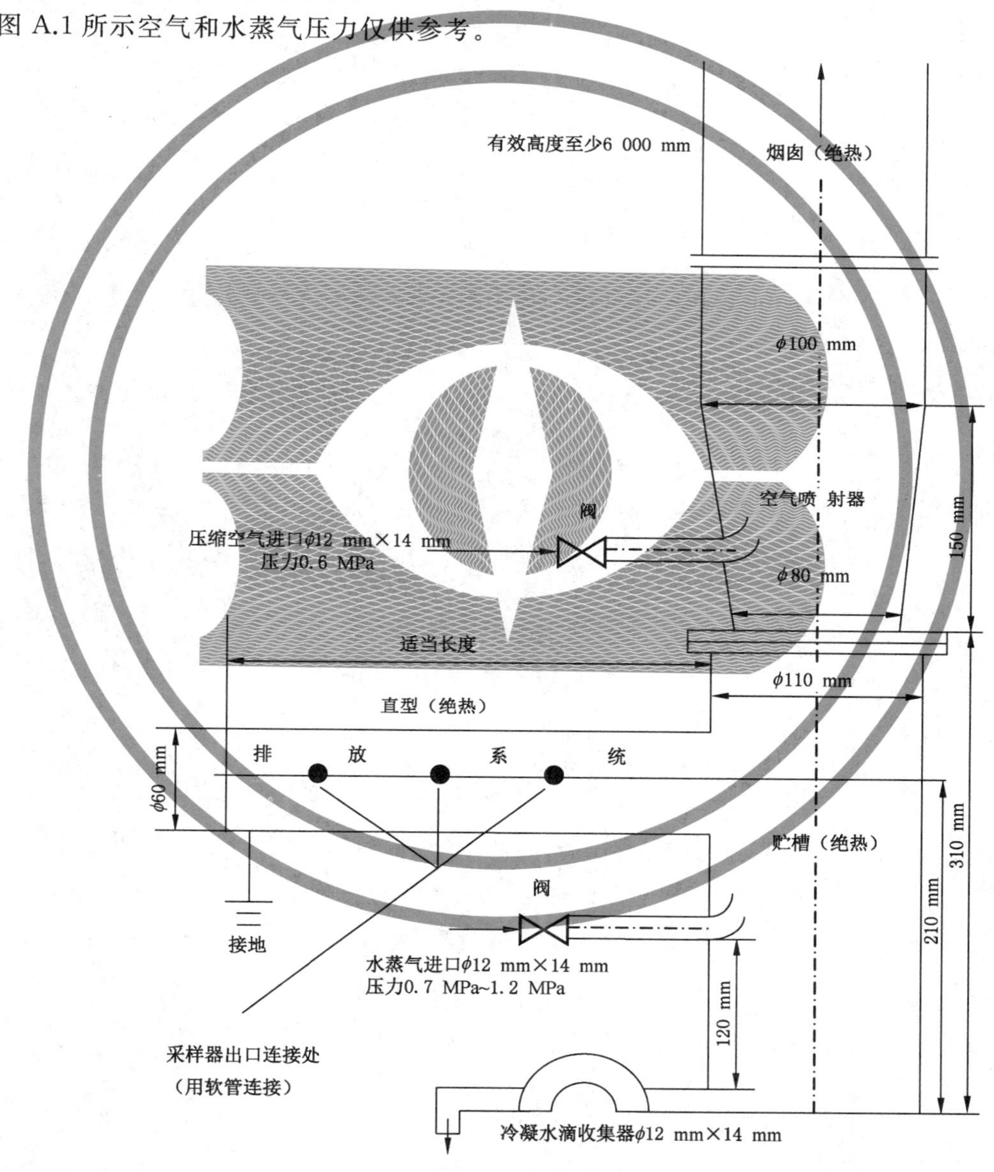

图 A.1 液态或气态烯烃样品的排放系统

ICS 71.080.10
G 17

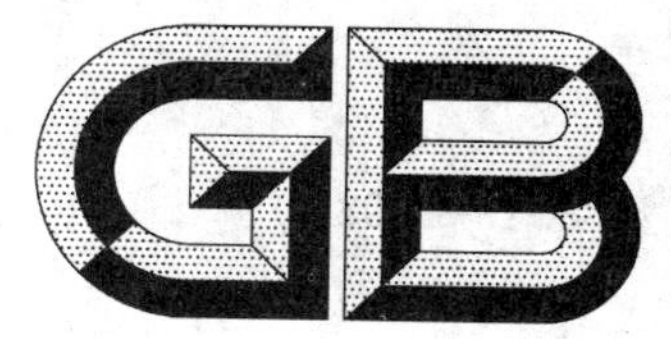

中华人民共和国国家标准

GB/T 13291—2008
代替 GB 13291—1991

工业用丁二烯

Butadiene for industrial use—Specification

2008-06-19 发布

2009-02-01 实施

中华人民共和国国家质量监督检验检疫总局
中国国家标准化管理委员会 发布

前　言

本标准代替GB 13291—1991《工业用丁二烯》。

本标准与GB 13291—1991主要差异如下：

——由强制性标准改为推荐性标准；

——优级品的1,3-丁二烯指标由“≥99.3%”改为“≥99.5%”；一级品的1,3-丁二烯指标由“≥98.0%”改为“≥99.3%”；

——优级品的总炔烃指标由“≤50 mg/kg”改为“≤20 mg/kg”；一级品的总炔烃指标由“≤100 mg/kg”改为“≤50 mg/kg”；

——一级品的水的指标由“≤500 mg/kg”改为“≤20 mg/kg”；

——优级品的丁二烯过氧化物指标由“≤10 mg/kg”改为“≤5 mg/kg”；

——阻聚剂TBC指标由“(50～150)mg/kg”改为“供需双方商定”；

——优级品的气相含氧量指标由“≤0.3%”改为“≤0.2%”；

——增加了合格品的质量指标；

——增加了表述外观测定方法、1,3-丁二烯含量和气相氧含量仲裁方法的表注；

——修改了规范性引用文件的相关内容；

——修订了检验规则，增加了检验分类和极限数值判定等有关内容；

——修订了储存及安全要求。

本标准由中国石油化工集团公司提出。

本标准由全国化学标准化技术委员会石油化学分会(SAC/TC 63/SC 4)归口。

本标准由中国石油化工股份有限公司北京燕山分公司合成橡胶事业部负责起草。

本标准主要起草人：郑国军、王治春、于洪洸、骆献辉。

本标准所代替标准的历次版本发布情况为：GB 13291—1991。

工业用丁二烯

1 范围

本标准规定了工业用丁二烯的要求、试验方法、检验规则，包装、标志、运输、贮存和安全要求等。

本标准适用于以二甲基甲酰胺、乙腈或 *N*-甲基吡咯烷酮为溶剂萃取精馏生产的丁二烯。

结构式：$CH_2=CH-CH=CH_2$

相对分子质量：54.0（按 2005 年国际相对原子质量）

2 规范性引用文件

下列文件中的条款通过本标准的引用而成为本标准的条款。凡是注日期的引用文件，其随后所有的修改单（不包括勘误的内容）或修订版均不适用于本标准，然而，鼓励根据本标准达成协议的各方研究是否可使用这些文件的最新版本。凡是不注日期的引用文件，其最新版本适用于本标准。

GB/T 1250 极限数值的表示方法和判定方法

GB/T 3723 工业用化学产品采样安全通则（GB/T 3723—1999，idt ISO 3165:1976）

GB/T 6015 工业用丁二烯中微量二聚物的测定 气相色谱法

GB/T 6017 工业用丁二烯纯度及烃类杂质的测定 气相色谱法

GB/T 6020 工业用丁二烯中特丁基邻苯二酚（TBC）的测定

GB/T 6022 工业用丁二烯液上气相中氧的测定

GB/T 6023 工业用丁二烯中微量水的测定 卡尔-费休法

GB/T 13290 工业用丙烯和丁二烯液态采样法

GB/T 17828 工业用丁二烯中过氧化物含量的测定 滴定法

SH/T 1494 碳四烃类中微量羰基化合物含量的测定 容量法

压力容器安全技术监察规程

特种设备质量监督和安全监察规定

液化气体铁路罐车安全监察规程

液化气体汽车罐车安全监察规程

3 技术要求和试验方法

工业用丁二烯的技术要求和试验方法见表 1。

表 1 工业用丁二烯的技术要求和试验方法

序号	指标名称		指标			试验方法
			优级品	一级品	合格品	
1	外观		无色透明无悬浮物			目测[a]
2	1,3-丁二烯，w/%	≥	99.5	99.3	99.0	GB/T 6017[b]
3	二聚物（以 4-乙烯基环己烯计），w/(mg/kg)	≤	1 000			GB/T 6015
4	总炔，w/(mg/kg)	≤	20	50	100	GB/T 6017[b]
5	乙烯基乙炔，w/(mg/kg)	≤	5	5	—	GB/T 6017[b]
6	水，w/(mg/kg)	≤	20	20	300	GB/T 6023

表 1（续）

序号	指标名称		指标			试验方法
			优级品	一级品	合格品	
7	羰基化合物（以乙醛计），w/(mg/kg)	≤	10	10	20	SH/T 1494
8	过氧化物（以过氧化氢计），w/(mg/kg)	≤	5	10	10	GB/T 17828
9	阻聚剂 TBC，w/%		供需双方商定			GB/T 6020
10	气相氧含量，φ/%	≤	0.2	0.3	0.3	GB/T 6022[c]

[a] 在透明耐压容器内，对液态试样直接观察测定。

[b] 以毛细管柱法为仲裁法。

[c] 以电化学法为仲裁法。

4 检验规则

4.1 检验分类

检验分为型式检验和出厂检验，型式检验为表 1 技术要求中规定的所有项目，正常情况下每月至少进行一次型式检验。出厂检验为表 1 中的外观、1，3-丁二烯、总炔烃、乙烯基乙炔、水分、阻聚剂 TBC 等。

4.2 组批规则

工业用丁二烯可在成品贮罐或产品输送管道上取样。当在成品贮罐取样时，以该罐的产品为一批；当在管道上取样时，可以根据一定时间(8 h 或 24 h)或同时发往某地去的同等质量的、均匀的产品为一批。

4.3 采样

按 GB/T 3723 和 GB/T 13290 规定的安全与技术要求采取样品。

4.4 判定规则与复检规则

如果检验结果不符合本标准相应等级要求时，则应加倍重新取样，复检。复检结果即使只有一项指标不符合本标准相应要求时，则该批产品应作降等或作不合格处理。极限数值的判定按 GB/T 1250 中修约值比较法进行。

4.5 交货验收

工业用丁二烯应由生产厂的质量检验部门进行检验。生产厂应保证所有出厂的产品都符合本标准的要求，每批出厂的工业用丁二烯都应附有质量证明书，质量证明书应注明：生产企业名称、产品名称、产品等级、批号、生产日期及本标准代号等。用户收到产品后有权按本标准进行验收，验收期限由供需双方协商确定。

5 包装、运输和贮存

5.1 工业用丁二烯的包装、标志、运输和贮存应执行《压力容器安全技术监察规程》和《特种设备质量监督和安全监察规定》。

5.2 工业用丁二烯可采用铁路、汽车罐车以及管道输送。用铁路、汽车罐车运输工业用丁二烯产品时，除了执行《压力容器安全技术监察规程》外，应遵守《液化气体铁路罐车安全监察规程》和《液化气体汽车罐车安全监察规程》。

5.3 工业用丁二烯在贮运的过程中，应根据距离、季节不同，加入足够的阻聚剂，防止自聚。同时要采取氮气(纯氮)密封，避免与空气接触，以防自聚和生成爆炸性的过氧化物。贮运丁二烯的容器，由于受氮气纯度、气候条件等因素的影响，可能产生“丁二烯过氧化物”，因此要定期进行处理。处理的方法是：

用质量分数为5%的硫酸亚铁溶液在80 ℃下浸泡24 h。

5.4 工业用丁二烯的储存采用压力窗口容器,容器设计压力0.8 MPa,试验压力1.18 MPa,液体充装系数不大于0.51 kg/L,储存温度不宜超过27 ℃,长时间贮存应在10 ℃以下。标明丁二烯字样,并应有防火、防爆标志。

5.5 工业用丁二烯应储存于阴凉、通风仓间内。远离火种、热源。防止阳光直射。应与氧气、压缩空气、氧化剂等分开存放。储存间内的照明、通风等设施应采用防爆型。配备相应品种和数量的消防器材。罐储时要有防火防爆技术措施。露天贮罐夏季要有降温措施。禁止用易产生火花的机械设备和工具。

6 安全要求

6.1 根据对人体损害程度,丁二烯属于低毒物质。最大允许接触浓度为100 mg/m^3。当浓度超过此范围时,吸入会引起麻醉、刺激及窒息。

液态丁二烯溅到皮肤上,会引起皮肤冻伤。因此在整个采样过程中操作者应戴用护目镜和良好绝热的塑料或有橡胶涂层的手套。

中毒时的紧急救护办法:给予新鲜空气或输给氧气,进行人工呼吸。

6.2 丁二烯为易燃介质,在大气中的爆炸极限为(1.4～16.3)%(体积分数),自燃点为415 ℃,闪点−78 ℃。因此,一切预防措施应考虑如何避免形成爆炸气氛。采样现场要求具有良好的通风条件,尤其在冲洗操作时更应注意。

6.3 消防器材:在火源不大的情况下,可使用二氧化碳和泡沫灭火器、氮气等灭火器材。

6.4 电气装置和照明应有防爆结构,其他设备和管线应接地。

6.5 采样时除了执行GB/T 3723外,还应执行国家关于《压力容器安全技术监察规程》中有关规定。

编者注:规范性引用文件中GB/T 1250已被GB/T 8170—2008《数值修约规则与极限数值的表示和判定》代替。

中华人民共和国国家标准

GB/T 14571.1—93

工业用乙二醇酸度的测定　滴定法

Ethylene glycol for industrial use—Determination of acidity—Titrimetric method

1　主题内容与适用范围

本标准规定了工业用乙二醇酸度的测定方法。

本方法适用于工业用乙二醇酸度的测定，其最小检测浓度为 0.000 2%。

2　引用标准

GB 601　化学试剂　滴定分析(容量分析)用标准溶液的制备

GB 603　化学试剂　试验方法中所用制剂及制品的制备

GB/T 6680　液体化工产品采样通则

3　方法原理

试样中的酸性物质用氢氧化钠标准滴定溶液滴定至酚酞指示剂变微红色，反应式如下：

$$R-\overset{\overset{O}{\|}}{C}-OH+NaOH \longrightarrow R-\overset{\overset{O}{\|}}{C}-ONa+H_2O$$

4　仪器与试剂

4.1　锥形瓶：容积 500 mL，带开口磨口塞和氮气吹管，如图。

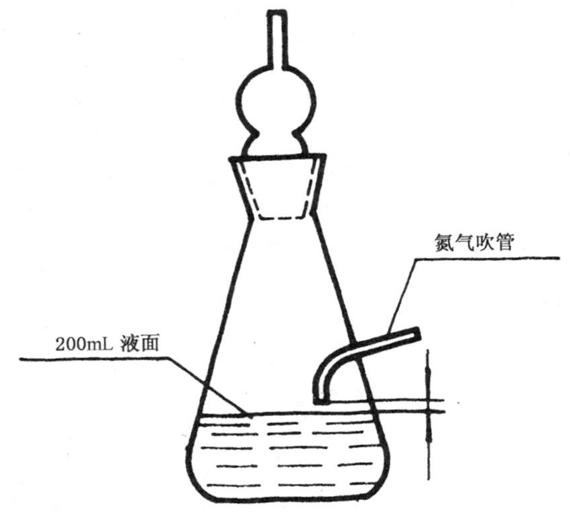

锥形瓶图

4.2　量筒：100 mL。

国家技术监督局 1993-07-21 批准　　　　1994-07-01 实施

4.3 碱式滴定管：容积 5 mL，分度为 0.02 mL。

4.4 氢氧化钠标准滴定溶液：$c(NaOH)=0.01$ mol/L，按 GB 601—88 配制。

4.5 酚酞指示液(10 g/L)：按 GB 603—88 配制。

4.6 氮气：纯度≥99.9%。

5 测定步骤

以 300～500 mL/min 的流速向 500 mL 锥形瓶(4.1)内通入氮气约 5 min，在通氮条件下用量筒量取 100 mL 蒸馏水倾入锥形瓶内，加入 0.2～0.3 mL(约 5～6 滴)酚酞指示液(4.5)，用氢氧化钠标准滴定溶液(4.4)滴定至溶液呈微红色并保持 15 s 不褪色为终点(不计体积)。称取乙二醇试样约 50 g(精确至 0.000 5 g)，加入锥形瓶中混匀，继续在通氮条件下再用氢氧化钠标准滴定溶液滴定至终点。

6 计算和报告

乙二醇的酸度(以乙酸计)按下式计算：

$$X=\frac{V\cdot c\times 0.0601}{m}\times 100$$

式中：X——乙二醇的酸度，%(m/m)；

V——滴定试样所消耗的氢氧化钠标准滴定溶液的体积，mL；

c——氢氧化钠标准滴定溶液的浓度，mol/L；

m——试样的质量，g；

0.060 1——与 1.00 mL 氢氧化钠标准滴定溶液[$c(NaOH)=1.000$ mol/L]相当的，以克表示的乙酸的质量。

报告两次重复测定结果的算术平均值。分析结果应精确至 0.000 1%。重复性为：两次重复测定结果的差值不大于 0.000 3%(95%置信水平)。

附加说明：

本标准由中国石油化工总公司提出。

本标准由全国石油化学标准化分技术委员会归口。

本标准由北京燕山石油化工公司化工一厂负责起草。

本标准主要起草人吕兰景、梁淑云、孙小红。

中华人民共和国国家标准

工业用乙二醇中二乙二醇和三乙二醇含量的测定　气相色谱法

GB/T 14571.2—93

Monoethylene glycol for industrial use—Determination of diethylene glycol and triethylene glycol — Gas chromatographic method

1　主题内容与适用范围

本标准规定了工业用乙二醇中二乙二醇和三乙二醇含量的测定的气相色谱法。

本方法适用于工业用乙二醇中二乙二醇和三乙二醇含量的测定，其最小检测浓度分别为0.01%和0.02%。

2　引用标准

GB/T 6680　液体化工产品采样通则

3　方法原理

试样通过微量注射器注入，并被载气带入色谱柱，使各组分得到分离，用氢火焰离子化检测器检测。采用外标法计算二乙二醇和三乙二醇的含量。必要时也可用内标法定量(见附录A)。

4　材料及试剂

4.1　载气：高纯氮气或氦气，纯度大于99.999%。

4.2　辅助气：

4.2.1　氢气，纯度大于99.99%。

4.2.2　空气，经硅胶及5A分子筛干燥、净化。

4.3　固定液：聚乙二醇-20M。

4.4　载体：Chromosorb W AW—DMCS，粒径为0.149～0.177 mm(80～100目)或其他性能类似的载体。

4.5　乙二醇：商品乙二醇径减压蒸馏提纯，收集中间30%的馏分备用。该馏分按本标准规定条件进行分析，应检不出二乙二醇和三乙二醇。

4.6　二乙二醇和三乙二醇，纯度应大于99%(必要时可按4.5条所述进行提纯)。

5　仪器

为配有分流装置及氢火焰离子化检测器的气相色谱仪，该色谱仪对本标准规定最小检测浓度的二乙二醇和三乙二醇所产生的峰高应至少大于仪器噪声的两倍。

5.1　汽化室：应配置石英或玻璃内衬管。

国家技术监督局1993-07-21批准　　　　1994-07-01实施

5.2 色谱柱：推荐的色谱柱及其典型操作条件见表1。能达到同等分离效能的其他色谱柱也可使用。

5.3 记录装置：记录仪、积分仪或色谱数据处理机。

5.4 微量注射器 1 或 10 μL。

6 取样

按 GB 6680—86 的规定进行。

7 操作步骤

7.1 仪器调整

色谱仪启动后进行必要的调节，以达到表1所示的典型操作条件或能获得同等分离的其他适宜条件。当色谱仪达到设定的操作条件并稳定后，即可进行试样的测定。

表1 推荐的色谱柱及典型操作条件

<table>
<tr><th>柱型</th><th>填充柱</th><th>毛细管柱</th></tr>
<tr><td>柱管材质</td><td>玻璃，不锈钢或铜</td><td>熔融石英</td></tr>
<tr><td>固定液</td><td colspan="2">聚乙二醇-20M</td></tr>
<tr><td>固定液含量，%</td><td>10</td><td>—</td></tr>
<tr><td>液膜厚度，μm</td><td>—</td><td>0.25</td></tr>
<tr><td>载　体</td><td>Chromosorb W AW—DMCS</td><td rowspan="2">—</td></tr>
<tr><td>粒　径，mm</td><td>0.149～0.177(80～100目)</td></tr>
<tr><td>柱　长，m</td><td>1.2</td><td>30</td></tr>
<tr><td>内　径，mm</td><td>2</td><td>0.32</td></tr>
<tr><td>柱　温，℃</td><td>170</td><td>180</td></tr>
<tr><td>汽化室温度，℃</td><td colspan="2">290</td></tr>
<tr><td>检测器温度，℃</td><td colspan="2">260</td></tr>
<tr><td>载气流速，mL/min</td><td>30 (N_2)</td><td>—</td></tr>
<tr><td>载气线速，cm/s</td><td rowspan="2">—</td><td>18.0 (N_2)</td></tr>
<tr><td>分流比</td><td>130∶1</td></tr>
<tr><td>进样量，μL</td><td colspan="2">1</td></tr>
</table>

7.2 校准

7.2.1 外标配制

取约 15 mL 乙二醇(4.5)置于洁净、干燥并称量过的 25 mL 容量瓶中，准确称量(精确至 0.0002)，以差减法求得乙二醇质量，然后相继加入适量的二乙二醇和三乙二醇标样(4.6)，并分别称量，摇匀备用。所配制的二乙二醇和三乙二醇的浓度应与待测试样相近。按式(1)计算出标样中二乙二醇和三乙二醇的浓度。

$$E_i = \frac{m_i}{m} \times 100 \quad \cdots\cdots(1)$$

式中：E_i——标样中配入的二乙二醇或三乙二醇浓度，%（m/m）；

m_i——二乙二醇或三乙二醇的质量，g；

m——标样质量，g。

7.2.2 外标校正

每次试样分析前或分析后，均需用标样（7.2.1）进行外标校正，即用微量注射器，在规定的色谱条件下，注入一定量的标样，重复测定三次，以获得相应的峰面积，作为定量计算的标准。

7.3 试样测定

7.3.1 测定

用微量注射器准确抽取与外标校正（7.2.2）体积相同的试样注入色谱柱，将待测组分的色谱峰面积与相应的外标峰面积进行比较，以求得待测组分含量。

注：必要时，可注入 1 μL 蒸馏水数次，以清除吸附在进样器中的试样残留物。

7.3.2 色谱图

典型色谱图见图 1 和图 2。

7.3.3 计算

试样中二乙二醇和三乙二醇含量按式（2）计算。

$$X_i = \frac{A_i}{A_E} \cdot E_i \quad \cdots\cdots(2)$$

式中：X_i——试样中二乙二醇或三乙二醇的含量，%（m/m）；

E_i——标样中二乙二醇或三乙二醇的含量，%，（m/m）；

A_i——试样中二乙二醇或三乙二醇的峰面积；

A_E——标样中二乙二醇或三乙二醇的峰面积。

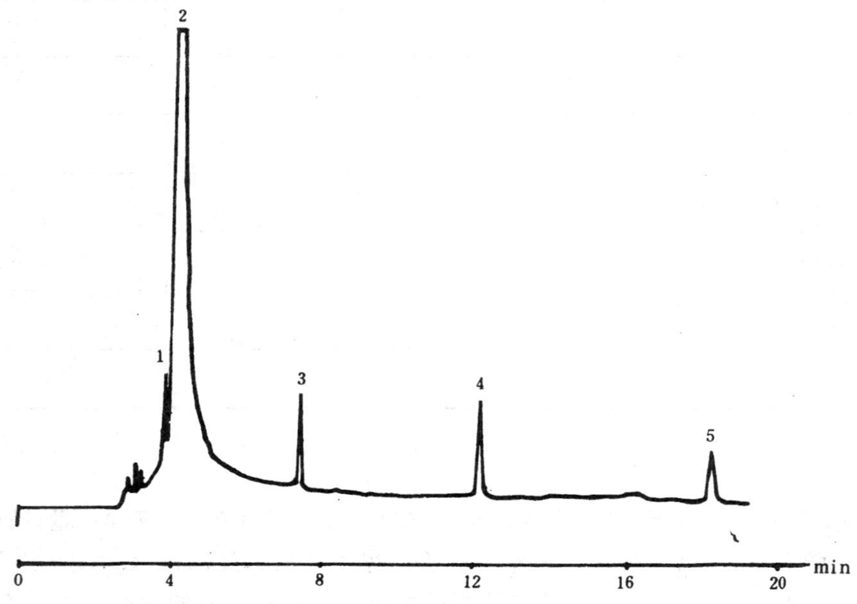

图 1　毛细管典型色谱图

1—未知峰（X）；2—乙二醇；3—二乙二醇；4—内标；5—三乙二醇

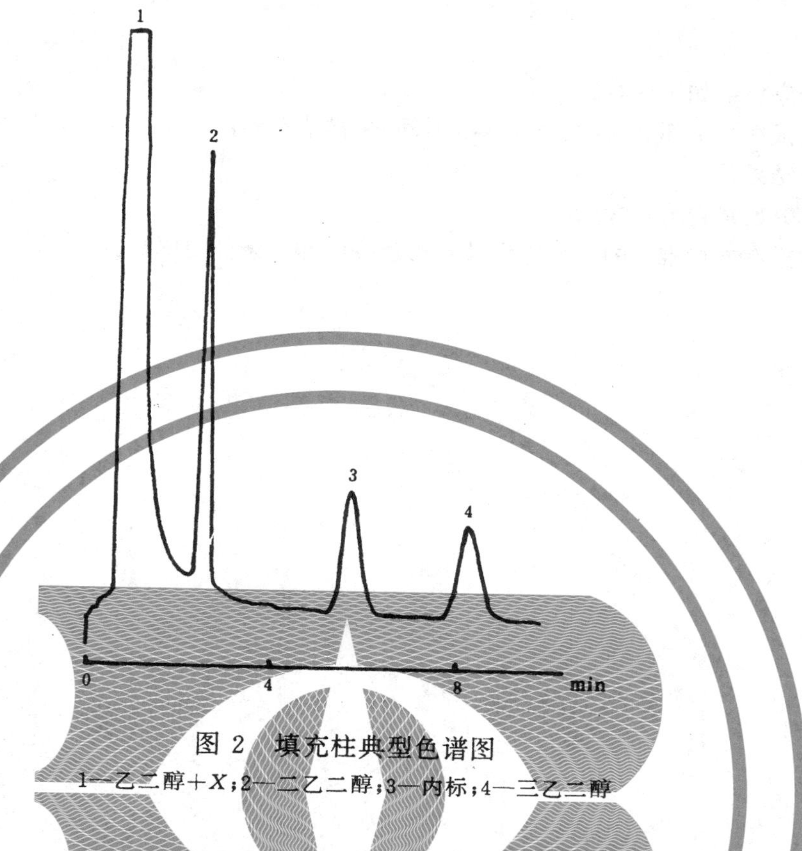

图 2 填充柱典型色谱图

1—乙二醇+X;2—二乙二醇;3—内标;4—三乙二醇

8 结果的表示

8.1 分析结果

以两次重复测定的算术平均值作为其分析结果,以质量百分浓度为单位,并应精确到 0.001%。

8.2 精密度

本方法的精密度数据是 1991 年 6 月,由 10 个实验室对 5 个浓度水平试样所做的室间精密度试验(集中试验)确定的。

8.2.1 重复性

在同一实验室由同一操作员,用同一试验方法与仪器,对同一试样相继进行两次重复测定,测定值之差应符合表 2 所规定的数值(置信水平 95%)。

8.2.2 再现性

在任意两个不同实验室,由不同操作者,采用不同仪器,在不同或相同时间内,对同一试样所得两次结果之差应符合表 2 所规定的数值(置信水平 95%)。

表 2 方法精密度

组分浓度范围	重复性	再现性
二乙二醇 0.01~0.1%	平均值的 15%	平均值的 30%
大于 0.1%~1.0%	平均值的 10%	平均值的 25%
三乙二醇 0.02~0.2%	平均值的 10%	平均值的 25%

9 试验报告

试验报告应包括如下内容：

a. 有关试样的全部资料：批号、日期、时间、采样地点等；

b. 测定结果；

c. 试验中观察到的异常现象；

d. 不包括在本标准中的任何操作及自由选择的操作条件的说明。

附 录 A
内 标 定 量 法
（补充件）

根据实验室条件或测定要求，需要采用内标法定量时，应按本附录规定进行测定。

A1 内标物

壬二酸二乙酯（纯度大于 99%）。

A2 标样配制

取适量乙二醇（4.5），置于洁净、干燥并已称量过的容量瓶中，用万分之一天平称量，以差减法求得加入的乙二醇质量，然后相继加入适量的二乙二醇和三乙二醇（4.6）以及壬二酸二乙酯（A1），分别称量，最后充分摇匀备用。所配入的二乙二醇和三乙二醇浓度应与待测试样中其含量相近为宜。

A3 校正因子的测定

在表 1 所推荐的色谱条件下，注入 1 μL 标样（A2），并测得各色谱峰的峰面积（重复测定两次）并按式（A1）计算二乙二醇和三乙二醇的相对质量校正因子 $f_{s,i}$

$$f_{s,i}=\frac{A_s \cdot m_i}{A_i \cdot m_s} \qquad \text{(A1)}$$

式中：A_i、A_s——标样中二乙二醇或三乙二醇和内标物的峰面积；

m_i 和 m_s——标样中二乙二醇或三乙二醇和内标物的质量，g。

A4 试样测定

取适量试样置于洁净、干燥并已称量过的容量瓶中，用万分之一天平称量，以差减法求得试样质量，然后加入与待测组分含量相近的壬二酸二乙酯，再次称量，并充分摇匀后，抽取 1 μL 该试样注入色谱柱，记录并测得各色谱峰的峰面积后，即可按式（A2）计算二乙二醇或三乙二醇的含量。

$$X_i=\frac{m_s \cdot A_i \cdot f_{s,i}}{m \cdot A_s}\times 100 \qquad \text{(A2)}$$

式中：X_i——试样中二乙二醇或三乙二醇的质量百分含量；

m——试样的质量，g；

m_s——加入内标物质的质量，g；

A_i——二乙二醇或三乙二醇的峰面积；

A_s——内标物质的峰面积；

$f_{s,i}$——二乙二醇或二乙一醇相对质量校正因子。

A5 色谱图

典型色谱图见图 1 或图 2。

附加说明：

本标准由中国石油化工总公司提出。

本标准由全国石油化学标准化分技术委员会归口。

本标准由上海石油化工研究院起草。

本标准主要起草人陈健萍、唐琦民。

ICS 71.080.60
G 16

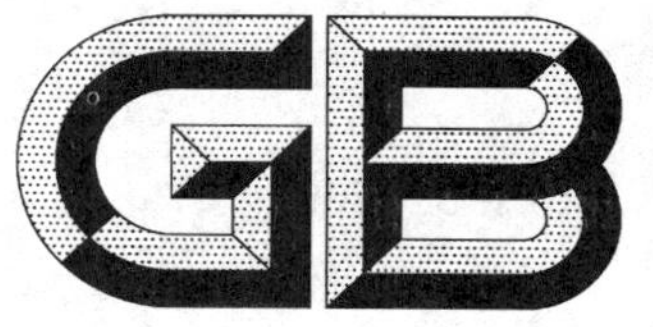

中华人民共和国国家标准

GB/T 14571.3—2008
代替 GB/T 14571.3—1993

工业用乙二醇中醛含量的测定 分光光度法

Ethylene glycol for industrial use—Determination of content of total aldehydes present—Spectrophotometric method

2008-02-26 发布　　2008-08-01 实施

中华人民共和国国家质量监督检验检疫总局
中国国家标准化管理委员会 发布

前　言

GB/T 14571 共分为四个部分：

——第 1 部分：工业用乙二醇酸度的测定；

——第 2 部分：工业用乙二醇中二乙二醇和三乙二醇含量的测定　气相色谱法；

——第 3 部分：工业用乙二醇中醛含量的测定　分光光度法；

——第 4 部分：工业用乙二醇紫外透光率的测定　紫外分光光度法。

本部分为 GB/T 14571 的第 3 部分。

本部分修改采用 ASTM E 2313—2004《分光光度法测定乙二醇中醛含量的标准试验方法》（英文版）。本部分与 ASTM E 2313—2004 的结构差异参见附录 A。本部分与 ASTM E 2313 的主要技术差异为：

——测定波长由 635 nm 改为 620 nm。

——比色容量由 100 mL 改为 50 mL。

——稀释剂由丙酮或甲醇改为水。

——采用了自行确定的重复性限（r）。

——规范性引用文件中采用现行国家标准。

本部分代替 GB/T 14571.3—1993《工业用乙二醇中醛含量的测定　分光光度法》，与 GB/T 14571.3—1993相比主要变化如下：

——3-甲基-2-苯并噻唑酮腙（MBTH）试剂由 0.20%（质量分数）改为 0.30%（质量分数），比色容量由 25 mL 改为 50 mL，测定范围由 0.000 01%～0.003%（质量分数）改为 0.000 01%～0.005 %（质量分数）。

——重新确定了重复性限（r）。

本部分的附录 A 为资料性附录。

本部分由中国石油化工集团公司提出。

本部分由全国化学标准化技术委员会石油化学分技术委员会（SAC/TC 63/SC 4）归口。

本部分起草单位：上海石油化工研究院。

本部分主要起草人：庄海青、冯钰安。

本部分所代替标准的历次版本发布情况为：

——GB/T 14571.3—1993。

工业用乙二醇中醛含量的测定
分光光度法

1 范围

本部分规定了工业用乙二醇中醛含量测定的分光光度法。本部分适用于工业用乙二醇中醛含量的测定，测定范围为0.000 01%～0.005%（质量分数）。

本部分并不是旨在说明与其使用有关的所有安全问题。因此，使用者有责任采取适当的安全与健康措施，并保证符合国家有关法规的规定。

2 规范性引用文件

下列文件中的条款通过本部分的引用而成为本部分的条款。凡是注日期的引用文件，其随后所有的修改单（不包括勘误的内容）或修订版均不适用于本部分，然而，鼓励根据本部分达成协议的各方研究是否可使用这些文件的最新版本。凡是不注日期的引用文件，其最新版本适用于本部分。

GB/T 6680—2003　液体化工产品采样通则

GB/T 6682—1992　分析实验室用水规格和试验方法(neq ISO 3639:1987)

GB/T 8170—1987　数值修约规则

GB/T 9009—1998　工业甲醛溶液

3 方法提要

试样中脂肪族醛，在氯化铁存在下，与3-甲基-2-苯并噻唑酮腙（MBTH）反应，生成蓝-绿色稠合阳离子，在波长620 nm处用分光光度计测量吸光度。

4 试剂与材料

除非另有规定，仅使用分析纯试剂。

4.1　水，GB/T 6682，三级。

4.2　0.3%3-甲基-2-苯并噻唑酮腙（MBTH）溶液：称取0.40 g MBTH（盐酸盐的单水合物）溶于适量水中，然后移入100 mL容量瓶中，并用水稀释至刻度。溶液应呈无色，如浑浊应予过滤。宜贮存于棕色瓶中，并放置于暗冷处，每天新鲜配制。

注：MBTH全名为：3-methyl-2-Benzothiazolinone hydrazone。

4.3　氧化剂溶液（1.0%氯化铁＋1.2%氨基磺酸）：分别称取六水合氯化铁1.67 g和氨基磺酸1.20 g溶于适量水中，并稀释至100 mL。

4.4　甲醛（＞36%的水溶液）：使用前，按GB/T 9009—1998规定方法标定。

4.5　甲醛标准溶液：称取约50 μL的甲醛（4.4），精确至0.1 mg，置于50 mL容量瓶中（瓶中先放置约40 mL水），然后用水稀释至刻度，摇匀。用移液管准确吸取该溶液1.00 mL注入100 mL容量瓶，再用水稀释至刻度，摇匀备用。该标准溶液甲醛含量约为4 μg/mL（按4.4甲醛实际标定浓度进行计算）。该标准溶液临用前配制。

5 仪器

5.1　分光光度计：精度：0.001 A。

5.2　吸收池：光径 10 mm。

6　采样

按 GB/T 6680—2003 规定的技术要求采取样品。

7　分析步骤

7.1　工作曲线的绘制

在 6 个 50 mL 容量瓶中分别加入标准溶液(4.5)0 mL、1.0 mL、2.0 mL、3.0 mL、4.0 mL、5.0 mL，再依次分别加入水 5.0 mL、4.0 mL、3.0 mL、2.0 mL、1.0 mL、0 mL，摇匀。然后各加入 5.0 mL MBTH 溶液(4.2)，充分摇匀，室温反应 30 min。然后再各加入氧化剂溶液(4.3)5.0 mL，充分摇匀，放置 20 min。最后用蒸馏水稀释至刻度，于 620 nm 处，以水作参比液，使用 10 mm 吸收池测定其吸光度。

以甲醛的质量(μg)为横坐标，以相应的净吸光度(扣去试剂空白的吸光度)为纵坐标，绘制工作曲线。工作曲线的方程以 $C=K\times A+B$ 表示，相关系数应大于 0.99。

注：操作场所应避免阳光直射，试剂空白的吸光度应小于 0.070。如果空白溶液的吸光度超过控制的上限，则必须重新清洗玻璃器皿，并再重新进行校准。

7.2　试样测定

于 50 mL 容量瓶中称取适量试样（精确至 0.000 2 g)，加入 4.0 mL 水，以后步骤同 7.1。

同时做一试剂空白试验。

8　结果计算

8.1　计算

在工作曲线方程(7.1)上，根据净吸光度计算醛的质量(μg)，然后按式(1)计算试样中醛的质量分数(以甲醛计)：

$$w=\frac{m_1}{m}\times 10^{-4} \qquad \cdots\cdots(1)$$

式中：

w——试样中醛的质量分数，%；

m_1——工作曲线上查得的醛的质量，单位为微克(μg)；

m——试样质量，单位为克(g)。

8.2　分析结果

取二次重复测定结果的算术平均值作为分析结果。其数值按 GB/T 8170—1987 的规定进行修约，精确至 0.000 01%。

9　重复性

在同一实验室，由同一操作者使用相同设备，按相同的测试方法，并在短时间内对同一被测对象相互独立进行测试获得的两次独立测试结果的绝对值，不应超过下列重复性限(r)，以超过重复性限(r)的情况不超过 5%为前提：

醛的质量分数≤0.005%，r 为其平均值的 10%。

10　报告

报告应包括下列内容：

a)　有关样品的全部资料，例如样品名称、批号、采样地点、采样日期、采样时间等。

b) 本部分代号。
c) 分析结果。
d) 测定中观察到的任何异常现象的细节及其说明。
e) 分析人员的姓名及分析日期等。

附 录 A
（资料性附录）
本部分章条编号与 ASTM E2313—2004 章条编号对照

表 A.1 给出了本部分章条编号与 ASTM E 2313—2004 章条编号对照一览表

表 A.1 本标准章条编号与 ASTM E 2313—2004 章条编号对照

本部分章条编号	ASTM E 2313—2004 章条编号
1	1.1、1.4
2	2
3	3
4	6
4.1	6.2
4.2	6.3.4
4.3	6.3.3
4.4～4.5	6.3.1
5	5
5.1～5.2	5.1
6	7
7	9
7.1	9.1～9.5
7.2	10
8	11
8.1	11.1～11.2
9	13.1.1
10	—

ICS 71.080.60
G 16

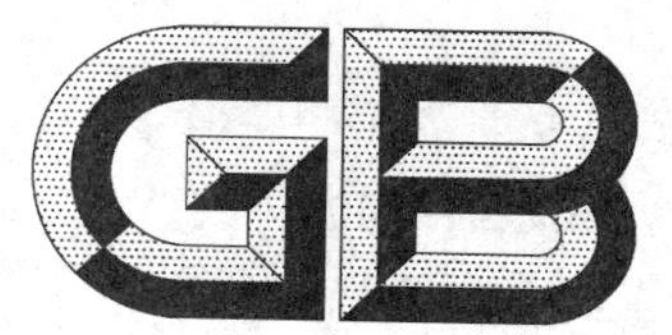

中华人民共和国国家标准

GB/T 14571.4—2008

工业用乙二醇紫外透光率的测定 紫外分光光度法

Ethylene glycol for industrial use—Determination of ultraviolet transmittance—Ultraviolet spectrophotometric method

2008-02-26 发布

2008-08-01 实施

中华人民共和国国家质量监督检验检疫总局
中国国家标准化管理委员会 发布

前　言

GB/T 14571 共分为四个部分：

——第 1 部分：工业用乙二醇酸度的测定；

——第 2 部分：工业用乙二醇中二乙二醇和三乙二醇含量的测定　气相色谱法；

——第 3 部分：工业用乙二醇中醛含量的测定　分光光度法；

——第 4 部分：工业用乙二醇紫外透光率的测定　紫外分光光度法。

本部分为 GB/T 14571 的第 4 部分。

本标准修改采用 ASTM E2193—2004《乙二醇紫外透光率测定的标准试验方法　紫外分光光度法》(英文版)。本部分与 ASTM E2193—2004 的结构差异参见附录 A。本部分与 ASTM E2193—2004 的主要技术差异为：

——未推荐使用单光束分光光度计测定乙二醇的紫外透光率；

——补充了脱除试样中溶解氧所需的氮气流量；

——规范性引用文件中采用现行国家标准；

——采用了本部分自行确定的重复性限(r)；

——增加了附录 B。

本部分的附录 B 为规范性附录，附录 A 为资料性附录。

本部分由中国石油化工集团公司提出。

本部分由全国化学标准化技术委员会石油化学分技术委员会(SAC/TC63/SC4)归口。

本部分起草单位：上海石油化工研究院。

本部分主要起草人：张育红、冯钰安。

本部分为第一次发布。

工业用乙二醇紫外透光率的测定 紫外分光光度法

1 范围

本部分规定了工业用乙二醇在 200 nm～350 nm 波长范围内紫外透光率的测定方法。

本部分并不是旨在说明与其使用有关的所有安全问题。因此，使用者有责任采取适当的安全与健康措施，并保证符合国家有关法规的规定。

2 规范性引用文件

下列文件中的条款通过本部分的引用而成为本部分的条款。凡是注日期的引用文件，其随后所有的修改单(不包括勘误的内容)或修订版均不适用于本部分，然而，鼓励根据本部分达成协议的各方研究是否可使用这些文件的最新版本。凡是不注日期的引用文件，其最新版本适用于本部分。

GB/T 6680—2003 液体化工产品采样通则

GB/T 6682—1992 分析实验室用水规格和试验方法(neq ISO 3696:1987)

GB/T 8170—1987 数值修约规则

JJG 682—1990 双光束紫外可见分光光度计检定规程

3 方法概要

将试样置于 50 mm 或 10 mm 吸收池中，以水为参比，测定其在 220 nm、275 nm 和 350 nm 处的吸光度，计算得到在 10 mm 光径下试样的紫外透光率。必要时，可通入氮气脱除试样中的溶解氧，再测定其紫外透光率。

4 试剂与材料

试剂纯度——除非另有说明，所用化学品均为分析纯。

水的纯度——除非另有说明，所用水均符合 GB/T 6682—1992 中规定的三级水的规格。

4.1 萘溶液(1 mg/L)：溶解 1 mg 萘于 1 000 mL 光谱纯异辛烷中。

4.2 氧化钬标准溶液(质量分数为 4%)：按 JJG 682—1990 中 3.12 配制。

4.3 氧化钬波长校准滤光片，经校准。

4.4 重铬酸钾标准溶液(质量分数为 0.6%)：按 JJG 682—1990 中 3.12 配制。

4.5 标准吸光度滤光片，经校准。

4.6 碘化钠(或碘化钾)溶液(10 g/L)：溶解 10 g 碘化钠(或碘化钾)于 1 L 水中。

4.7 杂散光滤光片。

4.8 氮气：体积分数>99.99%，无油。

4.9 参比水：吸光度符合附录 B 中 B.1 规定的实验室用水。

5 仪器

5.1 紫外分光光度计：双光束，测定波长 200 nm～400 nm。在 220 nm 处，带宽不大于 2.0 nm，波长准确度为±0.5 nm，波长重复性为±0.3 nm。透光率大于 50%时，透光率准确度为±0.5%。在 220 nm处杂散光不大于 0.1%。配备光径分别为 50 mm±0.1 mm 或 10 mm±0.01 mm 的配对的石英吸收池。

5.2　氮气吹脱装置：将无油减压阀固定在氮气钢瓶上，并通过适当材质的管线（如聚乙烯管）与流量控制阀及插入 25 mL 容量瓶中的收口玻璃管（5.5）相连。各部件需清洁、无污染。试样应避免与含有增塑剂的塑料制品接触。

5.3　试剂瓶：容量至少 500 mL，配备密封性较好的磨口瓶盖。

5.4　容量瓶：25 mL。

5.5　收口玻璃管。

6　采样

按 GB/T 6680—2003 的规定，以平缓流速采取样品，当液面与瓶口的距离少于 10 mm 时，停止采样，立即加盖保存样品。样品应避免剧烈振荡，并尽快分析。

7　仪器的准备

7.1　紫外分光光度计：根据以下步骤，按 JJG 682－1990 规定的方法，检验光度计的性能。

7.1.1　波长准确度：建议使用萘溶液（4.1），检验光度计在 220 nm 处的波长准确度。以光谱纯异辛烷为参比，用 10 mm 吸收池测定萘的最大吸收波长，测定值应在 220.6 nm±0.3 nm 范围内，否则应在低于此测定值 0.6 nm 的波长处测定乙二醇试样的吸光度。

也可使用氧化钬标准溶液（4.2）或氧化钬校准滤光片（4.3）检验波长准确度，应满足 5.1 要求。

注：乙二醇的吸光度在 220 nm 附近变化较大，因此应确保光度计在 220 nm 处的波长准确性。

7.1.2　透光率准确度：用重铬酸钾标准溶液（4.4）或标准吸光度滤光片（4.5），检验光度计透光率准确度，应满足 5.1 要求。

7.1.3　杂散光：用碘化钠或碘化钾溶液（4.6），或杂散光滤光片（4.7）测定光度计在 220 nm 处的透光率（即杂散光），应满足 5.1 要求。

7.2　玻璃器皿：使用盐酸-水-甲醇溶液（1：3：4，体积比）或铬酸洗液，彻底清洗吸收池及其他玻璃器皿。

7.3　氮气吹脱装置：用氮气彻底吹扫管路。在 25 mL 容量瓶中加入 20 mL 乙二醇试样，通入氮气，考察试样在 220 nm 处的吸光度是否随着乙二醇中溶解氧的脱除而降低直到基本保持不变，以检查氮气的纯度。

8　试样预处理

8.1　通常情况下，可按第 9 章直接测定所采集的试样的吸光度。如果测定结果可疑，或试样在 220 nm 处的透光率低于规定的临界值（如产品指标），可按 8.2 要求，对试样进行预处理。

8.2　在 25 mL 容量瓶中加入约 20 mL 乙二醇试样，用一个干净的收口玻璃管（5.5）向试样底部通入氮气 15 min，具塞保存。

注：乙二醇在远紫外区 180 nm 处有一吸收峰。当试样中有溶解氧（空气）时，溶解氧与乙二醇发生缔合，导致乙二醇的吸收峰向长波方向转移，并使乙二醇在 220 nm 处的透光率降低。因此向试样中通入氮气可排除溶解氧对 220 nm 处乙二醇透光率的影响。对新鲜试样（贮存时间在三天之内）进行通氮处理时，氮气流量应大于 50 mL/min，同时以鼓泡时溶液不溅出为限。

9　分析步骤

9.1　调节光度计至最佳设置，一般采用 2.0 nm 的带宽，因为带宽太小会引起基线噪声的增大。

9.2　在两个配对的 50 mm 或 10 mm 石英吸收池中装入参比水（4.9）。将吸收池放入光度计的池架中，注意吸收池的方向，并测定在 220 nm、275 nm 和 350 nm 波长处或相关产品规格所规定的其他波长处的吸光度。以吸光度值较高的吸收池作为样品池，另一个作为参比池，记录吸光度值作为在不同波长处吸收池的校正值。

注：对于配对的吸收池，其吸收池校正值应不大于 0.01 AU。

9.3 将样品池中的水倒出，用氮气干燥。在样品池中装入待测试样，以水(4.9)为参比，测定并记录9.2中各波长处试样的吸光度值。注意池架中吸收池的方向应与 9.2 中的一致。进行每套测定(9.2 和 9.3)时应更换参比池中的水。

注：转移试样时应十分小心，以免产生气泡，影响测试结果。

9.4 倒空吸收池并用水淋洗，按 7.2 要求清洗吸收池，装满水贮存。

10 结果计算

10.1 使用 50 mm 吸收池时，按式(1)计算 10 mm 光径下试样在各波长处的净吸光度 A_λ：

$$A_\lambda = \frac{A_S - A_C}{5} \qquad \cdots\cdots(1)$$

式中：

A_S——在相关波长处测定的试样的吸光度；

A_C——在相关波长处吸收池的吸光度校正值。

如使用 10 mm 吸收池，按式(2)计算 10 mm 光径下试样在各波长处的净吸光度 A_λ。

$$A_\lambda = A_S - A_C \qquad \cdots\cdots(2)$$

10.2 按式(3)计算 10 mm 光径下试样在各波长处的透光率 T_λ，数值以百分数表示。

$$T_\lambda = 10^{(2-A_\lambda)} \qquad \cdots\cdots(3)$$

10.3 分析结果

取两次重复测定结果的算术平均值报告试样在相关波长处的透光率，按 GB/T 8170—1987 的规定修约，精确至 0.1%。

11 重复性限(经氮气吹脱处理)

在同一实验室，由同一操作者使用相同设备，按相同的测试方法，并在短时间内对同一被测对象相互独立进行测试获得的两次独立测试结果的绝对值，不应超过表 1 中列出的重复性限(r)，以超过重复性限(r)的情况不超过 5% 为前提。

表 1 乙二醇紫外透光率的重复性限(经氮气吹脱处理)

波长/nm	透光率范围/%	r/%
220	75.7～89.0	1.4
275	89.0～97.1	0.5
350	98.9～99.8	0.4

12 报告

报告应包括下列内容：

a) 有关试样的全部资料，例如试样名称、批号、采样地点、采样日期、采样时间等。报告中还应包括试样是否经氮气吹脱处理，吸收池光径等内容。

b) 本部分代号。

c) 分析结果。

d) 测定中观察到的任何异常现象的细节及其说明。

e) 分析人员的姓名及分析日期等。

附　录　A
（资料性附录）
本部分章条编号与 ASTM E2193—2004 章条编号对照

表 A.1 给出了本部分章条编号与 ASTM E2193—2004 章条编号对照一览表。

表 A.1　本部分章条编号与 ASTM E2193—2004 章条编号对照

本部分章条编号	对应的 ASTM E2193—2004 章条编号
1	1
2	2
3	3
4	6
4.1	6.5
4.2	—
4.3	6.2
4.4	6.7
4.5	6.3
4.6	6.8
4.7	6.4
4.8	6.6
4.9	—
5	5
5.1	5.1
5.2	5.2
5.3	5.3
5.4	5.4.1
5.5	5.2
6	7
7	8
7.1	8.1
7.1.1～7.1.3	8.1.1～8.1.3
7.2～7.3	8.2～8.3
8	9
8.1	4.2.2
8.2	9.1
9	10
9.1～9.4	10.1～10.4
10	11
10.1～10.2	11.1～11.2
10.3	—
11	13
第 11 章与 E2193 中 13.1.1.1～13.2.1.1 形式对应，内容不同	
12	12

附　录　B
（规范性附录）
参比水的吸光度指标及水的吸光度测试方法

B.1　参比水的吸光度指标（10 mm 光径）

见表 B.1。

表 B.1　参比水的吸光度指标（10 mm 光径）

波长/nm	300	254	210	200
吸光度/AU　≤	0.005	0.005	0.010	0.010

B.2　水的吸光度测试方法

将待测水样分别注入 10 mm 光径的石英吸收池中，在 200 nm～300 nm 波长范围内自动校正光度计基线。将样品池换成 20 mm 光径的石英吸收池，分别在 300 nm、254 nm、210 nm 和 200 nm 波长处，以 10 mm 吸收池中水样为参比，测定 20 mm 吸收池中水样的吸光度。

本部分中参比水的吸光度值应满足 B.1 的规定。

注：参比水的吸光度指标参见 Reagent chemicals，American chemical society specification，American chemical society，p686，2002，10th ed.。水的吸光度测试方法参见 ISO 3696:1987 Water for analytical laboratory use-Specification and test methods。

前　　言

本标准等同采用 ASTM D5799:1995《丁二烯中过氧化物测定的标准试验方法》。

本标准与 ASTM D5799 主要差异在于编辑形式上的修改,以及结合国情补充了附录 A《冷冻取样法》。

本标准的附录 A 为标准的附录。

本标准由中国石油化工集团公司提出。

本标准由全国化学标准化技术委员会石油化学分技术委员会归口。

本标准由上海石油化工研究院负责起草。

本标准主要起草人:高　琼、冯钰安。

本标准于 1999 年 8 月 10 日首次发布。

中华人民共和国国家标准

工业用丁二烯中过氧化物含量的测定　滴定法

GB/T 17828—1999

Butadiene for industrial use—Determination of peroxides—Titrimetric method

1　范围

本标准规定了工业用丁二烯中过氧化物含量测定的方法。

本标准适用于工业用丁二烯中以有效氧质量($1/2O_2$)计的过氧化物含量的测定，其测定范围为1～10 mg/kg。

2　引用标准

下列标准所包含的条文，通过在本标准中引用而构成为本标准的条文。本标准出版时，所示版本均为有效。所有标准都会被修订，使用本标准的各方应探讨使用下列标准最新版本的可能性。

GB/T 601—1988　化学试剂　滴定分析(容量分析)用标准溶液的制备

GB/T 6682—1992　分析实验室用水规格和试验方法

GB/T 8170—1987　数值修约规则

GB/T 13290—1991　工业用丙烯和丁二烯液态采样法

3　方法提要

取适量丁二烯试样，置于锥形瓶中，在60℃水浴上蒸发，然后，将此残渣与醋酸和碘化钠试剂一起回流，用标准硫代硫酸钠溶液滴定反应释放出的碘，以目视法确定滴定终点。用氟化钠络合掩蔽痕量铁的干扰。

4　试剂和溶液

除非另有说明，本标准所使用的试剂均为分析纯试剂，所用的水均符合GB/T 6682中三级水的规格。

4.1　干冰。

注意：操作时应戴手套以免冻伤。

4.2　氟化钠。

4.3　碘化钠。

4.4　醋酸(94%，V/V)：取60 mL的水与940 mL冰醋酸(CH_3COOH)混合。

注意：有毒和有腐蚀性，易燃。吸入有害，误食会致命。与皮肤接触，可引起严重灼伤。

4.5　硫代硫酸钠标准滴定溶液[$c(Na_2S_2O_3)=0.1$ mol/L]：按GB/T 601中4.6条规定进行配制和标

国家质量技术监督局1999-08-10批准　　2000-06-01实施

定[1]。

5 仪器和设备

5.1 锥形瓶：容量 250 mL，具有标准磨砂口，并在 100 mL 处作一记号；
5.2 冷凝管：长 300 mm 的直形冷凝管，具有标准磨砂口；
5.3 刻度量筒：容量 100 mL 和 50 mL；
5.4 微量滴定管：容量 5 mL，分刻度为 0.02 mL；
5.5 电加热板：加热功率可调；
5.6 水浴：能恒温控制水浴温度并维持在 60℃±1℃；
5.7 天平：适合丁二烯取样钢瓶的称量，感量 0.1 g。

6 采样

按 GB/T 13290 的规定采取样品。

7 测定步骤

7.1 在 250 mL 锥形瓶中投入几粒约 1 cm 大小的干冰，使瓶内空气完全被二氧化碳置换，此过程约需 5 min。

7.2 首先在天平(5.7)上称取试样钢瓶的质量(m_1)，精确至 0.1 g。然后从钢瓶中放出约 100 mL 丁二烯试样于上述锥形瓶中。再次称取试样钢瓶的质量(m_2)。所取试样的质量为两次质量之差($m=m_1-m_2$)。

注意：丁二烯是易燃气体。

7.3 在通风橱中，将锥形瓶置于 60℃的水浴中，使丁二烯蒸发，与此同时不时地加入几粒干冰，以使液态丁二烯上方保持惰性气氛，直至丁二烯试样蒸发完毕。

注意：过氧化物不稳定，当它接近干涸时会发生剧烈反应。本方法试验期间，在所试验的过氧化物水平条件下尚未引起过问题，但是应注意：操作中使用个人防护设备。

7.4 将锥形瓶从水浴上取下，冷却至室温，加入 50 mL 醋酸(4.4)和 0.20 g±0.02 g 氟化钠(4.2)。再多加几粒干冰于锥形瓶中，并放置 5 min。

7.5 加入 6.0 g±0.2 g 碘化钠(4.3)于锥形瓶中，立即接上冷凝管，并将其置于电加热板上，加热、回流 25 min±5 min。在回流期间，装置需避免强光照射。

7.6 在反应结束时，关闭电加热板，将带着冷凝管的锥形瓶从电加热板上移开，并立即从冷凝管顶端加入 100 mL 水，接着再加入几粒干冰。

7.7 将锥形瓶取下，用流水冷却至室温，同时继续用干冰保持惰性气氛。用硫代硫酸钠标准滴定溶液(4.5)滴定至淡黄色，继续慢慢滴定至淡黄色刚好褪去为终点。

7.8 同时按 7.1、7.4～7.7 步骤，做试剂空白。

8 计算

8.1 丁二烯中过氧化物(以 $1/2O_2$ 计)的含量 x(mg/kg)按式(1)计算：

$$x=\frac{c(V_1-V_2)\times 0.0160}{m}\times 10^6 \qquad (1)$$

式中：c——硫代硫酸钠标准滴定溶液的实际浓度，mol/L；

采用说明：

1] ASTM D5799 另加 0.2 g Na_2CO_3。

V_1——滴定样品所消耗的硫代硫酸钠溶液的体积，mL；

V_2——滴定试剂空白所消耗的硫代硫酸钠溶液的体积，mL；

m——丁二烯样品的质量，g；

0.016 0——与 1.00 mL 硫代硫酸钠标准滴定溶液[$c(Na_2S_2O_3)=1.000$ mol/L]相当的以克表示的氧的质量。

8.2 分析结果的表述

丁二烯中过氧化物(以 $1/2O_2$ 计)的含量以 mg/kg 表示，按 GB/T 8170 的规定进行修约，精确至 0.1 mg/kg。取两次重复测定结果的算术平均值作为分析结果。

9 精密度

9.1 重复性

在同一实验室由同一操作人员，使用同一仪器，对同一试样相继做两次重复测定，所得结果之差应不大于 1.4 mg/kg。

9.2 再现性

在任意两个不同的实验室，由不同操作员，使用不同仪器和设备，在不同或相同时间内，对同一试样所测得的两个独立测定结果，其差值应不大于 3.4 mg/kg。

10 报告

试验报告应包含以下内容：

a) 有关样品的全部资料(名称、批号、日期、采样地点等)；

b) 本标准代号；

c) 分析结果；

d) 测定过程中观察到的任何异常现象的说明；

e) 分析人员姓名和分析日期等。

附 录 A
（标准的附录）
冷 冻 取 样 法

由于称量天平技术参数的限制，无法采用称量法取样时，可采用本方法取样。

A1 仪器和设备

A1.1 异颈量筒：容量 100 mL，细颈分度值 0.1 mL。

A1.2 水银温度计：－30～20℃，分度值 1.0℃。

A2 操作步骤

A2.1 将装有丁二烯试样的取样钢瓶与异颈量筒冷却至－10～－20℃，用异颈量筒从钢瓶中量取液态丁二烯 100 mL，并迅速测量其温度。

A2.2 将液态丁二烯迅速倒入按 7.1 准备的锥形瓶中，以后按规定的步骤进行。

A3 计算

丁二烯中过氧化物（以 $1/2O_2$ 计）的含量 x(mg/kg) 按式(A1)计算：

$$x = \frac{c(V_1 - V_2) \times 0.0160}{V \cdot \rho} \times 10^6 \qquad \cdots\cdots(A1)$$

式中：V_1——滴定样品所消耗的硫代硫酸钠溶液的体积，mL；

V_2——滴定试剂空白所消耗的硫代硫酸钠溶液的体积，mL；

c——硫代硫酸钠标准滴定溶液的实际浓度，mol/L；

V——丁二烯试样的体积，mL；

ρ——丁二烯试样在某温度下的密度值（见表 A1）；

0.016 0——与 1.00 mL 硫代硫酸钠标准滴定溶液[$c(Na_2S_2O_3)$＝1.000 mol/L]相当的以克表示的氧的质量。

表 A1 丁二烯在不同温度下的密度值

温度，℃	密度，g/mL	温度，℃	密度，g/mL
－45	0.695 8	－20	0.668 1
－40	0.690 3	－15	0.662 5
－35	0.684 8	－10	0.656 8
－30	0.679 3	－5	0.651 0
－25	0.673 7	0	0.645 2

ICS 71.080
G 16

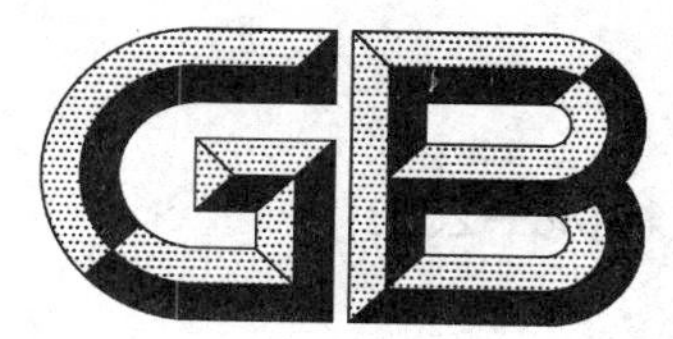

中华人民共和国国家标准

GB/T 19186—2003

工业用丙烯中齐聚物含量的测定 气相色谱法

Propylene for industrial use—Determination of oligomers—Gas chromatographic method

2003-06-09 发布　　　2003-12-01 实施

中华人民共和国国家质量监督检验检疫总局 发布

前　言

本标准由中国石油化工股份有限公司提出。

本标准由全国化学标准化技术委员会石油化学分技术委员会(SAC/TC63/SC4)归口。

本标准起草单位:中国石油化工股份有限公司上海石油化工研究院。

本标准主要起草人:徐红斌、王川。

本标准为首次制定。

工业用丙烯中齐聚物含量的测定 气相色谱法

1 范围

1.1 本标准规定了用气相色谱法测定工业用丙烯中二聚物、三聚物的含量。

本标准适用于工业用丙烯中丙烯二聚物(己烯)大于 20 mg/kg、丙烯三聚物(壬烯)大于 30 mg/kg 的试样测定。

注:丙烯二聚物为丙烯工业生产装置中称谓"绿油"的主要成分,它形成于从丙烯中除去丙二烯和丙炔的部分加氢过程。丙烯二聚物主要由下列物质组成:甲基戊烯、2,3-二甲基丁烯(约占 25%)、1-己烯(约占 12%)和 C_6 二烯烃(约占 20%)。

1.2 本标准并不是旨在说明与其使用有关的所有安全问题。因此,本标准的使用者应事先建立适当的安全与防护措施,并确定适当的规章制度。

2 规范性引用文件

下列文件中的条款通过本标准的引用而成为本标准的条款。凡是注明日期的引用文件,其随后所有的修改单(不包括勘误的内容)或修订版均不适用于本标准,然而,鼓励根据本标准达成协议的各方研究是否可使用这些文件的最新版本。凡是不注明日期的引用文件,其最新版本适用于本标准。

GB/T 3723—1999 工业用化学产品采样安全通则(idt ISO 3165:1976)

GB/T 8170—1987 数值修约规则

GB/T 13290—1991 工业用丙烯和丁二烯液态采样法

3 方法提要

将液态丙烯试样经液体进样阀注入气相色谱仪,试样中丙烯二聚物、三聚物等组分,在色谱柱中分离后,采用氢火焰离子化检测器(FID)检测,外标法定量。

4 材料及试剂

4.1 载气

氮气,纯度大于 99.99%(体积分数)。

4.2 标准样品

已知己烯(二聚物)含量的液态标样可由市场购买的有证标样或用重量法自行制备。标样中的己烯含量应与待测试样相近。如果需要可加入壬烯(三聚物),并应测定 1-癸烯的保留时间,以估计齐聚物的保留时间。制备时使用的丙烯本底样品必须在本标准规定条件下进行检查,应无沸点高于 C_4 烃的杂质流出。盛放标样的钢瓶应符合 GB/T 13290—1991 的技术要求。

5 仪器

5.1 气相色谱仪:配有氢火焰离子化检测器(FID)的气相色谱仪。该仪器对二聚物在本标准所规定的最低测定浓度下所产生的峰高应至少大于噪音的二倍。

5.2 色谱柱:推荐的色谱柱及典型操作条件见表 1,典型色谱图见图 1。其他能达到同等分离程度的色谱柱也可使用。

表 1 色谱柱及典型操作条件

色谱柱		聚甲基硅氧烷
柱长/m		60
柱内径/mm		0.32
液膜厚度/μm		0.5
载气平均线速/(cm/s)		17
柱温	初温/℃	40
	初温保持时间/min	15
	升温速率/(℃/min)	20
	终温/℃	160
	终温保持时间/min	10
汽化室温度/℃		200
检测器温度/℃		250
分流比		30∶1
进样量/μL		1

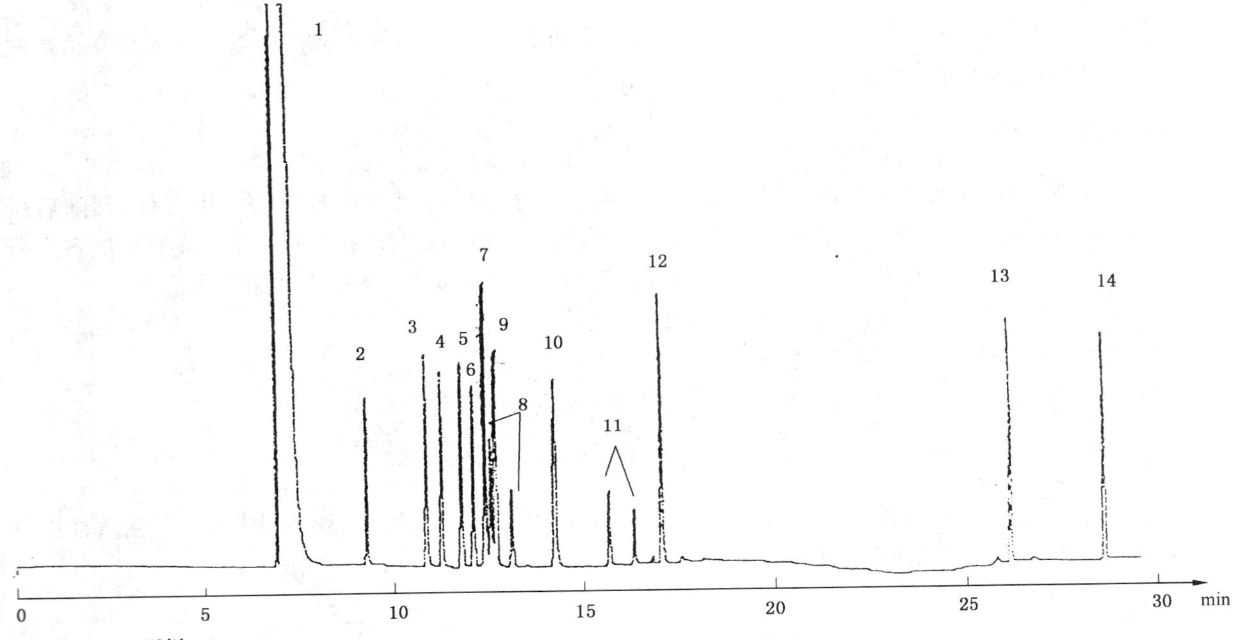

1——丙烯；
2——3,3-二甲基-1-丁烯；
3——2,3-二甲基-1-丁烯；
4——1,5-己二烯；
5——2-甲基-1-戊烯＋1-己烯；
6——1,4-己二烯；
7——反式-3-己烯；
8——2-己烯；
9——2-甲基-2-戊烯；
10——2,3-二甲基-2-丁烯；
11——2,4-己二烯；
12——环己烯；
13——1-壬烯；
14——1-癸烯。

图 1 典型色谱图

5.3 液体进样阀(定量管容积 1 μL)或合适的其他液体进样装置。

凡能满足以下要求的液体进样阀均可使用:在不低于使用温度时的丙烯蒸气压下,能将丙烯以液体状态重复进样,并满足色谱分离要求。

液体进样装置的流程示意图见图 2。金属过滤器中的不锈钢烧结砂芯的孔径为 2 μm～4 μm,以滤除样品中可能存在的机械杂质,保护进样阀。进样阀出口安装适当长度的不锈钢毛细管或减压阀,以避免样品汽化,造成失真,影响重复性。进样时,将采样钢瓶出口阀开启,用液态样品冲洗定量管数秒钟后,即可操作进样阀,将试样注入色谱仪,然后关闭采样钢瓶出口阀。

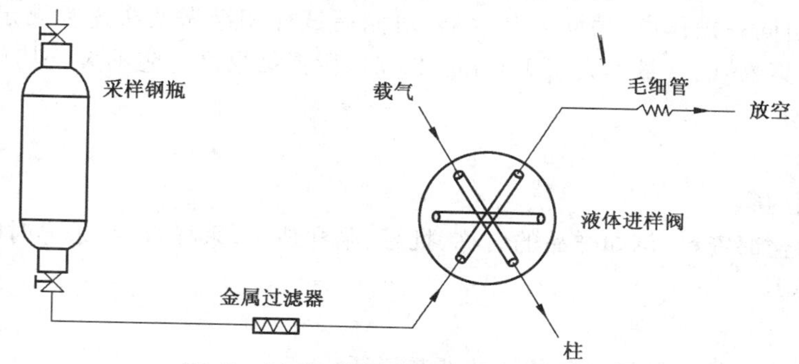

图 2 液体进样装置的流程示意图

5.4 记录装置:电子积分仪或色谱数据处理机。

6 采样

按 GB/T 3723—1999 和 GB/T 13290—1991 所规定的安全与技术要求采取样品。液态的齐聚物具有沉积在采样钢瓶底部的倾向,因此样品采回后应立即进行分析,并在进样前应尽可能的摇匀。

7 测定步骤

7.1 设定操作条件

色谱仪启动后进行必要的调节,以达到表 1 所列的典型操作条件或能获得同等分离的其他适宜条件。仪器稳定后即可开始测定。

7.2 测定

7.2.1 校正

在每次试样分析前或分析后,均需用标准样品进行校正。进样前用细内径的不锈钢管按 5.3 的要求将盛有标样的钢瓶与液体进样阀连接,并进样,重复测定两次。待各组分流出后,记录二聚物(三聚物)的峰面积。两次重复测定的峰面积之差应不大于其平均值的 5%,取其平均值供定量计算用。

7.2.2 试样测定

按 7.2.1 同样的方式将试样钢瓶与液体进样阀连接,并注入与标准样品相同体积的试样。重复测定两次,测得二聚物(三聚物)各组分的峰面积。

按式(1)计算二聚物(三聚物)的含量:

$$C_i = \frac{\sum A_i}{A_s} \times C_s \qquad \cdots\cdots(1)$$

式中:

C_i——试样中二聚物(三聚物)的含量,mg/kg;

$\sum A_i$——试样中二聚物(三聚物)各组分的峰面积之和;

A_s——标准样品中二聚物(三聚物)的峰面积;

C_s——标准样品中二聚物(三聚物)的含量,mg/kg。

8 结果的表示

对于任一试样，均要以两次或两次以上重复测定结果的算术平均值表示其分析结果，并按GB/T 8170—1987规定修约至1 mg/kg。

9 精密度

9.1 重复性

在同一实验室，由同一操作员，用同一台仪器，对同一试样相继做两次重复测定，在95%置信水平条件下，当二聚物(三聚物)的含量不大于100 mg/kg时，所得结果之差应不大于其平均值的20%。

10 试验报告

报告应包括下列内容：

a) 有关样品的全部资料，例如样品的名称、批号、采样地点、采样日期、采样时间等。

b) 本标准代号。

c) 分析结果。

d) 测定中观察到的任何异常现象的细节及其说明。

e) 分析人员的姓名及分析日期等。

ICS 71.080.40
G 16

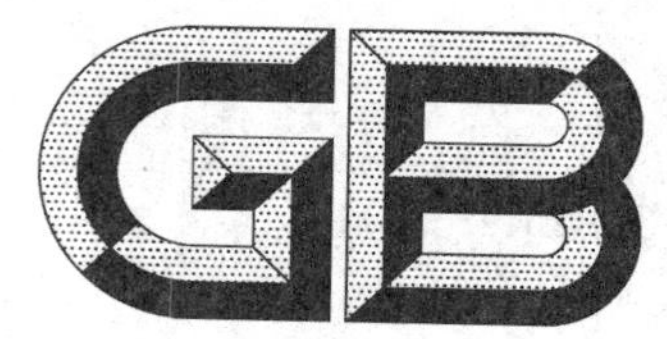

中华人民共和国国家标准

GB/T 30921.1—2014

工业用精对苯二甲酸(PTA)试验方法 第1部分：对羧基苯甲醛(4-CBA)和对甲基苯甲酸(*p*-TOL)含量的测定

Test method of purified terephthalic acid (PTA) for industrial use—Part 1: Determination of concentrations of 4-carboxybenzaldehyde (4-CBA) and *p*-toluic acid (*p*-TOL)

2014-07-08 发布

2014-12-01 实施

中华人民共和国国家质量监督检验检疫总局
中国国家标准化管理委员会 发布

前　言

GB/T 30921《工业用精对苯二甲酸(PTA)试验方法》分为如下几部分:

——第1部分:对羧基苯甲醛(4-CBA)和对甲基苯甲酸(*p*-TOL)含量的测定;

——第2部分:金属含量的测定;

——第3部分:水含量的测定　卡尔·费休容量法;

——第4部分:钛含量的测定　二安替比林甲烷分光光度法;

——第5部分:酸值的测定;

——第6部分:粒度分布的测定　激光衍射法;

——第7部分:b^*值的测定　色差计法。

本部分为GB/T 30921的第1部分。

本部分按照GB/T 1.1—2009给出的规则起草。

本部分由中国石油化工集团公司提出。

本部分由全国化学标准化技术委员会石油化学分技术委员会(SAC/TC 63/SC 4)归口。

本部分起草单位:中国石油化工股份有限公司上海石油化工研究院。

本部分主要起草人:彭振磊、郭一丹、张育红、庄海青、王川。

工业用精对苯二甲酸(PTA)试验方法 第1部分:对羧基苯甲醛(4-CBA)和对甲基苯甲酸(*p*-TOL)含量的测定

1 范围

GB/T 30921的本部分规定了测定工业用精对苯二甲酸(PTA)中对羧基苯甲醛(4-CBA)和对甲基苯甲酸(*p*-TOL)含量的高效液相色谱法和高效毛细管电泳法。

本部分规定的高效液相色谱法适用于4-CBA和*p*-TOL的含量分别在2 mg/kg和10 mg/kg以上的精对苯二甲酸试样的测定;高效毛细管电泳法适用于4-CBA和*p*-TOL的含量分别在1 mg/kg和5 mg/kg以上的精对苯二甲酸试样的测定。

2 规范性引用文件

下列文件对于本文件的应用是必不可少的。凡是注日期的引用文件,仅注日期的版本适用于本文件。凡是不注日期的引用文件,其最新版本(包括所有的修改单)适用于本文件。

GB/T 3723 工业用化学产品采样安全通则(GB/T 3723—1999,idt ISO 3165:1976)

GB/T 6679 固体化工产品采样通则

GB/T 6682 分析实验室用水规格和试验方法(GB/T 6682—2008,ISO 3696:1987, MOD)

GB/T 8170 数值修约规则与极限数值的表示和判定

3 高效液相色谱法

3.1 方法原理

在本部分规定的条件下,将适量溶解于氨水溶液中的PTA试样注入到高效液相色谱仪中,采用阴离子交换色谱柱,以乙腈(或甲醇)-磷酸盐水溶液为流动相,或采用十八烷基化学键合型色谱柱,以乙腈-磷酸水溶液为流动相,对试样中的4-CBA和*p*-TOL进行分离,用紫外检测器进行检测,外标法定量。

3.2 试剂与材料

3.2.1 磷酸二氢铵:分析纯。

3.2.2 甲醇:高效液相色谱(HPLC)级。

3.2.3 乙腈:高效液相色谱(HPLC)级。

3.2.4 磷酸:分析纯。

3.2.5 氨水:分析纯。

3.2.6 水:符合GB/T 6682中规定的二级水。

3.2.7 磷酸溶液:以磷酸和水配制成体积比为1∶4的溶液。

3.2.8 氨水溶液:以浓氨水和水配制成体积比为1∶1的溶液。

3.2.9 微孔滤膜:0.22 μm。

3.2.10 流动相:按以下方法配制:

a) 离子交换色谱法:称取 11.50 g 磷酸二氢铵,溶于 850 mL 水中,滴加磷酸溶液,调节 pH 至4.3,转移至 1 000 mL 容量瓶中,再加入 100 mL 乙腈(或甲醇),混匀后用水稀释至刻度。该流动相中,磷酸二氢铵溶液的浓度为 0.10 mol/L,使用前需经微孔滤膜真空过滤并脱气。

b) 反相色谱法:量取 0.6 mL 磷酸,加至盛有约 900 mL 水的 1 000 mL 容量瓶中,再加入水稀释至刻度。用此溶液与乙腈配制成 82∶18(体积分数)的流动相。使用前经微孔滤膜过滤并脱气。

3.2.11 PTA 标准样品:可使用市售的有证标准物质,如无法得到已知 4-CBA 和 *p*-TOL 含量的 PTA 标准样品时,可按照附录 A 进行标定。

3.2.12 PTA 标准溶液:按以下方法配制:

a) 离子交换色谱法:称取约 0.5 g(精确至 0.000 1 g)PTA 标准样品于 25 mL 烧杯中,加入 3 mL 氨水溶液(3.2.8),再加入水至约 10 mL,使其完全溶解,然后滴加磷酸溶液(3.2.7),调节溶液 pH 至 6~7,移入 50 mL 容量瓶中,用水稀释至刻度。使用前过滤。

b) 反相色谱法:称取约 0.5 g(精确至 0.000 1 g)PTA 标准样品于 25 mL 烧杯中,加入 3 mL 氨水溶液(3.2.8),再加入水至约 10 mL,使其完全溶解,移入 250 mL 容量瓶中,用水稀释至刻度。使用前过滤。

注:PTA 标准溶液中 4-CBA 不稳定,配制后宜尽快使用。

3.3 仪器与设备

3.3.1 高效液相色谱仪:配置紫外检测器。含量为 2 mg/kg 的 4-CBA 和 10 mg/kg 的 *p*-TOL 所产生的峰高应不低于噪声水平的 5 倍。

3.3.2 输液泵:高压平流泵。

3.3.3 分析天平:感量 0.000 1 g。

3.3.4 真空过滤器:配备孔径为 0.22 μm 的微孔滤膜。

3.3.5 超声波清洗器。

3.3.6 pH 计:精度 0.01 pH。

3.3.7 色谱柱:推荐的色谱柱见表 1。

3.4 仪器操作条件

推荐的典型操作条件见表 1,其典型色谱图见图 1 和图 2。满足本部分所规定的分离效果和定量要求的其他色谱柱和操作条件均可采用。

表 1 推荐的色谱柱及典型操作条件

检测方法	离子交换色谱法		反相色谱法
色谱柱	强碱性阴离子交换柱	弱碱性阴离子交换柱[a]	C_{18} 柱
填料	季胺基化学键合型硅胶 如:Spherisorb SAX	叔胺基化学键合型硅胶 如:Shim-pack WAX	十八烷基化学键合相型硅胶 如:Zorbax Eclipse Plus C_{18}
粒径	5 μm	3 μm	5 μm
内径	4.6 mm	4.0 mm	4.6 mm
柱长	250 mm	50 mm	150 mm
流动相	0.1 mol/L 的 $NH_4H_2PO_4$ 水溶液(pH=4.3)∶乙腈(或甲醇)=9∶1(体积比)		水(含 0.06%的磷酸)∶乙腈=82∶18(体积比)

表 1(续)

流速	0.8 mL/min～1.2 mL/min	0.8 mL/min～1.0 mL/min
检测波长	4-CBA 258 nm *p*-TOL 236 nm	4-CBA 254 nm *p*-TOL 240 nm
进样量	20 μL	20 μL
柱温	30 ℃～40 ℃	35 ℃～45 ℃
[a] 使用弱碱性离子交换柱时，需加预柱，为不锈钢材质，内径一般为 3 mm～5 mm，柱长一般为 50 mm～100 mm，填料与分析柱相同或为与其配套的亲水化学键合型硅胶，粒径一般为 10 μm～20 μm。		

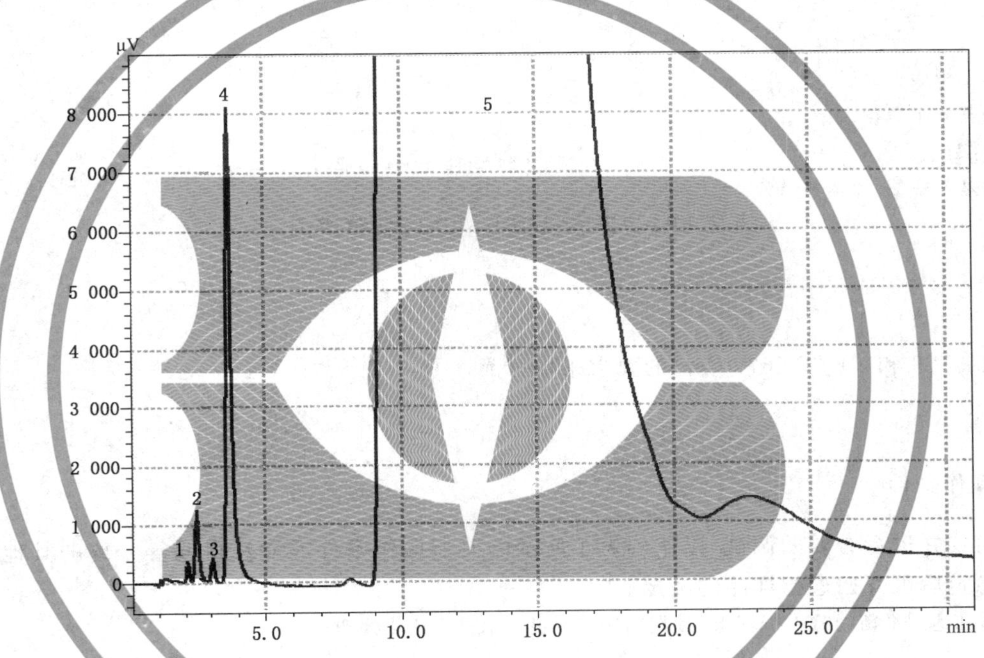

说明：

1——羟甲基苯甲酸；

2——对羧基苯甲醛；

3——苯甲酸；

4——对甲基苯甲酸；

5——对苯二甲酸。

图 1 PTA 样品离子交换色谱法典型色谱图

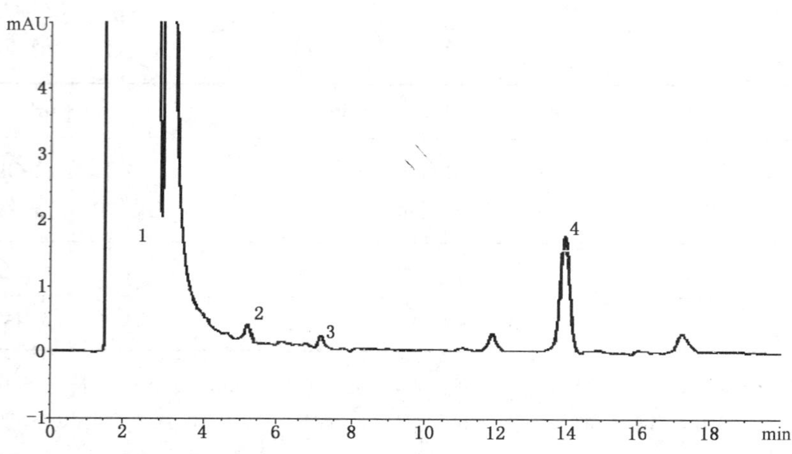

说明：

1——对苯二甲酸；

2——对羧基苯甲醛；

3——苯甲酸；

4——对甲基苯甲酸。

图 2 PTA 样品反相色谱法典型色谱图

3.5 采样

按 GB/T 3723 和 GB/T 6679 规定的要求采取样品。

3.6 测定步骤

3.6.1 设定操作条件

开启色谱仪并进行必要的调试，以达到表 1 所示的典型操作条件或能获得同等分离的其他适宜条件。待基线稳定后可开始进行样品的测定。

注：新色谱柱达到平衡约需 4 h～6 h，使用前应按照说明书进行活化处理。

3.6.2 外标校准

将标准溶液(3.2.12)注入色谱仪中进行分离测定，记录色谱图，并由此得到相应的 4-CBA 和 *p*-TOL 的峰高值或峰面积值。

3.6.3 试样测定

按照 3.2.12 称取样品并配制 PTA 试样溶液。将配制好的试样溶液注入色谱仪进行分离测定，记录色谱图，并由此得到待测试样中的 4-CBA 和 *p*-TOL 的峰高值或峰面积值。

4 高效毛细管电泳法

4.1 方法原理

在本部分规定的条件下，将适量溶解于稀氨水中的 PTA 试样过滤后注入毛细管电泳仪中，对试样中的 4-CBA 和 *p*-TOL 进行分离，用紫外检测器进行检测，外标法定量。

4.2 试剂与材料

4.2.1 正己烷磺酸钠:纯度不低于99%(质量分数)。
4.2.2 正庚烷磺酸钠:纯度不低于99%(质量分数)。
4.2.3 3-环己胺丙磺酸(CAPS):纯度不低于99%(质量分数)。
4.2.4 十二水磷酸氢二钠:分析纯。
4.2.5 十二水磷酸钠:分析纯。
4.2.6 氨水:分析纯。
4.2.7 氯化十四烷基三甲基铵(TTAC):纯度不低于99%(质量分数)。
4.2.8 微孔滤膜:0.45 μm。
4.2.9 水:符合GB/T 6682规定的二级水。
4.2.10 氢氧化钠溶液:0.5 mol/L,使用前经微孔滤膜过滤后再脱气15 min。
4.2.11 氨水溶液:2.5%(质量分数)。
4.2.12 电渗流(EOF)改性剂:称取0.750 g TTAC,加入适量水溶解后,移入50 mL容量瓶中,加水定容,摇匀。
4.2.13 电解液:按以下方法配制:

a) 电解液A(用于方法A):称取正己烷磺酸钠0.50 g和十二水磷酸氢二钠0.18 g(或CAPS 0.06 g),精确至0.001 g,置于100 mL烧杯中,加水49 mL,移取1.0 mL TTAC溶液至烧杯中,搅拌均匀后滴加氢氧化钠溶液调节pH 10.5~11.0。使用前经0.45 μm的滤膜过滤后再脱气15 min。
b) 电解液B(用于方法B):称取正庚烷磺酸钠0.50 g和十二水磷酸三钠0.19 g,精确至0.001 g,置于100 mL烧杯中,加50 mL水,搅拌均匀。使用前经0.45 μm的滤膜过滤后再脱气15 min。

4.2.14 PTA标准样品:可使用市售的有证标准物质,如无法得到已知4-CBA和*p*-TOL含量的PTA标准样品时,可按照附录A进行标定。
4.2.15 PTA标准溶液:称取PTA标准样品0.500 g,精确至0.001 g,置于25 mL烧杯中,加入7 mL氨水溶液(4.2.11),使其完全溶解,移入25 mL容量瓶中,用水稀释至刻度。使用前经0.45 μm的滤膜过滤。

4.3 仪器与设备

4.3.1 毛细管电泳仪:配置紫外检测器。含量为1 mg/kg的4-CBA和5 mg/kg的*p*-TOL所产生的峰高应不低于噪声水平的5倍。
4.3.2 分析天平:感量0.000 1 g。
4.3.3 pH计:精度0.01 pH。
4.3.4 超声波清洗器。

4.4 仪器操作条件

推荐的典型操作条件见表2,其典型电泳谱图见图3和图4。满足本部分所规定的分离效果和定量要求的其他电解液和条件均可采用。

表2 推荐的典型操作条件

操作条件	方法A(负电压模式)		方法B(正电压模式)
施加电压	−15 kV~−25 kV		+15 kV~+25 kV
进样方式及条件	电动进样 −10 kV×90 s	压力进样 3.3 kPa×5 s	压力进样 3.3 kPa×15 s

表 2 （续）

毛细管冲洗程序	氢氧化钠溶液 1 min；水 2 min； 电解液 3 min	水 10 min；电解液 6 min
熔融石英毛细管	内径 50 μm～100 μm；有效长度 40 cm～70 cm	
检测波长	200 nm 或其他适宜波长	
柱温	20 ℃～30 ℃	

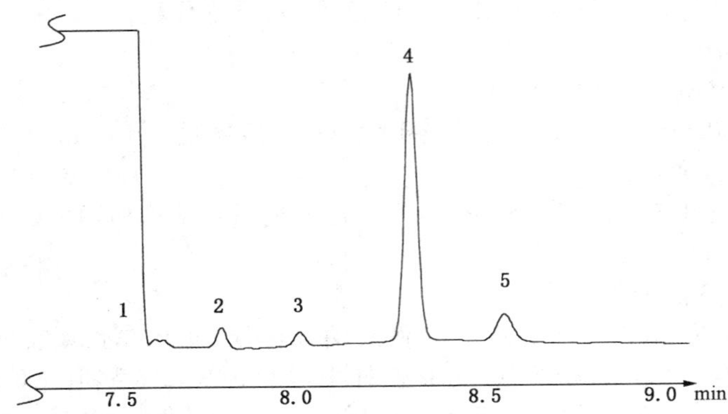

说明：

1——对苯二甲酸；

2——苯甲酸；

3——对羧基苯甲醛；

4——对甲基苯甲酸；

5——羟甲基苯甲酸。

图 3 PTA 样品方法 A 的典型毛细管电泳图

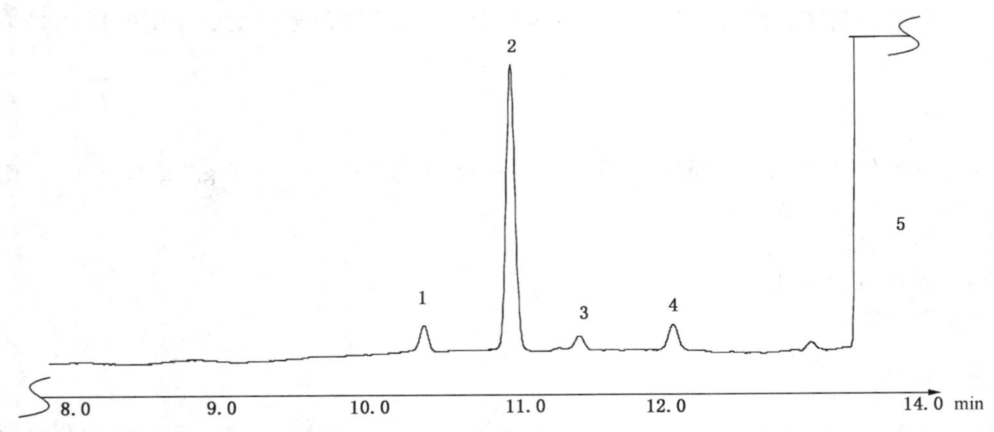

说明：

1——羟甲基苯甲酸；

2——对甲基苯甲酸；

3——对羧基苯甲醛；

4——苯甲酸；

5——对苯二甲酸。

图 4 PTA 样品方法 B 的典型毛细管电泳图

4.5 采样

按 GB/T 3723 和 GB/T 6679 规定的要求采取样品。

4.6 测定步骤

4.6.1 设定操作条件

按仪器说明书开启电泳仪并进行必要的调节，以达到表 2 所示的典型操作条件或能获得同等分离的其他适宜条件。在达到设定的操作条件后即可开始进样分析。

注：初次使用的毛细管，一般应用氢氧化钠溶液(4.2.10)和水分别冲洗，以进行活化处理。

4.6.2 外标校准

将标准溶液(4.2.15)注入毛细管电泳仪中进行分离测定，记录电泳图，并由此得到相应的 4-CBA 和 *p*-TOL 的峰高值或峰面积值。

4.6.3 试样测定

按照 4.2.15 称取样品并配制 PTA 试样溶液，将配制好的试样溶液注入毛细管电泳仪中进行分离测定，记录电泳图，并由此得到待测试样中 4-CBA 和 *p*-TOL 的峰高值或峰面积值。

5 分析结果的表述

5.1 计算

PTA 试样中 4-CBA 或 *p*-TOL 的含量以 w_i 计，数值以毫克每千克(mg/kg)表示，按式(1)计算：

$$w_i = \frac{m_S \cdot H_i \cdot w_S}{m_i \cdot H_S} \qquad \cdots\cdots(1)$$

式中：

w_S ——标准样品中 4-CBA 或 *p*-TOL 的含量，单位为毫克每千克(mg/kg)；

H_S——标准样品中 4-CBA 或 *p*-TOL 的峰高值或峰面积值；

H_i ——试样中 4-CBA 或 *p*-TOL 的峰高值或峰面积值；

m_S ——所称取标准样品的质量，单位为克(g)；

m_i ——所称取试样的质量，单位为克(g)。

5.2 结果的表示

以两次重复测定结果的算术平均值报告其分析结果，按 GB/T 8170 的规定修约至 1 mg/kg。

6 精密度

6.1 重复性

在同一实验室，由同一操作者使用相同设备，按相同的测试方法，并在短时间内对同一被测对象相互独立进行测试获得的两次独立测试结果的绝对差值不大于表 3 列出的重复性限(r)，以大于重复性限(r)的情况不超过 5%为前提。

表 3　分析方法的重复性限(r)　　单位为毫克每千克

化合物含量范围	液相色谱法	毛细管电泳法
4-CBA 含量 w_i		
$2 \leqslant w_i \leqslant 10$	1	1
$10 < w_i \leqslant 25$	2	2
p-TOL 含量 w_i		
$50 \leqslant w_i \leqslant 100$	5	5
$100 < w_i \leqslant 250$	10	10

6.2 再现性

在不同的实验室，由不同操作者操作不同的设备，按相同的测试方法，对同一被测对象相互独立进行测试所获得的两次独立测试结果的绝对差值不大于表 4 列出的再现性限(R)，以大于再现性限(R)的情况不超过 5%为前提。

表 4　分析方法的再现性限(R)　　单位为毫克每千克

化合物含量范围	液相色谱法	毛细管电泳法
4-CBA 含量 w_i		
$2 \leqslant w_i \leqslant 10$	2	2.5
$10 < w_i \leqslant 25$	5	5
p-TOL 含量 w_i		
$50 \leqslant w_i \leqslant 100$	10	15
$100 < w_i \leqslant 250$	20	30

7 报告

报告应包括以下内容：

a) 有关试样的全部资料，例如样品名称、批号、采样日期、采样地点、采样时间等；

b) 本部分编号；

c) 分析结果；

d) 测定过程中所观察到的任何异常现象的细节及其说明；

e) 分析人员姓名，分析日期。

附 录 A
（规范性附录）
PTA 样品中 4-CBA 和 *p*-TOL 的标定方法

当使用者无法得到已知 4-CBA 和 *p*-TOL 含量的 PTA 标准样品时，可选用 4-CBA 含量在 10 mg/kg～20 mg/kg，*p*-TOL 含量在 100 mg/kg～150 mg/kg 之间，粒度在 100 μm～125 μm（120 目～150 目）之间的 PTA 样品，按照本附录推荐的标准加入法，对 4-CBA 和 *p*-TOL 的含量进行标定，标定后的 PTA 样品可作为 PTA 标准样品使用。

A.1 试剂

A.1.1 对羧基苯甲醛（4-CBA）：纯度不低于 98.0%（质量分数）。
A.1.2 对甲基苯甲酸（*p*-TOL）：纯度不低于 98.0%（质量分数）。

A.2 标准溶液的制备

A.2.1 4-CBA 标准溶液

称取 0.025 g（精确至 0.000 1 g）4-CBA 于 25 mL 烧杯中，加入适量水，滴入数滴氨水溶液（3.2.8），搅拌使其完全溶解，然后滴加磷酸溶液（3.2.7），调节 pH 至 6～7，移入 50 mL 容量瓶中，用水稀释至刻度，混匀。得到浓度为 500 μg/mL 的溶液，再用水稀释 50 倍，得到浓度为 10 μg/mL 的 4-CBA 标准溶液。使用前配制。

A.2.2 *p*-TOL 标准溶液

称取 0.020 g（精确至 0.000 1 g）*p*-TOL 于 25 mL 烧杯中，按 A.2.1 相同步骤进行配制，得到浓度为 400 μg/mL 的溶液。再用水稀释 5 倍，得到浓度为 80 μg/mL 的 *p*-TOL 标准溶液。使用前配制。

A.2.3 加标标准溶液

加标标准溶液中加入的标样含量分别是：4-CBA 0.0 mg/kg，10.0 mg/kg，20.0 mg/kg，30.0 mg/kg，40.0 mg/kg；*p*-TOL 0.0 mg/kg，80.0 mg/kg，160.0 mg/kg，240.0 mg/kg，320.0 mg/kg。溶液的配制分别按照以下步骤进行：

a) 离子交换色谱法：准确称取 5 份 0.500 g 混匀后的 PTA 实样，按照 3.2.12a）步骤溶解，并移入 5 只 50 mL 容量瓶中。然后移取浓度为 10 μg/mL 的 4-CBA 标准溶液（A.2.1）：0.00 mL，0.50 mL，1.00 mL，1.50 mL，2.00 mL，分别加入上述 5 只容量瓶中；再移取浓度为 80 μg/mL 的 *p*-TOL 标准溶液（A.2.2）：0.00 mL，0.50 mL，1.00 mL，1.50 mL，2.00 mL，分别加入上述 5 只容量瓶中；最后用水稀释至刻度，混匀。
b) 反相色谱法：准确称取 5 份 0.500 g 混匀后的 PTA 实样，按照 3.2.12b）步骤溶解样品，并移入 5 只 250 mL 容量瓶中。然后按照 A.2.3a）配制 4-CBA 和 *p*-TOL 加标标准溶液。
c) 毛细管电泳法：准确称取 5 份 0.500 g 混匀后的 PTA 实样，按照 4.2.15 步骤溶解样品，并移入 5 只 25 mL 容量瓶中。然后按 A.2.3a）配制 4-CBA 和 *p*-TOL 加标标准溶液。

A.3 测定步骤

按照3.6.2或4.6.2步骤，分别测定上述5个加标标准溶液中4-CBA和p-TOL的峰高值或峰面积值，每个样品重复测定两次以上，取其峰高或峰面积的平均值。

A.4 计算

以加入的4-CBA或p-TOL标样含量(w_i)为纵坐标，以峰高值或峰面积值(H_i)为横坐标，绘制标准曲线，标准曲线的回归方程见式(A.1)：

$$w = a + bH \qquad \cdots\cdots\cdots\cdots (\text{A.1})$$

式中：

w ——加入的4-CBA或p-TOL含量，单位为毫克每千克(mg/kg)；

a ——标准曲线的截距；

b ——标准曲线的斜率；

H ——测定的4-CBA或p-TOL的峰高值或峰面积值。

斜率b按式(A.2)求得：

$$b = \frac{\sum w_i H_i - \frac{1}{n} \cdot (\sum w_i)(\sum H_i)}{\sum H_i^2 - \frac{1}{n} \cdot (\sum H_i)^2} \qquad \cdots\cdots\cdots\cdots (\text{A.2})$$

式中：

w_i ——加入的4-CBA或p-TOL标样的含量，单位为毫克每千克(mg/kg)；

H_i ——测定的4-CBA或p-TOL的峰高值或峰面积值；

n ——配制的加标标准溶液的个数。

截距a按式(A.3)求得：

$$a = \overline{w} - b\overline{H} \qquad \cdots\cdots\cdots\cdots (\text{A.3})$$

式中：

$\overline{w}$ ——w_i的平均值；

$\overline{H}$ ——H_i的平均值。

标准曲线的相关系数的平方(R^2)不得小于0.99，否则需要重新标定。相关系数按式(A.4)求得：

$$R = b\sqrt{\frac{\sum (H_i - \overline{H})^2}{\sum (w_i - \overline{w})^2}} \qquad \cdots\cdots\cdots\cdots (\text{A.4})$$

PTA样品中4-CBA或p-TOL的含量即为($-a$)。
